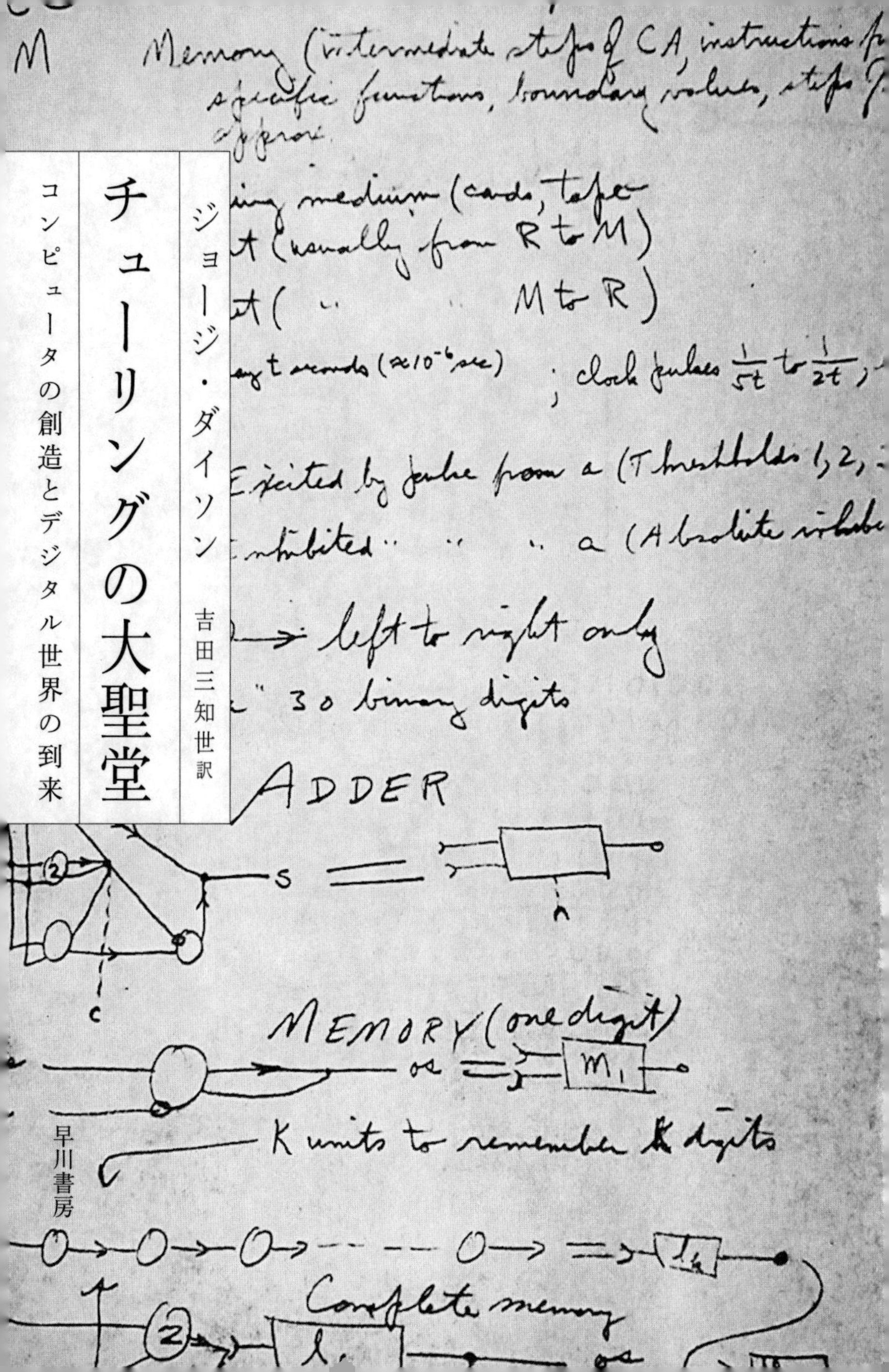

ジョージ・ダイソン
吉田三知世訳

チューリングの大聖堂

コンピュータの創造とデジタル世界の到来

早川書房

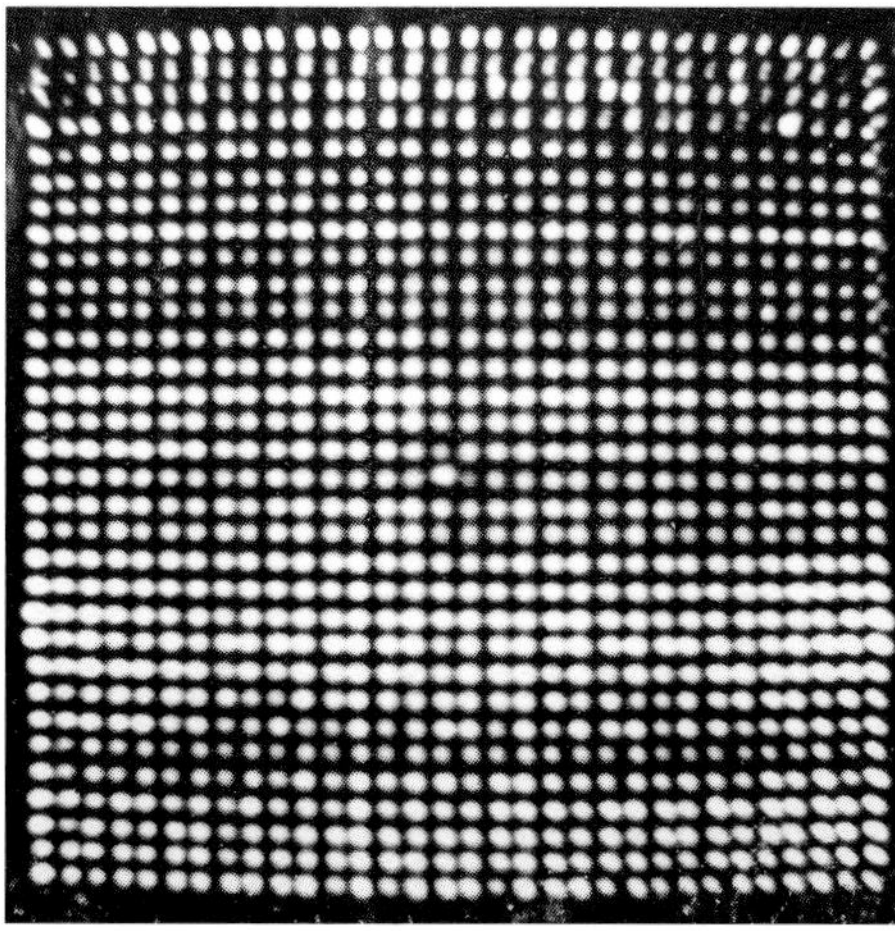

1．1953年のデジタル宇宙

高等研究所・電子計算機プロジェクトの保守日誌に、1953年２月11日に貼付された、ウィリアムス陰極線ストレージ管（第36段）の性能診断写真。帯電した32×32個の点がマトリクス状に並んでいる。陰極線管が、画像表示ではなくてワーキング・メモリに使われた（高等研究所、シェルビー・ホワイト・アンド・レオン・レヴィー・アーカイブス・センター）。

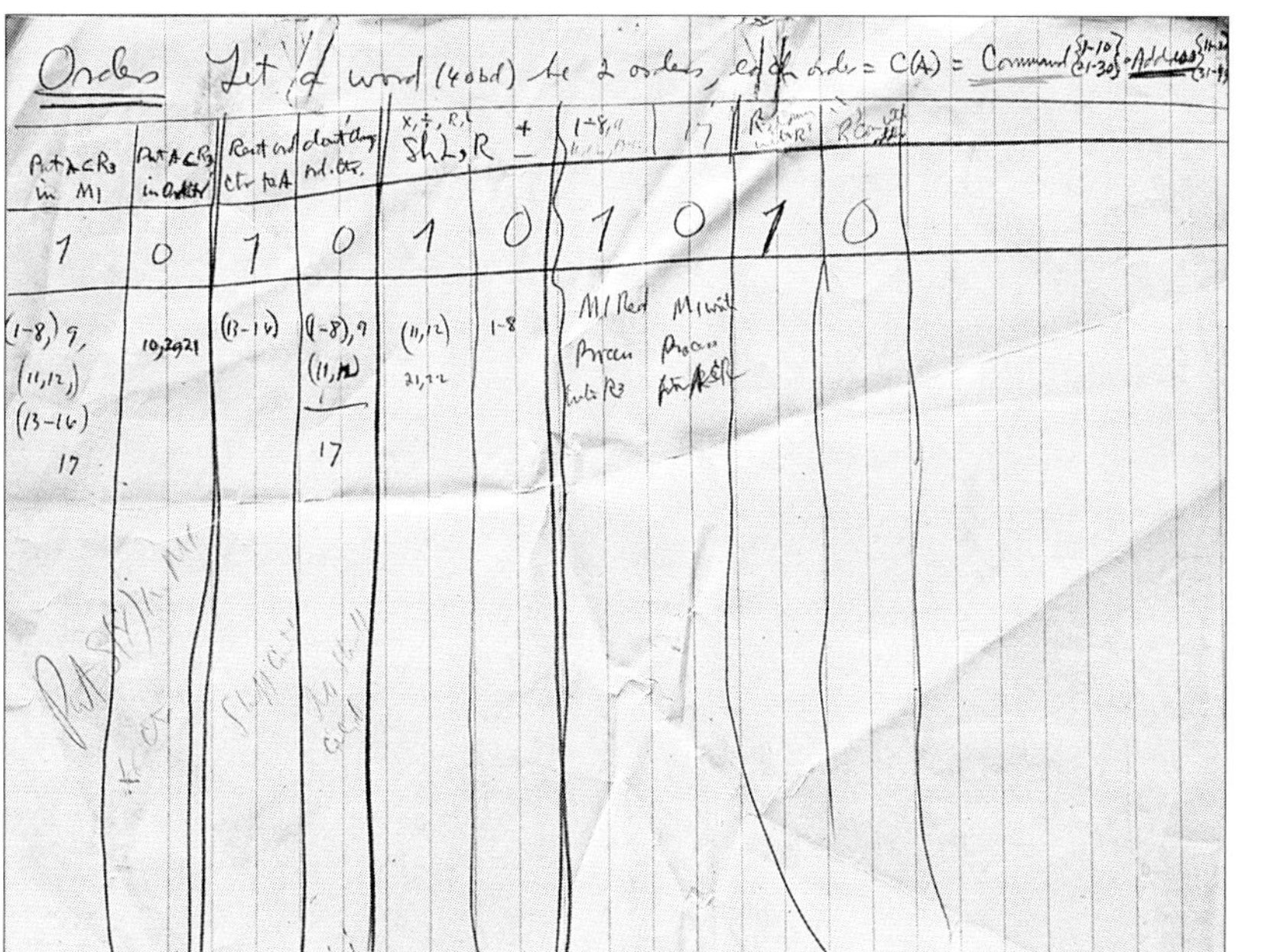

2．はじめにコマンド・ラインがあった

ジュリアン・ビゲローが保管していた、彼が書いたと思われる、日付のないメモ。最上段には、「命令：１語（40bd）に２つの命令を含ませる。各命令＝C(A)＝コマンド（1-10, 21-30）・アドレス（11-20, 31-40）」とあり、ビット（bit）という言葉が広く使われるようになる前に、bdという略語でbinary digitを表しているのが見て取れる（ビゲロー家のご厚意による）。

3．1953年３月４日、ニルス・バリチェリの数値進化コード（メモリ位置18, 8で停止）が初めて実施された直後に、IAS一般算術実行記録に記入された図と文字。「次は」熱核兵器設計のためのコードにバトンタッチするという意味（高等研究所、シェルビー・ホワイト・アンド・レオン・レヴィー・アーカイブス・センター）。

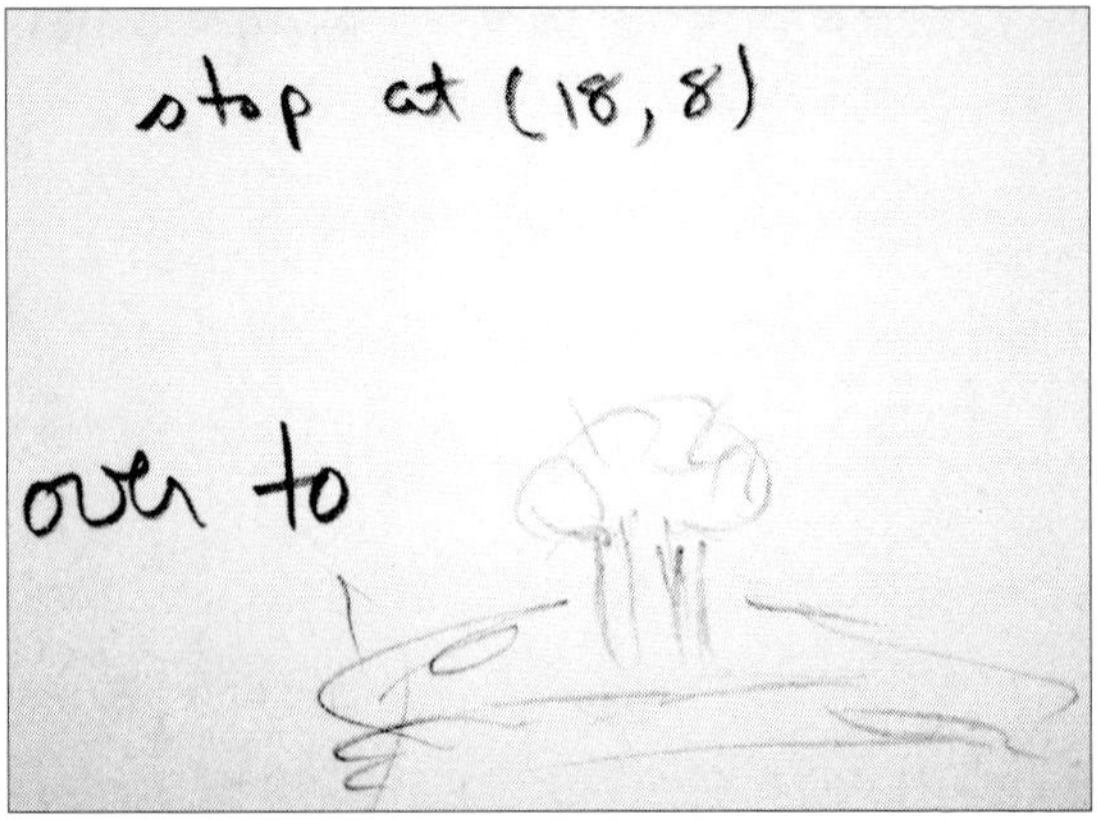

4．５歳のアラン・チューリング（ケンブリッジ、キングズ・カレッジ・アーカイブ。チューリング家のご厚意による）。

5．7歳のジョン・フォン・ノイマン（ニコラス・フォンノイマンおよびマリーナ・フォン・ノイマン・ホイットマンのご厚意による)。

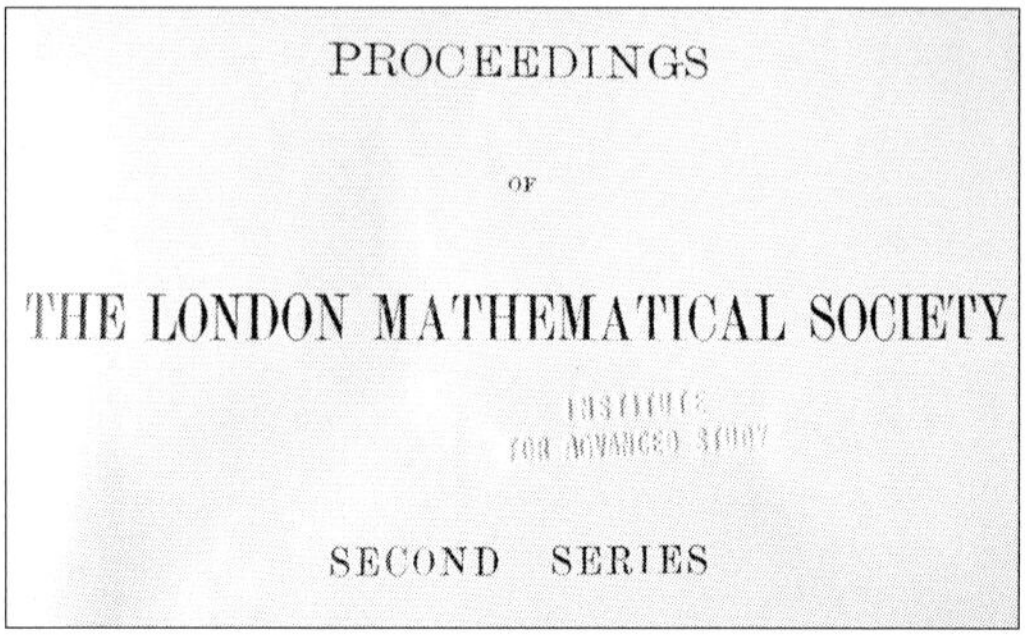

PROCEEDINGS

OF

THE LONDON MATHEMATICAL SOCIETY

INSTITUTE
FOR ADVANCED STUDY

SECOND SERIES

6．アラン・チューリングの『計算可能数、ならびにその決定問題への応用』。1936年、チューリングがプリンストンに着いた直後、《ロンドン数学協会会報》に掲載された。高等研究所のこの１冊は、頻繁に参照されたため、ページがばらばらになっている（高等研究所）。

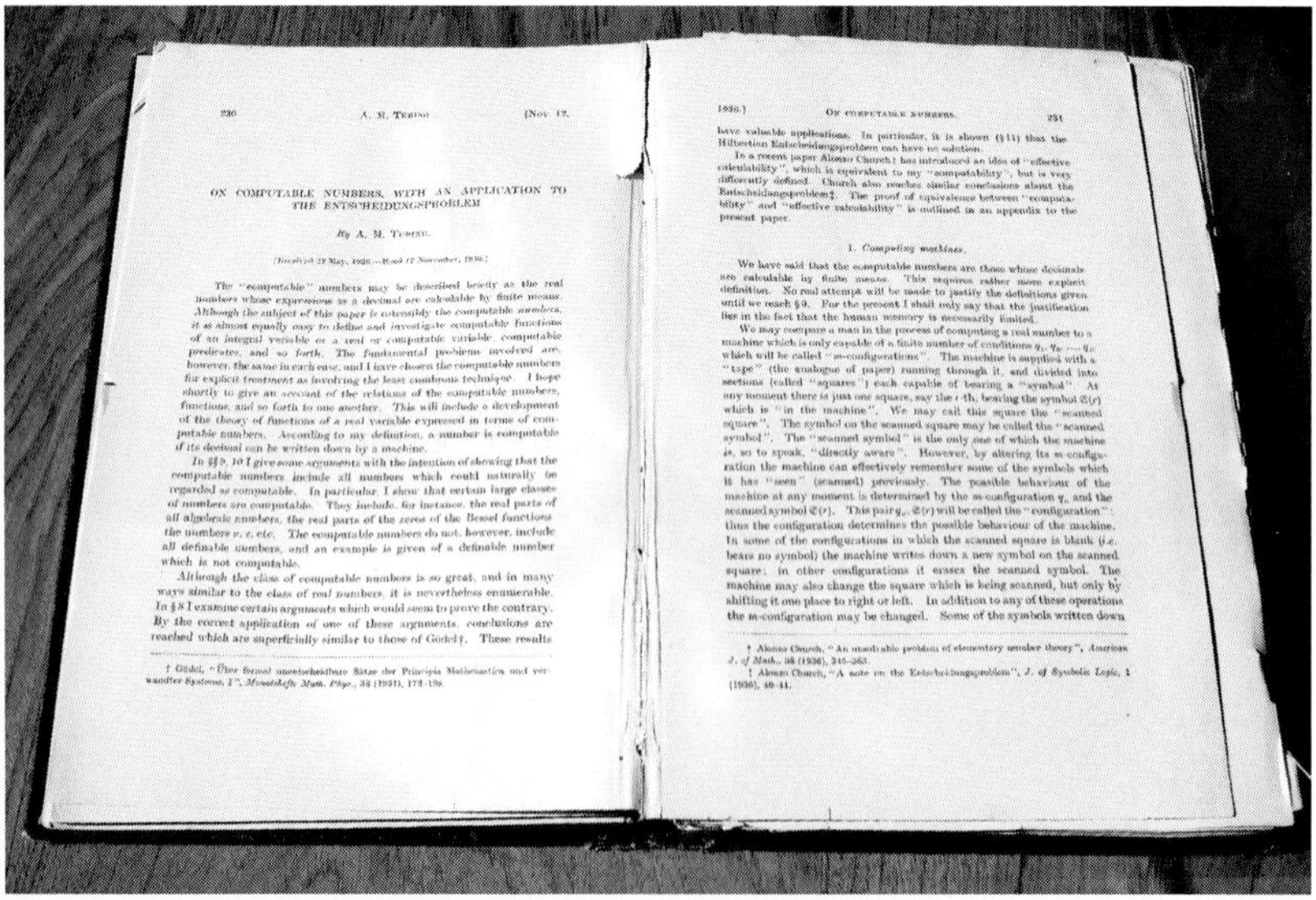

7．1943年、ブレッチリー・パークのコロッサス。デジタル方式で暗号化された敵の通信を解読するために、イギリスの暗号解読者たちは、まだ万能ではなかったものの、さまざまな暗号に対応できる柔軟な一連のコンピュータを製作した。ドロシー・ドゥ・ボアソンとエルシー・ブッカーの監督のもと、「コロッサス」が光電読取ヘッドで高速スキャンされた外部穿孔テープに保存された暗号シーケンスと、内部真空管メモリに保存された暗号シーケンスとを比較している（イギリスのキューにあるナショナル・アーカイブス・イメージ・ライブラリー）。

8．1946年のアラン・チューリング（左端）。戦争が終わると、チューリングはロンドンの国立物理学研究所で製作されることになった、自動計算機関（ACE）の設計を始めた。一方フォン・ノイマンは、IASで製作されることになった数学的数値積算機／計算機（MANIAC）の設計を始めた。チューリングの設計は、フォン・ノイマンが採用した方式に影響を受け、フォン・ノイマンが採用した方式は、チューリングの着想に影響を受けた（キングス・カレッジ・ライブラリー、ケンブリッジ）。

9．1952年のジョン・フォン・ノイマンとMANIAC。彼の腰の高さに並んでいるのが、40本のウィリアムス陰極線メモリ管のうちの一部。各管に1024ビットが保存でき、全体で５キロバイト（40960ビット）の容量がある。手前にあるのは、直径７インチ（約18センチ）の41段めのモニタ・ステージで、使用中にメモリの内容を観察できる（高等研究所、シェルビー・ホワイト・アンド・レオン・レヴィー・アーカイブス・センター。写真撮影はアラン・リチャーズ)。

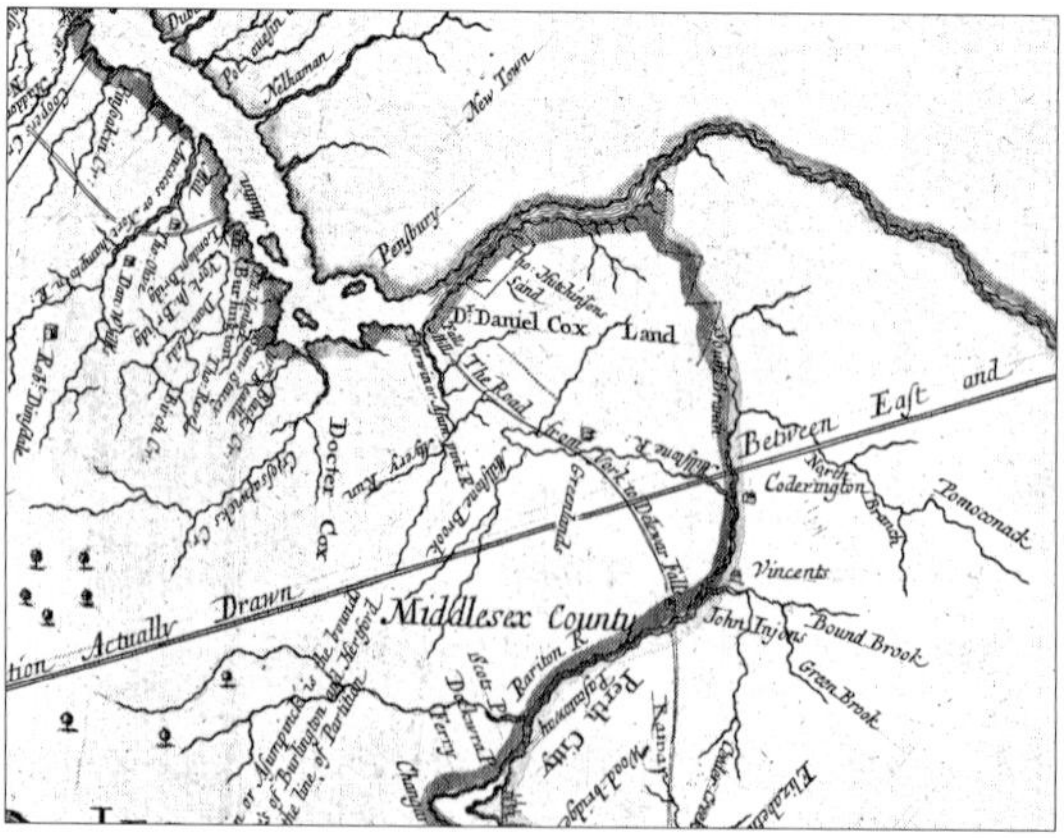

10．「ヨークからデラウェア・フォールズへの道」。ニュージャージーのくびれた「ウエスト」部分、ラリタンからデラウェア入り江を結ぶ、元々はレニ・レナペ族の歩道だったもの。中間地点に、ヘンリー・グリーンランドの居酒屋があった。斜めの直線は、1683年の集会で定められた、東西ニュージャージーの境界線。ストーニー・ブルックのクエーカーの入植地と未来のプリンストンの街は、この図のほぼ中央、fromという文字の真下あたりになる。『ジョン・ウォーリッジ氏による正確な測量に基づく東西ニュージャージーの新しい地図』（1706年、ロンドン）より（議会図書館、地理・地図部門)。

11. フルド・ホール。1939年にニュージャージー州プリンストンのオルデン・ファームに建設された高等研究所の本部。この土地は、ウィリアム・ペンの所有になって以降、２度しか持ち主が変わっていなかった（エイブラハム・フレクスナー “I Remember” (New York: Simon & Schuster, 1940)）。

12. オズワルド・ヴェブレン。ソースティン・ヴェブレン（1899年に出版した『有閑階級の理論』で、「誇示的消費」という用語を導入した人物）の甥。位相幾何学者、幾何学者、弾道学者、野外活動愛好者で、学生時代、射撃と数学でそれぞれ賞を取る。高等研究所が1932年に雇った最初の教授。1932年にロックフェラー財団のサイモン・フレクスナーに自立した数学研究機関の設立を提案したのはヴェブレンだった（高等研究所、シェルビー・ホワイト・アンド・レオン・レヴィー・アーカイブス・センター。写真撮影はウィルヘルム・J・E・ブラシュク、オスロ、1936年）。

13. ノーバート・ウィーナー（左端）。1918年、アバディーン性能試験場で、米国陸軍の数学者たちと。第一次世界大戦中、オズワルド・ヴェブレンと共に弾道学を研究した。第二次世界大戦中、ジュリアン・ビゲローと共に行なった対空射撃制御法の研究をもとに、サイバネティックスという分野を確立した（MIT博物館）。

14. エイブラハム・フレクスナー。ケンタッキー州ルイビルで高校教師として人生を始めた。「委員会、グループ、あるいは教授会そのものなどの、退屈な会議がどんどん増えていくという傾向……組織化と形式的な協議へと向かうこの傾向は、生じたが最後、止めることは不可能である」。この傾向とは無縁な研究機関として高等研究所を構想した（高等研究所、シェルビー・ホワイト・アンド・レオン・レヴィー・アーカイブス・センター）。

15. 1939年、ヨーロッパで戦争が始まる直前に、エイブラハム・フレクスナーは《ハーパーズ・マガジン》の10月号で、「外国で生じた不寛容の直接的かつ最も際立った結果の1つは、詩人や音楽家と同じように、やりたいようにやれる権利を勝ち取った学者たちのパラダイスとして、高等研究所を急速に発展させられたことだと述べて差し支えないだろう」と発表した（《ハーパーズ・マガジン》）。

THE USEFULNESS OF USELESS KNOWLEDGE

BY ABRAHAM FLEXNER

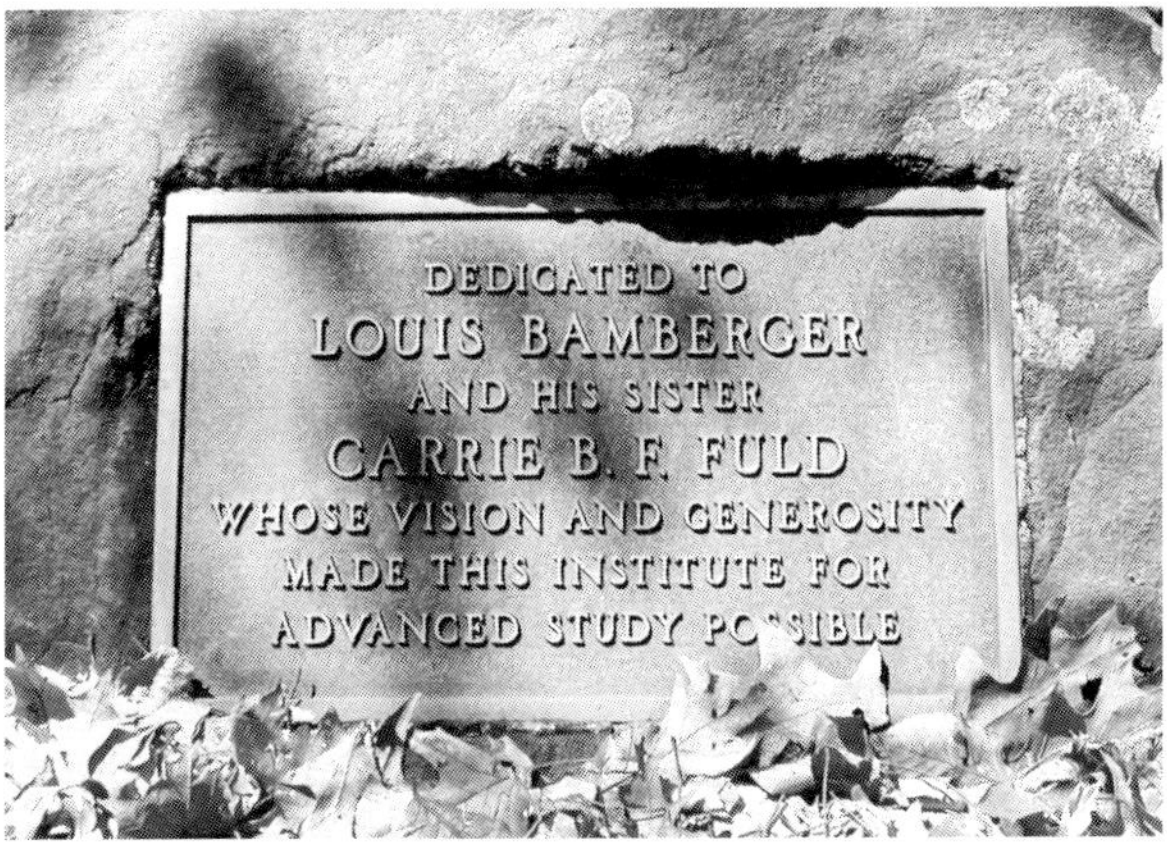

16. 600エーカーに広がる研究所の森の入り口にある、創設者記念銘板。ニューアークの小間物商だったバンバーガー兄妹は、フレクスナーの教育実験と、ヴェブレンの土地獲得の両方に資金提供したが、その際、土地や建物よりも、「わたしたちが心の底から大切に思っている社会正義という道義」に配慮するよう要望した（著者提供）。

17. 1940年代にフルド・ホールで行なわれたIAS数学部門の会合。左から、ジェームズ・アレクサンダー、マーストン・モース、アルベルト・アインシュタイン、フランク・エイダロッテ、ヘルマン・ワイル、オズワルド・ヴェブレン（いつもどおり、野外活動の服装をしている）。フォン・ノイマンは、戦時中の顧問の仕事のため不在だったと思われる（高等研究所、シェルビー・ホワイト・アンド・レオン・レヴィー・アーカイブス・センター）。

18. 『ゲームの理論と経済行動』の共著者、オスカー・モルゲンシュテルン（左）とジョン・フォン・ノイマン（右）。1946年、ニュージャージー州スプリング・レーク（プリンストンに最も近いビーチ）にて。「わたしたちは、よくシーガートへ行きました」と、米国数学協会が1966年に制作したドキュメンタリー、『ジョン・フォン・ノイマン』でモルゲンシュテルンは回想する。「泳ぐためではありません。彼はその手の運動が好きではありませんでしたから。ビーチを歩くのが目的でした。二人でとても真剣に議論しましたが、ここでの散歩は、議論を結晶化させるためのものでした。そして帰って、内容を書き留めたのです」（高等研究所、シェルビー・ホワイト・アンド・レオン・レヴィー・アーカイブス・センター。写真はドロシー・モルゲンシュテルンのご厚意による）。

19. 1933年、高等研究所の開所初年度にやってきたアルベルト・アインシュタイン（左）とクルト・ゲーデル（右）。ゲーデルは研究生活の後半、主に２つのテーマに取り組んだ。１つは、デジタル・コンピュータの本質に関する洞察が隠されていると彼が信じた、G・W・ライプニッツの研究。そしてもう１つは、アインシュタイン方程式の例外的な解について。この解は、回転する宇宙を意味し、アインシュタインの励ましで、ゲーデルはこれを独自に導き出した（高等研究所、シェルビー・ホワイト・アンド・レオン・レヴィー・アーカイブス・センター。オスカー・モルゲンシュテルン撮影）。

20. 1915年、数学に取り組む11歳のジョン・フォン・ノイマン。いとこのカタリン（リリ）・アルチュチが見守っている。「彼女は敬服していましたが、ジョンが何を書いているのかはわかっていません」と、ニコラス・フォンノイマンは説明する。「彼はギリシア文字のシグマなどという記号を使っていましたから」（ニコラス・フォンノイマンおよびマリーナ・フォン・ノイマン・ホイットマン）。

21. 1915年ごろ、オーストリア＝ハンガリー軍の大砲設置場所を訪れたジョン・フォン・ノイマン（左上、砲身の上）、母マルギット（旧姓カン）、父マックス・フォン・ノイマン、さらに砲架に沿って斜めに右下に向かって、次弟マイケル、？、いとこのリリ・アルチュチ、そして末弟ニコラス（幼いのでまだドレス姿）（ニコラス・フォンノイマンおよびマリーナ・フォン・ノイマン・ホイットマン）。

22. 1930年代、いとこのカタリン（リリ）・アルチュチとバラーシュ・パストリーの結婚を記念するブダペストでの朝食に出席するジョン・フォン・ノイマン（左端）。左から右に、ジョン、新婚の二人、マリエット・ケヴェシ・フォン・ノイマン、パストリー夫妻、マイケル・フォン・ノイマン、リリ・カン・アルチュチ、アゴスト・アルチュチ（ニコラス・フォンノイマンおよびマリーナ・フォン・ノイマン・ホイットマン）。

Friedrich-Wilhelms-Universität Berlin

Ausweiskarte

Inhaber dieser Karte

Privatdozent

Dr. Johann Neumann

von Margitta

ist Angehöriger der Friedrich Wilhelms-Universität zu Berlin und hat Zutritt zu dem Universitäts-Gebäude.

Eigenhändige Unterschrift des Inhabers

23. 1933年にナチスの粛清に抗議して辞任する前にベルリン大学が発行したジョン・フォン・ノイマンの身分証明書。「ドレスデンからのドイツの列車は兵士でいっぱいだ」と、5年後にドイツを訪れた彼は報告した。「ベルリンのことはじっくりと見た。もう来れないかもしれないからね」（フォン・ノイマン文書、議会図書館、マリーナ・フォン・ノイマン・ホイットマンのご厚意による）。

24. 「彼はいつも、動きが起こっているところへ行きたがりました」と、フランソワーズ・ウラムはジョン・フォン・ノイマンについて語る。「運動嫌い、野外嫌いな人なのですが、ときどきびっくりさせられました！」アトル・セルバーグによれば、「彼は物事を見積もるのがとても得意でした。たとえば、女性が真珠の首飾りをつけているのを一目見ただけで、真珠が何個あるか言い当てることができたんです」（米国哲学協会、スタニスワフ・ウラム文書）。

25. 1930年代のプリンストン。左から右へ：アンジェラ・（チュリンスキー）・ロバートソン、マリエット・（ケヴェシ）・フォン・ノイマン、ユージン・ウィグナー、アメリア・フランク・ウィグナー、ジョン・フォン・ノイマン、エドワード・テラー。床上、ハワード・パーシー・（「ボブ」）・ロバートソン（当時アラン・チューリングに相対論を教えていた）。物理学者H・P・ロバートソン（ワシントン州ホーキアム）とアメリア・フランク（ウィスコンシン州マディソン）以外は、1936年から1937年にかけての冬の休暇のパーティーだったと思しきこの場面にいたのはすべてブダペスト出身者だった。「父はパーティーで、誰が相手だろうと飲み負かしてみせました」と、マリーナ・フォン・ノイマンは2010年5月3日のインタビューで語った。「でもわたしは、父が一人で何かを飲んでいるのを見たことはありません」（マリーナ・フォン・ノイマン・ホイットマン）。

26. 1949年、バンデリア国定史跡（ロスアラモスの近く）のロッジで寛ぐジョン・フォン・ノイマン、リチャード・ファインマン、スタニスワフ・ウラム（左から右へ）。「日曜にはよく散歩に行った……峡谷を歩いたりした……。そんな折にフォン・ノイマンから面白いことを教わった。『自分が存在している世界に対して、責任を負う必要はない』というアドバイスだ」とファインマンは語る。「このアドバイスのおかげで、わたしはひじょうに強い社会的無責任感というものを持つようになった」（ニコラス・メトロポリス撮影。クレア、フランソワーズのウラム母娘のご厚意による）。

27. 1945年７月16日午前５時29分、ニューメキシコ州ホワイトサンズ性能試験場のアラモゴード爆撃訓練場で行なわれたトリニティー核実験（20キロトン）。この爆薬起動による爆縮を利用したプルトニウムを燃料とする原子爆弾は、フォン・ノイマンの反射衝撃波理論に基づき設計され、水素爆弾の開発に直接つながった（米国陸軍／ロスアラモス国立研究所／国立文書記録庁記録グループ・ナンバー434）。

28. 1946年2月16日、ペンシルベニア大学ムーア校で公開された米国陸軍のENIAC（電子式数値積算機／計算機）。フォン・ノイマンによれば、これは「初めての完全自動、汎用デジタル電子コンピュータという、まったくの先駆的な取り組み」だった。左から右へ、ホーマー・スペンス、プレスパー・エッカート（関数表をセットしている）、ジョン・モークリー、ベティ・ジーン・ジェニングス・バーティック、ハーマン・ゴールドスタイン、ルース・リクターマン（右端のパンチカード入出力機のところにいる）（ペンシルベニア大学アーカイブス）。

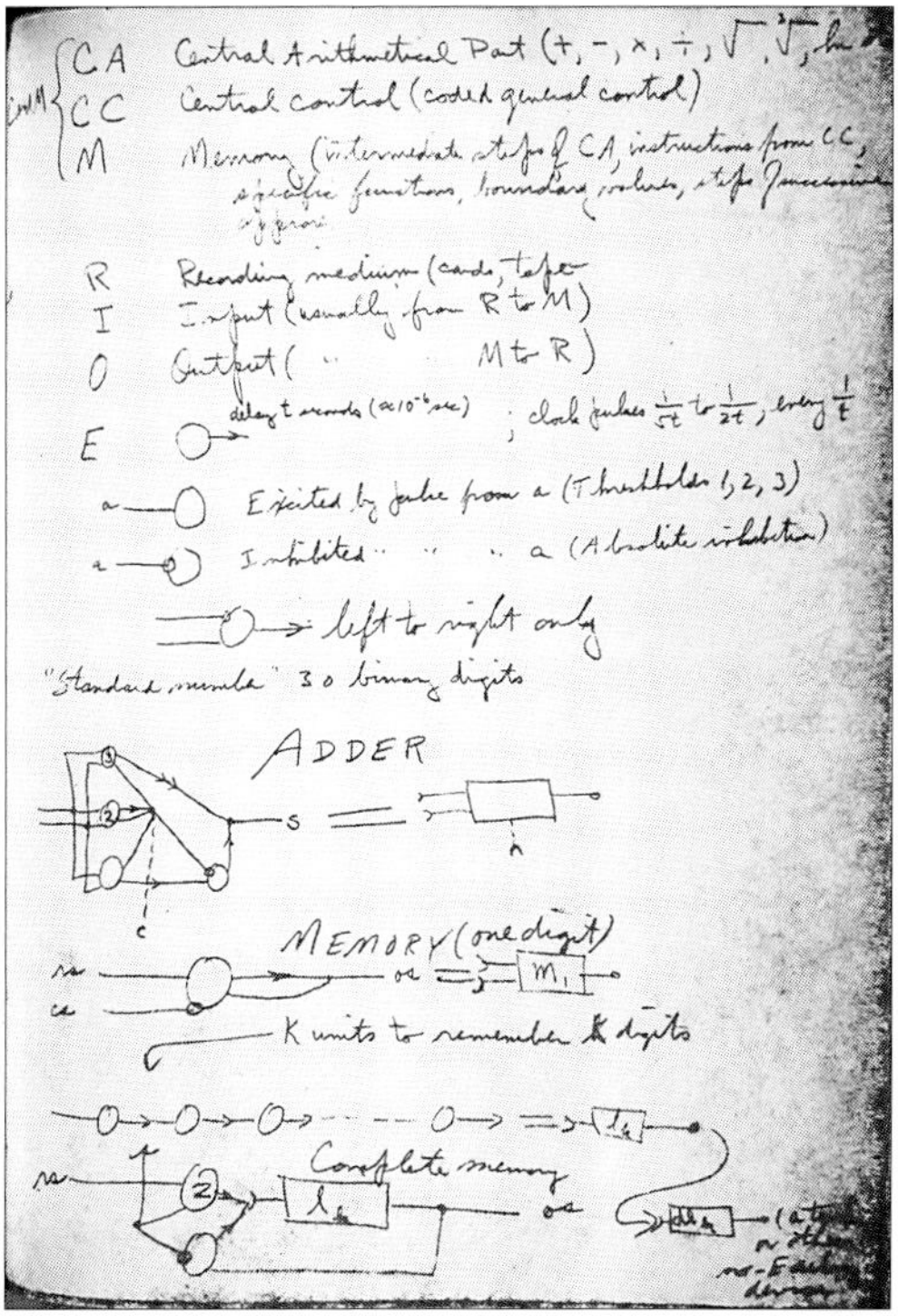

29. 1945年６月30日、ムーア校が発行した『EDVACに関する報告の第１草稿』。中央演算部、中央制御部、メモリ、入力、出力、記録媒体——ここでは「カード、テープ」と記されている——に明確に区別された構成要素からなる、「フォン・ノイマン・アーキテクチャ」と呼ばれるようになるものを明示した。「スタンダード・ナンバー」（このあとすぐに「語」という用語になる）が、30バイナリー・ディジットと特定されている（プリンストン大学ライブラリーズ）。

30. 1978年、ニュージャージー州アムウェル付近でキジ狩りを楽しんだウラジーミル・ツヴォルキン。ボグダン・マグリッチ（右）と、RCAの未確認の技術者（左）と共に。ツヴォルキンは、1906年にロシアでボリス・ロージングと共にテレビの問題に取り組み始め、アメリカ合衆国でRCAの商用テレビの開発を先導したあと、1941年にRCAのプリンストン研究所の所長になった（ボグダン・マグリッチ）。

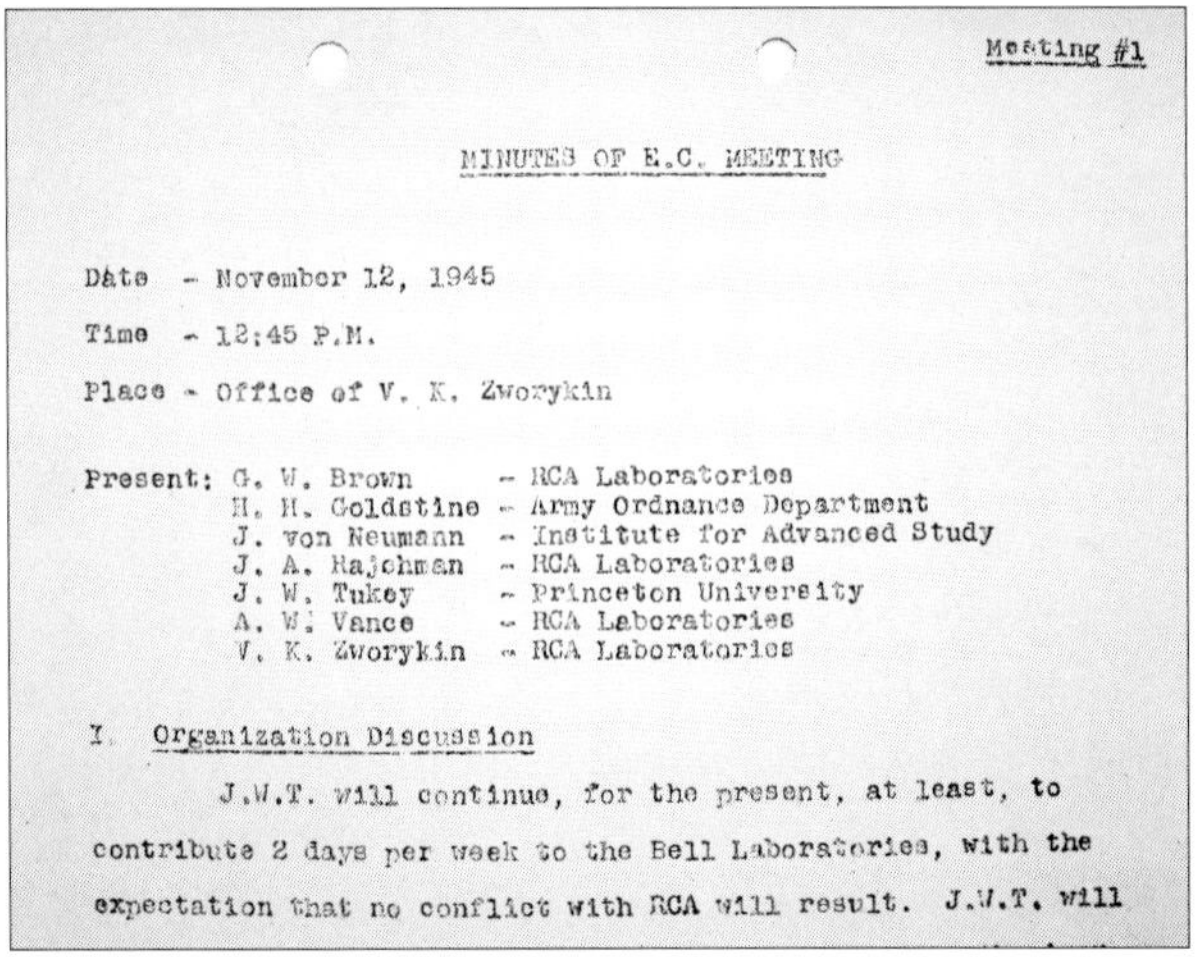
Meeting #1

MINUTES OF E.C. MEETING

Date - November 12, 1945

Time - 12:45 P.M.

Place - Office of V. K. Zworykin

Present:	G. W. Brown	- RCA Laboratories
	H. H. Goldstine	- Army Ordnance Department
	J. von Neumann	- Institute for Advanced Study
	J. A. Rajchman	- RCA Laboratories
	J. W. Tukey	- Princeton University
	A. W. Vance	- RCA Laboratories
	V. K. Zworykin	- RCA Laboratories

I. Organization Discussion

J.W.T. will continue, for the present, at least, to contribute 2 days per week to the Bell Laboratories, with the expectation that no conflict with RCA will result. J.W.T. will

31. 高等研究所・電子計算機プロジェクトの第1回ミーティングは、1945年11月12日、RCAのウラジーミル・ツヴォルキンのオフィスで行なわれた。「命令をコーディングしている言葉は、メモリのなかでは、まったく数字と同じように扱われる」と宣言された。このようにデータと指令が一体となったことで、物事を意味する数と、物事を行なう数との区別がなくなり、コードが世界を席巻することが可能となった（高等研究所、シェルビー・ホワイト・アンド・レオン・レヴィー・アーカイブス・センター）。

32. 1912年、モアザン＝ブレリオ単葉機に座るバーネッタ・ミラー。アメリカ合衆国でパイロットの免許を取得した5人めの女性で、1941年、高等研究所の秘書となった（ジョゼフ・フェルゼンスタインのご厚意による。撮影者不明）。

33. ペンシルベニア大学におけるENIACプロジェクトでハーマン・ゴールドスタインの秘書を務めたアクレーヴェ・コンドプリア（現在はエマヌリデス姓）は、IASの電子計算機プロジェクトに参加するようゴールドスタインとフォン・ノイマンに誘われ、1946年6月3日に初出勤した。当時17歳だった彼女は、1949年までこのプロジェクトを手伝った（1947年ごろウィリス・ウェアが撮影。アクレーヴェ・エマヌリデスのご厚意による）。

34. 左から右へ、ノーマン・フィリップス（気象学者）、ハーマン・ゴールドスタイン（副監督）、ジェラルド・エストリン（技術者）。1952年、MANIACのマシン室にて。高等研究所の理論家たちは、気象学者と技術者が大勢入ってくることに複雑な心境だった。ジュリアン・ビゲローは、「自分が何をしようとしているのか考えなければならない」人々は、「自分たちがやろうとしていることをちゃんと理解していると思しき」人々を歓迎できなかったのだと話す（高等研究所、シェルビー・ホワイト・アンド・レオン・レヴィー・アーカイブス・センター）。

35. ヤン・ライヒマンが発明したRCAのセレクトロン（Selective Storage Electrostatic Memory Tube）は、1本の真空管のなかに、完全デジタル式の4096ビット静電ストレージ・マトリクスを実現することを約束するものだった。この、《ナショナル・ジオグラフィック》誌1950年2月号掲載の広告に謳われているように、ファイルを超高速で保存・読み出しできるほかに、数値気象予測にも応用できた（RCA/ナショナル・ジオグラフィック）。

36. 1948年、マンチェスター大学のSSEM（Small-Scale Experimental Machine）の制御系の前に立つトム・キルバーン（左）とフレデリック・C・ウィリアムス（右）。初めて稼動したプログラム内蔵型電子デジタル・コンピュータである、このマンチェスター「ベイビー」は、1948年6月21日、1024ビット陰極線管メモリをテストするため、17行のプログラム（メルセンヌ素数の検索）を実行した（マンチェスター大学、コンピュータ科学科）。

37. ウィリアムス静電ストレージ管を持つジェームズ・ポメレーン。RCAのセレクトロンが予定通り出来上がらなかったので、IASチームはジェームズ・ポメレーンの提案で、市販の5インチ陰極線オシロスコープ管を、ウィリアムス＝キルバーンのアイデアに基づく完全ランダムアクセス・メモリに改造した。高速デジタルストレージ実現を阻んでいたのは、メモリの問題よりもむしろ切替問題だったが、これは電子ビームを2軸アナログ偏向させて1024点切替を可能にしたことで解決された（高等研究所、シェルビー・ホワイト・アンド・レオン・レヴィー・アーカイブス・センター）。

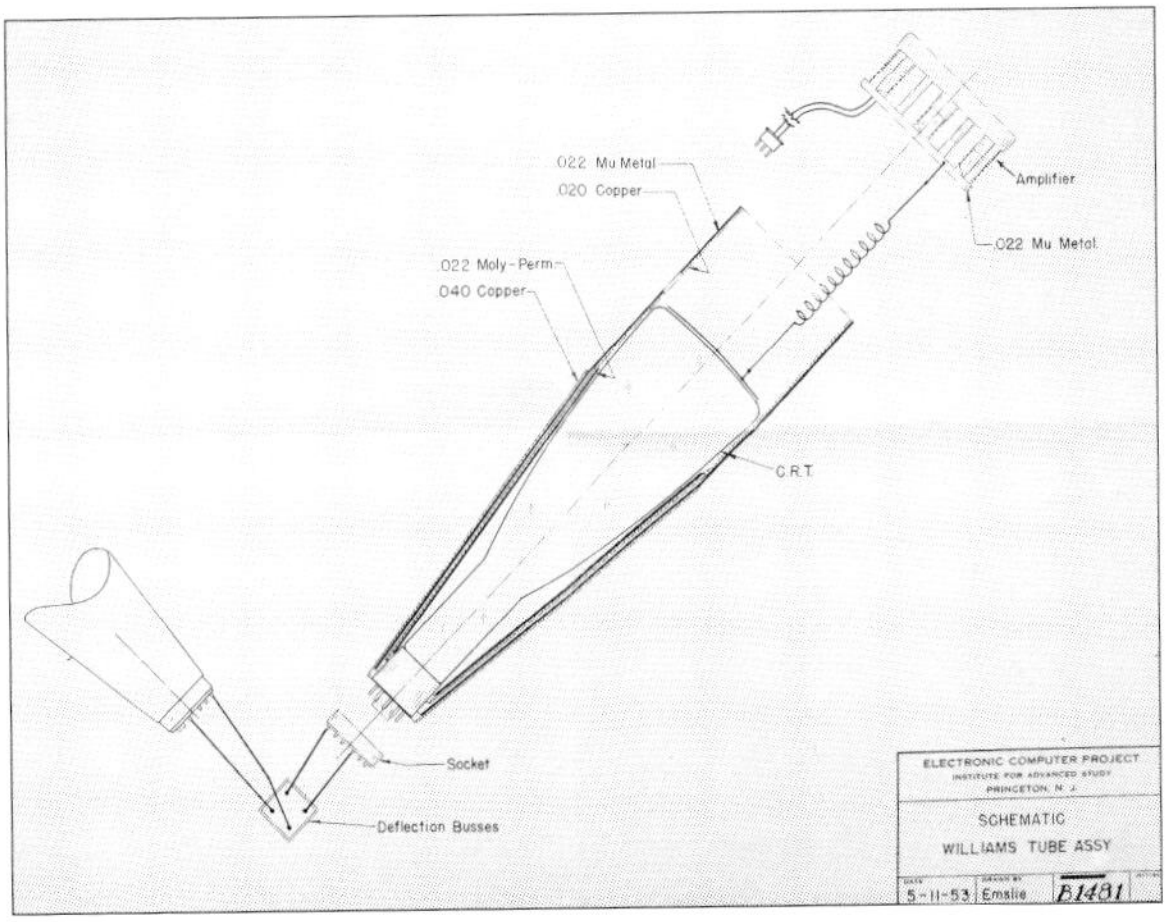

38. ウィリアムス・メモリ管の分解図。電磁遮蔽、偏向回路への接点、高利得アンプが、それぞれの管の前面に配置されている。管の内面に配置された1024点の1つに電子ビームを照射して「刺激」すると、管の外面に取り付けられた格子に弱い電気信号が生じる。これが3000倍に増幅されて、そのメモリ位置の帯電状態が0と1のどちらに相当するかがはっきりわかるように「差別化」される（高等研究所、シェルビー・ホワイト・アンド・レオン・レヴィー・アーカイブス・センター）。

39. ドット（0）かダッシュ（1）かは、0.7マイクロ秒以内に判定されねばならない。これは、その位置を電子ビームで「探る」ことで生じる微弱な２次パルスの性質を「調べる」ことによって行なわれる（高等研究所、シェルビー・ホワイト・アンド・レオン・レヴィー・アーカイブス・センター）。

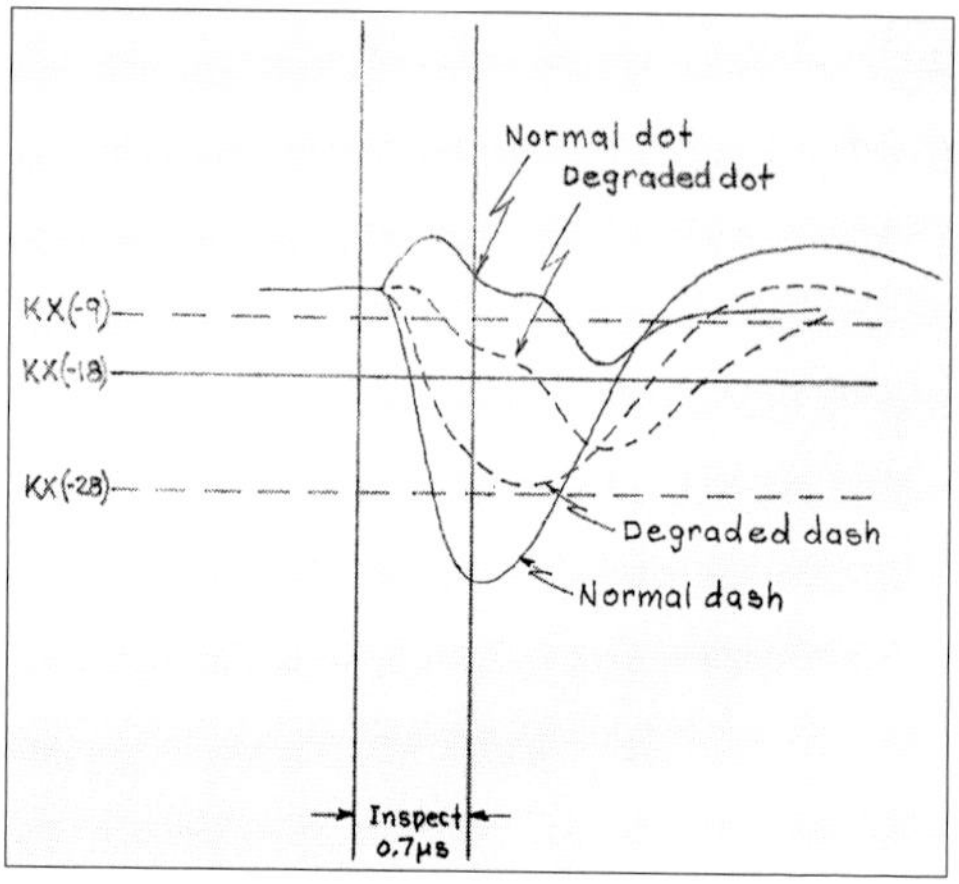

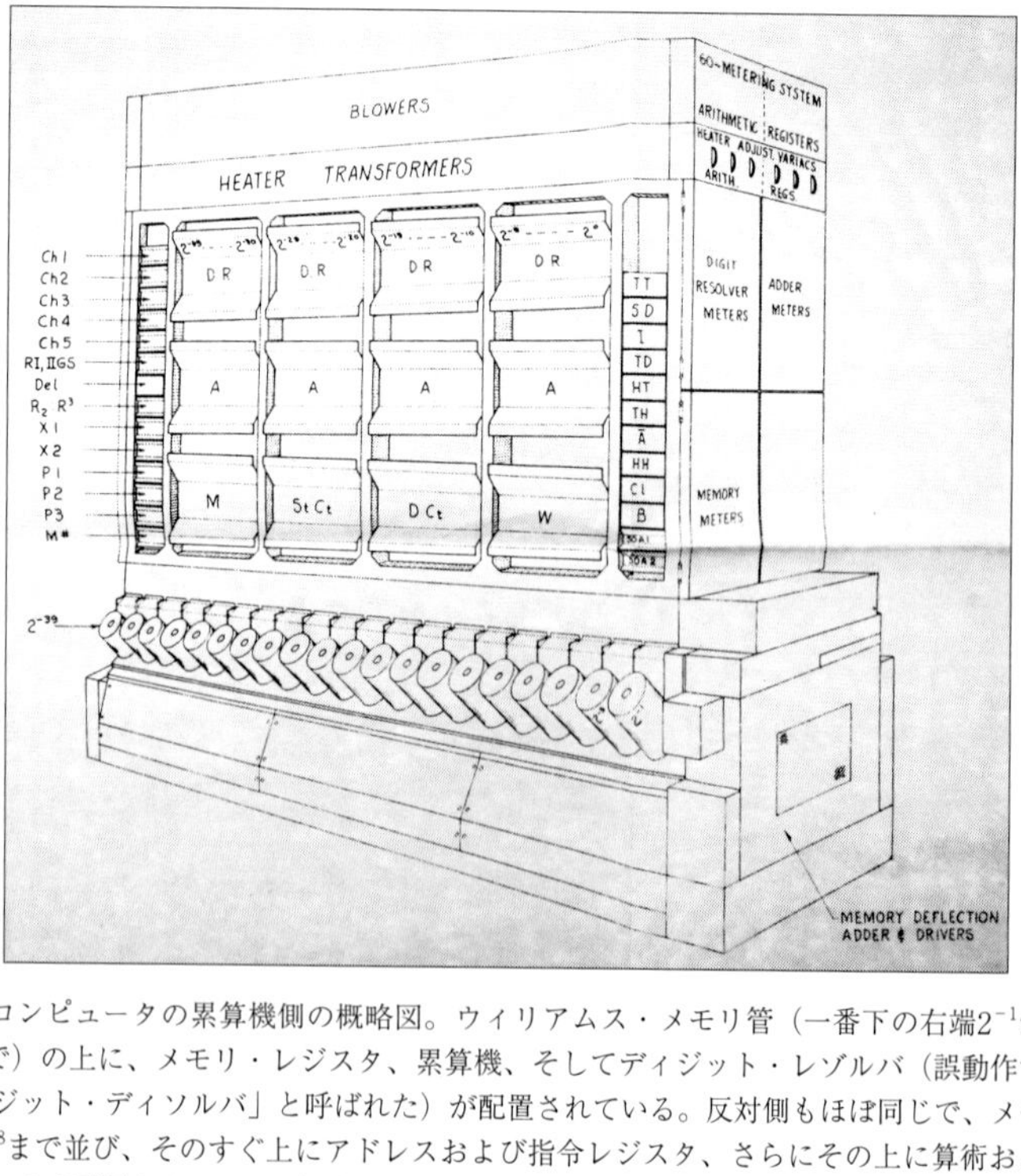

40. IASコンピュータの累算機側の概略図。ウィリアムス・メモリ管（一番下の右端2^{-1}から左端の2^{-39}まで）の上に、メモリ・レジスタ、累算機、そしてディジット・レゾルバ（誤動作するときは「ディジット・ディソルバ」と呼ばれた）が配置されている。反対側もほぼ同じで、メモリ管が2^{0}から2^{-38}まで並び、そのすぐ上にアドレスおよび指令レジスタ、さらにその上に算術およびメモリ・レジスタが配置されている（高等研究所、シェルビー・ホワイト・アンド・レオン・レヴィー・アーカイブス・センター）。

41. 1952年、頭上にバルブが渡され、V-40エンジンのように配置されたMANIAC。幅約８フィート（約2.4メートル）、高さ約６フィート（約1.8メートル）、奥行約２フィート（約60センチ）。消費電力は約19.5キロワット。フルスピード時で、約16キロサイクルで稼動した。レジスタをルーサイト（デュポン社製の樹脂）で覆うと、頭上ダクト内の排気の流れが毎分1800立方フィートに改善される（高等研究所、シェルビー・ホワイト・アンド・レオン・レヴィー・アーカイブス・センター）。

42. 1952年６月10日、IASコンピュータの一般へのお披露目に臨むジュリアン・ビゲロー、ハーマン・ゴールドスタイン、J・ロバート・オッペンハイマー、ジョン・フォン・ノイマン（左から右へ）。「オッペンハイマーは、このマシンに反対したことは一度もなく、その前で数度写真に撮られることを承諾したが、それが彼の最大の貢献だった」とビゲローは言う。「わたしは、彼がそこにいたのを見た記憶はまったくない」とウィリス・ウェアは言う（高等研究所、シェルビー・ホワイト・アンド・レオン・レヴィー・アーカイブス・センター）。

43. 1952年のIAS技術者チーム。左から右へ：ゴードン・ケント、エフレイム・フレイ、ジェラルド・エストリン、ルイス・ストロース、J・ロバート・オッペンハイマー、リチャード・メルヴィル、ジュリアン・ビゲロー、ノーマン・エムスリー、ジェームズ・ポメレーン、ヒューイット・クレーン、ジョン・フォン・ノイマン、そしてハーマン・ゴールドスタイン（写真の外）（高等研究所、シェルビー・ホワイト・アンド・レオン・レヴィー・アーカイブス・センター）。

44. 1952年の電子計算機プロジェクトのスタッフ。判明している人物は、左から右に、座っている人々：？、ランバート・ロッカフェロー、？、？、エリザベス・ウッデン、ヘドヴィグ・セルバーグ（膝立ちになっている）、ノーマ・ジルバーグ、？。中央に立っている人々：フランク・フェル、？、？、？、ヒューイット・クレーン、リチャード・メルヴィル、？、エフレイム・フレイ、ピーター・パナゴス、マーガレット・ラム。一番奥に立っている人々：？、ノーマン・フィリップス、ゴードン・ケント、？、ハーマン・ゴールドスタイン、ジェームズ・ポメレーン、ジュリアン・ビゲロー、ジェラルド・エストリン、？（高等研究所、シェルビー・ホワイト・アンド・レオン・レヴィー・アーカイブス・センター）。

45. 1950年のIAS集合住宅。ニューヨーク州北部のマインビルのオークションで落札された、11戸の戦用余剰木造住宅。1946年、現地で解体され、鉄道でプリンストンまで輸送され、ジュリアン・ビゲローの監督のもとで組み立て直された。近隣住民から、「洗練された住宅地に侵入し、有害な影響を及ぼすから」との反対があったが、それをおして設置された（高等研究所、シェルビー・ホワイト・アンド・レオン・レヴィー・アーカイブス・センター）。

46. 1946年の高速ワイヤー・ドライブ。磁気テープが使用可能になる以前は、鋼製記録ワイヤーが高速入出力実現の最善の手段であった。ただし、当時の録音装置よりもはるかに高速で回転させられる手段があったら、の話だった。「この目的のために、普通の自転車の車輪が2本、車輪の木枠に幅1/2インチ（約13ミリ）、深さ1/2インチの溝を掘った上で用いられた」とビゲローは述べる（高等研究所、シェルビー・ホワイト・アンド・レオン・レヴィー・アーカイブス・センター）。

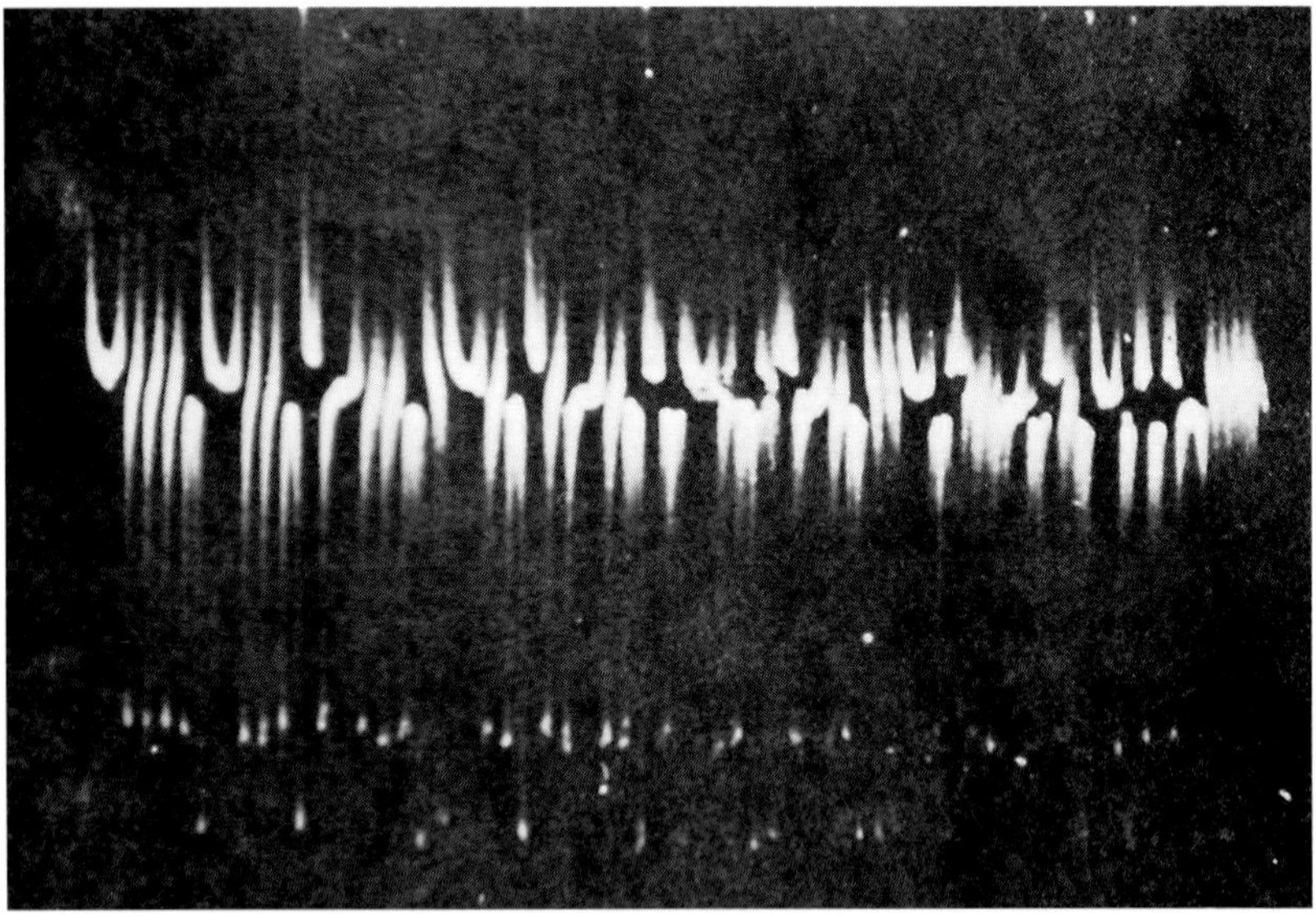

47. 磁気記録ワイヤーから直接読み取った40ビットの語をオシログラムに撮ったもの。1947年。アナログからデジタルへの移行が進んでいた。毎秒100フィート（90000ビット）のスピードが実現されたが、その直後、40列磁気ドラムに移行することが決まった（高等研究所、シェルビー・ホワイト・アンド・レオン・レヴィー・アーカイブス・センター）。

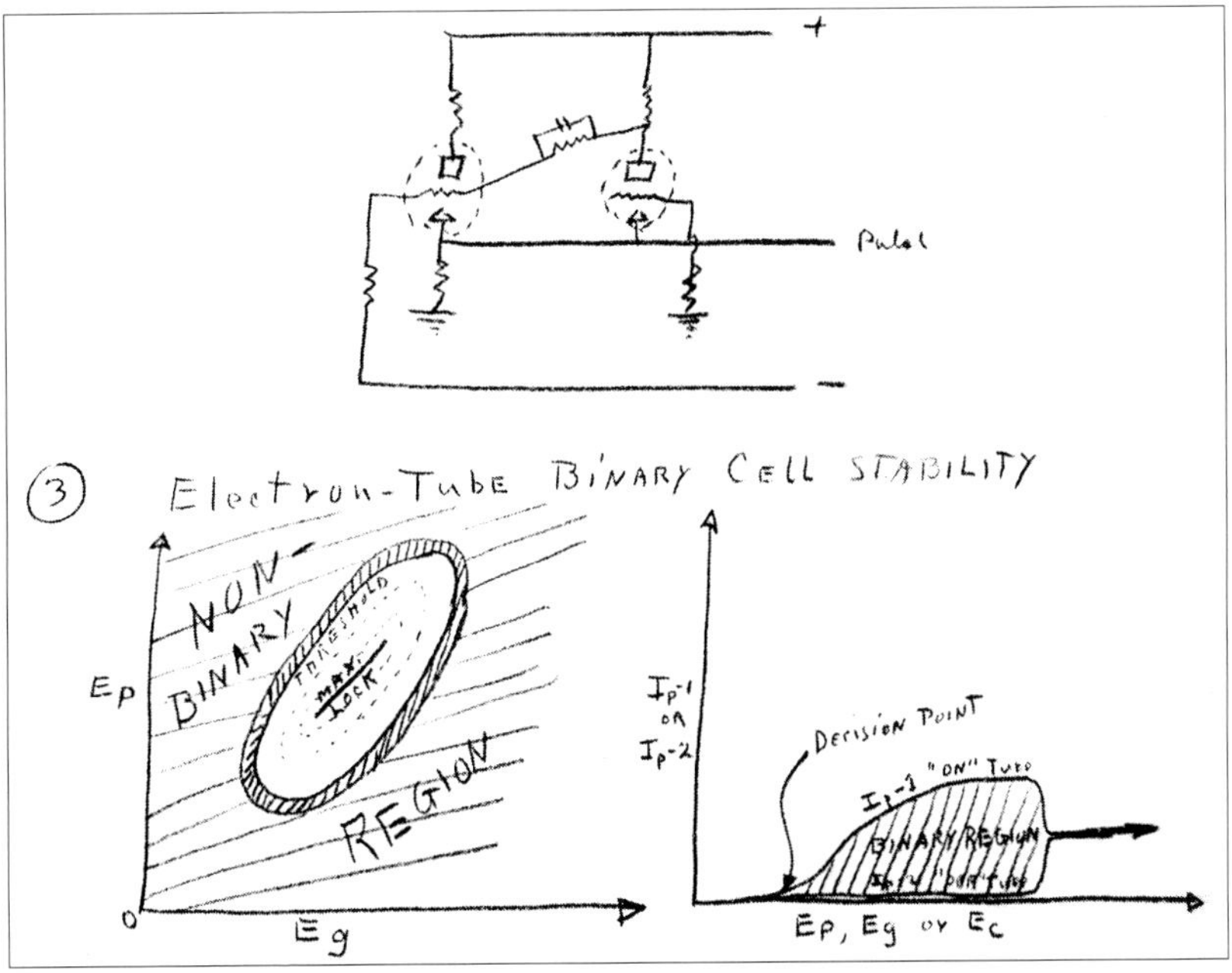

48. 「電子管バイナリー・セルの安定性」。1947年1月1日に提出された最初の『電子式計算装置の物理的な実現に関する中間進捗報告』のためにジュリアン・ビゲローが準備したスケッチ。真空管はアナログ素子だったので、夥しい数の真空管をデジタル式に振舞わせるのは容易ではなかった（高等研究所、シェルビー・ホワイト・アンド・レオン・レヴィー・アーカイブス・センター）。

49. プロトタイプの11段シフト・レジスタ。1947年に、6J6双３極小型真空管を使って製作された。マシン内部のすべての情報送信に、「ポジティブ・インターロック」方式が採用された。この３列の「トグル」によって、すべてのビットは、送信レジスタが空になる前、一旦中間レジスタ内に複製された。右シフト、左シフト、送信が、すべて0.6マイクロ秒で完了できた。最上列のトグルの上に並ぶネオン・ランプは、個々のビットの状態を示した（高等研究所、シェルビー・ホワイト・アンド・レオン・レヴィー・アーカイブス・センター）。

50. 生産モデルのシフト・レジスタの製作。1948年夏。部品を何度も複製しなければならなかったので、地元の高校生たちが雇われて、その仕事の大部分を担った。ジュリアン・ビゲローによれば、「われわれの機械の多くが、女子高生によって操作された」（高等研究所、シェルビー・ホワイト・アンド・レオン・レヴィー・アーカイブス・センター）。

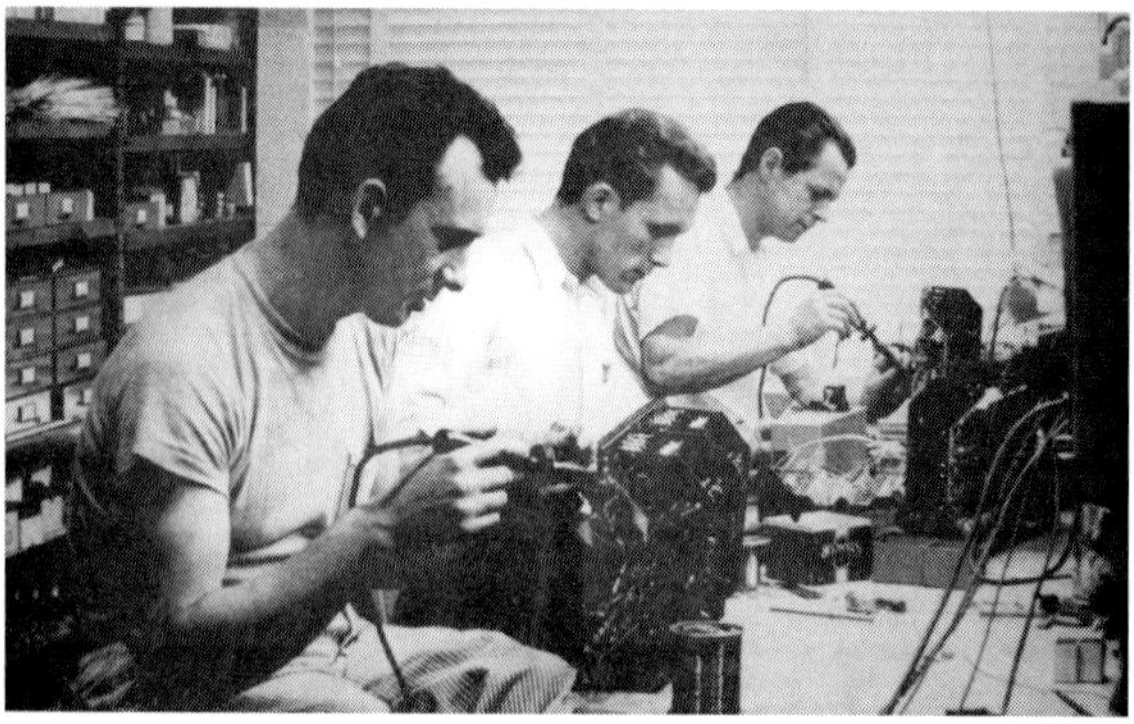

51. 40段シフト・レジスタ組立作業。1948年。真空管ヒーターとカソード電圧はすべて、シャーシに設置した2枚重ねの銅板を通して与えられた。こうすることによって、電子ノイズを減らし、コンピュータの論理構造に直接関係のある箇所以外では、目で見える配線をなくすことができた。こうして3次元の配置が実現し、空冷を最適化すると同時に最短での接続が可能になって、スピードが向上した（高等研究所、シェルビー・ホワイト・アンド・レオン・レヴィー・アーカイブス・センター）。

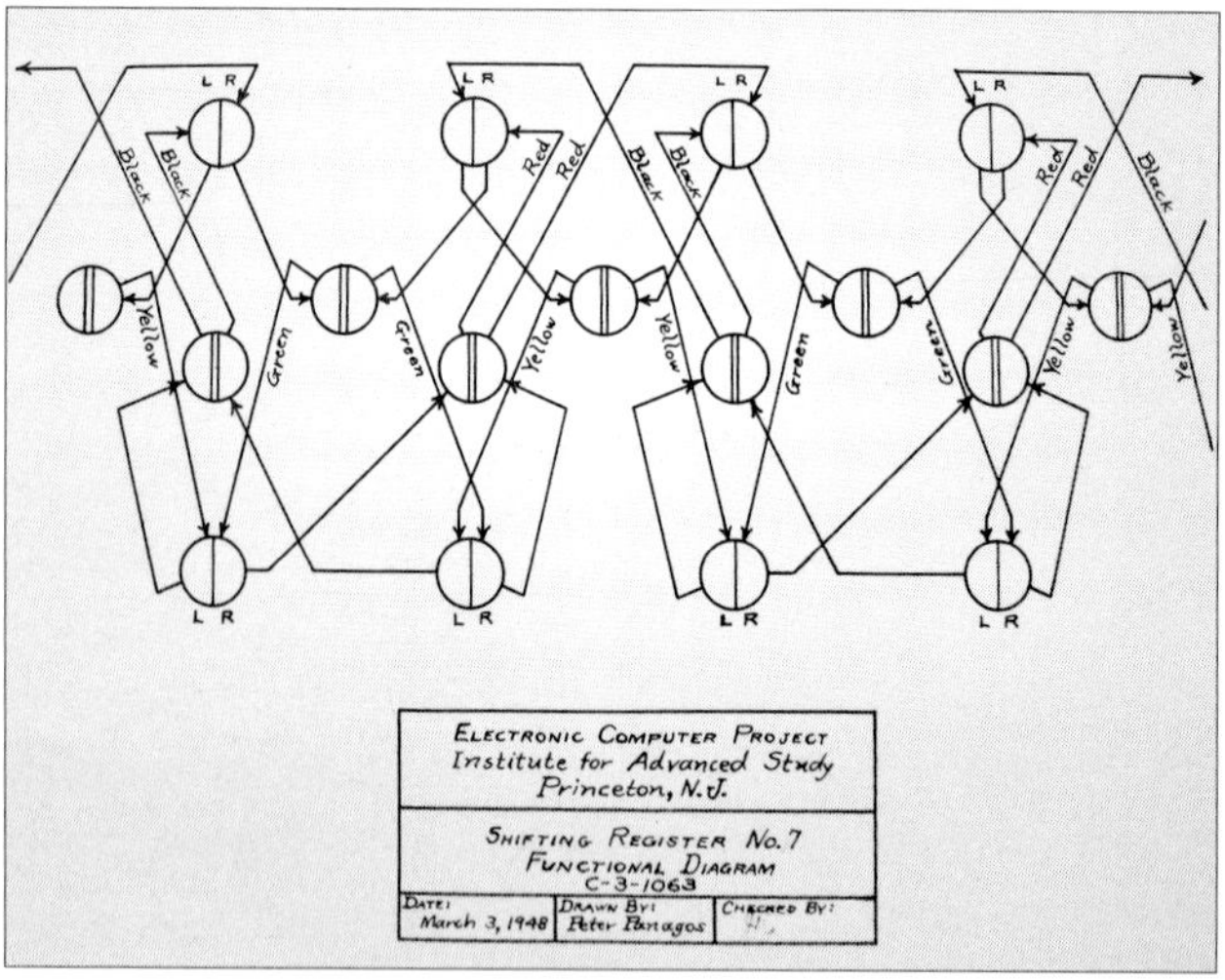

52. 「シフティング・レジスタNo. 7機能図」、1948年3月。倣うべき前例がまったくなかったので、コンピュータの要素を相互接続するさまざまな方法が検討された。「このころわれわれは、列状に並んだ仮想的なセルのあいだを情報が伝播したりスイッチしたりする際に何が起こるかに関して、フォン・ノイマンと共に、興味深い純理論的な議論を楽しんだ」とジュリアン・ビゲローは回想する。「彼がのちに行なったセル・オートマトンの研究の萌芽は、このなかにもあったのだろうとわたしは考えている」（高等研究所、シェルビー・ホワイト・アンド・レオン・レヴィー・アーカイブス・センター）。

チューリングの大聖堂

——コンピュータの創造とデジタル世界の到来

TURING'S CATHEDRAL

The Origins of the Digital Universe

by

George Dyson

Translated by
Michiyo Yoshida
First published 2013 in Japan by
Hayakawa Publishing, Inc.
This book is published in Japan by
direct arrangement with
Brockman, Inc.

それは油やイワシを売る人々のために作られたのではない……

――G・W・ライプニッツ

目次

まえがき　点源解（てんげんかい）

わたしは、爆弾よりもはるかに重要なものについて考えている。わたしはコンピュータについて考えているのだ。

——ジョン・フォン・ノイマン、一九四六年

創造神話には二種類ある。生命が泥のなかから生じるもの、そして、生命が空から落ちてくるもの。この二つだ。ここに語られる創造神話では、コンピュータが泥のなかから生じ、プログラムが空から落ちてくる。

一九四五年後半、ニュージャージー州プリンストンの高等研究所（ＩＡＳ）で、ハンガリー生まれのアメリカ人数学者、ジョン・フォン・ノイマンが技術者たちの小さなグループを立ち上げ、一台の電子式デジタル・コンピュータの設計、製作、そしてプログラミングをはじめた。このコンピュータの記憶装置（ストレージ）容量は五キロバイトで、メモリ位置のアテンション切り替えには二四マイクロ秒かかった。この容量のメモリでは、今日（こんにち）ではコンピュータ画面上の一個のアイコンを表示するにも足りないのだが、現在のデジタル宇宙のすべてが、元をたどればこの32×32×40ビットの小さな核に直接つながっ

ているのである。

フォン・ノイマンの取り組みは、一九三六年にアラン・チューリングが理論的構築物として発明した万能マシンを具現化するものであった。それは最初のコンピュータではなかった。それどころか、二台め、あるいは三台めのコンピュータですらなかった。しかし、高速ランダムアクセス・ストレージ・マトリクスを使いこなした最初のコンピュータの一つであり、そのコーディングも論理アーキテクチャも、ほかのどのコンピュータのものよりも広く複製され、使用された。アラン・チューリングが考案しジョン・フォン・ノイマンが実現したプログラム内蔵型コンピュータは、「何かを意味する数」と「何かを行なう数」との区別をなくした。これによってわれわれの宇宙はすっかり変貌し、その後二度と元に戻ることはなくなったのである。

産業に縛られることもなく、学問の世界のしきたりからも解放され、米国政府から大々的な支援を受けて、二十代から三十代の数十名の技術者が、一〇〇万ドルに満たない費用と五年に及ばぬ短い時間で、フォン・ノイマンのコンピュータの設計から製作までを行なった。「彼は、適切な人脈と正しい着想を持って、ちょうどいいときにちょうどいい場所にいたんですよ」と、ノイマンの技術者チームに採用された四人めの技術者、ウィリス・ウェアは回想する。「それがほんとうは誰の着想だったのかを巡る諍いは、今後も解決することはないでしょうけれどね[1]」。

第二次世界大戦も終わりに近づいたころ、ロスアラモスで原子爆弾を製造した科学者たちは、「次は何だ?」と訝っていた。リチャード・ファインマンのように、核兵器や軍事機密とは今後一切関わるまいと固く決意した者たちもいた。一方、エドワード・テラーやジョン・フォン・ノイマンのように、より高性能の兵器、とりわけ、「スーパー」、すなわち水素爆弾の開発にぜひとも取り組みたいと考える者たちもいた。一九四五年七月一六日の日の出直前、ニューメキシコの砂漠は「一〇〇〇個の太陽よりも明るい」爆発の光に照らされた。その八年半のち、さらに一〇〇〇倍も強力な爆発で、ビキニ環礁（かんしょう）の上空が照らされた。水爆製造競争は、コンピュータを作りあげたいというフォン・ノイマンの願望によって加速され、同時に水爆製造競争が、フォン・ノイマンのコンピュータを完成させろという圧力を一層強めたのだった。

コンピュータは、核爆発を起爆させるために、そして、爆発に続いて何が起こるかを理解するためにも、不可欠だった。『点源解（てんげんかい）』と題された、核爆発で生じる衝撃波に関するロスアラモス研究所の一九四七年の報告書のなかでフォン・ノイマンは、「極めて激しい爆発に対しては……最初の中心高圧域を点と見なして差し支えないであろう[2]」と述べた。このように、物理的実体に十分近く核爆発を近似する方法を彼が見出してくれたおかげで、核兵器の効果について、実際に役に立つ予測を立てることが初めて可能になったのだった。

コンピュータのなかで行なわれた連鎖反応の数値シミュレーションは、コンピュータどうしのあいだで連鎖反応を起こし、それに伴って、装置としてのコンピュータもその命令に使われるコードも、人間が核爆発を理解するのを助けるために設計されたのではあったが、その核爆発と同じぐらい爆発的に増殖していった。人間の発明品のうち、最も破壊的なものと最も建設的なものがまったく同時に登場したのは偶然ではなかった。コンピュータのおかげで発明することができた兵器の破壊的な力からわれわれを守ることができるのは、コンピュータの総合的な知性以外にないだろう。

チューリングの万能計算モデルは一次元だった――一本のテープの上にコード化された一連の記号であった。フォン・ノイマンはチューリングのモデルを二次元のものとして具現化した。これは、今日使われているすべてのコンピュータの根底に存在するアドレス・マトリクスそのものである。今やコンピュータ世界の趨勢（すうせい）は三次元だが、インターネット全体を、夥（おびただ）しい数のチューリングの万能マシンが共有する一本の昔ながらの穿孔(せんこう)テープと見なすことは今でも可能だ。

ところで、この図式のなかで、時間はどこに位置づけられるのだろう？　デジタル宇宙の時間とわれわれの宇宙の時間は、まったく異なる時計に支配されている。われわれの宇宙では、時間は連続体だ。デジタル宇宙では、時間（T）は飛び飛びに一段階ずつ増えていき、数として数えられる。デジタル宇宙は、$T=0$の始点と、そしてTが停止する場合には終点によっても、境界が設けられている。だが、たとえ完全に決定論的な宇宙においてさえも、前もって終点を予測する一貫した方法は存在しない。われわれの宇宙のなかにいる観察者にとって、デジタル宇宙は加速しているように見える。デジタル宇宙のなかにいる観察者にとって、われわれの宇宙は減速しているように見える。

アラン・チューリングが一九三六年の『計算可能数、ならびにその決定問題への応用』という論文で提案した万能コードと万能マシンは大々的な成功をおさめ、今日なおデジタル宇宙に君臨している。このため、その根底に「決定問題」に対するチューリングの深い関心が存在していたことは見過ごされがちだ。チューリングは、ヒルベルトの決定問題（訳注：第13章参照）に応えて、コードを見ただけで、そのコードが何を行なうのかを見抜く系統立った方法は存在しないことを証明した。そのおかげでデジタル宇宙は格段に面白くなったのだし、わたしも本書を書こうという意欲をそそられ、また、みなさんも本書を手に取ってみようという気になられたのである。

デジタル宇宙がこの先どこへ向かうのかを予測することは不可能だが、デジタル宇宙がどのように始まったのかを理解することはできる。最初の完全電子式ランダムアクセス・ストレージ行列の起源、ならびに、それが生み出したコードが増殖したさまは、ほかのどんな近似よりも、点源で近似された核爆弾の拡散に近い。

謝辞　はじめにコマンド・ラインがあった

直観で到達した真実は、追い求めた末についに獲得した真実ほど味わい深くはないかもしれない。
――サー・ロバート・サウスウェルからウィリアム・ペティーへ、一六八七年

一九五六年、三歳だったわたしは、ニュージャージー州プリンストンの高等研究所にあった父のオフィスから、わが父、物理学者のフリーマン・ダイソンと一緒に歩いて家まで帰る途中、車の切れたファン・ベルトが道に落ちているのを見つけた。あれは何なのと父に尋ねると、「太陽のかけらだよ」と父は答えた。

場の理論を研究していた父は、ハンス・ベーテの指導を受けていた。ベーテは戦時中ロスアラモス研究所の理論部門のリーダーだった。恒星のエネルギー源となる炭素サイクルを発見したことでノーベル賞を受賞したとき、ベーテはこう説明した。「恒星にも動物によく似たライフサイクルがあります。恒星は生まれ、大きくなり、内部でも決定的な成長を遂げ、やがて死にますが、そのとき、新しい恒星たちが生きられるように、自分を構成していた物質を返却するのです[1]」。ファン・ベルトは、技術者にとってはエンジンのクランク軸と送水ポンプのあいだに存在するものだが、物理学者にとっ

てファン・ベルトは、恒星と恒星のあいだにほんの束の間存在するものに過ぎない。

　高等研究所では、自分の車の仕組みを熟知した人よりも、量子力学にくわしい人のほうが多かった。だが、注目すべき例外が一人いた。ジョン・フォン・ノイマンの主任技師として一九四六年に高等研究所にやってきたジュリアン・ビゲローだ。ビゲローは、物理学、数学、電子工学に精通していたが、ファン・ベルトがどのように働くのか、どうして壊れるのか、そして、そのファン・ベルトはフォードのものかシボレーのものかを、三歳の子どもにも説明できる機械工でもあった。

　大恐慌の時期に子ども時代を過ごしたビゲローは、どんなものも決して捨てたりしなかった。オルデン・ファームの跡地に作られた高等研究所には、大きくてがらんとした納屋（なや）があって、そこにはフォン・ノイマンのコンピュータを製作するために準備された部品や装置の余りものが、干草の俵（たわら）やばね歯式の鋤（すき）など、農場の日々の労働の名残に混じって保管されていた。わたしは、八歳から一〇歳のほかの子どもたちと一緒に小さなグループを作って、暇があれば研究所の林を探検し、よく納屋にも入っていた。闖入（ちんにゅう）したわたしたちに驚き、あわてて天井に飛び上がった鳩が巻き上げた埃を照らしながら、屋根の隙間から太陽の光が二、三本、条（すじ）になって差し込んでいた。

　ジュリアンが集めて保管していた戦用品の電子部品の余り物は、それまでにも何か必要な部品を探しにきた者たちに、いろいろと抜きとられていた。どういうものなのか、わたしたちにわかるものなどほとんどなかったが、そんなことはお構いなしに、分解できるものは何でも分解した。わたしたちは、昔ジュリアン・ビゲローがコンピュータを製造し、それが子どもは立ち入り禁止の建物のなかに置かれているということを知っていた。農場主のものだった邸宅に住むロバート・オッペンハイマーが原子爆弾を作ったことだって、もちろん知っていた。わたしたちは林のなかに探検に入ると、鳥や哺乳類には目もくれず、素手で捕まえられる蛙や亀を狙った。わたしたちにとっては、この世はまだ爬虫類時代だったのだ。一方、太古の恐竜にも比すべき、往時の巨大コンピュータは、むしろ熱い体をもつ温血動物だった。しかし、その残骸からわたしたちが抜き取ったリレーや真空管には、最盛期の生気のこもった熱はもはやまったく残っていなかった。

納屋のなかにずっと放置されたままになっていた残骸への好奇心は、いつまでも消えずにわたしの心のなかに残った。「国家のような機関は、歴史など持ってはいないのが、おそらく最も幸福であろう」と、高等研究所の初代所長、エイブラハム・フレクスナーは一九三六年に宣した。高等研究所全体の歴史と、とりわけ、電子計算機プロジェクトの歴史に関するフレクスナー博士のこの方針が、オッペンハイマーをはじめとする彼の後継者たちに継承されたおかげで、本書の背後にある文書のほとんどは極めて長いあいだにわたって秘密にされたままになっていた。「彼が関心を抱いたようなものはここには何もないと、わたしはそれなりの根拠をもって断言します」と、オッペンハイマーの後継者、カール・ケイセンは一九六八年、MITのある電子工学教授から届いたフォン・ノイマンの電子計算機プロジェクトに関する記録に関する問い合わせに答えて述べた。[2]

前所長のフィリップ・グリフィスのご好意を得たことと、二人の理事、チャールズ・シモニーとマリーナ・フォン・ノイマン・ホイットマンにご支援いただいたおかげで、わたしは二〇〇二年から二〇〇三年の一学年を高等研究所の所長特別客員研究員として過ごすようご招待いただき、ものによっては一九四六年以来日の光に曝されることのなかった数々のファイルを自由に開くことを許された。歴史研究・社会科学担当司書のマルシア・タッカーと公文書保管人のリサ・コーツが、電子計算機プロジェクト（ＥＣＰ）に関しての残存する記録を体系的に保存する作業を開始してくださり、キンバリー・ジェイコブソンが、ここでは飛び飛びに抽出してしか調べられていなかった文書を数千ページにわたって完全に書写してくださった。現在の所長ピーター・ゴダードの尽力と、シェルビー・ホワイトならびにレオン・レヴィー財団からの寄付によって、高等研究所内に常設の文書センターが設立された。クリスティーン・ディベラ、エリカ・モスナーの二人の公文書保管人と、高等研究所のスタッフの皆さん、とりわけリンダ・クーパーは、できる限りの支援をしてくださった。そして、現在の理事の皆さん、なかでもジェフリー・ベゾス（訳注：アマゾンの創設者で現在は会長兼CEO）は、たえず励ましと支援をくださっている。

この歴史をめぐる存命の証人の多く——アリス・ビゲロー、ジュリアン・ビゲロー、アンドリューとキャスリーンのブース夫妻、ラウール・ボット、マーティンとヴァージニアのデイヴィス夫妻、アクレーヴェ・コンドプリア・エマヌリデス、ジェラルドとテルマのエストリン夫妻、ブノワ・マンデルブロ、ハリス・マイアー、ジャック・ローゼンバーグ、アトル・セルバーグ、ジョゼフとマーガレットのスマゴリンスキー夫妻、フランソワーズ・ウラム、ニコラス・フォンノイマン、ウィリス・ウエア、そしてマリーナ・フォン・ノイマン・ホイットマンなどの皆さん——が、時間を割いてわたしと話をしてくださった。「五年以内に、証言できる目撃者は一人もいなくなりますよ」と、二〇〇四年にジョゼフ・スマゴリンスキーは忠告してくださったものだった。

二〇〇三年、ビゲロー家の皆さんは、ジュリアン・ビゲローが保管していた書類の箱をわたしが調べるのを許してくださった。ある箱のなかには、米国海軍研究所の技術報告書、第二次世界大戦時の真空管の仕様書、規格基準局の広報、さらにはENIACの維持管理マニュアルまでもが入っていたが、それらに混じって、一旦丸めて捨てたものの、あとで平らに伸ばして保管されたと明らかにわかる、「部外秘」のスタンプが押された一枚の罫紙があった（口絵②）。横書きの罫を縦向きにした紙の一番上に、次のような手書きの文字が一行書かれていた。

要求：一語（40bd）に二つの命令を含ませる、各命令＝C(A)＝コマンド（1–10, 21–30）・アドレス（11–20, 31–40）

フォン・ノイマンのコンピュータ・プロジェクトが始まったころに書かれたこの一枚の紙切れこそ、「二進数（binary digit）」のことが「bd」と略された最初であった。二進数の略称に「ビット」が使われるようになる以前のことである。

SF作家で技術にも詳しいニール・スティーヴンスンによれば、「はじめにコマンド・ラインがあった」という。ニールのおかげ、そして、そのほかの多くの支援者の皆さん、とりわけ、地下室に入ることを許してくださった個人や機関のおかげで、この八年のあいだわたしは、総計すれば途方もなく長くなる時間にわたって、デジタル宇宙が形成されつつあったころに堆積していった何層もの文書に没頭することができた。ＲＣＡのアレックス・マグーンからランド研究所のウィリス・ウェアまで、そしてそのあいだに存在したさまざまな組織の記録――『計算の歴史年報』や、チャールズ・バベッジ研究所の口述歴史集など――を保管してきた多くの方々は、さもなければ保存されなかったかもしれない記録を大切に維持してくださった。わたしはこの方々の多大な恩恵を受けている。挙げれば長大なリストになる歴史家や伝記作家の方々――ウィリアム・アスプレイ、アルマンド・ボレル、アリス・バークス、フロ・コンウェイ、ジャック・コープランド、ジェームズ・コルタダ、マーティン・デイヴィス、ピーター・ガリソン、デイヴィッド・アラン・グリアー、ロルフ・ハーケン、アンドリュー・ホッジス、ノーマン・マクレイ、ブライアン・ランデル、そしてジム・シーゲルマンなど――から、わたしはここに書き表せないほどの恩恵を受けている。すべての本は、それ以前に書かれた本のおかげで存在するのだが、本書に先立つ著作のなかでも特に参考になったものを挙げさせていただきたい（出版順）。ベアトリス・スターンの『高等研究所の歴史、一九三〇 - 一九五〇年』（一九六四年）、ハーマン・ゴールドスタインの『計算機の歴史――パスカルからフォン・ノイマンまで』（一九七二年）（末包良太ほか訳、共立出版）、ニコラス・メトロポリスほか編『二〇世紀のコンピューティングの歴史』（一九八〇年）、アンドリュー・ホッジスの『アラン・チューリング――謎（ジ・エニグマ）』（一九八三年）、ロルフ・ハーケン編『万能チューリング・マシン――半世紀の調査』（一九八八年）、そしてウィリアム・アスプレイの『ノイマンとコンピュータの起源』（一九九〇年）（杉山滋郎、吉田晴代訳、産業図書）。

思えば、ジュリアン・ビゲローとその同僚たちが新しいコンピュータを設計し、製作するのに要した時間は、わたしがこの本を書くよりも短かったのだった。マーティン・アッシャー、ジョン・ブロックマン、ステファン・マグラー、そしてカティンカ・マットソンは、わたしが時間をかけるのを辛抱強く見守ってくださった。ビゲロー家の皆さん、高等研究所、フランソワーズ・ウラム、そしてとりわけマリーナ・フォン・ノイマン・ホイットマンは、本書の誕生に不可欠な文書を参照することを許してくださった。ガブリエラ・ボロバシュは、ハンガリー語のニュアンスのみならず、当時のブダペスト市民の感情や思想をもきちんと把握して、膨大な分量の書簡を翻訳してくださった。ベーラ・ボロバシュ、マリオン・ブロドハーゲン、フリーマン・ダイソン、ジョゼフ・フェルゼンスタイン、ホリー・ギヴン、デイヴィッド・アラン・グリアー、ダニー・ヒリス、ヴェレナ・ヒューバー＝ダイソン、ジェニファー・ジャケー、ハリス・マイアー、そしてオルヴィー・レイ・スミスは、初期の草稿にコメントをくださった。高等研究所電子計算機プロジェクトの進捗（しんちょく）報告書を、十代の少女だった一九四六年にタイプライターで清書しチェックしたアクレーヴェ・コンドプリア・エマヌリデスは、そうでなければ見過ごされたままになったであろう間違いをいくつも見つけてくださった。

最後に、本書のテーマとなった研究に資金援助をしてくださった方々に感謝申し上げる。「議会の年寄りたちが数千ドルをどう配分するかを議論しているあいだに、先見の明のある大将や司令官たちは、躊躇(ちゅうちょ)することなく、プリンストン、ケンブリッジ、そしてロスアラモスにいた変わり者たちに相当な額を提供した」と、かつてニコラス・メトロポリスは、第二次世界大戦後のコンピュータ発展史を振り返って述べた(3)。

初期のコンピュータが多くの場所で製作されたおかげで、保存状態のいい化石がいくつも残存している。だが、ほかのものがすべて整ったときに、アドレス・マトリクスと命令コードのあいだに連鎖反応を引き起こして、今われわれ全員がその只中(ただなか)にいるデジタル宇宙の全体を生み出したものは、つまるところ何だったのだろう?

必要だったのは、C(A)だけであった。

主な登場人物

（訳注：ハンガリー人の人名表記は日本人同様、姓・名の順。本書では他の欧米人と同じ、名・姓の順を優先して表記している。本表および本文中に頻出する略語について。ＩＳＡ＝高等研究所。ＥＣＰ＝電子計算機プロジェクト。ＡＥＣ＝原子力委員会）

ハンス・アルヴェーン（一九〇八‐一九九五年）　スウェーデン出身のアメリカの磁気流体学者で、ウロフ・ヨハネッソンというペンネームで『巨大コンピュータの物語』を書いた。

カタリン（リリ）・アルチュチ（一九一〇‐一九九〇年）　ジョン・フォン・ノイマンの年下の従姉妹で、フォン・ノイマンの母方の祖父、ヤコブ・カン（一八五四‐一九一四年）の孫娘。

ウォーレン・ウィーヴァー（一八九四‐一九七八年）　アメリカの数学者、ロックフェラー財団の「主任慈善事業担当者」と自称。第二次世界大戦中、米国科学研究開発局の応用数学パネルのディレクターを務めた。

ユージン・Ｐ・ウィグナー（ハンガリー名ウィグネル・イェネー、一九〇二‐一九九五年）　ハンガリー生まれのアメリカの数理物理学者。

ノーバート・ウィーナー（一八九四‐一九六四年）　アメリカの数学者で、ジュリアン・ビゲロー、ジョン・フォン・ノイマンと共に、その後「サイバネティックス・グループ」と呼ばれるものを設立。

フレデリック・C・ウィリアムス（一九一一‐一九七七年）　イギリスの電子工学者。第二次世界大戦中、マンチェスター大学で先駆的なレーダー研究とレーダー開発を行なう。また、「ウィリアムス」陰極ストレージ管ならびに、それを利用した最初のプログラム内蔵型コンピュータ「マークⅠ」を開発。

ウィリス・H・ウェア（一九二〇年‐）　アメリカの電気技術者で、一九四六年から一九五一年にかけてIAS・ECPの一員。その後ランド研究所に移籍。

オズワルド・ヴェブレン（一八八〇‐一九六〇年）　アメリカの数学者。ソースティン・ヴェブレンの甥で、IASの初めての教授として一九三二年に指名された。

スタニスワフ・マルチン・ウラム（一九〇九‐一九八四年）　ポーランド出身のアメリカの数学者でジョン・フォン・ノイマンの指導を受ける。

フランソワーズ・ウラム（旧姓アーロン）（一九一八‐二〇一一年）　フランス系アメリカ人の編集者、ジャーナリスト。スタニスワフ・ウラムの妻。

フランク・エイダロッテ（一八八〇‐一九五六年）　高等研究所の二代目所長。在任一九三九‐一九四七年。

フォスター（一九一五‐一九九九年）**およびセルダ**（一九一六‐一九八八年）**・エヴァンス**　二人ともロスアラモス研究所に所属した物理学者で、熱核反応プログラミングを夫婦でチームとなって担当した。IASには一九五三年と一九五四年に在籍。

ジェラルド・エストリン（一九二一年‐）　一九五〇年から一九五六年までIAS・ECPの一員だったが、一九五三年から一九五五年にかけて、イスラエルのレホヴォトにあるヴァイツマン科学研究所において、MANIACの第一世代の後継機の製造を指揮するため休職した。

テルマ・エストリン（一九二四年‐）　電子技術者。一九五〇年から一九五六年までIAS・ECPの一員。ジェラルド・エストリンの妻。

カール・ヘンリー・エッカート（一九〇二‐一九七三年）　アメリカの物理学者。スクリップス海洋学研究所の初代所長で、クララ（クラリ）・フォン・ノイマンの四番めの夫。

ジョン・プレスパー・エッカート（一九一九‐一九九五年）　アメリカの電子工学技術者。ENIACの開発者で、BINACとUNIVACを製造したエレクトロニック・コントロール社（ECC）をジョン・モークリーと共に創設した。

アクレーヴェ・エマヌリデス（旧姓コンドプリア）（一九二九年‐）　ペンシルベニア大学ムーア校のENIACプロジェクトと、IAS・ECPの秘書を務めた（一九四六年から一九四九年）。

J・ロバート・オッペンハイマー（一九〇四‐一九六七年）　物理学者。第二次世界大戦中ロスアラモス国立研究所の所長を務め、一九四七年から一九六六年にかけてはIASの所長であった。

アーヴィング・ジョン（ジャック）・グッド（元の名はイサドール・ジェイコブ・グダック）　イギリス生まれのアメリカのベイズ学派統計学者。人工知能の草分け、暗号学者であり、第二次世界大戦中のイギリスの暗号解読活動でアラン・チューリングの助手を務めた。

ジェームズ・ブラウン・オナー（デズモンド）・クーパー（一九〇九‐一九九二年）　アメリカの物理学者でマリエット（ケヴェシ）・フォン・ノイマンの二人めの夫。

リチャード・F・クリッピンガー（一九一三‐一九九七年）　アメリカの数学者、コンピュータ科学者。一九四七年、ENIACを内蔵プログラム・モードに適合するように改良する作業を指揮した。

ヒューイット・クレーン（一九二七‐二〇〇八年）　アメリカの電気技術者でIAS・ECPのメン

バー（一九五一 - 一九五四年）。その後スタンフォード研究所の主導的科学者となる。

レスリー・リチャード・グローブス（一八九六 - 一九七〇年）　米国陸軍大将、第二次世界大戦中、ロスアラモスの責任者を務め、のちにスペリーレミントン・ランド社の研究部長となった（訳注：レミントン・ランドはのちにスペリー社に買収され、スペリー・ランド社となり、グローブスはその副社長に就任した）。

クルト・ゲーデル（一九〇六 - 一九七八年）　モラビア生まれのオーストリア人数理論理学者。一九三三年にＩＡＳに加わる。

ハーマン・ハイネ・ゴールドスタイン（一九一三 - 二〇〇四年）　アメリカの数学者、米国陸軍士官、ＥＮＩＡＣ責任者、一九四六年から一九五六年にかけてＩＡＳ・ＥＣＰの副監督。

クロード・エルウッド・シャノン（一九一六 - 二〇〇一年）　アメリカの数学者、電気工学者で、情報理論の草分け。ＩＡＳの客員研究員（一九四〇 - 一九四一年）であった。

マーティン・シュヴァルツシルト（一九一二 - 一九九七年）　ドイツ生まれのアメリカの天体物理学者で、恒星進化計算コード開発の先駆者。

レオ・シラード（一八九八 - 一九六四年）　ハンガリー生まれのアメリカの物理学者。不本意ながら核兵器開発の先駆者となる。ＳＦ的短篇集『イルカ放送』（朝長梨枝子訳、みすず書房）の著者。

ルイス・Ｌ・ストロース（一八九六 - 一九七四年）　アメリカの海軍士官、実業家、ＩＡＳ理事、米国原子力委員会（ＡＥＣ）の委員長。

ジョゼフ・スマゴリンスキー（一九二四 - 二〇〇五年）　アメリカの気象学者。一九五〇年から一九五三年にかけてＩＡＳに在籍。

ラルフ・スラッツ（一九一七 - 二〇〇五年）　アメリカの物理学者で、一九四六年から一九四八年にかけてＩＡＳ・ＥＣＰの一員。ＩＡＳクラスの仕様で完全稼動した最初のコンピュータの一台、ＳＥ

AC（Standards Eastern Automatic Computer）の製作を指揮した。

アトル・セルバーグ（一九一七 - 二〇〇七年）　ノルウェー生まれのアメリカの数論研究者。一九四七年からIASに在籍。

ヘドヴィグ（ヘディ）・セルバーグ（旧姓リーバーマン）（一九一九 - 二〇〇七年）　トランシルバニア生まれの数学者、物理学教師。アトル・セルバーグの妻で、マーティン・シュヴァルツシルトの共同研究者。IAS・ECPの主任プログラマ。

フリーマン・J・ダイソン（一九二三年 - ）　イギリス出身のアメリカの数理物理学者。一九四八年九月、コモンウェルス・フェローとしてIASにやってきた。

ブライアント・タッカーマン（一九一五 - 二〇〇二年）　アメリカの位相幾何学者、コンピュータ科学者。一九五二年から一九五七年にかけてIAS・ECPの一員。

アラン・マティソン・チューリング（一九一二 - 一九五四年）　イギリスの数理論理学者、暗号学者。一九三六年、論文『計算可能数、ならびにその決定問題への応用』を発表。

ジュール・グレゴリー・チャーニー（一九一七 - 一九八一年）　アメリカの気象学者で、一九四八年から一九五六年までIAS気象プロジェクトのリーダーを務めた。

ウラジーミル・コジミチ・ツヴォルキン（一八八九 - 一九八二年）　ロシア生まれのアメリカの技術者でテレビ開発の先駆者。RCAのプリンストン研究所の所長。

ジョン・W・テューキー（一九一五 - 二〇〇〇年）　アメリカの統計学者。プリンストン大学およびベル研究所にて研究を行なう。「ビット」という言葉を作った。

エドワード・テラー（一九〇八 - 二〇〇三年）　ハンガリー生まれのアメリカの物理学者で、水素爆弾（当時は「スーパー」とも呼ばれた）の主導的な提唱者。

フィリップ・ダンカン・トムソン（一九二二－一九九四年）　米国空軍の気象担当連絡将校で、一九四八年から一九四九年にかけてIAS・ECPを担当。

マクスウェル・ハーマン・アレクサンダー・ニューマン（一八九七－一九八四年）　イギリスの位相幾何学者、コンピュータ開発の草分け、アラン・チューリングの師。

アーサー・W・バークス（一九一五－二〇〇八年）　アメリカのENIAC（Electronic Numerical Integrator and Computer）プロジェクトの技術者、哲学者、数理論理学者。一九四六年、IASの準備設計チームの「書記」を務めた。

ニルス・アール・バリチェリ（一九一二－一九九三年）　ノルウェー系イタリア人数理生物学者、ウイルス遺伝学者。一九五三年、一九五四年、一九五六年に高等研究所に在籍。

ルイス・バンバーガー（一八五五－一九四四年）　ニュージャージー州ニューアークの百貨店業の大立者で、妹のキャリー・フルドと共に高等研究所を創設した。

ジュリアン・ハイムリー・ビゲロー（一九一三－二〇〇三年）　アメリカの電子工学技術者で、第二次世界大戦中、対空射撃管制の研究にノーバート・ウィーナーと共に取り組んだ。高等研究所電子計算機プロジェクト（ECP）の主任技師（一九四六－一九五一年）。

ヴェレナ・ヒューバー＝ダイソン（一九二三年－）　スイス生まれのアメリカの数理論理学者で群論の専門家。一九四八年に博士研究員としてIASに赴任。

リチャード・P・ファインマン（一九一八－一九八八年）　アメリカの物理学者で、第二次世界大戦中ロスアラモスの計算グループに所属。

クララ（クラリ）・フォン・ノイマン（旧姓ダン）（一九一一－一九六三年）　ジョン・フォン・ノイマンの二人めの妻。一九三八年に結婚。

セオドア・フォン・カルマン（一八八一 - 一九六三年）　ハンガリー出身のアメリカの空気力学研究者。ジェット推進研究所（ＪＰＬ）の創設者。

ジョン・フォン・ノイマン（ハンガリー名ノイマン・ヤーノシュ）（一九〇三 - 一九五七年）　ハンガリー出身のアメリカの数学者。一九三三年、ＩＡＳ四人めの教授として指名される。ＩＡＳ・ＥＣＰの創始者。

ニコラス・フォンノイマン（ハンガリー名ノイマン・ミクロシュ、一九一一 - 二〇一一年）　弁理士、ジョン・フォン・ノイマンの一番下の弟。

マイケル・フォン・ノイマン（ハンガリー名ノイマン・ミハーリ、一九〇七 - 一九八九年）　物理学者、ジョン・フォン・ノイマンの弟。

マックス・フォン・ノイマン（ハンガリー名ノイマン・ミクシャ、一八七三 - 一九二八年）　投資銀行家、弁護士、ジョン・フォン・ノイマンの父。

マリエット・フォン・ノイマン（旧姓ケヴェシ）（一九〇九 - 一九九二年）　ジョン・フォン・ノイマンの最初の妻。一九二九年に結婚。

マルギット・フォン・ノイマン（旧姓カン）（一八八〇 - 一九五六年）　ジョン・フォン・ノイマンの母。

アンドリュー・ドナルド・ブース（一九一八 - 二〇〇九年）　イギリスの物理学者、結晶学者、発明家。初期のコンピュータ設計者の一人でもある。一九四六年と一九四七年にＩＡＳ・ＥＣＰの客員研究員であった。

キャスリーン・ブース（旧姓ブリッテン）（一九二二年 - ）　計算物理学者でＪ・Ｄ・バナールの生体分子構造グループの一員。一九四七年にＩＡＳ・ＥＣＰの客員研究員であった。『自動デジタル計算機のためのプログラミング』(一九五八年)の著者。

ヴァネヴァー・ブッシュ(一八九〇 - 一九七四年) アナログ・コンピュータのパイオニアで、第二次世界大戦中、米国科学研究開発局の局長を務め、マンハッタン計画の主任管理者でもあった。

スタンリー・P・フランケル(一九一九 - 一九七八年) アメリカの物理学者。オッペンハイマーの学生で、ロスアラモスではリチャード・ファインマンの同僚。初代ENIACとIAS熱核反応計算チームのメンバー。ミニ・コンピュータ設計の草分け。

エイブラハム・フレクスナー(一八六六 - 一九五九年) アメリカの教師、教育改革者で、一九三〇年から一九三九年にかけてIASの初代所長を務めた。

サイモン・フレクスナー(一八六三 - 一九四六年) アメリカの慈善家で、ロックフェラー財団の役員。エイブラハム・フレクスナーの兄。

ウィリアム・ペン(一六四四 - 一七一八年) クエーカー教徒の世論喚起者(アジテーター)で、サー・ウィリアム・ペン提督(一六二一 - 一六七〇年)の息子。ペンシルベニア州の建設者で、のちにIASが建てられた土地の元の所有者。

マリーナ・ホイットマン(旧姓フォン・ノイマン)(一九三五年 -) 経済学者、米国大統領補佐官。ジョン・フォン・ノイマンとマリエット・ケヴェシ・フォン・ノイマンの娘。

ジェームズ・ポメレーン(一九二〇 - 二〇〇八年) アメリカの電子技術者。一九四六年から一九五五年にかけてIAS・ECPに参加。一九五一年、ジュリアン・ビゲローの後任として主任技師となった。

ハリス・マイアー(一九二一年 -) マンハッタン計画に参加したアメリカ人物理学者で、エドワード・テラー、フォン・ノイマンの共同研究者。

ハーバート・H・マース（一八七八‐一九五七年）　弁護士。IASの創設時の理事。

ブノワ・マンデルブロ（一九二四‐二〇一〇年）　ポーランド生まれのフランス系アメリカ人数学者。一九五三年、単語度数分布研究のため、フォン・ノイマンがIASに招聘。

バーネッタ・ミラー（一八八四‐一九七二年）　女流飛行士の草分け。一九四一年から一九四八年のあいだIASの管理スタッフを務める。

ニコラス・コンスタンティン・メトロポリス（一九一五‐一九九九年）　ギリシア系アメリカ人の数学者、コンピュータ科学者。モンテカルロ法を早くから提唱。ロスアラモスの計算グループのリーダー。

リチャード・W・メルヴィル（一九一四‐一九九四年）　一九四八年から一九五三年にかけて、IAS・ECPの主任機械技師。

ジョン・W・モークリー（一九〇七‐一九八〇年）　アメリカの物理学者、電気技師、ENIACプロジェクトの創始者の一人。

ハロルド・カルヴィン（マーストン）・モース（一八九二‐一九七七年）　アメリカの数学者。IASに採用された六人めの教授。

オスカー・モルゲンシュテルン（一九〇二‐一九七七年）　ドイツ生まれで、オーストリアで学んだアメリカの経済学者。『ゲームの理論と経済行動』（銀林浩ほか監訳、ちくま学芸文庫）をフォン・ノイマンと共に著した。

ヤン・ライヒマン（一九一一‐一九八九年）　ポーランド出身のアメリカの電子技術者。抵抗マトリクス・ストレージならびにRCAのセレクトロン・メモリ管の発明者。

アーヴィング・ナサニエル・ラビノウィッツ（一九二九‐二〇〇五年）　天体物理学者でコンピュー

タ科学者。一九五四年から一九五七年にかけてIAS・ECPに参加。

ルイス・フライ・リチャードソン（一八八一‐一九五三年）　イギリスの平和主義者、数学者、電気技術者、数値天気予報を早くから提唱。

ロバート・リヒトマイヤー（一九一〇‐二〇〇三年）　アメリカの数理物理学者、核兵器設計の草分け。

モリス・ルビノフ（一九一七‐二〇〇三年）　カナダ系アメリカ人の物理学者で電子技術者。一九四八年から一九四九年にかけてIAS・ECPに参加。

ジャック・ローゼンバーグ（一九二一年‐）　アメリカの電子技術者で一九四七年から一九五一年にかけてIAS・ECPに参加。

第1章　一九五三年

生物を創るのがそんなに簡単なら、自分自身を二つ三つ創ってはどうかね？

——ニルス・アール・バリチェリ、一九五三年

一九五三年三月三日午後一〇時三八分、ニュージャージー州プリンストンのオルデン・レーンのはずれに建つ平屋建てのレンガ造りの建物のなかで、ノルウェー系イタリア人の数理生物学者、ニルス・アール・バリチェリは、よく切った一組のトランプからカードを引いて作った乱数を、五キロバイトのデジタル宇宙に「植えつけた」。「人工的に作り出された宇宙のなかで、生物進化に似た進化が起こる可能性を検証することを目的とする一連の数値実験が、今ここで行なわれているのである」と、彼は宣言した。(1)

五キロバイトという小さなものであれ、インターネット全体であれ、デジタル宇宙はどれも二種類のビットからなっている。空間における変化と、時間における変化、それぞれに対応する二種類だ。デジタル・コンピュータは、情報をこの二種類の形——つまり、「構造」と「シーケンス」——のあいだで厳密なルールに則(のっと)って翻訳する。われわれは、構造として具現化したビット（空間のなかで変

化するが、時間が流れても変化しない）をメモリとして認識し、シーケンスとして具現化したビット（時間のなかで変化するが、空間を移動しても変化しない）をコードとして認識する。ゲートは、ある瞬間から次の瞬間へと推移する刹那にビットが、この二つの世界の両方に広がる交点である。

「ビット（bit）」という言葉（「バイナリー・ディジット（binary digit）」を短縮したもの）は、統計学者のジョン・W・テューキーが一九四五年一一月にフォン・ノイマンのプロジェクトに加わった直後に作った造語だ。「伝達可能な情報には基本単位が存在し、それは、『二つしかないもののどちらであるかを区別するという一つの決定』を意味する」ということは、情報理論の父と呼ばれるクロード・シャノンが、一九四五年に書き、当時は機密扱いされた『暗号の数学理論』という論文と、その後一九四八年にそれを拡張した『通信の数学理論』という論文のなかで厳密に定義された。サイバネティクス研究者のグレゴリー・ベイトソンは、シャノンの定義をくだけた言葉で、「実際に違いをもたらす任意の差異」と言い表した[2]。デジタル・コンピュータにとって、実際の違いをもたらす唯一の差異は、0と1の違いである。

すべてのコミュニケーションをコード化するには二つの記号で十分だということは、早くも一六二三年にフランシス・ベーコンによって確かめられていた。「二つの文字を入れ換えて五回並べたもので、三二の違いを表すのに十分であり、また、この方法を採用して、たった二つの違いだけを表すことのできる対象物を使えば、自分が心に意図することを形にして表現し、どんなに遠く離れた場所までも伝える道が開けるだろう[3]」。

0と1が、計算はもちろん、論理を表すにも十分だということは、一六七九年、ゴットフリート・ヴィルヘルム・ライプニッツによって確かめられた。これを導いたのが、トマス・ホッブズが一六五六年に『計算、あるいは論理』のなかで提示していた洞察であった。「推論という言葉で、わたしは計算を意味する」とホッブズは宣言した。「さて、計算するとは、足し合わされたたくさんのものの合計を数え上げるか、あるいは、あるものを別のものから取り除いたときに何が残るかを知ることである。したがって推論は、足し算もしくは引き算と同じであり、もしも誰かが掛け算と割り算をこれに加えても、わたしはそれに反対しない。なぜなら、推論は精神が行なうこの二つの操作として理解されるからだ」[4]。つまるところ新しいコンピュータも、その驚異的な威力にもかかわらず、四〇九六〇ビットのメモリを備えた、とてつもなく速い足し算機にほかならなかったのである。

一九五三年三月、地球上に存在した高速ランダムアクセス・メモリは合計五三キロバイトだった[5]。そのうち五キロバイトはオルデン・レーンのはずれにあり、三二キロバイトは高等研究所のコンピュータを完全に複製した八台のクローンのあいだで分割され、残りの一六バイトは半ダースのほかの装置に不均一に分配されていた。データと、当時存在した原始的なプログラムは、パンチカードと紙テープレベルの速度でやり取りされていた。生まれて間もない群島の一つひとつの島が、それ自体の宇宙をなしていた。

一九三六年、数理論理学者のアラン・チューリングは、際限なく供給されるテープの上の記号を、読み、書き、記憶し、消去できる一組の装置（そこには従順な人間も含まれる）を正確に記述して、デジタル・コンピュータが持つ能力（ならびに限界）を厳密に示した。この「チューリング・マシン」は、構造として具現化された（空間のなかに存在する）ビットと、シーケンスとしてコード化された（時間のなかに存在する）ビットを、双方向に翻訳することができた。その後チューリングはさらに、十分な時間、十分なテープ、そして正確な記述を与えられたなら、ほかのどんな計算機械の振舞いでも真似ることのできる「万能計算機械」が存在することを示した。計算の結果として得られるものは、命令を実行するのがテニスボールであれ電子であれ、メモリを保存する媒体が半導体であれ紙テープであれ、関係なかった。「注目すべきは、電子工学を使うということよりも、むしろデジタルであるということのほうである」とチューリングは指摘した[6]。

フォン・ノイマンは、電子レベルの速度で作動する万能チューリング・マシンを製造する仕事に着手した。その核にあったのが、32×32×40ビットの高速ランダムアクセス・メモリのマトリクスだった。これは、その後登場するデジタルなものすべての核となる。「ランダムアクセス」とは、個々のメモリのすべて――これらの配置が全体として、コンピュータの内部の「精神状態」をなしている――がその空間的な位置にかかわらず瞬時にアクセス可能だということを意味した。「高速」とは、メモリへのアクセスが音速どころか、光速で行なえるということを意味した。この制約を取り除いたことによって、さもなければ非現実的だったチューリングの万能計算機の力が解き放たれたのだった。

一九四五年には電子部品はすでに広く利用されていたが、デジタルな振舞いをするものは当時は例外的だった。画像は、ビットに分割するのではなくて、多数の線で走査してテレビに映し出された。レーダーは、連続的に掃引（そういん）するマイクロ波ビームが返してくるエコーをアナログで表示した。ハイファイ音響システムは、デジタル近似による損失など一切なしにビニールに転写されたアナログ録音の暖かさで、戦後の家庭の居間を満たした。テレタイプ、モールス信号、パンチカード式会計機などのデジタル技術は、時代遅れで忠実度が低く、しかも遅いと見なされていた。アナログが世界を支配していた。

ＩＡＳグループは、アナログの陰極線オシロスコープ管――大きさも形もシャンパンのボトルにそっくりだが、シャンパン・グラスほどに薄いガラス製の、中が真空になるよう閉じて成形された管――を調整することによって、完全に電子式のランダムアクセス・メモリを実現した。陰極線オシロスコープ管の広いほうの端は、内側に蛍光塗料を塗布した円形のスクリーンになっており、狭いほうの端には高圧の電子銃があって、そこから電子線が放出された。電子線は、二軸の電磁場によって偏向させて、飛んでいく方向をコントロールすることができた。つまり、陰極線管（cathode-ray tube、CRT）は、偏向コイルにかける電圧を変えれば、電子ビームの経路を変えることができるという性質ゆえに、一種のアナログ・コンピュータにほかならなかったのだ。CRT、特にその変形であるオシロスコープは、信号を足したり引いたり掛け合わせたりするのに使えた――その演算の結果は、偏向の大きさと周波数の関数として直接表示できたのである。デジタル宇宙は、はじめはこのようなアナログのかたちで生まれたのだった。

戦時中のレーダー、暗号法、対空砲火制御技術などで学んだものを応用して、フォン・ノイマンの技術者たちは、偏向回路をパルス符号によって制御し、陰極線管の「管面」を、数字でアドレス指定できる三二×三二（＝一〇二四）の区画に分け、必要に応じて電子ビームが特定の区画に当たるようにした（口絵①）。ビームが当たって蛍光面に生じた電荷は、一秒の何分の一かのあいだ残存したので、これを定期的にリフレッシュ（訳注：時間とともに減少する電荷を補うため再び電荷を注入する操作）することによって、直径五インチの陰極線管のそれぞれに、一〇二四ビットの情報を保存することができ、しかも、任意の瞬間に、任意の位置の状態にアクセスすることができた。こうしてアナログからデジタルへの移行が始まったのである。

ＩＡＳのコンピュータは陰極線メモリ管を四〇本内蔵しており、そのメモリ・アドレスは、言ってみれば四〇階建てのホテルのフロント係が一度に四〇人の宿泊客に同じ部屋番号を告げている、といったやり方で割り当てられた。一対の五ビット（$2^5=32$）座標が、一〇二四個のメモリ位置（その一つひとつに四〇ビットからなる一本のコード、すなわち「一語」が含まれていた）を一意的に特定するという構築原理を利用して、コードはこの宇宙のなかで増殖した。二四ミリ秒のあいだに、四〇ビットの長さのコードをどれでも回収することができた。これらの四〇ビットのなかには、データ（事柄を意味する数）のみならず、実行可能な命令（物事を行なう数）も含まれていた――なかには、既存の命令を変更する命令や、ビームを制御して別の位置に移動し、そこから新しい命令に従わせる命令もあった。

一〇ビットの命令コードが、メモリ位置を特定する一〇ビットと結びつくと、四〇ビットの長さのコードが指定されるので、これは、原子爆弾の中心で起こった、一個の中性子から核分裂によって二個の中性子が生じるのにも似た連鎖反応を引き起こした。その結果、ものすごいことが起こった。ランダムアクセス・メモリのおかげで、機械の世界は数の力を使うことができるようになり、そして、数の世界は機械の力を使うことができるようになったのである。

電子計算機プロジェクト建屋（たてや）の質素なコンクリート・ブロックの基本構造は、米国陸軍武器省と米国原子力委員会（AEC）の共同出資で建設された。政府との契約条件には仮設構造物であることが明記されていたが、たとえ仮設でも近隣住民に不快感を抱かずに受け入れてもらえるようにと、高等研究所（IAS）は追加で九〇〇〇ドル（今日（こんにち）の通貨に換算すると約一〇万ドル）を支払い、建屋表面を化粧張レンガで覆った。

IASとAECには固い結び付きがあった。J・ロバート・オッペンハイマーはIASの所長であり、また、AECの総合諮問委員会の議長だった。ルイス・ストロースは米国原子力委員会の委員長でIAS理事会の会長だった。戦時中ロスアラモスで、自由な発想のもと科学と兵器設計が渾然一体となって発展したが、AECの財政支援で、それがプリンストンにそのまま移植された。「陸軍との契約によって、陸軍弾道学研究所が総合的な監督を行ない、AECはフォン・ノイマンに監督させるよう手配する」と、一九四九年一一月一日の覚書にある。[7] 兵器の計算にコンピュータが使える限り、残った稼働時間はフォン・ノイマンが自由に使うことができた。

一九五三年、ロバート・オッペンハイマーとルイス・ストロースは、まだ仲がよかった（ストロースは、一九四七年にはオッペンハイマーが高等研究所の所長に指名されるよう画策したが、一九五四年には彼に背を向けることになる）。「マディソン・アヴェニュー六七九番地（六一番ストリートの近く）のシェリー・ワイン・アンド・スピリッツ株式会社に、シャトー・ラスコンブが一ケース、わたしの賛辞と共にあなたをお待ちしています。あなたとキティーのお気に召すといいのですが」と知らせる手紙を、一九五三年四月一〇日、ストロースはオッペンハイマーに送った。[8]「二日前にワインを取りに行き、その夜一本開けました」と、オッペンハイマーは四月二二日に返事を書いた。「とてもおいしかったですよ。そんなわけで、キティーもわたしも、あなたのご親切に対してのみならず、あなたが与えてくださった大きな喜びにも感謝することができます」。[9] だが、このときロバートと妻のキティーは毒杯をあおったのだった。一度は原子エネルギーの力をアメリカ政府の手にもたらすために多大な努力を払ったが、その後、水爆の開発に反対し、自分の主人たちを裏切ったこの男、オッペンハイマーはこの一年後、原子力委員会の職員保安委員会での劇的な聴聞会の結果、機密情報アクセス権を剝奪されるのである。

高等研究所におけるコンピュータの製造がまだ完了する前、ニコラス・メトロポリスとスタンリー・フランケルが率いる小さなチームがロスアラモスからやってきて、いつのまにやらＩＡＳに居住していた。ＩＡＳには二種類のメンバーがいた。教授会全体の決定によって終身在任してもらえるよう指名された終身メンバーと、個々の学科が、通常は最長でも一年という短い契約で招いた客員メンバーである。メトロポリスとフランケルはそのどちらでもなく、不思議なことにひょっこりと現れたのである。「メトロポリスの赴任は、核融合爆弾の実現可能性を計算するためだとしか、わたしは聞いていませんでした」とジャック・ローゼンバーグは回想する。ローゼンバーグは電子技術者で、一九四九年、アルベルト・アインシュタインの七〇歳の誕生日に、電子計算機プロジェクトの予備の真空管やその他の部品で組み立てたハイファイのオーディオ・システムを、アインシュタインの家に設置してやった人物だ。「わたしが知っていたのはそれだけです。そのあと、どうやら何か悪いことが進んでいるらしいと感じました。そのときアインシュタインは、『連中はそういうことのためにそれを使おうとしているんだと、わたしには最初からわかっていたよ』と言ったのです。彼には先が見えていたんですね[10]」。

新しいコンピュータは、MANIAC（Mathematical and Numerical Integrator and Computer、数学的数値積算／計算機）と名づけられ、一九五一年の夏、六〇日間休みなく続けられた熱核反応の計算で初めてその実力が試された。その結果は、南太平洋で起こった二つの大爆発で確かめられた。一九五二年一一月一日、エニウェトク環礁で爆発した、TNT火薬一〇・四メガトン相当の核出力を持った水素爆弾アイヴィー・マイクと、一九五四年二月二八日、ビキニ環礁で一五メガトンの核出力で爆発した、キャッスル・ブラボーである。

一九五三年は、この二つの実験をつなぐせわしい準備の年だった。一九五三年にネヴァダ実験場で実施された、合計核出力二五二キロトンに及ぶ一一回の核実験の大部分は、巨大で華々しい爆発を起こすのが目的ではなくて、標的の近くまで搬送可能な水素爆弾を実現させるため、メインの熱核反応を起こす引き金に使うべく、前段階とする小規模の爆発の効果をどのように調整すればいいかを明らかにするために行なわれたのであった。

八二トンの液体重水素を燃料とし、貨車ほどの大きさのタンクのなかでマイナス二五〇度まで冷却されたアイヴィー・マイクは、原理の正しさを証明するものだったが、一方のキャッスル・ブラボーは、固体重水化リチウムを燃料とし、B‐25で数時間内に搬送できる配備可能な武器であった。一九五三年の早い時期に、「ロケットはどんどん大型化しているが、水爆は徐々に小型化している」と、空軍に指摘したのはフォン・ノイマンだった。数分間での搬送が次の課題となる。

アメリカ人たちは爆弾の小型化に余念がなかったが、ロシア人たちはロケットの大型化に邁進した。増大していくロケットの大きさと、減少していく弾頭の大きさをグラフにすると、その交点では大陸間弾道ミサイル――フォン・ノイマン呼ぶところの、「予測される最も卑劣な形の核兵器」――が実現するだろうが、そこにはソ連のほうが先に到達するかもしれないということを、フォン・ノイマンが示した。[11] トレヴァー・ガードナーとバーナード・シュリーヴァーの働きかけで、空軍はフォン・ノイマンを議長とする戦略ミサイル評価委員会を立ち上げ、また、一九四六年以来もたついていたアトラスＩＣＢＭ計画（訳注：アトラスは、アメリカ合衆国が初めて開発に成功した大陸間弾道ミサイル〔ＩＣＢＭ〕。一九五九‐六八年に実戦配備されることになる）をスタートさせた。一九五三年は、アメリカ合衆国が誘導ミサイル開発に一〇〇万ドル以上を費やした最初の年となった。「誘導」といっても、現代のわれわれが当然視しているような精度はない。「発射されたが最後、われわれにわかるのは、それがどの都市を攻撃しようとしているかだけです」と、一九五五年、フォン・ノイマンは副大統領に答えて言った。[12]

数値シミュレーションは、オッペンハイマー呼ぶところの、「どんな形の実験的アプローチも絶対に使えない」武器の設計には不可欠だった。一九五三年に数理生物学者のニルス・バリチェリがプリンストンにやってきたとき、熱核反応の大きな計算が一つちょうど終わったところで、もう一つそのような計算が進行中だった。コンピュータは、夜のあいだは、フォスターとセルダのエヴァンス夫妻が率いるロスアラモス・グループに引き渡されることになっていた。三月二〇日に、「エヴァンス問題を計算中は、午前零時から午前八時まで操作する代わりに、土曜日と日曜日にしばらくのあいだ使用することにして異存はない」という合意が交わされた[13]。バリチェリは、深夜であれ早朝であれ、爆弾関係の計算の合間に残された空き時間のあいだに割り込んで、彼の数値宇宙を出現させるほかなかった。

一九五三年三月三日の夜、バリチェリの数値生命体が初めてコンピュータの荒野に解き放たれたころ、ヨシフ・スターリンはモスクワで、脳卒中を起こしたあと昏睡状態に陥っていた。彼は二日後に死んだ——あと五カ月生きながらえれば、セミパラチンスクでのソビエト初の水爆実験を目撃することができたのだが。スターリン亡きあと、誰がその地位を継ぐのか、何が起こるのか、誰にもわからなかったが、秘密警察NKVD（内務人民委員会）の議長でソビエト核兵器プログラムの監督者、ラヴレンチー・ベリアが後継者になるのは確実視され、当然ながら米国原子力委員会は最悪の事態を恐れた。バリチェリの数値生命体の「共生問題」がトラブルなしに夜通し計算され続けたあとの三月四日の朝、コンピュータの運用記録には、「次は爆風の番」と書き込まれていた。その日遅くの別の書き込みは、文字はただ「次は」だけで、鉛筆で描かれたキノコ雲が、何の計算に使われたのかを物語っている（口絵③）。

三つの技術革命が一九五三年に始まった。熱核兵器、プログラム内蔵型コンピュータ、そして、生命体が自らの命令をDNAの鎖にどのように保存するかの解明、この三つである。四月二日、ジェームズ・ワトソンとフランシス・クリックが《ネイチャー》誌に『デオキシリボ核酸の構造』という論文を投稿した。そこには、二重らせん構造が「遺伝物質の複製メカニズムの可能性を示唆している」と記されていた。彼らは、生きている細胞は、A、T、G、Cという四つのヌクレオチドのシーケンスとして遺伝情報を読み、書き、複製するという、「塩基対一つにつき二ビット」のコーディングを行なっていると示唆した。「これらの仮定のもとでは、塩基対の一方がアデニンなら、それがどちらの鎖にあったとしても、もう一方はチミンに違いないと考えられ、同じことが、グアニンとシトシンについても言える」と彼らは説明した。「特定の塩基対しか形成されないとすれば、一方の鎖の塩基のシーケンスが与えられたなら、もう一方の鎖のシーケンスは自動的に決定されることになる」[14]。

生物におけるシーケンス‐構造間の翻訳と、技術におけるシーケンス‐構造間の翻訳が、順調に進めばどこかでぶつかるのは必至だった。実際のところ、生物は、一世代に一度、デジタル式のエラー訂正期を経て自己複製することによって、雑音の多いアナログ環境のなかで生き残る術を学んだが、これは、よく考えてみれば、ノイズが不可避な海底ケーブルでメッセージを伝える際に中継局が使われるのと同じやり方である。一九五三年、バリチェリの取り組みで、「世代に一度だけデジタル」な生命体から、「常にデジタル」な生命体への移行が始まったのだった。

生命のプロセスをトップダウンで解読する競争が始まった。そして、空っぽなデジタル宇宙に自己書き換え命令という種を播くことによって、われわれは下から上に向かって、つまりボトムアップで、生命プロセスを暗号化するための最初の一歩を踏み出した。「この地球上で支配的な条件が有機化合物に基づく生命の形に有利に見えるからといって、それは、まったく異なる基盤に立った生命の形を作り上げることができないという証明にはならない」とバリチェリは論じた[15]。新しいコンピュータには二つの問題が任されたわけだ。われわれが知っている形での生命をいかにして破壊するか、そして、未知の形の生命をいかにして生み出すか、この二つである。

孤立した五キロバイトのマトリクスとして始まったものが、今日では、毎秒トランジスタ二兆個以上（処理能力とメモリの尺度）、そして毎秒ストレージ容量で五兆ビット以上（コードの増大の尺度）というペースで拡張し続けている[16]。それでもなおわれわれは、一九五三年に問いかけられたのと同じ二つの疑問に向き合い続けている。「機械が考えるようになるには何が必要か」というチューリングの問いかけ。そして、「機械が子孫を作るようになるには何が必要か」というフォン・ノイマンの問いかけだ。

高等研究所が、さまざまな反対意見を押し切ってフォン・ノイマンと彼のグループがコンピュータを作るのを許可したときの不安材料というのが、数学者たちの避難所が技術者たちの存在によってかき乱されるのではないかということだった。しかし、誰も想像していなかったのだが、事実はその逆で、数学者の専門領域だった記号論理学が、コード化されたシーケンスの力を世に解き放つことになるのだった。「当時は、われわれは皆自分たちがやっていることであまりに忙しかったので、この起こるべき大爆発のことなどあまり考えていなかった」と、ウィリス・ウェアは言う。

この爆発は、偶然起こったのだろうか？　それとも意図的に計画されたものだったのだろうか？「軍はコンピュータをほしがっていたんだ」と、ロスアラモスからやってきて当時フォン・ノイマンとエドワード・テラーの両方と共同研究していた物理学者、ハリス・マイアーは語る。「軍はその必要があり、金もあったが、彼らには天才がいなかった。そしてジョニー・フォン・ノイマンは天才だった。H爆弾のための計算にはコンピュータが必要だと気付いた瞬間から、ジョニーの頭のなかにはこのことがすべてあったのだとわたしは思う[17]」。

第2章　オルデン・ファーム

それはレニ・レナペだった！　それはレニ・レナペの部族だった！　太陽は塩辛い水から昇り、甘い水に沈み、決して彼らの目から身を隠したりしなかった……レナペの子どもたちが世界の主人だったのは、ほんの昨日のことだった。

——ジェームズ・フェニモア・クーパー、一八二六年

（訳注：クーパーは一九世紀アメリカの作家・批評家。右の引用は代表作『モヒカン族の最後』から）

夏場のニュージャージー州プリンストンは、「犬の口のなかのように暑い」と言われてきた。ここに元々暮らしていたレニ・レナペ（「元々いた人々」あるいは「男のなかの男」の意）を自称する人々は、夏になるとニュージャージーの内陸部を離れ、ジャージー・ショアか、デラウェア湾の河口の野営地に向かった。「そのとき（六月）以来今月（八月）に至るまで、われわれは異常な暑さに見舞われている」(1)と、ウィリアム・ペンは一六八三年、デラウェア川で過ごした初めての夏について手紙の中で述べている。ペンは、ウェルカム号に乗って（イギリスのディール港から）五九日間航海した末、一六八二年一〇月二七日にデラウェア湾に上陸した。船旅で天然痘(てんねんとう)が発生し、同乗していた九

九名の入植者のうち三一名が亡くなった。三歳のときに天然痘を生き延びた経験を持つペンは、航海のあいだ病人たちを看病し、自身は良好な健康状態で新大陸に到着したのだった。

レニ・レナペは、アルゴンキン語族に属し、イタリアの探検家ジョバンニ・ダ・ヴェラッツァーノが一五二四年にヨーロッパ人として初めて接触したあと、一七世紀にやってきたオランダ人、スウェーデン人、イギリス人の入植者たちからはデラウェア族と呼ばれた。レナペは新来者に外交術で接したが、入植者たちにはテクノロジーと免疫があった。ペンによれば、スクールキル川のテノーアム酋長が、「われわれインディアンはいったいどうしたのだ？　われわれは自分たちの空気を吸って病気になっているのに、このよそから来た人々が健康なままだとは」と嘆いたという(2)。

プリンストン周辺のレニ・レナペは、ウナミ国に属し、「亀の部族」と同一視された。ウナミ国が亀の部族に属するのか、亀の部族がウナミ国に属するのか、いくら観察してもヨーロッパ人たちにはよくわからなかった。ニュージャージーには七種類の亀が生息しており、どの種も、凍った池の底で冬眠したり、真夏の日差しのなかで甲羅干しをしたりと、あらゆる状況に適応していた。六〇〇〇万年変わらぬ種、アメリカカミツキガメにしてみれば、ウィリアム・ペンの時代からわれわれの時代への変化など、その二重まぶたの目をほんの一回瞬かせるあいだの出来事でしかない。

一六〇九年、オランダ東インド会社から派遣されたヘンリー・ハドソンは、ニューアーク湾を探索したのち、今日彼の名を冠してハドソン川と呼ばれる川を遡った。やはりオランダ人のコーネリウス・ヤコブセン・メイは、デラウェア湾を探索し、デラウェア川を遡った。この川は、今日のトレントン、すなわち、デラウェア・フォールズと呼ばれる、岩がちの滝が密集している地点というかなり上流まで、船で航行可能である。一六六〇年、王政復古を遂げたチャールズ二世は、北アメリカに対するオランダの領有権の無効を主張し、一六六四年、ヴァージニアとニューフランスのあいだの全領域を弟のヨーク公（のちのジェームズ二世）に与えた。この領域はニューヨークと名付けられ、そのうちデラウェア川とハドソン川にはさまれた範囲がさらに分割され、西半分（デラウェア川とデラウエア湾に接する）はバークリー卿に、東半分（ハドソン川と大西洋に接する）はサー・ジョージ・カートレットに任された。カートレットに与えられた地域はニュージャージーと名付けられたが、まもなく、キリスト友会（ゆうかい）、すなわちクエーカー教徒の手に渡る。

一六七五年、バークリー卿は、西ニュージャージーに対する自分の利権を一〇〇〇ポンドでジョン・フェンウィックとエドワード・ビリンジという二人のクエーカー教徒に売却した。その後二人は、この土地を巡って対立するようになるが、その紛争の仲裁を任されたのがウィリアム・ペンであった。フェンウィックは、家族や、信仰を同じくするクエーカー教徒らと共にグリフィン号（グリフィス号とも伝えられる）という船に乗ってアメリカにやってきて、デラウェア川のほとりの「心地よい豊かな場所」（セイラム）に入植した。一方ビリンジは借金を負う身となり、ついには債権者に土地の利権を譲渡することになったが、その債権者の一人がペンだった。(3)

ロンドンで法律を学んだペンは、この新しい居留地の憲法の草案作成で主導的な役割を担い、一六七六年、それは「西ニュージャージーの所有者、不動産の自由保有権者、そして住人の利権と協定」として発布された。独立宣言の一〇〇年前に書かれたにもかかわらずこの文書は、宗教・集会の自由を伴う議会制民主主義、陪審裁判、自由経済をはじめ、やがてペンシルベニア州憲法に、そして最終的には合衆国憲法に取り入れられるさまざまな原則を明記していた。ペンはまた、東ニュージャージーの買収を目的とするパートナーシップにも加わり、このグループは最終的に、一六八二年の競売で、カートレットの地所から東ニュージャージーを三四〇〇ポンドで購入した。

ウィリアム・ペンは、サー・ウィリアム・ペン提督の反抗的な息子だった。ペン提督は、オランダとの二度の戦争でイギリス海軍を率い、一六五五年には（クロムウェルに艦隊派遣を命じられ）ジャマイカを占領する功績をあげた。清教徒革命では、ペン提督は議会派に付いて王党派と戦ったが、密かに寝返りを申し出、そのことで国王チャールズ二世の弟、ジョンのお気に入りとなった。同名の息子、ペンは一五歳でオックスフォード大学に入学したが、自室で礼拝を行ない、大学のチャペルへの出席や、大学の式服のガウンの着用を拒否したために、ほどなく放校されてしまった。二年間ヨーロッパで過ごしたあと、アイルランドにあった父の地所の運営管理を一任され、その地で、当時急速に拡大していた非国教徒の宗派、クエーカー教徒たちと親しくなった。その直後に彼は逮捕され投獄という仕打ちを受けたが、彼はその後も六度ほどそのような目に遭っている。「ウィリアム・ペン氏は、最近アイルランドからやってきたが、これもまたクエーカー教徒で、ひじょうに憂鬱な人間だ」と、サミュエル・ピープスは一六六七年一二月二九日の日記に記している（『サミュエル・ピープスの日記』〔臼田昭ほか訳、国文社〕を参照のこと）。

ロンドンに戻ったペンは、小冊子を書いて、他の宗派を攻撃する活動を始めた。キリスト教の各宗派で広く教えられている三位一体説を厳しく問い質す、『揺れる砂上の楼閣』という小冊子を書いたことで、ロンドン塔に八カ月間幽閉された（このあいだに、『十字架なくば、冠なし』という本のほか、さらに数冊の過激な小冊子を書いた）。一六七〇年八月、彼は再びロンドンで逮捕された。今回は、グレースチャーチ通りにあったクエーカー教徒の集会所が当局によって封鎖されたあと、街頭でクエーカーの教えを説いていた廉でウィリアム・ミードと共に逮捕されたのだった。そもそもの封鎖の理由も、ペンとミードが、「違法かつ騒然と集会を開き、国王陛下の平和を乱した」という嫌疑であった[4]。

ニューゲート牢獄に二週間拘束されたのち、ペンとミードは無罪を主張した。「われわれはそもそも騒然となどしておらず、当局がわれわれを妨害したがために、そのような状況になったのだ」とペンは主張した。「われわれが平和的な集団で、どんな人間にも暴力を振るうことはないということはたいへんよく知られている」[5]。陪審は無罪と判断したが、その判断が法廷侮辱にあたるとされ、陪審らも投獄されてしまった。「法廷が受け入れる判断が出るまで、おまえたちは釈放されることはない。おまえたちは拘留され、肉、飲み物、火、そしてタバコは与えられない。さすれば、おまえたちは法廷を侮辱するようなことを考えなくなるだろう。神のご加護によってわれわれが判断を下すか、さもなければ、おまえたちは餓死するであろう」という命令が国王からあった[6]。このように法廷の公正性が損なわれたことに大きな抗議の声があがり、その結果ペンとミードは陪審員たちと共に釈放され、さらに、これをきっかけにイギリスの法そのものの改革が進められることになった。しかし、ペンはその後まもなく、またもや投獄されることになる。今度は国王に忠誠を誓うことを拒否した廉で、一六七一年に懲役六カ月を命じられたのだった。

サー・ウィリアム・ペン提督は一六七〇年に亡くなったが、そのとき、国王が彼に対して負っていた一万一〇〇〇ポンドの「食費」に、その利子を加えた一万六〇〇〇ポンドの借金が未払いのままになっていた。国王が賭博で負った借金を提督が肩代わりしていたのだという噂が絶えなかった。息子ウィリアムは一六八〇年、国王に決済を迫った。ウィリアムは、こう提案した。イギリス政府は金銭で支払う代わりに、メリーランドの北側に広がる、東はデラウェア川に接し、西はメリーランドの境界の延長線を境界とし、北側は耕作可能な限界までを範囲とする、アメリカ先住民の居住する土地を彼に与えることにしてもらえないだろうか、と[7]。チャールズとジェームズはこれを承諾し、借金を片付けてペンを国外に送り出した。その結果生まれたのが、フィラデルフィアを首都とするペンシルベニア植民地であった。

一六八二年にペンシルベニアに到着したペンは知事に就任し、周りに広がる未開の地を精力的に見て回り、レニ・レナペの言語を、通訳なしで会話するに十分なまでに学んだ。そして、彼が見て取ったこの先住民たちの正義と公平さは、それまでイギリスで経験してきた不正と不公平とはまったく対照的なものだと痛感した。「彼らには……深い知性が自然に備わっている」と、一六八三年、彼は王立協会の友人、ロバート・ボイルに書き送った。「分かちあえる物資はごく限られたものしかない貧しいインディアンたちのほうが、自分たちのほうが高貴だと思い込んでいるキリスト教徒たちよりも輝いている(8)」。

ペンシルベニアの西側には荒野が広がっていたが、東側のニュージャージーでは、フィラデルフィアとニューヨークという二つの街のそれぞれを中心として人口が増大しつつあり、それに挟まれた荒野は縮小の一途を辿っていた。この二つの街を最も直接的に結んでいた経路は、ニュージャージーの、くびれた「ウエスト」部分を横切る陸路で、デラウェア川の航行基点(フィラデルフィアから上流に遡ったところ、現在のトレントンの近く)と、ラリタン川の航行基点(ニューヨークから上流に遡ったところ、現在のニューブランズウィックの近く)とを結んでいた。これは、レニ・レナペが頻繁に徒歩で行き来した道であったが、このあと馬が通るようになり、続いて荷馬車が通る道路となり、さらに駅馬車が通行する「イギリス国王の道(キングズ・ハイウェイ)」へと変わり、州道二七号線と二〇六号線となって現在に至っている(口絵⑩)。

一六八三年、ヘンリー・グリーンランドという入植者が荷馬車道の中間点付近に居酒屋を開くと、それを核として村が形成されはじめた。東ニュージャージーと西ニュージャージーの所有者たちは、一六八三年にグリーンランドの居酒屋に集まり、境界線を定めた。こうして地図の上にプリンス゠タウンが誕生することになった。これと並行してその近くの荒野には、フィラデルフィアとニューヨークの世俗的な影響からできる限り距離を置きたいと願うクエーカー教徒たちの小さなグループがやってきた。ラリタン川とデラウェア川の中ほど、フィラデルフィアとニューヨークを結ぶ道のすぐ南側に、レナペたちがワポウォグと名づけた小川があって、一六九三年に西ニュージャージーの所有者たちに最初に与えられた土地のうち、ウィリアム・ペンが獲得した地所のなかを流れていた。一六九六年、ペンを不在パートナーとする、固く結束したクエーカー教徒六家族がこの地に入植地を開設し、ストーニー・ブルックと名づけた。彼らは居酒屋ではなくて、クエーカー教徒の集会所を建てた。

この六家族の家長は、ベンジャミン・クラーク、ウィリアム・オルデン、ジョゼフ・ワース、ジョン・オナー、リチャード・ストックトン、そしてベンジャミン・フィッツランドルフであったが、このうちストックトンが、一七〇一年に九〇〇ポンドでウィリアム・ペンから五五〇〇エーカーを買い取り、最大の地主となった（ウィリアム・ペンは一〇五〇エーカーを手元に残したが、これは、当時の記録によると、「前記ウィリアム・ペンが、自らにふさわしく、また都合のいい取り分と考えた」からだった）[9]。ベンジャミン・クラークは、ストーニー・ブルックと、プロヴィンス・ライン、現在のストックトン・ストリート、そして現在のスプリングデール・ロードに囲われた一二〇〇エーカーを一六九六年に購入し、そのうち四〇〇エーカー（のちに高等研究所が建つことになる土地もこれに含まれていた）を義兄のウィリアム・オルデンに分け与え、一七〇九年、クエーカーの集会所と墓地にしてほしいと、九・六エーカーを譲渡した。一七二六年に集会所が完成したのに続いて、入植者たちは学校を開き、水車も数基建てた。一七三七年までには、トレントンとニューブランズウィックのあいだを週に二回駅馬車が走るようになり、プリンス＝タウンは、馬を代えたり宿泊したりする人々に対応できるほど大きくなっていた。

コネチカット州ニューヘーブンのイェール大学と、ヴァージニア州ウィリアムズバーグのウィリアム・アンド・メアリー大学のあいだには、高等教育機関がまったく存在しなかったので、一七四六年、（長老派教会によって）カレッジ・オブ・ニュージャージーが設立された。最初はエリザベスで、続いてニューアークで講義が行なわれたが、一七五三年一月に、プリンストン州のクエーカー教徒居住地域にある、一〇エーカーの整地された土地と、二〇〇エーカーの森林を譲り受けた。ここに最初の学生たちがやってきたのは一七五六年だ。そして独立戦争前夜の一七七四年一月、学生たちは、管理人が冬のために貯蔵していた紅茶を燃やして、独立支持の立場であることを表明した。

一七七六年一一月末に独立戦争がプリンストンにも及んだときには、アメリカ軍は混迷状態にあった。というのも、ブルックリン・ハイツ（ロングアイランド）、ホワイト・プレーンズ、フォート・ワシントン（ニューヨークのマンハッタン島）などで相次ぐ敗北を喫し、疲弊しきったジョージ・ワシントンの軍勢は、ペンシルベニアに退却せんとしていたからだ。

ワシントン将軍と約三〇〇〇の兵は、一二月一日夜にプリンストンに到着したが、コーンウォリス卿の軍勢と、それに加わったヘッセン人傭兵たちが、途中掠奪（りゃくだつ）の限りを尽くしながら、彼らを追跡していた。ワシントンはプリンストンで一週間かけて部隊を再編成し、その後トレントンに退却し、最終的にはデラウェア川を渡って安全な場所へと退いた。一方イギリス軍はトレントンに集結し、さらなる追跡に備えた。

クリスマス・イブ、ワシントンは（二四〇〇人の兵士と共に）避難場所を密かに離れ、デラウェア川を渡り、一二月二六日午前八時、吹雪のなか、イギリス軍に奇襲攻撃をかけた。その後ペンシルベニアに戻り、最善を尽くして軍に補充をかけ、兵士の英気を養ったあと、元日にトレントンで約五〇〇〇人の兵士（その半数以上が非正規兵であった）を再集結させ、プリンストンから前進しつつあったコーンウォリスの軍との対決に備えた。こうして、アッサンピンク・クリークの両岸に沿って両軍がにらみあう膠着（こうちゃく）状態となった。一月二日の夜は厳しい冷え込みで、ぬかるんでいた道が凍りついたおかげで、ワシントンの軍勢は闇夜にまぎれてこっそり裏道を通り、大砲もろともストーニー・ブルックへと逃げおおせたのであった。

一月三日の夜が明けると、アメリカ軍の主要部隊はクエーカー教徒の集会所近く、オルデン・ファームとストーニー・ブルックの堤とのあいだを流れる浅い水路の縁に沿ったルートを、プリンストン村に向かって行進していた。今日の高等研究所の後方に広がる野原にあたる場所を横切り、当時のストックトンの農場、現在のスプリングデール・ゴルフクラブの敷地を通って、軍は進んだ。このルートは、一七〇年後に電子計算機プロジェクトの建屋ができるオルデン・レーンの端となる、少し広がりのある低地を通っていた。プリンストンの戦いが始まったときにアメリカ軍の主要部隊が陣取っていたのも、この低地だった。

ワシントンは、親友だった准将、ヒュー・マーサーと約三五〇名の兵士に、クエーカー・ロード沿いにストーニー・ブルックまで引き返し、ワースの水車場（現在、州道二〇六号線がストーニー・ブルックと交わっている地点）のそばにあった橋を破壊するよう命じた。しかし、プリンストンで起こるはずの戦闘に加わろうとトレントンを出発していたイギリス軍にマーサーの部隊が発見されてしまい、激しい戦いとなった。その戦いは長くは続かず、アメリカ軍側で約五〇名が死亡、一五〇名が負傷して終わった（対するイギリス軍は、死者二四名、負傷者五八名、そして一九四名が捕虜となった）。マーサー准将は敵に囲まれたが降伏を拒否し、ワシントンと間違われて銃剣で襲撃され、死んだものと思われてその場に放置された。一方ワシントンのほうは、増援を得、生存者を呼び集め、イギリス軍を戦場から追い出し、大学のナッソー・ホールに設置されていた英軍本部を襲撃した。その間（かん）、イギリス兵で捕虜にならなかった者たちは、丘また丘を越え、ニューブランズウィックへと退却した。マーサーは意識を取り戻し、彼が倒れた場所の近くにあって、野戦病院として使われていたクラークの農場の母屋で九日間生き延びた。本職は医者だったマーサーは、頭の傷は致命傷ではないが、腹部に受けた傷は命にかかわるものだと自ら察知した。だが、戦局は一転した。ワシントンの軍隊に入隊する者が急増し、反乱軍が人々の支持を集めるようになって、ついにイギリス軍はニュージャージーをあきらめてニューヨークへと撤退した。

オルデン・ファームは、最初のアメリカ独立革命でこのようなちょっとした役割を演じたあと、しばらくは平穏な年月を送る。数学者たちがやってきて、次の取り組みを始めるまでは。

第3章　ヴェブレンのサークル

それをやる暇な時間を見つけられる人間を連れてくるより上手いことなんてありますか？

——ウォルター・W・スチュアートからエイブラハム・フレクスナーへ、一九三九年

一八四七年五月二日、新婚間もないトマスとカリのヴェブレン夫妻は、英語などほとんど一言もしゃべれなかったにもかかわらず、アメリカに渡ろうと、ノルウェーの内陸部、ヴァルドレス地域にあった家をあとにした。厳しい不況と、まだ乳児だった息子の遺体を残して。船旅は一九週間かかり、おまけに船内で熱病が広まって、トマスは健康を損ない、六歳以下の乗客は皆命を落とした。ちょうどウィスコンシンが州になろうとしていたころ、ヴェブレン夫妻は九月一六日にミルウォーキーに到着した。カリの看護で健康を取り戻すと、家具職人だったトマスは、ミシガン湖の西岸、オゾーキー郡のポート・ウラオ村に家を建てた。一八四八年九月、アンドリュー・アンダース・ヴェブレンが生まれた。夫妻がアメリカでもうけた一一人の子どもの最初の一人である。開拓者家族の暮らしを生き延びた九人の子どもたちが育っていくなか、ヴェブレン一家はさらに三度引越しをした。はじめは一八四九年、シボイガン郡に、次は一八五四年にマニトウォク郡に、そして一八六四年、ミネソタ州の

ライス郡に。引越しするたび、トマス・ヴェブレンは自ら家を建てた。離れや納屋も自分で作り、土地の整地まで自ら行なったのだった。

ヴェブレン家の子どもたちは長時間農場で働いた。カリの父、ソースティン・ブンデは、悪徳弁護士たちにだまされてノルウェーに所有していた一族の地所を失い、おかげで苦労を重ねたのが災いし、カリが五歳のときに亡くなった。アメリカでもっといい未来を手に入れようと、ヴェブレン夫妻は、四人の娘と、のちに名を上げる二人の息子も含め、子どもたち全員を大学に行かせた。アンドリュー・ヴェブレンはアイオワ大学の数学と物理学の教授になり、一八五七年に生まれたソースティン・ヴェブレンは、一八九九年に出版された名著、『有閑階級の理論』（高哲男訳、ちくま学芸文庫）のなかで使った「誇示的消費」という言葉を作ったことで最もよく知られる、名高い社会学の理論家となった。

ソースティン・ヴェブレンは、荒野の片隅で成長したことで研ぎ澄まされたダーウィン主義的な観察眼を持ち、企業と金融商品取引業者、金融機構の共進化に注目した。経済学者として尊敬を集めたにもかかわらず、生涯のほとんどを貧窮に苦しんで過ごし、彼が行なった唯一の本格的な投資、カリフォルニアの干しぶどう事業への投資は失敗に終わった。一八八八年とその翌年には、アイオワ州ステイシービルにあった妻の農場に退き、一一世紀のノルウェーの叙事詩『ラックスデラ・サガ（*Laxdaela Saga*、サーモン川の谷間の叙事詩）』（「第一級の民俗学的文書」であるとのことだった）を英訳したが、出版社が見つかったのはようやく一九二五年になってのことだった。

『企業の理論』（一九〇四年）、『ヴェブレン経済的文明論――職人技本能と産業技術の発展』（一九一四年）、『平和の本質とその永続のための条件に対する問いかけ』（一九一七年）、『アメリカの高等教育――実業家による大学経営に関する覚書』（一九一八年）、『特権階級論』（一九一九年）、『アメリカ資本主義批判（近年における不在地主と事業――アメリカの場合）』（一九二三年）などの一連の著作で、ソースティンは自らが先駆者となって展開した進化経済学を、当時迫り来つつあった社会問題に適用した。ニュー・スクール・フォー・ソーシャル・リサーチ（社会研究のための新しい学校）の設立、《ジャーナル・オブ・ポリティカル・エコノミー（政治的経済の雑誌）》誌の創刊、そしてテクノクラシー運動（訳注：一九三〇年代アメリカで盛んになった、一種の社会改良主義。今後の社会経済は、優秀な専門技術家〔テクノクラート〕の支配管理のもと、科学的・合理的に運営すべきだと主張）の誕生に協力した。彼の著作は広く読まれたが、彼の警告は無視され、一九二九年、大恐慌の前夜、カリフォルニア州メンロパークで失意のうちに亡くなった。「遠い昔に亡くなった家族が、ノルウェー語で話しかけるのが彼には聞こえていたのです」と、亡くなる直前、一人の隣人が語った。[1]

ソースティンの甥で、アンドリュー・ヴェブレンの八人の子どもの一番上だったオズワルド・ヴェブレンは、アイオワシティの公立学校に通ったあとアイオワ大学に進み、射撃の賞と、数学の賞を獲得した。学業を休んで、ミシシッピ川沿いにアイオワ州を南に下るという、ハックルベリー・フィンばりの冒険の旅をしたこともある。彼は、亡くなるその日まで、野外で過ごすことをたいへん好んだ。長身でしなやかに身をこなし、いつも森からやってきたばかりと思しき姿をしていた。「彼が何か新しそうなものを着ていたという記憶はまったくありませんね」と、ハーマン・ゴールドスタインは語る。アルバート・タッカーはさらに、「彼はいつも、コートの四番めのボタンをかけていました。とても背が高くて、痩せていましたからね」と言う。土への愛着が、彼のノルウェーの血に深く流れていた。「彼は極めて優秀な人物だが、『建物』や『農場』などの言葉を聞くと、もういても立ってもいられなくなるんだ」と、高等研究所の初代所長、エイブラハム・フレクスナーは人々に注意を促した。[2]

一八九八年、一八歳で数学の学士号を取ると、オズワルド・ヴェブレンは一年間物理学の教育助手として大学に残り、その後ハーバード大学に移り、一九〇〇年に二つめの学士号を取った。続いてシカゴ大学に進み（そこではおじのソースティンが政治科学の助教授を務めていた）、博士号を取った。彼の博士論文は幾何学の基盤に関するもので、これが認められて一九〇五年プリンストン大学に招聘された。ちょうど、のちにアメリカ大統領になるウッドロウ・ウィルソンが、一九〇二年の学長就任以来、大学の拡張政策を進めていた時期であった。

カレッジ・オブ・ニュージャージーは、一八九六年、大学院教育と科学研究への拡張を目指して、プリンストン大学（プリンストン・ユニバーシティー）と改称した。同学史上初の非聖職者の学長となったウィルソンは、「指導教官」――学部学生と密接に協力することを期待される若手教授――を雇いはじめ、教授たちの研究を奨励した。プリンストンは黒人学生と女子学生の受け入れは拒否し続けた（黒人学生は、一九四二年に海軍のV‐12プログラムで壁が取り除かれるまで、女子学生は一九六九年まで）ものの、ウィルソンは、カトリック教徒とユダヤ人を初めて教授に迎えた。ユダヤ人学生の数は、一九二五年の学年には二三名に達した。

ウィルソンは一九一一年に大学を去ってニュージャージーの知事となり、一九一三年にはアメリカ大統領になった。一九一七年四月、ウィルソンの大統領二期めが始まった直後、ドイツに宣戦布告がなされた。この戦争が終わるまでに、プリンストンの教授会から一三八名ほどが軍務に就き、ヴェブレンは最初の志願兵の一人として参戦した。彼は陸軍予備軍の大尉に任命され、その後少佐に昇進したが、ニュージャージーのサンディー・フックにあった、陸軍武器省（訳注：現在の「武器科」の前身）弾道研究局に配属された。この研究局はこの直後、メリーランド州のアバディーン性能試験場――チェサピーク湾岸に作られた三万五〇〇〇エーカーの広さを誇る軍用地――に移転する。

一九一八年のアバディーンは、一九四三年のロスアラモスに先立つ、類似の施設となった。その使命は、アメリカの科学と産業の協力を得てドイツの軍事機構に対抗することだったが、性能試験場が運用可能になるころには、すでにヨーロッパでの戦争は終わりに近づいていた。ソースティン・ヴェブレンによれば、アメリカ合衆国がこの戦争に遅ればせながら参加したのは、ヨーロッパが平和になれば相次いで起こるかもしれないあらゆる社会変化に対して、実業家たちの国境を越えた利益を守るだけのためだった。根っからの砲術家だったオズワルド・ヴェブレンは、いかにして協力すべきかについて迷うことなど一切なく、また、将来原子爆弾開発時に持ち上がるような倫理的な問題など提起することもなく、火器の精度改良に取り組んだ。ハーマン・ゴールドスタインによれば、基本的な訓練を終了したヴェブレンは、アバディーン移転直前のサンディー・フックで、「飛行機から身を乗り出して自分の手で爆弾を落とし、その爆発物全体がどのように展開していくのかを見守って」、忙しく働いていたという(3)。

　塹壕からの撃ち合いで膠着状態に陥ることが多かった第一次世界大戦では、より大型で高性能の大砲を目指す開発競争となった。全死傷者の約四分の三が砲火によるもので、爆撃機による空爆は、第二次世界大戦になるまでは、まだ脇役だった。アメリカ合衆国は、馬に引かせた大砲を主力の武器として参戦し、「カラミティー・ジェーン」の愛称で呼ばれた一五五ミリ榴弾砲で決め弾を放った（訳注：この愛称のもととなったカラミティー・ジェーンは本名マーサ・ジェーン・カナリーで、アメリカの西部開拓時代の女傑で銃の名手。斥候を引き受けて味方の災難をよく救ったことからこのあだ名で呼ばれた）。新型の長距離火砲と榴弾が急ピッチで製造され、ヨーロッパにいるアメリカ海外派遣隊に輸送される前に、アバディーンに送られてテストされた。

　最初のテスト弾が発射されたのは、一九一八年一月二日、観測史上最悪の冬のさなかのことだった。ヴェブレンは一月四日に到着した。難しい局面にあったが、ヴェブレンは自ら立ち上がり、のちにオッペンハイマーがロスアラモスで指揮を執ったときと同じく実に易々と、アバディーンの弾道学グループ全体の指揮を執った。八人兄弟の一番上だったヴェブレンは、自然にリーダーシップを発揮することができたのだ。それと同時に、射撃場で皆と同様に肉体的な辛苦を率先して負おうとする彼の姿勢を目にし、部下たちも心から忠実に従ったのである。

「ヴェブレンの計り知れない影響力は、表にはほとんどそうとは見えぬままに効いているのでした」と、彼のプリンストンでの同僚、アルバート・タッカーは説明した。「しゃべるときは、ちょっとためらいがちに、どこか気弱で、自信なさそうな様子でした」と、同僚の位相幾何学者、ディーン・モンゴメリーも言う。「でも、実は、こうと決めたらテコでも動かない男だったのです」。クララ（クラリ）・フォン・ノイマンにとっての彼は、「長身で痩せた男性で、外からは内気に見え、喋るときにはどもったりもしましたが、行く手を阻もうとする相手には、恐ろしい敵になりました」。フォン・ノイマンがプリンストンの高等研究所で自分の思惑どおりにコンピュータを作ることを許されたのはヴェブレンのおかげだというハーマン・ゴールドスタインは、ヴェブレンのことを、「石の上に水を滴らせ続け、石が浸食されてついに窪むのを待つような人間」だと回想する。[4]

アルキメデスの包囲攻撃兵器の時代から、軍の司令官は、誰かの助けが必要になると決まって数学者に頼った。ヴェブレンが直面していた問題は、砲術そのものと同じくらい古いものだった。「所定の方向に大砲の照準を合わせ、所定の砲弾を込めたとき、その弾はどこに到着するか？」言い換えれば、「所定の標的を所定の弾で撃ちたいとき、砲身をどの方向に向ければいいか？」という問題だ。ニュートンやガリレオは、投射物の経路は計算可能だとしていたが、実際には、飛んでいく弾の振舞いを予測するのは難しかった。

後装式の施条火器が導入されると、砲を一定回数試射して、一定の範囲内に砲弾を飛ばし、その後数学的なモデルを使ってデータのないところを埋め、そこから射距離表を完成させるという作業が可能になるところまで精度が高まった。射程が伸び、弾速が上がり、そして弾の飛ぶ高度も高まると、弾の飛行は、大気の密度変化から地球の回転に至るまでの、さまざまな要因に影響されるようになった。射距離表を作成するには、膨大な数の計算が必要になったが、その大部分が手計算でなされた。モデルによる予測と、実際に弾が落ちる場所との食い違いは、弾道係数を使うことによって可能な限り縮小されたが、この弾道係数なるものは、経験的に導出された定数でしかなく、期待どおりに一定不変なことは稀だったにもかかわらず、ヴェブレンの同僚、フォレスト・レイ・モールトンに言わせれば、「実力をはるかに超えた役割を担わされていた」[5]。

ヴェブレンは、人間の計算者(コンピュータ)たちのチームを作って自分の指揮下に置き、射程試験の結果を処理するためのアルゴリズムを一段階ずつ実施できるように形式化された計算シートをガリ版で作って導入した。最初の四〇発を撃つのに丸一カ月かかったが、五月までには、彼の弾道解析チームは毎日四〇発を撃つことができるようになり、人間の計算者(コンピュータ)のチームの処理能力も向上しつつあった。ヴェブレンは広い範囲から人材を集めた。彼には未来の数学者たちを見出す才能があり、戦争のあいだ彼らの才能を最大限に活用した。

彼が採用した一人に、二四歳の天才、ノーバート・ウィーナーがいた。ウィーナーは博士課程修了後、ヨーロッパで二年間研究し、十分な教育を受けていたが、人付き合いが下手で、初めて就(つ)いた教師の仕事で失敗し、弱気になっていた。弱視で、ライフルを発射することも馬を手懐(てなず)けることもできなかったので軍からもお払い箱にされた。ヴェブレンがウィーナーの居所をつきとめたとき、彼はニューヨーク州のオールバニに住んでおり、『アメリカ大百科事典』の項目執筆をすることでどうにか暮らしていた。「メリーランド州にできたばかりのアバディーン性能試験場のオズワルド・ヴェブレン教授から至急電報が届いたのだった」と、ウィーナーはのちに回想した。「本当に戦争のために働けるチャンスだった……。次の列車でニューヨークに行き、そこでアバディーン行きに乗り換えた」。

性能試験場で、ウィーナーはすっかり人が変わった。「われわれは一風変わった環境で暮らしていた。役人、軍人、学者の全員が、何かの役割を担っていて、中尉が部下の兵卒を『先生（ドクター）』と呼んだり、軍曹の指令を受けたりしていた」と、彼は記している。「『クラッシャー』と皆が呼んでいた、やかましい音を立てる手動の計算機を使って仕事をしていないときは、皆でブリッジをやった。さっきまで何時間も使っていたその同じ計算機を使って、得点を記録した。チェサピーク湾の、生暖かく黒っぽい海で一緒に泳いだり、森のなかを散歩したりした」。

「何をしているときでも、いつも数学の話をした」とウィーナーは述べている。「会話の大部分は、直接の研究につながることはなかった」。さらに、彼はこう感じたという。「以前イギリスのケンブリッジで経験したが、アメリカの大学ではついぞ経験したことのない、世間から隔離されていながら、活気に満ちた知的生活――これに匹敵する環境が性能試験場にはあった」。ヴェブレンが自らメンバーを集めて作ったこの集団は、第一次世界大戦と第二次世界大戦のあいだの時期に、アメリカ人数学者のイメージを一新させることになる。「第一次世界大戦後何年ものあいだ、アメリカの優れた数学者の大多数は、性能試験場で訓練を受けた者たちだった。こうして世間の人々は、われわれ数学者にも実世界で果たせる役割があるということに初めて気付いたのである」とウィーナーは記した(6)。

一九一八年一一月に停戦条約が締結されると、ヴェブレンは四カ月かけてヨーロッパを回り、各国で彼と同じような立場にあった人々と、戦争中の経験について報告しあった。すでに学問の世界に戻っていた人が多く、おかげでヨーロッパの数学の現状を直接観察する機会にもなった。ゲッチンゲン、ベルリン、パリ、そしてケンブリッジは、それぞれ数学の世界の中心地となっていたが、ハーバード、シカゴ、プリンストンなどのアメリカの大学は、ヨーロッパの大学に追いつくにはまだ程遠かった。ヴェブレンは、アメリカでもヨーロッパの研究機関と同じ高みに到達しよう、そしてまた、アバディーン試験場にあふれていた、数学者どうしの打ち解けた仲間意識を再現しようとの決意を抱いてアメリカに戻った。

彼は、当座の目標を三つ定めた。将来性のある若手数学者たちを対象とする博士研究員研究奨励制度に出資する。現在教授の地位にある者たちを、学生を教える過重な負担から解放する。数学とほかの分野との交流を促進する。この三つだ。「ある物理学の問題を解こうとする試みが、新しい数学分野の誕生につながることは珍しくありません」と、彼はロックフェラー医学研究所の所長、サイモン・フレクスナーに手紙を書き、ロックフェラー研究所が当時実施していたものの、物理学と化学に偏重していた米国学術会議研究奨励制度をぜひとも拡張して、数学研究もその対象とするよう求めた。[7]

ヴェブレンの提案は採用された。四カ月後、彼は再びフレクスナーに手紙をしたため、一層野心的な要望をした。「さらに一歩前進するには、数学専門の研究機関の設立と、その基金提供をしていただくことがぜひとも必要です。そのような研究機関の物理的な設備は、ごく単純なもので足りるはずです。図書室、二、三のオフィス、講義室、そして、計算機など、わずかな道具があればいいでしょう」と、彼は提案した。ヴェブレンは、ケンブリッジやオックスフォードのハイ・テーブル（訳注：食両大学の食堂ホールで、学生たちのテーブルとは別に一段高いところに置かれた、教授やその客人専用のテーブル。食事をしながら高度な議論が繰り広げられる場）と、アバディーン試験場で皆がこもって計算に取り組んでいた粗末な小屋の中間あたりに位置するような、数学のユートピアを描いてみせた。「そのような研究機関の中核となる基金は、数学研究を仕事とする男女の給与として使うべきです」と、彼は強調した。[8]

サイモン・フレクスナーは、「教育総合委員会の委員長である、わたしの弟のエイブラハム・フレクスナー氏と、近いうちに話をしてもらえないでしょうか」と答えた。[9]「アメリカ合衆国内で、人種、性別、あるいは信条を区別することなく、教育を推進する」ことを使命とするロックフェラー財団の教育総合委員会は、一九〇三年、議会に公認され、アメリカ南部の高等学校教育に重点を置いて活動していたが、この委員会がもっと高度な教育を支援するのは、それがどんな種類のものであれ、自由だった。

サイモンとエイブラハムは、フレクスナー家の九人の子どもたちの五番めと七番めで、ケンタッキー州ルイビルに生まれ、まったく別々の経路を辿って、二人ともロックフェラー財団のメンバーとなった。彼らの父、モーリッツ・フレクスナーは、一八二〇年にボヘミアで生まれたが、一八五四年、ユダヤ系移民としてルイビルに移住し、商品を背負って行商をして働き、貯金が四ドルできたところで行商をやめて馬を買った。サイモン・フレクスナーは一八六三年に生まれ、七年生まで学校に通ったが、そこで退学してしまい、特に何をしたいということもなく気ままに生きていた。やがて薬局の仕事に就いたところ、腸チフスで命を落としかけるという経験をして、にわかに微生物学に関心を抱くようになった。そして医学研究の道に進み、ついには伝染病研究の権威者となって、一九〇三年、ロックフェラー医学研究所の所長の座に就いた。ロックフェラー医学研究所は、プリンストンにあった四二五エーカーの農場の跡地に一九〇一年に設立され、その後八〇〇エーカーにまで拡張されて、アメリカ合衆国の微生物研究の最先端に位置していた。

のちにＩＡＳ初代所長となるエイブラハム・フレクスナーは一八六六年に生まれ、フレクスナー家でただ一人大学に行かせてもらえた。父親のモーリッツが亡くなったあと、一番上の兄、ジェイコブに学費を支払ってもらってジョンズ・ホプキンズ大学に通い、一八八六年に卒業したのである。その後ルイビルに戻り、ルイビル高等学校でラテン語とギリシア語を教えたのち、ある年、一クラス全員を落第させたことで名声を確立し、自分の学校を開いた。「ゆるい手綱でつないでおいたほうが、むしろしっかりと子どもたちをつなぎとめることができるのだと、気付くだけの抜け目なさ」が自分にあるのは、両親のおかげだと彼は述べていたが、これこそが彼の教育哲学を導く原理だった。「そうすることで、人畜無害な変わり者を何人か、好き勝手に振舞わせることにはなるのは確かだが[10]」。「小柄でタカのような印象の細身の男性で、目に素晴らしい輝きがありました。そして、一見謙虚なようでしたが、そう装っているだけなのは明らかで、それがかえって、好感の持てるユーモアのセンスの背後に隠された、精神的な強さ、実際の権限の大きさ、狡猾さと明敏さを思わせました」と、クラリ・フォン・ノイマンは説明する。「そんなフレクスナー自身は、学者ではありませんでした。しかし、とても実際的な考え方の持ち主で、自分の頭脳だけを使って仕事をする者たちが、学生を教えたり世話したりする義務など一切なしに、完全に思い通りに時間を過ごせる場所が必要だとの見解を持っていました――リラックスして考えられる環境にある場所、誰かと話がしたいと思えばそうできるけれど、そうでなければ、それが尊重されてそっとしておいてもらえるような場所です[11]」。

一八九八年、エイブラハム・フレクスナーは以前の教え子、アン・クロフォードと結婚した。彼女はブロードウェイの脚本家として成功し（映画化もされた『キャベツ畑のおばさん』のほか、『マリッジ・ゲーム』、『万霊祭前夜』、などの作品がある）、おかげで夫妻はルイビルを離れることができた。彼は一九〇五年、自分の学校を売却し、まずハーバードへ行き、一九〇六年に哲学の修士号を取得した。続いてドイツに行き、アメリカの高等教育に対する痛烈な批判を書いて、一九〇八年に出版した。その後カーネギー財団から、高等教育よりもなおさらひどい水準だったアメリカの医学教育について、報告書をまとめるよう依頼された。彼は一五五カ所の医大や医学部を訪れ、その欠陥を暴露した。その結果、アメリカ合衆国の医学部と医大の三分の二が閉校となった。続いて一九一一年、ジヨン・D・ロックフェラーに委託され、ヨーロッパの売春に関する「徹底的かつ総合的」な調査を行なった。この調査でフレクスナーは、ロンドンからブダペストまで、一二カ国の二八都市を訪問した。一九一四年に出版されたその報告書は、アメリカ合衆国で賞賛を得、また、フランスのレジオンドヌール勲章をエイブラハム・フレクスナーにもたらすことになった。一九一三年、ロックフェラー財団教育総合委員会のメンバーとなると、一九二八年に退会するまで、彼の影響力は強まり続けた。

ヴェブレンがフレクスナーに持ちかけた提案には、すぐには何の反応もなかったが、結局プリンストン大学は、教育総合委員会から一〇〇万ドルを獲得することができた。プリンストンがこれに匹敵する規模の基金を別口から合計二〇〇万ドル確保できたことで、ロックフェラー財団からも出資してもらえたのだった。ヴェブレンは、この成果は自分ではなく、ウッドロウ・ウィルソンとヘンリー・ファインの功績によるものだとした。「数学専門の研究所を作りたいという、わたしのささやかな夢が、あまり強調されすぎてはならないと思います」と、のちにヴェブレンはこのときのことを振り返って述べている。「プリンストン大学の数学部の地位は、ほかの学問分野におけるプリンストンの地位に比べ、格段に突出していましたが、これは、一八八五年以来H・B・ファインの指揮のもとで進められてきたことの成果なのです[12]」。

ヘンリー・バーチャード・ファインは、ペンシルベニアの田舎の出身で、父は長老派教会の牧師だった。一八七六年に当時のカレッジ・オブ・ニュージャージー、のちのプリンストン大学に入り、最終学年の年、《プリンストニアン》紙の編集者を務めていた際にウッドロウ・ウィルソンと親友になった。一八八五年、ライプツィヒで博士号を取得したあと、プリンストンに戻り、一九〇三年、学長のウッドロウ・ウィルソンに数学部長に指名された。ファインは新たに採用する教員の一人としてヴェブレンを選び、プリンストンの数学部の核を作った。将来性のある若手数学者を採用し、彼らの研究を支援し、彼らにほかの研究機関から声が掛かったときには、喜んで送り出した。

ファインの兄、ジョンは、プリンストン・プレパラトリー・スクール（訳注：プレパラトリー・スクールとは、大学進学を目指す私立の中等学校）を（町の東側に）設立し、姉のメアリーは、女の子たちのためにミス・ファインズ・スクールを（町の西側に）創設した。ウィルソンがアメリカ大統領に選ばれた際、ヘンリー・ファインは駐独大使に指名されたが、これを断った。学部学生の教育が最優先だとの信念があったからだ。ファインもウィルソンも、同窓生のトマス・デイヴィス・ジョーンズと親交があった。ジョーンズは、シカゴで実入りのいい弁護士業を営み、ミネラルポイント亜鉛会社の企業支配権を所有し続け、自ら「必要以上の富」と呼ぶものを満喫していた。ジョーンズ家は、教育総合委員会の出資額と同水準の総額二〇〇万ドルを提供した。こうして、プリンストンを数学者のユートピアにしようというヴェブレンの夢を実現しても余りある資金が確保された――だがファインは、その資金を、まずはほかの学部に配分した。ところが、一九二八年が終わるころ、事態は一転した。

一九一三年、かつてレニ・レナペ族が徒歩で辿った、プリンストンを通る細道だったものが、アメリカ合衆国を東西に横切る大陸横断高速道路の一部となった。ニューヨーク・シティのタイムズ・スクエアを起点とし、サンフランシスコのポイント・ロボスの上にある見晴らしのいい高台を終点とするリンカーン・ハイウェイは、プリンストンとキングストンのあいだでは、かつての「イギリス国王の道（キングズ・ハイウェイ）」と同じところを通っており、一九二二年までにはニューヨーク＝フィラデルフィア間が舗装されていた。一九二八年一二月二一日の夕方近く、暗くなりつつあったころ、キングストンに向かって走っていた車の運転手が、自転車に乗って左折しようとしていた七〇歳の老人がいたことに気付かなかった。その自転車の老人こそ、兄の学校のドライブウェイに入ろうとしていたヘンリー・ファインだった。自動車を運転していたのは、キングストンに葬儀場を所有する夫を持つ、セドリック・A・

ボーディン夫人だった。夫人が過失致死の嫌疑で逮捕され拘留されているあいだ、ナッソー・ホールの鐘が鳴り響くなか、クリスマスの日、プリンストンの大切な人が失われたことを悼むいくつもの追悼式典が一日中執り行なわれた。

トマス・ジョーンズと彼の姪、グェサリンは、ファインを記念して新たに数学研究のための建物を作るために、さらに五〇万ドルを出資すると約束した。ヴェブレンがプリンストンにやってきたとき、数学者たちはパーマー・ホールの小さなオフィス数カ所を共同で使っていた。ヴェブレンによれば、「ファイン・ホール設計の理念は、自分の家でよりも、この建物のなかで提供される部屋で仕事をしたいと誰もが思うほど魅力的な場所を作ろう、というものでした」[13]。「ヘンリー・ファインのためにすることならば、いくら良くても良すぎることはない」と確信していたジョーンズは、ヴェブレンに、「数学者なら誰もが立ち去りがたく思うような」建物を作ってくれと指示した。

一九二九年当時、五〇万ドル（今日では六〇〇〇万ドルを超える金額に相当する）は大いに役立った。ファイン・ホールは一九三一年一〇月にオープンした。どんな細部にも配慮が行き届いていた。地下のシャワーやロッカールーム（「近くのテニスコートやジムを利用しようと思う学科員が、家に帰って着替えなくても済むように」）から、最上階にある自然採光照明の図書室、中央アトリウム、隣接するパーマー・ホールの物理学者たちとの交流を促す通路に至るまで。「オフィスは、暖炉付きが九室、暖炉なしが一五室あります」とヴェブレンは述べている。「普通の机と椅子の代わりに、ダベンポート・テーブル（訳注：傾斜蓋の天板がついた、小ぶりで背の高い机）と張りぐるみの椅子が置かれ、教室は個人の書斎のようにしつらえられている」と、《サイエンス》誌は報じた。各部屋の壁にはアメリカン・オークの化粧板が張られ、隠し黒板と、造り付けの書類整理用キャビネットがあった。鉛枠のガラス窓の付いたケースに収められた、万有引力、相対性理論、量子論それぞれの方程式、五つのプラトン立体（訳注：すべての面が同一の正多角形からなり、かつすべての頂点において接する面の数が等しい凸多面体。正四面体、正六面体、正八面体、正一二面体、正二〇面体）、そして三つの円錐曲線が各部屋にディスプレイされており、中央のマントルピースには、一つしか面のないメビウスの帯を這いまわるハエの彫刻が飾られていた。「小さなドアノブ、ガーゴイル（訳注：西洋建築で装飾的に使われる彫刻で、雨樋の役目を持つもの）の一つひとつ、各々言葉が記されたステンドグラスの一枚一枚、これらすべてが、ヴェブレンが個人的に指示監督したものでした」と、一九八五年、ハーマン・ゴールドスタインは述べた(14)。

一九三〇年四月、ヴェブレンは、アルベルト・アインシュタインが一九二一年にプリンストンで述べた言葉――"Raffiniert ist der Herr Gott aber Boshaft ist Er nicht"（当時、「神は老獪だが悪意はない」と訳された）――を、「教授談話室（プロフェッサーズ・ラウンジ）」の暖炉の上に銘として掲げる許可をもらうために彼に手紙を書いた。「これは、誰かがあなたに、[デイトン・C・]ミラーが得た結果は検証可能でしょうかと尋ねたときに、あなたがお答えになった言葉です」と、ヴェブレンはしたためた。「この、『あなたの機知の産物』を、わたしたちが使うことをお許しくださるよう願っております(15)」。アインシュタインは、「『主』や『神』のような言葉は、誤解を招きかねません」と返事に書き、そのとき自分が言いたかったのは、「自然は自らの秘密を、狡猾に隠しているのではなくて、自らの法則の荘厳さのなかに隠している」ということだったのだと述べた(16)。

ファイン・ホールが開設し、ヴェブレンがヘンリー・バーチャード・ファイン数学教授（これもまたジョーンズ家の出資によって設置されたポストだ）に指名されると、プリンストンにおける数学の地位も、ヴェブレンの個人的な地位も、固まったかに見えた。三つの禍――大恐慌、ヨーロッパでのナチズム台頭、そして迫りくる第二次世界大戦――が襲ってきたところではあったが、思いがけない大きな資金をさらにもう一つ獲得できたことで、自立した数学研究機関を作りたいというヴェブレンの夢はついに実現を見たのであった。

ヘンリー・ハドソンが一六〇九年にニューアーク湾を調査して以降の三世紀のあいだに、先住民以外のニューアークの人口は、一六六六年には祖国で不満を抱えていた清教徒たち六一名だったのが、三五万人に届くかというところまで膨れ上がり、特に一八九〇年から一九一〇年までの二〇年間ではほぼ二倍となった。新しく移住してきた者たちの一人に、ルイス・バンバーガーがいた。彼は一八五五年、父親の乾物店の二階で生まれた。一家は、一八二三年にバイエルンからボルチモアに移住したユダヤ商人であった。一四歳で母方のおじの店で働き始めると、ニューヨークで買い付けを担当するようになった。やがて一八九二年、金をかき集め、破産した乾物店の在庫品を買い取った。荒廃したニューアークの町で、よその店先を借りてその品々を売りさばいて十分な利益を得た彼は、姉のキャリー、その夫のルイス・フランク、そして彼らの親友だったフェリックス・フルドを共同経営者に迎え、自分自身の商売を始めた。

一九二八年までには、バンバーガーが開いた百貨店は店舗面積一〇〇万平方フィートにまで拡張し、従業員三五〇〇人を雇用し、年間売り上げは三二〇〇万ドルを超えるようになっていた。いわば当時のアマゾン・ドット・コムで、すべての商品に値札をつけ、無条件返金保証制度、通話無料電話、雇用保障、そして従業員のための職場公共図書室という特色で評判になった。ニューアークの目抜き通りに建っていた八階建ての旗艦店には、出力五〇〇〇ワットのラジオ放送局、WORがあり、また、今日の「メイシーズ百貨店の感謝祭パレード」の大元になるものを開始した。

四人の共同経営者たちは、子どももなく、ニューアークの外れのサウスオレンジにあった三〇エーカーの地所に一緒に住んでいた。一九一〇年にルイス・フランクが亡くなると、キャリーはフェリックス・フルドと再婚したが、フルドも一九二九年の一月に死んだ。残されたバンバーガーの兄妹は、そろそろ引退の時だろうと考え、一九二九年六月、彼らの店を売却しようと、メイシーズ百貨店を経営するR・H・メイシー社と交渉した。交渉は九月にまとまった。株式市場が暴落する六週間前のことだ。二人はメイシーズの株一四万六三八五株を受け取った（メイシーズの株価は、一九三二年に一七ドルという安値まで暴落する前、一九二九年一一月三日には二二五ドルという高値に到達していた）。バンバーガー兄妹は、これによって一一〇〇万ドルの利益を得たが、そのうち一〇〇万ドルを勤続一五年以上の従業員二二五名に分け与え、残りをどうするかを決定するにあたり、会計主任だったサミュエル・D・ライデスドルフと、法律顧問をしていたハーバート・H・マースに協力を求めた。「バンバーガーさんたちは、ニューアークの街でたいへん成功したので、何かニューアーク市かニュージャージー州の役に立つようなことをしたいと心に決めておられた」と、マースは一九五五年に回想する文章を書いている。彼らは、サウスオレンジにあった自分たちの地所に、ユダヤ系の教職員や学生を優先する医大を設立したいと考えていた。マースとライデスドルフは、エイブラハム・フレクスナーに話してみるようにと言われ、一九二九年一二月、ロックフェラー医学研究振興財団のフレクスナーのオフィスを訪れた。「彼は、アメリカにはすでに夥（おびただ）しい数の医大があるとわれわれに忠告した」とマースは振り返る。一九二五年の《アトランティック・マンスリー》誌に掲載された記事のなかで、アメリカの大学は「教育の百貨店」だと言って否定していたフレクスナーは、好機を逃さなかった。マースによれば、「われわれの初めての話し合いが終わる間際になって、彼はわれわれに、『あなた方は夢を持たれたことがありますか？』と尋ねた[17]」。

フレクスナーのほうではこのように記憶している。「ある日こともなく仕事をしていると、電話が鳴って、かなりの額の金を振り向ける用途としてどのような可能性があるかをわたしと話しあいたいという二人の紳士に会うように言われた[18]」。フレクスナーは、高等教育の欠陥について長年にわたって説いて回っており、マースとライデスドルフが訪れたときには、ちょうど近々出版される自著、『アメリカ、イギリス、ドイツの大学』の校正刷りが机の上に積まれていた。客人たちは、それを一部もらって帰って行った。

その本は、フレクスナーが一九二八年にオックスフォードで行なったローズ講演をもとに書いたもので、アメリカの高等教育について、その気が滅入るような状況を説明し、「知的目的を抱いて生き生きしている成熟した人間たちが、大学卒業者であろうとなかろうと、自らの目標を自らのやり方で追求するに任せられるような、高等教育のための学校または機関を即座に作らねばならない」と結論していた。フレクスナーは、この「学者たちの自由な社会」は、役人ではなくて、学者や科学者によって統治されなければならず、また、「組織」という言葉さえ放逐するべきだと論じた[19]。

マースは「たいへん惹き付けられ」、ライデスドルフは「感銘を受けた」。バンバーガー兄妹との昼食会での打ち合わせが何度か持たれ、ルイスとキャリーが冬は恒例にしている、アリゾナ州フェニックスのビルトモアでの静養に出かける前に、フレクスナーが二人の遺言状に付け加える遺言補足書の草稿を書き上げた。彼はバンバーガー兄妹の代理として次のように書いた。「専門家の助言に導かれながら、この分野について大規模な調査を行なった結果、わたしたちが人類にできる最善の奉仕は、次のような大学院を設立し、基金を提供することだと考えるようになった。その大学院は、現在の大学院が、学部学生の活動と直接結びついているために抱えているさまざまな重荷から解放されたものでなければならない[20]」。

バンバーガー兄妹としては、どのように決定するか、まだ慎重に考えている段階だったが、フレクスナーのほうには何の迷いもなかった。彼は、ファイン・ホールの建設に忙殺されていたオズワルド・ヴェブレンに改めて接触した。ヴェブレンは、何らかの予兆を感じ取り、フレクスナーにプリンストンの進捗状況を報告するのに付け加えて、「わたしの数学研究機関は、まだ後押しを得ていませんが、次の段階のどこかで、これが実現するかもしれないと思っています」と述べた。フレクスナーは餌に食いついた。「誰か、あるいは、どこかの財団が、『本物の』研究機関を設立したとしたら、アメリカの学者や科学者はどうするでしょう？」と、彼は持ちかけた。「大学院は、大学という重荷を背負わねばならないものでしょうか？[21]」

一九三〇年五月二〇日、フレクスナーが年俸二万ドル（現在の貨幣価値に換算すると二五万ドル以上）で初代責任者に指名され、「ニュージャージー州ニューアーク内、もしくはその近傍に、高等研究のための、そして、あらゆる分野における知識を向上させるための機関を設立する」ことを目的とする基本定款が署名された。バンバーガー兄妹は、この取り組みを始動させるために五〇〇万ドルを出資した。彼らが理事たちに送った、指示の書かれた最初の手紙には、次のようにはっきりと記されていた。「わたしたちが知る限りでは、学部学生の教育を最大の関心とする機関には付きものの、魅力的でついそちらに気を逸らされてしまう雑事から、科学者と学者が完全に離れて独立に、本格的な研究と有能な大学院生の指導とに専念できている研究機関は、アメリカ合衆国内には存在しません[22]」。

エイブラハム・フレクスナーが、「詩人や音楽家と同じように、自分のやりたいようにやる権利を勝ち取った学者たちのパラダイス[23]」と思い描いたこの研究所は、最初の二年間は紙の上でしか存在しなかった。フレクスナーは、高等教育の批判を二二年間もやってきたが、その高等教育を実際に刷新することは、まったく別物である。大恐慌時代に五〇〇万ドルを投じたのではあったが、パラダイスを創るのは、口で言うほど容易いことではなかった。

フレクスナーは六カ月かけてヨーロッパとアメリカの各地を回り、第一線の知識人や優れた教育管理者たちに助言を求めた。何が「パラダイス」なのかは、人によってさまざまだった。古典学者は古典から始めるのがいいと主張し、物理学者は物理学から、歴史学者は歴史学から、そして数学者は数学から始めるべきだと言った。イギリスの生物学者ジュリアン・ハクスリーは、「生物学には、体系的、記述的な研究の多くを軽んじるという嘆かわしい傾向が広く見られるので」ということを理由に、数理生物学を強く薦めた。バンバーガー兄妹は、経済学と政治学から始めることを望んでいた。「これらの学問に関する知識に貢献できるのみならず、最終的には、わたしたちが切望している社会正義という大義にも貢献できる」はずだと考えたのだ[24]。

この研究所は、既存のどこかの大学と密接な関係を持つべきだと考える者たちもいたが、既存の教育機関とは距離を置いたものにすべきだとする者たちもいた。「アメリカの大学が学者たちにとってこれほど不幸な場所になっているのは、あまりにたくさんの目的を背負っているからです」と、ヴェブレンは助言した。「手を出せそうな魅力的なほかのいろいろな事柄に学者たちが誘惑されることがなければ、彼らの知的冒険も成功するようになるでしょう[25]」。

そもそも、学者たちのパラダイスというものが、あり得るのだろうか? アメリカの歴史家チャールズ・ビアード（訳注：『アメリカ合衆国史』などの著作があるアメリカの著名な歴史学者・政治学者で、教育者としても高く評価される）は、「死——中世の、十分制度が整った修道院の多くが迎えたような、知性の死」を予言した。のちにアメリカ合衆国最高裁判所陪席裁判官になるフェリックス・フランクファーターは、フレクスナーから届いた手紙の上に、「パラダイスからの知らせ。そんなものはわたしの趣味ではない」と大きな字で殴り書きした。そして、フレクスナーへの返事には、「一つには、実際のパラダイスの歴史を見ても、気乗りなどまったくしないのです。なにしろ、一人の人間にとっては素晴らしい場所だったのに、住人が二人になったとたん、恐ろしい運命の場所になったようですから[26]」と書いた。

ロックフェラー財団の一員となってからこれまでに、フレクスナーは約六億ドルを提供していたが、既存の教育基金には引き換え条件があまりにたくさん付きすぎているというのが彼の見解だった。今、そうでない基金を設立してみる機会が巡ってきたのだった。「『高等研究所』という名前のサークルを作りたいと思います」と、一九三一年、彼はヴィジョンを描いてみせた。「このなかに、人員と資金が調達できるに応じて、――そして、それらが調達できたとき初めて――研究部門(スクール)、あるいはグループを、一つずつ作っていくのです。数学部門、経済学部門、歴史学部門、哲学部門、等々。どのような『部門』が共存するのかは、そのときそのときに応じて異なるでしょう。しかし、いずれにせよ、一つの部門が対象とする領域を十分広くしておけば、現時点である特定の範囲だけを対象としているとしても、時の経過に応じて、その対象領域を即座に柔軟に広げられるはずです[27]」。

「高等研究所は、組織という観点からは、想像できる最も単純で、最も形式張らないものです」と、彼は説明した。「どの研究部門も、終身在任権のある教授たちと、毎年交代するメンバーたちからなります。どの部門も、部門内の事柄を、その部門に都合がいいように取り仕切ります。どのグループにおいても、個々のメンバーは自分の時間とエネルギーを好きなように使います……。それが個人にもたらす結果も、社会にもたらす結果も、自然に展開していくに任せます[28]」。フレクスナーは、利益ではなく、知識こそが研究の目的でなければならないという信念を持っていた。「科学上の発見で、金銭面で、あるいは社会の仕組みに利するように、社会全体に役立つところまで最終的に到達できたのは、ファラデーやクラーク・マクスウェルのように、自分の研究が金銭的な利益につながるかもしれないなどとは考えたこともない人間によってなされたものでした」。彼は一九三三年、《サイエンス》誌の編集部にこのように書き送り、自分たちの研究を特許申請し始めていたあちらこちらの大学を批判した。これはなにも、純粋な研究から利益を期待してはいけないという意味ではなかった。

《ハーパーズ・マガジン》誌に掲載された、『無用な知識の利用価値』という題の文章のなかでフレクスナーは、高等研究所の背後にある思想を説明し、「無用としか思えない、純粋な満足感を追求することが、思いがけず、夢にも見たことのない有用性をもたらすことにつながる」のだと論じている。[29]

バンバーガー兄妹の願いを容れるため、また、「大きな災いがわれわれに降りかかろうとしており、災いが起こってしまってからそれをじっくり学ぶなどということはできないので」、フレクスナーは経済学部門を作ることを検討したが、結局、まずは数学の研究機関として始めることにした。「数学は、われわれの開始点として特にふさわしいものです」と、彼は理事たちに説明した。「数学者たちは、自分の興味のために知的概念をとことん追究しますが、彼らは、そうする必要や責任などまったく意識することなしに、科学者、哲学者、経済学者、詩人、音楽家を刺激するのです」。また、数学という分野には実際的な利点もあった。「数学には必要なものなどほとんどありません——わずかな人員、わずかな学生、わずかな部屋、本、黒板、チョーク、紙、そして鉛筆があれば事足ります」[30]。

数学から始めるのには、ほかにも二つ理由があった。フレクスナーは強烈な第一印象を与える必要があったが、数学の才能の順位付けは、ほかの分野ほど主観的ではなかったのだ。候補者選びは、「数学者は、わたしにとっては暗がりにいる牛のようなもので、皆同じように見えてしまうので」と言ってヴェブレンに任せた。第二に、バンバーガー兄妹に満足してもらい、彼らの財産の収支バランスを健全に保つには、即座に結果を出さねばならないことをフレクスナーは承知していた。数学のユートピアがすでに一つ存在していた——プリンストンのファイン・ホールだ。そこからすぐに最高の数学者を連れてくることができる。フレクスナーはどうやってバンバーガー兄妹にこのことを納得させたのか？　彼はアリゾナにいる二人に、こんな手紙を送ったのだった。「数学の教師が欲しい人は皆、プリンストンに買い物に行きます。何が欲しいかわかっている人たちが、ニューアークのＬ・バンバーガー・アンド・カンパニーに行くのとまったく同じです[31]」。

バンバーガー兄妹は、「ニューアークの地域社会に対するわたしたちの義務を、いつも心にかけています」と、彼らの最初の手紙で表明していたが、その気持ちをなおも持ち続けており、高等研究所は「ニューアーク市の近くに」建てたいと考えていた。しかし、プリンストンはニューアークに近かっただろうか？　「バンバーガー氏とフルド夫人は、ニューアークとそのすぐ近傍をはっきりと意図しておられたので、お二人が最初の手紙を変更されない限り、わたしはそれ以外の意見を採用する気にはなれません」と、マースはフレクスナーに書き送った。「ニュージャージー州の現在の道路地図を同封しました」と、ルイス・バンバーガーの甥の一人で、理事会に加わっていた、エドガー・バンバーガーもフレクスナーに手紙をしたためた。「サウスオレンジ村を中心に、半径が一〇マイル（約一六キロメートル）ずつ大きくなる同心円が描かれているのがおわかりいただけるでしょう。これを見れば、プリンストンは、サウスオレンジから道路を辿って三五から四〇マイル（約五六から六四キロメートル）も離れていることがわかるはずです。くれぐれもよろしくお願いいたします」。フレクスナーは、バンバーガー兄妹と真っ向から対立したくはなかったので、高等研究所設立の準備のために配布している文書のなかの、「ニューアーク市の近くに」という文言を、「ニュージャージー州のなかに」に置き換えはじめた。バンバーガー兄妹も、「有能な教員たちにニューアークに来てもらうのは難しいかもしれません」と、フレクスナーがあまりに頑（かたく）なに主張し続けるのに折れて、ついには彼に同意した[32]。

一九三二年六月五日、オズワルド・ヴェブレンが最初の教授に指名され（一九三二年一〇月一日発効）、続けてアルベルト・アインシュタインが指名を受けた（一九三三年一〇月一日発効）。二人に続き、一九三三年にジョン・フォン・ノイマン、ヘルマン・ワイル、ジェームズ・アレクサンダー（訳

注：トポロジー等を専門とするアメリカの数学者）が、そして一九三四年にマーストン・モースが教授となった。「教授たちを集めてグループを作る際に、忘れないように心掛けなければならないのは、すべてのメンバーが同時に年寄りになってしまわないようにすることです」と、一九三二年も終わるころ、フレクスナーはヴェブレンに説明した。「あなたとアインシュタインは五十代で、ワイルは四十代半ば、アレクサンダーは四十代前半です――ですから、オリバー・ウェンデル・ホームズの詩に登場する、『助祭の素晴らしい一頭立ての馬車が、一〇〇年ものあいだ老朽化の兆しなどまったく見えなかったのに、突然ばらばらに壊れてしまった』のと同じような運命がわれわれに降りかかるのを防ぐことができるわけです」[33]。フォン・ノイマンは一九三三年に採用されたとき、二九歳になったばかりだった。プリンストン大学は、新設される高等研究所の建物ができるまで、ファイン・ホールに研究所の組織全体が仮住まいすることを許してくれた。

一九三三年四月にナチスがドイツの大学の粛清を行ない、ユダヤ人学者を追放したのを受けて、大勢の数学者たちがヨーロッパを離れ始めたが――先陣を切ってアメリカへ渡ったのがアインシュタインだった――、それはちょうど高等研究所が門戸を開いた時期に重なっていた。「ドイツはますます悪い方向へと動いており、今日の新聞各紙は、ゲッチンゲン大学の数学科と物理学科の教授の半数に当たる大学教授三六名が追放されたと報じています」と、フォン・ノイマンは四月二六日、フレクスナーに報告の手紙を送った。「このようなことが、ドイツの科学の衰退でなければ、何をもたらすというのでしょう？」[34]

フレクスナー、バンバーガー兄妹、そしてヴェブレンは、そもそも頭が麻痺してしまいそうなアメリカの大学のお役所的な学部慣習からの避難所として高等研究所を構想したのだが、今や彼らが作った聖域は、人道主義の危機を逃れてきた学者たちの避難所となった。「当時高等研究所は、世界を覆い尽くそうとしている暗闇のなかの灯台であった」と、一九八〇年、所長のハリー・ウルフは、設立直後の五〇年を振り返って記した。「また、新しい人生への入り口であり、さらに、ごく一部の者たちには、研究を続け、ヨーロッパの優れた学問研究のスタイルと手法をほかの者たちに伝える最後の場所となった」[35]。ヴェブレンは、ロックフェラー財団の「追放されたドイツの学者たちのための緊急委員会」の委員長となり、ロックフェラーの財力を使い、また、高等研究所に彼らの一時的なポストを確保することによって、ヨーロッパの反ユダヤ主義と、アメリカの大恐慌という二重の災厄に立ち向かった。

問題は、縮小の一途を辿るアメリカの大学の雇用市場の隙間に、追放された学者たちをうまく割り込ませて、彼らが逃れてきたはずの反ユダヤ主義をアメリカで引き起こさないようにするにはどうすればいいかという点だった。アメリカ合衆国は、教師や教授には割当枠外ビザを発給したが、アメリカ人の候補者にも十分な数の空きポストがないときに亡命者たちにポストを見つけるのは、とりわけプリンストンでは難しかった。しかし、彼らを高等研究所に招くことで、ユダヤ系の学生や教授の受け入れには難色を示してきた歴史を持つプリンストン大学は、伴うはずの不安を一切負うことなしに、亡命科学者たちからご利益を得ることが可能になった。アインシュタインの到着が門戸を開く端緒となった。プリンストン大学は、アメリカ独立革命で重要な役割を担ったにもかかわらず、アメリカ合衆国のなかでも保守傾向の強い場所となっていたのである。アインシュタインが一九三三年にベルギー女王に書いた手紙に、「柱の上に載ったちっぽけな半神たちの古風で儀式ばった小村」と表現した通りだった[36]。

ヴェブレンは、学者のポストのみならず、土地も確保しようと努めた。「アメリカの教育機関で、最初に確保した土地が広すぎたのではなく狭すぎた、という過ちをおかさなかったところはありません」と、彼はフレクスナーに手紙を書き、「好ましからぬ侵入者に煩わされることがないよう、十分広い用地」を買収するよう求めた。フレクスナーは、不動産よりもむしろ学問研究に投資したいと考えていたが、だんだんとヴェブレンの意見を汲むようになっていった。「一週間かそこら、プリンストンに行って静かに過ごし、プリンストン全体の状況に親しむようにしたいと今では考えています。そうすれば、われわれの最終的な選択がしやすくなるでしょうから」と、彼は一九三二年一〇月に書いている。「わたしは、学部学生の教育には距離を置いて、大学院の活動に深く関わりたいのです[37]」。

　高等研究所が敷地を探しているという話が一旦漏れてしまうと、もう後戻りはできなかった。「われわれがプリンストンの傍らに敷地を見つけようとしていることは、もう世間に知れ渡っていて、土地の価格が明らかな高値で提示され、値引きに応じてもらえない困った状況になっています。ここは、早めに決断を下すようにしたほうがいいと思われます」と、一九三二年一一月、マースはフレクスナーに助言した。「これからインフレになるとすれば、土地問題は速やかに進めるのがよいのではないでしょうか?」とヴェブレンは言った。「敷地候補の、少なくとも二カ所は、なかなか良さそうだとわたしは思います」。バンバーガー兄妹は、「規模ではなくて水準の高さを謳い文句にしている研究所が、そんなに広い土地を購入するという方針はどうかと思いますが」と文句を付けたが、ヴェブレンは譲らず、一九三六年までに、合計二九万ドルで約二五六エーカー（約一〇四ヘクタール）が購入された。ここに、前にも触れた二〇〇エーカー（約八一ヘクタール）のほかならぬオルデン・ファームも含まれていたのだった[38]。購入した不動産は、このほかに、オルデンの領主邸（昔のウィリアム・オルデンの邸宅で、現在に至るまで所長の住居として使われている）、オルデン・レーンのはずれの、農場労働者たちの家々の集落、そして巨大な納屋兼作業場一棟が含まれていた。

「さしあたっては、このことはそっとしておくのが賢明かと思います」と、一九三五年一〇月、フレクスナーはバンバーガーに書き送った。「マース氏もヴェブレン教授も、別に批判したくはないのですが、二人ともさらに土地を購入しようと躍起になりすぎてしまう恐れがあると感じますので」。マースが一二月にフレクスナーに報告したところによると、この忠告に対してバンバーガー兄妹は、「サンタクロースとなって土地の代金を出す」[39]ことで応えた。続く二、三年にわたってヴェブレンは、大恐慌で経済的に苦しんでいる地主たち相手に厳しい交渉をいくつもまとめ、研究所の所有地を総計六一〇エーカー（約二四七ヘクタール）にまで拡張した。現在、「研究所の森」となっている、ストーニー・ブルックに接する土地もその一部だ。「雪の表面が堅く凍って以来、研究所の新しい敷地を数度にわたって歩き回っています」と、彼は一九三六年初頭に報告している。「地面がまた柔らかくなってしまったら、行きづらくなるだろう、小川の傍らまで、森のなかを下って歩いていけますからね」[40]。ヴェブレンは、ワシントン・クロッシングにあった州の苗木畑から四万本の常緑樹の苗木を購入し、一九三八年四月に研究所の敷地に植えてもらうよう手配した。

一九三七年、スプリングデール・ゴルフクラブに、研究所の敷地内にクラブハウスを新設してもらって、カレッジ・ロードにある古いクラブハウス（元々はストックトン家の農場）を研究所が譲り受けようという算段が、交渉に失敗してだめになってしまうと、オルデン・ファームの真ん中——オルデンの領主邸とストーニー・ブルックの中ほど——にある平地に、研究所本部の建設を開始することに決まった。建物に金をかけることに長いあいだ反対してきたバンバーガー兄妹が、ついに考えを変えたのだ。ゴルフクラブの守衛をしている老人に鼻であしらわれたことが、理由の一つにあったのかもしれない。

こうしてできたフルド・ホールは、プリンストン大学からゆとりのある土地へと移植され、のびのびと大きく成長したファイン・ホールといったところだった。談話室では数学者たちがチェスに興じ、二階の役員室では理事たちがトランプをやった。「みんな友だちでした——バンバーガーさんの昔からの友だちだったんです」と、ハーマン・ゴールドスタインは回想する。「マースはバンバーガーさんの弁護士で、ライデスドルフはトランプでピノクルのゲームをやる仲間の一人であり、また会計士でした。そんなわけで彼らも理事になったんです。ルイス・ストロースのような人たちはみんな、いわばユダヤの豪商だったんです」[41]。

研究所の一年度は一〇月から四月までで、一年の半分ぐらいだった。長い冬休みをあいだにはさんだ二学期制で、教員たちは学期中研究所内にいること以外、何の義務も責任もなかった。一九三三年の報告書には、「残りの半年間、教員たちは形の上では休暇中だったが、フレクスナー博士が発見したことには、研究に勤しむ者は、『休暇中』こそ最高の仕事をするのである」と記されている。フレクスナーは、終身在任権のある教授たちには惜しみなく報酬を与えることを信条としていた。富があると、学問研究以外のことに気がそらされがちになる恐れが出てくるとしても、「富が学者をだめにするからといって、少し貧しいぐらいのほうが学者のためになるというわけではない」と彼は述べている。この気前良い措置は、客員教授には適用されなかった。「給料がいいと、なかなか去りたくなくなってしまうから」というのがその理由だ。大恐慌と戦争の、たいへんな時代だったにもかかわらず、教授の給与は上昇し続けた。「アール教授（訳注：アメリカの歴史学者、エドワード・ミード・アール）は、昇給を得たことに感謝するあまり、良心に駆られて、われわれが最近受けたほどの昇給は違法ではないのかという、問いにくい質問を提起した」と、一九四五年、フレクスナーの後継者、フランク・エイダロッテが記している[42]。

高等研究所のことを、プリンストン大学の教授たちは、「高等給与研究所」と呼び、プリンストンの大学院生たちは、「高等昼食研究所」と呼んだ。高等研究所は、（一九一八年に遡る）ソーステイン・ヴェブレンの、「他国とアメリカ、あらゆる国籍の教員と学生が、アメリカの学問世界全体の客人として、自ら選んだテーマを研究する、すべてが惜しみなく与えられた中核機関[43]」の設立を求める声に応え、それを実現するものだった――初めに声を上げた当人は、これを見ることはできなかったが。フレクスナーは「パラダイス」にすると宣言していたが、ヴェブレンが集めた数学者たちは、アバディーン性能試験場の計算小屋や初期のファイン・ホールの日々のような、打ち解けた仲間意識を十分再現するまでには決して至らなかった。

しかし、フレクスナー当人の任期はそう長くはなかった。彼は、「委員会、グループ、あるいは教授会そのものなどの、退屈な会議がどんどん増えていくという傾向」が生じるのを断固として避ける所存で、所長の仕事を始めた。「組織化と形式的な協議へと向かうこの傾向は、生じたが最後、止めることは不可能である[44]」というのが彼の言い分だった。しかし、その後不運な道を辿る経済・政治部門に二人の終身在職権付き教授を任命したことなど、歓迎されざる決定を彼が続けざまに下すと、教授会は会合を何度も開き、その都度所長に対する叛逆寸前の状況となった。フレクスナーは一九三九年一〇月九日に辞任し、（ヴェブレンが抱いていた思惑はすべて無視されて）フレクスナーの代理だったフランク・エイダロッテが後継者となった。エイダロッテはルイビルで教員を務めたのち、スワースモア大学の学長となった（クエーカー教の支持者ともなり、この点でも影響力をふるった）人物で、科学者と人文学者の折り合いをつけることに長けていた――というのも、自分は科学者でも人文学者でもなかったからだ。

フレクスナーは、生涯にわたって学問を支援したが、自分自身学者であると主張したことはついぞなかった。「残念ながら、わたしは学者だったことは一度もありません。というのも、ジョンズ・ホプキンズで過ごした一八八四年から一八八六年までの二年間はなんら学問上の成果をもたらしませんでしたから――とはいえ、この二年間で学問に対する尊敬の念が生まれ、それが今日まで続いているのは確かです。今、あなたという人物に託して、安心してその世界を去ることができます」と、一九三九年、エイダロッテに所長の座を譲るにあたってフレクスナーはしたためた。教授会の反乱が原因で辞任せざるを得なくなったことで、フレクスナーは深く傷ついていた。フォン・ノイマンは一貫して中立の立場を守り、自分がアメリカ合衆国に留まることができたのは、フレクスナーが命綱を投げてくれたからだということを決して忘れなかった。二人は互いに好意を持っていた。「フレクスナーのジョニーへの接し方を見るのは、ほんとうに楽しいことでした」と、クラリは言う。「叔父さんがお気に入りの甥っ子に接する態度と、サーカスの猛獣使いが、自分が仕込んだライオンが見事な芸をするのを自慢げに披露している態度が入り混じっていましたから」[45]。

　当初から理事会のメンバーだったエイダロッテは、第二次世界大戦の時期を通して、高等研究所を如才なく取り仕切った――フォン・ノイマン、ヴェブレン、モースなど、戦争支援活動に従事することになった者たちには休暇を与え、そうでない者たちには避難所を提供し続けた。「ヨーロッパ中の灯りが消え、それに代わって、停電のなかで焼夷弾が炸裂する光が周囲を照らすという状況に、比喩的な意味でも実際の意味でもなりつつあるこの陰鬱たる日々に、碑文研究や考古学、古文書学や美術史などの人文学研究に出費することの是非を問う人もあるかもしれない」と、彼は一九四一年五月に報告している。高等研究所が原子爆弾開発を陰で支える活動にすでに着手していることをエイダロッテが発表するわけにはいかなかったが、「われわれが文明と呼ぶ組織的な伝統、それを守ることこそこの戦争の目的であるところの伝統」を、高等研究所は揺るぎなく支持する、「われわれは、理解できないもののために戦うことは不可能だし、長期的に見て、そのような戦いは今後もしない」と、彼は宣言した[46]。

一九四七年にエイダロッテの後継者となったのがJ・ロバート・オッペンハイマーで、彼は一九六六年まで所長を務めた。フレクスナーもエイダロッテも、教師や教育機関の管理者として優れていたが、科学者ではなかった。これに対してオッペンハイマーは、第一級の科学者であると同時に優れた管理者で、おまけに歴史と芸術にも精通していた。エイダロッテから招聘（しょうへい）を受けていた詩人のT・S・エリオットは、一九五〇年に発表した詩劇『カクテル・パーティー』を、自分の唯一の「IAS滞在に関連する出版物」として挙げたが、彼がIASにやってきたのは一九四八年の秋のことで、最初の「所長招聘客員教授」として、オッペンハイマーが「知識人ホテル」と呼んだ高等研究所に到着したのであった。[47]

一九三三年に数学部門（スクール）が開設され、続いて、一九三四年に人文学研究部門、一九三五年に経済・政治部門が開設となった。歴史研究部門（人文学部門と経済学部門を統合してしまった）が一九四九年にでき、自然科学研究部門が、数学部門から分離して一九六六年にできた。社会科学部門は一九七三年に設置された。ほぼ一〇年ごとに、生物学者を一人高等研究所に連れてこようと試みられたが、その一人めが一九三六年のJ・B・H・ホールデンだった。「ホールデンは、生物学的現象への数学の応用に関心を抱いていました」と、ヴェブレンはフレクスナーに説明し、生物学者を連れてくるからといって、新しい部門を開設する必要はないでしょう、と言った。「彼が応用をやりたいと言った具体的な分野は、遺伝学です」。しかしホールデンは招聘を断った。「ドイツとイタリアの侵略者たちが仕掛けようとしている毒ガス攻撃からマドリードを守る活動を支援するため、スペインに行こうと考えているので」というのがその理由だった。[48] その後六〇年経った一九九九年、理論生物学のグループが一時的なものとして高等研究所内に形成され、その後二〇〇五年に、恒久的な生命システム研究センターが設立された。

二つの異なる「高等研究所」が、どうにかこうにか共存していた。ディーン・モンゴメリー（訳注：アメリカの数学者で位相幾何学が専門。一九五〇年代、ヒルベルトの第五問題を解決する取り組みに貢献）によれば、「一つは、歴史ある研究機関によく見られる体制で、偉大な学者のグループからなる。そういう偉大な学者たちは偉大な思想を抱き、時折一般社会と意思疎通をはかっている。彼らは高等研究所のことを、彼ら自身のための一生涯にわたる研究奨励制度と考える傾向が強い」。その一方で、モンゴメリーが言うには、「ヴェブレンは、彼とアインシュタインとワイルは、そのようには考えていないと言った」そうであるが。(49) もう一つの「高等研究所」とは、主に学者のキャリアを始めて間もない若手の客員研究員からなる、毎年変化するグループで、時折、一年の休暇を取った高名な学者が加わることもあった。一九五三年の秋、フォン・ノイマンの招きに応じて、のちにフラクタルと呼ばれる分野の創始者となる、単語度数分布の研究（「おそらく（probably）」、「セックス（sex）」、「アフリカ（Africa）」の三語がどのような頻度で現れるかを調べる、というのがその手法だった）を始めるためにやってきたブノワ・マンデルブロは、高等研究所には「人々を集める明確な目標と、どちらかといえば奇妙な構造がありました。終身在任している『やんごとなき人々』たちがいて、その下のいくつもの階層はどれも空っぽで、それから、主にごく若い人たちからなる階層がありました。今では年齢と名声に関して、もっとバランスの取れた分布になっていますが」と述べている。マンデルブロは、フォン・ノイマンとは素晴らしく馬が合い、彼が「プリンストンの類型に収まらない人を大勢集めた」ことを賞賛し、同時に、客員研究員としてやってきた学者たちを見て、「自分以外の人は皆、『これは自分の生涯最高の一年のはずなのに、どうしてもっと楽しくないんだろう』と、耐え難いような感情に苛まれていたようです」と述べた。(50) 日々の責任から解放された喜びには、この一年の休暇のあいだに、何か素晴らしいことを成し遂げねば、という、往々にして深刻な重荷となる気持ちに常に付きまとわれるという代償が伴っていたのである。

物理学者Ｐ・Ａ・Ｍ・ディラックの見るところによれば、「このプロジェクトのすべてを考案した」のはヴェブレンだったが、ヴェブレンは、性能試験場時代とまったく同様、自分を表に出すことは決してなかった。一九五九年にオッペンハイマーが、高等研究所の私道の一つである、プリンストンの戦いを記念したバトルフィールド州立公園を見渡すことができる短い袋小路の名称を、ポルチコ・レーンからヴェブレン・レーンへと変えさせてほしいとヴェブレンに手紙で頼んだことがある。オッペンハイマーは、ヴェブレンの返事をこんなふうにメモ書きして残している。「返事はノーだった。彼が亡くなるまで待つほうがよさそうだ」[51]。今ではその道は、ヴェブレン・サークルと呼ばれている。

高等研究所創設に際し、数学は、純粋数学と応用数学の二分野に分けられた。フォン・ノイマンがやってきたことで、この区別は崩れ始めた。「数学部門は、三つのグループからなる恒久的構造を持っています。一つは純粋数学者からなるグループ、もう一つは理論物理学者からなるもの、そしてもう一つがフォン・ノイマン教授からなるグループです」と、一九五四年、フリーマン・ダイソンは審査委員会（訳注：フォン・ノイマンが原子力委員会に出るようになってから、ＥＣＰをどうするか再検討するために集められた五人の学者によるもの）に説明した[52]。

数学の第三の分野が形成されつつあったのだ。第一の分野は、抽象数学のみからなる領域だった。第二の分野は、数学者の指導のもと、数を現実世界へ適用することに取り組む領域だった。そして第三の分野、デジタル宇宙では、数がそれ自体の生命を持つようになるのであった。

第4章 ノイマン・ヤーノシュ

われわれは、すべてを変えようとして地球にやってきた火星人である——歓迎されないであろうことは承知の上だ。そこで、アメリカ人のふりをして、このことは隠しておこうとする……しかし、訛(なまり)があるせいで、どうにもうまく行かない。そこでわれわれは、誰も聞いたことのない国に住むことにした。そんなわけで、われわれはハンガリー人だと名乗るようになった。

——エドワード・テラー、一九九九年

ジョン＝ルイス・フォン・ノイマン（同胞のハンガリー人たちにとっては、マルギータイ・ノイマン・ヤーノシュ・ラヨス）は、マックス・ノイマンとマルギット（ギッタ）・カンの最初の子どもとして、一九〇三年一二月二八日、ブダペストに生まれた。オズワルド・ヴェブレンが博士号を取った年である。ハンガリーという国家、ブダペストという都市、そしてフォン・ノイマン家、どれも日の出の勢いだった。

一八六七年にオーストリア＝ハンガリー二重帝国が成立したことで、クラリ・フォン・ノイマン言うところの、「男性の勇敢さ、女性の美しさ、そして、救いようのないほど不幸で不運な歴史で有名な国——最後に言った項目が一番重要です」[1]には、束の間、平和と繁栄が訪れ、ユダヤ人に対する制約も緩和された。一八七三年、ドナウ川の対岸に位置するブダとペストの二つの街が合併されてハンガリーの新しい首都になると、オーストリア＝ハンガリー帝国の文化・経済の核としてウィーンと肩を並べるまでとなり、ヨーロッパでも最も成長目覚しい都市となった。六〇〇軒を超えるコーヒーハウス、世界で最も厳格な高等学校が三校、そして、ヨーロッパ大陸初の地下鉄網が、若きノイマン・ヤーノシュが過ごしたブダペストにはあった。

マックス・ノイマンは、一八七三年、ノイマン・ミクシャとして、ブダペストの南に位置するペーチの町で生まれ、弁護士兼投資銀行家となった。第一次世界大戦前夜にハンガリーの近代化を推進する力となった資金源に技術の知識を結びつけることに特に長(た)けていた。結婚によって彼は、カン＝ヘラー農機具会社（石臼(いしうす)供給業者として始まり、その後、アメリカのシアーズ・ローバック社と同様、通信販売の草分けとなった）の共同経営者、ヤーコプ・カンの家族の一員となった。カン家は、ブダペストのヴァーチ通り六二番地にあった立派なビルの一階部分すべてを占めていた。マックスとマルギットは、この最上階にあった一八室からなるアパートに入居し、すぐ下の二つの階を占めるマルギットの三人の姉妹とその家族に囲まれて暮らすようになった。二階部分には、ヘラー一族のある家族が住んでいた。マックスは、息子たちを記念して、窓にステンドグラスを注文した。ジョン（一九〇三年生まれ）を表す雄鶏(おんどり)、マイケル（一九〇七年生まれ）を表す猫、そしてニコラス（一九一一年生まれ）を表すウサギが描かれたものだ。「一九八三年ごろ、久しぶりにブダペストを訪れましたが、そのころはまだ共産党政権が国を支配していました。でも、ビルの管理人たちはわたしたちを歓迎し、丁重に対応してくれました。あの窓はそのままでしたよ」と、ニコラスは語る。[2]

一九一三年、マックスは「金融分野での称賛に値する功績」を認められ、フランツ・ヨーゼフ皇帝から貴族に叙せられ、世襲の称号を与えられた。一家の姓は、マルギッタイ・ノイマンに代わった（ドイツ語形ではフォン・ノイマン）。一九二八年にマックスが亡くなると、三人の息子たちは全員カトリックに改宗し（ニコラスの話では、「信念に基づくものではなく、便宜のため」であった）、アメリカ合衆国に移住した。マイケルはノイマン姓に戻り、ニコラスはフォンノイマン姓を名乗った。ジョンはフォン・ノイマンと名乗り続けたが、ハンガリーの同胞たちには「ヤーンチ」、アメリカの友人たちには「ジョニー」と、親しみを込めたシンプルな名で呼ばれ続けた。[3]

「一九一三年の貴族階級は、封建時代の貴族階級と同じではないということは議論の余地がありません」と、一九四二年に米国陸軍に入隊し、その後数年間戦略諜報局（ＯＳＳ）に勤めたのち、弁理士としてキャリアを築いたニコラスは語る。「［父が］それを金で買ったかどうかというのも、見当違いの問いですね。ハンガリーの経済活動での成果に対する報酬だったのです。もう封建時代ではなかったのですよ」。重要だったのは、「父には、人生は精神性に富んでいなければならないという信念があった」ということだと、ニコラスは強調する。[4]

マックスは、住まいの一角に家族の図書館をしつらえた。少年時代、ジョンはここで貪るように本を読み、特に、ヴィルヘルム・オンケン（訳注：ドイツの歴史学者。歴史を通して国家政治教育を行なうという理念を持っていた）の『世界史（*Allgemeine Geschichte in Einzeldarstellungen*）』全四四巻をすべて読み通し、人から尋ねられると、記憶だけに頼ってその記述を詳細に引用してみせた。一〇〇〇年にわたるビザンツ帝国の歴史をとりわけ熱心に学んだ。晩年、数学的能力が潰えてしまったあとでさえも、このテーマは変わることなく彼の関心の的であり続けた。「その力と組織が、彼の心を惹き付け続けたのである」と、スタン・ウラムは回想する。ハーマン・ゴールドスタインは、「彼には、一度読んだ本や記事を一言一句たがわずに引用する能力があり」、それは数年の時が経過しても変わらなかったという。「あるとき、これを試してやろうと、『二都物語』（訳注：チャールズ・ディケンズの一八五九年の長篇小説）の書き出しはどうなってましたっけ、と訊いてみたんです。そうしたら、なんら躊躇することなく、彼は第1章を暗唱しはじめ、もう結構ですと制するまで、延々と続けたのです[5]」。

フォン・ノイマンの幸福な子ども時代は、大人になってからの彼の人生が世界的な紛争に大きく左右されたのとは、まったく対照的である。同じ建物に暮らすいくつもの家族のあいだを、子どもたちは自由に行き来できたが、そのあいだにも外の世界では、戦争の暗雲が垂れ込めはじめていた。ニコラスはこう回想する。「子どもたちがやっていた遊びの一つ――これはジョンがリーダーとして取り仕切っていた遊びなんですが――に、方眼紙の上に記号を書いてやる『戦争ごっこ』がありました。城、幹線道路、要塞などを、方眼紙の正方形を塗りつぶしたりつないだりして表現するのです。古代の戦争で使われた戦略を再現して練習するのが目的でした。ゲームの参加者のそれぞれが何軍の役をやらされるか、とか、誰が勝者で誰が敗者の役になるか、ということは、どうでもよかったのです。そんなことで誰も一喜一憂などしませんでした[6]」。第一次世界大戦でも第二次世界大戦でも、ハンガリーは敗北者側だったのだ。

ハンガリーでは、ギムナジウム（大学進学希望者のために高度な教育を行なう高等学校）への進学準備は、家庭において始まった。フォン・ノイマン家の子どもたち（および従兄弟たち）は、フランス人とドイツ人の住込み女性家庭教師と、イタリア語、フェンシング、チェスなどを教える家庭教師の指導を受けた。ジョンは、ラテン語、ギリシア語、ドイツ語、英語、そしてフランス語に堪能になった。第一次世界大戦中子どもたちは、トンプソン氏とブライズ氏という二人のイギリス人から英語を学んだが、二人はウィーンで敵国人として拘束されていたところ、マックスに助けてもらって、「何の苦も無く『拘留場所』を正式にブダペストに移すことができた」のだった[7]。

第一次世界大戦のあと一三三日間、ハンガリーは、ベーラ・クン（ハンガリー式にはクン・ベーラ）の共産主義政権によって支配された。「わたしは猛烈な反共産主義者です」と、一九五五年、米国原子力委員会の委員に推薦されたのを受け、フォン・ノイマンは宣言した。「とりわけ、一九一九年にハンガリーで三カ月間それを味わいましたので」[8]。マックスの力のおかげで、一家はブダペストが最悪の混乱状態にあった時期を、アドリア海沿岸、ヴェネチアに程近いところにあった夏の別荘で過ごしたあと、ブダペストの自宅に住み続けることができた。「万人に平等な設備をとの指針のもと、大きなアパートはどれも分割されました」と、当時七歳だったニコラスは記憶している。共産党の職員一名、正規軍の兵士一名、そしてビルの管理人からなる委員会が、アパートの配分を決めるためにやって来たという。「父が、ピアノの上にイギリスのポンド紙幣を、金額がどのくらいだったか、わたしにはわかりませんが、一束置いて、その上に錘（おもり）を載せたのです」とニコラスは言う。「赤い腕章をした共産党の職員が直ちにそちらへ向かい、札束を取り、そして委員会は行ってしまいました。こうしてわたしたちはそのアパートに留まることができたのです」[9]。

食事の時間、子どもたちは大人として扱われた。「当時はまだ、比較的長時間で内容もかなりしっかりした昼食を取るために家族全員が集まる習慣がありました。昼食が終わると、それぞれの仕事、活動、あるいは勉学に戻り、夕食の時間になるまで勤（いそ）しむというわけです」と、ニコラスは説明する。マックスは自宅に頻繁に客を招いてもてなし、ニコラスによると、「わたしたちは、父の銀行の重役たちを相手に、いかにしてビジネスのコネを作るかや、マネジメントの『こつ』を学びました」[10]。マックスは抜け目のない人間だったが、同時に親切でもあった。一家の運転手が、一家が所有していた高級フランス車、ルノーを長期間にわたって個人的な目的のために無断で使用していたところ、それを壊してしまったとき、本来なら解雇されるところだったのに、マックスは何も言わず、ルノーの代理店と交渉して修理と代車の手配をしたときのことを、ニコラスはよく覚えている。

マックスは、産業分野への投資の具体例を自分が身をもって示さなければならないという信念を持っていた。「それが新聞事業への投資だったら、父は印刷機について論じ、活字の見本を家に持ち帰って、それがどのように働くのかを実演してみせました」と、ニコラスは言う。「あるいは、それが『ハンガリー・ジャガード織工場』のような繊維産業への投資だったら、議論は自動ジャガード織機（しょっき）を中心に展開しました。ジョンがのちにパンチカード方式に関心を抱くようになったことのおもとに、このときの経験があったのだということは、それほど想像力を働かせなくてもわかるでしょう！」[11]。

ペーチ出身の、裕福だが中流ユダヤ人の若者がハンガリーの貴族階級の一員となるのは、珍しいことではあったが、世紀末のブダペストにおいては前例がないわけではなかった。一八七六年にオーストリアと「和協（アウスグライヒ）」（訳注：この協定で、オーストリア皇帝をオーストリアとハンガリー両国の共通の君主として戴くことになり、オーストリア＝ハンガリー二重帝国が誕生。オーストリア国内で台頭しつつあった諸民族を抑える狙いがあった）を交わしたことでハンガリーでも自由化の窓が開いたものの、ベーラ・クンの台頭と、一九一九年後半に起こった、ホルティ提督率いる反革命とで、その窓は再び閉じてしまった。この反革命で、大学入学者に対する「定員枠」が導入され、大学の定員は国全体の人口比率を反映しなければならないことになり、事実上、ユダヤ人の大学入学と就職に対して、昔の人数制限が復活した。しかし、そのころまでには、カン家やノイマン家のようなユダヤ人家族は、ハンガリーの上流社会に完全に同化してしまっていた。

ベーラ・クンの赤色テロにも、その反革命の白色テロにも阻まれることなく、マックスはアドルフ・コーナー・アンド・サンズ投資銀行の一員となり、地位を回復した。彼は普通には近づくことのできない高い地位の人々に通ずる扉をいくつも開いたが、彼の人間的な魅力ゆえ、それはいとも易々と行なわれた。この同じ魅力と容易さで、彼の息子はのちにアメリカ合衆国において権力への扉をいくつも開くのである。「哲学、科学、そして人道主義について父からジョンが受け継いだ教えの本質は、それまで一度もなされたことのなかった、不可能なことを行なえということでした」と、父マックスからジョンが何を学んだかについて、ニコラスは語る。「彼のアプローチは、単にそれまで一度もなされたことのないことをする、というのではなく、不可能だと思われていることをやる、ということだったのです[12]」。

ハンガリー人たちは、一一〇〇年にわたって不可能に立ち向かってきた。利点と言えば、戦略的に有利な場所に位置していることぐらいだったが、その利点にしても、おかげでローマ帝国、オスマン帝国、ロシア、神聖ローマ帝国、ハプスブルク家、ナポレオン政権のフランス、ナチス・ドイツ、そしてソビエト連邦に次々と占領されることになったのだった。スタン・ウラムによれば、フォン・ノイマンは、ハンガリーの知識人たちが偉業を成し遂げられたのは、「個人個人の潜在意識のなかに、極端な不安感があったこと、そして、他にはないものを生み出したり、絶滅の危機に直面したりする宿命のもとにあったこと」にその理由があると考えていたという[13]。フィン・ウゴル語派に属するハンガリー語は、フィンランド語とエストニア語にしか密接なつながりがなく、外部の人間には理解不能である。このハンガリー語に堅固に守られていたおかげで、近隣諸国に包囲されても、ハンガリーは屈せずにこられたのだった。その一方で、ハンガリーの知識人たちは、コミュニケーション手段としてドイツ語を身に付けた。ハンガリー語圏外で生き残るために、ハンガリー人たちは音楽、数学、そして視覚芸術という普遍的な言語に頼った。橋の街ブダペストは、芸術や科学のギャップに橋を渡した一連の天才たちを生み出した。数学の分野でも、映画の分野でも、「ハンガリー人である必要はないが、ハンガリー人なら有利だ」と言われた。

フォン・ノイマンの才能は、ブダペストにおいてさえ傑出していた。「最もジョニーらしい特徴は、すべての物事に対する尽きることのない好奇心、知りたい、どんな問題でも、それがどんな水準のものであっても理解したいという、強迫観念的な欲求でした」と、クラリは振り返る。「自分の好奇心をくすぐる、クエスチョン・マーク付きのものは、どんなものであれ捨て置くことができなかったのです。むっつりと口を尖らせ、少なくとも自分が満足できるような、正しい答が見つかるまで、他のことは何もできなくなりました」。彼はどんな問題でも、一旦ばらばらに分解し、それから、答が一目でわかるような形に組み立て直すことができた。彼には、「数学者としては珍しいと言えるであろう」一つの才能があったと、スタン・ウラムは説明する。それはこんな才能だ。「物理学者たちと打ち解けあい、彼らの言葉を理解し、それをほとんど瞬時に数学者の図式と表現に変換するのだ。さらに、このやり方で問題を処理したあと、今度は逆にそれを物理学者たちが普段使っている表現に戻してやることもできた[14]」。

どんなテーマでも、フォン・ノイマンにかかれば格好の批判対象となった。「しかし、証券取引所のオペレータたちが、株価の傾向を説明するときの間抜けさには絶対に我慢ならないね」と、彼は一九三九年、ウラムにこぼした。「連中が間抜けなのはしょうがないとして、彼らが間抜けだという事実を使わずに、株価がどうなるかという説明ができなければならない」。この疑問は、のちに、戦争中オスカー・モルゲンシュテルンと共同で執筆された『ゲームの理論と経済行動』（銀林浩ほか監訳、ちくま学芸文庫）をもたらすことになる。この本の執筆にあたっては、フォン・ノイマンは減り行く一方の自由時間を振り向け、モルゲンシュテルンのほうは、「わたしがこれまでに知ったどんな仕事よりもはるかに集中的な長期の仕事[15]」を献身的に行なったのだった。

「ジョニーは、海岸を北上したり南下したりしていくつもの会議を綱渡りしたあと、夜になって帰宅するのでした」と、クラリが回想する。「家に足を踏み入れるなり、オスカーを呼び、それから二人で夜の大半を本を執筆して過ごしました……。これが二年近く続きましたが、次から次へと邪魔が入って中断させられていました。二人が二、三週間も会えないこともありましたが、ジョニーはいつも、執筆に戻った瞬間、前回終わったところからすぐに作業を再開することができました。まるで、前回の執筆作業のあと、何も起こらなかったかのように[16]」。

草稿がどんどん長くなっていくので、プリンストン大学出版局から、出版を取りやめると何度も脅されたものの、ついに一九四四年、『ゲームの理論と経済行動』は世に出ることができた。六七三ページをかけて論理的に主張を展開し、フォン・ノイマンとモルゲンシュテルンは、経済学、進化、そして知性を共通の数学的基盤の上に置き、不確かなパーツから信頼できる経済がいかに構築できるのかを詳細に説明した。導入部で二人は、「元々は別々で遠く離れていた分野どうしが統一されることは極めて稀で、それぞれの分野が徹底的に研究し尽くされたあとにのみ起こる」と述べた。ゲーム理論は、はじめ軍事戦略家たちに採用され、経済学者たちがそれに続いた。数理経済学者のポール・サミュエルソンは、フォン・ノイマンについて五〇年後に回想し、「われわれの領域にほんのいっとき飛び込んできただけなのに、その後この領域は以前とはすっかり変わってしまった」と述べている[17]。

クラリの記憶によれば、ジョンは「頭脳が巧妙に働いたのと同じくらい、手先は不器用」で、化学の授業では、実験室のガラス器具を壊しかねない人物と見なされていたという。彼は、天候を予測する、脳の働きを理解する、経済を説明する、あてにならない部品から信頼できるコンピュータを構築するなどの、「不可能」な問題にいたく惹き付けられた。「最も重大な問題に、単純なパズルを解くような気持ちで取り組むことが、彼の誇りだったのです」とクラリは言う。「世界が彼に何かのパズルや、何かの問題を与えて、ストップウォッチで時間を見ながら、彼がいかに速く、さっと簡単にそれを解くことができるか確かめていて、彼がそれを受けて立っている——そんな感じでした」[18]。

エドワード・テラーは、「頭脳の点で超人的な人種が生まれることがあるとすれば、そのメンバーたちはジョニー・フォン・ノイマンに似ていることでしょう」と言い、説明を超えた「神経超伝導」がフォン・ノイマンには起こっていたと称賛し、さらにこう言い添えた。「考えることを楽しむ人は、脳が発達します。フォン・ノイマンはそういう人でした。彼は自分の脳が機能するのを楽しんでいたのです」[19]。頭を使うべき問題がないとき、彼は注意を集中することができなかった。ハーマン・ゴールドスタインによれば、「聞きたくもない話を聞いたり、読みたくもない論文を読むときのジョニーの無関心さ以上に徹底したものはなかった[20]」。

少年時代、フォン・ノイマンは、数学、歴史、すべての語学、そして科学で——要するに、音楽とスポーツを除き、すべての科目で——クラスのトップだった。早くも青年時代に、「彼は、ずんぐりむっくり、丸い体型の人、という印象がすでにありました。ぶよぶよの中年男というのではなくて、赤ちゃんのように丸ぽちゃで、子どもが描く月の人間のように真ん丸でした」と、クラリは振り返る。運動は得意ではなかったが、歩くのは大好きだった。「ヨセミテの『熊のバスタブ』や、『ブライダル・ベール』の滝、イエローストーンの『悪魔の大釜』、ダコタのどこかの『悪魔の塔』などを見るために、わたしたちは長い道のりを徒歩で行かなければなりませんでした」と、クラリは語った。「こういった名前がついた場所に、ジョンは異常なまでに好奇心を刺激されて、車で数マイル迂回したことも何度かありましたし、ときには数マイル歩いて行ったこともありました。すべては、こういった面白い名前に彼が興味を掻き立てられた、それだけのためでした」。彼は階段を好み、「全然さまにならないのに、一段飛ばしに駆け登るのが大好きでした」と、マンハッタン計画の際にオークリッジでフォン・ノイマンに会い、のちにＩＢＭの計算機部門の重役になったカスバート・ハードは記憶している[21]。

クラリは、ジョンにスキーに興味を持ってもらおうとしたが、二、三度試したところ、「彼は実にあっさりと、恨み辛みは一切なしに、離婚を申し出ました……。それが誰であれ、一人の女性と結婚しているということが、二枚の木の板に乗って、つるつるした山の斜面を滑って回らねばならないということなら、『暖かくて気持ちのいいバスタブを出たり入ったりする』という、彼が呼ぶところの日々の運動をやって、一人で暮らすほうが絶対にいいと言ったのです[22]」。

スーツにネクタイを締めずに人前に現れることはめったになかったが、彼はこの習慣を、二六歳で教師としてプリンストンにやってきたときに学生と間違われたことが原因だと言っていた。しかし、それ以外は、形式張らないアメリカ生活を楽しんでいた。「勤勉だったのに加えて、ジョニーは卓越した美食家だったらしく、いつも美味しいものを求め、たとえば、彼が大好きな胡椒のきいたエンチラーダを求めて、近くのスパニッシュ・カフェまでものすごい勢いで駆けていくのでした」と、フランソワーズ・ウラムは回想し、「スタンは、きっとエンチラーダは、ハンガリーのグーラッシュを思い出させるんじゃないかな、と言っていました！」（訳注：エンチラーダは、トルティーヤという、トウモロコシ粉を薄焼きパンにしたものに、鶏肉などの具を包み、オーブンで焼いたメキシコ料理。グーラッシュは、牛肉とタマネギにトマトやジャガイモなどを加えたハンガリーのシチュー）と付け加えた。クラリによれば、彼はすこぶる迷信的だったという。「抽斗は、七回出し入れしてからでないと、開けてはいけませんでした。照明のスイッチも同じでした。七回オン・オフしないと、点けたままにできなかったのです[23]」。

彼が、「まるでカメレオンのように、一緒にいる人々に適合する能力」を発揮したのをハーマン・ゴールドスタインは記憶している。しかもフォン・ノイマンは、数学を理解しない人が相手でも、何かを説明できないと言ったことは一度もなかったという。「暗い森を抜けて、明るい草地に出たような感じがするほど、スムーズな説明でした。相手をどうやって森のなかから外へ導き出せばいいか、よくわかっているようでした。講演をすれば、毎回とてもわかりやすく、まるで魔法のようで、あまりに単純に思えたので、ノートを取る必要さえ感じないほどでした」。ニコラスは、兄が量子力学の講演をするためにブダペストに帰ってきたとき、本番の講演の前に、親族一同に、専門用語を使わずに要点を説明したことを覚えている。「ディラックの光についての理論は、ちょっと説明が難しかったですね」と、ニコラスは言う(24)。

「彼に会って最初に強い印象を受けたのが彼の目だった——茶色の大きな目で、生き生きと、表情豊かで」とスタン・ウラムは、一九三五年にワルシャワで初めてフォン・ノイマンに会ったときのことをこう記している。「頭がとても大きかったのも印象的だった。歩き方は、ちょっとよたよたした感じがした」。ウラムが見たところ、彼は、感じがよく、明るい性格で、「よそよそしいとか、気難しいということはまったくなかった」けれど、「自力でたたき上げた人や、ほどほどの家庭の出身の人と一緒のときは居心地が悪そうに見えた。裕福なユダヤ人家庭の三代目、四代目の人といるときのほうが寛げたようだ」とのことだった。ユーモアのセンスがあったにもかかわらず、「薄い膜かベール、何か遮るものが、彼とほかの人々のあいだに存在しているようでした」と、空軍戦略ミサイル評価委員会でフォン・ノイマンの担当官を務め、さらに、フォン・ノイマンが晩年ウォルター・リード陸軍病院に入院したきりになった際に傍らに待機して助けたヴィンセント・フォード大佐は述べた。「彼は、ある意味この世界の一部であり……、同時に別の意味ではこの世界に属していないようでした」(25)。

コンピュータ・プロジェクトの最前線にいた技術者たちは、IASのほかの教授たちから冷たくあしらわれた分、フォン・ノイマンからはそれを埋め合わすほど温かく接してもらえた。それにもかかわらず、コンピュータ室や作業台にいるときにフォン・ノイマンがやってくると彼らは畏縮した。「実際に数値結果を得る可能性は、彼がコンピュータ室にいないときのほうがはるかに高かったのです。というのも、彼がいると全員がとても緊張しましたから」と、マーティン・シュヴァルツシルトは言う。「しかし、ほんとうに頭を使って考える問題で困っているときは、誰もが、ほかの誰でもなく、フォン・ノイマンのところへ行くのでした」(26)。

「わたしたちは皆、程度の差こそあれ、明瞭に考えることがときには可能です」と、フォン・ノイマンと同じくハンガリー出身のアメリカの数学者、ポール・ハルモスは言う。「しかし、フォン・ノイマンの思考の明瞭さは、ほかのたいていの人間に比べて、常に桁違いでした」。彼は常に頭を働かせ、論理的に考える知的な人で、「それを補うような、非理性的な直感を持っている人々を称賛していました。おそらく嫉妬していたのでしょうね、そういう直感は科学が進む方向を変えてしまうことがありますからね」と、ハルモスは述べる。「多分、動物の意識は、われわれ人間の意識ほど明瞭ではなく、動物が持つ知覚も、常に一種夢のようなものなのだろう」と、物理学者のユージン・ウィグナーは一九六四年に述べた。「これとは逆に、フォン・ノイマンと話をするときはいつも、彼一人だけが完全に目覚めているのだと感じた」(27)。

この超人的な能力を少しでも相殺しようと、フォン・ノイマンは、俗なセンスのユーモアを振りまき、精力的に社交活動に参加し、ごく普通の人間の尺度に合わせようと努力したが、いつも成功するとは限らなかった。「何か要領を得ないことを彼に話すと、彼は、『ああ、君はこう言いたいんだね』と言って、不明瞭だった内容を実にすっきりと表現し直してくれたものです」と、かつて彼の指導を受けたラウール・ボットは言う。さらに、「彼は、ほんとうにいい人たちと、それほどよくない人たちの区別がつきませんでした」とも。「みんな、彼に比べればあまりに愚鈍に見えたのでしょうね」[28]。

一九一四年、フォン・ノイマンは一〇歳にして、「ルーテル校」と通称されるギムナジウムに入学した。八年制エリート養成高等学校で、生徒を教育すると同時に、数名の優れた数学者たちに、教師として働きながら独自研究をする機会を与えて支援していた、ギムナジウムと呼ばれる高校はブダペストに三校あったが、その一つである。フォン・ノイマンは、今も語り伝えられる有名な数学教師、ラースロー・ラーツの目にとまった。同級生のウィリアム・フェルナー（のちに経済学者となった）によれば、ラーツは「ジョニーのお父さんに、ジョニーに学校の数学を普通に教えても無意味だとの見解を伝えた」そうだ。ラーツには、数学の才能を見出し、それを伸ばすように仕向ける不思議な能力があった。「この早熟な一〇歳の少年がいつか偉大な数学者になるなど、どうしてわかろう？」と、ユージン・ウィグナーは問いかける。「そんなことはとても無理だ。しかし、どういうわけかラーツにはそれがわかったのだ。しかも、そうだと即座に見抜いたのである」[29]。

ブダペスト大学のヨージェフ・キュルシャーク教授の指導を受け、ラーツのほかに、ガブリエル・セゲー（セゲー・ガーボル）、ミヒャエル・フェケテ（フェケテ・ミハーリ）、そしてリポート・フェイェールに個人指導をしてもらい、ジョンは一三歳にして本格的な数学の訓練を受け始めた。彼が初めて発表した論文は、一七歳のときに（フェケテとの共著で）書かれたもので、一九二一年に高校を卒業するまでには、すでに歴とした数学者として認識されていた。それでも彼の父は、数学だけで身を立てていくのは無理ではないかと不安がっていた。

ハンガリー出身の航空力学者で、パサデナのジェット推進研究所を設立し、世界初の超音速風洞を建設し、空軍科学審議会の最初の議長となり、フォン・ノイマンによれば「コンサルティングというものを発明した」セオドア・フォン・カルマンは、「有名なブダペストの銀行家が一七歳の息子を連れて面会にやってきた」ときのことをよく覚えている。「彼は、ちょっと変わった願いを切り出した。青年ジョニーに、数学者になるのを思いとどまるよう説得してほしいというのだ。『数学では金はかせげません』と彼は言った」。

「その少年と話してみた」とフォン・カルマンは続ける。「彼は素晴らしかった。一七歳にして彼はすでに、何種類もの異なる無限について独自の研究に取り組んでいたが、これは抽象数学の最も深い問題の一つだった……。この子が自然に向かうようになった方向を、説得して無理に変えてしまうなんて、もったいないと感じた」[30]。妥協案のようなものがまとまって、フォン・ノイマンはチューリッヒ工科大学（ETH）の応用化学の課程を取り、当時まずまずの職業と見なされていた化学に進む準備をし、同時に、ベルリン大学とブダペスト大学で数学を専攻する、ということになった。続く四年のあいだ彼は、チューリッヒとベルリンの二カ所に時間をほぼ等分割して滞在し、化学の講義に出席しながら、それとは別に数学を研究し、学期末になるたびにブダペストに戻って試験を受け、講義には出席していなかったにもかかわらず、いつも合格した。彼は一九二五年にチューリッヒ工科大学から応用化学の学位を取得し、続いてブダペスト大学で数学の博士号を取った。

集合論の公理化に関する彼の論文は、彼が大学一年のときに始めた研究の結果である。一九二二年から二三年にかけて《数学ジャーナル（*Journal für Mathematik*）》の編集者だったアブラハム・フレンケルは「ヨハン・フォン・ノイマンという聞いたこともない著者による、『集合論の公理化（*Die Axiomatisierung der Mengenlehre*）』という題の長い論文」を受け取ったことを記憶している。「すべてを理解したとはとても言いませんが、それが傑出した研究で、これぞ、ベルヌーイがニュートンを称賛して言った、『獅子は爪を見ただけでそれとわかる（ex ungue leonem）』の別の例だと直感しました」[31]。論文は、『集合論の一つの公理化（*Eine Axiomatisierung der Mengenlehre*）』という題で一九二五年に出版され、一九二八年に、「一つの」を除いて（Eine を Die に代えて）拡張版として出版しなおされた。

公理化とは、ある主題を、出発点となる最小限の個数の「最初の仮定」に還元して、途中その「最初の仮定」以外に新たな仮定を加えることなく、その主題を最後まで展開できるようにすることだ。集合論が公理化されたことで、数学的にはほかのすべてのものの基盤が形成されたのだった。フォン・ノイマン以前に、バートランド・ラッセルとアルフレッド・ノース・ホワイトヘッドが野心的な試みを行なったが、その結果は『プリンキピア・マテマティカ』という三巻一九八四ページに及ぶ大著になったにもかかわらず、いくつもの根本的な疑問が未解決のまま残っていた。フォン・ノイマンは、これに一から新たに取り組んだ。「（彼の）公理体系の簡潔さは驚くほどだ」とスタン・ウラムは述べる。「彼が挙げた公理は、印刷されて一ページをわずかに超えるくらいに収まるほどの分量だ。これで事実上、いわゆる素朴集合論のすべて、したがって、近代数学のすべてを、構築するに十分なのである……。しかも、フォン・ノイマンが採用した論法の形式は、数学を有限なゲームとして扱うという、ヒルベルトの設定した目標を実現しているように思われる[32]」。

二〇世紀初頭の数学の世界には、ゲッチンゲン大学のダフィット・ヒルベルトが君臨していた。彼は、すべての数学的真理は、厳密に定められた一組の公理から、一連の適切に定義された推論を段階的に進めることによって到達することができると信じていた。このヒルベルトの挑戦は、フォン・ノイマンによって引き継がれ、クルト・ゲーデルが一九三一年に導き出した、形式的な体系の不完全性に関する、「不完全性定理」と、アラン・チューリングが一九三六年に得た、計算不能な関数の存在（ならびに万能計算機）に関する結果の両方に、直接つながることになる。フォン・ノイマンは、これら二つの革命のお膳立てをする役割を果たしたが、自分自身でそうした革命を起こす決定的なことはできなかったのだった。

ゲーデルは、通常の算術を含むに十分強力な任意の形式体系の内部には、真であると証明することも、偽であると証明することもできないような文が必ず存在することを証明した。チューリングは、任意の形式体系（もしくは機械系）の内部には、有限の説明を与えられるが、それにもかかわらず、どんな有限の機械によっても、有限な時間のなかでは計算されることのできない関数が存在するのみならず、計算可能な関数と計算不可能な関数とを前もって区別する決定的な手段は存在しないことを証明した。これは良くない知らせだ。しかし、良い知らせもある。それは、ライプニッツが昔示唆していた、われわれは存在し得る最善の世界に暮らしている、という知らせである。それは、計算可能な関数が、われわれが生き続けるに十分なまでに生活を予測可能にしてくれる一方で、コンピュータがどこまで発達し続けようと、計算不可能な関数が、生活（ならびに数学）がいつまでも面白いように、十分予測不可能にしてくれる、という世界だ。

フォン・ノイマンが行なった集合論の公理化のなかに、彼が「その後抱くようになる、計算機械への関心の萌芽が見て取れる」とウラムは、一九五八年という時点から振り返って述べている。「処理が徹底的に無駄なく簡潔になっているのは、技巧のための技巧よりもむしろ、簡潔さに対するより根本的な関心の表れではないかと思える。したがってそれは、『機械』という概念を使って、有限な形式の限界を調べるという取り組みの基盤を準備する一助となった[33]」。

こうしてフォン・ノイマンのスタイルが確立した。彼は、テーマを取り上げ、その本質を決めている公理を特定し、そして、それらの公理を使ってそのテーマを、彼が最初に取り上げたときの形をはるかに超えたものとして拡張するのであった。「彼が、これほどさまざま異なるたくさんの数学分野で、これほど多くの貢献ができたのはなぜだろう？」と、ポール・ハルモスは問いかける。「それは、物事を総合し、また分析する彼の天才の賜物だ。彼は作用素環（かん）、測度論、連続幾何学、直積分といった大きなユニットを取り上げ、そのユニットを無限に小さな部分（ビット）によって表現することができた。そして、無限に小さな部分（ビット）を集めて、任意に規定された性質を持つ、より大きなユニットとして組み立てることができたのだ。それは、ジョニーにして初めて可能だったわけであり、彼ほどうまくできる者はほかにはいなかった[34]」。

一九二六年に博士号を取ったのに続き――ちなみに、この博士号取得のための口述試験の際、ダフィット・ヒルベルトは、一つしか質問をしなかったと伝えられている。「これまで、そんな美しい礼服は見たことがない。博士候補者はどこの仕立て屋で誂（あつら）えたのか、どうか教えてくれまいか？」というのがその質問だ――、フォン・ノイマンはロックフェラー・フェローシップを獲得し、ゲッチンゲンでヒルベルトと共に研究できることになった。これは、ヨーロッパで研究者のポストが不足していた当時、アメリカが提供してくれた命綱だった[35]。彼は続く三年間で二五件の論文を発表するが、その一つが一九二八年のゲーム理論に関する論文（さまざまな種類の戦略が混合している場合、凸集合の鞍点（あんてん）に良い戦略が存在することを証明する、ミニマックス定理〔訳注：平たく言えば、二人のプレイヤーが均衡する最適戦略が必ずある、というもの〕を含むもの）であり、また、『量子力学の数学的基礎』（井上健ほか訳、みすず書房）という本も出版した。この本はクラリによれば「科学の世界への永久パスポート」で、八〇年経ってもまだ絶版になっていない。一九二七年、彼はベルリン大学の私講師（しこうし）（助教授に相当）に指名され、一九二九年にハンブルクへ移った。

このころにはナチスがヨーロッパで台頭し、不況がアメリカ全土を覆っていた。オズワルド・ヴェブレンは、プリンストン大学に間借りしていた数学部門が近々ファイン・ホールの一角に移るのに備えて、新しい教員を探していた。そして、クラリの言葉によれば、「才能ある人物を求めていた彼は、ジョニーを見つけたのです……。そして、あらゆる手段を使って、この若くて、まだあまり知られていないハンガリー人を指名するようにと、まず大学を、次に高等研究所を、説得したのです」[36]。フォン・ノイマンは、まず最初にプリンストン大学から、客員教授として招かれた。このポストは、ユージン（イェネー）・ウィグナーと二人で分担してもらう、という条件だった。この二人のハンガリー人のそれぞれに、ヨーロッパとアメリカ合衆国に時間を半分ずつ割いてもらおうというわけだ。プリンストン大学の「行政官」たちにとっては、二人のハンガリー人を半分ずつ雇うほうが、一人のハンガリー人を常勤で雇うよりも受け入れやすかったのだ。

「ある日、一通の電報を受け取った。そのころわたしがベルリン工科大学からもらっていた給料の八倍の報酬で、客員教授になってくれないかという内容だった」と、ウィグナーは回想する。「送信のエラーでわたしのところに届いてしまったのだろうと思った。ところが、ジョン・フォン・ノイマンも同じ電報を受け取ったという。では本当の話なのだろう、と考え、二人とも承知することにした」。報酬は、その学期のあいだの教授としての仕事に対して三〇〇〇ドル、そして、渡航費として一〇〇〇ドルが提供された——当時としては、ちょっとした大金だった。

そのころフォン・ノイマンは、高名な医師でブダペストのユダヤ人病院の院長をしていたケヴェシ医師の娘、マリエット・ケヴェシと結婚したばかりだったが、一九三〇年一月、彼女を連れてプリンストンに到着し、ウィグナーによれば、「一日めからアメリカに違和感なく溶け込んだ」。ニューヨーク・シティに着いたとき、ウィグナー（当時はウィグネル・イェネーと名乗っていた）とフォン・ノイマンは、「われわれ二人、少しでもアメリカ流にしなくては、と意気投合して、彼は『ジョニー』フォン・ノイマン、わたしは『ユージン』ウィグナーと名乗ることに決めた」[37]。

一九三一年、フォン・ノイマンはプリンストン大学の終身在任権のある正規の教授となった。「ジヨニーは、ドイツの大学をいち早く去った一人でした」とクラリは言う。「ナチスが彼を強制的にやめさせる力を持つようになる前に、自ら進んで、学者としての高い地位を捨てたのです」。彼の決定には、政治的理由のほかに経済的理由があった。「今日、ドイツの経済危機は極めて深刻になっています」と、一九三一年一月、彼はヴェブレンに手紙を書いた。「そして、人は皆、自分だけが惨めだとは思いたくないので、アメリカの事情がどれだけひどいかという話をしきりにしています。そうやって噂されているような窮状が、ほんとうにそちらで起こっているのでしょうか？」[38]

一九三三年一月、エイブラハム・フレクスナーがフォン・ノイマンに高等研究所の教授になってくれないかと声を掛けた。このときフォン・ノイマンに提示された金額は、実は、ヘルマン・ワイルを引き抜くために確保されていたものだったが、ワイルが煮え切らない態度だったために、フォン・ノイマン招聘に回されたのだった。こうしてフォン・ノイマンは、すでにファイン・ホール――高等研究所の仮の本拠地――に着任していたオズワルド・ヴェブレン、アルベルト・アインシュタイン、ジェームズ・アレクサンダーと合流した。初任給は一万ドル（プリンストン大学よりも高額だった）で、家を購入する（もしくは、オルデン・ファームの外れの、バトル・ロード沿いに分割された高等研究所の敷地内に家を新築する）ための費用などの手当ても付いた。高等研究所の年度は、一〇月に始まり五月上旬に終わるので、夏のあいだヨーロッパに戻ることもできた。フレクスナー家は、トロントの北二〇〇マイル（約三二〇キロメートル）、カナダの森林地帯にあるマグネタワンに夏の別荘を所有しており、ヴェブレン家はメイン州に別荘があった。アインシュタインは、ロングアイランド水道を船で航行して夏を過ごした。そしてアレクサンダーは、一九二二年、コロラド州のロングズピークの東面の「アレクサンダーのチムニー」という、岩壁にできた煙突状の割れ目を単独で登りきったほどの熱心な登山家で（訳注：「アレクサンダーのチムニー」は、彼にちなんで命名された）、夏はアメリカ西部で過ごした。

一九三三年の春、ナチスがドイツの大学からユダヤ人の教授たちを追放しはじめると、フォン・ノイマンはベルリン大学での私講師の職を辞し、続いて一九三五年一月にはドイツ数学会も退会した。クラリは、このときのことについてこう語っている。「どんな国、グループ、あるいは、個人であれ、アインシュタイン、ヘルマン・ワイル、ヴォルフガング・パウリ、シュレーディンガー、そして、こう申してはなんですが、ほかならぬ彼自身などの幾多の学者たちを捨てて、卑劣で無知蒙昧なナチズムの哲学、あるいは、何かほかのそういう『イズム』のほうを取ることがあり得るということを、彼ほど自分自身に対する侮辱だと感じていた人はいませんでした[39]」。

クラリによれば、「一九三〇年代、ジョニーは少なくとも二〇回は大西洋を往復しました」。しかし、それも一九三九年に扉が閉ざされるまでの話だった。「ハンガリーでは、人々が誇りに思う気持ちが強まっていく一方だというほか、目立ったことは起きていません。この国が革命と反革命を、ドイツよりもはるかに円滑に、かつ紳士的に進めることができたという誇りです」と、一九三三年四月、フォン・ノイマンはブダペストからヴェブレンに報告した。「ベルリンで変化があったとか、追放が行なわれたとかいう話は聞いていませんでしたが、大学の『浄化』は、やっとフランクフルト、ゲッチンゲン、マールブルク、イエナ、ハレ、キール、ケーニヒスベルクに到達したばかりのようです——しかし、ほかに二〇都市ほどが追随することは間違いないでしょう[40]」。アメリカ合衆国へと続く出口に学者たちの列ができはじめた。一九二一年に緊急に制定された移民制限法と、一九二四年のジョンソン＝リード法の出身国条項によって、ハンガリーからの移民は年間総計八六九人と、極度に制限された。正規のポストにある教師や教授には例外も認められたが、正規のポストは、すでにアメリカにいた者たちにもめったに与えられるものではなかった。

ヴェブレンは、利用できる手段はすべて利用して――バンバーガー兄妹、ロックフェラー財団、プリンストン大学、そして、諸大学の数学科のネットワーク――、できる限り多くの数学者を救った。フォン・ノイマンは、学者たちが大挙してアメリカに向かうようになる前にやってきており、また、ほかの場所でも容易にポストを獲得できただろうが、それでも彼は、自分が新しい人生をはじめる機会を得られたのはヴェブレンのおかげだと考えていた。「二人のあいだには、ほんとうの愛情がありました」と、クラリは言う。「まだ若いころに父親を亡くしたジョニーは、息子の父に対する愛を、ヴェブレンに向けているようなところがありました[41]」。ヴェブレンがいなかったら、自分はヨーロッパの混乱のなかに埋もれていただろうと信じていました[41]」。

「彼がナチスに対して抱いていた憎しみと、強い嫌悪は、本質的に尽きることのないものでした」と、クラリは言う。「この学問追究のために完璧に設定された世界に、彼らはやってきて、それを破壊したのです。彼らは、あっという間に次々と、集中していた優れた頭脳を離散させ、それに代わるものとして、人々を狭い場所に集中させて拘束する強制収容所を作ったのです――そのなかで、十分機敏でなかった人々の多くが……想像を絶する悲惨なかたちで命を落としたのでした」。フォン・ノイマンは、このことを生涯にわたって遺恨に思っていた。彼の娘、マリーナは、このように説明する。「表面はとても社交的でしたが、それが覆（おお）っている下側には、基本的にむしろ冷笑的で悲観的な世界観があったのです[42]」。

「ヨーロッパには、郷愁とはまったく逆の感情をわたしは抱いている。なにしろ、わたしが知っていたどの街角も、今はもう消え去ってしまった世界、社会、わたしが子どもだったころに抱いてわくわくしていた、漠然とした期待を思い出させるからだ――子どもだったころというのは、わたしが一九歳か二二歳ぐらいのときに終わってしまった子ども時代のことだ。つまり、消え去ってしまい、その瓦礫はなんら慰めを与えない世界を思い出させるのだ」と、一九四九年、戦後初めてヨーロッパを訪問したフォン・ノイマンはクラリへの手紙に綴っている。「わたしがヨーロッパを嫌悪する第二の理由は、一九三三年から一九三八年の九月のあいだに、人間の良識に対する徹底的な幻滅を経験したことにある(43)」。

プリンストンは、そのヨーロッパから四五〇〇マイル（約七二〇〇キロメートル）も離れていた。高等研究所は、ファイン・ホールというエリート集団のための建物のなかの、一層特別な集団のための場所で、まさに絶好のタイミングで設立された。高等研究所には定員がなかったので、フレクスナー、ヴェブレン、そしてバンバーガー兄妹は予算が許す限り、何人でも研究者を招くことができた。クルト・ゲーデルは俸給二四〇〇ドルで、一九三九年の一年間プリンストンに（ウィーンから）招かれた（実際には、一九四〇年になるまでウィーンを離れることはできなかった）。スタン・ウラムは（ワルシャワから）、三〇〇ドルの報酬で短期の客員研究者として招聘された。そしてポール・エルデシュ（訳注：数論、グラフ理論、組み合わせ論、集合論など、広範にわたって研究を行ない、生涯に一五〇〇件以上の論文を発表した数学者）は（ブダペストから）七五〇ドルの報酬で一年度のあいだ滞在した。

図書室、談話室、そしていくつもの巨大な暖炉を備えたファイン・ホールは、さほど遠くない人口過密なプリンストンのダウンタウンの下宿屋に仮住まいする数学者たちにとって、居間であると同時に書斎であり、場合によっては、残された唯一の家だった。フォン・ノイマンは、いつのまにやら、活気に溢れる数学者のコミュニティーの中心にあって、ヒルベルトが一九二六年のゲッチンゲンで演じたのと同じ役割を担っていた。一九三三年に学生だったイスラエル・ハルパリンは、「朝ファイン・ホールに来ると、わたしはいつもフォン・ノイマンの大きな車を探しました」と回想する。「車がパーマー研究室の前に停まっていると、ファイン・ホールはまるでライトアップされているかのようでした。そこにはその日丸一日取り組む値打ちのある何かがあって、うまくすれば、自分がそれに出くわすことができるかもしれないのです。しかし、彼の車が停まっていなければ、彼はおらず、建物全体が退屈で生気がないのでした」[44]。

ジョニーとマリエット（一九三八年以降はジョニーとクラリ）は、かつてブダペストで送った暮らしをほんの少しでも再現しようと努力した。彼らは、古きよきプリンストンのやり方に則って、自宅の使用人たちに手伝わせ、惜しげもなく金を使い、パーティーを頻繁に開いた。ウエストコット・ロード沿いにクラリと共に築いた家庭は、（オスカー・モルゲンシュテルンによれば）「白熱する数学論議と、それとはまったく関係のないものとが交じり合った」パーティーが催される、（ロバート・リヒトマイヤー言うところの）「さもなければ息詰まってしまうようなプリンストンにおけるオアシス」となった。「いつも明るい気分で行くことができた。なにせ、あの家には自由の精神があったのだから」と、リヒトマイヤーは記す。「それに、飲み物も[45]」。

フォン・ノイマンは、「高等研究所では世間から隔絶された静かな場所で偉大な学者たちが思索にふけっている」という噂の反証になるよう、努めて振舞った。「彼は、何かの雑音、少なくとも、雑音が生じる可能性のないところでは、仕事ができませんでした」とクラリは説明する。「彼の最高の研究にしても、混雑した鉄道の駅や空港、列車、飛行機、船、ホテルのロビー、にぎやかなカクテル・パーティー、あるいは、年端も行かない子どもたちがはしゃぎまわっているなかで行なわれたものがあるくらいです」。ファイン・ホールの彼のオフィスは、いつも扉が開いていた。「ワイルは、あなたの部屋よりも狭い部屋にいるほうが機嫌がよく、ジョニーはそんなワイルの部屋よりも狭い部屋にいるほうが成果が上がるくらいなのですよ」とエイブラハム・フレクスナーは、フルド・ホールになお一層豪華なオフィスを作ってほしいというオズワルド・ヴェブレンの要望を一蹴する手紙の中で述べている。[46]

狭くて何の特徴もないオフィスのなかが好きだったフォン・ノイマンは、しかし、車については、大型でスピードが出るものを好んだ。手持ちの車を壊したか否かにかかわらず、少なくとも年に一度、新しい車を購入した。どうしていつもキャディラックを買うのかと訊かれて、「誰も戦車を売ってくれないからさ」と彼は答えた。一九四六年、ディラック夫妻がプリンストンにやってきたとき、フォン・ノイマンはディラック夫人に、安い中古車を探すのを手伝ってほしいと頼まれた。「彼女の気を悪くさせずに伝えるには、いったいどうすればいいんだろうね」と、彼はクラリへの手紙に綴った。「一九四六年にアメリカで中古車を見つけられる見込みは、地獄で中古の雪玉を見つける見込みと同じぐらいだってことを！」[47]

「いつも、なるべくわたしが運転できるよう手配することを心掛けました」と、月に二回コンサルタントとして来てもらうために、かつてのウエストサイド高架ハイウェイ経由でフォン・ノイマンをニューヨークのポキプシーにあるＩＢＭの本社まで送ったカスバート・ハードは回想する。「会話が途切れがちになると、彼は歌を歌いました。何を歌っているのかはよくわからなくて、彼がこんなふうに左右に体を揺らすので、車もふらふらと蛇行しがちで」。フォン・ノイマンは、しょっちゅうスピード違反で切符を切られていた。「わたしがその切符を預かって、ニューヨークの警察裁判所の係人に渡しておくと、フォン・ノイマンがあとで立ち寄って罰金を支払ったのです」と、ハードは言う。[48]

「父は憑かれたように運転し、一晩に三、四時間眠れば事足りるようでした」と、子どものころアメリカを車で横断したときのことを思い出してマリーナは語る。「おわかりですか。こういうモーテルって、一九三〇年代に建てられたのが、そのまま一九四六年まで使われていたんですよ。戦時中は何も建てられませんでしたからね。屋内に配管設備がないのが普通でした。わたしはいわゆる温室育ちで、屋外トイレなど見たことありませんでした。一度、キャンプで経験したほかは」。ハーマン・ゴールドスタインは、政府の任務で出かけた折にフォン・ノイマンとホテルの同じ部屋に泊まったことが幾度かあったのだが、「彼は夜中、早朝二時か三時に起き出すのでした。それまで頭のなかで、目下研究中だったテーマをずっと考えていたんですね。それで、その内容を書き留めるわけです」[49]と回想する。

フォン・ノイマンが執筆すると、最初の草稿の段階で、文章や数学的証明さえも、もう出版に耐える形になっていた。「頭のなかでテーマが『熟している』場合には、むしろ気ままにどんどん執筆できるんです」と、一九四五年、彼は原稿が約束の期日までに準備できなかった詫びとして述べている。「ですが、自分で、これは最終形態だと思えるところまで達していないテーマについて暫定的な説明を与えようとするときには、学者ぶって非効率的になるという最悪の方向に走ってしまうんです」。彼の手書きの手紙の末尾には、ざっくばらんな調子で書かれた「追伸」が数ページわたって延々と続き、何か新しい結果を説明していることが珍しくなかった。「彼は毎日、まず何かを書いて、それから朝食にするのだった」とウラムは記している。「自宅でパーティーをしている最中でさえ、客を放ったらかして、三〇分かそこら自分の書斎に引きこもり、頭に浮かんだことを書き留めることがしばしばあった」。講演で喋るのであれ、論文として筆記するのであれ、彼が述べた考えは正確だった。「フォン・ノイマンは、すべての数学的芸術家のなかでも、最も偉大な者の一人であった」とゴールドスタインは述べる。「単に結果を証明するだけでは絶対に不十分だった。エレガントで優美な証明でなければならなかったのだ[50]」。

一九三七年一月八日にアメリカ合衆国の市民権を獲得したフォン・ノイマンは、軍の任務に志願したものの、年齢が高すぎるとの理由で断られた。筆記試験は満点だったのだが。オズワルド・ヴェブレンは、この拒絶された任務の代わりに、フォン・ノイマンが顧問として軍に協力できるようにお膳立てをした。アバディーンにあった米国陸軍武器省の性能試験場は、第一次世界大戦終結から一九三七年まで約六〇〇万ドルの年間予算で細々とやっていたのが、一九三七年にはその三倍の一七〇〇万ドルの予算が付き、それが第二次世界大戦前夜になると一億七七〇〇万ドルへと急上昇した。その後二〇年にわたり、フォン・ノイマンの軍への関わりは、どんどんと深まっていった。「彼は軍の大将というものを尊敬していたようで、また、彼らとうまく付き合っているようだった」とウラムは説明している。「彼がこのように軍に魅力を感じていたのは……もっと一般的に『力』を持つ人々に対して彼が持っていた尊敬の念の表れだった。彼は出来事に影響を及ぼすことのできる人々に敬服していた。それに、彼自身は心優しい人だったので、厳しくなれる人々や組織には密かな敬意を抱いていたのだとわたしは思う」[51]。

陸、海、空軍のいずれもが、フォン・ノイマンを自らの組織の一員と見なしていた。数学者のソーンダース・マックレーンに、大学で研究する数学者は軍の仕事を引き受けるべきか否かを尋ねられて、「軍と数学のコミュニティーの両方にとって有益な何らかの仕事をする機会がわれわれにはあるはずだと思います」と、フォン・ノイマンは答えた。「軍のなかで、権限を持つ人々が、『事の真実を知っている』部署でこそ、そのような仕事ができるのだと思います。それ以外の部署には不十分な点が多々ありますが、そういうものにあまり影響されてはならないと思います」。ウラムによれば、フォン・ノイマンは、委員会の議長として特に歓迎されたという。委員会というものは、アメリカ合衆国のなかで何かを遂行するには不可欠な、「とりわけ今日的な活動」であった。「彼自身の専門的な見解は強く押し通そうとしたが、個人や組織に関わる事柄については、わりあいあっさりと譲歩した」。ルイス・ストロース准将によれば、フォン・ノイマンは、「最も困難な問題を取り上げ、それを構成要素に分解することができました。すると、そこからはすべてが素晴らしく単純に見えるようになり、われわれは皆、どうして自分たちには、彼にできたように明白に答を見通すことができなかったのだろうとしきりに不思議がったものでした」。

第一次世界大戦は、火器の大型化競争だったが、第二次世界大戦(ならびにそれに続いて起こった冷戦)は、爆弾の巨大化競争となった。戦争が迫りつつあった一九三七年、ヴェブレンは軍の主任数学者として性能試験場に呼び戻された。そしてフォン・ノイマンは、弾道研究所の科学諮問委員会、米国数学会および米国数学協会の戦争準備委員会、そして国防研究委員会に矢継ぎ早に指名された。

「これらすべての集合や、集合の集合の機能はまだ十分によく定義されていないけれども、『その日』が来た暁には、きちんと定義されるだろうと思う」と、一九四〇年、彼はウラムに手紙で告げた。「目下わたしは、主に、さまざまな関数の球面測度とガウス測度について悩んでいる」。これは実は、爆薬の振舞いを計算する簡便な方法だった——大規模な爆発の何が驚異的かというと、それはどれだけのエネルギーが放出されるかではなくて、その結果もたらされる損傷がどれほど予測不可能かという点なのだった。

数学は、「実世界でなされている努力や取り組まれている問題とある程度接していることによって」栄養をもらえるときにこそ、最もよく成長すると信じていたフォン・ノイマンは、兵器設計者たちの偉大な友人となった。戦争が布告されると、フォン・ノイマンは、「物理学者——特に、実験物理学者——は、防衛のための仕事で需要がある」と、同僚のある数学者に説明した。「一方われわれは、われわれの奉仕に対する需要を、いわば自ら作り出さねばならない」。新兵器が向かうところこでも、フォン・ノイマンは付いて行った——あるいは、そこへ真っ先に駆けつけた。爆薬の爆発の振舞いも、超音速投射物の振舞いも、衝撃波の効果に左右されたが、この衝撃波というもの、その振舞いは非線形的で、ほとんど理解されていなかった。擾乱より先に伝わる情報の局所的な速度（圧縮波の場合、これは音速となる）よりも、不連続面が速く伝わる場合には、何が起こるのだろう？　二つの衝撃波が衝突するとき、何が起こるのだろう？

衝撃波とは、突然生じた不連続面が圧縮性媒体——通常は空気——のなかを伝わっていく現象である。「ある一つの爆発の内部および周囲に作られる条件のもとでは、既知のすべての物質は圧縮性であると見なされねばならない」と、フォン・ノイマンは指摘した。[55] 数理物理学と化学工学の両方の分野で訓練を受け学んだことを活用し、彼は大局観に立って武器設計に取り組んだ。まず、爆薬から放出される化学エネルギー、そして、爆発を伝播する爆轟波、それから、破壊作用をもたらす爆風。これらを考慮して得られた衝撃波に関する洞察（とりわけ、反射された衝撃波に関する洞察）は、対戦車火器、魚雷、徹甲弾、さらに、より効果的な対潜水艦水中爆雷の開発や、より高い命中度でより効率的に従来型の爆弾を標的にする方法の確立などに大きく貢献した。彼が開発した衝撃を扱う新しい手法は、核爆発を開始させる爆縮法の成功をもたらし、彼が構築した爆風理論のおかげで、完成した爆弾から最大の効果を引き出すにはどの高さで爆破させるべきかを決定できるようになった。彼は、原子爆弾の構想と実際の爆発の両方に立ち会ったほんの一握りの科学者の一人だった。

自続連鎖反応を維持できる核分裂性物質の量は、質量のみならず、密度の関数でもある。臨界量に達しないプルトニウムを十分高密度になるまで圧縮すると、臨界に達し、それを高密度の中性子反射物質の殻（いわゆる「タンパー」）で覆ってやれば、激しい爆発を起こす。フォン・ノイマンは、必要量の爆薬を「爆縮レンズ」の形に成型し、サッカーボールの上に重ねた複数の板のような配置にし、各レンズの爆発を同期させれば、結果として生じる衝撃波を収束波として伝播させることができると提案した。こうすれば、はるかに少量の核分裂性物質で爆発させることができるわけだ。

反射衝撃波に関するフォン・ノイマンの理論は、爆弾の効果を最大化するのにも利用できた。「地面の少し上で爆発が起こったとして、その元々の衝撃波がどのように地面に届き、どのように反射波が形成され、そして、その反射波が地面付近で元々の衝撃波とどのように重ね合わされて、極めて強力な爆風となって地表付近を襲うのか、これらのことを解明しようと試みるのは、高度に非線形的な流体力学を必要とする複雑な問題でした」と、マーティン・シュヴァルツシルトは回想する。「当時、これは記述的にしか理解されていませんでした。それで、フォン・ノイマンはこの問題に大きな関心を抱くようになったのだと思います。彼は、絶対にコンピュータが必要な、ほんとうの問題を探していたのですから[56]」。

結果は驚異的だった。一九四三年に書かれた海軍兵器省への報告書のなかでフォン・ノイマンは、普段は数学に関する文書のなかでは階乗（かいじょう）を表す記号（たとえば、4!＝1×2×3×4＝24）以外に感嘆符を使うことなどないのに、感嘆符を二つ続けざまに文の区切りで使った。「弱い衝撃波でさえも、入射角を適切に選べば、反射波を元々の衝撃波の二倍の強さにすることができる！」と述べ、さらにこう記した。「そしてこれが起こるのは、入射角が地面に平行に近い低い角度のときだ。そのような角度で入射したら、反射波は弱くなりそうに思われるにもかかわらず[57]！」

アメリカが参戦するころには（一九四一年一二月八日に日本に対して、そして一二月一一日にドイツに対して宣戦布告した）、「ジョニーはもう各拠点を回る旅を始めていました」とクラリは述べている。「ほとんど休みなしにです。プリンストンからボストンへ。ボストンからワシントン、ワシントンからニューヨークへ――プリンストンにほんの少し滞在して、次はメリーランド州アバディーンの陸軍性能試験場へ――またワシントンに戻って、一晩ぐらい家に泊まって、それから改めて一回りを始めるのです。必ずしも同じ順序ではありませんが、東海岸沿いに北に行ったり南に行ったり、ときどき内陸にも向かいましたが、まだ西のほうには行っていませんでした——それは、もっとあとになってからでした」[58]。

出だしでいくつか失敗が続いたあと、一九四三年二月、フォン・ノイマンは海軍の代理としてイギリスに行くよう命じられた。表向きは、機雷や潜水艦の問題への統計的アプローチの支援、さらに、それらに関連する対抗手段や、そういった対抗手段への対抗手段についても支援するのが目的だった。連合国の船荷が失われていることは、戦争の形勢を変えかねない大問題だった。フォン・ノイマンがイギリス滞在中に実際には何をやっていたかはいまだに謎のままだ。とりわけ、密かに暗号解読や原子爆弾の実現可能性についてイギリスで研究していたいろいろなグループに、彼がどの程度の助言をしたのかはまったくわからない。一九四三年四月下旬、英国海軍本部にいたイギリスの数学者ジョン・トッドと共に王立航海暦局を訪れたのは確かだ。ここは当時、秘密ではなしに最大規模のコンピュータが稼動していた場所の一つだった。航海暦局は、ドイツの空爆を逃れるためにグリニッジからバースへ疎開していた。バースで、レジスタを六つ持つナショナル金銭登録機社製の会計機の能力を目撃したフォン・ノイマンは、ロンドンへ戻る列車のなかで、中間値を内挿する短いプログラムを書き上げた。のちにトッドに宛てて、こんなふうに書き送っている。「あの時期に受けた決定的な刺激が、コンピュータに対するわたしの関心を確たる形に創り上げたのです」[59]。

一九四三年七月、イギリスから帰国すると同時に、フォン・ノイマンは「プロジェクトY」——当時マンハッタン計画を指して使われた暗号名——に加わった。このプロジェクトの数学コンサルタントとして、彼は自由にロスアラモスを出入りすることが許された。これは、ほとんどの関係者たちには与えられなかった特権で、たいていの者は、家族もろともロスアラモスに移り、戦争が終わるまで隔離された生活を送ることを強いられたのだった。「コンピュータに関してよそで起こっている進展についての情報は、いつもフォン・ノイマンがロスアラモスに届けてくれました」と、ニコラス・メトロポリスは言う。「彼は、何件もの政府プロジェクトに助言をしていましたが、そのペースの速さといったら、まるで数カ所に彼が同時に存在しているような感じがするほどでした」[60]。

フォン・ノイマンは一九四三年九月二一日、アッチソン・トピカ・サンタフェ鉄道の看板列車、ディーゼル電気駆動の流線型列車〈スーパー・チーフ〉に物理学者のイシドール・ラビと同乗して、シカゴからロスアラモスにやってきた。ニューメキシコ州ラミーの駅からは車に乗せてもらい、「第一級の大峡谷や台地(メサ)を通り過ぎて」、新設まもない研究所に到着した。翌日クラリにしたためた手紙では、この施設を、「駐屯地と、西部のロッジ付き国立公園が妙な具合に融合されて、ほかにも二つ三つのものが組み合わさったようなもの」と説明している。プロジェクトについては、「じっくり考える価値はあるが、魂まで売ってしまうべきものではなさそうだ」と結論し、さらに追伸で、「君が予想していたとおり、ここでもコンピュータが相当に求められているよ」と付け加えた。二日後の手紙では、「この場所全体があまりに奇妙で、わたしには書き表すことができないほどだ。そして……これは作り話じゃないんだよ、ときどき、まともさや現実感が欲しくてたまらなくなるんだが、そんなときはちょっと辛(つら)いね」と書き添えていた[61]。

「コンピュータ」という言葉でフォン・ノイマンが意味したのは、第一次世界大戦中オズワルド・ヴェブレンが性能試験場で組織したような「人間コンピュータ」であった。フォン・ノイマンがロスアラモスにやってきた当時は、そのような人間コンピュータが二〇名ほど存在し（初めは物理学者たちの妻から参加者を集めたが、まもなく陸軍の特別技術分遣隊――略称SED――から増援を得た）、マーチャント社製の一〇桁電気機械式卓上計算機を使って計算に取り組んでいた。マーチャントの「サイレント・スピード」計算機は、カリフォルニア州オークランドのサンパブロ・アヴェニューで製造されていたが、戦争のため徴用されていた。重さ約四〇ポンド（約一八キログラム）、四〇〇〇個の可動パーツを持ち、毎分一三〇〇回転で作動した。

ロスアラモスの計算担当責任者となったニコラス・メトロポリスが言うように、「ロスアラモス研究所の目的――原子爆弾――の性格そのものからして、大規模な野外試験はありえませんでした」[62]。一度に一つの衝撃波しか存在しないケースについてもよく理解されていなかった当時に、一発めで成功する確率がそこそこ高いものを製造するに十分な精度で爆縮兵器の振舞いを予測するのは、小さな人間コンピュータの計算グループにはとても力の及ばぬことであった。プロセスを最初から最後まで追跡するためには、爆轟波が最初に爆薬のなかを伝播する様子、結果として生じる衝撃波がタンパーを通って核分裂性物質にまで伝わっていく様子（衝撃波が中心に到達したときの反射も含めて）、核が爆発して生じるもう一つの衝撃波の伝播、その衝撃波（ならびにそれに続く、同様に破壊的な希薄波）が先の爆発で残ったもののなかを外に向かって通過していく様子、そして最後に、爆弾が地面、もしくは地面近くにあった場合、結果として生じる爆風の反射――これらのものをモデル化する必要があった。フォン・ノイマンは、ほんとうにちょうどいいときにやってきたのだった。

会計機や作表機が一組、ＩＢＭから徴用されたが、これらの機械がどこへ行くのかも、その理由が何なのかも、ＩＢＭに知らされることはなかった。六〇一型乗算機三台、四〇二型作表機一台、再生装置一台、検孔機一台、選別機一台、そして照合機一台――これらの機械が巨大な木箱に詰められて、取扱説明書も設置作業員もなしに到着した。徴兵されて軍にいるＩＢＭの最高の技術者の名前が問い合わされ、その技術者には即刻セキュリティー・クリアランスが与えられ、ロスアラモスに転任させる措置が取られた。しかし、これには時間がかかった。そのあいだに、オッペンハイマーがバークレーにいたときに指導した大学院生で、手計算グループの責任者になっていたスタンリー・フランケルと、プリンストン大学の大学院生（かつアマチュアの金庫破り）で、禁じられている困難なことなら何でもやりたがるリチャード・ファインマンが、機械一式を木箱から出して稼動させることに成功した。

ファインマンとフランケルは夢中になった。「このプログラムを始めたフランケル氏は、今日コンピュータを使って仕事をする誰もが知っている、コンピュータ病を患い始めた」と、ファインマンはのちに述べた。「コンピュータの厄介なところは、皆それで遊ぶようになることだ」。ファインマンとフランケルは、ニコラス・メトロポリスの協力も得て、IBMから徴用した機械を手計算グループの仕事を加速するために使えるよう調整した。「部屋のなかに、こういった機械を十分な台数そろえると、カードを手に、機械を順々に通し、これを一つのサイクルとして、同じプロセスを繰り返すことができるようになる」と、ファインマンは説明した。「今日数値計算をやっている人は誰でも、わたしが何を言っているか、よく知っているはずだ。しかし当時は、機械を使って大量処理するというこの計算法は、新しいことだった[63]」。

方針はこうだ。まず、所定の初期状態から始めて、爆発のプロセスを、空間の一つの点から隣の点へ、そして時間の一つの瞬間から次の瞬間へと辿って、モデル化していく。空間の各点に対して、初期状態を表す一枚のパンチカードが作られる。このカード一組で、任意の瞬間に見た爆発の状態が表されるわけだ。「一組のカードを、一サイクル計算処理すると、微分方程式がうまく積分されて、時間の次元で一つ先の瞬間に進んだときの状態が得られる」と、メトロポリスは説明する。「この一サイクルをまっとうするには、一〇台ほどの機械にそれぞれのカードを通し、それぞれの機械で一から五秒置いておく必要があった[64]」。その結果出てきた新しい一組のカードは、次の時間ステップを計算する際の入力として使われた。この作業は、単純な繰り返しばかりで退屈だし、間違いが許されなかったので、しょちゅう泥沼にはまり込んでしまった。

「ほんとうに厄介だったのは、この連中は誰にも何も教えられずにやってきたということだった」と、ファインマンは説明する。「軍は国中から選りすぐった者を集めて特別技師分遣隊というものを作った――この子たちは、技術の才能のある賢い高校生だ。で、この子たちをロスアラモスに派遣して、兵舎に入れて、そして何の説明もしてやらないのだ」。ファインマンは、こうしてやってきた新人たちに講義をする許可をオッペンハイマーから取り付けた。「彼らは皆興奮した。『僕らは戦争を戦っているんだ！　僕らはちゃんとわかってやってるんだ！』と。彼らは数が何を意味しているかを理解していた。圧力が前より高くなれば、それはより多くのエネルギーが解放されたということだ。彼らはすっかり変貌した！　もっとうまくやるにはどうすればいいか、新しい方法を自分たちで編み出すようになった。彼らは元々あった計画を改善した。そして、夜も仕事に取り組んだ[65]」。生産性は一〇倍向上した。

気がつくとフォン・ノイマンは、少年時代の、父親が職場から持ち帰ったジャガード織機（しょつき）の制御システムで用いられるパンチカードに囲まれていたころに戻っていたのだった。メトロポリスによれば、「一九四四年の三月か四月、フォン・ノイマンはパンチカードを使った装置の操作に取り組んで、二週間を費やした。カードをいろいろな機械に通し、配電盤をどうつなぐかや、カードをどう並べるかなどを見極めていたが、やがて、この手の機械の操作に完璧に習熟した[66]」。

爆縮兵器の最初の暫定的な理論モデルから、暗号名トリニティーで呼ばれる爆発実験――一九四五年七月一六日、アラモゴード爆撃訓練場の北端で行なわれた――の成功まで、二年とかからなかった。使命を完遂せねばならないというプレッシャーがあったにもかかわらず、物理学者たちにはのんびり過ごす時間もあった。「日曜にはよく散歩に行った」とファインマンは回想する。「峡谷を歩いたりした。ベーテと、フォン・ノイマンと、そしてロバート・バッキャーと一緒だった。とても楽しかった。そんな折にフォン・ノイマンから面白いことを教わった。『自分が存在している世界に対して、責任を負う必要はない』というアドバイスだ。このアドバイスのおかげで、わたしはひじょうに強い社会的無責任感というものを持つようになった。それ以来わたしは、幸せ極まりない男となった[67]」。

フォン・ノイマンという人物は、ベールの下に隠された素顔をさらして見せることはめったになかった。「一九四五年前半のあるとき、ロスアラモスから帰ってきた彼は、ものすごく異様な『ジョニー的行動』を取りました」とクラリは振り返って説明する。「昼前ぐらいに帰ってきて、ベッドに直行し、一二時間眠りました。彼が一度にそんなに長く眠ったことなどなかったことはもちろんですが、何より心配になったのは、ジョニーが食事を二回も飛ばしたことでした。その夜遅くに起き出すと、今度は、彼としても無茶苦茶に速いペースで話し始めたのです」。

クラリの説明によれば、ジョニーはこんなふうに話したという。「われわれが今作っているのは怪物で、それは歴史を変える力を持っているんだ、歴史と呼べるものがあとに残るとしての話だが。しかし、やり通さないわけにはいかない、軍事的な理由だけにしてもね。だが、科学者の立場からしても、科学的に可能だとわかっていることをやらないのは、倫理に反するんだ、その結果どんなに恐ろしいことになるとしてもね。そして、これはほんの始まりに過ぎないんだ！」

その夜フォン・ノイマンが口にした懸念は、核兵器に関するものというよりもむしろ、どんどん強まっていく機械の力に関するものだった。「未来の技術の可能性について思い巡らせているうちにひどくうろたえたようになったので、わたしはとうとう、睡眠薬を二粒ほどと、強いアルコールを飲んでみてはどうかと勧めました。そうすれば現実に戻って、避けられない破滅が来るという自分の予測を、多少は落ち着いて受け止めることができるだろうと思ったのです」。

「このときからジョニーは、この先起こる物事がどんな様相を呈するかについて強い関心を抱くのみならず、それに心を奪われた状態となり、それは決して止むことはありませんでした」と、クラリは説明を締めくくる。続く七年間、彼は数学をうっちゃり、あらゆる形における技術の進歩に一身を捧げることになる。「まるで、あまり時間は残されていないということを知っていたかのようでした[68]」。

フォン・ノイマンが最後にどんな考えに到達したかは、それを推し量る手掛かりしかない。「彼や彼の同僚たちが、仲間である人間たちの手にもたらした、自然界の物理的な力を支配する能力は、良い目的のみならず、悪い目的にも使われ得るということをより強く認識するようになるにつれて、彼は、近代科学の最大の勝利に固く結びついた倫理の問題について、ますます深く考えるようになりました」と、フォン・ノイマンが亡くなる直前の数カ月、彼のベッドの傍らで過ごし、彼の死に際しては最後の儀式を執り行なったベネディクト会の司祭、アンセルム・ストリットマターは述べる。「この複雑な状況のなかで彼自身が担った役割については、未来について暗い予測をしていたにもかかわらず、彼には何の迷いもありませんでした。後悔などまったくありませんでした[69]」。

「自然はさまざまな姿として現れますが、そのすべての背後には、一つの統一的な力があります。わたしたちには、それを完全に理解することはできませんが、自由に使えるいろいろな手段を活用して、その力を説明しようと試みることはできます」と、ニコラス・フォンノイマンは兄の人生を総括して述べる。「ジョンは、このような精神を持って、いろいろな謎を理解しようとしました。……原子や原子より小さな粒子の謎を、量子力学を使って。天候の謎を……流体力学や統計学を使って。中枢神経系の謎を……人間が作ったコンピュータを使って。遺伝の謎を、彼自身が作り上げた自己複製するオートマトンの理論を使って[70]」。

誰よりもフォン・ノイマンに近かったクラリでさえも、この「奇妙で、矛盾だらけで、どこでも物議を醸す人物」を完全に理解することはついぞできなかった。「子どもじみているのにユーモアのセンスに優れ、洗練されているのに粗野で、素晴らしく聡明なのに自分の感情をコントロールする能力は極めて限られているというのか、ほとんど原始人ほどに欠けている人物——今後も決して解かれることなどあり得ない、自然の生み出した謎ですね」。

「どんなカテゴリーに分類しようとしても、彼はどうしてもそこには納まらないのです」とクラリは説明する。「純粋数学者たちは、彼は理論物理学者になってしまったと言い張りました。理論物理学者たちは、彼のことを、応用数学分野の偉大な支援者・助言者と見なしました。応用数学者たちは、象牙の塔に住んでいるこんな純粋数学者が自分のテーマを応用数学に敷衍することにこれほど関心を抱くのに畏敬の念を抱きました。そして、政府関係者のなかには、彼を実験物理学者、あるいは、場合によっては技術者と考えていた人たちもいたのではないかとわたしは思っています」。

一九四五年八月六日、TNT換算で一三キロトンのウラン型原子爆弾が広島に投下され、続いて八月九日に、TNT換算二〇キロトンのプルトニウム型原子爆弾が長崎に投下された。日本は八月一五日に降伏した。「戦争が終わったのよ。素晴らしいじゃない？」と、八月二八日、マリーナはクラリに手紙を書いた。「パパは戦争が終わってもまだしょっちゅう出張してるの？ そうじゃないといいんだけど」。フォン・ノイマンの旅——プリンストン、アバディーン、ロスアラモス、サンタモニカ、シカゴ、オークリッジ、そしてワシントンD・Cを回る旅——はなおも続いた。

第二次世界大戦は終わったが、冷戦が始まったのである。

第5章　MANIAC

外の世界をそっくりそのまま、一本の長い紙テープにしよう。
——ジョン・フォン・ノイマン、一九四八年

一九四五年一一月一二日の月曜日午後一二時四五分、ジョン・フォン・ノイマン率いる六人が、ニュージャージー州プリンストンにあるRCAの研究所の、ウラジーミル・ツヴォルキンのオフィスに集まった。ウラジーミル・コジミチ・ツヴォルキンは、テレビの先駆者で（しかも、多くの百科事典の最後の項目を飾る人物でもある）、自分の発明品が持つ知識を伝える能力が、これほど多くの雑音の伝達路になってしまったことをその晩年になって嘆くことになる人物だ。ハーマン・ゴールドスタイン大尉（米国陸軍武器省およびアバディーン性能試験場から出向中だった）は、その存在が一九四六年二月になるまで秘密とされていた、陸軍の電子式数値積算／計算機（ENIAC）実現のお膳立てをした主な一人だった。統計学者のジョン・テューキー（プリンストン大学およびベル研究所に所属）は、クロード・シャノンと直接接触する手段を提供した人物である——シャノンのコミュニケーションに関する数学的理論は、信頼性のない部品から組み立てられたコンピュータがいかにして、一

つのサイクルから次のサイクルへと、確実に機能できるように構築され得るのかを示すものだった。ヤン・ライヒマンとアーサー・ヴァンスは技術者で、ジョージ・ブラウンは統計学者。この三人は皆ＲＣＡの研究者だ。この六人による、高等研究所の電子計算機プロジェクト（ＥＣＰ）の第一回めの会合が、現在に至る六〇年間のコンピュータの運命を導くことになる。

「セントラル・クロックがシステムの心臓部となり、ここに多大な負荷がかかる」と議事録にある。回路はモジュール方式がいいだろう、なぜなら、「この種の設計が大量生産に向くからだ」と技術者たちが説明した。「命令をコーディングしている言葉は、メモリのなかでは、まったく数字と同じように扱われる」とフォン・ノイマンが説明した。ここに、物事を意味する言葉と、物事を行なう数字の区別がまったくなくなったのだ。こうしてソフトウェアが誕生した。数値コードがコントロールのすべてを担うようになる――自らを変更する力も含めて(1)。

エレクトロニクスの時代は、一九〇六年、アメリカの電気技術者リー・ド・フォレストの真空管の発明によって幕が開けた（実際には、ド・フォレストに先立ってジョン・アンブローズ・フレミングが同じことを研究しており、彼をはじめとするイギリス人たちは、真空管（バキューム・チューブ）のことを熱電子管（サーモニック・バルブ）と呼んでいた）。内部が真空になっているガラスの容器のなかで、電荷を帯びた陰極が、電子を放出するに十分な温度まで加熱される。そうして放出された電子は陽極（またはプレート）に飛ぶのだが、その経路は、グリッドと呼ばれる極めて細いフィラメント（これは複数本ある場合もある）を流れる第二の電流によって制御することができる。これを利用して、リレーやモールス信号のスピードに代わり、無線周波数の速さでスイッチ切替え（ならびに信号増幅）をすることが、今や可能になったのである。

ツヴォルキンは七人兄弟の末息子で、一八八九年、ロシアのオカ川を航行する蒸気船を所有する一家に生まれた。ペトログラード(今のサンクト・ペテルブルク)工科大学の学生だった一七歳のとき、物理実験室の装置を、授業の課題を超えた自分の実験に無許可で使っているところを見つかってしまった。ボリス・ロージング教授はツヴォルキンを呼び出し、叱責する代わりに、自分の私的な実験室での仕事を提供した。ロージングは独自に電子管を製作していたのだが、当時その仕事をするには、真空ポンプを自ら組み立て、ガラス部品を自ら成形しなければならなかった。ツヴォルキンはロージングのもとで、内部を真空にしたガラス容器のなかでの電子の振舞いのみならず、これら囚われの電子たちが、外の光の世界と情報をやり取りする様子を初めて知ったのだった。

「彼は、わたしがそれまで聞いたこともなかった、テレビに関する問題に取り組んでいた」と、六〇年前を振り返ってツヴォルキンは述べた。「わたしはこのとき初めて、結局生涯のほとんどを費やすことになるこのテーマに出会ったのだった」。ツヴォルキンが一九一二年に電気工学の学位を取って卒業するころまでには、「ロージングは実際に機能するシステムを完成させていた。それは、複数の回転ミラーと、ピックアップ側につけた光電池、そして、陰極線管でできていた。陰極線管の真空度はあまり良くなく、作業台の端から端へと電線を通して送った画像は、極めて粗雑にしか再生することができなかった」[2]。その後ツヴォルキンの科学者生活のほとんどが、光子と電子のあいだで、双方向的によりよい翻訳が行なえる方法を編み出すことに捧げられたのだった——これを使って利益を生み出す手段が、営利目的のテレビである。

ロージングは、ツヴォルキンがパリのポール・ランジュバンのもとでX線回折の研究に取り組めるように手配してやったが、第一次世界大戦が起こり、その研究は中断されてしまった。ロシアに戻ったツヴォルキンは徴兵され、通信隊の将校になった。無線の知識と、発電機からマシンガンまであらゆる機械を修理する能力のおかげで、彼は順調に昇進していき、また戦争末期になると、代わる代わるいろいろな敵に捕らえられたが、いつも処刑を免れることができた。ボルシェビキ革命とその反革命のあいだ、今現在、いったい誰が権力を握っているのかをロシアの僻地で知る唯一の方法が無線だった。最終的には、彼はオビ川を下って逃亡したのだが、その流域に住む人々は遠隔通信手段を持たず、革命が起こっていることすら知らなかった。ロシアの北極圏まで逃れたあと、ノヴァヤゼムリャ（北極海の列島）、トロムセ（ノルウェー）、コペンハーゲン、そしてロンドンを経由して、一九一九年の大晦日、ニューヨーク・シティに到着した。

ツヴォルキンは、ワシントンでロシア大使のボリス・バフメチェフと面会し、ニューヨークに設置されていたロシアの購買委員会で、加算器のオペレータの仕事に就くことができた。ロシアに残してきた妻のタチアーナもまもなく彼の後を追ってアメリカにやってきた。一九二〇年、最初の子どもが生まれたあと、ツヴォルキンはイースト・ピッツバーグのウェスティングハウス社の研究所で、ほかの亡命ロシア人たちの小さなグループに加わった。この職場では、空き時間を使って、かつて取り組んだテレビの研究に戻ることができた。彼はいくつもの困難に見舞われた。赤信号で停車したときに、車の後部座席に載せていた試作品の受像管が滑り落ちて内破したという事件もその一つだ。その音を銃声と間違えて駆けつけた警官は、ツヴォルキンが片言の英語で、車の後ろに壊れて転がっている装置に無線で画像を送る方法を説明するのを聞いて、ますます不審感を強めた。「じゃあ、今ではラジオで絵が見られるのかね？　あのねえ……あんた！」と警官はつぶやき、ツヴォルキンは、事情が明らかになるまで留置所に拘束されることになってしまった。(3)

当時ゼネラルエレクトリック社と激しい対立関係にあったウェスティングハウスに、テレビの商品化に関心を持たせることができなかったツヴォルキンは、ＲＣＡ（アメリカ・ラジオ・コーポレーション。アメリカン・マルコーニ社を前身とし、ＮＢＣを子会社とするアメリカの電気機器・半導体事業を中心とする企業）に移った。RCAでは、やはりロシアから亡命したデイヴィッド・サーノフが、最終的には五〇〇〇万ドルが投じられることになる、放送用テレビの開発に取り組んでいた。ツヴォルキンはまた、アメリカの発明家フィロ・ファーンズワースとの長引く特許抵触訴訟も闘った。ファーンズワースは、独自に電子式撮像管を開発、改良しており、特許裁判所は結局、RCAのテレビ・システムの基盤となっているツヴォルキンのアイコノスコープはファーンズワースの改良を採用しており、ファーンズワースの発明のほうが先行していたと判断した。

一九四一年、ツヴォルキンはプリンストンにできたRCAの新しい研究所の所長に任命された。この研究所はロックフェラー医学研究所に隣接しており、高等研究所からは二マイル（約三・二キロメートル）しか離れておらず、かつてトレントンとニューブランズウィックを結ぶ有料高速道路だった道（現在の国道一号線）の西側に位置していた。ツヴォルキンは商業用テレビのほかに、光電子増倍管（これを使えば暗がりでも見えるようになる）（訳注：光が入射すると、内部でそれを増幅し、電気信号として出力する一種の光センサー。カミオカンデで小柴昌俊教授がニュートリノの検出に採用したことで有名）と電子顕微鏡（これを使えば可視光の分解能を超えて小さな形状まで見えるようになる）を世界にもたらすうえで大きな貢献を果たした。晩年は電子工学を医学や生物学の研究に応用することに一身を捧げた。「走っていなければ、アイデアに出くわすことなんてできないよ」と、ツヴォルキンは自分の研究所にやってきた者たちに助言している。[4]

一九四五年一〇月、フォン・ノイマンの勧めで、それまでヴェブレン家の隣の家を借りていたツヴォルキンは、高等研究所の住宅規定の例外として認めてもらうことができ、古文書学者のエリアス・ロウに現金で三万ドルを支払って、バトル・ロードのはずれの教授用住宅地のなかの家を購入した。IAS理事のハーバート・マースの反対はあったが——ツヴォルキンに対してではなく、「ロウ教授が法外な利益を獲得すること」に対して。[5]

ツヴォルキンがセオドア・フォン・カルマンと緊密な関係にあり、フォン・カルマンのおかげでツヴォルキンが極秘の軍の施設に入って電子兵器関連の仕事をすることができたのを、FBIは疑惑の目で見ていた。ツヴォルキンは反ソビエトの経歴があり、暗視照準器やテレビ誘導爆弾など、アメリカの防衛努力にも貢献してきたにもかかわらず、一九四五年、アメリカの科学技術者派遣団と共にモスクワへ行くことを許可されなかった。J・エドガー・フーヴァー（訳注：FBIの初代長官。在任一九二四－一九七二年）が、個人的に彼を破壊分子と決めつけたせいで、彼の行動（フィラデルフィアの不倫相手との旅行も含め）は一九七五年まで監視されていた。一九五六年、FBIの面接官に対してツヴォルキンは、「わたしは、国家警察から逃れるためにロシアを離れたんです」と言い、協力を拒否した。[6]

ツヴォルキンによれば、真空管に見られる電子工学の発展は三つの時期に分けられるという。「一九〇六年のド・フォレストによるオーディオン管の発明に始まり、第一次世界大戦で終わる第一期では、真空管内の電流は、蒸気バルブがパイプ内の蒸気の流れを制御するのと概ね同じ方法で制御されていた」と、彼は述べた。「バルブ内の個々の蒸気の分子の運動がそれほど注目されていなかったのと同じく、真空管内の個々の電子の振舞いもあまり注目されていなかった」。

一九二〇年代に始まる「第二期においては、真空中において電子はランダムに迷走するのではなくて、指向性を持たせて運動させられるという性質が、陰極線管に応用された」。一九三〇年代に始まる第三期においては、電子線はさらに細かいグループに分類され、都合のいいグループのものが用途に応じて使われた。「この分類は、時間に基づく場合――たとえばクライストロンやマグネトロンで行なわれているように、印加された高周波（電）場の、特定の位相で電子をまとめる場合だ――もあれば、画像形成装置で行なわれているように、空間に基づく場合もあった」と、ツヴォルキンは説明した。「電子顕微鏡やイメージ管が後者のグループに属する[7]」。

第二次世界大戦中、ツヴォルキンとその弟子ヤン・ライヒマン――チューリッヒで学位を取ったポーランド人で、一九三六年の元日にツヴォルキンのグループに加わった――は、真空管進化の第四期をスタートさせようとした。一九三九年、ドイツがポーランドに侵攻すると、米国陸軍弾道研究所のレスリー・サイモン大佐が、対空砲射撃手が敵機を撃ち落とす確率を向上させるにはどうすればいいか、ＲＣＡに相談を持ちかけた。地表にある標的を撃つ場合は、射撃手は前もって準備された射撃表を使うことができた。だが、動いている飛行機の経路に砲弾を届かせるには、その場で計算しなければならなかった――たとえば、飛行機にできるだけ近いところで砲弾を爆発させるために時限信管の時間設定をしようとして、土壇場(どたんば)になって飛行時間を見積もるなどの計算である。「ドイツ軍は空では圧倒的に優勢で、連合国側の対空射撃の精度は劣悪だった」とライヒマンは述べる。「サイモン大佐は、電子工学なら要求されるスピードを実現できるはずだと考える先見の明があった[8]」。

ツヴォルキンの励ましがあって、ライヒマンはデジタル式にプロセシングとストレージができる一連の真空管を開発した。どれもその一本の真空管のなかで、電子パルスのスイッチング、ゲーティング、そして保存がメガサイクルの速さでできた。これらの真空管が「コンピュトロン」と「セレクトロン」で、半導体集積回路の遠い先祖に当たり、いわば真空管バージョンのマイクロプロセッサとメモリ・チップだった。「目標は、二つの数を掛け合わせ、結果として得られた積に第三の数を足すという作業を、すべての数がデジタルで表された状態で、それ一本でやり遂げられる、そんな真空管を作ろう、ということでした」とライヒマンは説明する。「一つの中央陰極から放出される何本もの電子線のそれぞれが、三つの電極によって偏向されるのですが、この三つの電極はそれぞれ、乗数、被乗数、そして『桁上がり』の数に対応していました……。この真空管は、今日のわれわれなら『集積真空技術』とでも呼ぶだろうものによって作られていたわけです(9)」。

ライヒマンとリチャード・L・スナイダーが発明したコンピュトロンは、六四極、一四ビットの演算処理真空管で、七三七個の部品でできていた。ガラス管が封じられてしまうと、その後は一切調整不可能だった。「素早く、かつ、インパルスの同期や消去といった問題もなく、足し算や掛け算ができるであろう」と、一九四三年七月三〇日に出願した「計算装置」の特許のなかで、ライヒマンとスナイダーは述べている。しかし、「原理の証明」用の試作機のデモを実施するころまでには、「われわれの先駆的な作品には、実際の戦闘で使えるほど速い高射指揮装置の実現が不可能であることは、はっきりしていました(10)」。

セレクトロンは、完全デジタル、ランダムアクセスの四〇九六ビット静電ストレージ真空管で、真空管技術によって作られていたものの、機能的には今日の半導体メモリ・チップと変わりなかった。「どの要素にも、ほかのいかなる要素もシーケンシャルに経由することなくアクセスできなければならず、［また］リフレッシュ（訳注：記憶された内容が、時間が経っても消失しないように、メモリに電荷を再注入すること）されなくとも無期限に記憶できなければならない……われわれがその情報を必要とするまで、永遠に記憶させておく、それが必要だ」と、ライヒマンは一九四六年に説明している(11)。フォン・ノイマンがデジタル・コンピュータへの道はRCAのなかを通っていると確信したのは、セレクトロンが有望に見えたからだった。「ジョン・フォン・ノイマンは、しょっちゅうわれわれに会いに来ました」と、ライヒマンは言う。「そして、われわれの研究に精通するようになったのです」。ライヒマンはコンピュトロンとセレクトロンのほかに、抵抗マトリクス関数表も開発し、読み出し専用メモリ（すなわちROM）を実現した。「われわれは、約一五万個の抵抗が配置された、相当大きなマトリクス配列を作りました」と彼は言う。一九四三年一〇月三〇日、彼は完全デジタルの「電子計算装置」の特許を出願した。不変関数表も変数データも抵抗マトリクスを使って保存し、必要に応じて読み出して処理できるようにした、二進法の計算を電子の速度で行なう装置である。「計算のすべては二進記数法で行なわれ、したがって、任意の数は2の階乗（かいじょう）の和として表現される」[12]。このようなものとして提案されたコンピュータは、非同期の並列コンピュータだが、驚異的に速いはずだった。可動部品は一切なかった。抵抗マトリクスは必要に応じて異なる関数とデータで初期化することができ、異なる火器に合うよう調整することができるはずだった。

　万能コンピュータに必要なさまざまな要素が、しかるべきところに整いつつあった。「われわれがコンピュータを作るそもそもの目的だった課題を忘れて、すべての問題が解ける万能コンピュータに真剣に取り組み始めたのが、正確にいつだったかはよくわかりません」と、ライヒマンは一九七〇年に語った[13]。

　アメリカ合衆国が参戦準備に入ると、アバディーン性能試験場の人間コンピュータは不足がちになり、ペンシルベニア大学の電気工学部、ムーア校に、これを補う計算部門が作られた。学生のなかから人間コンピュータ用の人員を集めることができたし、必要とあらば近隣の大学や学校から増援してもらうことも可能だった。

　しかし、砲弾も標的も、その動くスピードはますます速まっており、アバディーンとムーア校、二つの計算部門が協力しても、要求についていくことはできなかった。人間コンピュータが卓上計算機を使って計算すると、一本の弾道を計算するのに約一二時間かかった。だが、砲弾と大砲の任意の組み合わせに対して、一枚の射撃表を作るには、数百本の弾道を計算せねばならなかった。弾道研究所の電気機械式微分解析器（ＭＩＴでヴァネヴァー・ブッシュが開発したアナログ・コンピュータの積分器を一〇個に増やしたもの）でも、弾道一本につき一〇から二〇分かかったので、一枚の射撃表を完成させるのに、中断なしに約一カ月間計算し続けなければならなかった。ムーア校で二交代制にし（さらに、二台めの積分器一四個の微分解析機を導入し）ても、軍は遅れを取り続けた。「計算設備の不足のため計算を始められない表の数が、処理中の表の数をはるかに上回っています」と、一九四四年、ハーマン・ゴールドスタインは報告している。「新しい射撃表を作ってほしいという要望が、現在日に六件のペースで届いているのですが[14]」。

シカゴ大学で数学者ギルバート・A・ブリスの代理として外部弾道学の初級講座を教えていたハーマン・ハイネ・ゴールドスタインは、一九四二年七月に陸軍への入隊を命じられて空軍（当時はまだ組織的に陸軍の配下にあった）に配属され、カリフォルニア州フォート・ストックトンに送られて、日本軍との戦闘のため太平洋戦域へ近々派遣されるので準備しておくようにと命じられた。ギルバート・ブリスにこのことを知らされたオズワルド・ヴェブレンは、ゴールドスタインの言葉を借りれば、「流れを変えようと画策を始めた」。「わたしが海外派遣されるか、その前にヴェブレンが流れを変えてしまえるかは、間一髪の際どい状況でした」。ゴールドスタインが太平洋に向かう船に乗れという命令を受け取ったその日、ヴェブレンの画策が功を奏し、アバディーン行きを命じる通知が届いた。ゴールドスタインが部隊長に電話をかけて相談すると、「君、もしわたしが君の立場だったなら、軍隊から脱出するね。もしも車を持っていたなら、車に乗り込んで、さっさと走り始めるよ」と助言された。ゴールドスタインは東へと向かった[15]。

アバディーンに到着するや否や、ゴールドスタイン中尉は、ムーア校に設置された弾道研究所の計算支部の責任者だったポール・N・ギロン大佐のもとに配属された。状況は芳しくなかった。「人間コンピュータの人員をいくら増やしても――当時約二〇〇名ほどだった――、足りなかった」と、戦後になって書かれた報告書のなかで、（当時は大尉となっていた）ゴールドスタインは述べている。「そこで……まったく新しい装置、ＥＮＩＡＣの開発に乗り出すことになった。この装置は、もしも成功したなら、一枚の射撃表を作成するに要する時間を、二、三カ月から二、三日に短縮できるはずだった[16]」。

ジョン・Ｗ・モークリーとＪ・プレスパー・エッカートが率いるチームがＥＮＩＡＣの製作に当たった。一九四三年にこのプロジェクトが開始された際、二人は三六歳と二四歳だった。モークリーは、フィラデルフィア郊外にあるウルジヌス・カレッジで物理学を教えながら、その合間に太陽の黒点活動と気象の変化とのあいだに統計的な相関があることを示そうと独自に研究していたころ、ムーア校で防衛目的の電子工学の入門訓練コースを受講した。訓練を終える前に、教授になってほしいと求められ、承知した。フィラデルフィア生まれのエッカートは、まだ高校在学中に、フィロ・ファーンズワースのテレビ研究所で初めての仕事を行なった。この経験のおかげで、彼は電子工学を深く理解するようになり、また、ツヴォルキンとＲＣＡに対して根深い不信感を抱くようにもなった。

フィラデルフィアには、フィルコ社とＲＣＡ社のほかに、フランクリン研究所をはじめ、もっと小さな電子工学研究所がいくつも存在していた。フランクリン研究所の源（みなもと）を辿れば、新世界に実験哲学をもたらそうと努力したベンジャミン・フランクリンに行き着く。エッカートとモークリーはアメリカの企業家であり、彼らの背景は、ツヴォルキンの革命前のサンクト・ペテルブルクとも、フォン・ノイマンの一九二〇年代のブダペストともまったく違っていた。同級生だったウィリス・ウェアによれば、「プレス・エッカートは、いつもすべてを持っている子どもでした……彼の父親がフィラデルフィアで不動産業を営んでおり、とても裕福で、プレスはいつも一番大きいもの、最高のもの、最善のものを持っていました」。一方、エッカートに言わせれば、アメリカのビジネスライフを前もって経験することなしに、学問の世界を捨ててコンピュータ業界に入った科学者の多くが、「世界をありのままに見ずに、自分の『かくあるべし』という思い込みに沿ったものとして見ていました」[17]。

モークリーとエッカートは、まず、ムーア校の微分解析器の精度を向上させることから始めた。特に多数のステップからなる問題を解こうとすると、予想もできないところで精度が落ちてしまう電気機械リンク機構の代わりに、電子回路を採用した。一九四二年八月、モークリーは完全デジタル、完全電子式のコンピュータ（モークリーは、これをムーア校にすでに存在していた人間コンピュータと区別するためにcomputorと、最後のerをorへと綴りを変えて表記した）こそが進むべき道だという彼らの確信を、初めて正式に表明した[18]。

「エレクトロニック・ディフ・アナライザー」についての正式な提案書は一九四三年四月二日に提出された。敢（あ）えて「ディフ」という曖昧な表記を用いることによって、アナログの「微分（ディファレンシャル）」という概念からデジタルの「差分（ディファレンス）」という概念への移行が示唆されていた――この移行によってもたらされたものは、以来今日に至るまで大きな影響を及ぼし続けている。「あちこちの物理学研究室でガイガー・カウンターに親しんできたモークリーは、もしも電子回路が『数を数える』ことができるなら、電子回路は計算することもでき、ほかならぬ差分方程式も解くことができる――しかも、ほとんど信じられないくらいの速さで――と気付いたのだ！」と、そもそも「ロスアラモス問題」をこの新しい装置を使って解くべく持ち込んだニコラス・メトロポリスはのちに記している。モークリーが受講した訓練コースの実験指導員だったエッカートが、このプロジェクトの主任技師となった[19]。

戦時体制下の締め切りに追われ、受け取った助成金もどれも六カ月の期限付きという厳しい状況で、「女工から夜間アルバイトの電話交換手まで」のさまざまな作業員たちが、重さ三〇トンの装置の製造のために徴用された。モジュール方式で設計されたこの装置は、完成後、性能試験場まで運べるはずだった。[20] 二〇個の、独立しているが情報は交換できるプロセッサ（つまり「累算器」）に、一個の乗算器と、除算器に平方根計算器をつなげたものが組み合わされ、IBMのパンチカード機を通して入出力が行なわれる。プログラミングは、プロセッサごとに局所的に行なわれるが、その全体を六〇ビットの記憶容量のある「マスタ・プログラマ」が調整する。

一〇個の二状態フリップ・フロップ（真空管を二本、二つの状態が切り替わるよう結び合わせたもので、常に二本のうちの一方の真空管が電圧印加されて伝導状態にある〔訳注：一ビットの記憶ができる論理素子になる〕）が、一〇段の環状計数器に仕立てられ、一〇桁加算器の各桁の数を表す。要するに、いわばマーチャント社製加算機の電子工学版を作るわけだ——回転が、毎分三〇万回転と格段に向上したというのが大きく違う点であったが。開始兼循環ユニットが、五キロサイクルの中央時計（セントラル・クロック）の役割を担い、それと同時に、多数並んだリレーを格納用バッファとして利用して、コンスタント・トランスミッタがパンチカードのデータを電気信号に翻訳する——この形にして初めて、機械はパンチカードに何が書いてあるか理解することができる。RCAのヤン・ライヒマンがどう構成すればいいか情報提供してくれた抵抗マトリクス関数表三枚のそれぞれに、一二桁の数が一〇四個保存されていた。

一万七四六八本の真空管と一五〇〇個のリレーを組み込むENIACは、一七四キロワットの電力を消費し、三三フィート×五五フィート（約一〇メートル×一七メートル）の床面積を占領する巨大なものだった。手作業で半田付けされる接合部が五〇万カ所あった。「奇妙な話ではあるが、ENIACそのものは、極めてパーソナル・コンピュータ的なものだった」と、一九五〇年にアバディーンにやって来た数学者のハリー・リードは回想する。「今、パーソナル・コンピュータと言えば、個人が持ち歩けるようなコンピュータのことだが、ENIACは実際、個人がそのなかで暮らすようなコンピュータだった」。陸軍は当初、ENIACの製作をRCAに委託しようとして契約を持ちかけたが、ライヒマンによると、「ツヴォルキンは……それには真空管が二万個必要で、しかも、エラーなしに作動できる時間、つまりエラーとエラーの間隔は、真空管がこの本数なので、一〇分かそこらだろうと見積もりました。……彼は、そこまで巨大で信頼性のないものに関わりたくなかったのです」。RCAは契約を断ったが、社内に蓄積された専門知識は惜しみなく提供した。「知っていることはすべてムーア校に教えるようにと命じられました」とライヒマンは回想する。「もちろん、戦争のために、という大きな熱意が至るところ溢れていましたから、特許だの優先権だのを気にする者など誰もいませんでした」[21]。

二〇年以上のち、ENIAC特許の有効性を巡り、六年以上（一九六七年五月から一九七三年一〇月）にわたって、三万四四二六点の証拠品が提出されて争われた「ハネウェル対スペリー・ランド特許紛争」で終始裁判長を務めたミネアポリス地方判事のアール・R・ラーソンは、ENIACの主な要素は、一九四一年六月、モークリーに電子式デジタル・コンピュータのデモをした、アイオワ州エームズのジョン・ヴィンセント・アタナソフによって予見されていたと判断した（ENIACの特許権は、最初エッカートとモークリーが取得したが、のちにスペリー・ランド社に売却された。ハネウェル社が特許の無効を主張して、スペリー・ランドに対するENIACの特許料支払いを拒否し、訴訟となった）。アタナソフのコンピュータは、完全電子式の中央処理装置を持ち、二つの回転ドラムの表面に取られた三〇ビットのトラックに、三〇〇〇個のコンデンサによるメモリを配置したものだった。モークリーは、アタナソフから学んだことなどほとんどないというゆゆしき主張をしたが、一方のアタナソフは、戦時下の対空射撃制御向上のための研究の支援に徴兵されると、自分自身の研究は放棄してしまった。戦後アタナソフは海軍兵器研究所の資金提供を受けて、コンピュータのプロジェクトを立ち上げた。しかし、フォン・ノイマンのプロジェクトが主導権を握ると、アタナソフへの財政支援は打ち切られた。

射撃表の作成をスピードアップするのがENIACの使命だったのだから、一つの部屋に座った二〇人の人間が、一〇桁の卓上計算器を使い、結果を前後の人に渡して計算していく人間コンピュータを雛形（ひながた）とする構造をENIACが持っていたのも偶然ではない。たくさんあった累算器（アキュムレータ）は、今日のマルチコア・プロセッサと同じように、並列操作されるものだった。「ENIACには、極めて今日的な特徴がありました——当時は、それを表現する現在の用語がなかっただけのことです」とエッカートは説明する。一九四七年に内蔵プログラムによるシリアル制御に改造され、一九五三年には一〇〇語格納できる磁気コアメモリ付きにグレードアップされて、ENIACは一九五五年一〇月二日午後一一時四五分に最終的に停止するまで、総計八万二二三時間稼動することになる。[22]

「ENIACは、まさしく先駆的な冒険的事業だった。最初の、完全自動、汎用デジタル電子コンピュータであった」と、のちの一九四五年、フォン・ノイマンは評価している。しかしその一方で彼は、ニコラス・メトロポリスや、ほかの初期のプログラマたちに、「よくよく目を光らせておき、絶対に信用するな」と警告してもいた。このプロジェクトが革命的だったのは、製作に利用された技術ではなくて、その規模だった。「ENIACに使われた真空管、抵抗、そしてダイオードはすべて、陸軍と海軍の不合格品の寄せ集めだった」とメトロポリスは説明する。「だから、理屈の上では、ENIACは戦前に製作することもできたのである」。[23]

ENIAC製作の提案は、簡単には認めてもらえなかった。「念のためENIACの提案を名の知られた数人に送って検討してもらったところ、彼らが出した提言はほぼ判で押したように否定的なものばかりだった」と、ムーア校を代表してENIAC製作の契約に関わったJ・グリスト・ブレイナードは回想する。ゴーサインを出したのは、アバディーンの弾道学研究所の科学委員会の議長だったオズワルド・ヴェブレンだった。一九四三年四月九日、ハーマン・ゴールドスタインは弾道学研究所の所長、レスリー・E・サイモン大佐に状況説明を行なった。「このときヴェブレンは、しばらくわたしの説明を聞きながら、椅子の前脚を浮かせて、後ろ脚を支えにして体を揺さぶっていたが、ついに大きな音を立てて椅子の前脚を床におろして立ち上がり、『サイモン、ゴールドスタインに金を出してやれよ』と言った。そう言ったかと思うと彼は部屋を出て行き、こうしてこの会合は、このありがたい言葉で終わった[24]」。

一九四三年六月五日、総額六万一七〇〇ドルの「『電子式数値積算／計算機』の研究と開発」についての六カ月契約が結ばれた。ゴールドスタインの上司であるギロン大佐が、「明らかに緊急性はより高いが、実際の重要性はより低い、競合する戦時事業を撃退する」役目を引き受けた。一九四五年一〇月一八日にムーア校を視察に来たハーバード大学計算研究所のサミュエル・H・コールドウェルは、ロックフェラー財団のウォーレン・ウィーヴァーに、「連中は技術的な難題に呑み込まれていました。あの機械は、わたしがこれまで見た何に比べても、安い大量生産のラジオ部品の信頼性を、あまりに楽観的に考えて作られています。大々的な作り直しが行なわれ、粗悪な部品が交換されない限り、あの装置がうまく機能する可能性には、わたしは一文たりとも賭けません」と報告した[25]。彼の報告書の日付は、一九四六年一月一六日であった――実は、このころにはＥＮＩＡＣはもう、ロスアラモスの水素爆弾第一号に関する問題を一カ月以上にわたって計算していたのである。

フォン・ノイマンがＥＮＩＡＣのもとを初めて訪れたのは、一九四四年の八月（ゴールドスタインによる）か九月（エッカートとモークリーによる）のことだった。「その瞬間が、彼の人生をその最後の一日まで変えてしまったのです」とゴールドスタインは言う。彼自身の記憶によれば、ゴールドスタインはアバディーン性能試験所での会議からムーア校に戻ってきたところだった。「駅のホームにフォン・ノイマン教授がたった一人で立っているのを見かけたので、よし、行って、この有名な男に話しかけてみよう、と決心したのです。……しかし彼は、わたしの話なんかにまったく興味を持ってくれませんでした。ですが、二人でだんだんといろいろなことを話しているうちに、われわれが一秒間に三〇〇の乗算を行なえる装置を作っていると知ると、彼は態度を豹変させました[26]」。

弾道学研究所の科学諮問委員会の一員だったフォン・ノイマンは、ENIACを視察する許可を取り、最初の二台の累算器が初期テストを受けているところを見学した。これは、ある微分方程式の解を計算させ、コード化されたパルスを五キロサイクルのペースで交換させるテストだった。「『どのくらいのスピードで計算できるのですか?』というような質問をされていたら、われわれはがっかりしていただろうが」と、エッカートは記している。「しかし、彼が制御理論のことを訊いてきたので、われわれは即座に打ち解けあった[27]」。

ENIACの当初の目的は、射撃表作成のテコ入れだったが、エッカート、モークリー、ゴールドスタイン、そして、当時二八歳だったアーサー・バークス(数理論理学者にして哲学者だったが、戦時中は電子技術者として働いた)は、当初からほかの応用を考えはじめていた。「多くの微分方程式について、それに伴う差分方程式を解くだけで、十分な近似解が得られる」と、一九四二年八月、モークリーは書いていた。これは、射撃表の計算であれ、天候の予測であれ、あるいは、まもなくロスアラモスの計算グループが忙殺されることになる爆縮問題を解くのであれ、同じく言えることだった。「コンピューティングの経済が、一夜にして変わった」とゴールドスタインはのちに述べている。「それまでの、乗算は高くつき、ストレージは安くて済む世界から、乗算はごく安く済んでストレージは極めて高くつく世界へと、われわれは放りこまれたのだった。計算を行なうためにそれまで人間が作り出したほとんどすべてのアルゴリズムを、再検討する必要に迫られた[28]」。

ENIACのプログラム設定は、一〇段スイッチを幾列も設定どおりに配列し、数千本のケーブルを手作業で接続して行なわれた。このプログラミングを変更するには、数時間、場合によっては数日を要した。「プログラムの作業を遂行するのはとても高くつきました」とエッカートは言う。「たくさんの箱、何本ものケーブル、その他諸々のものが要りましたからね。でも、何かを二度めにやる、つまり、何かを繰り返すときは——われわれは、人間よりも一〇万倍も速かったんですよ——とても安く済みました[29]」。

ENIACの内部では、データと指令が混在していた。「パルスは、どんな目的に使われるものであれ、ENIAC内のほとんどすべての状況において、物理的定義はまったく同じだった」とモークリーは説明する。「操作を制御するパルスもあれば、データを意味するパルスもあった……。しかし、あるデータに対する算術記号を表すパルス、あるいは、ある桁の数を表すパルスも、制御回路から入力することができ、任意の制御パルスと同じように機能することができた」。内蔵プログラムという概念がいつできあがったのかについて、「ENIACには、高速ストレージは七〇〇ビットもなかった」が、マスタ・プログラマと個々のプログラム・カウンタには、「約一五〇ビットの高速電子ストレージが『プログラム制御』のために使えた」とさらに述べている[30]。ENIACの当初の高速ストレージの二〇パーセント以上が、計算実行中に変更可能なプログラム情報の保存に使われていたというわけだ。

ENIACの限界は、スピードではなく、ストレージにあった。フォン・ノイマンはこれをこのように表現した。「二〇人の人間を連れてきて、一つの部屋のなかに三年間閉じ込めて、二〇台の卓上乗算器を与えるとしましょう。そして、こんなルールを設けます。『この三年の計算作業のあいだ、二〇人全員の分を合わせて、一ページを超えて書いてあってはならない』。彼らは、書いたものを好きなだけ消していいし、それをまた復活させてもいい。しかし、任意の瞬間に、一ページしか書いてあってはならないのです。どこにネックがあるかは明白でしょう[31]」。

　中間結果を保存するのにパンチカードを使うこともできたが、このプロセスはエラーが起こりがちで、時間もかかった。一九四五年一二月にシカゴとロスアラモスからスタン・フランケルとニック・メトロポリスが持ち込んだ水爆関連の計算を、試運転としてＥＮＩＡＣにやらせることになったが、これには一〇〇万枚近いパンチカードが費やされた――その大部分が中間結果の一時ストレージに使われたのである。「メトロポリスとフランケルがやってきて、彼らの仕事をわれわれに説明してくれたのを覚えています」と、アーサー・バークスは言う。しかし、「そこに登場するあれこれの方程式が何なのかを教えることはできないと、彼らはきっぱりと言いました[32]」。

「一九四五年一二月一〇日に始められたロスアラモス関連の計算は……ＥＮＩＡＣが装置全体として使われた最初であった。……［そして］ＥＮＩＡＣの能力の九九パーセントが使用された」と、「ハネウェル対スペリーランド特許紛争」の事実認定で、ラーソン判事は結論した。計算は一カ月を優に超えて続き、一九四六年一月までかかった。「われわれが直面した困難は、機械に関するものではなく、問題の数学上の性格と、その問題をＥＮＩＡＣにかける形に書き換えた数学者たちの過ちにありました[33]」と、プレスパー・エッカートは、問題は物理ではなくて数学にあったことをはっきりと証言している。

「『ＥＮＩＡＣのストレージはどのくらいの大きさだったのですか？』とよく聞かれるが」と、モークリーは述べる。「答は、『無限』だ。パンチカードの出力は、速くはなかったが、好きなだけ大きくできたからだ。孔（あな）を開けられたカードはどれも、再び入力として読み込むことができたし、メトロポリスとフランケルは実際にそうやって、ロスアラモスから送られてくる大きな問題を次々と処理した」。問題は、「高速メモリは安くなく、安いメモリは速くない」ということだったとモークリーは説明する。[34]真空管フリップ・フロップの反応時間はマイクロ秒の単位だったが、IBMカードを一枚読むか書くかするには秒単位の時間がかかった。両者には六桁もの大きな乖離があったのだ。

エッカートは、高速かつ安価なメモリを使ってこの乖離を埋める方法を提案した。「そのころムーア校にいたJ・P・エッカート・ジュニア氏が、当時レーダーの移動標的表示器に使われていた音響管を基礎とすれば、動的な形式の（訳注：定期的に記憶内容をリフレッシュする必要のあるもの）メモリが簡単に作れるという着想を得ました」（訳注：音響管自体、エッカートがレーダーの改良を手がけていたときに考案したもの。電波が反射して戻ってくるまでの時間を正確に測定する手段として、液体を満たしたタンクの中に音波を通し、短い区間を音波が通った回数によって時間を計るようにした。レーダーでは、この時間を距離に換算して標的の位置を得る）と、フォン・ノイマンとゴールドスタインはのちに報告している。「このような装置を使えば、二進表記の一〇〇〇桁を、五から一〇本の真空管で保存できます。一方、ENIACの機構のなかでは、同じことをするのに一〇〇〇個のフリップ・フロップが必要です[35]」というから大々的な節約だ。戦時中MITの放射線研究所（訳注：マイクロ波を中心にレーダーや航行システムに関する軍事研究を行なった）で開発された音響遅延線（訳注：線と呼ばれているが、実際には水銀を封入した管なので、「音響遅延管」と呼ばれることもある。前出の「音響管」は、同じものを指している。最初に考案したのはベル研究所のW・ショックリー）は、レーダー波が光速で伝播するのに比べ、音波が液体中を伝播するのは極めて遅いことを利用したものだ。着信したレーダー信号が、液体——水銀が理想的——を満たした管の一端に取り付けられたトランスデューサー（変換器）によって音響信号に変換され、その音波が管の他端に到達すると、今度は二つめのトランスデューサーによって電気信号に戻される。こうして、遅れはしているが、それ以外は着信したときとなんら変わらない形で信号を保てるのである。この遅延信号を反転し、次のレーダー波のエコーと同期させれば、背景ノイズを除去して、レーダー・ビームの一回めの掃引(そういん)から次の掃引までのあいだに移動した対象物（敵機など）を区別することができるわけだ。

一マイクロ秒間隔の一〇〇〇個のパルスが、一つの音響信号が長さ五フィートの「管」の端から端まで伝わる一ミリ秒という時間のあいだ保存できた。このパルス列を再生し、それがデータの流れとして通過するのを「聞く」ことによって、ミリ秒のアクセス時間でデータを読み書きすることができた。「中央制御装置は、一つの列の三二語をすべて聞き終えると、次の列に移ります」と、フォン・ノイマンは一九四五年ウォーレン・ウィーヴァーに説明した。このときフォン・ノイマンは初めて、三〇ビットのコードセグメントを「語」と表現したのであった。音響遅延線メモリは、イギリスの位相幾何学者マックス・ニューマンが言うように、「そのプログラミングは、壁の穴に逃げ込もうとしているネズミをその瞬間に捕らえようとするようなもの[36]」であったにもかかわらず、第一世代のプログラム内蔵型コンピュータの多くで利用された。

フォン・ノイマンがＥＮＩＡＣグループに協力しはじめたころには、遅延線を使ったＥＮＩＡＣの後継機の開発がすでに始まっていた。電子式離散変数自動計算機（ＥＤＶＡＣ、Electronic Discrete Variable Automatic Computer）と名づけられたその装置は、「制御能力は極めて柔軟で、五〇倍以上も大きなメモリを持ち――すなわち、約一〇〇〇個の一〇桁の十進数を保存でき、真空管の本数は約一〇分の一に減少しているはずです」と、ゴールドスタインとフォン・ノイマンは報告に記している[37]。プログラミングは、ケーブルとスイッチを手作業で設定するのではなく、コード化された数列を高速メモリに読み込むことによって行なわれることになる。

「われわれが今日知っているものとしての内蔵プログラムは、万能コンピュータを実現する明確な方法でもありますが、これは一夜にして発明されたのではありません」と、ライヒマンは説明する。

「そうではなくて、これは徐々に進化していったのでした。最初に登場したのは、手作業で変更する差し込みプラグやリレーで、最後に変更接点そのものが電子スイッチになったのです。その次に登場したのが、これらのスイッチの状態を一つの電子メモリのなかに保存しようというアイデアでした。そして最後に、『指令』と『データ』が一つの共通のメモリに保存される、現代の内蔵プログラムのアイデアが生まれたのです[38]」。

実のところ、ENIACが登場する前から、プログラム内蔵型コンピュータに必要な諸々の要素は、しかるべきところに揃いはじめていた。一九四四年七月、フォン・ノイマンとスタン・フランケルはロスアラモスの爆縮研究を支援するために、ベル電話研究所で開発された一連のリレー式コンピュータ——サミュエル・B・ウィリアムスとジョージ・R・スティビッツがニューヨークで製作していた——について説明を受けた。これらの新しいコンピュータは、穿孔紙(せんこうし)テープによって制御されていた。フォン・ノイマンは八月一日オッペンハイマーにこう報告している。「問題テープに、数値データと、操作指令が記されています。……したがって制御テープ上の指令は、このような形になっています。『レジスタaの中身と、レジスタbの中身を取り、足し合わせ（あるいは、差を取り、もしくは、掛け合わせ、等々）、結果をレジスタcに入れろ』」。データと指令が混在していたのみならず、このコンピュータは、理屈の上では、自らの指令を変更することもできた。「この装置は、aで、自らの受信穿孔器から来るテープを使うことができました——つまり、自ら穿孔したテープを使えたのです[39]」。

エッカートとモークリーも、同じような線に沿って考えていた。「一九四四年のあいだずっと、そして一九四五年になってからも、われわれは『二重の生活』を送っていました」と、モークリーは回想する。「二交代制でみんなが働く午前八時から午前零時までのほとんどの時間は、ENIACの製作と試験の両方を監督する必要がありました。そのあと、時間給作業者たちが帰宅し、プロジェクト担当技術者たちも『まばらになってくる』と、エッカートとわたしが『次の装置』を考える時間がわずかながらできました。当然、まず最初に『構造』や『論理構成』に取り組まねばなりませんでした。エッカートとわたしは、これについてずいぶんいろいろと考え、直列遅延線ストレージと、データとプログラムを一つのストレージに保存するという考え方を結び付けたのです[40]」。

第二次世界大戦の最後の数カ月、フォン・ノイマンはプリンストン、ロスアラモス、ワシントン、フィラデルフィア、そしてアバディーンを順次訪れて、各地の科学者たちに新しいアイデアを次々と伝えて回った。「こういう類のことを受け入れるよう人々を納得させられるほど、重視されている人物はわれわれのなかにはいませんでした」とゴールドスタインは言う。「そもそも、ロスアラモスではフォン・ノイマンがどうしても必要な状況が常にあったわけです……巨大なIBMのパンチカード装置に爆縮の計算をやらせていたのですから。フォン・ノイマンのように、そこに出向いて、フェルミのような人物に数値計算の重要性を納得させるなんて、誰もできなかったと思いますね[41]」。

原子爆弾を完成させテストを行なうための最後の追い込みにかかっていた一九四五年前半、フォン・ノイマンが書いたEDVACプロジェクトに関するメモ（口絵㉙）が、ゴールドスタインがそれをまとめる形でタイプ打ちされ、一〇五ページの報告書として要約された。『EDVACに関する報告の第一草稿』は、ムーア校によって謄写版で複製され、一九四五年六月三〇日、ごく限られた者にだけ配布された。この報告書のなかには、プログラム内蔵・高速電子式デジタル・コンピュータの設計の概要が述べられており、もちろん、コード化された指令の定式化と解釈という、不可欠なものについても記されていた――「これは、徹底的に、余すところなく詳細なものとして、装置に与えられなければならない[42]」。

このコンピュータの機能要素は、階層メモリ、制御機構、中央算術演算ユニット、そして入力／出力チャンネルに分割され、今日なお「フォン・ノイマン型アーキテクチャ」と呼ばれる構造をなしている。高速内部メモリを、より大きな二次メモリに連結し、これを全体として、無制限に供給されるパンチカードもしくは穿孔テープと共に使えば、チューリングが考えた、無限ストレージが実現できた。メモリとプロセッサが一つのチャンネルでしか結ばれていないという障害は、「フォン・ノイマン・ボトルネック」と、フォン・ノイマンにちなんだ名で呼ばれているが、フォン・ノイマン自身は、この問題点を未然のうちに防ごうとした。しかし、成功はしなかった。「システム全体をバランスの取れたものにできるでしょうから、理に適った方法で適切に使えば、ボトルネックの問題はなくなるでしょう」と、彼はマックス・ニューマンに説明した。「このシステムが追いついて肩を並べなければならない、人間の知性の入力・出力にしても、そうなのですから[43]」。

何かのテーマに関心を引かれると、フォン・ノイマンはそのテーマを自分自身の言葉で一から構築し直した。しかし、デジタル・コンピュータには、そんな還元のプロセスは必要なかった。はじめからすべて公理だったからだ。一九四五年にはＥＮＩＡＣもＥＤＶＡＣも、まだ極秘の軍事プロジェクトとして扱われていた。フォン・ノイマンは、論理的な抽象概念については自由に語ることができたが、具体的な電子回路についてはそれは禁じられていた。彼はこれに従った。彼はまた、ジュリアン・ビゲローが言うように、「自分の強みは実験に取り組むような研究や、現実の世界で物を機能させることにはないのだと、賢明にも心得ていました[44]」。

戦争中、コンピュータについても爆弾についても、広く一般に発表することも、個人の功績を認めることも差し控えられた。戦争が終わると、爆弾については秘密のままにし、コンピュータについては公表することが決まり、その結果、コンピュータ開発の功績を巡る激しい争いが起こった。フォン・ノイマンの『ＥＤＶＡＣに関する報告の第一草稿』は、謄写版の原紙が使えなくなるまでに印刷され、配布された部数はごく限られていたにもかかわらず、大きな議論を巻き起こした。フォン・ノイマンだけが著者として挙げられ、EDVACグループのほかのどのメンバーも、なんら貢献を認められていなかったのだ。エッカートとモークリーは、ENIACとEDVACについては一切口外しないと誓ったのではあったが、彼ら自身の未発表の研究に基づいた出版物がまかり通っていることに、ないがしろにされていると感じた。「ジョニーは、われわれのロジックを別の言葉で表現していましたが、それでもそれは、同じロジックであることに変わりありませんでした」と、モークリーは言う[45]。さらに追い討ちをかけるように、フォン・ノイマンの『EDVACに関する報告の第一草稿』はその後、一年以内に申請されなかった特許をすべて無効にする法的効力を持った出版物と見なされるのであった。

「彼が書いたとき、それは草稿ですらありませんでした」とエッカートは説明する。「彼はゴールドスタインに手紙を何通か書いたのです。それで、われわれがそのとき、フォン・ノイマンは何のためにそんなことをしているのかと尋ねると、ゴールドスタンは、『彼は、自分の頭のなかでこれらのことをはっきりさせようとしているだけで、わたしへの手紙として書けば、もし彼の理解が不十分なところがあれば、わたしたちが返事を書いてあげられるから、そうしているのだ』と説明しました」。ゴールドスタインが編集し、謄写版にする際に手書きした大雑把(おおざっぱ)なスケッチがいくつか添えられ、参考文献が挿入されるべきところは空白になっていた(口絵㉙)。EDVACという言葉は、本文には一度も登場しない。「彼は、われわれがやっていることを実に素早く理解しました」と、エッカートは言い添える。「彼が自分の名前を出して、事実上、これは自分自身のものだと主張するとは、思ってもみませんでした[46]」。

「わたしは、この分野のできる限り広い範囲が常に(特許の観点から)『パブリックドメイン』に属するようにするために、自分の役割を果たそうと考えていた」と、フォン・ノイマンは、高等研究所の情報公開の姿勢を弁護して、スタン・フランケルに説明した。[47]「この報告書の第一の目的は、EDVACに取り組んでいるグループの考え方を明確化し、整理することでした」と、一九四七年、特許権の処分に関する疑問が初めてもちあがった際、フォン・ノイマンは証言した。第二の目的は、「高速コンピュータを製作する技術のさらなる向上のために」暫定的な結果をできる限り早く発表することだったと彼は説明している。「わたしは、個人的には、過去において常に、そして今も、これは完全に適切なことであり、アメリカ合衆国の最善の利益に適う、という意見です[48]」。

戦争は終わったので、個人の利益がアメリカ合衆国の利益に優先されるようになった。ムーア校はエッカートとモークリーには学究的過ぎ、フォン・ノイマンにとっては十分学究的ではなかった。エッカートとモークリーはムーア校を去り、エレクトロニック・コントロール社を設立し、商業用コンピュータを製作した――最初のものがBINAC、次がUNIVACで、特にUNIVACは、その名がしばしコンピュータの同義語として用いられたほどの評価を得ている。フォン・ノイマンは、彼自身のコンピュータを科学機器として、どこか別の場所で作ることにした。ENIACの、あるいは、EDVACにしても同じだが、その空き時間だけではとても足りなかったからだ。「したがって、フォン・ノイマンが、自分が自由に使えるそのような機械を一台持ちたいと考えたのは極めて自然なことだった」と、ウィリス・ウェアは述べる。「彼がほんとうにコンピュータがほしいと思ったなら、一番いいのは自分で作ることだったのです」と、アーサー・バークスも言っている[49]。

フォン・ノイマンは最初、ENIACグループの中核をそっくりそのまま引き抜こうと考えた。「戦争が終わるころ、彼の頭のなかには、ENIACに組み込まれていない新しいアイデアが丸々一式あったのです」とウェアは説明する。「ジョニーがこんなふうに密かに考えているところが想像できますよ。『ええと、わたし自身がいて、ハーマン（・ゴールドスタイン）とエッカートとモークリー、それからバークスがいる。こりゃあ、わたしがやりたいこれに取りかかるのに最適なチームじゃないか！』」[50]

エッカートは、高等研究所の技術チームのリーダーになってほしいというフォン・ノイマンの誘いを断り、自分のためにモークリーとの共同事業に踏み切った。フォン・ノイマンのほうは、実入りのいいIMBとの個人コンサルタント契約を、続けざまに何件も結んだ。「フォン・ノイマンは、以下に示すものを例外として、フォン・ノイマンによるすべての改良および発明に関する権利をIBMに譲渡する」と、一九四五年五月一日付けのIBMとの雇用合意書の草稿にある。エッカートはのちにこのようにこぼした。「彼は、われわれのアイデアをすべて、裏口からIBMに売ったのです」[51]。

いつも人の良かったフォン・ノイマンが、ここに来て態度を硬化させはじめたようだった。一九四五年の後半から一九四六年前半に、夜通しトラブルシューティング作業を何週間も一緒にやって以来、エッカートとモークリーとは仲が良くなっていたスタンリー・フランケルに、「エッカートとモークリーは、商業的特許方針を抱いた、商業的グループだ」と、フォン・ノイマンは言った。そして、「学究的なグループと協力するときと同じ率直な態度で彼らと協力することは、直接的にであれ、間接的にであれ、われわれにはできない」と警告した。「エッカート＝モークリー・グループと、同様の緊密な接触を保ちたいのなら――それは君が自分で決めることだが――、われわれとも接触をするという矛盾した立場を取るべきではない」[52]。

ムーア校では、EDVACが見捨てられたも同然の状態になっていた。一方ではエッカート＝モークリーの事業に、他方では高等研究所のプロジェクトに取って替わられてしまったのだ。一九五一年にEDVACが完全に停止されてしまうころまでには、それに使用されていた水銀遅延線と直列アーキテクチャは、皮肉なことに、『EDVACに関する報告の第一草稿』に刺激されて生じた次のような進展のおかげで、廃れてしまった。「実用的」で完全ランダムアクセスなメモリを実現するには、『EDVACに関する報告の第一草稿』の終わり近くに説明されていたように、エッカートの遅延線ではなくて、本章の初めに紹介したファーンズワース＝ツヴォルキンのアイコノスコープのほうが、「より自然な」アプローチだった。「この装置は、その発展型においては、400×500＝200000個の異なる点の状態を記憶する」と、フォン・ノイマンの『第一草稿』には記されている。「これらのメモリは、（アイコノスコープの）上に一本の光線によって置かれ、続いて、一本の電子線によって検出されるが、ほんの少し変更を加えれば、メモリを置く作業も、一本の電子線で行なえるようにできることは容易に理解できる」。アイコノスコープは、「この場合二〇万個の独立したメモリ・ユニットのように振舞い」、個々のコンデンサの切り替えは、「一本の電子線で行なえるようになる――プレート上の所望の点に当たるように電子線を動かす（偏向させる）ことで、切り替え操作が行なえるのである[53]」。

六〇年を経た今、コンピュータのメイン・メモリの大半は、シリコンのなかに、コンデンサを配列し、これらのコンデンサを常時リフレッシュして記憶内容を長期間保持させるという形で体現されている――かつてファーンズワース、ツヴォルキン、ライヒマンが考案した、コード化された時間のなかのシーケンスと、空間のなかの電荷の配列とのあいだの翻訳を行なう最初の方法の、今日流のバリエーションだ。現在では、一〇〇〇万個のコンデンサが一セントを切る値段で手に入る。メモリ位置は、電子線を偏向させて間接的に読むのではなく、デジタル・スイッチングで直接アドレスする。しかし、根底に存在する原理と論理構造はなんら変わっていない。拡張し続けるわたしたちのデジタル宇宙は、ツヴォルキンの車の後部座席で壊れたテレビ受像管の直接の子孫なのである。

さて、どこで新しいコンピュータを製作するのか、これが問題だった。高等研究所には、半田ごての電気コードをつなぐコンセントが付いた作業台すらなかった。「これ以上見当違いな場所などほとんど想像できまい」とジュリアン・ビゲローは記す。「いったい、こんなことがPrincetitute（プリンストンの小さな研究所）にふさわしいでしょうか？」と一九四五年三月、MITのノーバート・ウィーナーは尋ねた。「すぐに使える実験室が必要になるときがいまに来ます。そして、実験室は、象牙の塔のなかにはとても作れません」[54]。ウィーナーは、MITにフォン・ノイマンを学部長クラスの地位で招聘できるようにお膳立てした。彼が心に描いているコンピュータを製作するために、MITのすべての資源を自由に使ってよいという保証付きで。

ハーバード、シカゴ大学、そしてIBMも、争うようにフォン・ノイマンを招いた。「わたしたちは、あなたのところにいるフォン・ノイマンにたいへん関心を抱いています」と、ハーバードの学長ジェームズ・コナントはフランク・エイダロッテ所長への手紙に綴った。「うかがいたいのは、わたしたちが彼を獲得できるかどうか、です」。フォン・ノイマンは、誘ってきた組織どうしを競争させ――また、当時高等研究所にはＩＡＳにおけるコンピュータ製作をよく思わない者がいたが、彼らにはこれらの誘いを切り札としてちらつかせ――最終的には自分の意思を通した。「どうやってフォン・ノイマンを留まらせるかという問題が日に日に切迫しています……彼を失うことになれば、われわれにとっては悲劇です」と、ジェームズ・アレクサンダーはフランク・エイダロッテに警告した。「ここに留まることが、高速数学機械の研究を完全にあきらめるということを意味するなら、彼がそんなことを望むとは思えません」[55]。

戦時下の緊急事態にフォン・ノイマンをロスアラモスに貸し出すのとは違い、ライバルの研究機関に彼を奪われることは、高等研究所にとって深刻な打撃だった。フォン・ノイマンは抜け目なくこれを利用した。「こういった駆け引きは、フォン・ノイマンがいわば左手の小指一本でさばいていた、生きるうえでやらざるを得ない交渉術の一つで、これと同時に、彼の残りのすべての指は、もっと実のある、重要な仕事に取り組んでいたのです」と、ビゲローは語っている。エイダロッテはライバルからの誘いに対抗し、アレクサンダーに、「フォン・ノイマンが彼の計画を実行できるようにするために、何らかの資金を見つけてこられるという、ゆるぎない自信がわたしにはあると、フォン・ノイマンに言ってくれて構わない」と保証した。時間はほとんどなかった。フォン・ノイマンがコンピュータ製作を始めたくて、いいかげん痺れを切らしていたのみならず、エイダロッテは、英米合同委員会――一九四六年四月に全会一致で、「パレスチナは最終的には、イスラム教徒、ユダヤ人、そしてキリスト教徒の権利と利益を等しく守る国家にならねばならない」と議決した委員会だ――の一員としてまもなくパレスチナに向かわねばならなかったのだ[56]。

一九四六年前半、高等研究所では、応用数学でさえご法度(はっと)だった。戦争中応用研究に取り組んだ数学者たちは、もう戦争も終わったのだから、そんなものは忘れて純粋数学に戻ることが求められた。しかしフォン・ノイマンは応用数学の虜(とりこ)になってしまった。「戦争が終わり、科学者たちが元の大学や研究機関に戻りつつあったころ、ジョニーは高等研究所に戻りました」とクラリは回想する。「戻った彼は、最も衒学(げんがく)的な抽象数学をやっている同僚たちの一部をびっくり仰天させた――というよりむしろ震撼させたのです。自分は黒板とチョーク、あるいは、紙と鉛筆以外の数学の道具に大きな関心を抱いていると、公言して回ったのですから。高等研究所の神聖な屋根の下で電子式のコンピュータを製作するという彼の提案は、控えめに言っても歓迎されませんでした」。ここでコンピュータが製作されるかもしれないという懸念に戸惑ったのは純粋数学者だけではなかった。人文学者たちは、以前から数学者たちに対して自分たちの立場を守ろうと躍起になってきた。そこに降って湧いたフォン・ノイマンの提案は、数学部門の予算を三倍に増加するもので、この点だけを取っても胡散臭かった。「われわれの建物に数学者が来るだって？　わたしが生きているうちは絶対に認めない！　で、君はどうなんだ？」という古文書学者エリアス・ロウからの電報が、エイダロッテに届いた。[57]

しかしエイダロッテは、フォン・ノイマンをつなぎとめておくためには何でもやる覚悟で、高等研究所が実験科学の研究で積極的な役割を担うことに賛成の立場を表明した。戦時中ロスアラモスに隔離され、無限の研究予算をもらい、学生に教える義務を免除されていた科学者たちが、今や大挙して東海岸にある古巣の研究所に戻りつつあった。一三の研究機関の連合が、マンハッタン計画の総指揮者だったレスリー・グローブス少将に、東のロスアラモスに相当する新しい原子力研究所を設立してほしいと申し立てた。エイダロッテはこの提案を支持し、その新しい研究所を高等研究所の森のなかに建設してはどうかと示唆した。「われわれのところは理想的な立地条件がそろっているし、うちより便利のいい場所は東海岸にはほとんど見当たらない」と、パレスチナに向かう途中〈クイーン・エリザベス〉号の上からエイダロッテはフォン・ノイマンに電報を打った。この提案を議論するために招集された数学部門の会合で、一番大きな反対の声を上げたのはアルベルト・アインシュタインだった。議事録によれば、彼は「極秘軍事研究の危険性を強調」し、「このようなプロジェクトが強化されることが『予防戦争』という考え方を助長することを恐れた」[58]。エイダロッテとフォン・ノイマンは、コンピュータ・プロジェクトを実施すれば、高等研究所は実入りのいい政府委託業務への足がかりを得ることができると期待していた――だが、それこそアインシュタインが恐れていたことだった。

予算はどれだけ提案すればいいのか示すようエイダロッテに求められ、フォン・ノイマンは「汎用自動電子式コンピュータ製作のために、年間約一〇万ドルの予算を三年間」と答えた。彼は、「純粋に科学的な組織がこのようなプロジェクトに取り組むことが最も重要です」、なぜなら、政府の研究所は「特定の、往々にして極めて特殊な目的」のために装置を製作するものであるし、「その一方で、このような事業に乗り出す私企業はどこも、自社の過去の手順や慣習に縛られ、したがって新たな精神で取り組むことができないでしょうから」と論じた[59]。

エイダロッテはじめ、慈善家のサミュエル・フェルスに出資を求めた。「数学、物理学、生物学、経済学、そして統計学に電子式コンピュータがなし得る貢献」を強調し、この新しい装置が、「二〇〇インチの望遠鏡が既存のどんな道具にしても観察できる範囲の外になってしまう宇宙の領域を観察可能にすると約束するのと同じように」知識の新領域を拓くのだと約束して[60]、説得しようとした。しかしフェルスは、アインシュタインの話を個人的に聞く機会を提供されたにもかかわらず、支援の手を差し伸べることを拒否した。

次にエイダロッテは、ロックフェラー財団のウォーレン・ウィーヴァーに接触した。ウィーヴァーはコンピュータに取り組むほかのいくつかの研究所に馴染みがあり、高等研究所の提案の良し悪しを評価できる独特な立場にあった。「フォン・ノイマンが、偉大なる新型計算装置の実際の製作と操作に自ら関心を抱いていると知って、少し驚いています」と、一九四五年一〇月一日、ウィーヴァーは返事をした。「われわれ全員が夢見ている装置は、計算装置をはるかに超えたものです……。それは、それを使えば、重要な数学的プロセスとまったく同じ形に電気的・機械的プロセスを正確かつ高速に実行できる装置です」。フォン・ノイマンのプロジェクトの重要性については、ウィーヴァーは説得されるまでもなく十分理解していたが、彼はエイダロッテにこう説明した。「わたしは、現時点では、高等研究所はこのような展開が起こるに物理的にふさわしい舞台ではないと考えています。しかし、あなたがわたしの考えを変えてくださることは歓迎します[61]」。

フォン・ノイマンは、「この機械によって記憶されるべきすべてを、これらの記憶装置のなかに格納することをわたしは提案します」と、一九四五年一一月初旬に書かれた一一ページにわたる手紙のなかでウィーヴァーをかき口説いた。「これには……問題を定義する数値的情報が含まれます……それは、機械が働いているあいだに生じた中間結果、……［それから］問題を定義し機械の働きを制御するコード化された論理的指令などです」。彼は、「極めて単純な指令コードがすべてを扱うに適切」であり、「中央の制御を、任意の所望の形の階層構造を持たせたサブルーチンを経由させて送るのに使うことができる」ことを詳しく説明した。このようにデータと指令を混在させることで、「プロセスのあいだに実行された計算の数値結果に応じて指令を変更することができる」という点を強調した。最後に彼は、内部メモリに格納されたコード化指令が「この機械に『仮想器官』を与える、すなわち、指令がこのような形になっていることで、物理的な意味では実際には存在しない、ある種の器官を持っているかのように機械が振舞うようになる」のだと説明して手紙を結んでいる。(62)

ウィーヴァーは、彼の個人的な影響力と支援は提供したが、軍部とRCAがすでに出資しているフォン・ノイマンのコンピュータ事業にロックフェラー財団がさらに出資して、これらの組織と直接のパートナーシップに入ることには二の足を踏んだ。彼は、「この、研究所＝大学＝企業の研究所＝陸軍＝海軍という、いささか新しい組み合わせ」がどのように展開するのか見極めてから、ロックフェラーがこの組み合わせに参加するかどうか決めることにした。エイダロッテがパレスチナでの合同委員会へ出張しているあいだに、コンピュータ・プロジェクトの最新の進捗（しんちょく）状況を教えてほしいというウィーヴァーの手紙が届き、エイダロッテが不在中の責任を預けていたマーストン・モースによって開封された。「内密にお知らせしたいのですが、あなたが新プロジェクトの予算に、その将来の細部も含めて、関心を持ち続けてくださることは、高等研究所にとってたいへんありがたいことです」とモースは返事を書いた。「最後までやり通すためには、過少な見積もり数カ所と、高等研究所全体の性格が修正されねばならないかもしれません。このプロジェクトは、大きくなればなるほど、ますますその内容は曖昧になってきています[63]」。モースの不安は、電子計算機プロジェクトが失敗に終わることではなく、成功しすぎることにあった。

ウィーヴァーにフォン・ノイマンの提案を検討してほしいと求められたほかの者たちは、これほど好意的ではなかった。ハーバード大学計算研究所のサミュエル・コールドウェルは、「フォン・ノイマンにはどうやらこの問題を進める上で、科学界という高みから見下ろすだけで、地に足をつけて上を目指すという視点がないように見受けられます」と答えた。「リレー・コンピュータは『一台あたり五〇〇〇個から一万五〇〇〇個のリレー』を含んでいる、という。それがどうしたというのでしょう？　電子機器が数千個の部品を含んでいないことがあるなどと、フォン・ノイマンは考えているのでしょうか？[64]」。

やがてフォン・ノイマンの前に信頼できる同志として現れたのが、高等研究所の理事で、実業家、そして海軍士官で米国海軍研究所に強い影響力を持っていたルイス・ストロースだった。ストロースはフォン・ノイマンの「ヒモつきお断り」というアプローチの利点を見て取った。ロスアラモスが卓上計算器であれだけのことを成し遂げたのであれば、次は何が来るというのだろう？　「このようにして数年間をかけてこの種の機械の実験を、すぐに応用する義務など課さずに行なえば、その後は応用も含めたあらゆる点で、われわれははるかに良い状況に到達できているはずです」とフォン・ノイマンは論じた。「近似と計算の数学的処理を一万倍、あるいはそれ以上に加速することの重要性は、今取り組んでいる問題を一万分の一の時間で処理できるようになるとか、一〇〇分の一の時間で一〇〇倍の問題を処理できるようになるとかいうことにとどまりません——むしろ、現時点ではまったく手がつけられないと見なされている問題を処理できるようになる——そこにあるのです[65]」。

ストロースは餌に食いついた。「提案された装置は——というよりもむしろ、この装置が初めて見本として示す、このタイプの装置の新しさはあまりにラディカルであり、実際に作動するようになってはじめて、その利用法の多くが明らかになるでしょう」と、フォン・ノイマンは彼に請け合った。「現時点では予測できない、あるいは、容易には予測できないこれらの利用法は、極めて重要である可能性が高い。実際これらは、当然のことながら、われわれが現時点では認識していない類のものです。なぜなら、これらの利用法は、われわれの現在の世界からははるか遠く離れているのですから[66]」。

海軍を去る準備をしていたストロースは、自分が去る前に電子計算機プロジェクトに必ず出資することを確約したばかりでなく、マーストン・モースが一九四五年のクリスマス・イブに報告したように、「無料でプレハブ建屋」を確保することも約束した。出資は約束どおりなされたが、プレハブ建屋はそうはいかなかった。書類は最低限のものだけで、たった一ページの予算があれば、必要な資金は確保できたのだが。コンピュータとそれに付随する特許権が誰に所属するかを巡って海軍が疑問の声をあげると、今度は陸軍に改めて契約がもちかけられた。ゴールドスタインは一九五一年に次のように記している。「高等研究所は、武器省とのあいだに極めてユニークな契約を交わしています。政府はそれに基づいて、われわれが自ら装置を製作するための助成金を実際に提供しています。フォン・ノイマン教授とわたしは、そのように信じています[67]」。

「年に一回、『寄付集め会議』のようなものが開かれて、われわれは研究所の役員室に、こういったいくつもの政府機関の代表者たちと一緒に背筋を伸ばして座ったものでした」と、ジェームズ・ポメレーンは回想する。「そして、『そうだな、うちは一万ドル出せますね』と誰かが言うと、別の誰かが、『うちは二万ドルだ』と言うのです。そしてまた誰かが、『ジョー、君のところはどうだい？三万ドル、いけるだろう?』と言うわけです。全部で二〇万ドル集まり、すべてうまくいきました[68]」。

最初に集めた技術者の半分と、MANIACという装置の名称は、ムーア校から調達された。「元々は、ENIACが正しく働かないときに、『MANIAC』と呼んでいたんです」と、J・プレスパー・エッカートは回想する。「そして、のちに彼らがその名前を借用したんです」[69]。高等研究所のプロジェクトは、ENIACの開発で得られた実際的な経験を、チューリングの万能機械の理論的可能性に結びつけた。高等研究所のグループと、イギリスにあった類似のグループは定期的に接触していた。ただしイギリス側は、公職守秘法に縛られて、戦時中に製作された暗号解読コンピュータが存在することを認めることはできなかった。

「フォン・ノイマンは、チューリングの一九三六年の論文、『計算可能数、ならびにその決定問題への応用』の根本的な重要性を深く認識していました。この論文は、すべての近代コンピュータ（ENIACをその最初の完成品と呼ぶことはできないでしょうが、それ以降のすべてのコンピュータという意味です）がその具現化となっている、『万能コンピュータ』の原理を記述していますからね」とスタンリー・フランケルは述べている。「フォン・ノイマンはこの論文をわたしに紹介してくれて、彼が強く勧めるので、わたしはこれを注意深く検討しました……。基本的な着想はチューリングによるものだということを、フォン・ノイマンは特に強調してわたしに言いました。そして、ほかの者たちにもそう言っていたに違いないと思います」[70]。フォン・ノイマンは、真の困難はコンピュータを製作することではなく、機械に理解できる言葉で、しかるべき問題をコンピュータに出すことだと認識していた。この目的のためには、オッペンハイマーが「知識人ホテル」と呼んだ高等研究所は――機械室や実験室は十分ではなかったとしても――理想的な場であった。

「ジョニーはそのころまでには、この機械にどのように機能してほしいのか、そして、それはどうしてなのかについて、極めて明確な考えを持っていました。そして、重点は『どうしてなのか』のほうにありました」とクラリは回想する。「彼は、問題を考え付くことのできる人間がいる限り、その人たちが考え付けるすべての問題に答えられる、高速で、電子式で、完全に自動の、汎用コンピュータを作りたかったのです」(71)。

第6章　フルド219

われわれは、直感を排除して創造力のみを残すことがどこまで可能なのかを確かめようとしている。創造力がどれだけ必要だとしても、われわれは一向に構わないし、それゆえに、創造力は無制限に供給されると考えている。

——アラン・チューリング、一九三九年

「建築家がやってくると思うと、ヴェブレン教授はいつも、丸一日仕事が手につかなくなり、夜も眠れなくなってしまいます」。かつて高等研究所の本部の建設が初めて発表されたとき、初代所長のエイブラハム・フレクスナーはこんなことを私信に記している。ヴェブレンとフレクスナーは、建物を建て、土地を買うという問題を巡っては、最初から意見が合わなかった。ヴェブレン、アインシュタイン、アレクサンダー、フォン・ノイマン、そしてごく少数のその他の人間が集(つど)って高等研究所が活動を始めたとき、フレクスナーは、「アメリカ合衆国の高等教育を改革するには、惜しみなく給料を払い、建物に関しては、どんなその場しのぎのものでも使うことが必要です」と論じた[1]。

高等研究所は最初の九年間、あちこちで仮の施設を借りて活動していた。「誰もがどこか別のところで研究していました」。クラリ・フォン・ノイマンは、一九三八年にプリンストンに到着したとき、こんな状況を目撃した。「フレクスナーはナッソー・ストリート沿いの建物の一つにオフィスを持っていました。数学者たちの部屋はファイン・ホールにありましたが、それはプリンストン大学の建物でした。経済学者たちの使う、オフィスのような部屋が一つ、プリンストン・インというホテルの地下にありました。そして、メンバーだった二、三人の考古学者たちは、プリンストンにいるときは自宅で研究し、発掘に行くと、『現場』で活動したのです(2)」。

フレクスナーが譲歩してフルド・ホールの建設に合意したとき、彼は最後の不平として、このようなことを言った。「わたしは、ナッソー・ストリート二〇番地にもう少し部屋を借りて、そもそものわれわれの存在理由である目的に集中して取り組めるようにし、建物やら土地やらをあまり気にせずに済むようにするほうが、よほどいいと思うが」。さらに彼は、エイダロッテにこう警告した。「わたしは、腹の底ではヴェブレンに対してまだわだかまりがある。というのも、彼はむやみに大きな部屋を欲しがる傾向があるからだ(3)」。

ルイス・バンバーガーの妹のキャリーと、彼女の夫フェリックス・フルドにちなんで名付けられたフルド・ホールは、一九三九年に建設された。建築家は、イェンス・フレデリック・ラーソン。彼は、スワースモア大学やダートマス大学などで、キャンパスを増築する仕事で名をあげたのだが、今回は新しい施設を、土台から建物の頂上まで自ら設計するという新たな挑戦に意欲を燃やしていた。一八九一年ボストンに生まれたラーソンは、一九一五年、第一カナダ海外分遣隊に入隊し、歩兵隊の一員としてフランスに向かい、砲兵部隊で中尉にまで昇進し、その後飛行訓練に参加して、頭上で展開する空中戦に夢中になった。一九一七年、彼は英国陸軍航空隊の第八飛行中隊の最初のメンバーの一人となり、ロイヤル・エアクラフト・ファクトリー・SE・5A――イギリスの王立航空工廠(こうしょう)によって試験的に設計された複葉機だったが、知名度では勝るソッピース・キャメル（ソッピース・アヴィエーション社が製造した複葉機戦闘機）よりも性能が良く、操縦も容易だった――のパイロットとなった。

　イギリスの記録によれば、「スウェーデン人」と呼ばれたラーソンは、一九一七年一一月から一九一八年四月までのあいだに少なくとも八回、空中戦で勝利した。カナダの記録では、勝利は九回となっている。一九一八年四月三日、彼は一日のうちに敵機二機を撃墜した。「高度七〇〇〇フィートの雲のなかで、プファルツとＶ支柱（訳注：どちらも第一次世界大戦でドイツ軍が使用した戦闘機で、後者はアルバトロスＤⅢ複葉機のこと）の編隊二つに出くわした」のだ。[4] 彼は、味方の四機を率いて雲のなかを上昇し、それからドイツ軍機に向かって急降下した。敵機は逃げる余裕などなかった。その後四月六日にもう一つ勝利をおさめると、彼は戦闘から退き、イギリスで飛行指導教官となり、その後アメリカに戻った。

　フルド・ホールの見取り図として最も古いものは、ニューヨーク市ブロード・ストリート二五番地のシティー・ミッドデイ・クラブの一九三七年一〇月二一日木曜日のメニューの裏に、中央談話室と、各翼のオフィス（片方のウイングは女性用とすることをほのめかすメモが添えられていた）を、鉛筆で描いたものである（ちなみに、この日建屋および地所委員会に提供された昼食のメニューには、ブルーポイント・オイスターとケープコッド・オイスターを貝殻にのせたものが、それぞれ四〇セントと四五セントと記載されている）。二年後、出来上がったのは、堂々たる赤レンガのジョージ王朝風の立派な建物で（口絵⑪）、白い縁取りと銅板葺きの屋根が印象的であり、その美しい左右対称な形を極めるべく、中央に時計台があった――これがなければ取り立てて特徴のないオルデン・ファームの風景に、この時計台は君臨していた。ロバート・オッペンハイマーによれば、フルド・ホールの前を通る、今ではアインシュタイン・ドライブと呼ばれている私道で、二人の幼い男の子が、こんな会話をしていたことがあったという。

「これ、何だろうね？　教会かな？」

「研究所だよ」

「研究所って何？」

「レストランさ」

確かに最上階に食堂があったが、フルド・ホールにはそのほかに、高等研究所の管理事務室や各学部のオフィス、さらに、一階の中央には大きな暖炉の周りに革張りの肘掛椅子を巡らせ、バンバーガー家のサウスオレンジの地所から持ってきた振り子時計が大きな存在感を示している談話室があった。研究所の森を見渡す窓のそばにチェスボードが置かれていた（これはのちに、オッペンハイマーのもとに集まった若い素粒子物理学者たちが好んだ碁盤に置き換えられた）。《ロンドン・タイムズ》の空輸版をはじめ、各新聞の最新号が毎朝ツヤツヤした木のラックに差し込まれた。午後のお茶が、きっかり三時に、本物のボーンチャイナの茶器で振舞われた。これは、ハーマン・ゴールドスタインによれば、「イギリス人になろうと懸命に努力した」オズワルド・ヴェブレンがファイン・ホールで実施することにしたものだった。「お茶は、わからないことをお互いに説明しあう場でした」とは、オッペンハイマーの弁である。

森林、広々とした野原、そして何本かの私道に囲まれたフルド・ホールは、民営の療養所か、ヨーロッパの田舎の大きな屋敷のようだった。メイド、管理人、用務員が、献身的に施設を維持管理した。オルデン・レーンのはずれに建つ家に親族一同で住むロッカフェロー家の人々も、そんなスタッフとして働いていた。スタッフの多くが、生涯にわたって高等研究所に留まった。アリス・ロッカフェロー夫人は、「カフェテリアで頻繁に起こる緊急事態でいつも頼りになり、安心できる」人だったが、一九四六年二月一六日、月給七〇ドルから八〇ドルに昇給した。教授会の議事録には、「ロッカフェロー家の家賃は安かったので、彼女の給与はほかのメイドより低い」とある。[5] 研究所の森の片隅、古いブナの木立の向こう側に、自給自足農の一家が住み続けることを許されていた。戦時中、高等研究所の野原にはアルファルファが植えられ、トウモロコシなどの穀物と輪作された。研究所の森は一九四五年に禁猟地区に指定された。しかし、弓矢による鹿狩りの季節は規模を制限して続けられ、今でも見上げれば、鹿を狙うためのプラットホームが木にしつらえられたままになっているのがいくつも認められる。

昼食と夕食は四階の食堂で相場より安い値段で提供された。一九四六年一〇月一四日のメニューを見ると、二五セントの「オヒョウのクリーム煮、卵とポテト添え」か、五〇セントの「サーモンの煮物、パセリ・ソース、ポテト添え」が選べるようになっていた。コーヒーは五セントだった。厨房にはこんな注意書きが貼ってあった「アインシュタインの食事：脂肪だめ。キャベツ類の野菜や豆もだめ。氷で冷やしたものはすべてだめ」。スタッフたちがうっかりしないようにとの配慮だった。アインシュタインは四分間ゆでた卵を好み、デザートは焼きリンゴがお気に入りだった。

カフェテリアはアリス・ロッカフェローが取り仕切った。メニュー（アインシュタイン専用メニューも含めて）は、ラーソンと同じく第一次世界大戦当時の飛行士だったバーネッタ・ミラーが手動式タイプライターで作った。一八八四年にオハイオ州カントンで生まれたミラーは、飛行士のライセンスを取ったアメリカで五人めの女性である。一九一二年、米国陸軍の前で、新しいブレリオ単葉機（訳注：フランス人の飛行家ルイ・ブレリオが開発し、一九〇九年にドーバー海峡横断飛行を初めて成功させた航空機）をデモ飛行した。「もちろん、どうしてわたしがカレッジ・パークに派遣されて、複葉機至上主義に凝り固まっていたアメリカ政府の役人たちにこの単葉機のデモをさせられたかについては、わたしは何の幻想も抱いていませんでした」と、ミラーはのちに語った。「女風情（ふぜい）が飛ばせ方を覚えられるぐらいなら、男にできないわけがない、ということです」。彼女は、第一次世界大戦では地上で志願兵として働き、「フランス中部のトゥール（Tours）、東部のトゥール（Toul）、そしてアルゴンヌ地区で、前線の救援所において負傷者たちを助けた」功績が認められ、フランス政府から戦功十字章を受け取った。一九一九年一月一三日付けの、米国陸軍第八二師団の指揮官からの推薦状には、「敵の砲火をものともせず、彼女はタバコをはじめとする慰問品を兵士たちに届けるために各前線を訪れた」ことが言及されていた。(6) 彼女自身、少なくとも一度負傷した。

戦後、ミラーはイスタンブールのアメリカン・ガールズ・スクールの会計係を務め、その後アメリカに戻って、ニュージャージー州バーリントンの女子校、セント・メアリーズ・ホールの会計係になったが、一九四一年、ＩＡＳ二代目所長フランク・エイダロッテの個人秘書兼簿記係となった。彼女のメモは、使われている言葉が強いのみならず、強調したいところは大文字が使われ、大胆な力強い筆跡で署名されていた。「**木曜日**は**パン**は一切食べぬこと。水曜日にはどんな**食材**も揚げ物にはせぬこと。そして**月曜日と金曜日**には**パイやケーキ**を出さぬこと」(7) と、戦後の食糧難で食品の節約が実施されることになった一九四六年五月、彼女は皆に通達した。

「コンピュータ開発の人々に、彼ら自身の会計を早急に引き受けてもらうことの必要性は、どんなに強調しても強調し足りません」と彼女は、一九四六年九月一三日付けの所長へのメモに記している。「彼らの会計はわたしのオフィスを圧倒しており、研究所全体のことに十分な配慮ができないほどです」。ミラーは、フルド・ホールのお茶の消費についても事細かな記録を付けており、一九四一年から一九四二年にかけての年度六カ月のあいだに九六〇五杯のお茶が飲まれ、一杯あたり、お茶、砂糖、クッキー、そして労働力をすべて合わせて五・二セントかかったとしている。彼女はまた、個人として母親の代表者たちを率いて、オッペンハイマーとエイダロッテに、高等研究所内に保育所を作ってほしいと訴えた。「プロジェクト全体で、現在三四名の子どもがおり、そのうち一五名が保育所に通う年齢です……彼らの親たちが家庭でそこそこ静かに過ごすことが必要だとすれば、これは急を要する問題です」と、彼女は一九四七年九月に報告し、客員教授用のアパートの一つを保育所にする許可を求めた。「小さなアパートのなかで、子どもたちが傍(かたわ)らをうろうろするせいで生じる混乱は、ご存じのとおり、軽視できないものです(8)」。こうしてクロスローズ保育所が一九四七年に開設され、以来ずっと定員割れすることなく運営され続けている。数学者たちは、子どもをもうけるのとちょうど同じころに最高の研究を行なうものであり、保育所は、彼らの研究と子どもたちとを隔離するために役立っている。

自分自身には子どもがなかったミラーは、「男性にではなくて、女性に関心があったようです」と、遺伝学者のジョゼフ・フェルゼンスタインは言う。彼の母方の祖母はミラーのいとこで、彼はまだ少年だったころ、当時はもう引退してペンシルベニア州ニューホープに暮らしていたバーネッタと、そのパートナー、ベティー・ファヴィルのもとを親戚として家族で何度も訪ねたという。高等研究所では、「彼女はアルベルト・アインシュタインと世界との仲立ちをせねばならなくなった一人でした」と、彼は話す。彼女はエイダロッテには敬意を払っていたが、オッペンハイマーのことは嫌っており、彼は彼女を一九四八年に解雇した。「わたしは、あの男はまったくヘビのような人間だったと思います」と彼女はのちに言っていたそうだ。「ですが、彼は不誠実だったことは決してありませんでした(9)」。彼女が去るとき、アインシュタインは個人的な推薦状を彼女に書いてやった。

一九四六年にフルド・ホールに正面玄関から入ると、電話交換機が左手にあった——当時、過密状態の各オフィスは、今とは違う番号で呼ばれていた。一階から中央の半階分の階段を下りると、談話室に着く。そこでは、高さのあるフレンチウインドウがいくつも、広々とした野原に向かって開いている。野原は、研究所の森の境界線をなしている昔のプリンストン＝トレントン・トロリー線のところまで広がっている。一七七七年一月三日の朝、ジョージ・ワシントン軍の主隊列は、ジョン・サリヴァン将軍の指揮のもと、この野原の端を横切っていた。そのとき、マーサー将軍の部隊は、ちょうど反対側、現在高等研究所の社会科学図書館と新しい食堂が建つあたりでイギリス軍と交戦していた。

フルド・ホールの二階と三階の中央は、天井が高い図書室になっており、閲覧・討論室が隣接していた。四階と最上階には、食堂、厨房、そして役員室があり、バルコニーとテラスからは、オルデン・ファームの低地が、ストーニー・ブルックまで見下ろせる（一九九四年の映画『星に想いを』で、ウォルター・マッソー演じるアインシュタインが仲を取り持った恋人どうしを演じるメグ・ライアンとティム・ロビンズが星を見上げるのはこのバルコニーからである）。教授たちのオフィスは、談話室と図書室の両側、左右の翼（ウイング）に並んでおり、人文科学者（と所長）が建物の右側、数学者（とアインシュタイン）が左側を占めていた。

一九四六年、電子計算機プロジェクトが開始された当時、ヴェブレンは一階の一二四号室を使っていた。出窓から、オルデン・レーンの端まで見渡せた。アインシュタインはその真上の二二五号室にいた。フォン・ノイマンは一階の一二〇号室で、隣は談話室、左側の一二一号室にはベティー・デルサッソ、一二二号室にはグウェン・ブレークと、二人の秘書がいた。二階の右側のウイングには、二一二号室のウォルター・W・スチュアート、二一〇号室のウィンフィールド・リーフラー、そして二一三号室のロバート・B・ウォーレンという三人の経済学者がおり、そして二一五室には司書のジュディー・サックスがいた。スチュアート、リーフラー、ウォーレンはそれぞれイングランド銀行、米国連邦準備銀行、米国財務省の出身で、三人で経済・政治部門をなしていたが、その設立は、ほかの部門の承認を得られず、そのためフレクスナーは一九三九年に辞任に追い込まれた。左側のウイング、ワイルとアインシュタインの隣、そしてフォン・ノイマンの真上、図書室の隣に当たるフルド・ホール二一七号室には、クルト・ゲーデルがいた。

「形式論理学は、数学者たちによって引き継がれねばなりません」と、ヴェブレンは高等研究所となるものの計画が頭のなかで初めて具体化しつつあった一九二四年の大晦日、宣言した。「現在、適切な論理学というものは存在しておらず、数学者たちが生み出さない限り、ほかにそれができそうな者など誰もいません[10]」。ヴェブレンの直感が正しかったことを誰よりもはっきりと証明したのが、今やフォン・ノイマンの真上にいるゲーデルだった。

一九二四年、フォン・ノイマンもゲーデルも、数学の論理学的基盤について研究していた。まだゲーデルの不完全性定理が、数学を普遍的かつ包括的に形式化することを目指したヒルベルト・プログラムを終わらせてしまう前のことである。スタン・ウラムによれば、フォン・ノイマンは、「数学を決定的な形で最終的に公理化しようというヒルベルトの目標を信じていました」とのことだが、「しかし、一九二五年のある論文で、不思議な直感のひらめきで、集合論の公理的形式化はどれも、限界があることを彼は指摘したのです。それは、ゲーデルの結果を一種おぼろげに予測したものだったのではないかと思います[11]」。疑いの種が播かれたのだ。

一九三〇年九月、精密科学の認識論に関するケーニヒスベルク会議でゲーデルは、彼の不完全性定理に関する結果を初めて、ためらいがちに発表した。フォン・ノイマンはただちにその意味を見抜き、一九三〇年一一月三〇日にゲーデルに次のような手紙を書き送った。「あなたが使われ、素晴らしい成功をおさめられたのと同じ方法を使い……わたしは、自分としては注目に値すると思われる結果を得ました。すなわち、わたしは、数学の無矛盾性は証明できないということを示すことに成功したのです」。ところが、ゲーデルからの返事で、ゲーデルが先にそこまで到達していたことがわかった[12]。「ゲーデルの不完全性定理を自分が最初に発見できなかったもので、彼は落胆していました」とウラムは語る。「ヒルベルトは例のプログラムを提案したときに間違っていた可能性があるということを、もしもフォン・ノイマンが認めていたなら、彼がこれを成し遂げることは難しくなかったでしょう。しかしそれは、当時主流の考え方に逆らうことを意味したのです[13]」。

フォン・ノイマンは、ゲーデルの結果は「形式化できるあらゆる系」にあてはまるのだと見抜き、ゲーデルを声を大にして支持し続け、数学基礎論についてはその後二度と取り組むことはなかった。「近代論理学におけるゲーデルの成果は、非凡で記念碑的なものです……どこからでも、そしていつまでも見え続けるであろう記念碑です」と彼は述べた。「数学には矛盾が含まれないということを数学的手段によって確証することは決してできないというその結果は、逆説的とも見える『自己否定』の点で注目に値します……。論理学のテーマは、今後がらりと変わってしまうことでしょう[14]」。

こうしてゲーデルはデジタル革命の舞台を整えたのだが、それは、形式的な系が持つ力を再定義した――そしてアラン・チューリングによる物理的な具現化のために必要なものを準備した――から、というだけではなく、フォン・ノイマンの関心を純粋論理学から論理学の応用へと方向転換させたからでもあった。チューリングが万能チューリング・マシンを発明したのは、彼がゲーデルの結果をヒルベルトの「決定問題」――厳密に数学的な手順によって、有限な時間内に証明可能な文を証明不可能な文と区別することができるかどうかという問い――の、より一般的な解に拡張しようと試みている最中のことであった。ゲーデルの定理が形式的な系に存すると明らかにしたすべての力――ならびにこれらの力の限界――は、チューリングの万能マシンにもあてはまり、もちろん、ゲーデルの真下のオフィスでフォン・ノイマンが目下製作に取り組んでいる、フォン・ノイマン独自の装置にも存するのだった。

ゲーデルはその不完全性定理の証明において、所与の形式的な系の言語に登場するすべての表現に、一意的に決まる識別番号――いわば一種の数値アドレス――（ゲーデル数と呼ばれるもの）を与え、数値的組織体系と結びつけ、そこから逃れられなくした。ゲーデル数化（ゲーデル数を割り当てること）は、素数をアルファベット的に使うことに基づいて行なわれ、複合的な表現と、そのゲーデル数とのあいだの翻訳を支配する明確なコード化手法が決まっている。この翻訳は、生体内のタンパク質の合成の根底にある、核酸からアミノ酸への翻訳と似ているが、そのような曖昧さはない。この、存在し得るすべての概念を数値コードで表現するという行為は、一九三一年当時は、純粋に理論的なものと思われた。

「かくして数学的概念（命題）は、自然数、もしくは自然数から成る数列に関する概念（命題）となった。それゆえ、それらは（少なくとも部分的に）……系の記号そのものによって表現することができる」と、ゲーデルの証明の導入部には記されている。[15] ゲーデルはゲーデル数を使い、間接的に自己言及可能な形式を持つ、「ゲーデル文」というものを作った。ゲーデル文（G）は、事実上「ゲーデル数gを持つ文章は証明不可能である」という意味をもち、ここでこのゲーデル文（G）そのもののゲーデル数がgになるように、系が細工されている。Gはこの系のなかでは証明不可能であり、したがって真である。したがって、この系が無矛盾だと仮定すると、Gの否定も証明できないことになるので、ゲーデル文は形式的に決定不可能ということになり、この系は不完全だということが判明する。

このようにしてゲーデルは、ヒルベルトの普遍的かつ包括的な形式化の夢を打ち砕いたのであった。

ゲーデルは、一九三三年の秋に高等研究所にやってきた。しかし鬱状態に陥り、一九三四年五月にウィーンに戻った。プルカースドルフの療養所に入り、神経衰弱と診断されたが、一九三五年九月にプリンストンに復帰した。ところが、前よりもひどい鬱状態になり、一一月末、ポストを辞してオーストリアに帰った。自らレーカヴィンクルの療養所に入所し、やがて、アフレンツの温泉で、のちに妻となるウィーンのキャバレーの踊り子、エデル・ニムブルスキー（旧姓ポルカート）と共に数週間過ごせるまでに回復した。

ヴェブレン、マーストン・モース、そしてフォン・ノイマン（ウィーンのゲーデルのもとを訪れた）は、彼を高等研究所に連れ戻そうと固く決意していた。しかし、エイダロッテはいつまでも判断を保留のままにしていた。のちになって、ゲーデルの精神科医に、「彼があまり休養を取らないのがいつも気になっていたのです」と彼は告白している。結局一九五〇年にゲーデルに教授のポストを提供した際には、エイダロッテは「ゲーデルはフルタイムの教授に指名されるべきタイプの人間ではないという観点に立ちました[16]」。とはいえエイダロッテは、ゲーデルをアメリカに連れ戻すことには協力したのだった。

九月にエデルと結婚したあと、ゲーデルは一九三八年の末にプリンストンに戻ったが、ノートルダム大学（訳注：インディアナ州にあるカトリック教会が創立した名門私立大学）で一学期間教えたあと、一九三九年六月に再びウィーンに帰った。ちょうど戦争が始まろうとしていたころだった。ゲーデルは、先ごろ自分が得た数学的結果を特徴付けていたのと同じ、一見逆説的な自己矛盾の状況に自ら陥ってしまった。彼はチェコスロバキアのブルノに生まれ、一九二八年にオーストリアに帰化した。しかし、一九三八年にヒトラー政権がオーストリアを併合すると、彼はウィーンでの教員の職を追われた。ユダヤ人ではなかったが、「自由ユダヤ人のサークルと交わっていた」ことを咎められ、ナチスの新秩序のもとでDozent neuer Ordung（新秩序の講師）と呼ばれた講師に応募したが拒否された。オーストリアは形式上存在しないことになってしまったので、アメリカ合衆国を一時的に訪問するためにさえ、ドイツのパスポートを取得せざるを得なくなった。ところが、ドイツのパスポートを取得すると同時にドイツの兵役の義務が生じ、この義務を果たさない限り、出国ビザの申請はすべて拒絶されることになってしまった。

ドイツ当局は、アメリカからのビザがなければ特例を認めてくれなかったし、アメリカはドイツの特例なしにはビザを認めてはくれなかった。「ゲーデル教授の困難が外国政府の権限内の軍やその他の問題に関するものであるなら、ゲーデル教授はアメリカ市民ではないので、ウィーンにいるわが国の領事館職員が彼のために介入することはできないということは、十分ご理解いただけるに違いないと存じます」と、米国ビザ局の局長は一九三九年一〇月、エイブラハム・フレクスナーに書き送った。(17)「ゲーデルは絶対にかけがえのない人間です。彼は、わたしがこのように述べる唯一の存命中の数学者です」と、フォン・ノイマンは、当時フレクスナーのロックフェラー財団人脈を介して接触できる最高レベルの外交関係者たちに回覧された手紙のなかで訴えた。「彼をヨーロッパの瓦礫（がれき）のなかから救い出すことほど、わたしたちにできる行為のなかで偉大な貢献たり得るものはありません」。ビザ局は、割当外ビザでアメリカに入国を許可するためには、申請者が居住国に現在教師の職を持っていると同時にアメリカ合衆国で教師の職を提供されている必要があると反論した。フレクスナー、エイダロッテ、そしてフォン・ノイマンは、アメリカに入国すればゲーデルは「教師」をやることになる（高等研究所には学生も授業もなかったが）と請け合ったが、それだけでは足りなかったのだ。「ゲーデルに対する拒否の根拠は、出身国における二年の教師経験は、申請の直前の二年でなければならないと規定されているから、ということなのです。しかしゲーデルは一九三八年のオーストリア併合以来、ナチスによって職を解かれています。こんな必要条件は、まったく非論理的だとわたしは思います[18]」。

論理が通らぬところでは、交渉術が功を奏した。結局、ドイツ当局は、ゲーデル夫妻に出国を特別に許可し、アメリカ当局は、アメリカ合衆国への入国を認めた。一九四〇年一月二日、ゲーデルはフォン・ノイマンに電報でこのことを知らせた。「残る唯一の問題は、ロシアと日本を経由するルートを取らなければならないという点です[19]」と、ゲーデルはエイダロッテに報告した。一月八日にアメリカからビザが発行されると、ゲーデル夫妻は一月一五日、モスクワに向かうためベルリンを出発した。シベリア横断鉄道でウラジオストクまで行き、そこから船で横浜まで行ったが、二月二日に到着したとき、乗船予定だったサンフランシスコ行きの〈タフト〉号は二月一日に出航してしまっていた。エイダロッテが助け舟を出して、横浜ニューグランドホテルに滞在中のゲーデル夫妻に二〇〇ドルを電信送金し、ホノルル経由サンフランシスコ行きの〈クリーヴランド〉号を予約してやった（ホノルルに着いたゲーデルは、さらに三〇〇ドルの送金を求めた）。夫妻は三月四日、サンフランシスコに到着した。列車でついにプリンストンにたどり着いたのは三月九日のことだった。

彼らはちょうどいいときに脱出した。六月までには、パリはナチス・ドイツに占領され、イタリアがイギリスとフランスに宣戦布告した。「わたしの最悪の予感が当たりました」と、スタン・ウラムは六月一八日にフォン・ノイマンに手紙を書いた。「わたしのアメリカに対する信頼は、ほぼ完全に消え去りました[20]」。アメリカ合衆国は一九四一年一二月八日になるまで宣戦布告はしないが、高等研究所の多くのメンバーが、すでに戦争のためにプリンストンを離れていたか、あるいは、戦争の準備に取り組んでいた。フォン・ノイマンは早くも武器研究に没頭していた。原子爆弾の基本物質となるウラニウムをいかに確保するかという、いわゆる「ウラニウム問題」が取り沙汰され、ヴェブレンとモースは二人とも陸軍性能試験所のポストに戻る準備に取り掛かっていた。

フォン・ノイマンが爆撃すべき標的を選んでいた一方で、高等研究所の人文科学部門の教授たちは、（「戦地内の芸術的・歴史的記念物の保護と救済に関する米国委員会」によって）爆撃すべきでない標的を特定する仕事にかりだされていた。美術史家のエルヴィン・パノフスキーは、ドイツ国内の文化的に重要な資源を特定する責任者となり、古典学者や考古学者が地中海と中東について同様の情報を提供して協力した。アインシュタインまでもが情報提供を求められた。

戦争が長引いてくると、高等研究所は「談話室を暖炉で暖めるようにして」燃料を節約し、万が一に備えたが、それ以外はメンバーの気持ちが暗くならないようにと努めた。食糧や物資は乏しくなり、購入は先送りされたが、同時に研究所のコミュニティーは拡張し続けた。研究所と鉄道の駅のあいだを行き来していた荷馬車に乗客を乗せることが禁止となったとき、「トレーラーに乗客を乗せてはいけないという法律があるなら、教えていただけないでしょうか？」と、バーネッタ・ミラーは車両管理局に問い合わせの手紙を送った[21]。

ゲーデル夫妻はドイツのパスポートを持っていたので、敵国人として登録されねばならず、ニューヨークの医者のところに定期的に通うためでさえ、トレントンの司法省からの許可書なしにはプリンストンを離れることができなかった。「わたしたちのところにいる、いわゆる敵国人があまり遠くまで出歩いていることには、少し憂慮しています」と、高等研究所を離れた際に嫌疑を持たれて拘束された人員たちを釈放してもらうために地元当局と交渉しなければならなかったエイダロッテは、一九四一年一二月、このように綴った[22]。

「わたしは、ドイツに忠誠を誓ったことなどありません。わたしの妻も……ドイツに忠誠を誓ったことなどありません」と、ゲーデルは外国人登録法による彼らの地位の変更を求めて、ワシントンD・

Cの法務省に手紙を書いた。「わたしたちはドイツのパスポートでこの国に来ましたし、オーストリア国籍というものはもはや存在しないと考えていました。また、職員の方々にこの点を尋ねたところ、わたしたちの考えを否定するような説明は受けなかったので、ドイツ人として登録するほかないと感じたのです[23]」。

「このような変更もしくは修正の手順は、今のところまだ規定されていませんが、おそらく、まもなく規定されるでしょう」と、司法長官特別補佐、アール・G・ハリソンは答えた。「そのあいだ、貴殿の手紙は、外国人登録部の貴殿の記録と共に適切に保管します」。エイダロッテが救いの手を差し伸べた。「ゲーデル博士と夫人が意思申請をしたとき、博士はドイツのブルノ生まれ、夫人はドイツのウィーン生まれと記載されてドイツ国籍と登録されました。当然のことながら、博士と夫人が生まれたとき、これらの都市はドイツではありませんでした。したがって、意思申請の文章は修正されねばならないとわたしには思われます」と、彼は連邦地裁に書き送った。「この修正を行なうためにはどうすればいいのかわからず、わたしは途方に暮れています[24]」。

「ゲーデル氏は帰化してオーストリア市民となり、ゲーデル夫人は出生によりオーストリア市民となったので、二人の国籍は、意思申請に関する限り、ドイツのままでなければなりません。これは、ドイツがオーストリアを併合し、それをドイツ国の一部としたことをわが国が認めたという事実によるものです」と地裁からの返事が来た。「これは、ドイツのパスポートの発行の結果生じた問題です。しかし、ゲーデル夫妻が市民権を申請するならば、オーストリア人に関して変更された規則に従い、この地位は変更されるでしょう[25]」。

こんな障害があったにもかかわらず、ゲーデルは彼の三つめの記念碑的な研究、連続体仮説の無矛盾性に関する研究論文を書き上げ、一九四一年に発表した。「ゲーデルは、形式論理学の証明のトリックを使った極めて独創的な構成によってこの結果を得たんだ！　この話、もう聞いたかい？」とフォン・ノイマンは一九四一年五月にスタン・ウラムに書き送った。「ゲーデルの連続体仮説のメモを送られたし」と、アラン・チューリングは一二月一六日、ケンブリッジ大学キングズ・カレッジから電報を寄こした。[26]　一八七七年にゲオルク・カントールが提案し、一九〇〇年にはヒルベルトの二三の未解決問題の筆頭に挙げられた連続体仮説は、実数の集合（実数全体を指して「連続体」と呼ぶこともある）は、整数の集合よりも大きな、最小の無限であり、しかも、両者のあいだに中間的な大きさの無限は存在しないという仮説だ。ゲーデルは、厳密に定義された系のなかでは、この仮説を反証することは不可能であることを示したのだった――後年、ゲーデルのこの証明を補う証明がポール・コーエンによってなされている。

オーストリアに戻ることができず、ゲーデルはますます神経質になった。「ゲーデル博士は問題を抱えているとわれわれは考えるわけですが、そのわけは、彼が自分のアパートのヒーターと冷蔵庫が何らかの毒ガスを放出していると考えている、ということがあるからです」と、フランク・エイダロッテは一九四一年一二月、ゲーデルの精神科医のマックス・グルエンタールに手紙を送った。「そのため彼はこれらのものを外させ、その結果彼のアパートは、冬場には極めて不快な場所となっています。ゲーデル博士は、高等研究所の暖房設備にはそのような不信を抱いてはいないようで、そのため極めて順調に研究を進めています」。[27]

エイダロッテは、ゲーデルの予後について教えてほしいと求め、そして最後に、核心に迫った。「とりわけお教えいただきたいのが、博士の病気が凶暴性を帯びる危険性があると、あなたが考えておられるかどうかなのです」。このように彼は尋ねた。グルエンタール博士の返事は、礼儀正しいながらもきっぱりと、ゲーデル本人の許可なしに彼の病状について論じることを拒否していたが、しかし、「彼の病気が凶暴性を帯びたものになるかどうかについては、ご安心ください、そんなことはないと保証します」とあった。[28]

ヨーロッパへ戻る望みを完全に断たれたゲーデルは、プリンストンに腰をすえ、アメリカ合衆国の永住権を申請した。しかし、まだ障害が一つ残っていた。ゲーデルの地位が正式に、ドイツ人ではなくオーストリア人と認められると――これで、アメリカの市民権を得る道は多少確かなものになったのだが――、今度は徴兵の対象となり、IA資格となった。一九四三年四月、ゲーデルはトレントン陸軍徴兵センターに検査のために出頭するよう命ぜられた。

「ゲーデル博士は、ナチス・ドイツを逃れて来た人のほとんどがそうであるように、アメリカが戦争に注いでいる努力を支援するためにできることは何でもしたいと切望しています」と、エイダロッテはゲーデルに代わって徴兵委員会に答えた。「しかし、選抜徴兵委員会にお知らせすべきとわたしが考える状況のもと、ゲーデル博士はプリンストンに来てから二度、精神と神経の不安定性を示す徴候を見せ、われわれが相談した医師たちは、これを精神病の症例と診断しました」。エイダロッテは続けて、ゲーデルの天才を称賛し、その一方で徴兵委員会に、「しかし彼のこの能力は不幸なことに、ある種の精神病的症状を伴っております。これらの症状は、数学において積極的な研究を妨げることはありませんが、軍の立場からすると、深刻たり得るものです」。[29]

「当委員会は、ゲーデル氏の状況に関し貴殿がお知りになった事柄にご同情しますが、われわれ地方委員会が、氏の資格剝奪を行なうことはできません」と、徴兵委員会は返事してきた。「氏には徴兵局に出向いてもらい、陸軍身体検査を受けてもらわねばなりません」。[30] 軍には専属の精神科医が何人かいて、彼らがゲーデル博士についての決定を下すということだった。

「わたしは、選抜徴兵委員会のお役に立つ、ゲーデル博士に関するさらなる証拠をかなりの量入手しました」とエイダロッテは応じている。オーストリアで療養中、彼は「療養所の食べ物すべてに毒が混ざっていると思い込み、家族ぐるみの友人である若い女性（のちに結婚した相手）が準備し、彼に持ってきたもの以外は食べようとせず、それも、彼女が同じ皿から同じスプーンで食べるという条件を満たしてのことでした」。そして彼の母親は、「彼の状態をたいへん恐れ、毎晩鍵をかけた部屋のなかで眠ったのです」[31]。選抜徴兵委員会のゲーデルのファイルは、この記述で終わっている。

ゲーデルは最初、月二〇〇ドルの俸給で高等研究所にやってきたが、一九四〇年に復帰してからは、年四〇〇〇ドルへの昇給があった。彼の給与は、一年ごとの交渉で条件を決めて、ロックフェラー財団が支払っていた。戦争が終わると、フォン・ノイマンはゲーデルの終身任用を求めて活動を始めた。「ゲーデルは、その最高の研究の一部（連続体仮説に関するもの）を高等研究所で行ないました――実際、それは、今よりも健康を崩していた時期のことでした」とフォン・ノイマンは論じた。「当研究所が、彼の支援に注力していることは明らかであり、ゲーデルほど優れた人物を現状の条件でいつまでも雇い続けることは、無礼であり、また品位に欠けることです」。ゲーデルの最高の研究は、もうなされてしまったのではないかという意見については、「彼は数学そのものにおいて、さらなる研究を容易に成し遂げるでしょう」とフォン・ノイマンは述べた。「彼が何らかの研究を成し遂げる可能性は、三五歳を過ぎたたいていの数学者に比べてひけを取るわけではありません[32]」。

一九四五年一二月一九日、ゲーデルは終身在任教授となった。俸給は六〇〇〇ドルで、「ゲーデル教授の終身在任メンバーとしての俸給は、数学部の予算からではなく、当研究所の総合基金から支払われることに決定された[33]」というのには、彼の指名に反対した者たちに譲歩したのが明らかに見て取れる。

ゲーデル夫妻はアパートを何カ所か借り替えながら借家暮らしをしていたが、一九四九年、高等研究所の年利四パーセントの住宅ローンを利用して、リンデン・レーン沿いの家を一万二五〇〇ドルで購入した。「わたしたちにはとても便利で、並外れて美しい（と二人とも思っているのです）家を見つけました」とゲーデルはオッペンハイマーに手紙を書いた。「近々奥様と一緒にお越しいただき、ご自身の目でお確かめいただけると幸いです」(34)。

連続体仮説に関する研究を完成させると、ゲーデルは新たに二つの研究分野に夢中になった。一つは宇宙論。これは、アインシュタイン方程式の解として、回転している宇宙に対応するものを発見したことがきっかけでのめり込んだ。そしてもう一つ夢中になったのは、一七世紀に微積分、二進算術、普遍言語、モナド論、その他たくさんのものに先駆的に取り組んだ、ゴットフリート・ヴィルヘルム・ライプニッツの遺したものである。スタン・ウラムによれば、「彼は、数理論理学やコンピュータに関するものも含め、ライプニッツの研究の多くが、失われたり封印されたりしていると考えているようでした」。ゲーデルがライプニッツの手書き原稿を研究しているのを、彼の数学的才能の浪費だと批判者たちは冷笑したが、フォン・ノイマンは「彼ほどの力量と実績のある人物の行為を評価できるのは、本人だけです」と言った(35)。

一九四六年前半、フォン・ノイマンが高等研究所でコンピュータ製作を開始する許可を得たころ、ＥＮＩＡＣプロジェクトのメンバーだったハーマン・ゴールドスタインとアーサー・バークスの二人がフルド・ホールに仕事に来ていた。バークスはペンシルベニア州スワースモアから通っており、いつもフィラデルフィアの三〇番街駅から列車に乗っていたのだが、その同じ列車にゴールドスタインも乗っていた。ゴールドスタインはまだ現役の軍務にあって、「陸軍の自動車を一台入手して、プリンストン駅に停めていたのです……。そこでわたしたちは、その車で高等研究所まで行き、そして同じようにして家に帰ることにしました」(36)。

プリンストンの街でも、フルド・ホールでも、宿泊できる場所など空いていなかった。戦争のあいだずっと離れていた者たちが戻ってきていたし、彼らが不在のあいだ不必要な建設作業は行なわれていなかったからだ。建築資材の不足は戦争が終わっても相変わらず深刻で、新たな建設はもちろん、補修でさえも、民需品生産管理局の許可が必要だった。高等研究所はただでさえ過密状態だったのに、国際連盟のジュネーブの本部が解散されたあと、国際連盟の経済金融および運輸部の職員全員に、エイダロッテが研究所を避難所として提供した。この職員たちが、フルド・ホールの三階と四階の役員室を含め、開いている場所すべてに詰め込まれた。とりわけヴェブレンが、「当研究所のわれわれの仕事が、国際連盟に対するわれわれの厚意によってこれ以上妨げられることを断固として拒否する」[37]と主張したにもかかわらず、八カ国からの三六名の職員が五年近くにわたり寝泊りし続けた。

アルベルト・アインシュタインが、そしてエドワード・テラーも支持した世界政府が、あちこちの廊下にあふれ出していた。「世界各国が、何らかの有効な政治的組織として結び付けられ、自国の主権を一部放棄して、平和を実施し、国際紛争を政治的・司法的プロセスによって解決する権力をこの超国家的な組織に委譲するまでは、世界は戦争の危険のなかにあり続けます」と、エイダロッテは一九四一年二月に警告した。[38]戦争が終わると同時に、次の国際平和機構に関する議論が始まった。国際連盟の職員が使っていたオフィスの二階下、隣どうしのオフィスのなかで、フォン・ノイマンはソビエト連邦に予防戦争をしかけてこそ、その後パクス・アメリカーナ、すなわちアメリカの力による平和が実現すると主張し、一方アルベルト・アインシュタインは世界規模の武装解除を呼びかける「ワン・ウェイ・アウト」という文章を、米国科学者連盟の声明、『一つの世界、さもなくば無』に寄稿した。

終身在任権のある教授以外の高等研究所のメンバーは全員、オフィスを共同で使うか、あるいは、一時的な措置として図書室の机をあてがわれていた。フルド・ホールで眠る者さえあった。しかし、それでも空いたままになっていた部屋があった。フルド・ホール二一九号室だ。これは、二一七号室に入った研究者に付く秘書のために確保されていた小さなオフィスだった。「ゲーデル博士のオフィスにつながっている部屋は、コンピュータを研究する人々のために使われることもあり得る」という発言が、一九四六年二月一三日、数学部門の議事録に残されている。「クルト・ゲーデルは秘書を持っておらず、欲しがってもいなかったと思います」とアーサー・バークスは言う。「それで、その夏のあいだ、もちろんコンピュータのための建屋などまだなかったので、ハーマン（・ゴールドスタイン）とわたしはゲーデルのオフィスの隣の秘書のオフィスを使っていました。壁には黒板がありました」[39]。

「最初の二、三カ月は、ほとんどの時間をこの新しい機械の計画に費やし、構造や指令を決めましたが、折々にフォン・ノイマンに相談しました」とバークスは回想する。「計画をかなりじっくり練り上げたあと、そろそろ書き上げてもいいだろうということになりました。わたしは異存ありませんでした。それで、ハーマンとわたしは第一草稿を執筆しました。どう分担したのかは覚えていませんが、二人で書いたのです。書き上げたものをフォン・ノイマンに見せると、彼が手直ししてくれたり、また、三人で議論したりしました。こうして六月の末、報告書として提出したのです[40]」。

『電子式計算装置の論理設計の予備的議論』は、一九四六年六月二八日に発表された。まず「演算、メモリ＝ストレージ、制御に関連する機械の中核的器官と、人間のオペレータとの結び付き」からなる「機械の主要素」の議論に始まり、最後に、命令コードのリストが挙げられているこの五四ページの報告書は、この新しい機械の、物理的な形ではないとしても、その論理構造を具体的に示していた。著者たちが言うように、「ある要素を主メモリ・ユニットと決めた瞬間、機械のバランスが多かれ少なかれ決まってしまう」ので、メモリ構造に丸々五ページが割かれており、それぞれが四〇九六ビットの容量を持つセレクトロン管四〇本をこれに充てることが想定されていた。のちに実際の技術的な検討が始まると、容量は一〇二四ビットに縮小された。

報告書には――実際の問題を作成しコード化し始められるほど詳細に――命令コード一式が記述されていた。二一の指令があり、これを補う多数の入力／出力命令が報告書の末尾に論じられていた。最後に、「制御部が実行せねばならない命令がもう一つある」と著者たちは述べる。「一つの計算が終了した際、あるいは、前もって定められたところまで計算が到達した際に、コンピュータがオペレータに知らせることができる何らかの手段が存在すべきである。したがって、コンピュータに、停止して光を点灯する、もしくは、ベルを鳴らすよう指示する命令が必要である」[41]。

この報告書は一七五部ほど複製されて配布されたが、その後一九四七年五月、謄写版が「事実上擦り切れ、それ以上使い続けてさらに複製することはおそらく不可能」になったとゴールドスタインから報告があった[42]。高等研究所の新しいバリタイパー（訳注：文字の交換ができ、行端をそろえられるタイプライターのような植字機の商品名）に植字しなおされた第二版が一九四七年九月二日に発行された。この報告書ほど長期にわたって大きな影響を及ぼした技術文献はあまりない。ゲーデルの隣のオフィスで執筆された『電子式計算装置の論理設計の予備的議論』はやがて、ライプニッツのデジタル・コンピュータと普遍言語の夢を実現することになる――ゲーデルがかねてより、ないがしろにされてきたと思い込んでいたライプニッツのテーマである。

ゴットフリート・ヴィルヘルム・ライプニッツは、一六四六年ライプツィヒに生まれ、一五歳にしてライプツィヒ大学に法学生として入学した。ライプニッツは、われわれの宇宙は無限にある可能な宇宙のなかから選ばれて、最少限の法則が最大の多様性をもたらすように最適化されたものなのだという理論を立てた。精神の性質に関するライプニッツの考察は、彼が一七一四年に発表した『モナドロジー（単子論）』（邦訳は清水富雄・竹田篤司訳など〔『モナドロジー・形而上学叙説』中公クラシックス、二〇〇五年に収録〕）で頂点に達した。これは、彼がモナド、すなわち「小さな精神」と呼んだ、万物の基本たる精神的な粒子からなる宇宙を描いた短い文章であった。これらのエンテレヒー（一つの普遍的な精神が局所的なものとして具現化されたもの）は、自らの内部状態に、宇宙全体の状態を反映していた。ライプニッツによれば、関係が物質を生み出すのであって、ニュートンが言ったように、その逆ではなかった。『ライプニッツに立ち返れ！』とは、ノーバート・ウィーナーが一九三二年に書いた量子力学に関する論文につけた題である。「魂を複雑な物質粒子として包含する物質主義と、物質粒子を原始的な魂として包含する精神主義とのあいだに、本質的な違いはわたしには見つけられない」と、さらにウィーナーは一九三四年に述べた。(43)

ライプニッツは、彼に先立つホッブズや、彼のあとに登場するヒルベルトと同様、論理、言語、そして数学を包括する一つの無矛盾な系が、機械的なルールに従って操作される、曖昧さのない記号からなるアルファベットによって形式化できると確信していた。一六七五年彼は、王立協会の秘書で、アイザック・ニュートンとの仲立ちをしてくれていたヘンリー・オルデンブルグに、「図形や数に関する知識と同じく明確な、神や精神に関する知識がわれわれのものになり、また、幾何学の問題を作成するのと同じく容易に機械を発明できるようになる時がやってきます、しかもそれは、間もなくやってくるのです」という手紙を送った。わたしたちが今日ソフトウェアと呼んでいるものを予測し、論理とメカニズムが双方向的に働きあう関係を思い描いていたのだ。彼が一六七九年にクリスティアーン・ホイヘンスに送った『位置の幾何学の研究』という論文のなかでライプニッツは、「それがどんなに複雑なものであっても、一台の機械を、アルファベットの文字だけからなる記号を使って記述し、その記述を見ただけで、精神がその機械とそのすべての部分を知ることができるようにする方法が提供できるはずである」と述べた[44]。

自ら編み出した普遍計算によって、ライプニッツは「そのなかで推論という精神作用の真実のすべてが一種の計算に還元される、普遍的な記号体系」というヴィジョンに向かう最初の一歩を踏み出した。「人間の思考を表す一種のアルファベットを編み出し、このアルファベットに属するそれぞれの文字を比較し、このアルファベットからなる言葉を分析することによって、すべてが発見され判断されるようにできる」と考えた彼は、主要な概念が素数によって表される普遍的コーディングを提案した――これはすなわち、数と概念を結ぶ包括的なマッピングである[45]。

「数名の選ばれた人間が五年かければこれを成し遂げられるだろうとわたしは思う」とライプニッツは主張した。「しかし、無謬（むびゅう）の計算を行なうことによって、人生に最も有益な原理、すなわち、倫理の原理と形而上学（けいじじょうがく）の原理を（この方法に基づいて）理解するためには、たった二つの記号しか必要ないだろう」。ゲーデルとチューリングを先取りし、ライプニッツはこう予測した――デジタル計算によって「人類は、光学レンズが目を強化する以上に精神の力を増大させる新しい種類の道具を手にするであろう……今日までのところ数学だけがそうであるような、至るところ明白で確実な状態に到達したときはじめて、理性はあらゆる疑いを超えて正しくなるのである[46]」、と。

ライプニッツは、二進法を普遍言語への鍵と見なし、その発明は中国人によるとした。易経（えききょう）の六線星型に、「わたしが数千年後に再発見した二進法算術」の名残を認めたのである。ライプニッツのメモには、十進法表記と二進法表記のあいだの翻訳のための単純なアルゴリズムや、0と1の列に対する操作を機械的に繰り返すことによって算術の基本を実施するためのアルゴリズムを編み出そうとしていたことが見てとれる。「二進算術では、0と1という二つの記号だけしかなく、この二つですべての数を表記できる」と彼は言う。「その後わたしは、二進法はさらに、極めて有用な二分法の論理も表現していることを見出した」[47]。

一六七九年、ライプニッツは、機械的に制御されるゲートによって操作される球形のトークンが、二進数を表現することで機能するデジタル・コンピュータを構想した。「この（二進）計算は、機械（車輪や回転する円板は含まれない機械）によって次のように、間違いなく容易に、しかも努力なしに実行される」と彼は書いた。「一つの容器に、開閉可能な穴を多数並べて空(あ)ける。1に対応する場所では、この穴を開き、0に対応する場所では閉じたままにしておく。開いたゲートから、小さな立方体もしくはおはじきを落とし、溝に入るようにする。閉じたゲートからは何も落とさない。この一連のゲートは必要に応じて列から列へと移動させることができる」[48]。

つまりライプニッツは、シフト・レジスタを発明したのだ——実物が登場する二七〇年も前に。高等研究所のコンピュータの（そして、それ以降のすべてのプロセッサとマイクロプロセッサの）心臓部にあったシフト・レジスタでは、引力とおはじきの代わりに、電位勾配と電子パルスが使われてはいるものの、それ以外はライプニッツが一六七九年に思い描いたとおりに機能している。二進法の記号と、左右にシフトする能力だけで、算術のあらゆる機能を実行することができるのである。だが、その算術で何かをやりたければ、結果を保存し読み出すことができなければならない。

「セレクトロン・メモリのなかに一つの言葉を保存する方法は可能性として二つある」と、バークス、ゴールドスタイン、そしてフォン・ノイマンは書いている。「一つは、その言葉全体を一つの真空管に保存するという方法、そして……もう一つは、四〇本の真空管の一本、一本の、所定の位置に、その言葉を表す数字を一つずつ保存する方法だ」。これが、第1章でも紹介した四〇階建てのホテルに宿泊する四〇人の人間に同じ部屋番号を渡すという比喩の出所である。「すると、この方式でメモリからその言葉を読み出すためには、一つのスイッチング機構に四〇本の真空管すべてが並行に接続されていなければならない」と、彼らの『電子式計算装置の論理設計の予備的議論』は続く。「このようなスイッチング機構は、直列方式で必要とされる技術よりも単純だとわれわれには思われるし、四〇倍速いことは言うまでもない。これら二つの方式の本質的な違いは、加算を実行する方法にある。並列方式の機械では、対応する桁のペアをなす数がすべて同時に加算される。一方、直列方式では、ペアが順次時間を追って加算されていく」[49]。

　四〇本のセレクトロン管は、四〇ビットのコード列一〇二四本を含む、32×32×40ビットのマトリクスをなしていた。コード列のそれぞれには、一意的な識別番号として数値アドレスが与えられているが、この割り振りは、一九三一年にゲーデルが、論理式に今日ゲーデル数と呼ばれるものを割り当てたときのやり方を彷彿とさせる方法で行なわれている。この一〇ビットのアドレスを操作することによって、そのアドレスで識別される四〇ビットのコード列を操作することができた。このコード列にこそ、欲しい組み合わせのデータ、指令、あるいはさらに別のアドレスなどが記載されているのであって、そのとき実行されているプログラムの進行に従って変更することができる。「機械が自らの指令を変更できるというこの能力こそ、コード化を重要な操作にするものの一つです。コード化が重要な操作であることは、深く認識せねばなりません」と、フォン・ノイマンは一九四六年五月、彼のプロジェクトに出資してくれた海軍のお歴々に説明した[50]。

「ゲーデルがやっていたような考え方、つまり、ゲーデル数化の手法など（要は、コード化された情報などにアクセスする方法なわけです）は、情報の塊（かたまり）が形成されていくのを追跡できるようにしてくれて、そこから……何らかの重要な結果を導き出すことができるのです」とビゲローは言う。「フォン・ノイマンは、こういう考え方をよく知っていたと思います。なにしろ彼は、数理論理学を研究しようとしてかなりの時間を費やしたのですし、ゲーデルが解いたのと同じ問題に取り組んでいましたから[51]」。

ゲーデルによって「予見」されていたとも言える高等研究所のコンピュータの論理構造は、フルド・ホール二一九号室で作られた。「一九三〇年代、プログラム可能な汎用情報処理コンピュータとして機能できる実際の物理的装置ができるのは、まだ何十年も先のことでしたが、現代のプログラム言語の知識を持った人が今日、ゲーデルが一九三一年に書いた不完全性定理の論文を見たなら、コンピュータ・プログラムと極めてよく似た四五個の論理式が、通し番号を振られて順番に並んでいるのに気付くはずです」と、米国海軍研究所の助成金で一九五二年九月に高等研究所にやってきたマーティン・デイヴィスは言う。「『PM（プリンキピア・マテマティカ）の証明のコードであるということは、PMのなかで表現可能である』ということを示すうえでゲーデルは、プログラム言語をデザインする者たちや、これらの言語でプログラムを書く者たちがのちに直面することになるのと同じ、いくつもの問題に対処せねばならなかったのです」とデイヴィスは言う[52]。

一九三一年にすでにゲーデルが、数値アドレスによるアドレス指定と、自己参照という二つの手法の威力を示していた。プログラム内蔵型コンピュータのルールの一つは、ルールを変えられるということだ。ゲーデルは、万能チューリング・マシンとフォン・ノイマンが創ろうとしていた現実の装置とは、彼自身のアイデアの直接の産物ではないとしても、その実証であるということを十分理解していた。「おそらくフォン・ノイマンの頭のなかにあったと思われるものは、万能チューリング・マシンにより明白に表れている」と、彼はのちにアーサー・バークスに説明した。「そこでは、その振舞いの完全な記述は無限になる、なぜなら、その振舞いを予見する決定手続きが存在しないことからして、完全な記述をするには、すべての場合を列挙するしかないからだ。二つの複雑さの比が無限大になる万能チューリング・マシンは、一つの極限の場合と考えられるかもしれない」[53]。

ライプニッツが普遍的なデジタル・コード化の有用性を確信していたことは、彼の「多様性極大の原理」――有限のルールから無限の複雑さが生み出されるという原理（訳注：世界はすべて最善であり、かつ最大の多様性があるという、神による「予定調和」があるという考え方。この言葉は、フリーマン・ダイソンが二〇〇〇年にテンプルトン賞を受賞した際にワシントン・ナショナル大聖堂で行なったスピーチで使われた）――の表れであった。「ここに示された、単位元（1）と0、すなわち無のみを使って、あらゆる数を作り出すこと以上に、このような創造の良い比喩、あるいは、良いデモンストレーションと呼べるものはありません」と、彼は一六九七年、ブルンズヴィック公爵に手紙を書き送り、ぜひとも銀のメダル（裏面に公爵の横顔を配したもの（口絵⑲））を鋳造して、二進算術の威力と、「神の無限の力によって無からすべてが生み出されること」に、世界の注目を集めるべきだと強く勧めた[54]。

では、意味は、どの段階で登場するのだろう？　もし、すべてのものに一つずつ数が割り当てられるのなら、そのことで世界の意味は貧弱になったりしないのだろうか？　ゲーデル（そしてチューリングも）が証明したのは、「形式的な系は、遅かれ早かれ、意味のある文を生み出す」――ただし、その文の正しさは、系そのものの外側でなければ証明できない――ということだった。この制約は、意味が少しでも貧弱な世界にわたしたちを閉じ込めたりはしない。その反対に、より高次の意味が存在する世界にわたしたちが住んでいることを証明するのである。

「わたしたちの世俗的な存在は、それ自体は極めて疑わしい意味しか持たないので、別の存在という目標に向かう手段でしかあり得ません」とゲーデルは一九六一年、彼の母親に書き送った。「世界のすべてのものが意味を持っているという考え方は結局、科学全体がそれに拠って立っている、『すべてのものには原因がある』という原理に厳密に相似しているのです[55]」。

第7章　6J6

信号の不在を決して信号として使ってはならない。

——ジュリアン・ビゲロー、一九四七年

ECP主任技師のジュリアン・ハイムリー・ビゲローは一九一三年三月一九日、ニュージャージー州ナットレー——プリンストンからは四二マイル（約六七キロメートル）のところにある——に生まれた。五人兄弟の四番めだった。三歳になったある日、おばの家にいたとき、「彼はねじ回しを見つけ、家じゅうのドアノブを外し、積み上げて大きな山にしました。そして、おそろしく時間はかかりましたが、すべてのドアノブを元のところに取り付けました[1]」。彼の父、リチャード・ビゲローは、ウェルズリーでの教師の職を捨て、家族を養うために——そして、大恐慌を辛抱強くやり過ごすために——自給自足できる田舎の暮らしを求めて、マサチューセッツ州ミリスに退いた。

ビゲロー一家は、斧で切った材木でできた、一八世紀然とした農場で暮らしていた。使える電気は、送水ポンプの電源を供給する回路が一本地下にあるだけだった。ジュリアンは、こっそりともう一本回路を増やし、自分の部屋のたった一つの電灯につないだ。一七歳にして彼はマサチューセッツ工科大学に入学した。T型フォードに乗って牛乳配達をして自分の学費をかせぎ、一九三六年、電気工学の修士号を取って卒業した。「わたしがMITにいたころ、電子と無線の研究が進められていましたが、世間からはどうも胡散臭いと思われていて、きっと一時の流行だろうと言われていました。大型発電機や、最低でも大きなアーク放電サイラトロン（訳注：熱陰極放電管の一種）や何かを設計するのがまっとうな仕事だというのが通念でした(2)」。

ビゲローははじめ、ニューヨークはブルックリンのスペリー・コーポレーションに就職し、航海用ジャイロスコープや、鉄道線路の自動欠陥検出に使う装置を製作していた。スペリー社はその後、オフィス機器製造業者のレミントン・ランド社と合併してスペリー・ランド社となった。スペリー・ランドはコンピュータ複合企業としては古く、エッカート＝モークリー・エレクトリック・コントロール社を合併し、IBMとのあいだに特許の相互使用を認めるクロスライセンス契約を結んだあと、ENIAC特許を巡ってハネウェルと争い、敗北することになる。一九三八年が終わるころ、ビゲローはスペリーを去り、ニューヨークのエンディコットにあるIBMに、電子技術者という職位を持った最初の従業員として加わった。「当時IBMは、機械をたいへん重視する企業で、電子式コンピュータという概念は、どうにもそぐわないところでした」と彼は回想する(3)。

第二次世界大戦が始まると、生涯のほとんどにわたってアマチュア飛行家だったビゲローは、航空士官候補生として海軍に入るために学歴証明書を発行してもらおうと、MITに戻った。「ところが、MITに行くと、学部長に会うよう言われました。彼はわたしにつかみかかって、『われわれは君を行かせるわけにはいかない。君が必要なんだ』と言いました。『ノーバート・ウィーナーという男がやってきて、彼が言うところの知的なアイデアを使って、圧倒的な優位で戦争に勝つにはどうすればいいか自分は知っていると、あちこちで触れて回ってるんだ。彼が何を言っているのか誰にもわからないんで、君に彼と一緒に研究してもらって、それがどういうことなのか、はっきりさせてほしいんだ』ということでした」[4]。

第一次世界大戦の終わり、アバディーン性能試験場のオズワルド・ヴェブレンのグループを去ったあと、ウィーナーは《ボストン・ヘラルド》紙に職を得、記者兼特集記事執筆者として働き始めたが、長くは続かなかった。彼によれば、「自分が信じていない主義主張について熱心に書く方法など、わたしは学んだことがなかった」という問題があったからだ。《ボストン・ヘラルド》から解雇されたあと、MITに講師として採用され、その後四五年間にわたりそこで過ごした。ウィーナーは、「大胆かつ無謀で、論理的かと思えば直感的で、一段一段階段を登るように実験と解析を積み重ねて進める手順にはまったく向いていません」と、一九四六年、ビゲローはフォン・ノイマンへの報告の中で述べている。「彼は、信頼性の高い実験計画を実行することが期待されるような大きなグループと一緒に研究しようとして、悲しい経験を重ねてきました。そのため彼は、資金もほとんどなしに、二、三人の熱心な個人だけに支えられて研究せざるを得なくなったのです」[5]。ビゲローは、一九四〇年から一九四三年にかけてウィーナーの助手を務めていたのだった。

第一次世界大戦では近視のせいで不適格者と見なされ歩兵隊を追われたウィーナーは、第二次世界大戦ではその最大の難問、対空射撃制御問題に取り組むことにした。一九四〇年、ドイツ軍はイギリスに榴弾(りゅうだん)を雨のごとく投下していた。アメリカが次の標的になるやもしれなかった。新設された科学研究開発局(OSRD)の諮問委員会となった国防研究委員会(NDRC)は、広い範囲にわたるさまざまな提案に対処していた――ウィーナー＝ビゲローの共同研究は、そのなかでも見込み薄の取り組みの一つだった。ウィーナーは数学的な第一原理からこのテーマに取り組み、一方ビゲローは、ウィーナーの数学を自動対空射撃誘導装置として具現化しようとした。この装置は「デボマー」と名づけられた（訳注：爆弾〔bomb〕に対抗する装置という意味で）が、実現することはついぞなかった。

ウィーナーが一九四〇年九月にNDRCのヴァネヴァー・ブッシュにした最初の提案は、「空気の入った容器のなかに液化したエチレンか、プロパン、またはアセチレンを急激に吹き込んで、かなりの範囲に爆発性の混合気体を充満させて敵機の侵入を阻止する」[6]ことによって、精度がそれほど高くなくても済むようにするというものだった。このスポーツマンシップに反する提案は、ヴァネヴァー・ブッシュには無視された。

ウィーナーは、アメリカの対空戦闘能力向上の責任者となっていたウォーレン・ウィーヴァーに接触し、「ある一定の経過時間のあと、飛行機がどこにあるかを予測する、先行もしくは予測装置の構想」について研究してはどうかと提案した。[7]そしてウィーナーは、「服務からの戦時休暇」と彼が言うところのものを取って、ロックフェラー財団の「主任慈善活動家」となり、一九四〇年一二月に要望していた二三二五ドルを褒賞として与えられた。こうしてNDRCのDIC（検出、装置、制御）プロジェクト五九八〇が開始されたのであった。一九四〇年当時、高高度爆撃機を狙う対空砲撃手は約一〇秒で接近する標的を観察し、その距離を推測し、時限信管をセットし、最長で二〇秒間空中飛行する九〇ミリ破裂弾を発射した。砲撃手の仕事は、彼が選んだ瞬間に敵機がどこにいるかを推定し、さらに自分はどこかほかの場所に逃れることだった。

ウィーナーとビゲローは、観察者、砲、飛行機、そしてパイロットは一つの総合的な確率論的系をなしていると考えた。勝算はパイロットのほうにあった。一九四〇年、対空砲弾は二五〇〇発に一発しか命中できなかった。仮報告書のなかで彼らは、「標的の運動がどの程度予測可能か、また、標的の運動がどの程度予測不可能かを、知られている事実と歴史に基づいて決定することによって、純粋に統計的な基盤に立って予測の問題について分析する」つもりだと説明していた。[8]

予測可能な諸要素は、標的の将来の位置として最も可能性の高い地点を示し、予測不可能な諸要素は、最適な「スプレッド」——ターゲットの正確な位置がわからないときに、砲手が砲火をどれぐらい広い範囲に発射すればいいか——を決定する。この区別は、情報通信理論で信号(シグナル)と雑音(ノイズ)の区別をするのと同じだ。同様の考え方は、クロード・シャノン(ウィーナーと相談しながら研究していた)とアンドレイ・コルモゴロフ(独自にソ連で研究していた)がほぼ同じ時期にまとめあげていた。「一つの固定した情報の項目をやり取りすることなど、通信(コミュニケーション)上問題になりません」と、ウィーナーは一九四二年ウィーヴァーに提出した報告書のなかで説明している。「われわれにとって、メッセージというものは一連の系列をなすものであることが必要で、それにも増して、この一連のメッセージの確率を算出する手段が必要です(9)」。

ウィーナーは、ブラウン運動——顕微鏡でしか観察できない微粒子が背景の熱力学的雑音に応答して、無秩序な軌道を辿る運動——の理論で数学者としての道を歩き始めた。おかげで彼は、敵機がある瞬間から次の瞬間へと無秩序にコースを変えるという、起こり得る最悪の事態に冷静に対応できた。ビゲローのパイロットとしての経験によって一層強化されたウィーナーの理論は、敵機が取り得る軌跡(情報理論における、可能なメッセージの空間と等価である)は、その飛行機のパフォーマンス・エンベロープ(訳注:飛行機の飛行可能な速度・高度の範囲)と、操縦桿(かん)を握っている人間の身体的限界とに制限されるとしていた。戦闘におけるほとんどすべての飛行は、直線ではなく、曲線で成り立っている。飛行経路の直線による外挿(がいそう)があてになるのは、未来の任意の時点における、その飛行機が存在しない場所を計算する場合くらいだ、とビゲローは述べている。

ウィーナーはまったくの理論家だった。ウィーナーの評価によれば、「物静かな根っからのニューイングランド人で、その科学的悪徳は、科学的美徳が過剰であることだけであった」ビゲローは、あらゆる機械に精通した技術者だった。「多年にわたりビゲローは、古びてガタガタになった自動車ばかりに続けて乗っていた」とウィーナーは言う。「どれも、どんな運転者の基準からしても、何年も前に廃車の山に捨ててしまっているべきだった代物だった」。ジュリアンの娘のアリス・ビゲローは、こんなふうに話す。「わたしは、そう教えられてわかるくらいの歳になるとすぐ――そうですね、九歳ぐらいのころだったでしょうか、運転中に走らなくなってしまった車をどうやって復活させるかを教わりました。というのも、車はしょっちゅうだめになっていましたから。『大丈夫、大丈夫、ちょっと押せばいいんだ。そしたら走るよ』と言いながら、パパは車を押していました。でもプリンストンでは、そんなのはまったくあり得ないことでしたけど」[10]。

普通の家屋以外のものに住むことも、プリンストンでは同じくあり得なかった。ところがビゲローは、プリンストン中央部のクレー・ストリート沿いにあった鍛冶屋の工房跡を購入し、一九五二年、バトルフィールド州立公園とストーニー・ブルックのキリスト友会集会所のあいだの空き地に、工房の建物を移動させた。プリンストン・タウンシップとボロー・オブ・プリンストン（訳注：プリンストン市を構成する二つの自治体。二〇一三年に統合された）相手に進めていた、鍛冶屋の工房を移動させるのに邪魔になる架空線の移動の費用を巡る交渉が決裂すると、「彼は工房を、まるで何層も重なったケーキのように半分に切って、あとで元通りボルトでつないだのです」と、高等研究所気象学グループのジュール・チャーニーは回想する[11]。

ビゲローは、何機もの小型飛行機を整備したが、その一つに、ワイオミング州で壊れた状態で購入したセスナがあった。彼はその場で飛べるところまで修復して、それに乗って帰ってきたのだった。プリンストンのビゲロー家の居間を、飛行機から取り外されたエンジンが占領していたこともあった。来客があるときは、テーブルクロスで覆い隠された。ウィーナーは馬上でも背筋をしゃんと伸ばしていられない人間で、空を飛ぶなんて恐ろしいことだと考えていたが、「この機会を利用して、わたしと一緒にぜひ飛んでみたいとたいへん乗り気でした」とビゲローは語る。「わたしたちは、フレーミンガムからプロビデンスまで飛び、またフレーミンガムまで戻りました。飛行機のなかには、フロントガラスを固定するための鉄パイプがありましたが、ウィーナーの左手の指紋がくっきりと残っていました[12]」。

　MITの資源を自由に使え、フォン・ノイマンよりも先にデジタル・コンピュータに着目していたウィーナーが自分自身でコンピュータを作らなかったのはどうしてかと尋ねられて、ビゲローは、「彼は実用的なことをやる人間ではなかったのです。コンピュータは動いてなんぼのものですからね」と答えた[13]。対空射撃制御装置にしてもそうだった。一九四一年一〇月二八日、ウォーレン・ウィーヴァーは、多数の質問をリストにしてウィーナーとビゲローに送りつけたが、それはある一つの危惧を中心にまとめられていた。その危惧とはこうである。「ウィーナーの理論は、戦況を左右するような何かを生み出し得るのか？」

　一九四一年一二月二日、日本軍が真珠湾を攻撃する五日前、ビゲローはウィーヴァーに「読後破棄されたし」と指示書きをつけた五九ページの手紙で答えた。これまでの「デボマー」の進捗報告である。目標は、ビゲローが記しているとおり、信号（敵機の飛行経路）を常にノイズから分離しておける対空射撃制御装置を作ることであった――ノイズは、パイロットが予期せぬ動きをしようと企てることでも生じるし、また、こちら側で観察と処理を行なう過程でエラーが混入する恐れもあった。「この最後の二つの項で、混沌としたスープ状態のものから信号を再分離するのは容易なことではなく、また、単純なスペクトルを伴わないランダム・ノイズやブラウン・ノイズ（訳注：ブラウン運動によって生成されるノイズ）の場合、フィルタリングを完璧に行なうのはほとんど不可能です」とビゲローは述べた。「結果：形勢不利」[14]。

ビゲローは、「理想の予言者のための格言集」という、一四の格言からなるリストを作った。まず格言1は、「最後に砲の照準器が使うのと同じ座標系ですべての観察を行なえ」である。格言2から4は、入手可能な情報を、即座に必要なものと、あとで必要なものに分けよと説く。その次の格言5は、「ノイズを信号から分離せねばならないのなら、両者がほかのノイズや信号ともつれあってしまってからではなくて、可能な最も早い段階で分離せよ。中継局が、最後にあるフィルターやアンプのところではなくて、信号ラインに置かれているのはこれと同じ理由による」とある。格言7は、「正確に計算できる可能性のあるものを決して推測するな」と説く。格言8は、「推測できる可能性のあるものを、当て推量するな」とあり、そして、どうしても当て推量せざるを得ない場合は、「あてずっぽうには決してやるな」というのが格言9である。

格言10から14は、標的が「共鳴系の上に、さらにブラウン運動が加わっている、という性質を持つ場合」に最善の予測を行なうにはどうすればいいかを具体的に述べる。標的の位置が変化していくのを追跡する既存の方法は、「必然的に、標的とは無関係な観察者の位置を基準にして標的位置を指定するので、そのため根本的な対称性がくずれてしまっている」。一方、理想的な予測装置は、標的は物理学の各種保存則に「時間的に対称なランダム変調を加えたもの」に従うものであるべきだ[15]。ウィーナー＝ビゲローの「デボマー」は、敵機の振舞いのモデル化を地上の観察者の座標系ではなくて、敵機に付随する座標系のなかで行なうものになるはずであった。

「『予測』という概念を取り巻いている霧をすべて払拭しなければなりません」とビゲローは述べた。「ネットワークのオペレータは――あるいは人間のオペレータは――誰も、時間の関数の未来を予測することはできません……。ネットワーク、あるいは、ほかの手段で見積もられるいわゆる『リード』は、実際のところ『遅れ（ラグ）』（既知の過去の関数）が人為的に反転されて、関数の現在値に加えられたものなのです[16]」。それにもかかわらず、ビゲローの戦略はうまくいった。彼らのアイデアがその通りちゃんと機能することを示す、いわゆる「原理の証明」のための模型が製作された。蓄電器のターンテーブルを改造した装置が、暗い部屋のなかで、赤い光の点を部屋じゅう動き回らせている――つまり、これが、捕らえるのが難しい標的のモデル、というわけだ――のを、一人のオペレータが白い光の点をコントロールしながら追跡することに成功したのだ。「ウィーナーは、自分の計算が決して無意味ではなく役に立つのだとの思いに興奮していました」とビゲローは回想する。「彼は、装置のデモのあいだ、無闇矢鱈（むやみやたら）に葉巻をふかしていました。部屋中煙だらけでしたよ。落ち着いて座っていられない様子でしたね。わたしが作った模型のデモを、自分の方式がうまくいくことの証明だと受け入れたい気持ちがあまりに強かったのです[17]」。

「ウィーナーはほんとうに有頂天でした」とビゲローはさらに言う。「わたしは、彼が話していた数学的なアイデアを、見捨てたくなかったのです。手遅れにならないうちに、これらのアイデアを次々と実践して、成果をあげたかっただけなのです。というのもこの戦争は、度外れなほどあり得ないようなものとなりそうでしたから[18]」。しかし、期待に反して、自分のアイデアを実用化できる可能性が低まっていくと、ウィーナーは理論面を一層強く押し進めるようになった。「わたしは時間と闘いながら研究しようとした」と彼は記している。「実際には存在しない想像上の締め切りに間に合わせるために、徹夜で計算したことも一度や二度ではなかった。ベンゼドリン（訳注：合成覚醒剤アンフェタミンの商品名）が危険なものとはよく知らなかったので、健康を損なうほど使ってしまった[19]」。

一九四二年七月一日、NDRCの対空射撃制御装置部門の議長、ジョージ・スティビッツはその日一日をビゲロー、ウィーナーの二人と共に過ごし、日記にこのように記した。「彼らの統計的予測器は奇跡を成し遂げた……。彼らの装置は、一秒のリードを持った、薄気味悪いほど正確な予測を示したのだ。ウォーレン・ウィーヴァーは今度来るときは弓鋸（ゆみのこ）を持参して、テーブルの脚を切断し、どこかに配線が仕込まれていないかどうか確かめてやると言った」[20]。

　ウィーナーとビゲローの共同研究は、実用になるデボマーを生み出すには至らなかったが、ほかのさまざまな分野に影響を及ぼした。ウィーナーとビゲローは、神経生理学者のアルトゥロ・ローゼンブリュートと協力して一九四三年に『行動、目的、そして目的論』という論文を書き、生物や機械が行なう目的のある行動の根底には統一原理が存在すると示唆した。「これまで目的論は、目的と、『目的因』（訳注：目的因とは、アリストテレスが説いた概念。物事の存在や行為の目的が、その物事や行為の存在理由になっているという考え方に立ったときに、その目的をそれらのものの原因と見なし、目的因と呼ぶ）という曖昧な概念を意味するものと解釈されてきた」と彼らは述べ、さらに、「われわれは、行動している対象物の任意の時間における状態と、目的と解釈される最終状態との違いによってコントロールされる『目的を持った反応』に対してのみ、目的論的行動という用語を用いることによって、目的論的行動の意味を限定した」と主張した。つまり、この論文において目的論とは、ビゲローとウィーナーによって定義されたネガティヴ・フィードバック――「目標からの信号が、さもなければ目標を超えていってしまう出力を制限するのに使われる操作」――と同じものと見なされているのである[21]。

　この論文から名前が取られる形で、一九四五年一月四日から六日にかけて、高等研究所内においてフォン・ノイマンの主催によって非公式な学際組織、〈目的論学会〉の初会合が持たれた。やがてジョサイア・メイシー・ジュニア財団の後援を得て、公式に〈メイシー会議〉となった会合が続けて何度か開かれ、その後サイバネティックス運動と呼ばれるようになるものが誕生した。神経生理学者のウォーレン・マカロックは、「フィードバックしなければならないのは、以前の行動の結果に関する情報だけであるとジュリアン・ビゲローが指摘したとき、サイバネティックスは真価を発揮するようになった」と述べている。[22]

一九四三年ビゲローは、ウォーレン・ウィーヴァーにNDRC応用数学委員会の統計研究グループへの転任を命じられ、MITを去った。コロンビア大学の指揮のもとで、一八名の数学者と統計学者――ジェイコブ・ウォルフォウィッツ、ハロルド・ホテリング、ジョージ・スティグラー、エイブラハム・ウォールド、そしてのちに経済学者となるミルトン・フリードマンら――が、「戦闘機には八本の五〇口径機関銃（訳注：口径〇・五インチ、すなわち約一二・七ミリ）を搭載するのと、四台の二〇ミリ機関砲を搭載するのと、どちらがいいのか[23]」から始まって、戦時に持ち上がる広い範囲の問題に取り組んだ。ビゲローは、地上に固定した標的を狙う高速急降下爆撃機向けの自動爆撃照準器の開発の支援に呼ばれたのだった。デボマーの問題をひっくり返した課題である。彼は副監督に昇進し、三一カ月間このグループに在籍した。

このころプリンストンでは、フォン・ノイマンが電子計算機プロジェクトを立ち上げるべく懸命に努力していた。技術者チームのリーダーになってもらおうと期待していたプレスパー・エッカートは、高等研究所にある不安定要因を恐れムーア校を去るのを嫌がり、義弟のジョン・シムスを代わりに寄こした。シムスは一九四六年一月一八日に採用され、道具、電子部品、そして材料物質について調査を始めるよう命じられた。彼がこのプロジェクトの最初のスタッフとなったわけだ。ハーマン・H・ゴールドスタインは、陸軍の任務を解かれるとすぐ二人めのスタッフとなり、一九四六年二月二五日、副監督のポストを引き受けた（最初に提示されたのは、一九四五年一一月二七日だった）。彼の俸給は五五〇〇ドルと定められた――高等研究所の教授よりは低かったが、客員教授より高額だったので、一九三三年以来守られてきた俸給の不文律が破られたことになる。

エッカートとの交渉が行き詰まった――エッカートとモークリーが彼ら自身の事業を始めることに決めてしまったので、話は完全に白紙に戻ってしまった――ため、フォン・ノイマンは主任技術者として別の人間を探し始めた。誰か推薦してくれと求められたウィーナーは、ビゲローを第一候補者として挙げた。「われわれがプリンストンからニューヨークに電話すると、ビゲローは自分の車でこちらまで来てくれると答えた」とウィーナーは回想する。「しかし、約束の時間まで待っても、ビゲローは現れない。一時間経っても来なかった。われわれがあきらめようかと思ったそのとき、ひどいポンコツ車の、ぽっ、ぽっ、ぽっ、ぽっという音が聞こえた。それは、これほど有能な技術者の手にかからない限り、数カ月前にはおしゃかになっていただろう自動車が、残る力を振り絞ってシリンダーの最後の爆発行程を行なった瞬間だったのだ。こうしてビゲローがついに到着した(24)」。

ビゲローは一九四六年三月七日に採用され、俸給は、六月一日付けで六〇〇〇ドルに決まった。このほかに、彼がニューヨークからプリンストンに引っ越せるまでのあいだ、暫定的に二五ドルの日当が支払われることになった。エイダロッテ所長夫妻は、ジュリアンとメアリーのビゲロー夫妻に、オルデンの領主邸のなかに宿を提供し、「ビゲロー夫人が作りたいと思うだけ料理を作れるように台所を使ってもらっても構わない(25)」ことにしてくれた。ジュリアンが統計研究グループの任務を完了し、心理学者だったメアリーがニューヨークからプリンストンに仕事の場を移すあいだの数カ月間、ビゲローはニューヨーク＝プリンストン間を通勤したのだった。

ビゲロー夫妻は、強く結びついた高等研究所コミュニティーの要（かなめ）となった。メアリーは才能あるセラピストで、ジュリアンは数学と物理学のみならず、戦後のニュージャージー州で何かを作ったり修理したりするには不可欠だった、裏技的なやり方にも精通していた。「わたしは一九四八年の秋、三歳のカタリーナと一緒にプリンストンにやってきたのですが、広大な新しいコミュニティーを前にして、二人して途方に暮れてしまいました」と、当時のヴェレナ・ヘフェリ、のちのヴェレナ・ヒューバー＝ダイソンは回想する。「誰もが親しげにしてくれたのですが、スイスだったら、一種公式な紹介を互いにしあわない限り、そんなことはあり得ません。メアリー・ビゲローが彼女独特の、温かくて自然な感じのする外向的なやり方と、人間心理の繊細さについての理解とを十二分に活用して、わたしをリラックスさせてくれたのでした。ジュリアンについては、ハンサムな顔立ち、堂々とした体格、そしてとりわけ澄んだ青い目を覚えています。混乱したヨーロッパから来たばかりのわたしにとって、彼はアメリカの実直さと意志の象徴でした[26]」。

ＥＮＩＡＣプロジェクトでゴールドスタインと共に研究したアーサー・バークスが一九四六年三月八日に採用され（俸給は四八〇〇ドル）、電気技術者のジェームズ・ポメレーンが三月九日に採用された（俸給四五〇〇ドル）。二六歳で新婚間もなかったポメレーンは、四月一日に勤務を開始するため高等研究所にやってきた。そして、彼のヘーゼルタイン・コーポレーション（訳注：防衛電子機器企業。現在はＢＡＥシステムズ株式会社に吸収されている）での同僚（しかもムーア校の同窓生）、ウィリス・ウェアがそのあとを追うように加わった。ウェアは五月一三日に参加を承諾し、六月一日に勤務を始めた。ポメレーンとウェアは列車でプリンストンまで出向き、ビゲローに迎えられたのだった。「帰りは、ジュリアンが彼の古い小さな緑色のオースチンを運転して、ニューヨークまでわれわれを送ってくれました」とウェアは回想する。「ポムとわたしは、ニューヨークに帰りつくころまでには——二人ともまだヘーゼルタインに所属していたので帰ったのです——、すっかり夢中になっていました。ビゲローはとにかく次々と新しいアイデアを思いついていました[27]」。ポメレーンとウェアは、ニューヨークでそれぞれ住んでいたアパートを、マンハッタンの国連本部で働いていたプリンストンの住人二人の住まいと交換することができた。こうして二人は長距離列車通勤から解放されて、ナッソー・

ストリートとオルデン・レーンの短い距離を自転車で通勤できるようになった。

　ポメレーンとウェアは二人とも、戦時中はパルス符号IFF（Identification Friend or Foe、敵味方識別）レーダー・システムの研究に従事していた。レーダーが向上して夜間や可視範囲外でも標的を攻撃できるようになったので、飛行機が敵か味方かを識別するためのコード化信号体系も早急に作らねばならないということで、それ以外のことでは意見が対立しがちな連合各国の空軍が皆同意したのだった。できる限り理解しがたい暗号を考案せねばならなかった戦時中の暗号研究者とは反対に、IFFの目標は、できる限り誤解しがたい暗号を開発することだった。ポメレーンとウェア（そしてイギリスで同じ課題に取り組んでいたフレデリック・C・ウィリアムスとトム・キルバーン）は、何機もの飛行機の雑音だらけの回線上でコード化パルスを高速で伝達する電気回路を開発したのだった。その二人は今、電子式デジタル・コンピュータの製作で同じ問題に直面していた。「一つのマシン・サイクル（訳注：マシン・サイクルとは、プロセッサ内における命令実行の一ステップに要する時間）から次のマシン・サイクルへと、毎秒数千回の速さでコード化パルスを送信するにはどうすればいいか」という問題だ。われわれが今、高速デジタル・コンピュータの恩恵にあずかっていられるのも、味方に誤射されて打ち落とされるよりも、敵に意図的に撃墜されるほうがましだと考えたパイロットたちのおかげというわけだ。

　小さなチームがまとまりはじめた。一等水兵でレーダー技術専門家のリチャード・W・メルヴィルが、「水兵帽をかぶってやってきて、働かせてくれと求めました」とビゲローは言う。「わたしは彼が気に入りました。なにせ彼は有能そうに見えましたから」(28)。ポメレーンの評価によれば、メルヴィルは装置の機械工学的な面を監督しながら、製作現場の必要不可欠な施設を改良することにおいて「天才」であることがわかった。彼は狭い作業場のなかですべてが滞（とどこお）りなく進むように常に気を配り、戦用余剰品の資材や部品をまるで奇跡のように見つけ、そして、設計が固まって、プロトタイプのシフト・レジスタと積算器の複製が四〇段分必要なことがはっきりすると、機械工学に関心と才能のある高校生たちを集めて作業に当たらせた。彼の妻、クレアは空いたままになっていたアパートを見つけて、プリンストン公立小学校に通うには幼すぎる高等研究所員の子どもたちの保育園を開いた。

機械技術者のウィリアム・W・ロビンソンは一九四六年三月二一日に採用され、機械工作室——かつて高等研究所にも一つあったのである——でウィンフィールド・T・レーシー、フランク・E・フェルと共に働くことになった。プリンストン大学の物理学専攻の大学院生だったラルフ・スラッツは、四月五日に採用が決まり、七月一日から常勤で働きはじめた。「わたしは、ジョン・フォン・ノイマンのドアまで行って、ノックしたのです」とスラッツは回想する。「そして、『あなたがコンピュータを製作しておられると聞きました。わたしがそこで何か仕事ができるような機会はないでしょうか?』と尋ねると、彼は『イエス』と答えたのです」。スラッツは、戦時中爆風の研究に従事するなかでフォン・ノイマンと出会い、真空管を使って計算機を作れる可能性があると聞いたのだった。「授業中席に座って、先生が講義する量子力学には集中せずに、累算器(アキュムレータ)のアイデアをスケッチしていました」とスラッツは言う。[29]

ENIACプロジェクトの元メンバーで、まだムーア校にいたロバート・F・ショーは、五月一三日、技術スタッフの一員になることを承知した。同じくムーア校のジョン(ジャック)・デイヴィス(ウィリス・ウェアの昔の隣人で、高校の同級生でもあった)は四月一三日に招きを受け入れ、六月一日から仕事にやってきた。「よくジャック・デイヴィスのベッドに腰掛けて、どちらかの母親のパイ鍋で受信機を作って、短波ラジオを聴いていました」と、ウェアは昔を振り返る。[30] 弾道学研究者のギルバート・ブリスの息子のエイムズ・ブリスは五月一四日、諸契約の管理を行なう責任者になることを引き受けた。年俸四〇〇〇〇ドルであった。ムーア校でゴールドスタインの秘書を務めていたフィラデルフィアのアクレーヴェ・コンドプリアも高等研究所に移り、一九四六年六月三日、勤務を始めた。

「わたしは一六歳で、ギリシア移民の家族の出身でした。父はイオニア海に浮かぶ貧しい島の出身で、読み書きはほとんどできませんでした。わたしは、大学に行きたい気持ちは山々でしたが、それはできないことだと、自分に言い聞かせていました」と彼女は回想する。高校の進路指導員に、大学へ行くのはあきらめて、ペンシルベニア大学のムーア校の秘書に応募してはどうかと勧められた。「ムーア校でゴールドスタイン大尉に会いました。大尉は金線二本の徽章を付け、細身の体に軍服をエレガントに着こなし、そしてアデル夫人はカジュアルな服装で、しきりにタバコを吸っていました。どういうわけだか、二人はわたしを雇ってくれました。代数なんて習ったこともないわたしが、まったく縁がなかった世界に放りこまれ、わたしの人生は一変しました」。

「ゴールドスタイン夫妻は、とても励ましてくださり、プリンストンに移る日が近づくにつれ、一緒に来てほしいと言ってくださったのです」と彼女は語る。当初彼女はフィラデルフィアから電車で通勤していたが、やがて、スプリングデール・ロードのはずれにあった数学者のサロモン・ボホナーの家に部屋が借りられることになった。彼女の仕事は、コンピュータの製作がまだ始まってもいないうちから作成されていた進捗報告書を清書することで、はじめは手動のタイプライター、のちには高等研究所が新しく導入したバリタイパーを使って作業した。「とても面倒で時間のかかる仕事でした。なにしろ、本文のタイプフォントから、数学記号に変わるところでディスクを入れ替えないといけなかったし、それに、当然ですが、ものすごい正確さが要求されましたから」。高等研究所のプロジェクトを押し進めているのが水爆関係の計算だったとは、はじめのうち彼女はまったく知らなかった。

「ニコラス・メトロポリスは、ニューメキシコ州サンタフェの私書箱一六六三号にしょっちゅう手紙を送っていて、同じ住所から返事も受け取っていました。てっきり、そこにガールフレンドがいるんだと思っていました」。

アクレーヴェがプリンストンにいたのは一九四九年の八月までだった。「わたしが、身の程知らずになっている」と思った母親が、フィラデルフィアに戻ってきなさいと言い張ったのだ。「もういいかげん帰ってきなさい。あんたの頭のなかは、大それた考えばかりになってるわ」と、最後通告された。やめるのはとても辛かった。「ゴールドスタイン夫妻や若い技術者たちは、わたしにまるで妹にするように接してくれました。それに、仮に大学に行っていたとして学べただろうものより、はるかにたくさんのことを教えてくれたと思います」。赤毛の一七歳、明るい彼女の存在は、コンピュータ・グループにまさに必要なものだった。「なかには、どうしようもないような人たちもいました。社会的能力があまりなかったんですね」と、彼女は言う(31)。

プリンストンの窮屈さと、高等研究所の世俗を超越した純粋な学問の世界にはさまれた、こんな環境のなかに、技術者たちが自分の居場所として落ち着いていくのは容易なことではなかった。軍服を身にまとった数学者のゴールドスタインと、戦時中の電子工学技師としての軍務を終えようとしていた数理論理学者のバークスは、二階のゲーデルのオフィスの続きである二一七号室に、落ち着いて過ごせる聖域を持つことを特別に許された。二人はこの場所から、フルド・ホールの文化に無理なく溶け込んでいくことができた。しかし、大勢の技術者たちがやってくるようになると、温かく受け入れるという雰囲気はなくなってしまった。象牙の塔はもう満員だった。「六月中ごろにやってくる、この一五人の技術者たちにどこに入ってもらうか、よくよく考えてみたのだが」と、エイダロッテはフォン・ノイマンに手紙をしたためた。「ほんとうに使ってもらえる場所としては、地階の男子トイレの横のスペースしかない。ここなら、心から歓迎するのだが」[32]。

「われわれが使える場所はまったくなかったので、最初の五、六カ月、みんなボイラー室に押し込まれました。なかに作業台を二、三、自分たちで置きました」とビゲローは当時をふり返る。「ほかの人たちに机の上を歩かれたり、体の上を這い回られたりすることなしに、身を隠し、回路論理を考えられるようなオフィスはわたしにはありませんでした」。建築用材の購入は、断面が二インチ×四インチ（約五センチ×一〇センチ）の細い角材一本買うにも民需品委員会の確認が必要だった。「住宅不足のせいで、仕上げ済の木材は配給になりました。それでわれわれは、この近辺で暖炉用の薪を専門に売っていた業者から粗引きのままのオーク材を買いました」[33]。


技術者たちは、上の階にいる学者たちからは嫌われた。「高等研究書で労働が行なわれることに対して、人文科学者たちは、あからさまな恐怖の感情を抱いていました」とビゲローは語る。「数学者たちのほうの態度は、同じような極端な反発から、少しばかり関心を抱く少数の者たちまで、ばらついていました。しかし、彼らのなかの過激派たちも、フォン・ノイマンが示していた普遍的な敬意と尊重の態度にならって、態度をやわらげたのでした」[34]。

「われわれは、自分たちの手で作業をやり、やくざな、ぱっとしない機械を作っていました。それは、高等研究所のやることではありませんでした」とウェアは回想する。「六人の技術者がオシロスコープ、半田ごて、作業用機械を一式携えてやってきたのは、一種ショッキングなことだったのです」[35]。プロジェクトが始まったとき、「われわれはボイラーに囲まれた地下二階に、仮の居場所を与えられましたが、夏場で、ボイラーは働いていませんでしたから、そんなにひどくはありませんでした」と彼は述べる。地下の収納室は空だった。「われわれの最初の仕事は、作業で使う作業台を自分たちで作ることでした」とスラッツは言う。「部屋の壁を、われわれが入ったときの色よりもう少しまともな色に塗り替える作業を、われわれが自分たちでやったなら、その作業の分、金を支払ってもらえないかとフォン・ノイマンに交渉しました。すると、彼が自分で塗装作業をやりました」。技術者たちは部屋の配線も自分たちでやらねばならなかった。一九四六年四月にバーネッタ・ミラーが電子計算機プロジェクトの最初の出費として記録した、「電気工事」四ドルという書き込みが残っている(36)。そういえば、ジュリアン・ビゲローも少年時代、自分の寝室に自分で電気の回線を一本通したのだった。

「われわれの作業台は、ボイラーの周囲を取り囲むように置かれ、種々雑多な工作・実験装置が、見つけられる隙間という隙間すべてに詰め込まれていました」とウェアは語る。「秋が来ると、状況は大きく改善しました。実際、われわれのグループは研究所内での地位向上を実感しましたし、地下一階にあった空の収納室に移動することができたほどでした」(37)。彼らがボイラー室のレベルから、フルド・ホールの一階の直下の地下一階へとレベルが上がったことに対して、あらゆる方面から抗議の声があがった。人文学者にとって、コンピュータをやっている連中は数学者だったが、数学者たちにとっては、彼らは技術者だった。「科学に取り組むすべての人にとってごく自然な好奇心でさえも、純粋で理論的な思考から外れていると見なされる恐れがあるものに対して距離をおこうと必死に努力する人々に却下されました」と、クラリ・フォン・ノイマンは述べる。ビゲローは当時の様子について、「自分が何をしようとしているのか考えなければならない人々」が、「自分たちがやろうとしていることをちゃんと理解していると思(おぼ)しき人々」に異議を申し立てている状況だったと話す(38)。

　数学者と人文学者は、フルド・ホールの両翼に分かれていた。どちらも、境界線は固く守っていた。「電子工学の専門家たちのグループが、高等研究所のわれわれの翼(ウイング)の地下に入ったと知って、わたしは少なからず戸惑いました」と、古典学者のベンジャミン・メリットは一九四六年、エイダロッテに苦情の手紙を送った(39)。今や技術者と学者は共存せざるを得なくなった。ウェアによれば、「ときどき社交的な集まりがあって、人々は、『わたしは数学をやっています』とか、『わたしは物理です』とか、『わたしは……ですが、あなたは何をやってらっしゃるんですか？』と言うのです。そこで返事をすると、自分は社会的にはみ出し者だということがはっきりわかるのです。われわれは、あのあたりでは、いわば五流の市民だったのです[40]」。

俸給の開きも、こんな状況を改善させるどころではなかった。技術者たちは年俸で五〇〇〇ドルから六〇〇〇ドルをもらっていた。これはもっと給料のいい産業界へとさっさと転職してしまわないで、技術者たちがここに留まってくれるのにぎりぎり足りるくらいの金額でしかなかったが、高い学歴を持った客員研究者たちに支払われていた金額よりもはるかに良かった。「優秀な電子技術者たちの多くが、学歴としては、たとえば学士号しか持っていませんでした」とビゲローは言う。「一方、高等研究所の客員研究者たちは、四つ、五つの世界的に有名な大学から博士号を取得していたのに、二五〇〇ドルとか三〇〇〇ドルのフェローシップ奨学金で来ていたのです。ですから、このことで、ほんとうにかなり激しい嫉妬が生まれていました[41]」。コンピュータ・プロジェクトの予算——全額政府から出ていた——は、このあとまもなく、高等研究所のどの部門の予算よりも大きくなるのであった。

コンピュータ・グループはフルド・ホールから出て行かねばならなかった。しかも早急に。戦後の建築資材不足が深刻だったし、研究所内の保守派と近隣住民の両方が、少しでも製作所や試験場のように見えるものが建つことに難色を示したこともあって、これはたやすいことではなかった。「当時、建築資材は配給になっていました。外の空き地に自分で家やガレージや何かを勝手に建てることなどできなかったのです。二、三フィート（約六〇から九〇センチ）の材木が欲しいだけでも認可証が必要で、作業台やハードウェア、道具など、もっと小さなものでもそうでした[42]」。軍需生産委員会のもとでよりも、民需品生産委員会のもとでのほうが、物資を獲得するのはかえって難しかった。水面下で、闇取引が盛んに行なわれていた。金が残り少なくなったある日、「われわれの契約について、（軍需品部の）サム・フェルトマンと話を終えたところです」と、ゴールドスタインはフォン・ノイマンに述べた。「彼の言うところでは、彼の割当分の金をちょうど今朝受け取ったところで、陸軍省は二、三日中に承認してくれるはずなので、その承認が出たら、彼からフィラデルフィア地区の武器部に指示して、わたしに金をくれるようにしてもらえるはずです。ありがたいことです!! この見返りに、彼は二つの便宜を要求しています。一つは、（フォン・ノイマン著の）『ゲーム理論』が一冊ほしいということで、これはわたしが送るよう手配するつもりです。二つめは、子どもが医学部に入学できるように力添えがほしいとのことです[43]」。

もう一つ、どこに建物を作るかという問題があった。「教授たちのあいだに、コンピュータ・グループの建物がフルド・ホールと同じ土地区画のなかにできるのはまかりならぬという意識がはっきりとできています」とエイダロッテは理事のハーバート・マースに手紙を書き送り、オルデン・レーンの反対側、古い納屋の近くの土地はどうかと示唆した。「高等研究所のほとんどの建物は、互いにすぐ近くに建っていて、道やアーチ付きの道で結ばれていました」と、クラリ・フォン・ノイマンは述べる。「でも、この建物は、丈の高い茂みに縁取られた広々とした空き地の反対側に建てられました。ほかの建物と同じ機関の建物ではないと思い込むことはそう難しくありませんでした[44]」。

アーサー・バークスは、ハーマン・ゴールドスタインとオズワルド・ヴェブレンが場所を選定するのを手伝ったときのことをよく覚えている。「それで、われわれは森のなかを歩きましたが、ヴェブレンがコンピュータ・グループの建物のために木を切るなんて、たとえ一本でもいやだと思っていることは見え見えでした。結局彼は、それほど遠くないところにあった、一段と低くなった土地を選びました……。建物は平屋にして、目立たないようにしたいというのが彼の考えでした」。その土地はあまりにひどい湿地で、そのままでは何も建てられなかった。「わたしたちが選んだ土地には、多少埋め立てが必要です。お見受けしたところ、貴校の人員のみなさんが、新しいプリンストン図書館の保管庫建設に備えて、大量の土を掘り返しておられるようです」と、エイダロッテはプリンストン大学に手紙を書いた。「拝見する限り、貴校のトラックが、この土をかなり遠くまで運んでいるようです。そこでご相談なのですが、私どもがこの土をトラック数台分購入することはできないでしょうか？」[45]。

電子計算機プロジェクトが政府の出資者たちと交わした契約によって、コンピュータをおさめる「一時的な建造物」に二万三〇〇〇ドルを使うことができたのだが、高等研究所のコミュニティーにふさわしい外観の建物にしようとすると、七万ドルもかかることがわかった。あれこれ交渉を重ねた末、平屋根のコンクリートブロックの建物なら五万一〇〇〇ドルで建てられることになった。外観向上のために化粧レンガ板を張る作業に高等研究所がさらに九〇〇〇ドル支払い、後日切妻屋根を載せる権利を確保するという条件付きだった。「建物の防水性を確保するために、外壁にレンガの化粧板を張ることになりました。というのも、昨今の漆喰（しっくい）は質が悪く、耐候性は信頼できないと助言されましたので」と、エイダロッテは陸軍武器省の長で、レンガ化粧板のコストを疑問視したパウエル大佐に手紙を送った。「しかし、この点に関してわれわれに対する批判が生じないように、この建物へのこの追加的措置にかかる九〇〇〇ドルは、初めから高等研究所の基金から支払うつもりでおりました」[46]。

一九四六年のクリスマスになるまで新しい建物に入ることはできそうもなかった。そのあいだ、技術者チームはコンピュータ製作の準備を進めた。ボイラー室が小さな機械工作場として整えられ（旋盤、ボール盤、かんな盤が備え付けられた）、技術者たちは、電子部品、道具、そして工具を集めはじめた。「余剰品の部品を集めて、発電機を何台も、自分たちで作りました」とビゲローは回想する。「ほんとうの意味で、ゼロから築きあげていったのです」。電子部品は、民生用のものはなおも制限されたままだった。「何か必要になったときはいつも、陸軍物資司令部に探してもらいました。当時は、戦用余剰品を買って各地を回って売り歩く行商人がいて、われわれも彼らを通してたくさんのものを入手しました」とウィリス・ウェアは言う。「プリンストンのコンピュータは戦用余剰品から製作されたのです。軍が見つけてくれるものは何でも利用しました。ですから、微妙なところでそれがコンピュータをどんな構造にするかを決めたというわけです」[47]。

技術者たちは、自分の個人的な人脈と、自分が個人的に所有する道具をコンピュータ製作に活用すると同時に、空き時間にはコンピュータ・プロジェクトの資源を個人的な目的に利用した。アインシュタインのハイファイ・オーディオ・セットから、ハーマン・ゴールドスタインのテレビ・アンテナまで、ありとあらゆるものが電子計算機プロジェクト（ＥＣＰ）の工作室で作られた。「プリンストンはフィラデルフィアとニューヨークのほぼぴったり中間地点に位置するというユニークな特徴を持っており、そこに目を付けたＲＣＡが、スイッチを切り替えるだけでニューヨークの放送とフィラデルフィアの放送のどちらを受信するかを電気的に切り替えられるアンテナを開発していました」とウィリス・ウェアは語る。「それでわれわれ全員が工作室で、道具をそろえて、メルヴィルの助けを借り、このアンテナを大勢の人のために何本も作ったのでした」[48]。ジャック・ローゼンバーグはこれをさらに一歩押し進めて、自分自身のために録音を行なった。「彼は毎週土曜日、ニューヨークのクラシック音楽ＦＭ局、ＷＱＸＲが放送するトスカニーニのニューヨーク公演を聴いたばかりか、ものすごいハイファイの音質で録音していました」とモリス・ルビノフは語る。「このアンテナに関して彼が言うハイファイの音質というのは、放送に入ってくるザーザー、パチパチという雑音が全部聞こえるという意味で、それが全部——一五サイクルから二万とか、三万とか、それくらいまで——聞こえるというのは、自慢できることだったのです」[49]。エイダロッテの後任所長にオッペンハイマーが就くと、やりたい放題という雰囲気は変化しはじめた。「特にコンピュータの仕事に従事している者たちは、コンピュータ関係の契約に適用される割引率を勝手に利用して、ラジオ関連装置や部品などの本質的に個人的な買い物を行なうのははなはだ都合がいいと、味を占めているようです」と、一九四九年、オッペンハイマーはフォン・ノイマンに書面で通知した。「しかし、実に多くの場合において、不適切に長い期間、これらの物品の購買が研究所が支払うべき金額として研究所の帳簿に記載されたままになっているようです[50]」。

コンピュータの設計は、バークス、ゴールドスタイン、そしてフォン・ノイマンが上から与えた指令によって決まった部分と（「彼らはわれわれのバイブルでした」とローゼンバーグは言う[51]）、入手できる戦用余剰部品の制約によって決まった部分とがあった。「われわれは、戦用余剰品の電気部品や電子部品、電子管などをほとんど無差別に、大量に購入しました」とビゲローは言う。「皆、『電子式計算装置の論理設計の予備的議論』を何度もじっくり読み、そこに書かれている技術的な課題について技術者どうしで、あるいはジョニーやハーマンも交えて、よく議論しました。二人は早くも、予備的なコード化手順を紙の上で練っていました[52]」。

プロジェクトの副監督のゴールドスタインと、主任技術者のビゲローのあいだには最初から敵対意識があった。回路設計（ビゲローは「累算器（アキュムレータ）をどう構築するかについて、奇妙で秩序立っていない考え方」に固執していると、ゴールドスタインはフォン・ノイマンに苦情を言った）から特許権の処分に至るまで、ほとんどすべての重要な事柄に関して、二人の意見は対立した。命令系統を巡る議論がしばしばもちあがった。仲を取り持つだけの力があるのは、フォン・ノイマンただ一人だった。「彼は驚くべき技を使って、ハーマンとわたしが喧嘩しないようにしてくれていました」とビゲローは語る。「わたしたち二人は、まるで水と油、犬と猿のように反りが合いませんでした。ですが、フォン・ノイマンが、これはここに、それはそこに、という具合にすべてしかるべきところにおさめ、どんな諍いも解決してくれたのです(53)」。

「わたしがフォン・ノイマンと直接話をすることはあまりありませんでした」とラルフ・スラッツは言う。「わたしがビゲローに話し、ビゲローからフォン・ノイマンに話すほうが普通でした。ほら、キャボット一族はロッジ一族に話し、ロッジ一族が神に話したのと同じです」（訳注：キャボット家は、ヴェネチアの金融界に源流を持ち、奴隷売買と麻薬密売で富を成したと言われる。ロッジ一族はマサチューセッツの芸術と政治の名門）。フォン・ノイマンとの会話は、長距離電話で行なわれることも多かった。「彼は、昼夜を問わず、何時でも電話を掛ける癖がありました」とゴールドスタインは言う。「午前二時でも構わず電話してきて、『これ、どうやればいいかわかったよ』と言うのです。そしてやおら説明を始めるのでした。フォン・ノイマンと長距離離れて共同研究するときの最大の問題は、当時は電話の接続がそれほどよくなくて、フォン・ノイマンはほとんど『もしもし』と叫びどおしだったという点でした。ですから、接続が切れずに通話ができるときは二人で『もしもし』ばかり言って時間が過ぎてしまいました。しかし、それにもかかわらず、このやり方でたくさんのことを進めていくことができたのです(54)」。

フォン・ノイマンは、あらゆるものがいかにして動くのかを知りたいと思っていたが、実際にものを動かすことは技術者たちに任せていた。「実験が関わってくる事柄は、フォン・ノイマンには向きませんでした」とゴールドスタインは語る。「一旦その原理を理解してしまったあとは、バイパスコンデンサを配置しなければならないとか、自分の手を汚さなければならないうんざりするような技術上の細かいあれこれの話は、彼の関心を引くことはありませんでした。こういうことが不可欠だということは彼も認識していましたが、それは彼の仕事ではなかったのです。こういうことに腰をすえて取り組む辛抱強さを身に付けることはなかったようです。仮に技術者になったらなったで、最低の仕事しかできなかったでしょうね」[55]。

ビゲローによれば、「フォン・ノイマンはわれわれに一つ大きなアドバイスをしました。『新たに何かを始めたりは決してするな』というのがそれです」。このアドバイスのおかげで、IASのプロジェクトは先頭に立つことができた。「われわれのグループが成功し、ほかのグループに大きく水をあけることができた理由の一つは、われわれが限定的な目標を設定したことにあります。つまり、新しい基本要素は決して作らないことに決めていたのです。標準的な通信目的向けに入手できるものをできるだけ使おうと努力しました。大量生産されている、ごくありきたりの真空管を選ぶことによって、信頼性のある部品が入手できるようにしたからこそ、部品の研究に時間を費やさなくて済んだのです[56]」。

目には見えない、基本的な情報の単位がビットだ。デジタル計算の目に見えない基本的な単位は、ビットを、それが取り得る二つの存在様式――構造（メモリ）またはシーケンス（コード）――のあいだで変換する作業だ。これこそチューリング・マシンが、テープの区画にあるマーク（もしくはマークがないこと）を読み出し、それにしたがって「精神状態」を変え、ほかの場所にマークを付ける（もしくは消す）ときに行なっていることなのだ。これを電子的なスピードで行なうには、所与の状態を長期間保ち、電子パルスまたはほかの形の刺激が来たらそれに応じてその状態を変化させたり伝達したりできる二進法要素が必要である。「コンピュータのなかの基本要素――すなわち『セル』――のほとんどは、二進法的、つまり、『オンオフ』どちらかしかない」と、ビゲローとその同僚たちは最初の中間進捗報告書で述べている。「その状態が、その履歴によって決まり、時間的に安定しているのがメモリ要素だ。その状態が、そのとき存在している電圧や信号の大きさによって本質的に決定される要素のほうは、『ゲート』と呼ばれる」(57)。

　トランジスタ誕生前夜の一九四六年、一つのデジタル変換のエラーが、数百万の変換が起こっているコンピュータをストップさせてしまうかもしれないという恐れがあった。大規模なコンピュータの前例としては、ＥＮＩＡＣしかなかった。「ＥＮＩＡＣが存在しており、ＥＮＩＡＣが機能していたという単純な事実があるだけで、そんな大規模なコンピュータが機能していたという前例がまったくなかった場合に比べると、とてつもなく大きな自信が持てました」と、ラルフ・スラッツは言う(58)。しかし、この新しい装置をＥＮＩＡＣに比べるとは、ＥＮＩＡＣを卓上計算器に比べるようなものだった。基本的なコンピュータ用の要素で入手可能なもののなかで、いったい何が十分機能すると信頼できただろう？

　その答が６Ｊ６、第二次世界大戦中から戦後にかけて膨大な数生産された、小型の双三極真空管であった（口絵㊾）。直径四分の三インチ（約一・九センチ）、高さ二インチ（約五センチ）、ベースは七ピンの６Ｊ６は、戦時中の軍の通信と、その後に興った消費者向けエレクトロニクス産業を推進した。事実上、二本の真空管が一本にまとまった構造で、二組のプレート（一番および二番ピン）とグリッド（五番ピンおよび六番ピン）が、一つの共通カソード（七番ピン）を使っていた。この、一つのガラス管内に二つの双極管を封入した、いわゆる双三極管構造のおかげで、６Ｊ６は「トグル」として使うことができた。つまり、どちらか片側を通電状態にすることができて、しかも、一マイクロ秒以内にその状態を切り替えることができたのである。「ジュリアン・ビゲローは、この『トグル』という用語のほうが、『フリップ・フロップ』というよりも、実際の動きを正確に表していると言い張りました。まったく彼の言うとおりでした」とポメレーンは言う。「フリップ‐フロップは、置かれた状態に留まり続けることができる双安定な回路を指すには不適切な言葉でした」。これによって、その状態が単純にオンかオフかで表される要素を使う――これだと単に機能していないだけなのか一つの動作状態なのか、区別することができない――よりも、はるかに確実に二進法データを表すことができるようになった。ビゲローがのちに述べたように、「二進法カウンタとは、単純に、一対の双安定なセルが、ゲートによってメビウスの帯のような状態に接続されて通信しあっているもの」なのであった[59]。

「もしも双三極管の６Ｊ６が戦時中に存在しておらず、広く使われていなかったなら、われわれが何を真空管として使っていたか、見当も付きませんね」とウィリス・ウェアは言う。６Ｊ６が広く使われていたということは、それが安価に入手できるということのみならず、信頼性が高いということでもあった。ビゲローがコロンビア大学の統計研究グループで担当していた最後のテーマの一つが、軍需物資の信頼性に関するものだった。「戦闘機のロケット推進ユニットで予期せぬ爆発が起こって、翼が外れてしまう事故が多発していました」と彼は説明する。「しかも事故の原因は、稀なはずのエラーだったのです。だからコロンビア大学では、優秀な統計学者を何人も擁していました。その一人がほかならぬあのエイブラハム・ウォールドで、彼はわれわれのグループと一緒に研究していた際に逐次解析の手法を編み出したのです。その後わたしは、人生について考えるときに統計学的思考を使うようになりました」。調べてみると、最も信頼性の高い真空管は、最も大量に生産されているものだということが明らかになった。たとえば６Ｊ６だ。ビゲローはそのあたりのことをこう述べる。

「割高な値段で売られており、長持ちするよう特別に作られていると謳われているような真空管は、もっと大きな生産ロットで製造されている普通の真空管よりも、構造誤差に関しては信頼性が低いことが多いとわかったのです[60]」。

高品質のものがかえって安いという理屈は、すぐには受け入れられなかった。とりわけ、コンピュータの要素として6J6を使い続けてきたIBMが、より高いコストで、特別なコンピュータ向けの品質を持つ試験的真空管を独自に製造するために、ニューヨークのポキプシーに最近工場を建設したばかりだったという事情もあったので、なおさらだった。大量市場向けの6J6を選んだのは間違いではなかったのかという激しい議論が続いた。最終的に、高等研究所のコンピュータの三四七四本の真空管のうち、一九七九本が6J6となった。「コンピュータ全体が、巨大な真空管試験用ラックのように見えました」とビゲローは述べている[61]。

「6J6のような小型真空管は、ほかのタイプの真空管よりも極端に寿命が短く、それを使った設計が大失敗に終わることはないのかどうか、はっきりさせることが極めて重要になってきた。そこで、にわか作りの簡単な寿命試験装置が設置され、6J6の信頼性を一種統計学的に見積もることになった」と、ビゲローは一九四六年の終わりに報告した。6J6真空管が、二〇本ずつ四列、合計八〇本、試験ラックの水平な上下二段に、立てた状態と寝かせた状態の二通りで並べられた。このラック全体が、振動するアルミの板の上に載せられ、この状態で三〇〇〇時間放置された。「合計六本が壊れた。四本は最初の数時間のうちに。一本は約三日後に。もう一本は一〇日後に」と最終報告された。「そのうち四本がヒーターの故障。一本がグリッドのショート。そして残る一本が密閉の破れであった[62]」。

完全にだめになってしまう真空管は問題ではなかった——これらのものは、自己診断ルーチンが組み込まれていて、容易に特定でき、交換することができた。問題だったのは、そもそも仕様を満たしていない真空管と、時間が経つにつれて仕様を満たさなくなっていく真空管であった。そんな真空管が混ざっていたら、正しい結果を得続けていると、どうして信頼できるだろう? フォン・ノイマンが、のちに一九五一年の『信頼性のない部品の信頼できる組織化』と一九五二年の『確率論的論理と信頼性のない要素からの信頼性ある組織の構築』という二つの論文をもたらすアイデアをトップダウン式にちょうど生み出しつつあったが、これと並行して、高等研究所の技術者たちは、同じ問題にボトムアップ式に直面していたわけである。

あてにならない戦用余剰品の部品から信頼できるコンピュータを作るには、戦時の電子工学と戦時の創意工夫の両方に長けた技術者が必要だった。ニュージャージー州ニューブランズウィック出身のジャック・ローゼンバーグは、家族のなかで最初に大学へ行った。それは一九三四年、彼が一六歳のときのことで、その大学とはMITであった。高校三年生のとき、シカゴ万国博覧会「進歩の一世紀」を見に行き、「ほぼ一週間、科学館で過ごしました。MITのブースがあり、そこにいた男性に話しかけたところ、MITはおそらく入学するのが一番難しい学校だと思うと言われました。それでMITを受けることにしたのです」。

ローゼンバーグは最初数学を専攻したが、のちに電気工学に転向して、クラスで一番の成績で、しかも学位を二つ取って卒業した。「一九三九年に就職先を探して面接をして回ったのですが、大勢の同級生がすでに働いているのを見かけました」と彼は言う。「彼らより自分のほうが頭がいいことはわかっていましたが、まあ、世間とはそういうものでした」。結局彼は米国陸軍通信部隊の民間人技術者として働くことにした。アメリカが参戦すると同時に、彼は将校になった。

一九四五年七月、ローゼンバーグは日本への侵攻に備えるため太平洋をフィリピンに向かって八ノットで航行する軍隊輸送船に乗っていた。「アマチュア無線家だったわたしは、寝ていないときはほとんど無線室のなかで短波放送を聞いて過ごしていました」と彼は言う。低速で移動する船は格好の標的だったので、送信は禁じられていた。一九四五年八月六日、彼は広島に原子爆弾が投下されたというニュースを聞き、続いて八月九日、長崎への投下のニュースがあった。「乗船していた部隊の司令官も、わたしと同じように愕然としていました。無線を聞き続けるよう司令官に命じられました。彼が受けた日本侵攻の命令に変更はありませんでした」。まもなく日本が無条件降伏したというニュースが届いた。「あの二つの爆弾で、われわれの命は救われたのです」とローゼンバーグは言い、フォン・ノイマン（とオッペンハイマー）が彼の雇用者としてどんなに厄介な相手かが明らかになってからも、このことを忘れることは決してなかった。[63]

ローゼンバーグは一九四六年の四月までフィリピンにいた。プリンストン大学物理学科長のヘンリー・スミスが書いたマンハッタン計画に関する非専門的な解説書で、機密扱いをすぐに解かれた、『原子力の軍事目的への使用』を軍の売店で一冊見つけた。ニュージャージー州フォートディックスで陸軍を一九四六年七月に除隊になった——行きと違って、帰りは三〇ノットのタービン駆動の汽船で太平洋を渡った——ローゼンバーグはプリンストン大学へ行き、原子力エネルギー研究の仕事を探した。物理学科に採用され、大学の新しいサイクロトロンの設備関連業務を担当することになった。しかし、「わたしの熱意は一カ月ほどしか続かなかった」と彼は記す。

「一九四七年になってすぐ、高等研究所である有名な科学者が、彼にしか理解できないような電子式の機械を開発する技術者を探しているという話を聞いた」。ローゼンバーグはビゲローとフォン・ノイマンの面接を受け、七月から働きはじめた。「陸軍には反ユダヤ感情が蔓延（まんえん）していた。しかし、ジョニーには反ユダヤ感情などなかった」。

「ジョニーはわたしたち全員に、週に一度ずつぐらい一対一で会い、何を作ったか、それはどのように機能しているか、どんな問題を抱えているか、作ったものにはどんな症状が見られるか、それはどんな原因から来ていると診断したかを尋ねた。どの質問も、彼がそれまでに明らかにした情報に基づいた、まさに最善の問いだった。彼の論理は完璧だった——彼が的外れな質問や間違った質問をすることは決してなかった。彼はいつも矢継ぎ早に質問したが、それは電光石火のごとく素早く、誤ることのない頭脳の表れと言えた。一時間ほどのあいだに、彼はわれわれ一人ひとりに、自分が何を成し遂げたのか、何に直面しているのか、そして、その問題の原因を知るにはどこを調べればいいのかを理解させてくれたのだった。それはまるで、物事をひじょうに正確に映すのみならず、不要な部分はすべて消し去って、重要な部分だけを残して表示してくれる鏡に見入っているようだった[64]」。

ローゼンバーグがやってきたころは、四〇段のシフト・レジスタをどうやって作るかが問題になっていた。これはコンピュータの計算能力の心臓部に当たる、重要な部分だった。「正確に機能する二段のレジスタを作るのは簡単だった」とローゼンバーグは言う。「三つめの段が加わると、ときどきエラーが起こるようになる。四つめの段が加わると、レジスタは使いものにならなくなった。われわれが気づいたのは、真空管の電気的性質は、真新しい真空管であっても、真空管ハンドブックに記載されている仕様とはかなり違っているのだということだった」。

ローゼンバーグによれば、さらに徹底的なテストを行ない、主要真空管メーカー数社に相談し、「彼らの製品に苦情が出たことなどこれまでになかったし、われわれが買わなくても十分たくさんの顧客がいる」との説明を受けた末に、フォン・ノイマンは、「信頼性のある真空管など存在せず、したがって、信頼性のあるレジスタなど製作できない」と思い知らされた。これに対して彼は、「われわれは、数千個の信頼性のない部品から、信頼性ある四〇段レジスタ搭載コンピュータをいかにして設計するかを学ばねばならない」と言ったとローゼンバーグは記している。そして彼らはその通りのことをしたのであった[65]。

彼らは、公表された真空管の仕様に従って設計するのはやめて、今日(こんにち)「最悪値設計」と呼ばれるやり方をすることにした。「当時最新流行の婦人服のスタイルにならって、ビゲローはこれを『ニュールック』と呼んでいました」。ラルフ・スラッツはこのやり方をこう説明する。「われわれは一〇〇〇本の真空管を一度にまとめてテストし、一番弱い真空管と一番強い真空管を特定し、それに五〇パーセントの安全率を掛けたのです」[66]。

この新しい設計要項は個々の真空管に始まって、次第にトグル、ゲート、標準回路モジュールへと広く適用されるようになり、最後に四〇段レジスタにも使われた。単調なデバッグ作業を延々と行なったあと、四〇段レジスタはまっとうに作動するようになった。ビゲローはまた、装置全体としての信頼性は、装置を高速化することによって改善され得ると、直感に反することを主張した。「高速化することによって、確実性は低下するのではなく、むしろ向上するはずだ」というのだ。機械装置とは違って、真空管は、使用によってではなく、単純に時間の経過によって劣化し、作動のスピードによってではなく、「その個数に比例して、予想外の故障を蒙る」。したがって、できる限り少数の真空管を最高速度で使うことによって、最善の信頼性が実現できるのだ。「最後に、間欠性エラーが最も厄介で最も検出困難なのは、間欠性が作動速度にほぼ対応する場合である」とビゲローは中間報告書で述べた[67]。

高等研究所の技術者たちは、一つひとつを仕様に対してテストしたなら大部分が受け入れ不可能だったであろう真空管たちが、全体として受け入れられるデジタル的な振舞いをしてくれるように、うまく扱ったのだった。これが実現できたのは、ビゲローとウィーナーがデボマーの研究で見つけた、「プロセスが進むあいだノイズを蓄積するにまかせるのではなく、プロセスのすべての段階で、信号からノイズを除去せよ」という原則に従ったからだった。ただし今回は、「プロセスのすべての段階で」ではなくて、「ビットを一つ送るたびに」だったが。今日われわれが、ひじょうにうまく機能するマイクロプロセッサを使えるのは、シリコンの奇跡のおかげであると同時に、実は高等研究所のチームの、この工夫と才覚のおかげでもあったのである。デジタル宇宙全体に、今日なお、6J6のしるしが残っているのだ。

「ひところわれわれは、真空管なんか装置から外して、標準テストのルーチンにかけておけばいいんじゃないかと思っていました」とジェームズ・ポメレーン[68]は回想する。「あんなに見苦しい真空管の山を目にすることは、その後一生ありませんでしたよ！」

第8章　V40

このような機械のすべてが、自然の作品の最も単純なものの下、それも、計り知れないほどの距離だけ離れた下に置かれねばならぬとしても、ときには人間が作ったものさえもがわれわれの眼前に示す、このようにとてつもなく大きなサイクルを通して、論理の鎖の一番下の段の大きさを、おぼろげながら見積もることが、もしかしたらできるのかもしれない。その一番下の段こそ、われわれを自然の神へと導くのである。

——チャールズ・バベッジ、一八三七年

四硝酸ペンタエリスリトール（PETN）は第一次世界大戦では重要な爆薬だったが、その分子構造は第二次世界大戦中もまだ特定されぬままだった。自動車点火進角装置（訳注：自動車のエンジンの回転が上がるにつれて、点火時期を自動的に早める装置）や、電気のない家庭でラジオの電源にできるよう設計されたコンロ用熱電対(つい)などを発明した人物を父に持つアンドリュー・ブースが、X線結晶学を使ってPETNの構造を特定する仕事を任されたとき、彼はバーミンガム大学の大学院生だった。

「二歳のときにヒューズを直して、母親をびっくりさせた」ブースは、一九三七年にケンブリッジ大学で学べる学部学生向け奨学金を獲得し、純粋数学者Ｇ・Ｈ・ハーディのもとで研究することになったが、この組み合わせは最初から絶望的だった。ハーディから、ほかのテーマに時間を無駄に費やすのをやめるか、それとも奨学金を返上するかどちらかにしろと最後通告を突き付けられ、「数学が有用でないなら、やる意味はない」と確信していたブースはケンブリッジを去り、物理学、工学、そして化学を、自分が思うがままに学ぶことにした。コベントリのアームストロング・シドレー社で航空機エンジンの仕事を実習していた際、彼はサーチライトの設計を改良し、エンジン部品検査のためのＸ線装置を作り上げた。この功績が認められて、英国ゴム生産者研究協会（ＢＲＰＲＡ）の出資する奨学金で大学院に行けることになった。そうしてＰＥＴＮの分子構造を特定する仕事を任されたのだった。ただし、当初は何という物質を調べているのかははっきりとは知らされていなかった。「ある物質をただ渡されて、どんな構造か明らかにしろと言われただけでした」と彼は説明する。「われわれはそれを成し遂げました。そしてもちろん、そのころまでには、その物質が何なのかわかっていました」[1]。ブースのグループは、ＰＥＴＮのほかにＲＤＸ（トリメチレントリニトロアミン）の構造も特定したが、これは新しいプラスチック爆弾の主成分となるもので、のちに原子爆弾の開発で重要な役割を果たすことになる。

結晶性物質の試料から散乱されたＸ線が作る回折パターンを記録することによって、電子密度のパターンを推定し、そこからさらに、そのような回折パターンをもたらした分子構造を推定することは、困難ではあるが、可能だ。分子構造がわかっているときに、その物質の回折パターンを予測するのは難しくないが、逆に、観察された回折パターンから分子構造を決定するのは、生易しいことではない。まずは見当をつけ、それから計算をして、その見当が少しでも正解に近いかどうかを確かめる。これを何度も繰り返し、もっともらしい構造が得られることもあれば、得られないこともある。

「わたしがコンピュータを使ってはどうかと提案するまでは、皆、ごそごそいじっては最善を期待するというやり方でした」とブースは回想する。「それはとんでもなく時間がかかり、しかもたいてい散々な結果しか出てきませんでした」。X線散乱の背後にある物理は極めて単純なのに、逆向きに、散乱結果から結晶の配列を決めるには、力ずくの計算が必要だった。「厄介な計算をおそろしくたくさんしなければなりませんでした。わたしがやったような典型的な構造で、約四〇〇〇の反射がありました……。そして、このいまいましい位相角を計算するには、問題の構造のなかにあるすべての原子についての和を取らねばならないんです。手計算ではとほうもなく時間がかかりました。男の子が一人と女の子が一人、わたしの計算を手伝ってくれましたが、答が出るまでに三年かかりましたよ」[2]。

PETNの分子構造を特定し、博士号も手にしたブースは、ロンドンに程近いウェルウィン・ガーデン・シティにあるBRPRAの中央研究所に移った。ジョン・W・ウィルソンの監督のもとで、彼はX線分析の仕事の能率を上げることを目指し、一連の機械計算機や電子機械計算機の製作を始めた。結晶学者のデズモンド・バナールがこれに目をとめた。バナールはちょうどそのころ、従来の構造解析では構造を決められなかった複雑な生体分子に取り組むために、バークベック・カレッジに「生体分子」研究所を設立しつつあった。「わたしはこの、結晶学専用コンピュータを作っていました」とブースは言う。「バナールが興味を持ったのはこれで、また、だからこそわたしに彼と一緒に研究してほしいと思ったのです」。バナールのグループには、のちにDNAのらせん構造を特定するうえで大きな役割を果たすロザリンド・フランクリンもいた。

一九四六年、バナールはブースを、アメリカ合衆国のコンピュータがどこまで進歩しているか、その現状を調べる任務に派遣した。当時はロックフェラー財団に戻っていたウォーレン・ウィーヴァーが、ブースの最初の訪問の費用を負担し、ブースが選んだアメリカの研究所で、ロックフェラー・フェローシップの奨学金で特別研究員として滞在できるよう手配することに同意した。ブースは主要な研究者――ベル研究所のジョージ・スティビッツ、ハーバードのハワード・エイケン、MITサーボ機構研究所のジェイ・フォレスター、ムーア校のEDVACグループ、プリンストンの高等研究所のフォン・ノイマンとビゲロー、そして最後にエレクトロニック・コントロール社のエッカートとモークリー（ブースによると、二人は「敵意をむき出しにしていた」そうだ）――を順に訪れた。ブースはサンフランシスコの香港銀行のそろばん計算センターまで訪問し、また、婦人クラブからライナス・ポーリングの研究グループまで、幅広い聴衆を相手に講演を行なった。

彼はまた、「あちこち寄り道も」した。たとえば、ゼネラルエレクトリックのアーヴィング・ラングミュア（訳注：アメリカの化学者・物理学者で、一九三二年、界面化学分野への貢献でノーベル化学賞を受賞）のところに「二、三泊」した。ラングミュアは天候の調整からタンパク質の構造まで、さまざまなテーマに関心を抱いていたが、そのころは自ら発明し、「電気ブタ（エレクトリック・ピッグ）」と名づけた生ゴミ処理機に夢中になっていた。ブースはその装置の実演を見せてもらった。「わたしはちょうどバナナを食べたところだったので、バナナの皮を放りこみました。すると、バリバリというものすごい音がして、装置は完全に詰まって止まってしまったのです。それで、結局このノーベル賞受賞者が床に腹ばいになって、この装置の底を外して、バナナの皮を取り除くはめになったのでした[3]」。

「それからニューヨークへ戻って、ウィーヴァーと会いました」とブースは語る。「彼に、『君は何をやりたいかね？』と尋ねられ、わたしは『そうですね、話をするに値するのは、プリンストンのグループだけですね』と答えました。両手を宙で振ってばかりで、実際には何もしていない状態からほんとうに抜け出していたのは、彼らだけだったのです[4]」。

チャールズ・バベッジの解析機関と、チューリングの万能マシンの両方に詳しかったブースは、高等研究所のプロジェクトこそ、これらのアイデアを実用になる形で具現化したものだと見て取った。ケンブリッジ大学でチューリングにも接していたブースは、のちに米国学術研究会議から、ロンドンの国立物理研究所で製作中の自動計算機関（Automatic Computing Engine, ACE）のためにチューリングが設計した回路をいくつか評価してほしいと依頼された。「どれもたいへん複雑でした」と彼は言う。「そして、これらの回路一つひとつに、わたしならそれと等価なものをどう設計するかを作図していったのです。わたしの設計したものは、だいたい四分の一の価格でできました。それに、チューリングの設計には、機能しないに違いないと思われるものもありました(5)」。

ジュリアン・ビゲローのアプローチは最少主義だった。「ジュリアンの変わらぬ原則は、コンデンサなしでものを作れ、でした。コンデンサがあると、スピードが制限されます。コンデンサがなければ、十分電気を流してやれば、望みのスピードが出るのです(6)」。高等研究所のコンピュータのスピードは遅くすることもでき、デバッグ作業のあいだは、一度に一つの指令だけが実施されて「一歩ずつ動く」ようにもできた。有用な計算の多くが八キロサイクル、すなわち、最高のスピードの半分ぐらいで行なわれた。固定された「クロック・スピード」はなかった。一つの指令が実施されると、コンピュータはすぐに次に進んだ。

一九四七年初頭、ブースはオーシャンライナー、〈クイーン・メリー〉でニューヨークに向かった。彼の助手で、X線分析用計算機の研究で久しく先頭を走っており、のちにコンピュータ・プログラミングの初期の教科書を書くキャスリーン・ブリッテンも同行した。ブリッテンの渡航費（と俸給）はBRPRAのジョン・ウィルソンが支払っており、ウィルソンはブリッテンのために一等客室を予約していた。ブースの渡航費（と高等研究所のフェローシップ奨学金）はロックフェラー財団が支払っていたが、ブースは三等客室しか予約してもらえなかった。バナールは苦情を訴えた。「最終的には、ジョニー［ウィルソン］がわたしも一等に入れるよう金を出してくれました」とブースは言う。

　ブースとブリッテンが一九四七年二月末にプリンストンに到着したとき、高等研究所にやってくる客員研究員全員が直面していた問題は、「わたしはどこで暮らせるのか？」だった。「ブースのみならずブリッテン嬢にも問題なくちゃんと住む場所が手配できるはずです」とゴールドスタインはフォン・ノイマンに手紙で伝えた。「［バーネッタ］ミラー嬢が『ヘッティー』ゴールドマン嬢の家政婦を雇って、彼女にアパートの一つに住み込んでもらい、食事を作ってもらおうとしています。この場合、ブースとブリッテン嬢の二人は、ゴールドマン嬢の家政婦と一緒に引っ越して、必要な作法をすべて守って一緒に暮らしていただければいいと思われます」。ブースとブリッテンは、フルド・ホールからオルデン・レーンにかけて新設された「団地」で家政婦を使った最初の客員研究員たちに数えられる――ちなみにこのカップルは、「キャスリーンが超音速航空力学の博士号を取ったあと」一九五〇年に結婚した(7)。

　時を遡る一九四六年三月、ヴェブレンが電子計算機プロジェクトのメンバーたちのための住宅を急遽建築することを提案していた。「パノフスキー、モース両教授は、この提案に難色を示した」と議事録にある。「高等研究所が、このようにほぼ排他的にコンピュータ・グループのみに利するようなプロジェクトに資金を流用するのは、賢明なことではないというのが彼らの意見だ(8)」。一九四六年六月、技術者たちが仕事をしにやってくるようになると、状況は深刻になった。新たに雇用された者たちは、フィラデルフィアやニューヨークなどの遠方からの通勤を強いられた。「最善の解決策は、ニューヨークライフ保険会社から、アパートを一ブロック借りることです」と、エイダロッテは緊急理事会で報告した。「しかし、ニューヨークライフは、高等研究所にアパートを貸すのをためらっている。エイダロッテ博士は、『そうとは言わないものの、彼らはユダヤ人に貸したくないのではないか』と疑っている。委員会は、ニューヨークライフに入居者の暫定リストを提出することに決定した。ユダヤ人も含まれるだろうが、ヒンドゥー教徒や中国人は含まれていないはずだ」[9]と、マーストン・モースは会議で発言している。

この作戦は失敗に終わり、切羽詰まって、近隣を一カ所ずつ回って、協力を求めることになった。ローレンスビル・スクール（訳注：ニュージャージー州ローレンスビルにある名門の全寮制ボーディング・スクール）の校長が、「高等研究所の客員研究員たちが生徒たちと交流したり、チャペルでスピーチしたりするのはいいことだと考え」、二、三人の学者を受け入れることを承知した。また、ローズデールの近くの養鶏場がアパート四つを提供してくれた。アパートはどれもセントラルヒーティング付きだったので、「子どものいる夫婦に最適」だった。マーストン・モースは、「いよいよとなれば、フルド・ホールの一部の部屋に折りたたみ式ベッドを入れることを許可する」と提案した。一九四六年末の時点で、まだフルド・ホールに仮住まいしているのは、一組の四人家族だけとなった[10]。

局面が打開されたのは一九四六年八月、ニューヨーク州北部のマインビルにあったリパブリック・スチール社の鉄鉱山で戦時中急増した労働者に提供されていた、木造枠組構造アパートの巨大な団地が売りに出されたときだった。「わたしは、コンピュータ・プロジェクトの技術者、ビゲロー氏を同日マインビルに派遣しました」とエイダロッテは理事会に報告した。「彼は、他の二つの大学の代表者たちが、やはり入手可能な住宅を確保しようとやっきになっているのを見かけたそうです。しかし、ビゲロー氏の行動力のおかげで、一一棟、計三八戸のアパートを購入することができました。各戸、寝室が二室、または三室あります。アパートはどれも堅牢な造りで、床は堅木張り、アディロンダック山地の冬の寒さに備えてロックウール断熱材が施され、二重窓、網戸、物干し用ロープ、ごみバケツが備え付けられています[11]」。

一つだけ問題があった。マインビルとプリンストンは三〇〇マイル（約四八〇キロメートル）も離れていたのだ。ビゲローの指揮のもと、棟はセクションへと解体され、鉄道でプリンストンまで移送され、スプリングデール・ゴルフコースとフルド・ホールのあいだの高等研究所の敷地内に、現場打ちコンクリートの基礎を敷いた上に、組み立て直された。近隣のプリンストン市民が、「洗練された住宅地に侵入し、有害な影響を及ぼすから」という理由で、この団地移設を阻止しようと苦情を申し立てたにもかかわらず、団地移設は一九四七年一月にすべて完了した。かかった費用は、住居そのものに三万ドル、移設場所の準備と移送に二一万二六九三ドル六セントだった（口絵㊺）。[12]

マインビルのアパートは、ロスアラモスの政府供給住宅と同じ戦時様式で建てられていたので、今回のコンピュータ・プロジェクトのメンバーで、戦時中ロスアラモスの団地にオッペンハイマーの監督のもとで暮らしていた者たちは、戦後、高等研究所の団地に、再びオッペンハイマーの監督のもとで暮らすことになった。一九四七年二月までには、ビゲロー家を含む一七家族が新しいアパートに入居し終え、なおも続々と人々が入りつつあった。ビゲローはエイダロッテにこんな手紙を書いた。「こちらに来てから、大勢の隣人たちと親しく知りあうようになりました。共通点がたくさんある数学や物理学をやっている人たちばかりでなく、ほかの分野で働いていて、経験も展望もわれわれとはまったく違う人たちとも知りあいましたが、この人たちのほうがはるかに刺激的なことも多いのです」。[13]

一九四六年四月、高等研究所はビゲローの努力を評価し、一〇〇〇ドルの謝礼金を贈った。そして九月、バーネッタ・ミラーは、「今では三〇人余りの子どもたちがおり、これからまだまだ増えるものと期待され」、また、「入居者たちは、そろそろ芝生が生えてくるころだとの思いに喜んでいます」と報告した。「マインビル」アパートでの気楽な集まりは、やがて高等研究所での生活に欠かせないものとなった。「夜になると、われわれはよく集まりました。そうやって、お互いをたいへんよく知るようになったのです」と、一九四八年六月にやってきた第二集団の技術者たちの一人、モリス・ルビノフは語る[14]。

「ジュリアンとメアリーは、団地のみんなの心の拠りどころだった」と、やはり一九四八年にやってきたフリーマン・ダイソンは回想する。「何か個人的な問題で悩んでいるときは、メアリーのところへ行った。彼女は精神的支援、良い助言、あるいは、彼女の暖かい人柄そのものなど、必要なものを与えてくれたのだ。そして、実際的な問題——車の修理が必要だとか、地下室にネズミがいるだとか、石炭炉がまったく暖かくならない、あるいは、暖かすぎるなど——なら、ジュリアンがいつも解決してくれた。素晴らしい年月(としつき)だったね[15]」。

　住宅危機が解決し、コンピュータ用の建屋(たてや)も完成した今、技術者たちは、要素を一つずつ作る段階を終えてコンピュータの製作に——もちろん、同時に電源と冷却装置の製作にも——取りかかることができた。コンピュータの建屋は団地の隣で、ルビノフが言うには、「仕事に行き、昼食に家に帰り、そしてまた仕事に戻る、これが、ほかの場所ではあり得ないほど素早くできたんですよ」。まさにロスアラモスの再現だった。「彼らは、八時か九時まで働いて、夕飯に二時間ほど席を外し、そのあとまた仕事しに戻っていました」と、一九五〇年六月、仕上げの段階に入ったコンピュータの最後の追い込みの最中に、技術者である夫のジェラルド・エストリンと共にグループに加わった電気技術者のテルマ・エストリンは語る。「徹夜で作業することも珍しくありませんでした[16]」。

「わたしは博士号を取得したばかりでした」とはジェラルドの言(げん)だ。「コンピュータのことなど聞いたこともありませんでした。コンピュータについては何も知らなかったなあ」。だが、仕事を探すうちに、「高等研究所で面白いプロジェクトが進んでいる」という話を聞いた。フォン・ノイマンはエストリン夫妻を見学に招き、その場で採用を決めた。「フォン・ノイマンはスタッフたちの真ん中にいるのが好きでしたね」とジェラルドは言う。「わたしたちは、車を降りて地面に足を着けたその瞬間から、この場所が大好きになりました。芝生のあちこちに、『芝生の上を歩かないでください』という小さな立て札が立ててありました」。エストリン夫妻は続く三年間高等研究所に滞在し、その後イスラエルに移り、ＩＡＳコンピュータの複製を製作する仕事に携わった。「ものすごく密度の濃い年月でした。あの小さなグループの一員として働きながら、わたしはコンピュータのあらゆる部分について学び、自分にできる限りのことをして協力しました」[17]。

ほとんどのマイクロプロセッサが一つの電圧――大きさは一ボルトから五ボルトのあいだ――しか必要としない現代に、真空管式のコンピュータを動かすのに、異なる大きさの電圧がいくつも必要だったことを理解するのは難しい。外から建屋に引かれている一二〇ボルトの三相電源ラインが、七本のメイン・ブランチに分けられた。まず、真空管のヒーターに三相電源を供給する分岐回路が三本あった――そのうち約六・五キロワットが算術ユニットに、一・五キロワットがメモリに割り当てられた。第二に、四つの独立した整流器を通して直流電源がコンピュータの中核（コア）に供給され、さらに、一三〇〇ボルトから三八〇ボルトまでの範囲の、二六の異なる電圧に分割された。最後に、このあと紹介するウィリアムス管の偏向回路には一〇七五ボルト、一二二〇ボルト、そして一三〇六ボルトの調整電圧が必要だった。一つの回路にとって有用な電流が、どこか別の場所にノイズをもたらしてしまう場合もあったし、入力電源ラインに入った過渡信号でノイズが生じたことは言うまでもない。はじめのうち、直流電源のノイズにはほとほと手を焼いたが、苦肉の策で、三〇〇ボルト、一八〇アンペア時の電力供給が可能なバッテリー・ハウスをコンピュータ建屋の外に建ててからは、ノイズからメモリがよりよく遮蔽できるようになった。より安定した電源が設計されるまでのあいだ、ここからノイズのない直流電源が供給された。

これらの電圧はどれも、一つの共通の基底電圧に対しての値でなければ、何の意味もなさない。その基底電圧として、しばらくのあいだ「ローゼンバーグ・グラウンド」と呼ばれる値が使われた。「われわれは、二つのセクションに分けてコンピュータを開発しました」とジェームズ・ポメレーンは説明する。「ところがあるとき、何かの事情で――何だったか、もう忘れてしまいましたが――二つを合わせたときに、わたしが自分の設計で『グラウンド』と呼んでいたものが、ローゼンバーグが『グラウンド』と呼んでいたものと違う電圧レベルだったのです。それで、しばらくのあいだ、わたしのグラウンドとローゼンバーグ・グラウンドを調整するバッテリーを使っていました」[18]。

彼らのコンピュータは四つの「器官」からなっていた。入出力、算術、メモリ、そして制御の四つだ。メモリの選択が設計を大きく左右したが、そのメモリが解決されたのは最後であった。「高速メモリの形が決まると、電子式コンピュータのそれ以外の構成要素は、なかば変更不可能となった」と、ブースとブリッテンは彼らの高等研究所滞在報告書のなかで述べている[19]。完成が期待されていたRCAのセレクトロン・メモリ管（第5章参照）はまだできていなかったけれども、その仕様は十分正確に決まっており、プラグ・アンド・プレイ方式の（つまり、プラグでつなげばすぐに使える）メモリ管がもうすぐやってくるとの仮定のもとで、コンピュータのそれ以外の部分を設計することができた。

6J6トグルのようなビット・レベルの部品とこれらのシステム・レベルの「器官」との、ちょうど中間の複雑さにあったのが、一度に四〇ビットのデータを同時に保存、送信、シフトする四〇段レジスタだった。アキュムレータ（累算機）と呼ばれるレジスタが、算術ユニットからメモリへのアクセスを、そしてメモリ・レジスタがこの逆向きに、メモリからの出口を提供していた――この二つで、ちょうど、自動車のエンジンで個々のシリンダーに付いている、吸気弁と排気弁の二つの弁と同じような働きをした。

　これらのレジスタはすべて「二列式」で、６Ｊ６トグルが二列に平行に並び、これらトグルの入出力の制御のために、さらに二列のゲートが並んでいた。このように冗長な構造になっていることで、通過中にビットが失われるのを防いでいた。つまり、すべてのデータは送信元で消去される前に、目的地で複製されたのである。インターネットでのデータ・パケットの転送が、パケット信号が無傷で到着するまでは完了したとは見なされないのと同じだ。

　ライプニッツが二六〇年前に示したように、シフト・レジスタは、二進数の列全体を一つ右か左の場所にシフトさせるだけで、二進法の算術を行なうことができた（第６章参照）。しかし、ＩＡＳのコンピュータでは、データが隣りあうトグルどうしのあいだを直接移動することはなかった。そうではなくて、個々のトグルの状態は、まず、上にある一時レジスタのなかに複製され、それから、下のレジスタの入力が消去されて、そして今度は、データが元のレジスタに一つ分斜めにずらして下ろされて、ようやくデータのシフトが完了するのだった（口絵㊾㊿）。コンピュータが一連の指令をいかに遅く実施するかについては、下限はなかった。ライプニッツが一六七九年に、列から列へとお行儀よくシフトする様子を思い描いた、固い物質でできたおはじきとは違い、電子は隙があれば逃げ出してしまうのである。

「情報はまず送信トグルに閉じ込められた。そして、ゲートの働きによって、送信側と受信側で情報が共有され、その後両方で安定・確実に保持されてはじめて、送信側が消去される」とビゲローは説明している。「移動中に情報が『不安定』になることはない。セコイヤの一番上にいる高所恐怖症の尺取虫と同じくらい安定だ」。データは、船が運河の水門を次々と通過していくのと同じように扱われた。「このころわれわれは、列状に並んだ仮想的なセルのあいだを情報が伝播したりスイッチしたりする際に何が起こるかに関して、フォン・ノイマンと共に、興味深い純理論的な議論を楽しんだ」とビゲローは記す。「彼がのちに行なったセル・オートマトンの研究の萌芽は、このなかにもあったのだろうとわたしは考えている」[20]。

「われわれは情報をある場所から別の場所に移すのに、適切な方法しか使いませんでした」とジェームズ・ポメレーンは語気を荒げる。「その方法が、今ではほんとうにどこでも使われているんですよ。わたしは、それを最初にやったのはわれわれだと思っています。ですから、特許を取らなかったのが残念でなりません」。特許になりそうな発明が、至るところで生まれていた。「特許に関する最初の取り決めで、高等研究所は特許の所有権を有するが、コストを超える特許使用料はすべて発明者に支払うことになっていました。なかなかいいでしょう！」ところが、申請された特許は一件もなかった。「われわれは若く、技術者として夢中に研究していました。特許の出願よりも、コンピュータを働かせることにはるかに大きな関心があったのです」とポメレーンは語る[21]。

一九四六年四月、フォン・ノイマンは、「すべてを従業員のものとするのと、すべてを高等研究所のものとすることの、合理的な中間点をねらった」特許方針の草案を書いた。従業員は彼らの権利を高等研究所に譲渡することに合意し、一方高等研究所は研究所にとって有用、もしくは有用な可能性があると判断した個々の発明について、速やかに、かつ従業員には一切の負担をかけることなく、米国特許証（ならびに、そのように決定された場合は、米国にとって外国に当たる国での特許）出願を、準備、申請、請求する」ことに合意するものとする。そのうえ、「高等研究所は、それぞれの発明について、特許使用料を受け取った場合は……特許の獲得もしくは申請で高等研究所にかかった総コストを超える分を従業員に支払うことに合意する」こととする[22]。以上のような内容の草案だった。

これは、技術者たちに大歓迎された。高等研究所のお抱え弁理士は、電子計算機プロジェクトは特許取得可能な発明を多数もたらしていると評価した——だが、コンピュータはまだ製作されてもいなかった。「高等研究所は、研究所が求めた場合個々の従業員から譲渡証書を取得し、その後、従業員がそのとき得ていたものに比べはるかに大きな手当てを支給することもできたんです」とビゲローは言う。しかし、これらの特許を守るのはもちろん、確保するためにも、相当な金がかかると予想された。高等研究所は、そんなやり方はあまりしたくなかった。なんといっても、一九三三年に、「研究が利益の源（みなもと）として使われるようになったそのとき、その精神は堕落する」と言ったのはエイブラハム・フレクスナーだったのだ。[23]

一九四七年中ごろには、ほとんどの特許権を政府に譲渡するという決定で、特許を巡る最初の合意は一方的に骨抜きにされてしまった。六月六日、ゴールドスタインは、「極めて価値の高い商業的応用がもたらされる、おそらくは二、三しかないであろう例外的な場合については、技術スタッフは高等研究所所長に、特許申請は研究所が直接行なうよう提言することができる」と再確認した。しかしこれは、空約束（から）でしかなかった。というのも、一九四七年四月の武器省長官房局との会合でゴールドスタインはすでに、「当該コンピュータの論理的な側面を扱った論文や報告書はすべて科学的出版物と見なし、したがって、関心を持つすべての科学者が入手できるようにする」ことに合意していたからだ。この合意のおかげで、それまでになされていた発明のほとんどが、申請しても特許としての価値は低下してしまうことになってしまった。ゴールドスタインは武器省長官房局に、「商業的関心を抱く者が、科学のコミュニティーに属すべきものを濫用しようと試みるのを防ぐため、Ａ・Ｗ・バークス、ハーマン・Ｈ・ゴールドスタイン、そしてジョン・フォン・ノイマンの共著による、一九四六年六月二八日付けの『電子式計算装置の論理設計に関する予備的議論』という題の報告書を一部、特許局に送り、これを事実上の出版物と見なすよう要請願えないでしょうか」と進言している。一九四七年六月、ゴールドスタイン、バークス、そしてフォン・ノイマンは、「本報告書に含まれる任意の特許化可能な内容が、パブリックドメインとされることが、われわれの意図であり願望であります」と、宣誓証言を行なった(24)。

技術者たちには、選択の余地などほとんど与えられなかった。ビゲローによれば、「たしか一九四八年の秋だったと思いますが、技術者たちの会合がありました。そのとき、二回めの契約には、一回めのときと同じ特許の項目は含まれないと告げられました。それに対してわたしは自分の意見として、それではわれわれはとても価値のあるものをあきらめてしまうことになると主張しました。しかしその一方でわたしは、この時点でジョニーに対してストライキを決行することは、個人的にどうしてもできませんでした。ですが、われわれが何をあきらめさせられたか、ご理解いただきたいのです。そして票決は圧倒的に、『それで行こう』でした(25)」。

「フォン・ノイマンと共に働いていた者たちは、彼に対して深い敬意を抱き、この装置を製作する一人として受け入れてもらえることに深い感謝を感じていたので、われわれが自分の権利をあまりに強く主張することは決してありませんでした。そしてもう一つ起こったことがありました。これは、わたしは当時は知らなかったのですが、フォン・ノイマンはIBMのコンサルタントを始めたのでした(26)」とビゲローは回想する。MANIACとそのプログラミングに関するすべての技術的な詳細は、パブリックドメインとされ、世界中で自由に複製された。一連の進捗(しんちょく)報告書が作成されたが、それらは明瞭な思考と技術的な詳細の手本とも言えるものだった。戦時中チューリングの助手を務めたI・J・グッドによれば、「これらの報告書の注目すべき特徴は、設計に関するあらゆる決定について、明快な理由が与えられていることだった。これは、その後に続く研究でも、めったに見られない特徴である(27)」。

「われわれIASのコンピュータの複製を作っていた者たちの多くが、自分たちが変更した点ばかりを強調して、ジュリアン・ビゲローをはじめとする高等研究所のメンバーたちにどんなに大きな恩恵を蒙(こうむ)っているかを忘れてしまいがちです」と、ウィリアム・F・ガニングはランド研究所のJOHNNIACの進捗を評価して、このように記した。「差し込めばすぐに働き、ごたごたなど必要ない算術ユニットをこれほど多くの者が作れたという事実は、彼らが根本的で重要な貢献を行なったという十分な証拠だとわたしは思います」[28]。

一九四七年の七月までには、一〇段加算器の試作機が「数日間信頼性を示しながら機能し続け」、〇・六マイクロ秒内に一〇の段すべてで、完全な桁上げを遂行した。八月には、一〇段シフト・レジスタが丸一カ月寿命テストにかけられ、一九四八年二月には、アキュムレータの試作器が試運転され、「毎秒約一〇万回足し算を行なうというペースで」、一つも間違えることなく五〇億操作を行なった[29]。

コンピュータには、データ（とプログラム）をメモリに読み込み、結果を伝えるための何らかの手段が必要だった。一九四六年当時、一般に好まれた記録媒体は磁気ワイヤだった。ビゲローの仲間たちは数カ月を費やして高速ワイヤ・ドライブを製作し、バグつぶしをした。このドライブは、記録用鋼線を最高一〇〇フィート毎秒（もしくは九万ビット）の速さで、一対の自転車の車輪――一つの同心ドライブの上に並べて、差動装置として機能するように連結されていた――から巻き上げたりほどいたりした（口絵㊻）。この二つの車輪は、一つのユニットとして抜き差しできた。ちょうど現代のカセットテープや脱着可能なディスクのようだ。データとプログラムはテレタイプの紙テープに穿孔(せんこう)され、確認され、そして記録用ワイヤに送られ、そこから必要に応じて高速でメモリに書き込まれた。最初の中間進捗報告にはこう記されている。「この、人間－キーボード－タイプライター操作は、本質的に低速で時間がかかったのは確かだが、機械そのものからは完全に独立したものである。そして、機械の相対的に近く、または遠くに置かれた任意の個数のコード化装置が設問を準備するのと並行して、機械のほうはすでに準備し終わった設問を解いている、ということも可能だ」。フォン・ノイマンは、コンピュータ・グループ全体が、「どこか別の場所、それは数百マイルか数千マイル離れたところでも構わないのだが、そこに設置されたコンピュータに直接出入りして仕事ができる」ような状況を思い描き、海軍研究所のロジャー・レヴェルに解説してもいる。[30]

「今や、数値メッセージをタイプライターで打ち込み、それを付随するマーカー・パルスやインデックス・パルスと共に磁気ワイヤに送り、マーカー・パルスやインデックス・パルスを消してからシフト・レジスタに読み込み、そして、ここまでの過程をすべて逆向きに辿って、再びメッセージをタイプ打ちした形に表すことができるようになった」と、一九四八年三月の報告にはある。[31] この高速ワイヤ・ドライブは、最終的には三週間という長い期間にわたって中断することなく働いたのだが、これより低速とはいえ信頼性がはるかに高い、テレタイプライターの標準の五穴テープによる直接入出力のほうが採用されたために、放棄されてしまった。ワイヤ・ドライブを製作する過程で学ばれたことの多くはその後、二〇四八語の補助磁気ドラムに応用された。このドラムは、独立した読み取り／書き込みヘッドを通してワイヤの固定ループを走らせる四〇チャンネルのワイヤ・ドライブと等価の機能を持つ。

そのテレタイプ入出力も、その後ＩＢＭから彼らの装置に変更を加えていいとの特別な許可が出ると、ＩＢＭのパンチカード装置に置き換えられた。ヒューイット・クレーンは、ＩＢＭ五一六複写穿孔器を配線し直して、一度に一二ビットのコラムを一つずつ読むのではなくて、八〇ビットの列を並行して読めるようにした。この変更はＩＢＭにも採用され、英数字からコード列への転換を高速化した。一〇二四語のメモリ全体が、一分以内にロードされ、二分でアンロードされた。

　四月には、八段の二進法乗算器の試作機が運転開始され、毎秒七万回の乗算というペースで作動していた。「このような操作が約一〇の一〇乗回行なわれたが、信頼性はあるようだ」と正式な記録には記載されている。非公式には、オッペンハイマーが理事会に、「電子式コンピュータは今、掛け算を行なっています」と伝えていた。ローゼンバーグは、「繰り返し積算が誤ることなく続けられた場合、数字の決まったパターンが現れる」[32]ような一連のテスト計算を編み出し、算術ユニットが機能しているかどうか一目でわかるようにした。[32]

「どういうことかというと、レジスタに正しい組み合わせの数を入力しておくと、乗算器が掛け算をやったあとその結果として、レジスタに常に同じ三つの数が出力されるというわけなのです」とウェアは説明する。「計算が終わったあと、ネオン管に表示されている光のパターンが完全に固定されていることに、われわれは突然気付きました。ハーマンは、こんなふうにうまく行って、ものすごく興奮していました。彼は廊下を走っていき、そしてジョニーを連れて戻ってきたのです――正しい三つの数の組み合わせを確かめるために、二人がどのくらいの時間かけて見極めようとしていたかは、思い出せませんが……。一方、ポメレーンとわたしは、これらの数字を実験的手法で特定していました。手で書き留められるスピードでですが！」[33]。

　三つの四〇段シフト・レジスタがまもなく完成され、一回のシフトあたり三マイクロ秒というペースで、「ループの周を一度に一カ所ずつシフトしていく一二〇桁の二進数の閉じたループができるような、二つの異なる配置に相互結合された」[34]。これは一〇〇時間、総シフト数一〇の一一乗回にわたるテストにかけられた。メモリを除き、必要なものはすべて、しかるべきところに整いつつあった。

　当初は、ＲＣＡのヤン・ライヒマンのグループがＩＡＳのビゲローのグループに先んじていると思われた。「今、ヤンのところから戻ったばかりですが、彼はとても心強く見えました」と、ゴールドスタインは一九四七年七月初頭、フォン・ノイマンに報告した。「彼は、二五六桁、正方形型、すなわちカソード四本のセレクトロンが二週間以内に完成すると請け合っています――それが届いたとき、われわれがそれで何をやるのか、わたしには見当もつきませんが[35]」。月末になるころ、ゴールドスタインがもう一度RCAを訪れると、新しいメモリ管の代わりに、さらに多くの問題が新たに持ち上がっていた。ゲーム理論家の面目躍如と言うべきか、フォン・ノイマンは複数のものに賭けてリスクを分散することにした。仮にほかのすべてが失敗したとしても、算術ユニットとコントロール・ユニットを直接四〇チャンネル磁気ドラムにつなげば、コンピュータは作動するはずだと考えられた（たとえスピードは一〇〇分の一になるにしても）。

一九四八年の春、ケンブリッジ大学の数学者、ダグラス・ハートリーがイギリスからやってきた。イギリスのレーダーの先駆者、フレデリック・C・ウィリアムスとトム・キルバーンからの伝言を携えていた――このほか、報告書の草稿も持参したが、こちらはゴールドスタインに直接手渡した。ウィリアムスとキルバーンは、アラン・チューリングとマックス・ニューマンの支援を受けて、プログラム内蔵型デジタルコンピュータの試作機をマンチェスター大学で製作する仕事に取り組んでいた。彼らの取り組みの基盤の一つとなっていたのが、EDVACの報告書だった。音響遅延線の代わりになるものとして、彼らは新しいタイプのストレージを開発していた。これは、このあとすぐに「ウィリアムス管」と呼ばれるようになるもので、「通常の陰極線管の蛍光スクリーンが適切に変調された電子線によって走査された際に、そのスクリーン上に形成される電荷分布」を利用していた[36]。ウィリアムス管表面の帯電した点は、短い時間のあいだ保存できた――テレビを消したときにブラウン管に静電気が二、三秒残るのと同じ原理である。

ウィリアムスのストレージ管は、ツヴォルキンのアイコノスコープを裏返しにしたようなものだ。

ある画像によって管の外側から形成された電荷のパターンではなしに、内側から電子線によって辿られた電荷のパターンを読むわけだ。「事実上、このような管は、一本の電子線によって回路に接続できる無数のコンデンサにほかならない」と、バークス、ゴールドスタイン、そしてフォン・ノイマンは以前、一九四六年六月の仮報告書のなかで述べている――ウィリアムスとキルバーンがこの着想を実行するよりも前のことであった。戦時中、レーダー（と敵味方識別装置）でアメリカ人たちと協力した経験のあるウィリアムスとキルバーンは、着想の出所をきちんと明示した。「このような管がストレージ現象を示すことは、戦争の終わり近く、ボストンの放射線研究所において、実験によって発見されたようだ」と彼らは記したのである(37)。

ウィリアムスとキルバーンは、一本の陰極線管の表面に、電荷の点を横に三二個並べたものを縦に三二列、つまり、32×32のマトリクス状に保存することに成功した。このデータは、音響遅延線と同じように、順次モードで書き込まれ読み出されたが、スピードは音速ではなくて、電子の速度であった。どれか一つの点の状態を読み出すためには、マトリクス全体をトレースし直さねばならなかった。彼らは、エラーなしに一度に数時間にわたってデータを保存することに成功し、報告書のなかで、「仮にこのメモリが不完全だったとしても、可能な代わりのパターンは大雑把(おおざっぱ)に言って一〇の三六〇乗通り存在しており、このなかのどれか一つがストレージ期間の終わりに表示される可能性がある。比較のために言うと、宇宙全体に存在する電子は、たったの一〇の七四乗個だと言われている(38)」。

ウィリアムスとキルバーンによると、「記憶装置の総合的なテストとして最善なのは、小さな装置を作ること」だった。こうして作られた「小規模な実験的装置」には、32×32ビットの陰極線管記憶装置が一つしかなく、減算しかできなかったが、それでも、「原理的には、ＣＲＴ記憶装置に基づいて万能コンピュータを作ることができる」のだと確証するに十分であった(39)。五二分の運転で、一七列のコードが生み出す三五〇万項目の指令が実施された。

マンチェスターからの知らせに、プリンストン・グループは仰天した。ビゲローがイギリスに派遣され、ポメレーンは実験面で研究を始めた。ウィリアムスとキルバーンは七月一八日、彼らの旧式な実験室を訪れたビゲローを歓迎した。「そこに立って彼の装置を見ていると、その一部が暴走を始めました。そういう、かなり杜撰な作り方だったのですが、彼はそんなことなどまったく意に介していないようでした」と、ビゲローは回想する。「彼はクリップ・リード線を何本か外し、『これはだめだ』と言いました。そして半田ごてを手に取り、一つ部品を取り外し、ほかにもいくつか部品をその隣に並べ、それからリード線を元の位置に戻しました。すると、装置は元通り作動するようになりました」[40]。これよりもっと深刻だったのが、近くを走っている路面電車からの電磁気的な干渉の問題だった。陰極線管は金属の箱のなかに入れられて、そのような外乱から遮蔽されていたはずだったのだが。

「わたしが見せてもらったサンプル・ルーチンは、メルセンヌ（素）数を使った暗号の一部で、それが二度実演されました。最初はエラーが一つ生じましたが、二度めは正確に遂行されました」とビゲローはのちに述べている。「このルーチンは、三、四分かかりました。マックス・ニューマン（同席していた）とわたしは、そのとき行なわれた操作の数を計算で見積もってみましたが、五〇〇〇から一万という数になりました」[41]。ビゲローは、数日後、キュナード・ライン社の定期船〈パルティア〉に乗ってニューヨークに帰った。そして、彼がプリンストンに戻るころには、ポメレーンが一六ビットの陰極線管メモリを作動させるところまで進めており、これはさらに、続く四週間のうちに、二五六ビットにまで拡張された。

セレクトロンの完成を待たされたあげく、出来上がったコンピュータのコア・メモリの所有権がR

ＣＡに属することになってしまう事態に陥るかわりに、ウィリアムス管のアプローチを採用することで、ＩＳＡチームは、安価な市販のオシロスコープ管を使い、即座に仕事にとりかかることができた。なにしろ、あれこれのイノベーションはすべて、管の外側の問題だった。「それらの問題すべてが、回路設計と回路構成の問題だった。これは、われわれが得意な分野だったのである」[42]とビゲローはある報告で述べている。

ウィリアムスとキルバーンが示していたのは、パルスの列（時間のなかに並んでいるもの）を、点のパターン（空間のなかに並んでいるもの）に変換して、そのパターンを電子線で定期的になぞって無期限に貯蔵する方法だった。蛍光体から二次電子が放出されるおかげで、これらの点は正に帯電する（すなわち、電子が欠乏する）。そのため、個々の点の状態は、その場所を電子の短いパルス（すなわち「痙攣」）で「取り調べ」、そのとき管の表面の外側に取り付けられたワイヤ・スクリーンに生じる一ミリボルト未満の弱い二次電流の性質を調べることで識別できた。「このようにして、さまざまな電荷分布を持った蛍光体を、ワイヤ・スクリーンに容量結合できる」とＩＡＳチームは説明している。「そして、この手段を使って電子線を所与の点に集中させることによって、ワイヤ・スクリーン上に信号を生み出すことが可能になる」[43]。

この二次放出効果は、三二×三二個のビアグラスが、巨大な流し台に並べられて、ホースで水をかけられているところを思い浮かべると、うまく視覚化できるだろう。この流し台には、極めて感度の高い排水管が付いていて、グラスから少しでも水がはねてこぼれると、検出可能な信号を発生するとしよう。グラスはどれも、満杯になるまで水をためられるが、ある瞬間、ある特定のグラスをホースでねらって水をかけると、そのグラスは、水が少しこぼれて、満杯ではなくなる。こうして、その位置に、一ビットの情報が書き込まれたことになる。そして、この位置に戻ってきて、再び水をホースでかけ、何かがはねてこぼれないかどうかを確認すれば、この位置がどのような状態なのか読み出すことができるというわけだ。これに続いて、その状態を蘇らせて、一ビットの情報を保存し続けることもできれば、消去して、違う状態に置き換えることもできる。

ポメレーンのチームは、電子線の偏向電圧を十分な精度で制御し、任意の時間に任意の位置にアクセスできる（＝ランダムアクセス）ようにする――しかも、そのあと二、三マイクロ秒の時間を取るだけで、このアクセスのために電子線が離れた直前の位置で、通常の走査／リフレッシュ・サイクルを再開できるようにする――タイミング回路とコントロール回路を開発した。その結果誕生したのが、電子的に切り替えられる、アクセス時間二四マイクロ秒の32×32のコンデンサ・マトリクスであった。しかしこれは、ビゲローに言わせれば、「人類が作成した、最も敏感な電磁環境擾乱検出器の一つ」でもあった。わずか〇・〇〇五ガウス、すなわち、地球の磁場の四〇分の一の強さの場でエラーが生じた。「地球の磁場程度の強さ、〇・二ガウスの交流磁場が、ウィリアムス管の電子線に直径約一二点分の偏向を生じさせることが実験によって確認された」と一九四九年八月に報告された[44]。これは、どんなメモリをも完全なゴミに変えてしまうに十分なずれである。

ドット（0）とダッシュ（1）を区別する能力は、蛍光塗料の二次放出特性に依存し、ごくわずかな欠陥、あるいは、管内の一粒の塵のせいで、メモリ全体がだめになってしまった。信号は三万倍に増幅され、その後、波形が0、1、どちらを表しているかを決定する識別器に送られた。「信号は、ノイズ・レベルよりもはるかに低いレベルでした……エネルギーレベルで一マイクロワットぐらいだったと思います。そこが難問だったのです」と、ローゼンバーグは語る。「しかしわたしは、ついに増幅器を入手しました。増幅器は遮蔽板の内側、メモリ管のすぐ隣に設置され、デバッグされました」。メモリ管ごとに増幅器を一個ずつ設置することは、ビゲローの「理想の予言者のための格言集」の格言5、「信号からノイズを除去することが必要ならば、可能な最も早い段階でそうしなければならない」に従ってのことである。(45)

四〇本のメモリ管のすべてが同時に完璧に作動しなければならなかった。というのも、四〇ビットの一語の各桁が、異なるウィリアムス管の同じ位置に割り当てられていたからだ。各シリンダーの一〇二四のビットは肉眼で見分けることができ、コンピュータの一つのサイクルから次のサイクルへと移るに伴って点滅したり、あるいは、プロセスが中断したり停止したりしたときは、時が止まったように動きがなくなった。ここでオペレータが見ているものは、どこか別の場所で起こっているプロセスなどではなく、デジタル宇宙そのものだった。しかし観察者は、観察されているメモリの状態を乱さないよう注意せねばならなかった。「[管の] 前面は、銅の金網に覆われていました」とモリス・ルビノフは説明する。「そして、内側を見たいときは、金網の穴から光の点を見たのですよ、メモリ管が完全に遮蔽された状態を維持できるようにね(46)」。

近代的(あるいは、かつて近代的だった)コンピュータでは、陰極線管(cathode-ray tube、CRT)には、中央処理ユニット(CPU)によって生み出されたものを内容として保持する一時記憶バッファの状態が表示される。しかしMANIACでは、陰極線管がコア・メモリそのものであり、CPUを働かせる指令がそこに保存されていた。表示装置をメモリに転用するというこの工夫は、既存のものを元々意図されていなかった目的に適用するという、進化が跳躍的に進む不連続な変化の見事な例である。

四〇個のメモリ・ステージの任意のものに切り替えてその状態を映すことができる、四一個めのモニタ用ステージがのちに加えられ、オペレータは離れた場所からメモリの内容を確認して、コンピュータがどんなふうに作業を進めているか、あるいは、どうして止まってしまったのかを見ることができるようになった。やがて、これにさらに、毎秒七〇〇〇点のグラフ表示をする七インチ陰極線管がもう一本加えられて、一層強化された。「この装置は、コンピュータのレジスタの一つに存在しているデータを取り出して、その二進数による表現を、オシロスコープの点の偏向振幅の大きさに変換するものである」と技術者たちは一九四八年の報告に記している。[47]

ＩＳＡグループは、大量に入手できた――ただし許容範囲に入るものは二〇パーセント未満だということが明らかになったのだが――標準的な五インチ５ＣＰＩＡオシロスコープ管（訳注：オシロスコープ用の五インチの標準ＣＲＴ）を採用することに決めた。そして一九五三年、「本研究所において過去三年間にわたり一〇〇〇本以上の５ＣＰＩＡ管をテストしたが、欠陥がない管は一〇本以上は発見されなかった」と報告された。[48] 管のメーカー各社は、ＩＡＳが在庫品すべてをチェックして欠陥のない管を探し出し、残りは返送することを許してくれた。ポメレーンが、一九四九年七月二八日から二九日にかけて連続三四時間、エラーを起こさずにテストを行なうことに成功し、かくして、実際に機能する四〇段メモリを製作する最終レースが始まった。並行メモリ・アクセスは、逐次プロセッサよりも四〇倍もコンピュータを高速にするはずなのだが、多くの懐疑論者たちが、機能するにしても、なにかしらまずくなるに違いないと主張した。

ポメレーンはこう語る。「やがてわかったのですが、悲しいことに、ほかの真空管回路にはないメモリ独特の性質は、それが記憶するということだったのです！　驚きですよね！　つまり、メモリは、よりによって、生じたすべてのノイズを記憶するのです。いいですか？　ですから、メモリがそこにあって、あなたはそれに『１』を記憶して欲しいと思っているとします。ところがそこに何かのノイズがやってきて、さっきまで『１』だったものが『０』になってしまうかもしれないのです。そうなったら、それ以降はずっと『０』のままです。なぜなら、メモリは今や『０』を記憶しているのですから。そんなわけで、メモリとは、極めて効率的なノイズ観察器であることがわかったのです」[49]。

ノイズ源には二種類あった。浮遊電磁場からの外的ノイズと、隣接する点から読み出したり書き込んだりする際に漏れた電子によって生じる内的ノイズだ。外的ノイズの大部分は遮蔽することができたし、内的ノイズは個々の管の「読み取り可能回数」を監視し、隣接するメモリ位置を頻繁にアクセスし直すような実行コードを避けることによって制御できた――このような配慮は、当時のプログラマにとっては歓迎せざる厄介ごとではあったが。ウィリアムス管は、多くの点でジュリアン・ビゲローの愛する中古のオースチンと似ていた。「どちらもちゃんと機能しました。しかし、機能させ続けようとすると、悪魔のように陰険で御しがたいものになるのでした」とビゲローは語った[50]。

個々のメモリ管には動作記録があって、それまでに起こった問題や、その管の特異性などが記録されていた。問題がメモリにあるのかコーディングにあるのかを判断するのは極めて難しく、初期のプログラマの多くがうんざりしてあきらめてしまった。「装置にこのような厄介な要素があるということは、コンピュータを使って課題に取り組もうとする者は皆、このことをちゃんと認識し、課題によっては少し慎重になる心構えがなければならないということを意味する」とフランク・グレンバーガーは、ランド研究所がなぜ「オシロスコープ管ではなくて」セレクトロン・メモリを選んだかを説明する際、このように記した。「輝点は一瞬で消え去り、もしその課題に取り組むためには輝点が再生されるのを待たずにある数を再使用しなければならないとすると、間違った答が出てきてしまう。まるで卓上計算器が、一五桁の数の七、八、九桁めが三桁の素数になっているときには必ず計算間違いをするようなものだ……。オペレータにとって、装置がどのように作られているかを気にしなければならないのは、本来の仕事ではない」[51]。

同じころ、ライヒマンはＲＣＡでセレクトロンに取り組んでいた。二五六個のストレージ要素を持つ最初の作動可能なセレクトロン管が、一九四八年九月二二日にビゲローとゴールドスタインの前で実演され、二人は「そこそこ感心した」ようだった。二本めのセレクトロン管は一九四八年一〇月一日に完成された。そのとき初めてライヒマンは、セレクトロンが第二位の地位に降格されていたことに気付いた。「望まれていたセレクトロン管がようやく完成したと思ったのですが」と、ライヒマンは一〇月五日にツヴォルキンに報告した。「しかし、ようやく成功したのに、セレクトロンはイギリスのウィリアムス教授の管と競争せねばなりません。高等研究所のグループは、ウィリアムス管の研究を始めていたらしいのです――われわれには何も告げずに、というよりもむしろ、意図的にわれわれにはこのことを隠していたのです――。それは五月末か六月初めのことだったようです」。ようやくウィリアムス＝キルバーン報告書のコピーを入手したライヒマンは、「彼の研究にたいへん感心し」、「典型的なイギリス流のやり方で、彼は普通の陰極線管から驚異的な結果を生み出した」のだと認めた。[52]

セレクトロンはレースから脱落した。最終的に、限定数の二五六ビット・セレクトロン管が製作され、ランド研究所が完成したＩＡＳ機をベースとしたＪＯＨＮＮＩＡＣで（平均故障間隔一〇万時間で）見事に機能することが確認された。しかし、そのころまでにはＩＢＭも自社のＩＢＭ七〇一に陰極線管メモリを採用しており、そもそもライヒマンが示唆していた磁気コア・メモリがよそで商業化され、ＲＣＡが放棄した主導権を握ろうとしていた。セレクトロンは、商業的成功を見ることも、商業的規模での生産に至ることもついぞなかった。セレクトロンは失敗だったのだろうか？「恐竜以上に失敗だったわけではありません」とウィリス・ウェアは言う。「まわりが見えていなかったとはいえ、セレクトロン管は真空管を用いたメモリとしてそれまでに行なわれたことのなかったことをやっていたのですから」。[53]

高速ストレージは、メモリの問題ではなくて、切り替え(スイッチング)の問題だった。「この種のすべての構造の難しさは主に、膨大な数の要素が関わっているなかで、どのような切り替え手段を取るかにあります」とゴールドスタインは当時、海軍研究所のミナ・リースに書き送っている。「メモリ問題の核心は、安価なメモリ要素を開発することではなく、満足に機能するスイッチを開発することにあるのです」[54]。ウィリアムス管メモリ――偏向する一本の電子線以外に可動部のない切り替え機能を実現していた――の利点は、切り替え問題をよりうまく解決したことではなくて、それを最初に解決したことにあったのである。

ライヒマンによれば、メモリ位置にアクセスするのに、「電子のホースを特定の場所に向けるかのように、電子線を向けることによって」ではなく、直接のゲーティングを使っていたセレクトロン管は、「電子線の偏向というアナログ方式によるあまりあてにならない選択とは対照的に、所望の位置を絶対確実に選択できる、いわば『マトリクス』デジタル・コントロール」を実現していた。スイッチングがすべてデジタルだったのみならず、出力もすべてデジタルで、０と１を区別する、アナログからデジタルへの「弁別器」を必要としなかった。フランク・グレンバーガーが述べたように、「セレクトロン管では、メモリのなかの特定のスロットがデジタル的手段（アナログではなくて）で選択され、出力信号はウィリアムス管の一〇〇〇倍の大きさがあった」[55]。もともとセレクトロンを中核として設計され、続く何世代ものコンピュータに受け継がれたＭＡＮＩＡＣの論理アーキテクチャが、半導体メモリの時代になったときにその種のメモリに極めてうまく適用されたのは、セレクトロン管がメモリ問題と切り替え問題の両方を解決していたからである。

ヴィジョンの欠如から生じた失敗もあれば、ヴィジョンが過剰なせいで生じた失敗もあった。「着想は実に美しくエレガントだったので、ライヒマンは常にそれ「ストレージ・マトリクス」を、当時で、RCAはその技術で彼に可能な数を超えた、より多くのセルに無理に適用しようとしていました」と、RCAでの遅れについて説明するなかで、ビゲローは語る。「彼は電子光学にあまりに長じていたせいで、それを切り落としてもっと小さなものにまず適用して成功させ、そのあとで、そこからサイズを徐々に大きくしていけばずっとうまく行くという事実を直視することができなかったのです」[56]。

セレクトロンは機会を逸してしまった。ビゲローとポメレーンが安価な市販のオシロスコープ管をランダムアクセス・メモリにする方法を見出すと、その実現に挑戦したいという誘惑は抗しがたかった。テレビに重点を移してしまったRCAは、企業としてセレクトロンに本気で取り組む気はさらさらなかったし、ほとんど一人で研究していたライヒマンに、成功に必要な資源を与えることもなかった。防空目的でデジタル・コンピュータを開発していたMITの〈ホワールウィンド〉プロジェクトは、「ストレージ管だけに二五〇〇万ドルほどをかけていましたが、それは、われわれのプロジェクト全体の一〇倍近い予算でした」とビゲローは指摘している[57]。

ウィリアムス管メモリが作動するようになり、コンピュータはその最終的な物理的形態を取り始めた。MANIACはひじょうにコンパクトだった――「おそらく、保守のやりやすさの点からすると、コンパクト過ぎたといえるでしょう」と、MANIACの物理的設計のほぼ全般に責任を負っていたビゲローは認めている。部品どうしの接続経路を最短にできたのは、シャーシのなかに畳み込んだ構造にしたからだ。その様子は、頭蓋骨に収まっている大脳皮質に多数のしわがよっているのと似ている。一九四七年当時、ほとんどの電子デバイスは二次元にレイアウトされていた――平らなシャーシの上に部品を並べ、ワイヤによる接続は下側で行なう形だ。これは、今日でもたいていの回路基板、集積回路、ラック装着デバイスで同じである。これとは対照的にビゲローは、部品のレイアウトと相互接続、そして、密に並んだ真空管アレイの接続と冷却に、三次元のアプローチを取ったのだった。

「どの金属からも遠いこれらのワイヤはすべて、宙に浮いていたのです――それがジュリアンのやり方でした」とウィリス・ウェアは言う。「あの凹型シャーシのおかげで、点から点へと結線ができて、ワイヤの長さを最短に保つことができました――それはすべて彼のアイデアでした」[58]。

「あいにくなことに、真空管にはヒーターがあり、ヒーターに電流を供給するワイヤが常に厄介者でした」とジェームズ・ポメレーンは説明する。「いつも邪魔なくせに、コンピュータのロジックとは何の関係もなくてね」。ビゲローの機械工たちは、厚い銅板に刻み目を多数入れて、短冊がたくさん並んだ形に加工し、それを二枚積み重ね、個々の短冊部分を絶縁繊維板（ファイバーボード）で挟み、すべてのヒーター電流がこれらの短冊を通して流れるようにした。「おかげでワイヤが邪魔になることなしに、ヒーターを結線することができるようになり、装置が格段に組み立てやすくなりました」とポメレーンは言う[59]。これで、コンピュータの核に部品をより高密度に詰め込むことが可能になったのみならず、電子ノイズが最小限に抑えられ、また、冷却用の冷気の流れも改善された。

ＭＡＮＩＡＣは、高さ六フィート（約一八〇センチ）、幅二フィート（約六〇センチ）、奥行き八フィート（約二四〇センチ）で、たとえて言えばターボチャージャー付きのＶ40（四〇気筒）エンジンと言うべきものだ（口絵㊵㊶）。アルミニウムの枠に収められたコンピュータ本体は、わずか一〇〇〇ポンド（約四五〇キログラム）という軽さで、当時のマイクロプロセッサであったと言えよう。エンジンで言えばクランク室に当たるところには、片側に二〇本ずつのシリンダーがあり、その内側にはピストンではなくて、一〇二四ビットのメモリ管が一本入っていた。四五度の角度で上を向き、平行な二つの列に並ぶ合計四〇本のシリンダーのそれぞれには、直径五インチ（約一二・五センチ）の５ＣＰＩＡオシロスコープ管が納まっており、その細長い首はクランク室の内部に届き、蛍光スクリーンの面は上向きに、シリンダー上面を向いていた（口絵㊲）。

下部を占めるクランク室の上にボルト付けされていたのが、とても背の高いエンジンブロックのようにも見える（上部にバルブが付いた）コンピュータ本体の枠で、メモリ・レジスタ、アキュムレータ、算術レジスタ、そして中央コントロールが含まれていた。車のエンジンなら吸気マニホールドに当たるものがデータをコンピュータに取り込み、排気マニホールドに当たるものが結果を出力した。四五〇〇立方フィート毎分の空気を送るブロワーが「エンジン」底部に冷気を強制的に送り込み、ターボチャージャーにも似た二〇個の小型ブロワーが上部のダクトから廃熱を排出した。当初冷気は、コンピュータの核を通して下向きに流され、床を通して排出された。のちには、今日各所のデータ・センタで使われている方式に切り替えられ、コンピュータ・ルーム全体が、一列に並べられた外部空調装置によって冷却され、上部から熱を排出するようになった。「コンピュータ本体で消費される総電力は、約一九・五キロワットである」と、一九五三年に報告された。「そのうち約九キロワットが直流電力として使われ、残りの一〇・五キロワットがヒーター、トランスフォーマー、そしてブロワーで用いられるものである[60]」。

最初の空調ユニットは冷却能力七・五トンであったが、やがてその二倍の、一五トンの能力のものに代わった。一五トンとは、おおざっぱに言って、その空調設備を全出力（この装置の場合は約五〇キロワット）で運転させ、氷水を供給すると、一日あたり一五トンの氷ができる冷却能力を意味する。この冷却ユニットは、ヨーク・レフリジャレーション社製で、技術者たちからは「ヨーク」という愛称で呼ばれていたが、しょっちゅう問題を起こしていた。一日に一五トンの氷を作る能力があるということは、ニュージャージーの湿気をたっぷり含んだ夏の空気のなかでは、冷却コイルが氷に覆われて使い物にならなくなるまでに約四〇分しかかからないということだったのだ。「冷却ユニット、厚い氷で完全に詰まる」と、一九五四年九月二三日午後八時五五分の運転記録には記入されている。続く午後九時一〇分には「新しいヨークは、まったく働こうとしない」とある。「冷却ユニットから氷を取り除く一方で、ヨークを交換し作動させる。ヨークはうまく働かない。救済のため直流を切る」。最後の書き込みは、運転再開するに十分安全なところまで中心部の温度を下げるために、コンピュータの主直流電源が落とされたという意味だ。空調ユニットかコンピュータか、どちらか一方なら動かせるが、両方は動かせないのなら、とても使い物にならなかった。ヨークが交流電流に大きく影響を受けるせいで、最悪のタイミングでウィリアムス管にエラーが入ることがしばしばあった。「わたしの再現エラーはすべて、ヨークが不安定なあいだに起こった」と、一九五四年一〇月二二日の運転記録にある。気象予報士の草分け、ノーマン・フィリップスは同日午後七時三八分に、「停止」と書き込んだ。そこに「これは、ヨークが再び不調になったからである」と、ヘディ・セルバーグが書き添えている。「エラーの数秒前、ヨークのせいで明かりが暗くなった」と、ニルス・バリチェリは一九五四年一一月二日に書き込んでいる[61]。

技術者たちは、これら種々雑多な要素をただ要素どうしのみならず、コンピュータに命を吹き込むコード化された指令と一体となって働かせるという難題に直面した。「たとえば、信頼性はあるものの自発性にはまったく欠けている二〇人の（人間）コンピュータからなるグループを一年間放っておいて、あらゆる不測の事態に対応できると期待される包括的で厳格な指令に基づき働かせることができるようにするには、どれほどの先見の明と自己抑制ある厳格さが必要か――この装置のプランニングには同様のことが要求されます」と、フォン・ノイマンは一九四七年、海洋学者のロジャー・レヴェルに説明している[62]。

コンピュータが突然止まってしまったとして、それは電子線の偏向にノイズが入ったからなのか、それとも一つずれたメモリ・アドレスを指定してしまったからなのか、どちらなのだろう？　一九五三年二月に行なわれた爆風計算の、運転記録の最初の書き込みは、「初めに間違えたのは機械、人間、どちらか?」だった。その答は、「コードに問題発見――わたしはそうであってほしい!」であった。「コード・エラーであり、機械のせいではなかった」と、一九五三年三月四日、バリチェリは認めた。「何の役に立つんだ? おやすみ」と、一九五三年五月七日午後一一時ちょうどの書き込み。「くそくらえ――おれだって、こいつと同じくらい頑固だぜ」とは、ある気象学者の一九五三年六月一四日の書き込みだ。「動かすために、コードを二度ロードしないといけないことがあるのはなぜなのか、どうもわからん。しかし、二度めに動くことのほうが普通だ」[63]。

すべての計算は二度行なわれ、二回の実施でまったく同じ結果が得られたときのみ認められた。「二つの結果を、両方とも再現してしまった。正しい結果は一つだけだとして、どちらが正しいのか、どうすればわかるのだろう?」と、ある技術者が一九五三年七月一〇日に問いかけている。「これで第三の異なる結果が出た」というのが、次の書き込みだ。「わたしは、負けたときの引き際は心得ている」。一九五三年七月一五日の午前二時九分から午前五時一八分にかけて水素爆弾のコードを走らせた誰かが、「この装置、もう少し安定しているといいのだが」という言葉で運転記録を締めくくっている。

「もううんざりだ」というのが、一九五六年六月一七日の、真夜中を一三分過ぎたときの最後の書き込みだ。そのそばにはマスタ・コントロールが停止されたと記されている。「M/C OFF(ずいぶん長くかかったな!!)」。これらの問題を解決するのに何年も深夜まで働かねばならなかったが、ハードウェアの信頼性がますます上がり、エラーがなくなっていく一方で、コードはますます複雑になって、エラーが起こりやすくなっていくという全般的な傾向があった。「M/C OK。問題はすべてコードの問題」――フォン・ノイマンが亡くなった一カ月後、一九五六年三月六日の書き込みである[64]。

ＭＡＮＩＡＣの論理アーキテクチャが、バークス、ゴールドスタイン、そしてフォン・ノイマンの仕事によるものであることは議論の余地がない——彼らのアイデアの出所がどこであったとしても。その物理的な具現化がビゲローの、そしてその電子設計がビゲロー、ポメレーン、ローゼンバーグ、スラッツ、そしてウェアのチームワークの結果であることにも議論の余地はない。ゴールドスタインは技術面の仕事は他人に任せたが、テレビのキットを自ら組み立てた。「それで、少なくとも電子‐電気機械装置を組み立てる仕事にはどんな事柄が絡んでいるかを、多少学ぶことができたのです」とルビノフは言う。「そして、同時に彼は、トリガー回路やスイッチング回路などで何が成し遂げられるか、いくらか感触をつかむことができたのです[65]」。

　しかしローゼンバーグは、回路設計を巡って、どうしてもビゲローと意見が合わなかった。「日中、彼の命じたとおりにしておいて、夜になって戻ってきて、正しく診断し、問題を解決しました」と彼は言う。ポメレーンはもっとそつなく振舞った。「あの風変わりだが極めて効果的な装置設計を案出した功績のほぼ一〇〇パーセントは彼にあると認めねばならないと思います」と彼は言い、一九五一年に主任技師の地位を譲り受けた相手の、ＩＡＳコンピュータの三次元Ｖ‐40レイアウト考案の手柄を認めた[66]。

「ジュリアンがアイデアを思いつき、ラルフ（・スラッツ）がそのアイデアの詳細を詰め、そしてポム（ジェームズ・ポメレーン）とわたしが試してみて、電子に仕事をさせたのです」とウィリス・ウェアは言う。「彼は、技術者というより、もっと物理学者、理論家寄りでした……。最近の言葉で言うと、ジュリアンはあの装置の成功の立役者だったのです[67]」。

「ジュリアンの思考の速さ、そしてジュリアンがいろいろなアイデアを組み合わせる素早さが、プロジェクトが進む速さでした」というのがウェアの見解だ。一九五一年、ビゲローはグッゲンハイム・

フェローシップを獲得し、一年休暇を取った。「ハーマン・ゴールドスタインは――おそらくフォン・ノイマンも、ジュリアンにはなにかしらあって、彼がIASコンピュータを完全に仕上げるのをそれが阻んでしまうのではないかと感じていました。つまり、彼は装置をほぼ九九・九パーセント完成させるだろうが、最後のコンマ一パーセントを完了させることは決してないかもしれないという恐れを抱いていたのです」とポメレーンは言う。「それに、なんと言うか……、グッゲンハイム・フェローシップがどんな成果をもたらすにしても、二人は、わたしを主任技師にすることで装置が完成できるのをとても喜んでいました[68]」。

「彼の問題は、彼が考える人だったことにありました」と、アトル・セルバーグは言う。彼の妻ヘディは一九五〇年九月二九日にフォン・ノイマンに採用され、一九五八年のプロジェクト終了までずっと、コンピュータ・プロジェクトの一員であった。「ほかの者たちが、完了したと思ったときでも、ジュリアンは物事をそのままにしておきませんでした。彼はいつも、あちらこちらにもう少し手を加えることを考えていたのです[69]」。

「そんなふうに言う人がいることはよくわかります」と、ウェアはビゲローに完璧主義者的な傾向があったことについて述べる。「しかし、終わってから振り返ると、あの忌々しい機械は、そうでもなかったらうまく動いていなかったんじゃないかと思うのです。なにせ、われわれは二〇〇〇本の真空管に任務を果たさせようとしていたんですから！　高い信頼性でそうさせるには、あのレベルの完璧さが望まれていたのです[70]」。

「彼が何かをうまく働かせるよりも先に完璧さを追究していたことも、問題の一部だったんじゃないでしょうか」とモリス・ルビノフは言う。「彼が何かをやっているのが、完璧を求めてのことなのか、信頼性を危惧してのことなのかは、どうにもわかりませんでした。これほど速い機械をそんなふうに試そうとした勇敢な者がそれまでなかったのは確かです。しかしその結果、装置をまとめあげた挙句、それが三秒ごとに誤動作しているのを見出すというのは、ありがたいことではありませんでした[71]」。

ビゲローも同様のことを言っている。「四〇段の並行マシンを製作するには、個々のステージの基本電気回路をきちんと調整して、隣のステージの状態には無関係に、為すべきことを為すようにすることが絶対に不可欠です」と彼は語る。「何百時間もメガサイクルのペースで機能し続けるはずのものですから。偶然をあてにするわけにはいきませんよ[72]」。

ビゲローによれば、四〇段並行構造は、多々変更点はあるものの、純粋に順次式であるチューリング・マシンに直接由来するものだった。「チューリング・マシンは、今日のコンピュータとは似ても似つかないように見えるのは確かですが、それにもかかわらず、実は同じなのです」とビゲローは言う。「それは生まれたばかりのアイデアでした。ある明確な指令に、ある明確な形で従う装置を製作したとして、その装置が行なえない計算や知的なプロセスがどんな種類のものかなど、どうしてわかるはずがありますか？」ビゲローはフォン・ノイマンと、ゲーデルならびにチューリングの研究が何を意味するかについて、長々と議論しあったことがあった。「フォン・ノイマンはこのことを実にはっきりと理解していました。ですから、ＥＮＩＡＣでも何でも、ものすごく融通のきかない初期の装置を前にしたとき、彼はほかの誰よりもはっきりと、これは最初の一歩に過ぎないのだ、やがて大々的に改善されるはずだということを、見て取ったのです[73]」。

「フォン・ノイマンがこのプロジェクトにしてくれた貢献とは、『進め、ほかのことなどどうでもいい、このスピードとこの能力で装置を働かせろ、それ以外のことはぜんぶナンセンスだ』と言うことのできる、揺るぎない自信をもっていてくれたことでした」とビゲローは断言する。「われわれが前進できたのは、こういう信念に立っていたからで、だから六人のメンバーと一つの予算で、やっていけたのです」[74]。フォン・ノイマンは、一握りの数学者を技術者の巣窟に連れてくるのではなくて、一握りの技術者を数学者の巣窟に連れてくるというアプローチを取った。こうすることによって彼のプロジェクトは、コンピュータとはどのように製作されるべきかについて既存の意見を持つ確立された技術者集団が押し付けたかもしれないどんな制約も受けずに済んだのだ。「われわれは伝道者でした」とビゲローは言う。「われわれの使命は、高速コンピュータとはどんな働きをするのかを実演できる装置を作り上げることでした[75]」。

ヒゲローは一九七六年、彼らの取り組みを総括してこう書いている。「いくつものあり得ない偶然の出来事が続いて、われわれはこのプロジェクトに関わることになった。普段は控えめな野心しか持たない人間だったわれわれが、懸命に、献身的に働いた。これは、ここと、ほかのごく限られた場所でしか起こっていないのだ、だから、これに取り組めてほんとうに幸運なのだと、みんな信じていた――知っていた――からだ。フォン・ノイマンが、他の誰にもできないほどすっきりと、われわれの頭のなかのモヤモヤを晴らしてくれたので、そのおかげで皆、確信を持つことができたのである。コンピュータの計算能力が、津波のように押し寄せて、科学のすべて、そして、ほかの多くの分野をも席巻しようとしていた。そしてすべては、完全に変貌してしまった[76]」。

第９章　低気圧の発生（サイクロジェネシス）

安定な部分は、予測しよう。そして、不安定な部分は、コントロールしよう。

――ジョン・フォン・ノイマン、一九四八年

「電子式コンピュータの建屋（たてや）におけるお茶の提供の仕方にはいささか困惑しています」と、一九四七年六月五日、退任間近のフランク・エイダロッテはジョン・フォン・ノイマンに注意を促した。コンピュータ・グループがフルド・ホールから出て行った六カ月後のことである。「あなたのスタッフたちはお茶その他の支給品を、フルド・ホールの同人数の人間の数倍消費していることは明らかで、とりわけ、砂糖に関しては、不公平の域に達しています」。戦争は終わったが、建築資材のみならず、食料品もまだまだ不足していた。「トムソンがやっていたように、こちらにやってきては、割当量をはるかに上回る大量の砂糖をそちらに持って帰るのはフェアではありません」。さらにエイダロッテはこう続ける。「そこで提案したいのですが、コンピュータ・グループのメンバーは、一日の仕事が終わる午後五時にフルド・ホールに来て、しかるべき立会人のもとでホール内でお茶を飲むようにしてはどうでしょうか[1]」。

犯人は、陸軍航空隊の中尉、フィリップ・ダンカン・トムソンだった。フォン・ノイマンが一九四六年に採用した、ごくわずかな人数の気象学者の一人だ。トムソンはのちになって、自分が呼ばれたきっかけについてこのように述べた。「フォン・ノイマンは、数値天気予報の問題を取り上げ、これに特別に注目しなさいと人々に注意喚起したのだった。それは、人間が思いつくかぎり最も複雑で、複雑に相互作用しあう要素がいくつもある、著（いちじる）しく非線形的な問題だった――世界最速のコンピュータの能力を多年にわたって試し続ける問題となったのである(2)」。

一九二二年生まれのトムソンは、自分が科学教育を受け始めたのは四歳のときで、それは、イリノイ大学の遺伝学者だった父親に、通りを少し行ったところにある郵便ポストに手紙を投函してくれと頼まれたときのことだったという。「辺りはすでに暗く、街灯が点（とも）り始めていました」と、彼は振り返る。「手紙をポストの口に入れようとしたのですが、どうしても入りません。それと同時に、一本の街灯がとても風変わりな、怖いような点滅をしているのに気付いたのです」。彼は走って家に帰り、「街灯が変に光っていたから」手紙を出せなかったと言い訳をした。父親は彼をポストのところまでもう一度連れていき、おまえは手紙の入れ方を間違っていただけなんだと説明し、「二つの異常な出来事が同じ場所で同時に起こっているからといって、その二つのことにほんとうに何かの結び付きがあるとは限らないのだと、はっきりと言ってくれたのです(3)」。

一九四二年の春、イリノイ大学の三年生だったトムソンは、スウェーデン生まれでノルウェーで学問を修め、その後シカゴ大学に移った気象学者、カール＝グスタフ・ロスビーの講義に出席した。ロスビーはシカゴ大学で、将来有望な気象予報士を戦争のために育てていた――その数は最終的に一七〇〇人に及んだ。一九四二年五月、ロスビーの講義が終了すると同時に、トムソンはロスビーのグループに加わるために陸軍航空隊に入隊した。訓練を終えた彼は、ニューファンドランドに赴任し、北大西洋の気象系を観察した――この同じ観察から、スカンジナビア人たちは、前線波動の理論（訳注：前線面が不安定化して低気圧の発生がもたらされるとする説だが、実際の低気圧の発生を説明することはできなかった）を構築し、また、天気が次にどう展開するかを理解する取り組みで主導的な役割を果たしたのだった。戦争の終わり、彼はカリフォルニアのロングビーチ空軍基地に配属になり、気象予報士として、カリフォルニア大学ロサンゼルス校（ＵＣＬＡ）にいたノルウェー人気象学者のヤコブ・ビヤークネスとの連絡役を務めた。この仕事のなかで彼は、博士号を取得したばかりのジュール・チャーニーと親しくなった。

一九四五年、気象学はすでに科学になっていたが、気象予報はまだ「技（わざ）」の域を脱していなかった。手描きで天気図を作成し、過去の気象条件を示す天気図集とつき合わせて、天気というものは、過去に起こしたのと同じようなことを起こすものだという仮定と、予報士の状況に関する直感と推測力とに頼って予報が作られていた。おしなべて、二四時間を超える場合、基本的には天気は「持続」するという以上の予報はできなかった。つまり、今日の天気が明日も続くだろう、というのである。

第二次世界大戦では、飛行機への依存がますます高まり、それに伴って天気予報への要求も高まっていき、さらに、気象レーダーと無線装着気象観測気球のおかげで予報を作成するために必要な観測データも増加した。数理物理学を学んだトムソンには、現在の大気の状態と、それに及ぶ外的な影響について正確な知識が与えられたなら、物理法則のみに基づいて、近い未来のある時点におけるその状態を予測することができるはずだとの確信があった。彼が手にしていたのは机上計算器一個と、偶然から原因を推測するなという父の助言と、前任者のルイス・フライ・リチャードソンは彼と同じ考え方で取り組んだものの完全に失敗してしまったという情報だけだった。

クエーカー教徒で熱心な平和主義者だったルイス・フライ・リチャードソンは、一九一三年、英国気象局が航空省の管轄になるとそこを辞任し、スコットランドのダムフリッシャーはエスクダレミュールの気象および磁気観測所の最高責任者を務めながら、数値的大気モデルを構築し始めた。国立物理学研究所の一部門だったこの観測所は、電気鉄道が使われ始めると、ロンドンに近いキューからエスクダレミュールに移転した。じめじめし、人里離れたところにぽつんと建つ観測所は、ほとんど目覚めている状態とほとんど眠っている状態とのあいだで自分の精神をバランスさせることによって、「意図的に導かれた夢」を見る方法を編み出したリチャードソンには、最適だった。「独創的な思考に有利なのは、この『ほとんど』という状態なのだ」と彼は述べた(4)(訳注：リチャードソンは気象学のほか心理学や数学にも取り組み、特にフラクタルの先駆的研究でも知られる)。

第一次世界大戦が始まったとき、リチャードソンは「間近で戦争を見たいという強い好奇心と、人間を殺すことに強烈に反対する気持ちの板ばさみになった(5)」。彼は、のちにキリスト友会救急車隊と呼ばれるようになるものが創設された一九一四年、隊員に応募し、一九一六年五月、観測所から休暇を与えられて実際に隊に加わることができた。怪我人を死なすことなく救急車を走らせ続けるにはどうすればいいかを基本的な研修で学んだあと、九月にフランスに向けて出発し、一九一九年まで第一六フランス歩兵隊と共に前線で働いた。

キリスト友会はチャールズ二世の治世、ウィリアム・ペンが投獄されたころから一目置かれるようになっていた。負傷者を助けるという人道主義的な使命と、軍の権威に屈しないというクエーカーの意志の強さが相俟って、キリスト友会救急車隊は勇敢な自制心で第一次世界大戦のあいだ献身的に活動した。イギリス第一三救急隊（ＳＳＡ13）と呼ばれたリチャードソンの隊は、最盛期には救急車二〇台、隊員四五名にまで拡大した。一九一四年二月から一九一九年一月までのあいだに、彼らは七万四五〇一人の患者を五九万九四一〇キロメートルにわたって救急搬送した(6)。

運転は下手だったが機械工としての才能に恵まれていたリチャードソンは、グループのほかのメンバーたちから気に入られた。「先日、わたしの照明用の発電機が故障してしまった」と、のちに『最後にして最初の人類』（浜口稔訳、国書刊行会）の著者として名を馳せるオラフ・ステープルドンは、一九一六年一二月八日に記している。「機械工は不在で、わたしは電気のことなどほとんどわからなかったので、途方に暮れてしまった。ありがたいことに、うちの隊にいるちょっと変わった気象学者が電気工としてもプロ級だということがわかった。彼とわたしはその日午前中いっぱい、ねじを外し、いろいろいじくり回し、汚れを取り除き、要するに全体をきれいにする作業をした。車の下にもぐりこんで泥まみれになったり、内部のいろいろな機械に体を挟まれたりしたりしながら(7)」。

一年後、リチャードソンとステープルドンは戦争に入って四度めのクリスマスを祝った。「月は明るく、雪に覆（おお）われた地面が月の下にきらめいている。昨夜は月の隣にいた木星が、今夜はもう、少し遅れている。金星は赤味を帯びて西に沈んだばかりだ。それまでずいぶん長いあいだ空に白くまばゆく輝いていたのだが」と、一九一七年一二月二六日、ステープルドンは従妹でのちに結婚するアグネス・ミラー宛ての手紙に記している。「うちの教授と一緒に散歩をして、つい今しがた戻ったばかりだ。彼はわたしのおぼつかない精神を導いて、原子や電子、そして、神の創造物で最も捉えどころのないエーテルの真実に関する謎の迷宮を案内してくれた。そのあいだじゅうずっと、われわれは広々とした白い谷をゆっくりと横切り、松の生えた尾根を登った。足元ではいたるところで雪の結晶がきらめき、光を放ったり暗くなったりするその不思議な様子は、電子の真実について、一瞬わかったように思っても次の瞬間わからなくなってしまう、われわれの精神そのもののようだった。雪はまったく湿り気がなく、さらさらと足元で崩れ、その柔らかい白い毛布の下には、ごつごつした凍った泥があった。松林は黒々とした列に並んで丘の頂（いただき）からわれわれを見下ろし、近づくにつれて、ごくごく微かな風が松のあいだで囁くような音を立てていた。老教授（彼は三五歳ぐらいで元気だが、昔の人のような精神構造をしている）は決して歩みを速めることはなく、わたしは、ムートンのコートを着ていたにもかかわらずひどく寒かった。しかし、しばらくするとわたしは話にすっかり夢中になってしまい、耳が凍てつくように冷たかったことも忘れてしまった……。われわれが狭い割れ目の部分で尾根を越えると、そこにはそれまでとはまったく異質な、峻厳（しゅんげん）なまでに真っ白な何もない平原が、なお一層荒涼と横たわっていた。その新たな地平線の上に、われわれがいつも行くいろいろな場所や前線が横たわっていた。遠い銃声が低い音で届いてきた」[8]。

リチャードソンは、割ける時間があるときはいつも、自分の数値モデルの研究を続けた。「この宿舎も、前のと変わらないただの小屋だ。ただし、前より一層ぎゅうぎゅう詰めにされているが」と、ステープルドンは一九一八年一月一二日に記した。「わたしの隣にリチャードソン、あの『教授』が座って、耳には特許取得耳栓をはめ、また今夜も一晩中つづくだろう数学計算に取り掛かろうとしている」[9]。この数値モデルで用いられる入力データは、一九一〇年五月二〇日の「世界気球の日」の、午前四時から午前一〇時までの六時間のあいだにわたって北ヨーロッパ上空で収集された気象条件を表形式にまとめたものだった。この詳細なデータを収集したのが、ノルウェーの気象学者ヴィルヘルム・ビヤークネスであった。ビヤークネスは、大気に関する人間の理解を定量的なものにするための先駆的な努力を行なったのだが、それがリチャードソンにインスピレーションを与えたのであり、その息子ヤコブ・ビヤークネスがのちにUCLAでフィリップ・トムソンの指導者になるわけである。「寒い兵舎のなかの干し草の山がわたしのオフィスだ」とリチャードソンは著書の中で記している。「計算形式を作り上げて、新しい分布を二列に書き上げる仕事を初めて完成させるのに、六週間の大半を費やした」[10]。延々と続く計算は、長引く戦争にはぴったりだった。泥と死と爆弾の破片に囲まれて、リチャードソンは努力を続けた――ある時間ステップから次の時間ステップに移ったときの、隣接する二つのセルの条件を関連付ける一連の微分方程式に対して自然が出した解として大気の運動を扱うことによって、平和だったころのヨーロッパの田園地帯にたくさんの気球が漂っていった、ある春の日の朝の天気を再構築しようと。

リチャードソンは、一九〇九年に自身が開発した有限差分の方法を使った。「工学や、あるいはたとえば生物学など、精密度においては工学に及ばないほかの多くの科学分野でも、一般になじみのない方程式や形状の不規則なものを扱う場合に使える、手早い手法が求められています[11]」と、彼が一九〇九年、王立協会に提出した報告書で触れたものである。気象学ではそれがあたりまえの、ごく大雑把にしか決まっていない境界条件では、近似的な解で十分だったのだ。

その結果得られた「予報」は、一九一〇年五月二〇日の実際の天気とは一致しなかったが、それでもリチャードソンは、「大気がかつて行なったことは、今再び繰り返されるという仮定に基づいて予測が行なわれ」、そして、「大気の過去の歴史が、現在の大気を予測するための、いわば原寸大の実用モデルとして使われている」、既存の総観的気象予測方法に、やがては計算が取って代わるに違いないという信念において正しかった[12]。彼はこの試験的「予報」を完成させ、そして、「一九一七年四月のシャンパーニュの戦いのあいだに、その手法を記した暫定版のメモが後方部隊に送られたが、そこで紛失されてしまい、数カ月後、石炭の山の下から見つかった[13]」。

戦後になって、リチャードソンは自分の失敗からほかの人々が学べるようにと、『数値プロセスによる気象予測』という詳細なリポートを出版した。リポートを締めくくるにあたって、彼はこんな未来図を描いてみせた。地球の表面を三二〇〇のセルに分割し、現在の観測データを電信で、六万四〇〇〇人ほどの人間コンピュータが待機する巨大なホールの上側にアーチ状に配列された天井席と、すり鉢状に窪んだ配置になった席とに送り、その六万四〇〇〇人が休むことなく、個々のセルとそれに隣接するセルとの関係を支配する方程式を解き、大気の数値モデルをリアルタイムで更新する（訳注：リチャードソンが一九二〇年ごろ発表したアイデアで、「リチャードソンの夢」として有名）。「戸外には、運動場や家々、山や湖がある。というのも、気象の計算に携わる人も、そういうものを自由に楽しむべきだと思われるからだ」と彼は思い描いた。「おそらくいつか漠然とした将来に、天気が変化するよりも速く計算ができるようになり、しかも、人類にもたらされる情報について言えば、そのために費されるコストを補って余りある蓄積ができることだろう」[14]。

その二六年後にフィリップ・トムソンが、リチャードソンの遺産を引き継ぐかたちで、続きに取り組み始めた。彼はこう記している。「一九四六年は大きな展開の年であった。問題の定式化と、その解法とが、ついに、互いに歩み寄りを見せたのだ。とはいえ、計画的にそうなったわけではないのだが」[15]。トムソンは「モンロー卓上計算機で、どうにか簡単に、手早く計算できないかと懸命にがんばったが、手計算の大変さにだんだん気持ちが滅入ってきた」。しかしそれも、ついに終わる日が来た。「一九四六年初秋のある晴れた午後、ヨーアン・ホルンボー教授に呼び出されて、君が何をやろうとしているのか知っていたと言われ、そして、《ニューヨーク・タイムズ》のある記事を手渡されたのだ」。その記事は、ＲＣＡのウラジーミル・ツヴォルキンと高等研究所のジョン・フォン・ノイマンが、高速電子式コンピュータの製作と気象予測および気象制御へのその応用について協力しあうことになったと報道していた。「翌日わたしは、上官のベン・ホルツマン大将と面会し、フォン・ノイマンに会うためプリンストンへ行くことを許可してほしいと願い出た。ホルツマン大将はちょっと文句を言ったが、東に向かう予定の軍用機があったので、その追加乗員として移動するなら許すと言われた。翌日手配が整い、わたしはプリンストンへと出発した。最初はＢ‐29、そしてバス、駅馬車、列車、牛車、そしてPJ&Bを乗り継いだ」[16]。PJ&Bとは、プリンストン大学と本線のプリンストン・ジャンクション駅とのあいだを往復していた、「ディンキー」とも呼ばれた二両連結の列車である。

フォン・ノイマンと面会したトムソンは、「威圧された」。しかし、話したかった内容から会話をそらすことなく、UCLAで卓上計算器を使って何をやってきたかを説明することができた。「半時間ほど経ったころフォン・ノイマンは、彼の電子計算機プロジェクトに参加したくはないかとわたしに尋ねた」とトムソンは回想する。「さらに、君の任務についてはどういう手配をすればいいのかと尋ねられた。わたしは、ホルツマン大将に電話で連絡して頼んでみていただけないかと応えた。彼は電話をかけ、数分間話し、受話器を耳から離して、ホルツマン大将がわたしに代わってほしいそうだと言った。大将とわたしの会話は一方的なもので、すぐに終わった。こんな感じだった。『いいかね、一旦戻って、荷物をまとめなさい。すぐに命令が出るだろう』[17]」。

トムソンは一九四六年一二月に高等研究所にやってきて、オルデン・レーンの足元にあった「マインビル」アパートに入った。「彼は背が高く、とても貴族的な雰囲気がしました」とアクレーヴェ・コンドプリアは振り返る。「それに、とても美男でした。ピーター・オトゥールそっくりでした……それに、軍服を着ていましたものね。お砂糖をたくさん取っていったのは、彼だったと思います」。気象学グループは、一時滞在のスタッフが多かった。「わたしは、ソルボンヌからやってきたポール・ケネーと同じオフィスを使っていました。フルド・ホールの軒下の小さなオフィスでした」とトムソンは語っている。「彼の英語はわたしのフランス語と同じくらいひどかったので、理解しあうのに苦労しました[18]」。

高等研究所では、気象学者たちは技術者とほとんど同じように、白い目で見られた。「気象の研究は、たとえ最終的な科学的気象制御につながる研究であっても、一義的には理論科学ではなく経験科学であり、したがって、自由七科の流れを汲む研究所よりもむしろ工業学校にふさわしい」というのがマーストン・モースの言い分だった。フォン・ノイマンとヴェブレンを除き、数学者たちは「この進展をしぶしぶ認めた」と議事録にある。モースは仕方のないことだとあきらめたが、こんなふうに警告した。「このような研究が電子計算機プロジェクトとの関連で実施されるようなことがあれば、その研究については、本研究所自体の研究とは完全に切り離すよう細心の注意が払われねばならない[19]」。

気象学は、電子計算機プロジェクトが始まったときからそこに組み込まれていた。一九四五年の中ごろ、ウラジーミル・ツヴォルキンは、気象学はRCAにとって好機だと考えるようになった。ツヴォルキンがフォン・ノイマンに声を掛けたのか、フォン・ノイマンがツヴォルキンに声を掛けたのかはいまだにわからない。「一九四五年の終わりか、一九四六年の初めに、ツヴォルキンのかなり奇想天外な提案を読んだことを覚えています。こんな提案でした。スクリーンに映し出された気象データの二次元分布をスキャンして、アナログ技術で未来の気象を予測する、アナログ・コンピュータを製作しよう、というのです」と、ジュール・チャーニーはのちに述べている。「入力を連続的に変化させ、出力を観察すれば、所与の出力を得るには入力をどのように変化させるのが最も効率的かを見極めることができる、というわけです。ジョニーは当時ツヴォルキンと接触していたので、彼の気象関連計算への関心は、このころに生まれたのでしょう[20]」。フォン・ノイマンとツヴォルキンはワシントンD・Cに行き、二人でこの企画を売り込もうとした。

「一九四五年の夏の終わり、ヨーロッパとアジアで戦争が終わったあと、ジョン・フォン・ノイマン……とウラジーミル・ツヴォルキンが……海軍省にいたわたしを訪ねてきた」とルイス・ストロースは回想する。二人はRCAで開発中のデジタル・ストレージ真空管のことを話し、「地表面の多数の地点と、その上空、いくつか選ばれた高度において測った気温、湿度、風向および風力、気圧、そしてその他諸々の気象学的データを……その真空管の『メモリ』に保存する方法を説明した」。このデジタル表現をもとに、「一つのパターン、もしくは調和系が導き出され、それを使うことにより、このようなデータ保存装置で、最終的には極めて長期にわたって気象を予測できるようになる」[21]ということだった。それをもとに現実の大気の振舞いのすべての痕跡を導き出せる数値モデルが、真空管のなかに捉えられるというのだ。

ツヴォルキンは、一九四五年八月付けの『気象に関する提案の概要』という一一ページの草稿を書き、コンピュータによる予測は、「気象制御のすべての試みに先立つ、最初の一歩となるだろう。これは、先見の明あるすべての人間が最終的には可能であると認めるゴールである」と記した。そこには、十分詳細な知識があれば、「気象制御に必要なエネルギーは、気象現象そのもののエネルギーよりもはるかに小さくてすむはずだ」とも記されていた。フォン・ノイマンは抜け目なく、次のような添え状をしたためた。「気象予測という数学的問題は、原理的に攻略可能なものであり、また、攻略すべきものであります。というのも、最も目立つ気象現象は、まったく現実的な量のエネルギーを放出することによって制御することが、あるいは少なくとも方向を変えることが可能な、不安定・準安定な状況から生じるからです[22]」。

フォン・ノイマンとツヴォルキンは、高等研究所、ＲＣＡ、そして海軍の三者が協力し、さらにストロースに必ず参加してもらって、ＩＡＳ電子計算機プロジェクトを立ち上げることを提案した。「二人は、正確な長期気象情報は軍事上の利益であると指摘し、だとすれば、このような冒険的事業にかかるコスト――約二〇万ドルと推定されていた――も正当化されるのではないかと論じた」とストロースは述べる。「一九四五年にこのコンピュータを製作するという決定が下されなかったなら、熱核反応プログラムは相当に遅れ、ソ連が世界初の水爆を手にしていたことだろう。フォン・ノイマンがこのプロジェクトを開始したそのときは、こんなことには誰も考え及ばなかったのだが」[23]。

だが、熱核兵器（訳注：水素爆弾は、原子爆弾を起爆装置として用い、その核分裂反応で発生する超高温・超高圧を利用して核融合反応〔熱核反応〕を誘発させるので、熱核兵器とも呼ばれる）のことは、一九四五年後半にはフォン・ノイマンの頭のなかにあった。しかしこのことは、ツヴォルキンにはその後も明かされることはなく、当初はストロースにさえも秘密にされていた。一九四五年一二月一〇日にＥＮＩＡＣで開始される、熱核反応に関する計算を行なうための準備はすでに進められており、ＥＮＩＡＣの限界を強く認識していた兵器設計者たちは、ＥＮＩＡＣの後継機の遅滞ない製作開始を目指して急いでいた。気象学は、現実の問題を提供したのみならず、水爆に関する研究をうまく覆い隠してくれたのである。

このプロジェクトが初めて一般市民に知らされたのは、ツヴォルキン、フォン・ノイマン、そしてワシントンＤ・Ｃの米国気象局の局長、フランシス・Ｗ・ライヒェルデルファーによる打ち合わせが終わったあと、《ニューヨーク・タイムズ》が行なった報道によってであった。「驚くべき潜在力を持つと伝えられる新しい電子式計算機が開発されれば……『気象に対して何かやる』ことも可能にあるかもしれない」と《タイムズ》は報じた。「原子力エネルギーはその爆発的な力で、ハリケーンが人口密集地域を襲う前に、そのコースを変えることもできるかもしれない」[24]。

ＥＮＩＡＣの詳細はまだ機密扱いだったので、《タイムズ》はただ漠然と、「だが、フォン・ノイマン＝ツヴォルキン機ほど野心的な約束をするものは既存の機械にはない」とだけ述べた。フォン・ノイマンとツヴォルキンが提案したのは、コンピュータを一台だけ製作するのではなく、世界全体を覆うコンピュータのネットワークを作ること、であった。「このような機械が十分な台数存在すれば

（仮の台数として一〇〇台という数字が挙げられていた）、エリア局を多数設置して、世界中の気象を予測することができるようになるという」[25]。

ライヒェルデルファーは、プロジェクトのニュースが新聞社に漏れてしまったことに憤慨した。エッカートとモークリーは、《ニューヨーク・タイムズ》がＥＮＩＡＣには一言も触れていないのに、まだ存在してもいない、提案されただけのＩＡＳ／ＲＣＡコンピュータについて報道したことに憤った。ＥＤＶＡＣの報告書の著作権のときと同じように、またフォン・ノイマンに出し抜かれてしまったと感じたのだ。しかし、自分たちのプロジェクトは機密扱いだったので、抗議の声を上げることもできなかった。

フォン・ノイマンは、ルイス・フライ・リチャードソン（彼の研究は「大胆で、注目に値する」とストロースに伝えていた）が正しい方向に進んでいると確信していた。彼はまた、気象を理解することは、良かれ悪しかれ、爆弾の作り方を理解する以上の力を最終的にはもたらすだろうと考えていた。カール＝グスタフ・ロスビーと協力して書き上げた、高等研究所から海軍への提案書のなかで彼は、新しいコンピュータが作動しはじめたなら、「北半球全体の予報を完全に計算するには、一日分の予測あたり、約二時間しかかからないだろう」と見積もった。「［オッペンハイマーを］研究所長にした判断は、大きな心配の種です」と記したストロース宛の手紙のなかで、フォン・ノイマンはさらに、気象学プロジェクトは「気象制御に向かう最初の一歩ともなるでしょう――しかしわたしは、現時点ではそれについては入り込まないでいたいと思います」とも述べている。さらにその少しあとで、「気象制御を目指す最も建設的な計画でさえも、まだ想像だにできない気象戦争を具体的な形にする際に役立つ洞察や技術の上に構築されねばならないのです」と警告してもいる[26]。

海軍との契約が確実になると、フォン・ノイマンはロスビーの助けを借りて、一九四六年八月二九日から三〇日にかけて、高等研究所を会場とする気象学の協議会を主催者として開催した。最後の議題は、リチャードソンの努力をいかにして復活させるか、だった。なにしろ、そうするに十分な数値処理能力が実現されつつあったのだから。「数値による攻略をすぐさま再開すべきだという気運が高まっていた」と、協議会の要約にはある。「なぜなら、既存の機械式計算機器でさえ、リチャードソンが使えたものをはるかに超える能力を持っているからだ」[27]。

十数名の気象学者たちが、高等研究所に住み込みという条件のもと招聘されたが、彼らを収容する場所などなく、一九四六年七月一五日には、「住む場所が確保されていない」気象学者たちがまだ一一名いると報告されている[28]。一方では住宅問題が、もう一方ではまともに機能するコンピュータの不足が原因となってプロジェクトは縮小され、最終的には、高等研究所内に一時(いちどき)に居合わせる気象学者はごくわずかになった。フォン・ノイマンの最初の貢献は、流体力学の方程式を積分するという既存の手法は、「気象予測の問題の本質的な特徴である、このような空間的・時間的分解能の条件においては不安定である」と示したことだった。思えばリチャードソンはここで挫折したのだ。「電子式の装置が使えるなら、安定で、数値的手法に適すると思われる一つの方法をわたしは開発しました」とフォン・ノイマンは、海軍研究所への二つめの進捗(しんちょく)報告書のなかで述べた[29]。

その次の進捗報告書のなかで、彼はこう説明する。「大気は膨大な数の微小な質量要素からなるが、それらの要素の振舞いには深い相関があって、たとえ効果においてだけであっても、ほかのすべての要素から分離することはできません」。問題は、大気が行なっているアナログ計算を、いかにしてデジタル・コンピュータに翻訳して、高速化するかだった。「線形あるいは非線形の微分方程式、もしくは偏微分方程式の閉じた一つの系を、既知の境界値や初期値をもとにその解を構築するための、一組の指令と見なすことができるかもしれません」と彼は言う。「しかし、これまでのところ、これらの『指令』を実行するには、法外な時間が必要です[30]」。この状況が、今変わろうとしていた。

　コンピュータに支援された気象予測に対するほとんどの気象学者の反応は、コンピュータに支援された数学に対して高等研究所の数学者たちが示した反応と似ていた。つまり、機械ごときが、彼らが頭脳だけで行なっていることをどれだけ改善できるのかという懐疑である。トムソンが言うように、彼らが「それに反対したのは、何か客観的な理由があったからではなく、気象予測は『技』であり続けるべきだと信じたいと心から思っていたからでした[31]」。チャーニーによれば、一九四六年の協議会は「招待された著名な気象力学者たちの想像力を捉えることはできず、見るべき提案もほとんどなされませんでした。しかし、ツヴォルキンの論文にすでに刺激されていたわたしの想像力は、完全にその虜（とりこ）になってしまいました。わたしは一九四八年にヨーロッパから戻ると、急いでプロジェクトに参加しました[32]」。

　ジュール・グレゴリー・チャーニーは、一九一七年の元日、サンフランシスコで生まれた。子どものころに心臓疾患と誤診されたことで、生きることに対して特別深い思い入れを持つようになった。両親のイーライとステラはロシアからニューヨークに移民としてやってきて、服飾産業に仕事を見つけ、その後一九一四年に東のカリフォルニアに移った。サンフランシスコでしばらく過ごしたあと、一九二二年に中央ロサンゼルスの東に、そして一九二七年にハリウッドに移り住んだ。ハリウッドではジュールの母があちこちの映画スタジオから十分な量の仕事を獲得できたおかげで、一家は大恐慌を無事に生き抜くことができた。両親とも活動的な社会主義者で、家庭は政治的な議論や労働組合活動の温床だった。ジュールはまだ高校生だったころに独学で微積分を習得し、その後一九三四年にUCLAに入学し、一九三八年に卒業した。

　戦争が近づきつつあったころ、チャーニーは数学と物理学の教育助手としてかつかつの生活を送っていたが、自分が関心を持っている気象学に進むか、間違いなく戦争でもっと役に立つ航空学に進むか、決断せねばならなかった。彼は航空学の先駆者、セオドア・フォン・カルマンに会いにカルテック（カリフォルニア工科大学）を訪れた。カルマンは、航空学はもう成熟しており、今後の進歩は数学によってではなく工学によって起こるだろうが、気象学では数学的アプローチで取り組む機がちょうど熟してきたところだと言って、気象学を勧めた。チャーニーはその後二度と振り返らなかった。つい先ごろ、ヤコブ・ビヤークネスが気象学者たち向けの訓練プログラムを開始するためにノルウェーからＵＣＬＡにやってきたばかりで、チャーニーは一九四一年七月、この新しい部門に教育助手として加わった。俸給は月六五ドルであった。

チャーニーは、重要なものを捉え、そうでないものを捨てて大気全体を方程式の形にし、地球規模の尺度から分子の尺度にまで凝縮する驚異的な能力を持っていた。「ヴォルテールの小説に出てくる巨人、ミクロメガス（訳注：ヴォルテールが一七五一年に発表した先駆的ＳＦ短篇小説「ミクロメガス」に登場するシリウスの惑星の住人である巨人）であれば、われわれが洗い桶を扱うように地球上の大気を扱えることだろうが、そのミクロメガスは大気について、極めて乱れた不均一な流体で、強い熱的影響にさらされながら、ごつごつした回転する表面の上を運動していると記述するだろう」と、彼はのちに記している。「ミクロメガスなら、南北両半球の中緯度地域で吹いており、高度が上がるにつれて強まる偏西風や、赤道や極地近くで吹く極東風と、貿易風の違いを見てとることができるはずだ」。さらに目を凝らせば、彼には陸地や海洋の不均一な分布に関連して生じる擾乱（じょうらん）が見えるだろう。そして、これらの半永久的なパターンの上に「大きさの上で数千キロメートルからセンチメートル以下までというバリエーションを持つが、しかしどれも最大級のものと同じレベルのエネルギーを持つ、さまざまな移動性渦が刻まれているのを見出すだろう」[33]。

戦争が終わるころ、チャーニーは博士論文、『傾圧性偏西流内の長波の動力学』執筆のさなかにあり、それは一九四六年に完成された。その後、新婚まもない彼とエリノア・チャーニー（旧姓フライ）はロサンゼルスを離れ、彼の博士課程修了後初の仕事のためにシカゴへと向かった。その仕事で一緒になったロスビーに招かれて八月、プリンストンの協議会に出席したチャーニーはそこでフォン・ノイマンに出会い、彼の野望を知って、ＩＡＳには数学が過剰で気象学が不足していると感じ取った。彼とエリノアは一九四七年の春、ベルゲンとオスロに向けて船で出発し、その地で彼はノルウェー人たちと共に研究に取り組み、一九四八年の早春になってプリンストンへと戻った。

チャーニーは、ちょうどいいときにちょうどいい場所にやってきた。コンピュータは初期テストを受けている最中で、そのコンピュータにかける最初の問題がコード化されるところだった――これをそのなかで働かせることができるコンピュータがもうすぐ出来上がるのだという期待のもと、アーント・エリアッセンとラグナー・フィヨルトフトが率いるノルウェーの気象学者たちが交代でグループに参加した。チャーニーはノルウェーの気象予報士たちの実践的な経験と、フォン・ノイマンの数学的世界との連絡係となった。「物理的な意味で自分は何がやりたいのかということは、極めて明確に理解していましたが、それを数学的にどう実行すればいいのかについては、漠然とした認識しかありませんでした」とチャーニーは述べている[34]。フォン・ノイマンのスキルは、これとはまったく逆であった。チャーニーはまた、何人もの際立ったアメリカの気象学者たちを惹き付け、彼らを育てた。なかでも注目すべきは、ジョゼフ・スマゴリンスキーとノーマン・フィリップスだ。彼らは続く一〇年のうちに、数値的気象予測実現において主導的な役割を果たすのである。

終戦後、チャーニーがワシントンＤ・Ｃの二四番通りとＭストリートの交差点にある気象局に講演をしにやってきたとき、スマゴリンスキーはまだ大学院生だった。そのころ数値的気象予測は、気象局のやり方とはまったくと言っていいほど違っていた。「戦争中、わたしは学生でMITで見習いをしていましたが、そこの高名な教授の一人、ベルンハルト・ハウルヴィッツから、数値的気象予測は不可能だと言われました」とスマゴリンスキーは言う。「またその理由というのが、あまりいいものではありませんでした。しかし、不可能だと言うほうが、可能だと言うより楽だったのです。そんなわけでわたしは、数値予測は不可能だという認識をずっと持っていたのです」。チャーニーの講演を聴いたあとの質疑応答セッションで、この問題を本気で考えていることがわかるような質問をしたのはスマゴリンスキーだけだった。それでチャーニーは、新しいコンピュータ・グループに彼を誘ったのだ。

「リチャードソンの取り組みが失敗に終わった一番の理由は、彼が時期尚早なのにもかかわらず、あまりに多くのことをやろうとしていたからかもしれない」[35]とチャーニーは、海軍研究所に提出するために準備中の最初の進捗報告書に記している。リチャードソンの最初の問題、「初期条件を確立するうえで十分なデータを集める」は、気象学のコミュニティー全体によって解決された。しかしほどなく、「境界条件」と見なされていたものは数日のうちに崩壊してしまうものでしかなく、長期間持続する境界は、北半球と南半球の境界のみで、半球全体についての知識が必要だということがわかった。リチャードソンの二つめの問題、「仕事を完遂するために十分な計算能力を提供する」は、フォン・ノイマン、ゴールドスタイン、ビゲローが解決した。そして、リチャードソンの三つめの問題、「瞬く間に気象そのものよりも不安定になってしまわない解を与える方程式を定式化する」に、最大の貢献をしたのはチャーニーだった。鍵はノイズを除去することにあった。

「大気は、さまざまなメロディーを奏でられる楽器だ」と、チャーニーは一九四七年二月、トムソンに説明した。「高音は音波、低音は長い慣性波で、自然は、ショパン・タイプというよりむしろベートーベン・タイプの音楽家だ。断然低音のほうが好きで、ごく稀に高音域でアルペジオを奏でたりするが、それも、ごく軽くしかやらない。海や大陸は、サン＝サーンスの『動物の謝肉祭』の『象』だ[36]」。

トムソンはこれにしっかりと耳を傾け、海軍研究所に、「流体力学の方程式は、音波、重力波、遅い慣性波等々、あらゆる出来事を扱っている。したがって、われわれが大気の振舞いのうち、特定の種類のもの――すなわち、大規模な擾乱の伝播――にしか興味がないということを、これらの方程式になんとか反映させれば、事態は相当単純化できるのではないだろうか[37]」と提言している。チャーニーの助けを借りて数値フィルターがすぐに作成され、コードに組み込まれ、マーガレット・スマゴリンスキー、ノーマ・ジルバーグ、エレン＝クリスティーヌ・エリアッセンの数百時間に及ぶ手計算を経て、試運転が行なわれた。「技術者の皆さんが大型コンピュータで使おうとなさっていたシステムを、わたしたちは手計算でやりました」とマーガレット・スマゴリンスキーは言う。「ものすごく退屈な仕事でした。わたしたち三人は、とても小さな部屋で作業をしました。それも一生懸命に。小さな部屋で三人の人間と、三台のモンロー計算機が働いていたのです[38]」。

コンピュータの完成が遅れていた――水爆問題が優先されていたこともあって、本格的なテスト計算は代わりにENIACでやることになった。一九五〇年三月、チャーニーはジョージ・プラッツマン、ラグナー・フィヨルトフト、ジョン・フリーマン、そしてジョゼフ・スマゴリンスキーと共にアバディーンに赴いた。クラリ・フォン・ノイマンが彼らの問題をコード化し、ENIACではどうやればいいか、付属のカード処理機をどう使えばいいかを教えて、彼らを導いた。

「五〇年前にL・F・リチャードソンが予言したヴィジョンの具現化が……一九五〇年三月五日日曜の午後一二時に始まり、一日二四時間、三三日間昼夜連続で、ときおりごく短い中断をはさむだけで続けられた」とプラッツマンは記す[39]。その一三日後、三月一八日付けの日記に、彼はこう書いた。「われわれは一二時間予測を完成させた」。「四週間が終わるころには、二つの異なる二四時間予測を成し遂げた」と、四月一〇日、チャーニーはプラッツマンに告げている。「一つめは……正確さの点でまったくだめだった。良い点もいくつかあったのだが。……二つめは……驚くほど良いことがわかった。西ヨーロッパ上空での風向きの変化や、気圧の谷が伸長する様子――ラグナーは傾圧現象と考えていた――が正確に予測されていた」[40]。続く一週間、彼らは二四時間予測をさらに二件完成させた。一九四九年一月三一日と二月一四日の気象予測である。

内部ストレージが限られていたため、「パンチカードに大容量読み出し／書き込みメモリとしての機能を委ねた。そのため、パンチカードの操作とＥＮＩＡＣの操作を緊密に連携させねばならなかったが、それにはフォン・ノイマンが巧妙な方法を案出した」。その方法では、計算の各ステップで一六の操作を連続して行なわねばならなかった。そのうち六つがＥＮＩＡＣ内の算術操作、一〇が外部のパンチカード操作で、結果を処理し次のステップに備えるためのものだった。「二四時間予測を四つ完了させるために、約一〇万枚の標準ＩＢＭパンチカードが使用され、一〇〇万回の乗算と除算が行なわれた」と、チャーニー、フォン・ノイマン、フィヨルトフトの報告にはある。バグがつぶされると、「二四時間予測のための計算の所要時間は約二四時間となり、こうしてわれわれは天気と同じペースで計算できるようになったのである」[41]。

チャーニーとその同僚たちは意気揚々とプリンストンに戻った。「二四時間予測をするのに二四時間かかったことなど、ほとんど問題ではなかった」と彼は述べている。「そんなことは純粋に技術的な問題だ。二年後、同じ予測をわれわれ自身のコンピュータで五分でやることができたのだから」[42]。成功に勇気付けられた彼らは、昼間は北半球上空の大気について、ますます詳細になっていく一連のモデルを作成し、夜は研究所の宿舎の雰囲気を盛り上げた。

「そう、みんな彼が大好きでした」と、テルマ・エストリンはチャーニーについて語る。「彼は優しくて気さくで、パーティーが大好きで、いつも最後に帰っていました」。技術者も気象学者も、緊密に結びついた「マインビル」の宿舎で共に暮らしており、ほかの客員研究者たちをも仲間に引き入れた。「気象学者は皆、むちゃくちゃ面白くて、大酒飲みでした」と、ハンガリー出身の位相幾何学者、ラウール・ボットは言う。ボットは一九四九年、工学の学位を手に、フォン・ノイマンの弟子としてやってきた研究者だ。「ものすごい乱痴気騒ぎを何度もやりました。わたしの人生の最高のときでした」。

ボットはある一夜を特によく覚えている。ＥＮＩＡＣを使いに最初にアバディーンにみんなが行った直後のことで、詩人のディラン・トマスがプリンストンに来ていた。「それで、夜の一〇時半か一一時ごろ、われわれは掘っ立て小屋の一つでどんちゃん騒ぎをしていたんですが、ふと、『ディラン・トマスを今ここに連れてきたらすごいんじゃないか？』と思いついたのです。それでわたしはホテルに電話を掛けて――わたしも厚かましい若者だったのです――ディラン・トマスにつないでもらったんです。彼はもうベッドに入っていましたが、『おお、もちろん、喜んで起きますよ』と言ったのです。パーティーに来る気満々でした。それで、わたしがホテルまで車を飛ばしました――うちには、一九三五年製のビュイックのオープンカーがあったんです。わたしの妻も一緒でしたが、もちろん彼女も大はしゃぎでした。しかし、彼が車に乗り込んできた瞬間に、ひょっとしたらちょっと厄介なことになるかもしれないと気付きました。というのも、彼女がその夜彼の相手をする女性になるのだと、はっきりわかりましたので」[43]。

モデルを精緻化するのに、チャーニーのグループは、自分たちの予測の良し悪（あ）しを判断する基準が必要だった。リチャードソンは基準として、取り立てて何もない平穏な一九一〇年五月二〇日の午前中を使っていた。チャーニーのグループは、猛烈な嵐がアメリカ合衆国の中央部と東部を襲った一九五〇年の感謝祭の日を選んだ。当時の気象予測では、その低気圧の発達はまったく捉えられず、死者三〇〇名、未曾有の家屋損壊、さらに、プリンストン大学のパーマー物理学研究所の屋根の一部が飛ばされるという被害が生じた。まさに最悪の事態を起こした嵐だった。

「この嵐を選んだのは、その発達が自然に起こり、しかも猛烈だったため、低気圧発生の予測のテストケースとして理想的だったからだ」とチャーニーは説明する。乱気流の予測し難さにもかかわらず、チャーニーは「低気圧の誕生と発達は明確で予測可能な出来事である」と考えていた。低気圧発生はランダムに見えるかもしれないが、「空間と時間のなかで、最初の擾乱が生じやすい地点と時点があるはずで、またその大きさも、最初は小さいかもしれないが、基本的な流れによって完全に決定されるだろう。自動車をゆっくりと、しかし容赦なく崖に向かって押して突き落とすのと似ている」[44]。

「一一月二五日から二七日の嵐は、グリニッジ標準時で一一月二四日一二時三〇分、ノースカロライナとヴァージニア西部の上空で発達中の小さな低気圧として、初めて地上天気図上に認められた」と、一九五〇年一一月の《月間気象レビュー》の概説の冒頭に記されている[45]。続く四八時間のあいだに、その擾乱は成長してアメリカ合衆国で記録された最悪の嵐となった。ウエストヴァージニアのコバーン・クリークでは、六二インチ（約一・六メートル）の降雪があった。ケンタッキー州ルイビルとテネシー州ナッシュビルで華氏マイナス一度（摂氏約マイナス一八度）の気温が記録され、ピッツバーグでは三〇インチ（約七六センチ）の降雪があり、鉄鋼産業は休業に追い込まれた。

「二・五次元のモデルは、この低気圧の発達を把握することができませんでした。何かが起こっているという漠然とした兆しはあったのですが」とチャーニーはのちに話している。「それで、われわれは三段階モデルを使いました。これはつまり、二と三分の二次元モデルで、われわれはこれで実際に低気圧発生を捕らえることができたのです。ものすごく正確というわけではなかったけれど、「われわれが」成功したというのは間違いなかった。わたしはいつも、これはものすごく重要なことだとの思いを抱いていました……世界中の人々に、このことを知ってもらいたかったのです！」[46]

一辺三〇〇キロメートルのセルを一六×一六個並べたグリッドを、一つが三〇分の時間ステップを四八連ねただけ追跡した末に正しい二四時間予測を出すには四八分の計算時間を要した。チャーニーによれば、「この取り組みのあいだ、コンピュータは約七五万回の乗算と除算、一〇〇〇万回の加算と減算を行ない、三〇〇〇万個の個別の指令を実施した」[47]。コンピュータの内側で気象をシミュレートしようと努力するあいだ、気象学者たちはコンピュータの外側の気象に悩まされた。「ヨーク」の冷却ユニットが、湿気の高いプリンストンの暑さのなかで絶えず過負荷の状態となったし、雷雨になると、ウィリアムス管メモリはしょっちゅう誤動作した。五月のとりわけ暑いある日、ＩＢＭのカード装置にトラブルが起こり、コンピュータの運転記録にはこのように記入されている。「ＩＢＭ装置に入れるとカードにタール状の物質が付く状況が続く」。次にはこういう説明が記入されている。「タールは、屋根から落ちてきたタールだ[48]」。

次々とモデルを作って、次第に完成に近づけていき、階層構造によるモデル精緻化を行なおうというチャーニーの計画は、今や軌道に乗ってきた。一九五二年八月五日、フォン・ノイマンは「気象局、空軍および海軍の気象業務隊によって数値的予測を常時作成する可能性について」議論するための会合を高等研究所で開き、自ら議長を務めた。一九五三年九月、気象局、空軍、そして海軍は数値的気象予測部を共同で設立することに合意し、一九五四年一月、フォン・ノイマン率いる技術顧問団が、ＩＢＭ七〇一の使用を勧めた。このコンピュータを借りる予算は年額一七万五〇〇〇ドルから三〇万ドルと設定された。[49] IBMは一九五五年初頭にこのコンピュータを届け、そして四月一八日に、気象予測業務としての最初の数値的予測がこの装置で計算された。

一九五八年までには、数値的予測は手作業による予測と互角に張りあうようになっていた。そして一九六〇年には、手作業をリードするようになった。二四時間予測から始まり、一〇年ごとに約二四時間ずつ、予測範囲が拡張していった。フォン・ノイマンとチャーニーにとっての問題は、「次は何をすべきか?」だった。「フォン・ノイマンは、短期予想の問題はほぼ解決済みだと感じているようでした」と、トムソンは語る。「そうですね、われわれがどれだけのことをすでに成し遂げ、この先どれだけのことをなさねばならないかについて、彼はかなり楽観的な見方をしていたように思います。それでもとにかく、彼が先を見据えていたのは確かです」。フォン・ノイマンは問題を三つの型に分類した。最初の「短期型」予測では、何が起こるかは初期条件でほぼ決まり、その後のエネルギーの流入や散逸にはあまり左右されない。十分な観察と、コンピュータによる十分な計算で、数日から一週間までの短期予測は可能だった。二つめの、一週間を超える「中期型」予測では、初期条件による影響と、エネルギーの流入・散逸による影響が拮抗してくるようになり、大気の振舞いは予測が極めて困難、おそらく不可能になる。三つめの「長期型」予測では、トムソンの言葉を借りれば、「大気は最初自分がどんな姿だったかをたちまち忘れてしまい、その振舞いは、日に日に変わるエネルギーの流入・散逸の影響だけにほぼ完全に支配されてしまいます」[50]。この流入と散逸について十分な知識があれば、日々の天候の予測ではなくて、もっと大きな時間尺度での気象の変化がコンピュータで扱えるはずであり、フォン・ノイマンとチャーニーは、ノーマン・フィリップスとジョゼフ・スマゴリンスキーも加わった今、次はこの問題に取り組むことに決めた。

一九五四年九月、ノーマン・フィリップスはごく基本的な大循環モデル（今日使われているすべての気象モデルの祖先にあたる）をコンピュータで走らせ始めた。このモデルは、シミュレートされた時間にして四〇日まで安定であり続けた。スマゴリンスキーは、「エネルギーの源（みなもと）と流出先の定式化が単純であるにもかかわらず、そこから導き出される結果は、大循環の目立つ特徴を再現する、驚異的な能力を持っている」と述べた。四〇日を超えて走らせると、結果は変則的かつ非線形的になるが、フィリップスとチャーニーは、これは数値計算の不安定さによるもので、根底にあるモデルのせいではない、だから、コード化の改善とより強力なコンピュータがあれば、真の長期的気象予測にも到達できると感じていた。「コードが今の装置の資源をほとんどすべて消耗している」と彼らは報告書で述べている。「三〇七二語のウィリアムス管‐ドラム複合メモリ中、使われていないのは約一二『語』だけだ」。一九五四年の二月と三月、このモデルは三一日間走らされ、「驚くほど現実を反映している」ように思われた。「ノルウェー人たちが提案した、今では古典となった、波動低気圧の寒冷・温暖前線に類似する特徴までもが再現された[51]」。

「わたしたちの目標は、純粋に物理的な気象理論を確立すること、すなわち、無限の予測が行なえるようにすることでした」と、チャーニーはのちにスタン・ウラムに述べている。「ジョニーは、これは長期予測の問題ととてもよく似たものになるだろうと踏んでいました。というのも、運動の統計的な予測は、個々の運動の予測よりも正確にできる可能性が高いですから」。当時思えたほど、これが生易しいことではないということは、今日のわたしたちはよく知っている。「彼は常に――もちろん頭の片隅でですが――、長期気象改善のことを考えていました」とチャーニーは言う。「わたしたちはよく、日曜の午後一緒に、いろいろな気象理論を作り出して楽しんでいました。そのなかではっきりしてきたのが、過去の気象を説明したり、気象改善の基礎を作ったりすることは、現在の気象を純粋に物理的な言葉で理解しない限り不可能だということでした[52]」。

新しいプロジェクトを立ち上げるために、フォン・ノイマンとチャーニーは一九五五年一〇月二六日から二八日にかけて、気象の動力学に関する協議会を高等研究所で開催した。開会の挨拶をしたオッペンハイマーは、「地球大気の大循環という問題に取り組むこの協議会と、ニューメキシコのロスアラモスで原子爆弾開発の準備のために開かれた協議会」とはよく似ていると指摘し、そのうえで「今回の協議会に参加される皆さんが直面される問題――大気の運動に関する複雑な動力学を扱う問題――のほうが、はるかに難しい」と述べた[53]。

物事の単純化をもたらす仮定づくりの達人だったフォン・ノイマンは、この取り組みを待ち受けるさまざまな障害についても現実的に考えていた。「たとえ適切な情報が与えられていたとしても、予測方程式に擾乱や輻射を加えるのはたいそう複雑なことでしょう」と彼は述べた。検討中の現象のほとんどすべてが不安定で、わずかな違いが増幅されて大きな現象になる可能性があった。「たとえば、地球上のすべての水の、約一〇万分の一だけが、大気中の蒸気の形を取っています。しかし、水蒸気が存在することで、地球の平均気温は摂氏四〇度も変化します」と彼は指摘した。「これは、氷河活動が最大だった時期の気温と、地球の氷河がすべて融け去った時期の気温との差の二倍以上の違いです[54]」。

二九名の参加者たちは、気象のモデル化には希望を抱いていたが、この問題は極めて複雑だと認識していた。「大気中の二酸化炭素の量は産業革命が始まって以来増加の一途を辿っており、この二酸化炭素の増加が、それ以降の大気の温暖化をもたらしているという説が検討されたが、フォン・ノイマンは、大気に放出された産業由来の二酸化炭素はすでに海洋に吸収されてしまっているはずだと信じる理由があると述べ、この説の妥当性に疑問を呈した[55]」と協議会の紀要には記されている。

米国気象局のジグムント・フリッツは、「植物による効果も考慮に入れるべきだ」と述べた。ウッズホール海洋学研究所のウィリアム・フォン・アークスは、「バランスは、海水の緩衝能力に依存する」ことを強調し、「プランクトン・サイクルのなかに封じ込められている炭素がかなりの量存在する」と述べた。チャーニーは、黒点最少活動期よりも最大活動期にあたることのほうが多い一月に、はるかに多くの炭素封じ込め活動が起こるというウェクスラーの結果の統計的意味について問うた。フォン・ノイマンは、「永続できる氷原の最小の大きさが存在するに違いないと感じ」、「氷河作用と退氷へとつながったプロセスは、何世紀にもわたってほぼ一定だったに違いないということに注意を促した」。彼は、「このように長い期間にわたって火山活動が終始活発であったという証拠があるのかどうか」を問いかけている。[56]

「気象変化について、太陽や火山の活動などの、外部のメカニズムを必要とする説明を使う必要はない」とフォン・ノイマンとチャーニーは論じた。コロンビア大学のリチャード・ペッファーは、「単位質量の大気に吸収される放射は、二つの大きな流れの微小な違いとして測定される」と指摘して、「現在の水蒸気と温度の分布（大気の放射特性を決定する主要な二つの変数）の測定は、この違いを決定するに十分正確なのだろうか」と問うた。ＭＩＴのエドワード・ローレンツは、雲の効果に関して、「平均雲量、日較差……に加えて、雲が夜間か日中か、どちらに現れるのかも特定しなければならない」と述べた。フォン・ノイマンは結論として、「まず最初に、非線形フィードバック・プロセスを通して、気象が内的メカニズムによってどの程度変化させられるのかを決定することを試みるべきだと助言し、「問題はとても込み入っていると強調した[57]」。

気象予測は、依然として一九五五年に定められた三つの型に分類されている。一つめの短期型は、予測可能だった。二つめの中期型は、フォン・ノイマンの希望にもかかわらず、大方の予想どおり、今では予測不可能なことが明らかになっている。三つめの長期型については、いまだに議論中である。

「当時、われわれはとても楽観的だったと思う」とチャーニーは言う。「そのころ、ノーバート・ウィーナーがフォン・ノイマンとわたしは事実上ゴニフ――イディッシュ語で泥棒――だと言ったという報告を聞いたのを覚えている。気象は決定性問題として予測できるのだという誤った考えを世界全体に信じ込ませようとしているのだというわけだ。わたしは、根本的な意味で、ウィーナーはおそらく正しかったと思う」[58]。

大気は予測不可能だということを立証したのは、IAS気象学プロジェクトのコンサルタントだったエドワード・ローレンツだった。フォン・ノイマンが亡くなった直後のことである。この問題に別の角度から取り組む形で、チャーニーはこのように問いかける。「もしもラプラスの言う数学的知性（訳注：フランスの数学者、ピエール・シモン・ラプラスが一八一二年に提唱した、「ある瞬間において、すべての物質の力学的状態と力を知ることができ、かつ、それらのデータを解析できるだけの能力を持つ知性が存在するとすれば、この知性にとっては、不確実なことは何もなくなり、未来もすべて見えるであろう」という考え方）が、無限のスピードと能力を持ったコンピュータに置き換えられたとしたら、そして、一〇〇キロメートル以下の大気が、一辺の大きさが最小の乱流渦の大きさ――たとえば一ミリメートル――よりも小さな格子に分割されて測定されコンピュータにかけられたとしたら……気象の問題は解決可能でしょうか？」[59]彼の答は、すべての予測可能性は一カ月以内に消えてしまうだろう、というものだ。「それは、量子論的非決定性のせいでも、観察の微視的な間違いのせいでもなく、平均自由行程の尺度（海面で約一〇から五ミリメートル）でのランダムな擾乱によって最小の乱流渦に導入されたエラーが、最初は非常に小さくても、指数関数的に成長するからです……。エラーは一日以内に一ミリメートルから一〇キロメートルにまで成長し、一、二週間で一〇〇キロメートルから地球的規模にまで大きくなります[60]」。巨視的（クライメット）な気象が予測可能かどうか――すなわちフォン・ノイマンの言う「無限予想」――について

53. 左から右へ：ジェームズ・ポメレーン、ジュリアン・ビゲロー、ハーマン・ゴールドスタイン
1952年に算術ユニットを点検しているところ。このコンピュータは、最終的に3474本の真空管が組み込まれることになったが、そのうち1979本が6J6双３極真空管であった。故障する前に、その危険のある真空管を特定するために、自己診断ルーチンが使われた。「コンピュータ全体が、巨大な真空管試験ラックのように見えました」とビゲローは述べる（高等研究所、シェルビー・ホワイト・アンド・レオン・レヴィー・アーカイブス・センター）。

54. カリフォルニア州サンタモニカのランド研究所でコンピュータ・アーキテクチャを説明するウィリス・ウェア。1962年4月。1946年3月にIAS電子計算機プロジェクトの4人めとして採用されたウェアは、1951年にMANIACが完成するとカリフォルニアに移った（ランド・アーカイブスのご厚意による）。

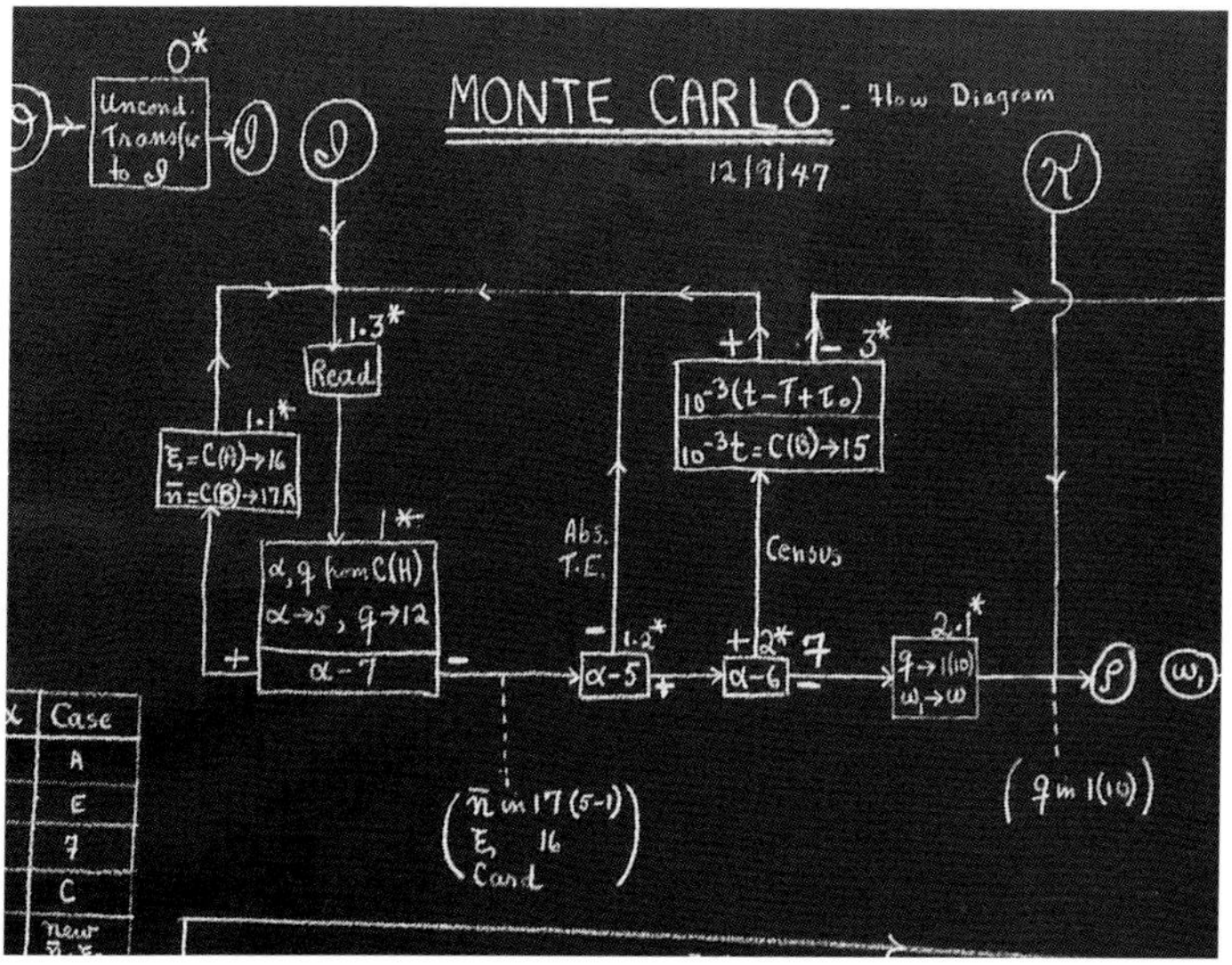

55. 1947年12月９日、モンテカルロ問題のフローチャート。このころ、フィラデルフィアのムーア校からアバディーン試験場に移設されたENIACにモンテカルロ問題をかけるのに先立って、ロスアラモスで行なわれた手計算によるリハーサルの一環として、クラリ・フォン・ノイマンの支援のもと、モンテカルロ問題のコード化が行なわれていた（フォン・ノイマン文庫、議会図書館）。

56. 上：ロスアラモスでT部門のポーカー・ゲームに参加して勝ったスタン・ウラム（日付は不明）。左下から時計回りに：？、カーソン・マーク、バーンド・マシアス、スタン・ウラム、フォスター・エヴァンス、ジョージ・コーワン、ニコラス・メトロポリス（クレアとフランソワーズのウラム母娘のご厚意による。撮影者と撮影日は不明）。

57. 1939年7月15日発行の、フランスの運転免許証に貼付されたクララ（クラリ）・フォン・ノイマンの写真（マリーナ・フォン・ノイマン・ホイットマンのご厚意による）。

58. 1939年1月、フロリダに向かう途中の、キャディラックV－8クーペとジョン・フォン・ノイマン（マリーナ・フォン・ノイマン・ホイットマンのご厚意による）。

59. クラリ・フォン・ノイマン。1939年1月、フロリダにて。ジョニーとクラリは1938年にブダペストで結婚し、彼女が「危険なほど短い導火線に火が付き、勢いよく燃え進んでいる火薬樽」だと表現したヨーロッパをあとにして、すぐにアメリカへ船で出発した。ヴァージニアで米国数学協会の会合に出席したあと、二人は車でフロリダのエヴァーグレーズを走り抜けてキーウェストへ向かった（マリーナ・フォン・ノイマン・ホイットマンのご厚意による）。

60. スタニスワフとフランソワーズのウラム夫妻。1940年代。ポーランドの数学者スタン・ウラムは、フォン・ノイマンに招待されて1935年12月にプリンストンにやってきた。俸給300ドルの教師の職を高等研究所で確保したが、それは彼がアメリカに足場を作るに十分だった。彼はハーバードでフェローシップ奨学金を獲得し、弟のアダムをポーランドから呼び寄せ、また、1939年の秋、マウント・ホリヨーク大学の院生だったフランソワーズと出会った（クレアとフランソワーズのウラム母娘のご厚意による）。

61. ニコラス・メトロポリスのロスアラモス研究所入所証用写真。1943年ごろ。ロスアラモスは自前のコンピュータとして可及的速やかにＩＡＳコンピュータの複製を手に入れたがっていたが、1948年7月、フォン・ノイマンはその製作にあたる者としてニック・メトロポリスを推薦した。「わたしたちはここで例の製作プロジェクトのために、時間をかけて集められているようです」と、メトロポリスは1949年2月15日付のクラリ・フォン・ノイマン宛ての手紙に記している。「自由にいじることのできるマシンがあれば、あなたもきっとロスアラモスが気に入りますよ」（ロスアラモス国立研究所アーカイブス）。

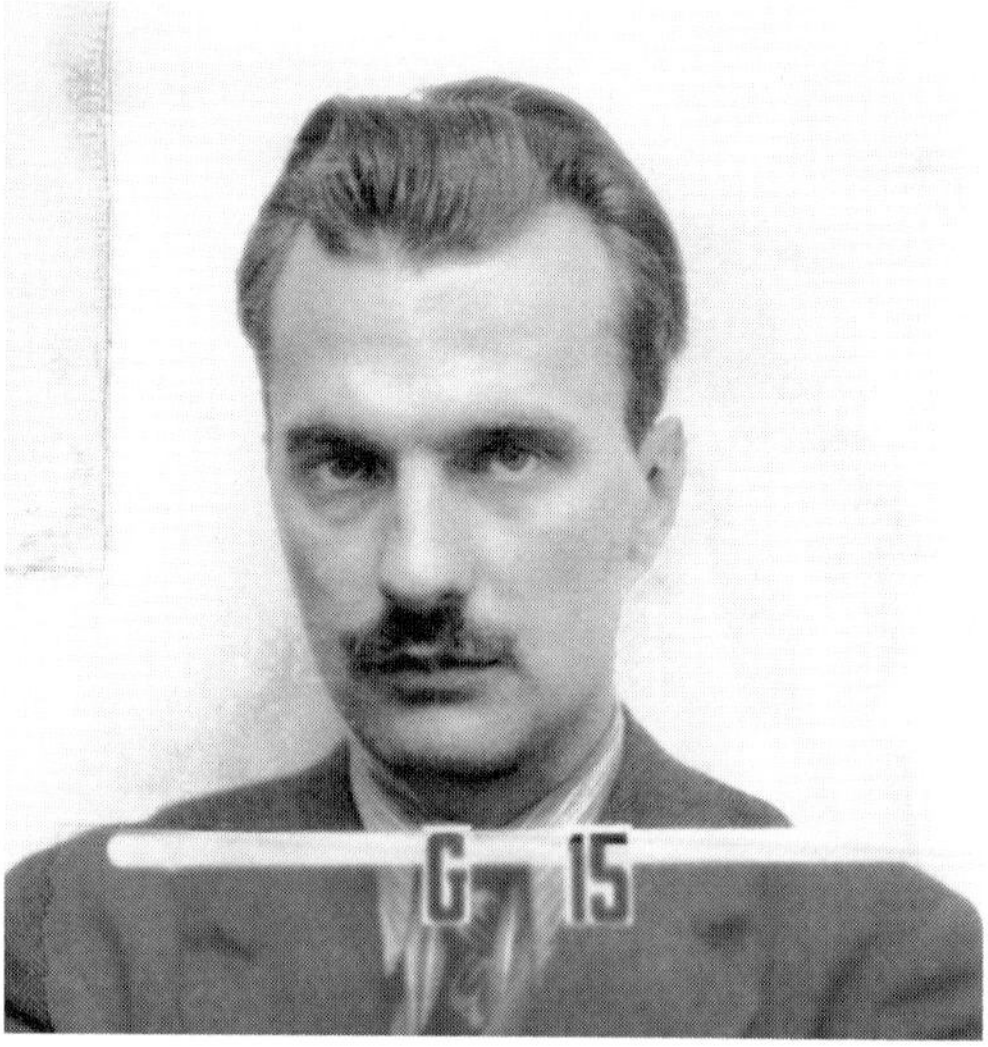

62. 1956年、ロスアラモスのMANIAC-Ⅰで行なわれている「アンチ・クレリカル」チェス・ゲーム（６×６の盤上でビショップなしで行なう）を見守るポール・スタイン（左）とニコラス・メトロポリス（右）。向かって右側に穿孔された入出力テープが、頭上のラックにマシンのモジュラー・ウィリアムス管メモリがあるのが認められる（ロスアラモス国立研究所アーカイブス）。

63. 1940年代の末、グランドキャニオンを訪れたジョン・フォン・ノイマン（一番上、背広の上下を着用し、後ろを振り返っている）とクラリ・フォン・ノイマン（下から４番め）（マリーナ・フォン・ノイマン・ホイットマンのご厚意による）。

64. 左から右へ：フランソワーズ、クレア、スタニスワフ・ウラムとジョン・フォン・ノイマン。フォン・ノイマンは、ロスアラモス（のちにはサンタフェ）のウラム家の温かいもてなしを指して「ロスウラモス」と呼んだ（スタニスワフ・ウラム文書、米国哲学協会、フランソワーズ・ウラムのご厚意による）。

65. 水素爆弾ドラマの役者たち。1950年ごろ。ヨシフ・スターリン（「USSR製」の爆弾を抱えている）、J・ロバート・オッペンハイマー（天使）、スタニスワフ・ウラム（痰壺の傍らに）、エドワード・テラー（中央）、ジョージ・ガモフ（ネコを手にしている）（ジョージ・ガモフによるコラージュ。クレア、フランソワーズのウラム母娘のご厚意による）。

66. 1955年、ミサイルの試験に立ち会うためにレッドストーン兵器庫を訪れたフォン・ノイマン（左）。（左から右へ）ホルガー・N・トフトイ准将（レッドストーン兵器庫の指揮官）、ドイツ生まれでアメリカに亡命したロケット科学の先駆者、ヴェルナー・フォン・ブラウン、J・P・デーリー准将、マイルス・B・チャトフィールド大佐（議会図書館、フォン・ノイマン文書）。

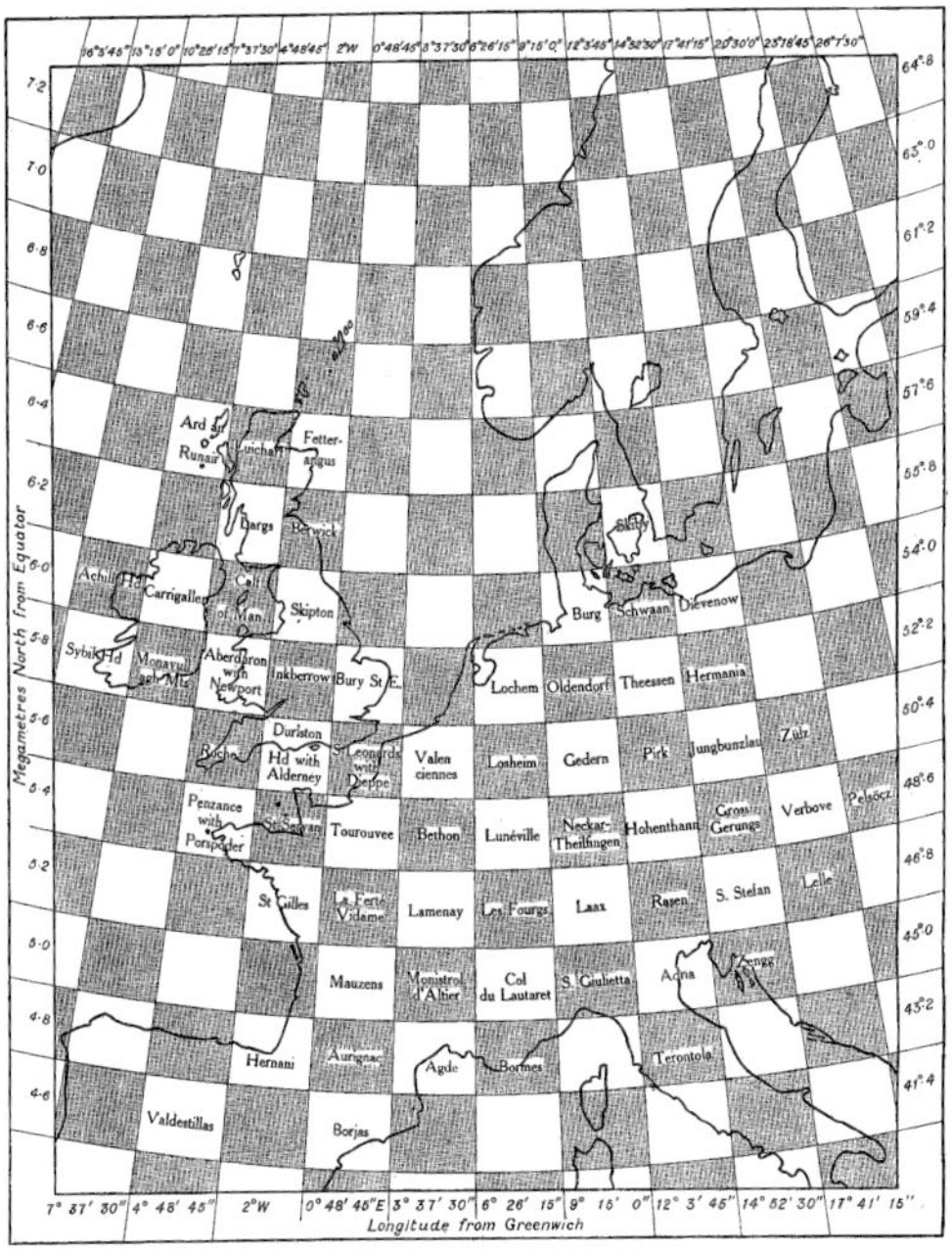

67. ルイス・フライ・リチャードソンが第一次世界大戦中に開発した数値気象モデルで使用し、1922年に出版した『数値プロセスによる気象予測』に掲載した北ヨーロッパの計算グリッド（ルイス・フライ・リチャードソン、1922年）。

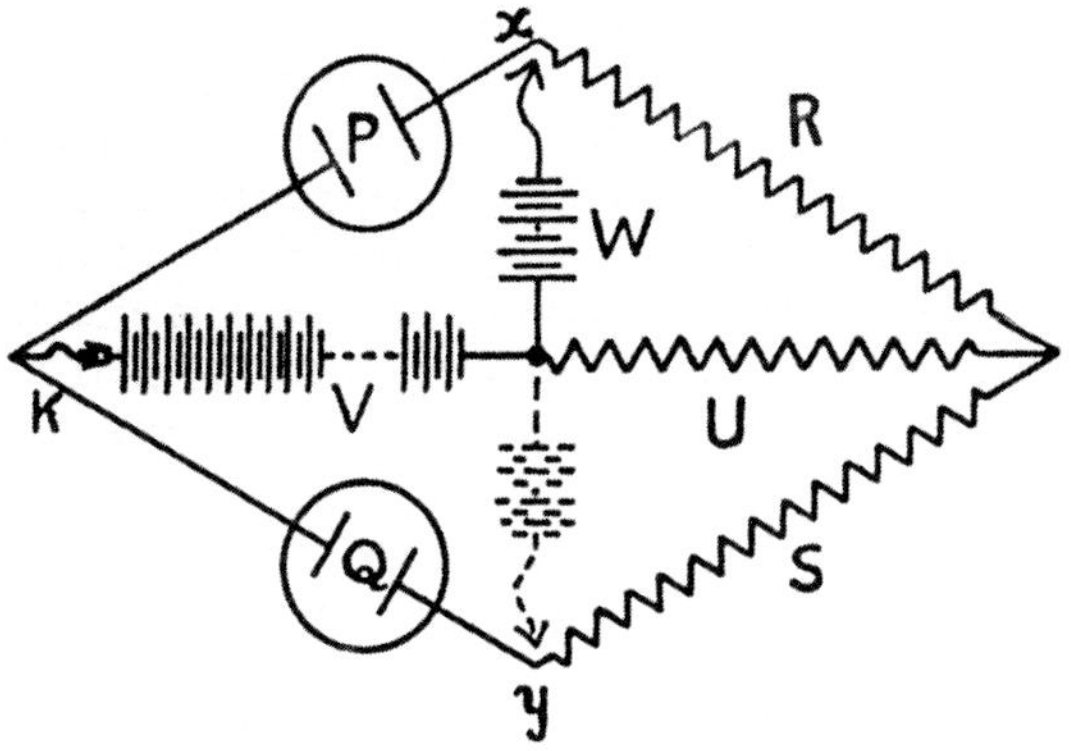

Fig. 1. Electrical Model illustrating a Mind having a Will but capable of only Two Ideas. See Analogies X., XI., XII., XIII.

68. 「意志を持つが、２つのアイデアしか抱けない頭脳を模した電気モデル」。ルイス・フライ・リチャードソンが1930年の研究で提案した。この研究は、ランダムな電子的不確定性を増幅して、独創的思考や、さらに自由意志にまですることができる可能性があることを示唆し、このアイデアがのちにアラン・チューリングに採用された（ルイス・フライ・リチャードソン、『心的イメージとスパークの類似性』、*Psychological Review*, vol. 37, no. 3〔May 1930〕p. 222）。

69. ENIAC気象学チームのアバディーン性能試験場への調査旅行。1950年３月。左から右へ：ハリー・ウェクスラー、ジョン・フォン・ノイマン、M・H・フランケル、ジェローム・ナミアス、ジョン・フリーマン、ラグナー・フィヨルトフト、フランシス・ライヒェルデルファー、ジュール・チャーニー（MIT博物館）。

	10^{17}	太陽の寿命（10^{10}年）
恒星の進化	10^{16}	
	10^{15}	
	10^{14}	
	10^{13}	100万年
	10^{12}	
生物の進化	10^{11}	
	10^{10}	
	10^{9}	人間の寿命（90年）
	10^{8}	
	10^{7}	
	10^{6}	
気象学	10^{5}	
	10^{4}	8時間
	10^{3}	
	10^{2}	
	10^{1}	
	10^{0}	
衝撃波	10^{-1}	瞬き（0.3秒）
	10^{-2}	
	10^{-3}	
	10^{-4}	
	10^{-5}	ウィリアムス管メモリのアクセス時間
核爆発	10^{-6}	
	10^{-7}	
	10^{-8}	核爆発での中性子の寿命

70. 1946年から1958年にかけてIAS電子計算機プロジェクトで取り組まれた５つの主要な問題（左）と、秒表示の時間尺度（中央）と、その代表的な現象（右）を比較した表。人間が意識できる時間範囲は、この26桁にわたる範囲の、ちょうど真ん中に当たる（著者作成）。

71. 1939年1月、フロリダを訪れたジョン・フォン・ノイマン。生物学に関心を抱いたフォン・ノイマンは、生きた生命体と機械の両方を包括する総合的な『自己複製オートマトンの理論』を構築しはじめた（マリーナ・フォン・ノイマン・ホイットマン）。

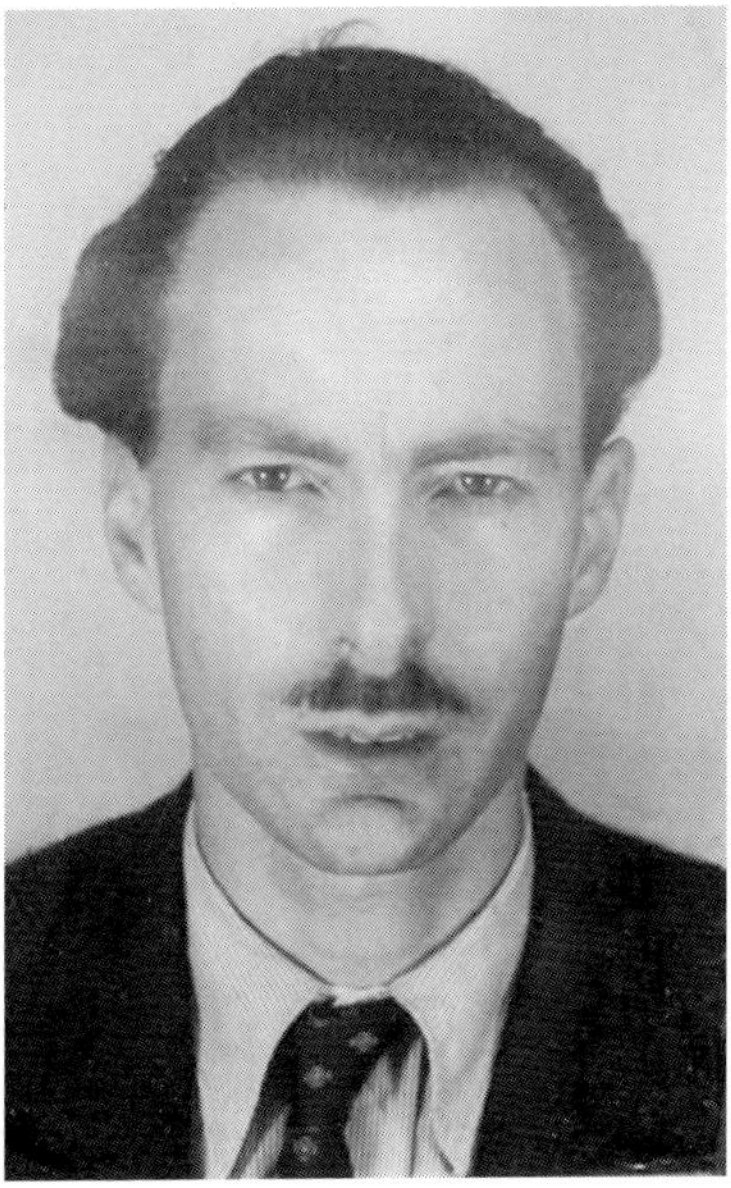

72. ニルス・アール・バリチェリ。1951年12月8日フルブライト法に基づき、「種の進化の第一段階を明らかにするために、大型計算機を使って数値実験を行なう」ことを目的に高等研究所に留学するための奨学金を、ノルウェーの米国教育財団に申請した際に使用した写真（高等研究所、シェルビー・ホワイト・アンド・レオン・レヴィー・アーカイブス・センター）。

73. 1954年11月23日の一般算術運用記録の書き込み。午前12時45分の「バリチェリ　オン」に続いて、コンピュータは数値進化実験を「再現しない」とあり、そのあと午前1時58分に「バリチェリ　オフ」と書き込まれている。ほとんどのコードは16進法で表記されていた。しかし、ここにはっきりと認められるように、バリチェリは2進法のレベルで直接研究した（高等研究所、シェルビー・ホワイト・アンド・レオン・レヴィー・アーカイブス・センター）。

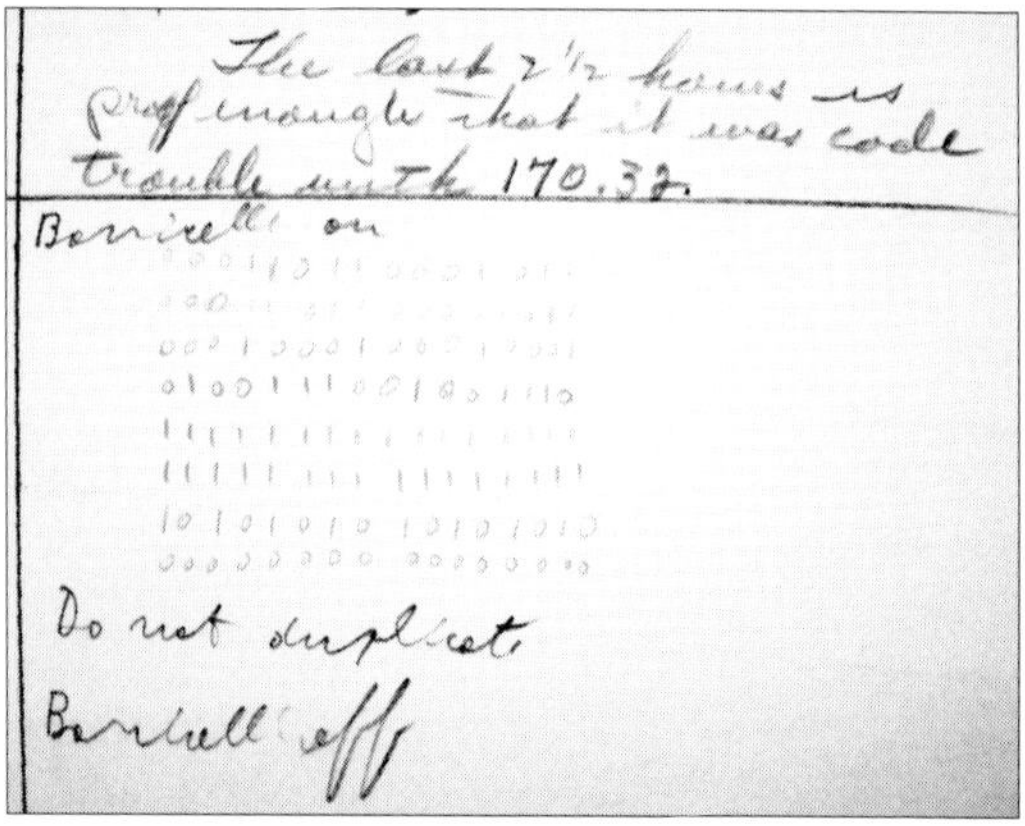

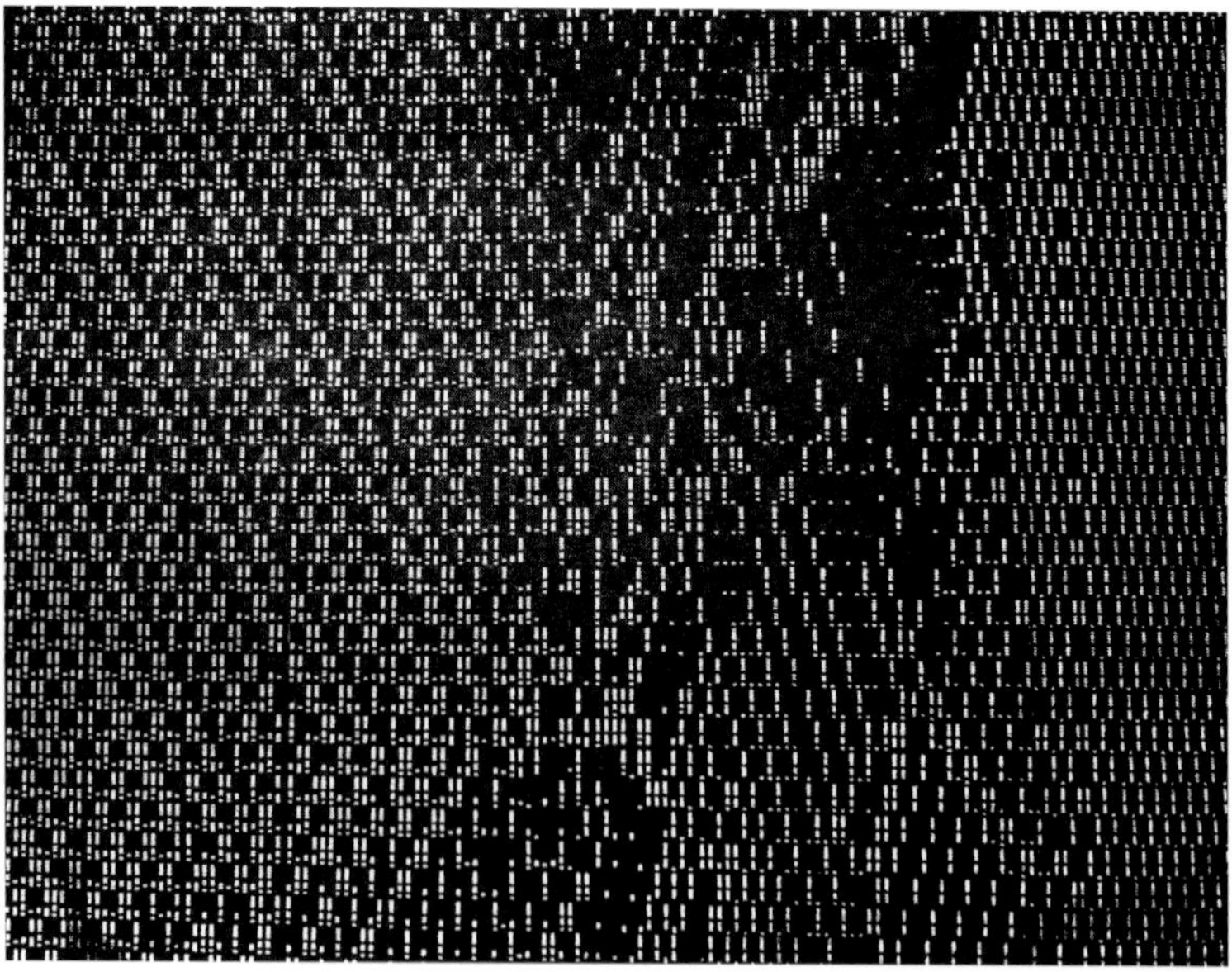

4. 1953年のバリチェリの宇宙。数値共生生命体の100世代ごとに5世代を抽出し、そのデータをパンチカードに移し、それらのカードを並べて1つにしたものを、青写真用紙に密着焼付けして、進化の足跡が見えるようにしたもの。この例で宇宙を支配しているルールは、「ブルー・モディファイド・ノーム」で、寄生生物は除外されるが突然変異は含めるものであった。結果は、「新しい生命体の、最初は大きな植物相、のちには1つの種と思しきものが、遺伝子宇宙の全体に広がる、ブルー・ノーム」（突然変異を含めないもの）よりも、「個体数はもっと少なく、そして不均一性はより急速に生じると思われる状態」が優位になったとバリチェリは1953年8月に報告した（高等研究所、シェルビー・ホワイト・アンド・レオン・レヴィー・アーカイブス・センター）。

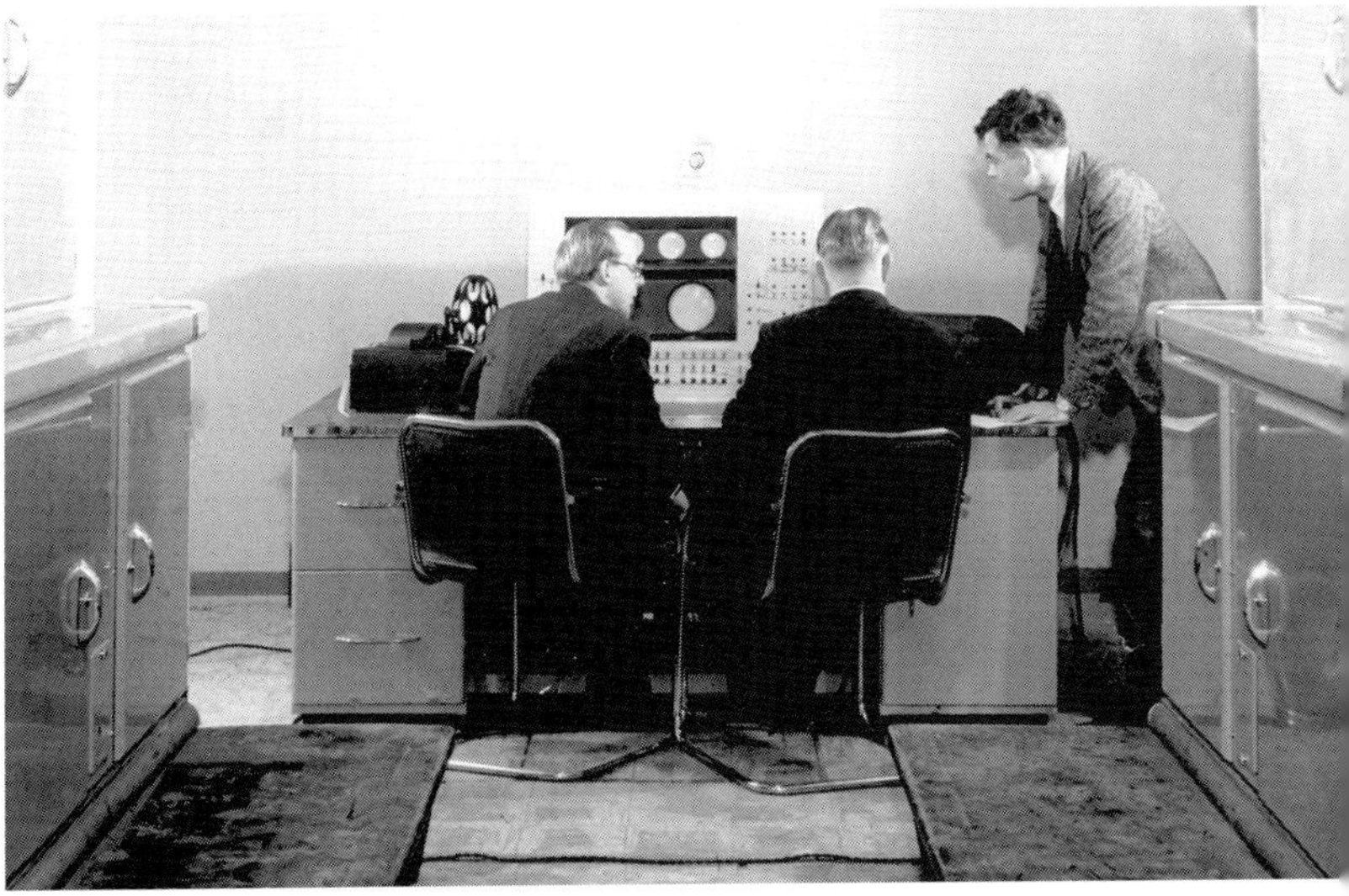

75. 1951年、マンチェスター大学でフェランティ・マークⅠのコンソールに座るブライアン・ポラード（左）とキース・ロンズデール（右）の傍らに立つアラン・チューリング。40ビット長のワードが256ワード記憶できる（容量にして1キロバイト）陰極線管メモリと16000語の容量を持つ磁気ドラムを持つフェランティ・マークⅠは、最初の商用万能チューリング・マシンであった。チューリングの主張で乱数発生器が組み込まれ、コンピュータは試行錯誤で学んだり、ランダムウォークによる検索を行なったりできるようになった（マンチェスター大学、コンピュータ科学科）。

76. 左から右へ：ジェームズ・ポメレーン、ジュリアン・ビゲロー、ジョン・フォン・ノイマン、ハーマン・ゴールドスタイン。高等研究所にて。日付不明。1957年に癌で亡くなったフォン・ノイマンについて、「彼の死はあまりに早すぎた。約束の地を目にしておきながら、そこに入ることはないままに終わってしまった」と、スタニスワフ・ウラムは1976年に追悼した（高等研究所、シェルビー・ホワイト・アンド・レオン・レヴィー・アーカイブス・センター）。

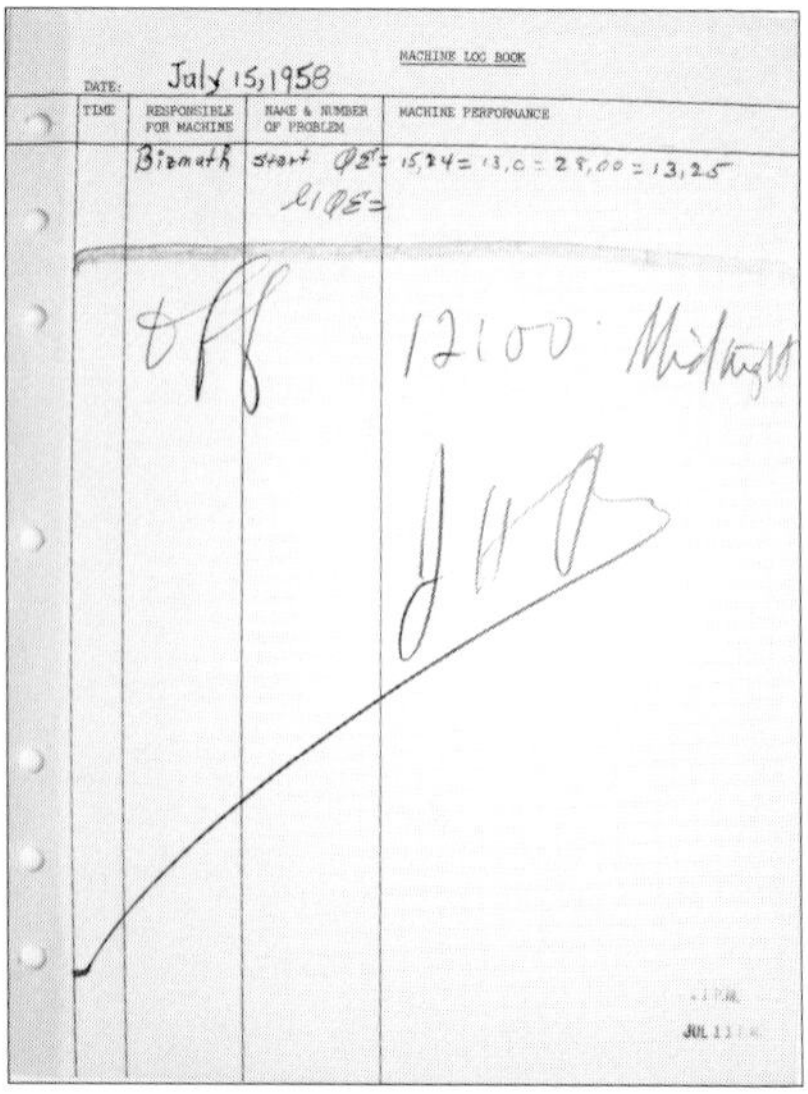

7. MANIACの運転日誌の最後の書き込み。958年７月15日、深夜12時。ジュリアン・H・ビゲロー（JHB）の署名がある（高等研究所、シェルビー・ホワイト・アンド・レオン・レヴィー・アーカイブス・センター）。

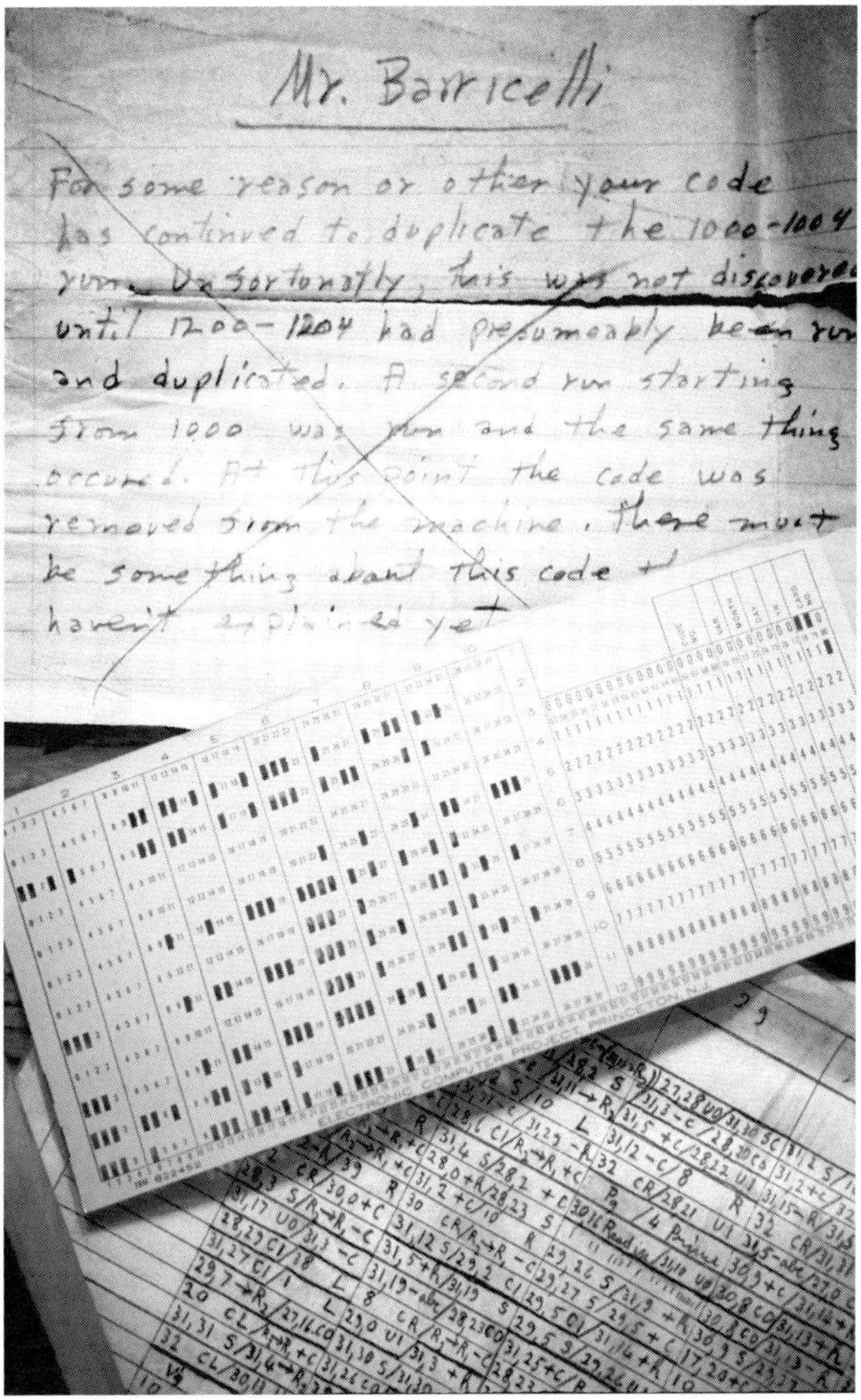

78. 2000年11月、高等研究所の西建屋の地下室で見つかった残留物。下：「バリチェリのドラム・コード」のソース・コード。中央：「数値共生生物」が進化するあいだに、一定間隔でサンプル抽出されたなかの１枚。上：「このコードには、あなたがまだ説明してくださっていない何かがあるはずです」と締めくくられたバリチェリ氏宛てのメモ（高等研究所、シェルビー・ホワイト・アンド・レオン・レヴィー・アーカイブス・センター）。

79. ライプニッツのデジタル宇宙。1697年1月2日にゴットフリート・ヴィルヘルム・ライプニッツがブルンズヴィック公に提案した銀のメダリオンのデザイン。「神の無限の力によって無からすべてが生み出される」ことを2進法算術によって表している。ライプニッツは、デジタル計算は、宇宙の存在そのものの基盤であり、単に「油やイワシを売る人々」に便利な道具ではないと信じていた（Erich Hochstetter and Hermann-Josef Greve, eds. *Herrn von Leibniz' Rechnung mit Null und Einz*〔Berlin: Siemens Aktiengesellschaft, 1966〕に掲載された模写）。

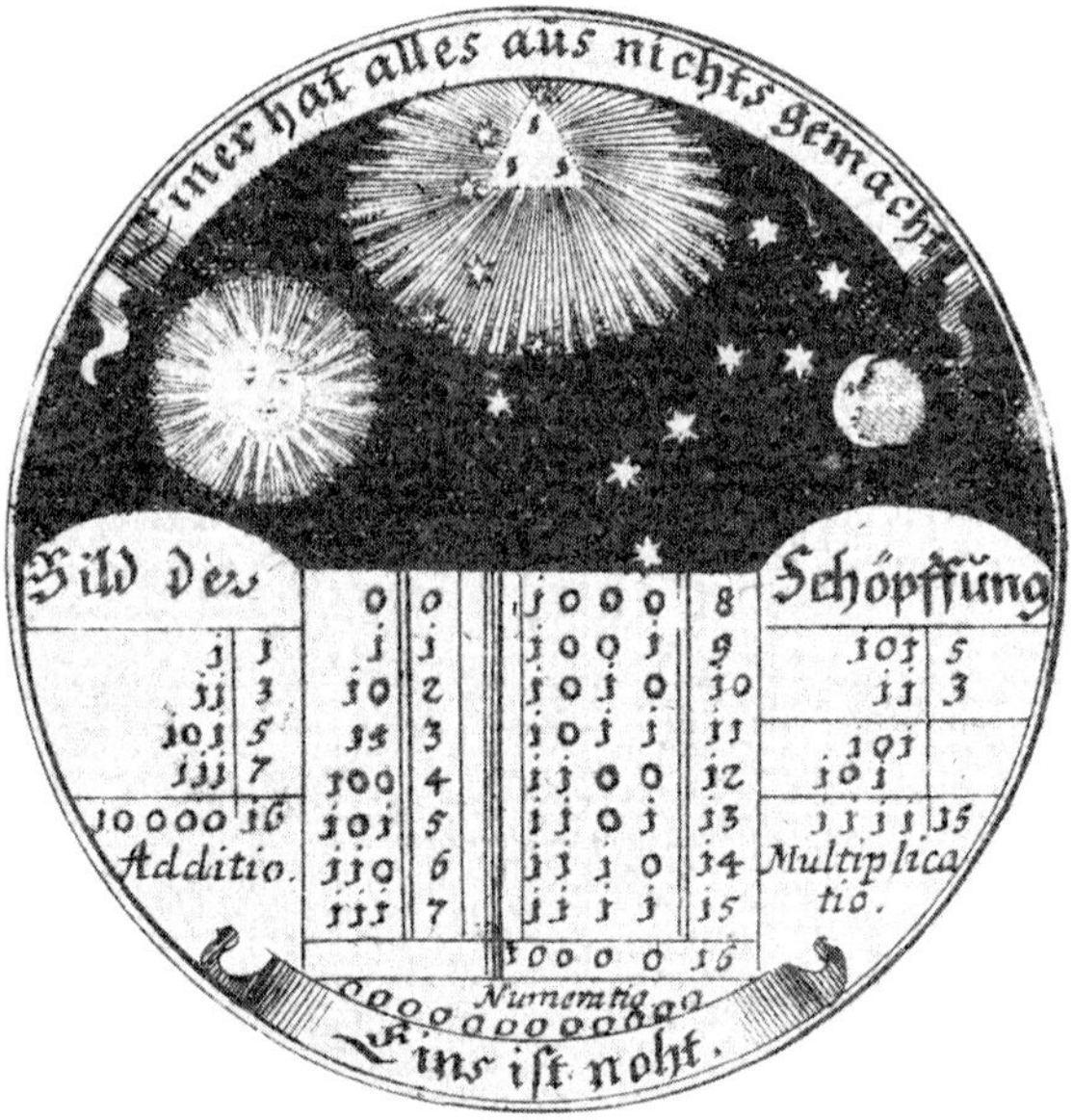

80. 著者。1954年10月31日、高等研究所にて。左から右へ：ヴェレナ・ヒューバー＝ダイソン、エスター・ダイソン、ジョージ・ダイソン、カタリーナ・ヘフェリ（著者提供）。

は、まだ結論は下されていない。フォン・ノイマンは巨視的な気象が予測可能になることのみならず、それをコントロールすることもできるようになると期待していた。巨視的気象の平衡点は、一旦特定されてしまえば、それを崩すのはあまりにも容易だろう。フォン・ノイマンによれば、気象制御に関する真の問題は、われわれに気象をコントロールできるかどうかではなく、誰がコントロール権を握るかをいかにして決定するかだった。「地球規模で気象制御が可能になれば、各国家の諸問題はほかのあらゆる国家の諸問題と結びつくことになるだろう。しかもその結び付きは、核戦争やその他のどんな戦争の危機がこれまでにもたらしたよりも、一層徹底的なものになるだろう」[61]と、彼は一九五五年に警告している。

フォン・ノイマンとウィーナーの両方が正しい可能性だってないわけではない。ウィーナーは、中期気象予測について正しかったのと同じように、巨視的気象についても正しいのかもしれない――彼は、〝大気は、三〇日程度を超えては決定論的な系としては扱えない〟と主張した。フォン・ノイマンは、巨視的気象は予測できないとしても、それは巨視的気象がコントロールできないということではないという意味で正しいのかもしれない。

ルイス・フライ・リチャードソンのヴィジョンとフォン・ノイマンのヴィジョンを結びつけて、未来を思い描いてみよう。そこでは地球は（その海洋の大部分をも含めて）、大気の運動量フラックス（訳注：要するに風として現れる大気の運動）のなかにどっぷりと浸かっている風力タービンと、太陽からの放射フラックス（訳注：地球に降り注ぐ太陽光）のなかにどっぷりと浸かっている太陽光発電器に覆われている。やがては、これらのエネルギー吸収・散逸表面が十分たくさん、総合グローバル・コンピュータおよび送電網に結び付けられて、チャーニーとリチャードソンが夢見た「偉大なるラプラス的格子」に当たるものが形成されるだろう。この系のすべてのセルは、そのとき暗かったのか、日差しがあったのか、風が吹いていたのかいなかったのか、そしてこれらの条件がどのように変化すると予想されるかを追跡し続けながら、隣接する他のセルとの関係を常に把握している。現実の物理的エネルギーの流れに直接結び付けられて、もはやモデルではないコンピュータ・ネットワークが誕生するだろう。あるいはこれは、チャーニーとリチャードソンの主張するところの、大気はそれ自体のモデルであるという意味では、モデルたるコンピュータ・ネットワークと言えるのかもしれない。

しかし、このように地球全体を覆うシステムにしても、その格子がある程度以上に細かくなったとき、それ自体が予測不能になってしまうだろう——それが浸っている大気と同じように。ずらりと並ぶ太陽光発電装置が太陽光を吸収していようが反射していようが、林立する風力タービンが全負荷運転中で、マイペースで回転していようが、そこここで大気を押しのけていようが、これらのものはやがて、実際に巨視的気象をコントロールするようになるのだろう。しかし、モデルがほんとうのところどういう具合に働いているのか、そして、木曜日の一週間後にそれがどんなふうに振舞うことになるのかは、所によって曇りの日がいまだにわたしたちにとっては謎でしかないのと同じように、謎のままだろう。

「一九五〇年代前半のあるとき、フォン・ノイマン、わたし、そしてほかにも数名が、プリンストンの電子計算機プロジェクト建屋の外に立っていた」とジョゼフ・スマゴリンスキーは回想する。「するとジョニーは、半ば雲に覆われた空を見上げてこう言ったのだ。『われわれにあれを予測できるときが来ると思うかい？』」[62]

第10章　モンテカルロ

一九四六年から一九五五年にかけて、わたしたちはアメリカ大陸を車で二八回横断しました。

——クラリ・フォン・ノイマン、一九六三年

「わたしたちはモンテカルロ——救い難い賭博好きたちを惹き付けてやまない、重力中心です——に停泊中の〈リビエラ〉号に乗っていました」と、クラリ・フォン・ノイマンは、第一次大戦と第二次大戦のあいだのいつだったかに最初の夫フランシスと行ったギャンブル旅行のことを回想する。「カジノに二人で入っていくと、最初に見かけたのがジョニーでした。彼は、掛け金がそんなに高くないルーレット・テーブルに座っていました。彼の前には、とても大きな一枚の紙と、あまり高くないチップの山がありました。彼は、『システム』を持っていて、それがどんなものなのか、喜んでわたしたちに話してくれました。この『システム』は、もちろん誰にでも使えるわけではなく、長々とした複雑な確率計算を含んでいて、ルーレットのホイールが『正しくない』（簡単に言えば、ルーレットがいかさまだということ）という可能性もちゃんと加味できるものだったのです[1]」。

「フランシスは別のテーブルに移りました。わたしはしばらくのあいだ、自ら身を滅ぼす愚かな喜び

に浸っている人々を眺めていましたが、やがてバーに行って腰掛けて、誰か一緒に飲んでくれる人がいてくれたらいいのにと思っていました。カクテルをすすっていると、ジョニーが現れたのです」。ゲーム理論家であるこの男は、さっきのルーレット・テーブルで運が尽きてしまい、そのため、最初の結婚で運が尽きつつあったクラリが飲み代（しろ）を払ってやるはめになった。「わたしはお金持ちの娘だったのです。父がものすごく金持ちで。フランシスは手の施しようのないギャンブラーだったので――ほとんどそのことだけで、わたしは彼にとって魅力的な女性となったわけです。四年のあいだ、ありとあらゆる厄介ごとを経験させられたあと、わたしたちは離婚しました――それに必要なお金も父が出してくれたのです[2]」。

　クララ・ダン、すなわちのちのクラリ・フォン・ノイマンは一九一一年八月一八日、ブダペストの裕福なユダヤ人の家庭に生まれた。「やたら人数の多くて、結束の強い親族のなかで一番甘やかされた駄々っ子、それがわたしでした」。彼女によれば、自分は「かわいらしくて、鼻持ちならない子でした。人格が形成される最初の数年を、悲鳴をあげ、叫び、泣き喚（わめ）いて、我（が）を通して過ごしました」。彼女の父、チャールズ・ダンは実業家兼投資家で、第一次世界大戦のあいだはオーストリア＝ハンガリー帝国軍の将校を務め、戦争中はあまり苦労せずに済んだ。しかし、戦争が終わると同時に、「おそろしく混乱した状況になって、わたしたちは、ベーラ・クンの共産主義テロを逃れるために、ときには足で歩きさえして、国境を越えてウィーン側に逃げました」。家族を安全な場所まで送り届けると、彼女の父は反革命地下活動に加わるために引き返した。「わたしの子ども時代の、一番強く、いつまでも消えない記憶は、橋の反対側に立って、父自身の身に重大な危険が及び得るとわたしもそのころまでには気付いていた、そんな状況のなかへと歩いて戻っていく父を見つめていたことです」とクラリは語る[3]。

ベーラ・クン政権の崩壊で、ブダペストは第一次世界大戦と第二次世界大戦のあいだの黄金時代に突入した。「ホルティ提督率いる反革命が成功したのです」とクラリは書いている。「わたしたちは皆、再び家に戻ることができ、そして、ハンガリー版『狂騒の二〇年代』が始まりました(4)」。クラリは一四歳のときにフィギュアスケートの全国大会で優勝し、その後イギリスの全寮制の学校に留学した。フォン・ノイマン家と同じく、彼女の親族も三つのアパートに分かれた一つの大きな家に住み、母方の祖父がそれをまとめていた。その家には「広々としたテラスがあり、晩餐会やその他のお祝い事のときには、一〇〇人が座ることができましたし、実際、しばしばそのようにして使われました」。庭は、子どもたちには入ることのできない整形庭園の部分と、大人には入れない自然のまま手入れされていない部分とに分かれていた。「この境界線は、次第に『狂騒の二〇年』にあったブダペストの中心となっていったあの幸せな家において、子どもと大人を分ける唯一のものでした(5)」。

家のメンバー全員がクラリの祖父のところに集まって夕食を取るのが習慣になっていた。そのあとお祭り騒ぎになって深夜に及ぶことも珍しくなかった。「夕食が終わるとすぐ、みんな下に降りるのです。おじとおば、彼らの二人の子どもたち（彼らは二階から）、わたしの両親、わたしの姉とわたし（こちらは三階から）」と、クラリは説明する。「ワインが一本出てきて、歓談が始まりました。たいてい、もう一本が回されました。そのうちジプシーの楽団がやってきて――たぶん、親しい友人たちが説き伏せられてベッドから引っ張り出されたのでしょう――、本格的な『ムラチャーグ（mulatsag）』が進んでいったのです」。

クラリに言わせると、「ハンガリー語のムラチャーグをわかりやすい言葉に翻訳することは絶対に不可能です。パーティーでもないし、宴会でもないし、乱痴気騒ぎでもありません。大勢の人々が集まって、いい気分になって、自然に燃え上がるのです。朝の六時になるとバンドは解散し、わたしたちは上階に戻ってさっとシャワーを浴び、男性は仕事に出かけ、子どもたちは学校に、女性たちは料理人を連れて市場へと向かいました(6)」。

クラリの父と祖父は、一連の「サースデー・ナイト」パーティーも始めた。〈ザ・ネスト〉という男性専用のクラブで月一回、クラリの言葉を借りれば、「ビジネス、金融、政治の世界の男たちを、芸術家、作家、そしてその他の文化人や知識人と会わせるという立派な目的のために」パーティーを開いたのであった。この集いを、その「ハンカチほどの大きさの国が他には類を見ないほどたくさん生んだ創造的精神に及ぼす実り多い影響」とともに女性にも開放することに決まったとき、クラリの祖父は、「淑女たちに参加してもらう最初のパーティーは、どうあっても我が家で開かれねばならない」と宣言した。

「それはもう、ただ素晴らしかった」とクラリは回想する。「三つの家庭が上を下への大騒ぎでした。ピアノは移動され、家具の配置も変えられて……。一つの階では食事。別の階は話をしたりトランプをしたりしたい人たち専用。三つめの階は音楽とダンス——三つのキッチンがすべて、最低でも三日間、休みなしの宴でした」。子どもたちをベッドで眠らせようとする人など誰もいなかった。「こんなわけで、一三歳ごろからその後何年も、わたしは街で一番面白くてわくわくする人たちと知り合いになることができたのです(7)」。

こうしてクラリは、その後生涯変わることのない、社交を好む心を養われたのだった。「わたしは人々に会いました。飽くことなく、次から次へと」と、彼女の死によって完成されずに残されることになったメモワールは始まる。「世界的に有名な人もいれば、それまで聞いたこともなかった人もいました。名門一族の家父長、トランプ詐欺師、元女王に未来の女王、日雇い女性清掃作業員、コールガール、権力の頂点にある政治家や政治屋、夜勤労働者、酒場の哲学者、保証済みの天才、欲求不満の負け犬――こういう人々すべて、そしてほかにもさまざまな人たちに」。鬱の発作に苦しめられはしたが、クラリは人生を余すところなく生きた。「それは――わたしが正しく感じ取っていたとしてですが――、運命の冷淡さ、あるいは、悪意として感じられたものに立ち向かおうと、彼女が周りの友人たちとともに企てた、優しい心による共謀の精神だったのです」と、物理学者のジョン・ホイーラーは、彼女の亡くなった二週間後に書いた。「たとえ待ち受けているのが暗い運命であるように思えようとも、それでもなお打ち負かすことは可能だと、立ち向かう精神です[8]」。

フランシスと離婚したあと、クラリは、立派でギャンブルはしない銀行家と再婚した。「わたしたちは、しかるべきときにしかるべきことをやり、万事順調に進む家庭を切り盛りし、そこで適切な間隔でまっとうなパーティーを開きました。彼は親切で、優しく、気配りのある夫でした――そして、わたしよりも一八歳も年上でした――で、わたしは、涙が出るほど退屈してしまいました」。そんな一九三七年八月、最初の結婚の破局を迎えつつあったジョニーが、夏の恒例のブダペスト訪問の折に彼女と接触したのだった。

「わたしたちは電話で話をするようになり、それからすぐ、カフェで一緒に座って何時間も話すようになりました。ただずっとおしゃべりして過ごすんです」とクラリは回想する。「二人とも、政治にとても関心があって、陰鬱な未来を事細かに予測しては盛り上がりました（来(きた)るべき事態がどんなものかに関するジョニーの意見は、驚くほど事実に近いものでした……そして、予想のいくつかの正確さには身震いするほどです）。そんな話に、それから過去の歴史、そして、ルーレット盤に打ち勝つ確率について話しました。猥談めいた話もお互いにしましたし、長い長い会話のなかでちょっとした詩を作ったりもしました。アメリカとヨーロッパの違い、小さなペキニーズか、グレートデーンを飼うことのメリットについても話しました[9]」。

八月一七日、二人はケレンフォード駅で別れ、ジョニーはその後ウィーン、ケルン、パリを回り、そしてサウサンプトンに立ち寄って、そこからキュナード汽船の〈ジョージック〉号に乗ってニューヨークに向かった。ニューヨークに帰り着いたのは八月二九日で、妻のマリエット（やはり夏をヨーロッパで過ごしていた）は〈クイーン・メリー〉で九月七日に帰ってきた。立て続けに手紙や電報が何通も、プリンストンとブダペストの仲介者を通して交わされた。「わたしたちは最高に相性がいいことがはっきりしたのです」とクラリは言う。「わたしたちの手紙はどんどん長くなりました。そして避けられないことが起こったのです。わたしは、優しくて理解ある父のような夫に、ごくざっくばらんに、彼にしろほかの誰にしろ、ジョニーの頭脳の代わりになるようなことは絶対にできないと告げたのです」[10]。

マリエットは二歳のマリーナと共に、離婚を認められるために六週間ネヴァダ砂漠で過ごすという奇妙なアメリカ流の儀式を行なっていた。「地獄って、きっとここにそっくりなんだと思うわ」と、彼女は九月二二日、リノのリバーサイド・ホテルから手紙を送った。「どう表現したらいいのか。誰もがいつも酔っ払っていて、一日に五、六〇〇ドルっていうお金を失っていて、ルーレット台が、まるでどこかの街の痰壺みたいにホールに立ち並んでいて……。あなたは元気？　アパートはどうなってるの？　生活はちゃんとできてる？　わたしのこと少しは愛してる？　こういうことを詳しく書いて手紙をちょうだい。わたし、ほんとに憂鬱でしょうがないの」[11]。

翌日マリエットは三五マイル（約五六キロメートル）離れたピラミッド・レークの観光牧場に移動した。そこでは、離婚の季節が終わりに近づいていた。「ねえジョニー」と彼女は書いた。「ここも完全にむちゃくちゃ。六週間もここにいなくちゃならないんじゃなきゃ、こんな情けない気分になったりしないと思うんだけど。絶対もたないと思う。今、インディアン保留地のまんなかで暮らしています……。乗馬はとても素晴らしいけど、夜は死にそうだわ。六時に夕食で一〇時まで夜なのよ、想像してみて[12]」。

ワショー郡から離婚判決が下りて、マリエットは一一月上旬にネヴァダから戻り、一一月二五日にワシントンD・Cの地方裁判所で、実験物理学者のJ・B・ホーナー（・デズモンド）・クーパーと結婚した。クーパーはプリンストンでの大学院生時代にユージン・ウィグナーの指導を受け、戦時中はレーダー研究で重要な貢献を行なった人物である。マリエットとデズモンド・クーパーの二人は、のちにロングアイランドのブルックヘブン国立研究所にポストを得た。この研究所は、東海岸に新設された原子力研究所で、かつてフランク・エイダロッテが高等研究所の森林に建ててはどうかと提案していたものだった。ジョニーとマリエットは良好な関係を保ち続け、彼らの娘マリーナは、この二つの家庭で半々の時間を過ごしながら成長した。

一一月一一日、クラリはこんな電報をブダペストから打った。「万歳三唱。なぜだかわかる？[13]」。今や独身に戻ったジョニーは、クリスマスをヨーロッパで過ごしたいともちかけ、一一月一七日、クラリは賛成の返事を電報で送った。これと並行してフォン・ノイマンは正式な結婚の申し込みを郵送した。一一月九日、彼は「直接の申し込み」をし、一一月一二日、彼の母親に知らせる許しを求めた。一一月一六日、彼は「詳細な直接の申し込み」を送り、これと同じものを一一月一九日にもう一度送った。一一月三〇日、四度めの結婚申し込みを送り、これは一二月九日にクラリの手元に届き、彼女は一二月一三日に電報で、「ダーリン、心配しないで。申し込みは岩のように揺るぎなく、心から受け入れられました」と返事をした。一二月二三日、「メリー・クリスマス。あなたの愛に満ちた未来に向かってよい船旅を」と、彼女からまた電報が送られた。

弟たちを含め、皆には一二月二三日に〈アキタニア〉号でサウサンプトンに向かうと話しておきながら、フォン・ノイマンは一二月二六日に〈ノルマンジー〉に乗ってルアーブルに向かった。「自分が自分の感情にほんとうに完全に支配されてしまったときに気付くことは」と書き始めて、彼は二四〇〇語（ほとんどがハンガリー語）からなる手紙を船上で万年筆でしたためた。「あと四七万五二〇〇秒もかからないんだ！」と、一二月二八日、三四歳の誕生日、ブダペスト到着までの時間を計算して、フォン・ノイマンはこう記した。〈ノルマンジー〉はサウサンプトンでしばし停泊したのち、一二月三一日にルアーブルに到着した。フォン・ノイマンは一九三八年の大晦日にパリ行きの直通列車に乗り、パリからオリエント急行でブダペストへ向かった。

　一月二四日、アメリカに戻る途上のジョニーは再びパリにいた。クラリはイタリアのリビエラ海岸に向かう途中で、サン・レモのサヴォイ・ホテルにいた。そして二月二日、モンテカルロからこんな電報を打った。「父に話す。最善の結果」。ジョニーはできる限り早くブダペストに戻り、暗雲垂れ込めるヨーロッパからクラリを連れ出そうとの胆で、四月二二日、スタン・ウラムに「わたしの『将来の計画』は、ここでもブダペストでも、この問題に関わるすべての人に、もう知れ渡ってしまった」[14]と報告している。しかし、三月一二日の「合併」でオーストリアはドイツ帝国に併合され、次はどうなるのかについては、すべてが白紙に戻ってしまった。

　事態はますます混迷の度を深めていった。まず第一に、クラリの離婚について、予定されていた裁判所の判決は九月二三日まで延期された。クラリがアメリカ合衆国への入国関係書類を入手するには、クラリとジョニーは判決の直後に結婚しなければならなかった。しかしハンガリー当局はジョニーとマリエットのリノ流離婚を有効だと認めなかった（訳注：リノはネヴァダ州の都市で、州の法律で結婚・離婚の条件がゆるく、利用しに訪れる者が多い）ので、違う裁判所でもう一度承認を取らねばならなくなった。さらにクラリのビザを取得するためには、ジョニーはハンガリー国籍を放棄せねばならず、そのためにはまずハンガリー政府に申請し、その後この事実をアメリカ合衆国に承認してもらわねばならなかった。

フォン・ノイマンは、取れる手立てをすべて取った――ニューヨークでも、ワシントンでも、ロンドンでも、そしてブダペストでも。それと並行してエイブラハム・フレクスナーが、彼らを助けるためにできる限りのことをした。「出入国がらみで多くの人々を助けた経験のなかで、その人が重要な人物になればなるほど、お役所の手続きは複雑で込み入ったものになると、フレクスナーさんは重々ご承知でしたが、こんなむちゃくちゃな状況は見たことなどなかったそうです」とクラリは言う。[15] ジョニーはいつもの冷静さを失い始め、そしてクラリは計画を考え直し始めた。彼女はアドリア海沿岸のオーストリア＝ハンガリー領の高級リゾート、アッバツィア（訳注：現在のクロアチア領オパティア）に引きこもり、彼のほうは、軍隊の動きで運行が乱れ始めた鉄道を使って南ヨーロッパじゅう彼女を追いかけたあげく、ヨーロッパ大陸を逃れ、ストックホルムとコペンハーゲンでニールスとハラルドのボーア兄弟（訳注：ニールス・ボーアとニールスの弟で数学者のハラルド・ボーア）の客人となった。彼はそこから手紙を書いて、彼らしい不屈の論理で、わたしたちは計画を当初の通りに進めるべきだ、そして、「害悪が感染する病（やまい）のように広がり地獄と化したヨーロッパからできる限り遠く離れる」[16] 自由を放棄してはならないということをクラリに証明しようとした。

ジョニーはなかなか仕事に集中することができず、一時間おきに国際ニュースを注意深く見ては、自分の夫としての適性のみならず、アメリカの反ユダヤ感情に対するクラリの恐れなどの実際的な問題について、彼女を安心させようとやっきになった。アメリカ合衆国が移民に対して国別制限をかけているのは、事実上ユダヤ人を排除するためだが、これは、「普通のアメリカ人たち」をなだめ、「危険な反応」を未然に防ぐためのもので、「制限内の移民に対しては、彼らはきわめて寛容だ」と彼は説明した。彼の評価では、入管当局は「親ユダヤ人的に振舞っているが、それはこの政権がまさにそうだからだ」った。[17]

一九三八年はまだ一九三九年ではなかったが、そうなるのもまもなくだった。「ドレスデンからのドイツの列車は兵士たちでいっぱいだ」と、フォン・ノイマンは北へ向かう道中に記した。このとき通ったベルリンは、一〇年前彼が数学者として歩み始めた場所だった。「動員は時刻表を乱してはいない。これまでのところ、列車は速く、時間通りだ。ベルリンのことは、心に焼き付けるようにして見た。もう二度と来られないかもしれないからね」。その後彼はルンドとストックホルムを訪れ、スウェーデンからケンブリッジに直行してP・A・M・ディラックに会うつもりだったが、ニールス・ボーアに、彼の私邸に滞在しにコペンハーゲンにもう一度来てくれと招かれた。このボーアの私邸は、元々はカールスバーグ醸造所の創設者、J・C・ヤコブセンの邸宅であった。「彼は量子論と生物学の結び付きについて話したいようなのだが、どうしてこのわたしとなのか、わたしにはわからないが、おそらく、わたしが生物学者ではないからなんだろう」[18]とジョニーはクラリに報告した。

「コペンハーゲンに再びやってきたよ！」と九月一八日、彼は記している。「桟橋のところでボーア兄弟が出迎えてくれて、今わたしは、ニールス・ボーアの私邸でくつろいでいる。ボーア兄弟、それからボーア夫人と実にいろいろな話をした――もちろん、ほとんどが政治の話だ。しかし、一時間半にわたって、『量子力学の解釈』について議論することもできた。わたしたちは二人とも、まわりにアピールするためにやっていたんだと思う。一九三八年の九月に、こうして物理学について真剣に悩むことができるんだということをね。すべてが夢のようだ、独特の狂気を帯びた夢……ボーア兄弟は、チェコスロバキアは降伏すべきか否かを巡って――そして、量子論と因果関係は両立する可能性が少しでもあるかを巡って、言い争いをしている」[19]。

クラリの離婚は、またもや一〇月後半まで延期され、一方戦争のほうも、イギリス首相ネヴィル・チェンバレンが九月二九日ミュンヘンでヒトラーに譲歩したことで延期された。クラリとジョニーは、一一月一八日にブダペストで結婚し、クラリがアメリカ合衆国へ出発するためのビザも確保できた――とはいえそれも、土壇場になって、クラリがアメリカ人と結婚していることを理由にハンガリー当局が彼女のビザを撤回し、そしてアメリカ側は、ビザのスタンプを押すパスポートなしにはビザを発行できないという事態に一旦陥ったあと、ようやくのことではあったが。一一月九日の「水晶の夜」事件は、脱出することのできない人々を待ち受けている運命を垣間見させるものだった（訳注：クリスタルナハトとは、一九三八年一一月九日の夜から一〇日の未明にかけてドイツ各地で起こった反ユダヤ主義の暴動で、ユダヤ人の住宅、商業地域、シナゴーグなどが襲撃された。ホロコーストへの転換点の一つとされる）。

一二月六日、彼らはオリエント急行に乗ってブダペストを出発し、パリへと向かった。パリからルアーブルに移動し、そこで〈ノルマンジー〉号に乗るつもりだったが、ルアーブルは造船所のストライキで正常に機能しておらず、フォン・ノイマンは急遽英仏海峡を渡ってサウサンプトンから〈クイーン・メリー〉に乗れるよう手配した。「あの海に浮かぶ宮殿の煙突が出航を告げる煙を吐き出したとき、わたしはヨーロッパと、少なくとも、わたしの知っていたヨーロッパと、最後のお別れをしました」とクラリは記す。

フォン・ノイマンは、ナチスに対しその後変わることのない憎しみを抱き、ロシア人たちに対する不信感を募らせ、そして、ドイツの軍事機構が強化されていくなかで、ヒトラーに対して譲歩を重ねていくしかなかった軍事的弱者の立場に自由世界を二度と再び陥れないとの誓いを胸に、ヨーロッパをあとにした。彼はこの喪失感を、アメリカと、アメリカの開かれた国境が意味するようになったすべてのものに対する情熱で埋め合わせた。「彼は、広々とした場所が好きでした」とオスカー・モルゲンシュテルンは言う[20]。

「海峡を抜け、波の荒いアイリッシュ海を過ぎると、広々とした海原に出ました。するとジョニーは、まったくの別人になってしまいました」とクラリは記す。「アメリカを発って以降初めて、彼は元気を取り戻し、自分の数学をやりたいと思うようになり、そしてまたそうできるようになりました。さまざまな催しに進んで参加するようになりましたが、競馬、ビンゴ、あるいは、混迷のヨーロッパから生きて逃れて同乗している人たちとの会話に、これ以上ないほど熱中しているように見えるそのときに、彼はこっそり紙を一枚手にするのです――どんな紙でも、手近にあるものでいいのです。紙ナプキンから雑誌の裏表紙まで、あるいは新聞の端っこでも。そして、二、三行ささっと書き付けるのでした[21]」。早朝、ほかの誰もまだ起きていないころ、彼はそれを最終的な形に書き上げて記録するのだった。


新婚のカップルは一二月一八日にニューヨーク・シティに到着した。「税関の職員までが少しハンガリー語を話す」のにクラリは驚いた。ジョニーはセントラルパーク・サウス一六〇番地のホテル〈エセックス・ハウス・アンド・カジノ・オン・ザ・パーク〉の「二十何階かに」スイートを取った。宿泊したあいだに二人は莫大な支払いをため、ホテルの顧客信用調査主任がプリンストン高等研究所に信用先照会の書簡を送り、「この人物の財政状態と信用責任についてお知らせ願えないでしょうか。もちろん、いただいた情報は極秘扱いといたします」と問い合わせる事態になった[22]。

「塔の上の客室から繁華街とセントラルパークを見下ろし、マンハッタンを覆う夕闇のなかに光が灯っていくのをこの目で見てはじめて、ほんとうに違う国に来たんだと実感しました」とクラリは記す。その次の日の午後、彼女は列車でプリンストンへと向かった。その堅苦しい社交の慣習は気ままなブダペストとは大違いだと彼女は思った。ジョニーはトレントンで「大事な用事」を済ますために途中で回り道をしていた。その用事とは、クラリはあとで知ったのだが、「彼の運転免許証を取り消すべきではないという理由を示す」ために出頭することだった。

高等研究所は二月一日まで冬休みだったので、フォン・ノイマンはヴァージニア州ウィリアムズバーグで米国数学協会の冬季集会で講演をする以外、何の責任もなかった。彼が新しい車を購入した――キャディラックV‐8クーペ――ので、二人は数学協会の会合に出席したあと、南に進み続けて、フロリダ州エヴァーグレーズを抜けてキー・ウエストまで行くことができた。最初の滞在場所はワシントンD・Cで、二人はショーハム・ホテルに泊まり、フォン・ノイマンは極秘の政府の用件を果たした。その一つは陸軍予備隊が彼を拒否したことに対する不服申し立ての試みだったが、これは成功しなかった。「ジョニーは不条理で矛盾した、奇妙な男でした」と、クラリはこのエピソードに関して記している。「彼のことを知っていて、ちゃんと理解していると思い込んでいる人間と同じ数だけ、彼の人格には側面があったのです」。フォン・ノイマン夫妻はマリエットとその新しい夫のもとを正式に訪問した。これは、クラリに言わせると、「急速に一つの危機をもたらし、それに続いて同じような危機がその後何年も続くことになりました」。クラリの精神の不安定さは、表にはっきり現れないことなど決してなく、しかも、いともたやすく刺激された。ジョニーとその元妻は、「よそよそしい愛情、もしくは愛情あるよそよそしさのゲーム――どちらの表現がいいのかわかりませんが――を決してやめることはありませんでした」[23]。

フロリダから戻ったフォン・ノイマン夫妻は、高等研究所から二マイル（約三・二キロメートル）ほどの、ウエストコット・ロード沿いの家に落ち着いた。クラリの催すパーティーは、その後語り草になるほどのものだったという。とりわけ電子計算機プロジェクトの技術者たちがやってきて、あたりをにぎやかにしてからはそうだった。「クラリ・フォン・ノイマンはフィッシュ・ハウス・パンチ

（訳注：ラム、ブランデーと、水か紅茶に、シュガー・シロップを加えて作るパンチ）を作ってくれましたが、それが強いのなんのって。それでパーティーは一気にくつろいで、その、盛り上がりましたね、夜が更けるにつれてね」とウィリス・ウェアは回想する。「ロスアラモスからやってきたジェームズ・ポメレーンとニック・メトロポリスがプリンストンじゅうを車で逆走したのは、そんなある晩のパーティーが終わったあとのことでした。しかしプリンストンの警官たちは、学生たちの扱いで慣れっこだったのか、ただ淡々と処理していましたよ[24]」。

プリンストンは、学者の妻としての役割を演じるのに乗り気でなかったクラリに厳しかった。彼女は両親をアメリカに連れ出し、家族の問題をできる限りの範囲で解決するために最後にもう一度だけヨーロッパを訪れた。彼女がますます危険なことに手を出すのでジョニーはやきもきした。「お願いだからブダペストへは行かないでくれ」と、彼は一九三九年八月一〇日、モントリオールから手紙を送っている。「そして、九月になる前にヨーロッパを離れなさい！ いいかい、本気で言ってるんだ！[25]」クラリの両親は戦争が始まると同時にプリンストンへ逃れたが、彼女の父はすっかり気落ちしてしまい、一九三九年のクリスマスのあいだに、列車に身を投げて自死した。クラリの鬱の発作はますます深刻になり、やがて彼女はローゼンバーグ夫妻に、自分も自殺する運命にあると確信していると打ち明けた。「生まれついての定めに違いないと彼女は言いました」とジャック・ローゼンバーグは語る[26]。

フォン・ノイマンは社交的だったが、それは表面的なものだった。「クラリがどうやって彼と暮らしていけたのか、不思議でならない」と、ロバート・リヒトマイヤーは首をかしげる。「彼は、主観的な感情や個人的な感情に対する関心が欠けているようだ、そして、おそらく感情の発達が不十分なのではないかと、感じる人が少なくなかった。とりわけ女性はそうだった」とスタン・ウラムは記す。

「彼が女性に関心があったのは確かだが、それは上辺だけのことで、しかも一風変わったところがあった……。女性全般に関して、彼は一度、『連中はあまり大したことはしない』とわたしに言ったこともある」。ウラムによればさらに、クラリは「とても知性があったのと同時にとても神経質な女性で、人々が彼女に関心を抱いているのは、彼女が偉大なるフォン・ノイマンの妻だというだけの理由からだという深い劣等感を抱いていたね。もちろん実際にはそんなことはまったくなかったのだけれど」[27]。

クラリはジョニーの冷静さに苛々するようになり、手紙で彼のことを「サー」と呼びはじめた。二人はまるでお互いの周囲を軌道を描いて回っているかのようで、同じ場所に少しでも一緒にいることはめったになかった。「彼女はとても人好きのする社交的な女性でしたが、ジョニーには近寄り難いものがありました」とローゼンバーグは言う。マリーナは、「父がかんしゃくを起こすのを見たことなどありませんでした」と言う。「例外的に、二、三度そんなことがありましたが。けれどもクラリは、どこまで追い込めば父がついに爆発するか心得ていました」[28]。クラリはますます一人で過ごす時間を求めるようになった。「手紙はどれも、あなたの手紙ならではの素晴らしさですが――どうしていつも手紙じゃないといけないんでしょうか」と、彼女は一九四九年、言い争いをしたあと、仲直りをしようとしてこのようにしたためた。「おそらくあなたは、わたしと同じぐらい夢見る人なのですね。わたしがそばにいなくとも、あなたの目には、一九三七年にアメリカに戻ったときに思い描いたわたしが映っているのですね」[29]。

このような葛藤は、フォン・ノイマンがますます家を離れることが多くなって悪化していった。彼とクラリが一緒に旅するときは、状況は好転し、彼らが一番幸せだったのは旅行中であった――アメリカ版の船上生活である。フォン・ノイマンの飛行機嫌いは有名だったが、それは空に浮かんでいることの恐怖よりも、むしろ車や列車で旅することが大好きだったのが原因であった。一九四〇年、彼はシアトルに程近いワシントン大学に、ジョン・ダン記念講演の講演者として招待された。シカゴより西に行ったことがなかった彼は、車で行くことにした——クラリとともに、国道(ルート)66号線を走るのだ。

五月、アメリカ大陸横断旅行へと二人はプリンストンを発った。ヨーロッパは日一日と侵攻するナチスの手に落ちていった。二人の西へ向かう旅は、州間ハイウェイ網が敷かれる以前のアメリカの裏道探検と、その日の出来事を確認できる新聞かラジオ局のある街を見つけて走り回ることを交互に繰り返して進んでいった。「ジョニーは聞こえてくるニュース放送はできる限りもらさず聞きたいと言い張りました」とクラリは記す。「彼は何時間も車のなかで座って過ごしました」。彼らの走行経路は、ヨーロッパの出来事と、アメリカの西部の地形、この二つの要因が半分ずつ形作ったようなものだった。「デンヴァーに着いた翌日にオランダが侵攻を受けはじめたので、わたしたちは新聞の号外が出ていて、放送が絶えず行なわれている街に留まらねばなりませんでした。そうしてわたしたちは、気の滅入るような出来事を追いかけたのです。ベルギー降伏のための交渉が始まるまでに、わたしたちはネヴァダまで進みました」。ジョニーはすっかり心を奪われていた。「どんどん悪いものになっていくニュースにこれほど夢中になっていなかったなら、この旅行で彼は地質学者になっていたことでしょう」。

陰鬱な気分が晴れることもときどきあった。ネヴァダのどこかで、「着古したデニムを身にまとい、立派なあごひげを生やした男性が荷物を負わせたラバを柱につなぎ、もう一頭の彼が乗るほうのラバにまたがったまま、わたしたちが一休みしていた酒場に入ってきました。誰も気にも留めません。バーテンダーはその男性にグラス一杯のビールを手渡し、同じビールをバケツに注いでラバの前に置きました。すべてが無言で進みました。きっといつもこうなのだわ、と思いました。男性は代金を支払い、彼と彼のラバはビールを飲み干し、そして一言も喋らずに酒場を去ったのでした」[30]。

ラスベガスでは、「薄汚いギャンブル場が二、三カ所、もっぱらボルダー・ダムの建設のため滞在する労働者たちのために営業していた」だけだった。そこをあとにして、二人は「南西部をくねくねと、国立公園や国定記念部に立ち寄りながら進み」、サンタフェ、ニューメキシコを通ったが、留まることはなく（「ジョニーは急に、早くグランドキャニオンを見たいと言い出したのです」）、程近いロスアラモスの台地（メサ）（訳注：研究所はこの上に一九四三年に設立される）が、数年後彼らの生活をどんなに変えてしまうかなど露（つゆ）とも知らずに通り過ぎてしまった[31]。一九四〇年の春、核兵器の可能性をほのめかす最初の兆しがようやく現れ始めたばかりだった。一九三八年末に核分裂が発見されたという知らせは、一九三九年にニールス・ボーアがやってきたときに高等研究所にも伝わっており、このとき初めて、久しく取り沙汰されていた原子爆弾の可能性が、現実のものとなったのだった。

アルベルト・アインシュタインとレオ・シラード（一九三四年に核爆発物に関する特許を出願していた）が一九三九年八月にルーズベルト大統領に送った警告は真剣に受け取ってもらえなかったのではないかと危惧し、フォン・ノイマンは一層強い警告を発した。「オランダの物理学者、P・デバイは、カイザー・ヴィルヘルム研究所（ロックフェラー財団が支援しています）の所長を長年務めてきた人物ですが、研究所が極秘の戦争関連研究に専念できるようにと、ドイツ当局によって外国に派遣されました」と彼は一九四〇年三月、フランク・エイダロッテに手紙を書き送った。この手紙にはヴェブレンも署名を添えていた。「先日、夕食の際に、わたしたちの一方が彼に出会ったとき、彼はこの研究が本質的にはウランの分裂に関するものだということを隠そうとはしませんでした。これは、同じ重さの既知の燃料や爆薬に比べ、一万から二〇〇〇万倍のエネルギーを放出する爆発的な核過程です」。ボヘミアとカナダには相当な量のウランが埋蔵されていることを指摘し、フォン・ノイマンとヴェブレンは「ナチスの上層部は、恐ろしい爆弾か、ひじょうに小型で効率のいい動力源を製作しようとしています」と注意を促した。さらに、ドイツの主要な原子核物理学者と理論物理学者が、ベルリンのヴェルナー・ハイゼンベルクのもとに集結していると書き添えていた。「原子核物理学者・理論物理学者全般と、特にハイゼンベルクは、疑いの目で見られてはいるのですが――つまり、原子核物理学は『ユダヤ人の物理学』、ハイゼンベルクは『白いユダヤ人』と呼ばれているのではありますが[32]」。

「これを、ヨーロッパの悪党たちの手に委ねておくわけにはいきません」と二人は記している。「完全には成功しなかったとはいえ、アメリカ政府の支援を得るためにある程度の努力をしていただいている」ことには感謝しながらも、二人はエイダロッテに原子爆弾の可能性（「このことは、ここ数カ月にわたり、ずっとわたしたちの頭のなかにあるのですが、それに対して何をすればいいのか――できることがあるとすればですが――、まったくわかっていません」）にロックフェラー財団が注目するよう緊急に動いてほしいと訴えた。ロックフェラー財団は、「明快で直接的な方法で行動する立場にあると思いますので[33]」。財団はこれに応えて、ヨーロッパの主だった原子核物理学者たち――ヴォルフガング・パウリとニールス、ハラルドのボーア兄弟も含めて――を安全なイギリスとアメリカにこっそり連れ出すのを支援するために緊急資金を提供した。おかげで、一九四二年にマンハッタン計画が開始されたときには、不可欠な才能がしかるべきところにそろっていたのである。

一九四一年一二月、アメリカ合衆国はついに戦争に突入した。「ようやく［ジョニーは］鬱憤をすっきり晴らすことができるようになりました」とクラリは言う。「それと同時に彼は、このことを完璧に名誉ある愛国心溢れる言い訳として使って、自ら課した純粋数学という枠を外し、もっと応用的なさまざまな分野に足を踏み入れたのでした。実のところ、これらの分野への関心がますます高まっていると公に認めるはるか以前から、こっそりこういう分野にちょっかいを出していたのです」[34]。
フォン・ノイマンは、このあと純粋数学の研究に二度と戻ることはなかった。

　クラリは妊娠し、ジョニーがウラム夫妻に手紙で挨拶する決まり文句――「家から家へ」――は修正されて、「われわれ二人と、$(1/2)^2$の未知の存在から最高のご挨拶を」になった。だが一九四二年六月一六日、三二歳になっていたクラリは流産してしまい、ジョニーは国防関連の仕事でますます頻繁にプリンストンを離れるようになった。一九四三年二月上旬、彼は海軍の代理としてイギリスを訪問したが、これは目的も極秘ならいつ戻れるかも不明な任務だった。すべての通信は検閲された。一九四三年四月一三日、彼はロンドンからクラリに電報を打った。「おめでとう。統計についてはとても感心。森に行くのはおやめ。ここではすべてがすこぶる順調。とても愛してる」。この電報は傍受された。「当局にこのメッセージの文章の完全な意味を教えていただけないでしょうか?」と検閲局が問い合わせてきた[35]。

　検閲局に監視されているとわかり、フォン・ノイマンは情熱的な調子で手紙を書くのをやめた。「このところあなたの手紙はあまりに単調で、読むと苛々します」と、一九四三年五月一五日、クラリはしたためた。「いったいあなた、どうしたの?」クラリはフルタイムの戦時臨時職に就いた。ロックフェラー財団とウッドロウ・ウィルソン・スクールが後援する、プリンストン大学の人口問題研究所で働き始めたのである。フランク・W・ノートスタインの人口問題研究グループは、歴史に見られる人口変化の傾向と、いわゆる「もしも~なら」の問題、つまり、将来どのようなことが順々に展開していくかという可能性の両方について研究していた。後者は、たとえば戦後再構成されたヨーロッパで、中央集権的に計画経済を敷いたソビエト連邦で、そして、提案されているように中東にユダヤ人国家ができたとして、どんなことが起こるのか、という問題だ。クラリは瞬く間に昇進し、一九四四年に大学でのポストを勧められたが、彼女はそれを断った。

七月、フォン・ノイマンはイギリスから呼び戻され、以前より一層機密性に配慮された状況のもとで頻繁に姿を消すようになった。行き先は九月にはロスアラモスとなったが、そこでは「プロジェクトY」が進行していた。ロスアラモスに落ち着いていないときは、多くの時間を西海岸で過ごし、時折プリンストンに戻ってはシカゴ、オークリッジ、フィラデルフィア、アバディーン、そしてワシントンD・Cを訪れた。ロスアラモスにいるときは、軍の売店でタバコを買うことができたので、プリンストンにいるクラリのために買いだめした。銘柄はラッキー・ストライクが望ましかった。「彼が家に帰ってくるといつも、夜通し話をして過ごしました」とクラリは回想する。「たまりにたまった緊張が、言葉になってほとばしり出てきました。その言葉は決まって、彼がそれまで胸の内に秘めていたものでした(36)」。

一九四三年一〇月一九日、高等研究所は科学研究開発局との契約に関してフォン・ノイマンにかけている保険に、新たに「特別危険な活動」について保証する項目を加えた。これは、彼が兵器研究に理論面を超えて関わっていることを意味した。一九四五年にドイツの降伏が発表されたとき、彼はロスアラモスで現場業務にあたっていた。彼がそのニュースを聞くのは、この一二時間あとのことだった。「さて、終わったね」と、彼は翌朝クラリにしたためた。「君はどんな気分だい?」タバコを巡る状況はかなり改善し、科学者たちは原爆の開発を続けた。「五月三日を含め、その日以来、平均して一日当たりラッキー・ストライクを二箱ずつ手に入れている」と、五月一一日、彼はクラリに報告している。「いかがかね?(37)」

続く六カ月、重大な出来事が立て続けに起こった。トリニティー実験、広島、長崎への原爆投下、日本の降伏、そして舞台裏ではＥＮＩＡＣの完成、最初のＨ爆弾関連計算、それからＩＡＳでの電子計算機プロジェクトの立ち上げがあった。初めてＥＮＩＡＣの様子を探りに行ったときのことについて、ニコラス・メトロポリスはこう記している。「このような素晴らしい装置に接することができたことは、その直後のアラモゴードでの経験と相俟(あいま)って、極めて特異な経験となった。そのどちらにも現実感がまったく感じられないのだ」。トリニティーを複製した原爆が長崎に落とされたその同じ日、エドワード・テラーはプリンストンのフォン・ノイマンに電報を送った。「これでスタンとニックは、ロスアラモスから来たことをおおっぴらにできます[38]」。スタン・フランケルとニック・メトロポリスはすでに高等研究所に移って、最初のＨ爆弾のコードを準備する作業を始めていたのである。

　フォン・ノイマンは早くも次の戦争について、それは両陣営が核兵器を手にした状態で行なわれるのかというところまで考えていた。「次の戦争が始まる時期は、アメリカ人がお互いに平衡状態に達して総意が形成される意識的・無意識的なプロセスにどれだけ時間がかかるかで決まるのだろう」と、一九四六年一〇月、彼はクラリへの手紙に書いた。「これは二年未満ということはないだろうが、その一方で一〇年を超えることも絶対ないと思う[39]」。彼は以前から、ソビエト連邦はドイツや日本よりも大きな脅威になるだろうとの強い確信を抱いていた。「西側の部隊が進行をやめ、おまけに撤退までして、ロシア人たちがドイツの中心部にまで入っていくに任せたとき、ジョニーはひどく狼狽していました」とクラリは述べる。「『西側の連合国はロシアまで進行し続け、新たな戦争を引き起こしそうな危険もしくは潜在的に危険な形態の政権は何であれ一気に滅ぼしてしまうべきだった』というのが彼の意見でした。戦争直後の年月、ジョニーは極めておおっぴらに、ロシア人たちが強くなりすぎる前に予防戦争をしかけることを提唱していました[40]」。

　クラリは一九四五年のクリスマスのあいだ、初めてロスアラモスを訪れた。彼女はプリンストンから列車で西へ向かい、経由地のシカゴで大陸横断列車、〈スーパー・チーフ〉の乗客となった。「君が土曜日の朝レイミーにやってくるのを待ってるよ」と、ジョニーは一二月一五日に電報を打った（訳注：レイミーとは、ロスアラモスの最寄駅）。「できれば乗馬とスケートの道具を持っておいで。絶好の環境だ」[41]。彼女は一目でロスアラモスが気に入った。山並み、乗馬、スキー、バンデリアに程近いプエブロの廃墟（訳注：プエブロとは、ニューメキシコ州やアリゾナ州に残るアメリカ先住民の伝統的集落）、かつてのロスアラモス・ボーイズ・スクールのロッジ（フォン・ノイマンはここに滞在することを許されていた）、ヨーロッパ人が圧倒的に多いこと（ハンガリー人もいた）、自然発生的にひんぱんに行なわれるパーティー、深夜のポーカー・ゲーム——これらすべてが、モンテカルロやブダペストの記憶を蘇らせた。ロスアラモスにはプリンストンには欠けていたものがあったのだ。クラリとジョニーの心が再び通いあうようになって、二人は協力してコード開発に取り組み、それはのちに新しいコンピュータを動かして、スーパー爆弾を現実のものとするのであった。

「ジョニーがこのような爆弾の開発に際して試してみたいと思っていたのは、この新しい数学ツールだけではありませんでした」とクラリは回想する。「彼は、数学分野での経験が全然、あるいはほとんどない人間が、このまったく新しい数学のやり方にどのように慣れていくかも見てみたかったのです。この実験のためにはモルモットが必要でした。数学については完全に無知な人間が望ましく、そして、この条件にぴったりの被験者が身近にいたのです——つまり、わたしです」。クラリは高校の代数と三角法の試験に合格していたが、それは「わたしが、学んだことの一言たりともまったく理解していませんと率直に認めたことに、数学の先生が感心してくださったから」だけのことだったという。

「装置が完成するかなり以前から、わたしはジョニーの実験用ウサギになりました」と彼女は言う。「ものすごく楽しかった。代数の式を数値形式に書き換えるにはどうすればいいかを学びました。そうやって書いた数値形式を、今度は機械語に書き換えるんですが、そのときには、機械が順番に計算するならその順番で、また、そうではなくて、ぐるっと回り道をしてようやく問題の一部を計算し終え、そのあとどう進むのかこちらには見当もつかないけれど、ともかく機械にとって次はこうするのがいいだろうと思えるような順番で計算するなら、それに応じた順番に書くんです」。クラリはプログラミングを「とても面白くて相当込み入ったジグソーパズル」だと感じ、まもなく、「最初の『コーダー』（訳注：プログラマとほぼ同義）の一人となりました。今ではごくありきたりになりましたが、当時は新しい職業でした」。

「この機械には、すべてを教えてやらないといけませんでした。つまり、機械は、何をするよう期待されているのかについての指令をすべて一度に与えられて、そのあとはすべてを任されて、指令がもう残っていない状態になるまで放置されるのです。特殊な目的だけを高速で自動的に果たす機械は当時すでにありましたが、そうした機械は一つの仕事だけしかできませんでした……オルゴールのようなものです。それとは対照的に、『万能マシン』は楽器のようなものだったのです[42]」。

今日のプログラマが当然のものと見なしている、さまざまな便利なもの――コンパイラ、オペレーティング・システム、相対番地、浮動小数点演算――は、当時はまったくなかった。一つひとつのステップで、すべてのメモリ位置が特定されねばならなかったし、計算が進むにつれ、有効桁の位置を調整せねばならなかった。「要するに、人々は自分の問題を絶対数としてプログラムしなければならなかったのです」とジェームズ・ポメレーンは語る。「言い換えれば、コーダーは機械と折り合いを付け、機械はコーダーと折り合いを付けなければならなかったのです[43]」。

戦時中人口統計の研究に携わっていたことで、クラリはジョニーがコード化を始めようとしていた問題に対して、期せずして準備ができていた。ある設計で作った爆弾が、爆発するか否か――そして、もし爆発するなら、その効率はいかほどか――その答は、放出される中性子数がいかに急速に増殖するか、そして、中性子の崩壊や移動が、結果を変えるほどの影響を持つかどうかで決まる。「統計的な問題は、まったく新しい扱い方をすることによって、容易に解けるようになるでしょう」とフォン・ノイマンは一九四五年一月、まだＥＮＩＡＣが製作途中だったころに説明していた。「何百、あるいは何千の特殊なケースを計算し、それらの統計分布を記録するという方法で実際に近い統計実験を行なうことで、このタイプの問題のほとんどのものに答えることができるでしょう」[44]。さもなければ解決不可能な物理学の問題を統計的なアプローチで解決することは、一九三〇年代のエンリコ・フェルミをはじめ、ほかの人々がすでに行なっていた。しかし、この手法に名前を付け、定着させる誰かが必要だった。そしてその誰かとは、フォン・ノイマンとニコラス・メトロポリスに支援されたスタン・ウラムであった。

戦争が終わると、ロスアラモスから大挙して人々が去って行った。その辺鄙（へんぴ）さも、完璧な機密保持体制も必要なくなり、この研究所での活動は終息しつつあるように見えた。支える家族のある者は、可能ならこの地を去るよう勧められた。スタンとフランソワーズのウラム夫妻は、一歳の娘クレアを連れてカリフォルニアへ向かった。スタンがサザン・カリフォルニア大学から教員としてのポストを提供されたのだ。しかし、フランソワーズとクレアが住む場所をまだ見つけてもいないうちに、スタンが突然病（やまい）に倒れた。ウイルス性脳炎で、シーダーズ・サイナイ病院で緊急穿頭（せんとう）手術を受けて脳圧を下げなかったら、命を失っていたかもしれなかった。

途方に暮れたフランソワーズは、デイヴィッド・ホーキンズ（中性子増倍についてスタンと共同で取り組んでいた）とその妻フランシス（ロスアラモス保育園を運営していた）の手にクレアを委ねられるよう手配したうえで、クレアをロスアラモスに送り返した。スタンがロサンゼルスで回復するあいだ、クレアは台地《メサ》に残ったよその家族と一緒に元気に過ごしていた。このころには、オッペンハイマーよりも現実的なノリス・ブラッドベリが指揮を執《と》っていた。ウラム夫妻は政府の健康保険を失っており、ウラムはまだ教師の仕事を始めていなかったので、状況はどうにも厳しそうだった。そのときスタンに、ロスアラモスに戻るようにとの話が舞い込んだ。「［スタン・ウラムの］ケースは、ほとんど他にはあり得ないほど特殊です」と、ウラムの招聘《しょうへい》に一枚かんでいたのは間違いないフォン・ノイマンは一九四八年、カーソン・マークにこう書き送っている。「ロスアラモス研究所が彼を確保するためならどんなことでもするのは正当なことだと思います(45)」。

回復を待つあいだ、あまり頭を使いすぎるようなことは避けるようにと言われていたウラムは、気晴らしにソリティアをしていた。しかし、こんな問題に取り組まずにはおれなくなった。「五二枚のカードを使うキャンフィールド・ソリティアを、うまく完成させて終了できる確率はどれだけだろう？」という問いだ。彼はこう語る。「組み合わせを計算することだけで見積もろうとして何時間も費やしたあと、たとえば一〇〇回やってみて、成功した回数をただ数えるほうが、『抽象的な思考』よりもずっと実際的な方法ではないかと、ふと思ったのです」。ウラムによればこのやり方は、近似的な答に到達するには、「指数関数的に増大していく組み合わせの可能性をすべて数えようとするよりも」はるかに簡単だった。「そんなやり方では、ものすごく基本的な場合でもなければ計算しきれるものではありません(46)」。

「これは知の世界の驚きであり、屈辱的ではないとしても、合理的思考、伝統的思考の限界について、謙虚な気持ちにさせられます」とウラムは言う。ほかの者たちが、直面する問題が解けたと考えてそれきりにするところで、深い数学的な結論を引き出すのがウラムだった。彼は、数学的論理そのものが、「与えられたルールに従って記号を使ってプレイする一種のゲーム――ソリティア」だと考えていた。ここから彼は、「ゲーデルの定理の一つの意味は、これらのゲームの性質の一部は、それを実際にプレイしないことには究明できないということである」との結論を引き出した。その本当の意味はまだ完全には理解されていなかったとしても[47]。

深刻な問題から気持ちをそらそうとしていたウラムは、まもなく、ロスアラモスで未解決のまま放置されていた問題のいくつかに戻ってきた。「これは、ウランやその他の分裂要素を含むある種の物質内での、中性子の生成やさらなる増倍の場合もそうだが、事象が枝分かれしていくという現象を含むすべてのプロセスに対して等しく成り立つのではないかと、ふと気付いたのだ」と彼は記す。「プロセスのそれぞれの段階で、中性子の運命を決める多くの可能性がある……。これらの可能性の一つひとつについて、その基本的な確率はそれぞれ独立に求められる……。しかし問題は、おそらくは何百、何千、あるいは何百万回にも及ぶであろう枝分かれが全体としてどんなふうになるのだろう、ということだった[48]」。

モンテカルロ法は、「数学者がやってくるまでどうしよう?」という問いに答える救急処置として始まった。「何千というそういう可能性を試してみて、それぞれの段階で次に何が起こるのかについて、枝分かれしたすべての可能性を考慮するのではなくて、その流れのなかで、続いて起こる運命や出来事を『乱数』を使ってでたらめに選び、それに適切な確率を持たせる、という考え方だ」とウラムは説明する。「起こり得る歴史（ヒストリー）を二、三〇〇〇ほど試してみるだけで十分なサンプルが取れ、問題に対する近似的な答が得られる[49]」。この新手法は、これを実行できるコンピュータの台数が増加したこともあって、かなりの範囲に広まった。いくつかの改良がなされたが、なかでもメトロポリス・アルゴリズム（のちにメトロポリス＝ヘイスティングス・アルゴリズムと呼ばれるようになった）は、はじめからより可能性の高い歴史（ヒストリー）を優先することによって、モンテカルロ法の有効性を高めた。「このアルゴリズムの最も重要な性質は……正規分布からずれているものは減衰していくという点です」と、その誕生に貢献した一人、マーシャル・ローゼンブルースは語る。「ですから、コンピュータの計算は正しい答にちゃんと収束する！　これを証明できたとき、ものすごく興奮したのを覚えています」[50]。

モンテカルロ法は、数理物理学に新しい領域を開いた。限られた数の理想化された対象物の正確な振舞いを考える古典物理学とも、あるいは、極めて多数の対象物の集団としての振舞いを平均として考える統計力学とも違い、モンテカルロ法は任意に大きな数の個々の対象物の、確率論的な振舞いを個別に考えるので、先に述べた二つの方法のどちらよりも、物理的宇宙が実際に機能している様子により近い。「無から何かを得ているように思えるので、プロセスを終始正しく保ち、最後にすべてがうまく出てくるようにせねばならない。特にいくつかのケースについては、この方法は信じられないほどの効率を示す」と、アンドリュー・マーシャルは一九五四年、モンテカルロ法の最初の七年を振り返りながらこう説いた。「それらの結果は、掛け値なしに一見の価値があり、じっくりと見てみるべきだ。そうすれば、疑いなく正しいと納得できるだろう」[51]。

フォン・ノイマンが次にロスアラモスを訪れたとき、彼が列車に間に合うように去ろうとしていた矢先、ウラムがあるアイデアを打ち明けた。「ロスアラモスからレイミーに政府公用車で向かっているあいだ、われわれは、とりわけ長い議論をした」とウラムは記す。レイミーには鉄道の停車場があった。「車で走っているあいだ、ずっとしゃべっていた。わたしは今でもまだ、あちこちの角や、あれこれの岩の近くで、自分が何を言ったのか覚えている」。その会話のどこかで、「それはモンテカルロ法と名づけられた」。一般には、これはニコラス・メトロポリスの命名だとされることが多いのだが。「偶然という要素、適切なゲームを行なうために乱数を発生させる、こういう点が（モンテカルロのカジノのゲームと）同じだからだ」とウラムは言う。このアイデアはたまらなく魅力的だった。「ウラムは、これは中性子の連鎖反応に似せた形で得点記録を付けながらギャンブルにふけるのと同じじゃないかと思いついて、それをずいぶん気に入っていた」とロバート・リヒトマイヤーは回想する。「物理的プロセスをコンピュータで真似て、紙の上で実験するほうが、実際に実験するよりも無限に安く済みますので」と、ウラムは一九七一年、ＥＮＩＡＣ裁判で証言している[52]。

レイミーまで車で行ったフォン・ノイマンは、列車でプリンストンに戻った。列車のなかでウラムの提案を練り上げ、その後三月七日にリヒトマイヤーと電話で話しあったあと、ウラムのアイデアを（ウランもしくはプルトニウムの「球対称幾何学」に対して）具体化したものを一一ページのレター論文としてタイプ打ちした。「この問題は、デジタル形式で表せばＥＮＩＡＣに最適であると、わたしにはかなりの確信がある」と彼は記した。「一つの臨界問題を解くのに、一個の一次中性子について（その一次中性子の衝突と、子孫の中性子の衝突の両方を合わせて）、一〇〇個の一次中性子が一〇〇回の衝突を起こすのを追跡する必要があるとしよう。この場合、一つの臨界問題を解くのに、約五時間かかるはずだ」。これは、「静的臨界」――与えられた集合体（アセンブリ）が爆発するかどうかのみを問い、それがどのようにうまく爆発するかは問わない――という単純化された問題だけにしか対応できない。フォン・ノイマンはこの、流体力学と放射輸送という二つの問題もからんでくる一層複雑な問題に対応するためには何が必要か検討し、「それが何であろうと、ＥＮＩＡＣの後継機なら完全に対応可能だということにわたしは何の疑いも抱いていない」と結論した[53]。

問題は、ＥＮＩＡＣの後継機が使えるようになるには、一九五一年まで待たねばならない、ということであった――「ロスアラモスからの要求との関連で、とりわけ、現状の危機感のもとでは、新しいコンピュータを完成させる強硬手段が必要なことはますますはっきりしてきている」のにもかかわらず[54]。しかし、ENIACに手を加えて、それを来るべき新しいコンピュータに原始的な方法で間に合わせ的に似せて機能させることが可能だとわかった。「一九四七年の春にJ・フォン・ノイマンは、ENIACを、それが設計されたときに考えられていたのとはまったく違うかたちで機能させることができるはずだと、著者に示唆した」と一九四八年、当時三五歳だったリチャード・クリッピンガーが記している。「何本ものケーブルを抜き差しするという古い方法で、問題を一日ではなくて一時間で変えることができるはずだというのだ[55]」。

「一年ほど前、ジョニーは真に驚異的ないくつかのことに気付き、プログラミングのまったく新しい手法を編み出したのです」と、ハーマン・ゴールドスタインは一九四九年に詳述している。「ジョニーの計画は、ENIACのプラグ・ボードに当たるものを、すべての問題に共通する固定された一組の指令に接続することでした。個々の指令には、固有の番号が割り当てられた――命令コードである。命令コードは「スイッチング・センターによって識別できました。というのもこのスイッチング・センターは、プラグ・ボードに接続されている指令の一つに対応する与えられた番号を受け取ったら、該当するボードを通電状態にして、その指令を実施できるように設計されていたからです」。

プログラムをなす一連の指令は、ENIACの関数表を用いて入力することも、パンチカードから読み取ることもできた。「所定のルーチンを適合させるために、できる限りの手を尽くしてがんばる必要もなくなりました」とゴールドスタインは述べる。「一つの問題を準備するのに、コーダーは今では、自分がコンピュータにかけようとしている問題を特徴付ける指令――算術指令でも論理指令でも――を順々に書き出して、その後機械が理解できる数に書きなおせばいいだけになったのです[56]」。「この新しい方法は『語彙』、すなわち一組の指令に基づいていたが、この語彙は二つのレベルで機械に伝えられた。一つは『背景コーディング』、そしてもう一つは『問題コーディング』だ」と、今日もオペレーティング・システムとアプリケーションとの違いとして残っている区別をはっきりとさせながら、ジョニーとクラリは説明している。「語彙」は約六〇の異なる命令からなっていた。「コードが書き上げられたら、命令のリストは、一〇段スイッチが並ぶ巨大な列に設定できた」とロバート・リヒトマイヤーは記す。「それぞれのスイッチ列に一つのアドレスが割り当てられた――一から三〇〇までの数字のいずれかである。ENIACの二〇個のアキュムレータ――数字を足すか保存するかのいずれかに使われるデバイス――のうち一つがコントロール・カウンターとして、実行されている指令の列のアドレスを追跡するのに使われ、一つがプリンストンで設計されたコンピュータのアキュムレータ・レジスタと同じように、数の中央情報センターとして働いた。別の二つが特殊な用途のために確保されており、以上の残りが一般的なストレージとして使われた。接続を二度と再び変更する必要はなかった[57]」。

ENIACをプログラム内蔵型コンピュータに変貌させた功績は、普通フォン・ノイマンとリチャード・クリッピンガーに帰せられるが、プレスパー・エッカートは、この能力は最初の設計時から意図的に組み込まれていたと主張し、また、「クリッピンガーはのちになって、関数表をこのような用途に使えることを『再発見』したのであって、そのような機能がすでに考慮されていたのだという事実を認識していなかっただけのことだ」と言い張った[58]。メトロポリスによれば、クリッピンガーの再設定のあとも、ENIACの能力はモンテカルロ法のコードを扱うには不十分で、それが解決したのは、新しい「1入力100出力マトリクス・パネル」が取り付けられているのに彼が気付き、「提案されている制御モードのなかにある指示ペアを解釈するのにこれを使うことができたなら、使用可能なコントロール・ユニットの十分大きな部分が解放されて、新しいモードが実現できるだろう――おそらくは」と指摘したときのことであったという[59]。

「クラリ・フォン・ノイマンの助けがあって、計画が変更されて遂行され、そしてわれわれはそれをENIACに実装することを約束した。こうしてわれわれが抱える一組の問題――最初のモンテカルロ計算――は、新しいモードで実行された」とメトロポリスは言う[60]。メトロポリスとクラリは一九四八年三月二二日に、コンピュータを再設定する目的でアバディーンにやってきた。「当時、プログラムの仕方を知っていたのは、ジョニー・フォン・ノイマン、ニック・メトロポリス、そしてクラリだけでした」とハリス・マイアーは語る。「チームを三つ作って、装置を四六時中動かせるようにしました。フォスターとセルダのエヴァンス夫妻のチーム、ロザリーとわたしのやはり夫婦チーム、そしてクラリと独身のマーシャル・ローゼンブルースのチームです。ニック・メトロポリスとクラリがどうやって装置にプログラミングするかを教えてくれました。そしてわれわれはアバディーンに行ったのでした」。ENIACの内部でレジスタ、アキュムレータ、関数表に囲まれて作業をした経験で、新しいプログラミングの技(わざ)は理解しやすくなった。「ENIACでは、この巨大なチェッカー盤が壁にあって、それに一〇段スイッチが並んでいました。数を見ることができたわけです。そしてジョニーは、それがデータであれ指令であれ、数を数として見ることができました。彼には、固定プログラム式のコンピュータをどうやったら変更できるかという洞察があったのです[61]」。

「ちょっと混乱した状況になっています」と、計算が始まる予定の前々日にクラリはウラム夫妻に報告した。「エヴァンス一家は木曜日に到着し（今現在バーテンダー役を務めているフォスターから、親愛の情を込めたキスを）、マイアー夫妻は今夜到着予定で、マーシャル・ローゼンブルース（予期せぬ追加メンバー）は明日やってくるはずです。最終の検証、日曜の遅い朝食、ミーティング、等々をやって、そして午後六時にアバディーンに向けて出発します。どうかわたしのために、最善を祈ってください」。コンピュータによる計算は六週間かかった。「ニックから電話で、ENIACの奇跡がほんとうに起こったと聞きました」と、ウラムは五月二日、フォン・ノイマンに書き送っている。

「それと、二万五〇〇〇枚のカードが使われたことも！[62]」

「アバディーンに長いあいだ缶詰になって、クラリはとても疲れ、一五ポンド（約六・八キログラム）も痩せてしまい、今、プリンストン病院で総合健康診断を受けている」と、クラリが家に戻ったあと、フォン・ノイマンはウラムへの手紙に記している。「新しいコントロール・システムをＥＮＩＡＣに組み込み、それからプログラム・コードをチェックし、ＥＮＩＡＣを調整するのに三二日（日曜日も含めて）かかった……。そしてＥＮＩＡＣは一〇日間稼動した。この一〇×一六時間のうち五〇パーセントのあいだ出力を続けていた。［そして］われわれが望みさえすれば、このペースで稼動し続けただろう……。七つの問題を一六サイクル計算した（それぞれについて、カード一〇〇枚分の入力を『テスト』に使った）。興味深い問題はどれも、この期間の最後には安定な解に収束した……このように、この方法が一〇〇パーセント成功したのは明らかだ[63]」。


　クラリ、アデル・ゴールドスタイン、そしてニック・メトロポリスを含む小さなグループが、ＥＮＩＡＣのため、そしてこれから製作される装置のために、ほかの問題もコード化する作業に取り掛かった。「あのころ、ほんとうの最初期に、問題のコード化をやるのは楽しい作業でした」とクラリは回想する。「というのも、まだできていない装置にかけるために問題を準備しているわたしたちの大多数が、一致団結して技術者たちに向かって、これこれこういう新しいトリックはとても便利なはずだと主張したなら、彼らはそれを装置の『語彙』に追加して、たいていの場合、それがまっとうに機能するようにしてくれたのですから」。

「君のコードが書き下されたが、たいへん見事だった」と、フォン・ノイマンはロスアラモスからクラリに手紙を送った。その中で彼は、彼女が作成したルーチンをソフトウェアとしてコード化すべきか、それともハードウェアに組み込まれるべきかについて論じている。「しかし彼らは、今、『固定した』関数表をもう一つ作ることなどたいした作業ではないので、そうしたいと言うんだ。それで、彼らに関数表を一つ作ってもらうことになった——指令をきっちり組み込んでね[64]」。

今ではクラリは、人口統計を表にまとめるのではなく、中性子の集団が散乱（人生にたとえれば旅）、分裂（人生にたとえれば子どもをもうけること）、脱出（移住）、あるいは吸収（死）を経過するのにしたがって、それぞれの統計を表にまとめていた。十分多くの世代を追跡すれば、与えられた配置（コンフィギュレーション）が臨界に達するか否かを決定することができた。クラリは人口問題研究所で実習を行なうことで、爆弾の設計に対して知らず知らずのうちに、それ以上ないほど適切な準備をすることができたのだった。

フォン・ノイマンの筆跡による日付のない草稿に、クラリへのメモと、クラリからのメモが添えられたものを見ると、ＥＮＩＡＣ上で「実際に行なわれたモンテカルロ問題の計算」について書かれている。「計算を開始するために、一個の中性子を表す一枚のＩＢＭカードが『コンスタント・トランスミッタ』に読みこまれた」と、その説明は始まる。任意の中性子の運命は、散乱、吸収、脱出、分裂、あるいはテストのいずれかだった。中性子の運命を決めるために使われる、カードに記されたデータには、その事象（イベント）が起こる球形アセンブリ内の領域、その中性子の経路の極角、事象発生時の球中心からの距離、そして、考慮されているカードが表している中性子の個数が含まれていた。そしてさらに三つの数が加えられたが、これらは「サンプル集団の任意の中性子の来歴を維持するため」のもので、分裂の何世代めか、「親」中性子、そして、現在のカードの源（みなもと）にあたる最初のカードを特定するものであった。

「問題のどれか一つの計算をコンピュータでスタートするために、場所はアセンブリの中心から、時間はゼロ時間から始めて、分裂によって生まれた中性子を表す一〇〇枚のカードが読み取られた」と、このリポートには述べられている。「次にこれらの中性子は、それぞれの中性子に起こった事象を反映したものか、あるいは、テスト時間に到達したことを表す、別の中性子カードを生み出した。続いて完全な散逸(さんいつ)、あるいは吸収を意味するカードはすべて選り分けられて、スタック(一時的記憶装置)から取り除かれる――これらのカードの経路は、もはや追跡する必要がないからだ。新しい中性子を二、三個生み出し、しかもまだテスト時間内にある中性子を表す分裂のカードは、読み取り機に戻された。新しく印刷されたカードが、どれも『完全な散逸』、『吸収』、あるいは『テスト』カードのいずれかとなって、生き残った中性子がすべてテスト時間の期間の終わりに到達したことが示されるまで、これが繰り返された[65]」。

テスト時間の期間が終了すると、時間Tの値が増加されて、前のサイクルの出力を入力として使い、新しいサイクルが開始された。何か連続した事象が、これほど詳細に調べられたことはそれまでなかった。「『完全な』計算(たとえば、進化を起こす揺れ一〇回分の計算)」は六週間から八週間かかるだろうとの見積もりをジョニーはエドワード・テラーに伝えた[66]。一秒間に一億回の揺れが起こり、八週間には約五〇〇〇万秒あった。ＥＮＩＡＣのスピードをもってしても、時間は五〇兆倍も遅くなっていたのだった。

水素爆弾の実現可能性を決定するためには、水爆の爆発を引き起こすために核分裂爆弾が使われた場合、どのようなことが起こるのか、細部にわたって明らかにする必要があった。それまでのところ、核爆発の振舞いに大きく寄与する三つの要素――中性子増殖、放射輸送、そして流体力学――はそれぞれが個別に扱われていたが、フォン・ノイマン自身が示唆し、ロバート・リヒトマイヤーが実際に徹底的に調べたとおり、これらの三つはすべて関連した現象として、同時に扱われねばならないことがわかった。

「一九四七年九月、わたしはジョニー・フォン・ノイマンに、核分裂爆弾の爆発のコンピュータ・シミュレーションについての、やや誇大妄想的な計画を提案した」と、リヒトマイヤーは記している。「フォン・ノイマンにそのアイデアを気に入ってもらえたので、わたしは計画を実行するためにプリンストンに行った。アデル・ゴールドスタインとクラリ・フォン・ノイマンも加わり、三人で一つのオフィスを使った」。このプロジェクトには三年かかった。「わたしは黒板の右上の角に、自分がせねばならないことを暗号でメモしておく習慣があった。あるとき、わたしは一〇日ほど不在にしていた。戻ってくると、黒板にわたしの筆跡を真似て、新しいメモが付け加えられていた。それは、『ヒッポに新鮮な水を』（訳注：ヒッポはカバのことを指す英語 hippopotamus の略）というメモだった。その結果、われわれが取り組んでいたプロジェクトは、『ヒッポ』という暗号で呼ばれることになった[67]」。

ヒッポは、ＩＢＭの順序選択式電子計算機（Selective Sequence Electronic Calculator、ＳＳＥＣ）――一九四八年に完成され、ニューヨークの五七番アヴェニューと五番街の交差点にあるＩＢＭ本社の、窓のあるショールームに置かれていた装置――にかけて実行された。ジョニーがクラリに「ＥＮＩＡＣと『まだ存在していない』装置とのあいだ[68]」のどこかに位置するものだと説明したＳＳＥＣは、三つの穿孔ユニットと六六個の読み取りヘッドにアクセスされる八〇チャンネルの紙テープの上に、二万個の二〇桁の数を保存していた。「プログラミングには一年近くかかった」とリヒトマイヤーは言う。「それが終わると、われわれはＳＳＥＣを一日二四時間、週に七日占領した。数カ月のうちに、爆弾に関する計算を三つか四つ完了させた[69]」。四万個のリレーが組み込まれ、紙テープからなるそのメモリへのアクセス時間は一秒というＳＳＥＣは、瞬く間に時代遅れとなったが、ヒッポのコードは長年にわたりロスアラモスで使われ続けた。

ときには一度に数週間も続く、これらの最初期の武器関連計算に携わった者たちは、計算がどのように進んでいるかを見守っていなければならなかった。その際には、演算のみならず、物理学についても解釈し、必要に応じて調整を加えなければならない。「シカゴから戻って以来、わたしは数値関数表の空きスペースを前より注意深く見ています。それと同時に、ジョニーの助けを借りて、マリアが考えたタンパーをチェックする方法のフロー・ダイアグラムを作りました」と、クラリは一九四九年四月、ハリス・マイアーに書き送っている。「一方で、わたしたちが抱えている問題がすべて、タンパーの外側の一つの領域にあるのだとしたら、数値関数表のなかに反射マトリクスを置く――そうしようと思えばですが――スペースがたっぷりあることになります。これらの事実をお伝えしているのはもっぱら、あなたが一つの方法を選ばれたとき、反射マトリクスを使うのがその問題にはより適していると思われるのなら、気兼ねなく反射マトリクスを使うことを考慮していただけるようにと思ってのことなのです」(70)。クラリのような最初期のコーダーたちが、物理学をまったく理解することなしに「演算だけをやっていた」という見方は大間違いである。

モンテカルロ法が成功するとにわかに、信頼性のある乱数生成法が求められるようになった。乱数が不足し始めたのだ。擬似乱数なら必要に応じてコンピュータで生成できたが、フォン・ノイマンが警告したように、「乱数を算術的方法によって生成しようとする者は皆、罪をおかしている」のだった(71)。米国空軍のプロジェクト、ランド計画（Project RAND［=Research and Development］、ランド研究所の前身）――フォン・ノイマンがサンタモニカで顧問をしていた――が一九四七年四月、この仕事を引き受け、電子式ルーレットを作成して一〇〇万個の乱数のリストを作った。これは当初パンチカードとして販売されたが、のちには書籍として出版された。「これらの表の性格からして、最終草稿のすべてのページをチェックしてランダムな誤りを見つける必要はないと考えた」と、この本の編者たちは釈明している。[72]

一九四九年六月二九日から七月一日にかけて、ランド研究所、オークリッジ国立研究所、そして規格基準局の数値解析研究所の後援により、モンテカルロ法についての協議会がＵＣＬＡで開催された。「わたしの率直な気持ちとしては、このテーマにはもうかなり長いあいだ取り組んできたので、ぜひにもかけつけたいところです」と、クラリはスタン・ウラムへの手紙に記している。[73]しかし、協議会にぜひとも出席してくれと求められたにもかかわらず、クラリは出席しなかった。クラリは五月の下旬と六月の大半を、アバディーンのＥＮＩＡＣで大きな計算を一つ処理することに費やした。ジョニーが計算の遂行はほかの者に任せなさいと諭しても、終わるまで離れようとせず、終わったときには疲労困憊してプリンストンに戻り、ロサンゼルスに行くことはなかった。

「やっとプリンストンに戻りました」と彼女は六月二八日、ロスアラモスのカーソン・マークに報告した。「わたしたちは、問題二についてテストを六回やったあと、金曜日の午後に仕事を終了しました。テストはどれも、臨界超過だが臨界に向かう傾向を常に示すという結果となりました……。大きな箱一〇個に詰め込まれたＩＢＭカードと、すべての問題のリスト（小さい箱二個）はアバディーンから、わたしの知る限りでは鉄道小荷物として着払いで送るよう手配されているところです。わたしたちがアバディーンで所持していた秘密の文書はすべてわたしがプリンストンまで運びました」[74]。

以降六〇年にわたり、モンテカルロ法は物理学から生物学、そして金融に至るまでの分野で、ますます広い範囲の問題に適用されている。プロセスの枝分かれや進化を追跡するのみならず、プロセスを枝分かれさせ進化させることができるこの手法は、コードに超自然的とも言える力を与える。「モンテカルロ問題では、実験者は完全な制御のもとでサンプリング手順を行なうことができる」と、ランド研究所の物理学者で、『水爆戦争論』の著者である軍事戦略家のハーマン・カーンは一九五四年に述べている。「たとえばその実験者が緑の眼をした、縮れ毛で蹄が六つに分かれたブタを欲しがっていて、『そうした生物が存在する』という事象の起こる確率がゼロでないなら、モンテカルロ法を使う実験者は、農学者とは違い、即座にこのようなブタを生み出すことができる」[75]。生物学的進化とは、本質的には、山あり谷ありといった凹凸を示す適応度の「ランドスケープ」に対してモンテカルロ法を適用して最適者を探すプロセスであり、現実の進化の進化が次の段階でどのような様相を呈するとしても、コンピュータに支援されたモンテカルロ法は、そこに真っ先に到達するだろう。

モンテカルロ法が、さもなければ解答不能な問題に実際的な解をなぜ見出すことができるのかと言えば、それは、未知の領域を探索（サーチ）する最も効率の良い方法を追求すると、ランダムウォーク法というやり方に行き当たるからだ。今日のサーチエンジンは、ＥＮＩＡＣ時代の祖先から遠く下った子孫だが、それでもなお、モンテカルロ法が源（みなもと）だという痕跡を帯びている。それは、ランダムサーチの経路は統計的に評価され、得られる結果の精度が積算によってますます向上していく、という特徴である。モンテカルロ法――そしてその子孫であるサーチエンジンたち――では、圧倒されるような量の情報のなかで意味のある解を抽出するわけだが、それは、「意味は最終到達点におけるデータではなく、途中の経路そのものにあるのだ」という認識に立って可能になる。これこそモンテカルロ法の神髄と言えよう。

第11章　ウラムの悪魔

因子4は神の（あるいは悪魔の）贈り物だ。
——ジョン・フォン・ノイマンからエドワード・テラーへ、一九四六年

「これまでの人生で一度だけ、数学の夢を見て、あとでそれが正しいとわかったことがあった」と、スタニスワフ・ウラムは回想する。ウラムは一九〇九年、かつてはポーランド領であり、その後オーストリア＝ハンガリー二重帝国領となったルヴフ（訳注：現在のウクライナ領リヴィウ）で生まれた。「そのときわたしは二〇歳だった。うわぁ、これはすごい！　もう研究しなくていいぞ。全部夢で見られるんだ、と思ったね。ところが、そんなことは二度と再び起こらなかったよ(1)」。

スタニスワフ・ウラムの父、ヨゼフ・ウラムは裕福なユダヤ人の弁護士で、第一次世界大戦ではオーストリア軍の将校を務めた。ウラムの母、アンナ・アウアーバッハは、鉄鋼を扱う実業家の娘だった。スタンは最初から数学に惹き付けられていた。「四歳のとき、オリエンタルな風合の絨毯の上で跳びはねながら、その複雑な模様を見下ろしていたのを覚えている。父の聳え立つような姿が、わたしの傍（かたわ）らに立っていたのだが、父が微笑んでいることにわたしは気付いた。『ふーむ、お父さんが笑

っているのは、僕のことを子どもと思っているからだな。でも、これがとっても風変わりな模様だってことは僕にもわかるぞ』と思った」。一〇歳のとき彼は、学校で使うノートに「スタン・ウラム、天文学者、物理学者、そして数学者」と署名していた。彼は、「一人のおじが、わたしの一一歳か一二歳の誕生日に小さな望遠鏡をくれた」のを覚えている。[2] 彼は一九二七年に高校を卒業し、一九三三年、数学の修士号と博士号を取得してルヴフ工科大学を卒業した。

第一次大戦と第二次大戦とのあいだの時期、ルヴフはブダペストと同じような束の間の平和と繁栄を享受していた。一九一八年にパリに生まれ、一九三八年八月、交換留学生としてアメリカにやってきたフランソワーズ・ウラムはこう述べる。「ルヴフでは、ポーランド人数学者たちは、研究のほとんどを昼夜たがわず終始あちこちのカフェで行なっていました……。ロスアラモスは、ウラムの若かりしころのスラブの古い世界の文化はなかったとしても、一種場当たり的なかたちで、少なくとも彼本来の、のんびりしたペースを提供してくれたのでした」。[3]

ウラムは、周囲には仕事をしているようにはまったく見せずに、最高の仕事を成し遂げた。「彼は多くの点でとても風変わりでした」と、ランド研究所の顧問で、アメリカの熱核ミサイル計画の立案者であったブルーノ・オーゲンスタインは言う。オーゲンスタインとウラムの足跡は、冷戦のあいだ何度か交差したことがあった。「彼は、わたしがこれまでに会った最も頭のいい人間の一人であると同時に、最も怠慢な人間の一人でした——面白い組み合わせですよね」。フランソワーズ・ウラムはこれとは違う意見だ。「彼は貴族らしい悠然とした態度をしていましたから、それが怠慢という印象を与えていたのですが、実際には、彼は常に自分を精神的に追い詰めていました」。一九五三年には九歳だったクレア・ウラムは、友だちにこんなふうに話しているのを人に聞かれたことがあった。[4]「わたしのお父さんのやってることってね、考える、考える、考える！　そればっかりなの」。

「彼は変わり者で、とても複雑な人間で、ポーランド人で、そしてなんと言っても、正反対のものを併せ持って矛盾を抱えるとはどういうことかという見本でした」とフランソワーズは述べる。「彼はもっぱら自分の精神のなかに閉じこもって生きていたのです」。同時に彼は社交的でもあった。「われわれ、研究所で彼と関わりのあった者の多くは、彼が一人でいるのをどんなに嫌がったかを知っている。ときどき、どこかのホテルの客室や自分のオフィスから、孤独に耐えかね、われわれを呼び出した。それも、毎日お決まりの長距離電話で話しまくったあとにだ」と、彼の同僚であった数学者、ジャン＝カルロ・ロタは言う。「ある日わたしは、勇気を奮い起こして、どうしていつも誰かにそばにいてほしいのかと彼に尋ねてみた。そのときの答に、彼の本音が漏れていたと思う。『一人だと、何かをとことん考え抜かずにはおれなくなるんだ』」[5]。

ウラムはフォン・ノイマンとたびたび共同研究するようになり、また、親友となった。「フォン・ノイマンがわたし以上によく知っている人間はほかにいないだろうね。そしてその逆のことも言える」とウラムは言う。二人は東ヨーロッパの上流階級に属するユダヤ人という共通の背景を持ち、一九三四年に、共通して関心を持っていた測度論に関するテーマを巡って手紙を交わしたのち、一九三五年にワルシャワで対面した。フォン・ノイマンが彼をプリンストンに呼び寄せ、高等研究所から三〇〇ドルの俸給を約束してもらうと、ウラムは一九三五年一二月、〈アキタニア〉に乗ってアメリカに向かって出発した。続いて彼は、ハーバードのジョージ・デイヴィッド・バーコフのもとでの三年間のフェローシップを勝ち取った。夏はポーランドに戻ってカフェで過ごした。ウラムは、ポーランドを最後に発（た）った一九三九年八月、弟のアダムを一緒に連れて行った。二人はポーランド船籍の〈バトリー〉に乗って、アメリカへと海を進んだ。その船上、独ソ不可侵条約締結のニュースがラジオで報じられた。「これでポーランドもお終（しま）いだ」とスタンはきっぱりと言った[6]。

一九三九年の秋、フランソワーズ・アーロンは二一歳、マウント・ホリヨーク大学（訳注：マサチューセッツ州にある私立大学）の大学院生だった。ケンブリッジの友人のアパートでパーティーがあり、そこでスタンと出会った。「わたしたちが出会った最初の夜、彼は一晩中、わたしのタバコに火をつけるために自分の席から何度も飛び上がっていました」と彼女は回想する。「自分のことを数学者と呼んでいたことを別にすれば――珍しい職業ですよね――、彼はエレガントで、機知に富み、サービス精神旺盛でした。その実、戦争のこと、家族から便りがないこと、それにお金にもいろいろと困っていたせいで、とても落ち込んでいたのですが。教授らしさとか、学者めいたところはまったくありませんでした。わたしは、最初から彼の魅力の虜になり、なんてチャーミングで謎めいていて、素晴らしい人なのかしらと思いました。わたしはすっかり夢中になってしまったのでした」[7]。

フランソワーズもスタンも、ヨーロッパに残してきた両親に二度と会うことはできなかった。「あの戦争の一番辛かった時期でした。ドイツの侵攻、続いてフランスが陥落すると、ドイツ機甲部隊がマジノ線を包囲して、難民が群れをなして逃げていきました。ダンケルクの戦いでは、イギリス軍が勇敢に戦闘を繰り広げました」とフランソワーズは言う。「五セントのコーヒー一杯でスタンは何時間もジョージ王朝風のカフェに座り、ケンブリッジにやってくることができたポーランドやほかの国の数学者たちと、気掛かりな戦争のニュースを議論したり、数学の話をしたりしていました。彼らとも友だちになり、わたしは仕事が終わると彼らの会話に加わるようになりました」[8]。やがてフランソワーズはウラム兄弟のために料理をして、一緒に食べるようになった。ウラム兄弟はケンブリッジではあまりに困窮してレストランへはとても行けなかったが、ポーランドではあまりに裕福すぎて、自分で料理する術を身に付けることなどあり得なかったのであった。

一九四一年、ヨーロッパを逃れてきた学者で満杯になったハーバードでポストを確保することができず、スタン・ウラムはウィスコンシン大学での教師の職を受け入れることにした。年俸二三〇〇ドルだった。マウント・ホリヨーク大学で学位を取ったフランソワーズは、マディソンの彼のもとへ行き、その地で二人は法務官を前に結婚式を挙げた。

「長い式と短い式、どちらがご希望かな？」と法務官が尋ねた。

「それぞれいくらかかりますか？」とスタンが尋ねた。

「長い式は五ドル、短い式は二ドルだ」

「では短い式でお願いします」とスタンが答えた[9]。

ウィスコンシンにいても、ヨーロッパの悲劇から逃れることはできなかった。フランソワーズの父は彼女が一〇歳のときに亡くなったので難を逃れた。そして、まだ十代だった弟は、スペインを経てイギリスに逃れ、そこでド・ゴールの自由フランス軍のパラシュート部隊の一員として訓練を受けた。しかし彼女の母はマルセーユの街中（まちなか）で捕らえられ、ナチスの強制収容所へ向かう列車に強制的に乗せられ、その後二度と姿を見られることはなかった。スタンの側にしても、同じく悲惨な状況だった。

「知らせはなかなか届かず、来ても断片的なものばかりでしたが、徐々にこんなことがわかってきました。ナチスがポーランドを占領していたあいだに、スタンの姉、彼女の夫、二人の子どもたち、そして一族の本拠地だったルヴフを離れなかったおじおばたちは、皆ホロコーストで亡くなったのでした」とフランソワーズは記す。「スタンの父、ヨゼフ・ウラムは、捕らえられはしませんでしたが、ナチスが彼の家を没収したあと暮らしていた一部屋しかないアパートで、健康を崩し絶望のうちに亡くなりました。この困難な時期にスタンの父が引き取った少年はアメリカまで逃れることに成功し、このとても悲しい知らせをわたしたちに伝えてくれました。アパートのなかで寒さをしのぐために、ヨゼフの法律の教科書を燃やさねばならなかったことも話してくれました[10]」。

ウラムもフォン・ノイマンも、ヨーロッパの危機に対してアメリカの反応がまったくないことに苛立ちを感じていた。「この国が魚雷艇を二〇艘イギリスに派遣すると発表したとき、そりゃあ五〇台の自転車ぐらいの価値しかないと思わずにはいられませんでした」と、ウラムは一九四一年の春、フォン・ノイマンに書き送っている。(11) 彼は個人で飛行訓練のコースを受け、一九四一年にアメリカ国籍を取得すると、軍への入隊に必要な身体検査に合格し、パイロットは無理でも航空士(ナビゲータ)にはなれるだろうと期待して空軍への入隊を申し込んだ。しかし、年齢と、左右の目で視力が極端に違ったことを理由に、拒否されてしまった。

すでに米国海軍研究所、陸軍省弾道研究所、そして科学研究開発局のコンサルタントになっていたフォン・ノイマンは一九四二年四月、ウラムに「わたしはますます戦争関係の仕事に忙殺されているよ」と知らせた。ウラムは、なんとか自分もそんな仕事に加えてもらえないかと尋ね続けていたが、ついに「ある日ジョニーは、面白い仕事がある——それがどこでかは言えないんだが、などという思わせぶりな返事をした(12)」。

「問題のプロジェクトは、ことのほか重大だ——わたしがそれをどんな言葉で形容しようとも、それを超えて重大だろう」とフォン・ノイマンは一九四三年一一月九日に手紙をしたためた。「このプロジェクトに関しては、かなり極端な機密保持が要求されている」。この手紙に続いて、ハンス・ベーテの署名が入った招聘(しょうへい)状が届いた。「恒星の内部と関連する物理学を応用した重要な研究を行なっている、あるプロジェクトにご参加いただきたい」。ウラムはこの指名を受け入れたが、自分が何に同意したか、また、それがどこでのことなのかはまったくわかっていなかった。「その直後、わたしがよく知っていたほかの人々が、一人、また一人と姿を消していった。結局わかったのは、われわれはニューメキシコの、サンタフェに程近いある場所に行くのだということだった(13)」。

最初の子どもが間もなく生まれる予定だったウラム夫妻は、保全許可証を取得し、西へと向かった。「わたしたちは列車で長い距離を旅して、一九四四年二月四日、レイミーという小さな駅で降りました。サンタフェから一八マイル（三〇キロメートル弱）ほどのところで、何もない場所という印象でした」とフランソワーズは記す。「地面には雪がありましたが、日差しは暖かく感じられ、空は真っ青でした。ウラムは、『空気がシャンパンみたいに感じるね』と言いました[14]」。

ロスアラモス研究所のある台地（メサ）は、ヘメス山脈の東側の斜面にもたれかかるように鎮座している。その位置は、一六〇万年前と一一〇万年前に起こった二度の爆発的な大噴火で形成されたバイエス・カルデラの縁にあたる。反対側の縁には、火山が崩壊した際に残された平らな草原——いわば、有名なタンザニアのセレンゲティのミニチュア版——があり、その中央には溶岩ドームがある。ロスアラモスの住民たちが好んで訪れる場所で、ニューメキシコ最大のワピチ（訳注：北アメリカではエルクとも呼ばれる大型のシカ）の群れの保護地区であるバイエ・グランデは、地球上で起こった最も激しい爆発の遺物だ。一九四三年の夏、このメサにやってきた科学者たちは、核爆発が次のそのような爆発となってくれるようにと願ったのだった。

「そこは、不思議な野営地でした。『魅惑の地』の『魔の山』とでも言えばいいのでしょうか」とフランソワーズは述べる（訳注：「魅惑の地」はニューメキシコ州の愛称）。彼女が驚いたことに、「住人は、あらゆるところから来た科学者たちといった態（てい）で——アメリカ、カナダ、ドイツ、スイス、ハンガリー、オーストリア、イタリア、とにかくいろいろな国から集まっていました。その多くが、ヒトラーとムッソリーニ、そしてそのファシスト政権から逃れようとこの国にやってきたのでした。なかにはすでに名声を博している人もいました。しかし大部分はたいへん若い人たちで、多くが二十代前半、これから名をあげるであろう人々でした[15]」。

スタンはルヴフのカフェの世界に戻った気分だった。「科学の歴史のなかで、これほどの頭脳の集中となると、ちょっとでも似た例さえ見当たらない」と彼は称賛する。「三四歳のわたしでさえ、もう年寄り組の一人だった」。ウラムにしてみれば、戦時中のロスアラモスにその場しのぎ的に作られた社会は、形式主義に凝り固まった学問の世界とは対照的に爽快で、その結び付きの強いコミュニティーは彼のポーランド人としての生い立ちにもよくなじんだ。「ここの人々は、共通の大事業に貢献するために進んで脇役を演じていた。ジュール・ヴェルヌは、『月世界旅行』のなかで集団的努力の必要性を書いたとき、このような状況を予見していたのだ[16]」。

形式的には陸軍准将のレスリー・グローブスの指揮下にあったものの、実際の研究はロバート・オッペンハイマーが監督していた――オッペンハイマーはグローブスをうまく操っていたものだった。「グローブスは、自分が科学の任務に加わったのだと自覚することは決してなかった」とハリス・マイアーは記す。「彼は死ぬまで原子爆弾を作ったのは自分だと本気で信じていた[17]」。

スタン・ウラムははじめハンス・ベーテのもと、T部門（理論部門）に配属されたが、部門分けが変更された際、エンリコ・フェルミのもと、F部門に移動した。直属の上司はエドワード・テラーだったが、スタンは彼をボスというより同僚と見なしていた。「理論家だったので、スタンはどこでも仕事ができました」とフランソワーズは言う。「行きたいときに自分のオフィスへ行きました。昼食には帰宅して、午後早くにまたオフィスへ戻りました[18]」。

七月、クレアが生まれた。彼女の出生証明書には、出生地にサンタフェ私書箱一六六三と記載されている。無料で医療が受けられ、住宅は支給されて子育てもコミュニティーで支援されたので、ロスアラモスでは戦後のベビーブームなど比較にならないベビーラッシュが起こった。病院は、おむつに対して一日一ドルの料金を取るようになった。「ロスアラモスは巨大な赤ちゃん工場になりました。

グローブス准将にはそれが頭痛の種でした[19]」。

ロスアラモスで行なわれている物理学にスタンは夢中になった。「ここで持つべき一番の能力は、問題を単に論理的な図式で捉える能力ではなくて、物理学的状況を視覚的に、というよりむしろほとんど触覚的に想像する能力なのだと気付いた」と彼は述べている。「原子以下の世界をほとんど触れられるほど詳細に想像し、その図式を次元の面と質の面でいじって、そうしてはじめてより厳密な関係を計算することができる[20]」。ウラムの直感は、フォン・ノイマンの厳密に論理的な世界観を補うものだった。「ジョニーは、純粋に形式的な演繹によって逐次的に考えているという印象だった」。ウラムはこれら二つのアプローチの違いを、「実際のチェスボードのイメージと、その上での駒の動きを代数学的表記で書き下したイメージの違い、のようなものだ！」と解説する[21]。モンテカルロ法は、この両者のいいとこ取りをして、フォン・ノイマンの形式的な計算システムを使ってウラムの直感的、確率論的アプローチを捉えたものであった。

ウラムは原子爆弾の設計にも製作にも直接には関わっていなかったので、トリニティー実験を目撃することはなかった。「爆弾が爆発した日の早朝、わたしたちは家におり、まだベッドの中でした」とフランソワーズは言う。「やがて、疲労困憊(ひろうこんぱい)し、真っ青な顔をして、ひどく震えたジョニーが、VIPたちと実験に立ち会ったあと、帰り道にうちに立ち寄ったのでした[22]」。三週間後、二個めの原爆が広島上空で爆発し、続いて八月九日、長崎に投下された。

戦争が終わると、理論部門全体が一九四六年までに八名に縮小された。オッペンハイマーはバークレーに、フェルミとテラーはシカゴに、ベーテはコーネルにそれぞれ戻っていった。米国国務省は原子力に関する委員会を新たに設置した。メンバーにはヴァネヴァー・ブッシュ、ジェームズ・コナント、そしてグローブス少将がいた。顧問団には、あらゆる形の原子エネルギーの国際的な管理を呼びかける「バルーク・プラン」を作成したオッペンハイマーもいた。アルベルト・アインシュタイン、レオ・シラード、ハロルド・ユーリー、ライナス・ポーリング、ヴィクター・ヴァイスコップ、そしてハンス・ベーテは原子力科学者緊急委員会を立ち上げ、一九四六年一一月に高等研究所で設立総会を開いた。ロスアラモスの管轄は、一九四七年一月一日付けで、それまでの陸軍から、新設された原子力委員会（AEC）に移ることになった。しかし、誰がAECを指揮するのだろう？

オッペンハイマーが去った際、ノリス・ブラッドベリーが暫定的な後任者となった――そして、結局二五年間その地位に留まることになった。彼はロスアラモス大学を一時的に立ち上げて、軍とAECを結びつける流れが途絶えないように活動をさせており、新しい爆弾の設計と実験を続けることに賛成の意を表した。「原子爆弾を――武器としてではなく――時折実際に機能させることによって、世界に有益な心理的効果を与えることができるのではないでしょうか――それに関するわれわれの科学的・技術的関心とはまったく別に」と彼は論じた。「適切に目撃され、適切に公表されるなら、さらなるTR［実験］は、原子力は完全な協調関係にある世界の手にあるときのみ安全なのだと市民に納得させることができるかもしれません」。これに続いて彼は、予言的な示唆をした。「もう一度TRをやるのは、楽しいことですらあるかもしれない[23]」。

脳炎に罹患し、回復して再雇用されたウラムは、グループ・リーダーに任命された。メンバーは彼一人しかいないグループだったが。彼が関心を抱いていた領域の一つは、今ではカーソン・マークがリーダーとなり、エドワード・テラーが不在のまま監督していた、熱核爆弾の可能性を証明するという、しばらく二の次にされていた問題だった。「スタンはロスアラモスに戻ることに、なんら良心の呵責など感じていませんでした」とフランソワーズは言う。「彼は、この研究の理論的側面に集中したいと切望しており、そのことを悪いことだとは少しも思っていませんでした[24]」。

ウラムは育てるべき若い科学者なのか、それとも追い払うべきライバルなのか、テラーは判断しかねていた。「ウラム氏は優秀な数学者だが、われわれが取り組んでいる仕事にふさわしい経歴がなく、われわれの仕事に適応できていないようだ」とテラーは一九四五年二月、ウラムの人事ファイルに記した。しかし、続けて、決め付けてしまう危険を避けて、このように記している。「彼は他者に依存せずに考える人間であり、ことによると最も重要な結果をもたらすかもしれない」。フランソワーズはこのように述べている。「彼は、自分と対等な人間に出会ったのだと気付いたのだと思います[25]」。

テラーにとって水素爆弾開発は、国が戦争をしていようがいまいが、何を犠牲にしてもやり遂げねばならない聖戦だった。ウラムにとっては、持続する熱核反応が可能か不可能かは、自然法則のみが決めることだった。軍事的な影響について言うなら、科学研究が誤用される可能性を突きつめていけば、微積分の計算にしたって、破壊的な影響を排除するために放棄すべきということになる、というのがウラムの論法だった。「わたしは、頭では彼の言うことが正しいとわかっていました。しかし心のなかでは、完全に同意することはできませんでした」とフランソワーズは記している。それにもかかわらずウラムはＥＮＩＡＣ裁判で、Ｈ爆弾をもたらした計算に関してこう証言してもいる。「わたし自身もわたしの友人たちも、一枚の紙や黒板に走り書きされたメモが最終的には物理的存在となる、しかもこの場合、極めて暴力的なものになるのだということに愕然としました[26]」。

水素爆弾が初めて登場したのはウラムの少年時代のことで、それは、Ｈ・Ｇ・ウェルズが第一次世界大戦前夜に発表した予言的な小説、『解放された世界』（邦訳は浜野輝訳、岩波書店など）のなかでの話だった。「その夜科学が世界の上にすさまじい破壊力をもたらした原子爆弾は、それを使った者たちにとってさえも、得体の知れないものだった」とウェルズは書き、原子力によって変貌した世界が、人間の本質がそれに伴ってしかるべく変化できないがために「最終戦争」――今日（こんにち）われわれが第三次世界大戦として思い描いているもの——に至る様子を描いてみせた。一九一四年には核分裂は知られていなかったので、ウェルズの原子爆弾は、太陽が行なっているのと同様の核融合によるものだった。彼の原子爆弾は航空機から手によって投下され、消すことのできない炎で都市をゆっくりと焼き尽くした。「それは直径二フィート（約六一センチメートル）の黒い球体だった」とウェルズの小説では描写されている。「中央ヨーロッパの爆弾も同じで、より大きかっただけだった」[27]。

「ベーテの炭素サイクルによる核反応（訳注：実際にはCNOサイクル）についての重要な論文が一九三九年に発表されたとき、極めて短い年月のうちに、このような反応が地球上で起こされると、推測もしくは想像できた者など、ほとんどいなかった」[28]とウラムは述べる。ソ連がのちの一九六一年一〇月三〇日にノヴァヤゼムリャで、核分裂‐核融合‐核分裂の三段階の反応で五〇メガトンを超える威力を発揮する爆弾を爆発させた際、発されたエネルギー束は太陽の出力の一パーセントを瞬間的に超えたと推定された。

ハンス・ベーテとエドワード・テラーを含む八人の物理学者がオッペンハイマーに招集され、バークレーに集（つど）い、核兵器についての検討が始められたのは一九四二年六月、ロスアラモス国立研究所が設立される一年近く前のことだった。彼らは、原子爆弾は可能なだけでなく、それによって生じる太陽内部よりも極端な温度と圧力を、熱核反応を誘発するのにも使うことができるとの結論に至った。「わたしへん小さな太陽を生み出してやれば、それを一体に保っている重力は強いものではないのだから、その超小型太陽は、次の瞬間には天変地異のような爆発を起こして自らばらばらになるはずだ。「われわれはある恒星の内部に関する既知の状態に縛られているわけではなく、それ相応の制限さえ超えなければ、自由な条件設定ができた」とエドワード・テラーは回想する。「一九四二年の真夏までには、この仕事は遂行できるし、……原子爆弾を踏み石として利用して、われわれが『超（スーパー）』爆弾と呼んでいた熱核爆弾を容易に実現できるだろうと、われわれ全員が確信していた」[29]。

陸軍長官に提出した報告書のなかで、ジェームズ・コナントとヴァネヴァー・ブッシュはもう一段階強い表現を使って、「したがってそれを『超‐超爆弾』と名づけてもいいでしょう」と示唆した[30]。この爆弾、すなわち水素爆弾は、水素の安定した同位体であり、海水から容易に分離でき、地球上で入手できる最も安価な燃料と言える重水素を出発物質として燃やして、反応を起こさせるものである。テラーによれば、「原子爆弾は威力は大きいが、高くつく。重水素に点火できるなら、それははるかに安価な燃料となる」[31]。一九五〇年、水素爆弾に核出力一キロトン相当の重水素を加えるためのコストは約六〇セントであった。

テラー自身が認めるように、ロスアラモスのプロジェクトが軌道に乗りはじめると、「われわれは戦争で勝利せねばならなかったので、超爆弾に取り組む時間はなくなってしまった」[32]。戦争が終わったとき、水素爆弾の研究に戻るべきときがやってきたと、彼は確信した。しかしほかの者たちは、広島と長崎を破壊したものより一〇〇〇倍も強力な兵器など、絶対に作ってはならないと、テラーに劣らぬ強さで確信していた。超爆弾はアメリカ合衆国が押し進めるべきものなのか、あるいは敵が押し進めているのではないかと恐れるべきものなのか、見極める一つの手掛かりを提供するために、一九四五年一二月、ENIACで一連の大規模な計算を行ない、そして一九四六年四月に、その結果を検討する会議を開くことが決定された。

フォン・ノイマンの監督のもと、スタンリー・フランケルとニコラス・メトロポリスがムーア校（ENIACはまだここで受入テストを受けていた）へ出向き、彼らが穿孔（せんこう）した一〇〇万枚のパンチカードをENIACにかけた。「わたしが彼らに助言したのは物理学に関する事柄だけです」とエドワード・テラーはENIAC裁判で証言した。「コンピュータを使用した計算に関しては、フォン・

ノイマンが助言しました」[33]。結果を解釈したテラーは、熱核反応が誘発されたことを示していると判断したが、のちにこの結果には物理学的に欠陥があることがわかった。ＥＮＩＡＣのメモリ容量が小さかったために計算が制限され、重要な副次的効果が無視されてしまったのだ。

「一九四六年に行なわれた計算の誤りについてテラーを責める者は誰もいないだろう。とりわけ、適切なコンピュータが当時は手に入らなかったことを考えればそうだ」と、ハンス・ベーテは一九五四年に記している。「しかし、自分ではまったく不十分だと知っていたに違いない計算に基づいて研究所を、そして事実上国全体を向こう見ずなプログラムへと導いたことについては、彼はロスアラモスで糾弾された」[34]。しかしテラーは、目的は手段を正当化すると言い、謝罪しなかった。「わたしが堅忍不抜にこの方向に進み続けてこられたのは、間違った結果に対する強い信念によるところがかなり大きいのは確かです」とテラーは述べた。「しかし、その計算結果は成功の見込めるものだったし、なにはともあれ、このおかげでわれわれは、新たな展開の必要性が自ずと明らかになる地点まで進むことができたのです」[35]。

「超爆弾は製造可能であり、使い物になるだろう」と、最終報告書に個人的に挟み込んだ総括のなかにテラーは記した[36]。一九四六年四月の会議では、フォン・ノイマンとイギリスの物理学者（実はソ連のスパイだった）クラウス・フックスが一九四六年四月一八日もしくはその前後にニューメキシコ州ロスアラモスで共同出願した、『中性子発散核分裂連鎖反応を維持できるよう調整可能な多量の核分裂物質と、その内部で熱核反応を維持することができる大量の物質を使用した熱核反応を開始するための装置』という名称で表された「『超爆弾』の設計の提案」に相当する特許が開示された[37]。のちにクラウス・フックスがソ連のスパイであることが明らかになったとき、有用な情報がどれだけソ連側にリークされたかについて――そして、されなかったかについても――、誰よりも的確な判断のできたのがフォン・ノイマンだった。

トリニティー実験の最初の数マイクロ秒で何か起こったか、そのモデルを構築するには、ロバート・リヒトマイヤーをして二年を要した。リヒトマイヤーの後任としてT部門の長となったカーソン・マークによれば、一九四六年から一九四九年にかけて、彼のグループの努力の半分は超爆弾に向けられたということだが、それにもかかわらず、もっといいコンピュータが使えるようになるまで、それ以上の前進は不可能だった。待たされて痺れを切らしたフォン・ノイマンは、まだ存在してもいないコンピュータのためのコードを書きはじめた。「フォン・ノイマンがプリンストンの装置を製作していたころ、あのT部門の喫茶室で、彼が頭に湧きあがってきたフローチャートのコードを書き付けて黒板を埋め尽くしていたのを見ました」とフランソワーズ・ウラムは回想する。「それも、女性の両足が行き過ぎるたびに、無意識にそちらを横目で見ながらやっているのです[38]」。

一九四九年八月二九日にソ連が初の核兵器実験（ソ連側では「最初の稲妻」、アメリカ側では「ジョー－1」と名づけられた）を行なうと、原子力委員会の総合諮問会議は、アメリカ合衆国が水素爆弾の開発に着手すべきか否かについての意見を求められた。答は否だった。「これは、軍事目的、もしくは半軍事的な目的のための施設の破壊のみに限って使用できるような兵器ではない」と、諮問会議の報告書の導入部でオッペンハイマーは述べている。「したがってそれを使用するということは、原子爆弾の場合以上に、一般市民の殺戮という方針を掲げることに等しい。このような兵器の開発が何らかの方法で回避できることをわれわれ全員が望んでいる[39]」。

「その使用には、膨大な数の市民の殺戮が伴うであろう」と、オッペンハイマーのみならずジェームズ・コナントも含む大多数が同意見だった。「このような武器を所有していることの心理的効果は、われわれの利益に反するものであろう……。超爆弾の開発には踏み切らないと決定することによって、戦争の大きさにある程度の制約を課し、そうすることによって恐怖を緩和し、人類の希望を喚起するという無比の好機がわれわれにもたらされる」。エンリコ・フェルミとイシドール・ラビの署名がされた、これよりも一層強い調子の少数意見が添付されており、「いかなる角度から考えても、それは道義に反することである」と主張していた。フォン・ノイマンは、当時はまだ原子力委員会のメンバーではなかったが、これに強く反対した。「躊躇することは一切あってはならないとわたしは考えます」[40]と、一九五〇年、トルーマンが全速力で前進すると決定したのを受けて、フォン・ノイマンは綴った。

ウラムは、こんな省察など、そもそもまったく必要ないと達観していた。なにせENIACの計算は間違っていたのだし、テラーの超爆弾など役立たずだと早晩明らかになるはずだったからだ。ウィスコンシン大学時代の同僚、コーネリアス・エヴァレットの協力を得て、彼は過去の結果について第一近似によるチェックを行なった――戦時中爆縮計算のために開発された手（とパンチカードを使った）計算による方法を使って。「テラーが構想した超爆弾は実用性はないという漠然とした直感を抱いていたスタンは、最初はエヴァレットと、そして次はわたしたちデータ解析者たちと、より単純な計算をやってみたのです」とフランソワーズは言う。彼女は当時、ロスアラモスの手計算部門で働いていたのである。「二、三カ月のうちに、これらの計算によって彼の直感が正しいことが確かめられました。けれども、ほかの皆――フォン・ノイマン、AECの委員長だったストロース提督、そして軍――は、テラーの計画を遂行してそれに沿って実験を行なうことに賛成したのでした」[41]。「そのようなものが可能かもしれないという希望――希望する人がいたとしてですが――、あるいは恐れの度合いは徐々に変化していましたし、実際のところ、その変化の方向も一定ではありませんでした」とウラムはのちに証言している[42]。ウラムとエヴァレットが疑問を提起したことで、テラーは守りの態勢に入り、おかげでフォン・ノイマンは誰の主張が正しいのか判断できず、苛々した状態から依然として逃れられなかった。彼はＥＮＩＡＣを占領して使いたいように使っていたし、稼動するようになった新しい装置はどれでも、真っ先に使える立場にいた。彼は一九五四年、オッペンハイマー裁判の審問でこう証言している。「水爆開発に際してはコンピュータが頻繁に使用されましたが、コンピュータはまだ一般に普及してはいませんでした……。あちこち探しまわって、使える時間の半分しか使用されていないコンピュータを見つけると、それを使おうとしました」[43]。ＩＡＳをやめて、ワシントンＤ・Ｃの規格基準局が進めるＳＥＡＣ製作の監督となったラルフ・スラッツは、「ロスアラモスから二人の男」（メトロポリスとリヒトマイヤー）が一九五〇年の復活祭のころ、コンピュータが稼動しはじめるとすぐにやってきたと記憶している。彼らは、「プログラムを一つ持参しており、それをこの装置にかけたがっていました……。使わせてもらえるなら、真夜中から始めますと言って」[44]。

「フォン・ノイマンやほかの人たちが、電子式コンピュータを使ったもっと大規模で正確な計算を行なって、だんだんとスタンの見解を支持する結果が出てくるようになると、プロジェクト全体にとっては大きな逆風となりました」とフランソワーズは言う。「最初は、皆盛り上がっていて期待が持てそうに思えたが、チーム全体が熱意をなくしていった」とスタンも述べている。「ジョニーは二、三日に一度何らかの結果を求めてきた。『つららができているよ』と、フォン・ノイマンは意気消沈してロスアラモスに報告した」。超爆弾に対するテラーの思い入れが見当違いだとはフォン・ノイマンにもわかっていたが、それに代わるものは、まだウラムの頭脳の奥のほうで形成されている最中だった。「この二四時間、サイクル一〇が続いています」と、ウラムは一九五〇年一月二七日（クラウス・フックスが告白に署名をした日でもある）、フォン・ノイマンに手紙で報告した。ロスアラモスではパンチカードによる計算が続いていたのだ。「ついでながら、導通について注意点があります。サイクル九のインターバルは5!（間違いじゃありませんよ！）に分割しなければなりません。少なくとも今のところ、流体力学がすべてをぶち壊すとは思えないことだけが、うまく行くという希望をつないでいます！」(45)

古典的な超爆弾は、連鎖反応を誘発するのに不可欠な一億度以上の温度にまで重水素（または重水素‐三重水素）燃料を加熱できるかどうかにかかっていた。高温達成と核反応の誘発が起こるのであれば、それは瞬時に起こらねばならなかった。さもなければ高温物質が膨張して、すべてはばらばらに吹き飛ばされ、放射線が散逸して温度が低下してしまう。『「スーパー」では、十分な速さで連鎖反応が次々と起こり安定に維持されるようになるより、流体力学的な散逸のほうが早く起こってしまったのだ」と、ウラムはのちに説明している。(46) 超爆弾は爆発せずに立ち消えになる運命なのであった。

超爆弾関連の計算を見守っていたウラムは、流体力学的な力をして、燃料が核反応を誘発するに十分高温になる前に爆弾をばらばらにさせ、熱核反応が誘発される可能性を低下させるのではなく、その逆の働きをするように仕向けることもできるかもしれないと気付いていた。圧力が増すことで密度が上がる。そして密度が上がれば、高温になるばかりか、不透過性も増す。高温プラズマになっている領域を押しつぶすと、その領域はより高温になるのみならず、より黒くなるのだ。そして、これを利用するさまざまな方法があった。

「サイクル一〇での出来事について君が伝えてくれたことは、たいへん興味深い」と、フォン・ノイマンは二月七日に返事を書いた。「わたしが例の『勝利』についてどう感じているかは君に説明する必要はないと思う。しかし、まだたくさんの問題が残されている」。(47)「勝利」とは、トルーマン大統領が一月三一日に行なった公式発表のことで、前年八月二九日のソ連の核爆弾実験に応え、オッペンハイマーと総合諮問委員会の提言に逆らって、自分が「原子力委員会に、水素爆弾もしくは超爆弾と呼ばれるものも含め、あらゆる形態の核兵器に関する研究を継続するよう指示した」ことを国民に告げたのだった。クラウス・フックスの告白を手にしたルイス・ストロースは、ソ連にはオッペンハイマーのように彼らを抑える者がいないので、すでにわれわれの先を行っているかもしれないと主張した。テラーはついに無限の資源が使えるようになり、実際の熱核爆弾の実験、「グリーンハウス作戦ジョージ核実験」の予定が立てられた。この実験で、重水素‐三重水素の小さなサンプルが核反応の連鎖を誘発するかどうかが示されるのだった。

そしてウラムが、皆をあっと言わせるようなことを思いついた。ベーテによれば、ウラムは超爆弾のことを考えていたわけではなく、二段階の核分裂過程からなる極めて強力な爆弾が作れないものかと考えていたのだった。「わたしの知らないうちにスタンは、この問題を一種搦め手から考え続けていたのでした。それは、政治的・軍事的な意義のためというよりも、科学的挑戦のためでした」とフランソワーズは記す。「そしてある日突然、彼はまったく新しく、興味深いアプローチを見出したのです」。

「お昼に家にいた彼が、ひどく妙な顔つきで窓の外をじっと見つめているのに気付きました」と彼女は述べる。

庭を凝視しながら何も見ていない、彼の異界を見るような目つきが、わたしは忘れられません。彼はか細い声で――今でもその声が聞こえてきます――言いました。「あれを成功させる方法を見つけたよ」

「何を？」とわたしは尋ねました。

「スーパーさ」と、彼は答えました。「これはまったく違う方法なんだ、そして、歴史の流れを変えるんだ[48]」

ウラムはさっそくカーソン・マークとノリス・ブラッドベリーの二人にこのことを話し、翌日エドワード・テラーにも知らせた。この問題に一〇年近く取り組んでいたテラーは、ウラムの提案を即座に改善し、ウィーンからやってきた若手物理学者、フレデリック・ド・ホフマンを連れてきて、彼に最初の計算をさせ、この新しいアプローチは成功しそうだということを確かめた。「わたしは水素爆弾について何かやりたかったのに、ほかの者は誰もやりたがらなかった」とテラーは言う。「しかし、わたしよりもそれをやりたがっていたのがフレディー・ド・ホフマンだった[49]」。日本に投下された二個の原爆の弾道軌道を計算したのが、マンハッタン計画当時二〇歳だったド・ホフマンだったのだ。

テラーは一九五五年に発表したH爆弾開発の総括に『多くの人々による仕事』という題を付けたが、これは、広がる批判を前に、水爆開発に協力した人々のあいだで成果を分かちあおうとする誠実な試みだった。ハンス・ベーテは独自の解説を一九五四年に書いたが、その冒頭で彼はテラーに惜しみない賞賛を呈した——「原爆の開発の際、爆縮によって核分裂物質は爆弾内部の通常の密度よりも濃縮されるであろうことを最初に示唆した」ことを評価したのである。しかしベーテは、水素爆弾のブレークスルーをもたらした一番の功績はテラーによるものではないとした。「その新しい概念の新奇性を、科学者でない人々に説明するのは難しい。事態はまったく予期せぬかたちで、それまでとは違う方向へ展開したのだ。しかもテラーはそれを予測さえしていなかった。その新しいアイデアが登場する直前まで彼が絶望していたことがその証拠だ[50]」。

ウラムは、テラーが水爆がうまく働くようになかなか設計できなかったのは、彼が古典的な超爆弾に熱を上げすぎたせいかもしれないと示唆し、真の功績は「途方もなくたくさん行なわれた計算と、各プロセスに関する物理学全般の研究と、そして、工学面の計画に帰されるべきです。これらすべてに、『副作用』を予測し、それを回避する必要が伴っていました。どの副作用も、超爆弾の成功を台無しにしてしまいかねませんでしたから」と強調した。そして、もしも誰か個人の名を挙げなければならないのだとしたら、「最初の絶望的なアプローチからの決定的な切り替えにおいてフェルミがもたらしたいくつかの貢献の重要性は、いくら強調しても強調しすぎることはないほどです」と、彼はベーテへの手紙で述べている[51]。

「テラー＝ウラムの発明」と呼ばれるブレークスルーが登場したのは一九五一年二月のことで、それは一九五一年三月九日、二人の共著として出版された（機密扱いの二〇部として）。「それは『ヘテロ触媒的起爆』とでも呼ぶべき方法で、一つの系の反応が、もう一つの系で始まった反応で相殺されるようになっている」と、テラーとウラムはその中で述べている[52]。「この新しいアイデアによって、概念にすぎなかった超爆弾は、見事に機能する水素爆弾へと変貌したのだった」と、この「おそろしく複雑で、断然面白い」新しい概念の詳細な点を解決するのに協力したハリス・マイアーは記す。マイアーの専門は、放射線不透性——ある温度において、ある物質がある状態であるときに放射線に対する不透性が高く、また別の状態だと不透性が低くなるという現象——だった。その詳細を理解して用いれば、放射線を思い通りのところへ向かわせ、目的地に到着したとき、吸収されるのか、変化するのかまでコントロールすることができる。マイアーによれば、「放射線の流れの性質に関しては、自然は大きな幅を与えてくれている」のだ。しかしマイアーはこうも言っている。「オッペンハイマー事件が起こるまで、スタンが水爆開発で重要な人物だったとは誰も思っていませんでした。そしてオッペンハイマー事件では、誰もがエドワードに憤慨しましたから、そのあとですね、『テラー＝ウラム』のアイデアが話題になったのは[53]」。

「ウラムはセカンダリー（訳注：当時開発されていた水素爆弾の構造は、基本的に、プライマリーと呼ばれる原子爆弾部を起爆装置として、主体たる核融合爆弾部の核融合反応を起こすようになっていて、この核融合部がセカンダリーと呼ばれた）を圧縮する案を主張し続けました」と、ロスアラモスの有能な爆弾設計者で、当時ウラムとテラーの共通の友人だったセオドア・B・テイラーは言う。「ですが、そうすれば逆コンプトン効果でエネルギーが流失することはなくなる、とか、より平衡に近い状態になるとか、このような高密度状態では反応速度が十分速くなると同時に温度が十分高温まで上がるのでひじょうに効率的だという、重要なことを認識したうえでそうしたのかどうか。これらのことを思いついたのが誰なのか、わたしにはわかりません」。テイラーは両者に功績を認める。「この直接圧縮するという方法は、彼らが二人とも同時に、『それを圧縮するのが正しいやり方だ』と気付いたのだとわたしは思います。そうすると次の問題は、『どうやって圧縮するんだ？』になります。コンセプトを提起したのはウラムで、そして、『そいつはすごいな。でも、流体力学ではなくて、核反応を使おう』と言ったのがテラーだと、わたしは思っています。こうしてすべての道が開けたわけです[54]」。

古典的な超爆弾は八年かかって何の成果も得られなかったが、今度の設計は、一九カ月のうちに概念から始まって実験成功まで漕ぎ着けた。この新しいアプローチの持つ意味を議論するための最初の会合が、一九五一年六月、高等研究所のオッペンハイマーのオフィスで行なわれた。出席者オッペンハイマー、テラー、フォン・ノイマン、ベーテ、フェルミ、そしてジョン・ホイーラーである。「すべての実験室からトップの人間がやってきてこのテーブルに座り、そしてわれわれは二日間にわたり、これに取り組みました」と、リーマン・ブラザーズの共同出資者で原子力委員会の委員長になったゴードン・ディーンは証言した。「この二日が終わったとき、われわれは全員、ついに何かを成し遂げたのだとの確信を得ました。部屋にいた全員がです。もう論争は終わりでした……。このとき、事態は動きはじめました。しかも、ひじょうに急速に[55]」。

ＩＡＳのコンピュータがようやく使えるようになり、そしてオッペンハイマーの支援があった――つまりこれは一九四三年、すなわちロスアラモス始動時の焼き直しだった。「どうすればそれが実現できるかがわかったなら、少なくともそれを作るよう努力せねばならないということは、わたしにははっきりしていました」とオッペンハイマーは機密安全保持疑惑に関する公聴会で証言した。「一九四九年の計画は、こじつけこじつけで作られたもので、技術的にはあまり意味をなさないだろうと言うことも十分可能でした。したがって、『やると言われてもいらないよ』とはねつけることもできたのです。しかし、一九五一年の計画は技術的にひじょうに魅力的で、これに対してそういう反応はできませんでした[56]」。すべては、最初の実験で成功するＨ爆弾の実現にかかっていたのである。「マイク――最初のＨ爆弾だが――は実のところ、過剰設計の点が多々あった」と、マーシャル・ローゼンブルースは言う[57]。

ストロースは苛々しはじめ、だんだんオッペンハイマーを疑問視するようになった。彼を高等研究所の所長に指名したのはストロース自身であり、彼が今Ｈ爆弾の開発が前進するように協力していることも承知していたのだが。オッペンハイマー陣営のＨ爆弾への反対を巡る会話を記録したものによると、ストロースはこうこぼしている。「彼らは最初、道徳的理由に基づいて反対した。次には、軍事目標がないことを理由に反対した。その次は、超爆弾は代替（だいたい）として製作できるプルトニウム爆弾に比べて中性子の点でコストが高くつくという理由で反対した。そして今彼らは、［削除された］を作りたがっているが、これはほんとうの意味での無制限な兵器ではまったくない[58]」。削除された箇所はおそらくスーパー・オラロイ爆弾（ＳＯＢ）という言葉があったのだろう。これは、製作されたことのある最大の核分裂兵器である。物理学者のテッド・テイラーが設計したスーパー・オラロイ爆弾は、一九五二年一一月一五日、エニウェトク環礁で行なわれたアイヴィー作戦キング核実験で五〇〇キロトンの核出力が記録されたが、これは、どんな軍事目的であっても半メガトンあれば十分だと示すために行なわれたのだった（訳注：スーパー・オラロイ爆弾は、水素爆弾と並行して開発されていた超大型原子爆弾で、マーク18とも呼ばれた）。しかし、ルイス・ストロースには半メガトンではとても足りなかった。

IASとAECの関係は複雑だった。「一九五二年の初めまでに、この椅子取りゲームに変化がありました」とクラリ・フォン・ノイマンは記す。「ジョニーはAECの総合諮問委員会のメンバーになりましたが、オッペンハイマーはまだその委員長の席にありました。しかし、もう諮問委員ではなかったストロースは、高等研究所の一員で、高等研究所（IAS）の評議委員会の委員長となっていました――また、ジョニーは高等研究所の一員で、オッペンハイマーはその所長だったのです」。ストロースは一九四七年にトルーマン大統領によってAECに指名され、一九五〇年まで務め、その後一九五三年にアイゼンハワー大統領によって再び指名されて委員長となった。「一九五四年、あの地獄のような大混乱になった年の初め、これらのポストは相対的だったのです。高等研究所では、ジョニーは一員、オッペンハイマーは所長、ストロースは会長で、変化はありませんでした。原子力委員会では、ジョニーは総合諮問委員会の一員、ルイスは原子力委員会の委員長、ロバート（・オッペンハイマー）は委員会には出入禁止になっていました[59]」。

高等研究所で実際どの程度の武器研究が行なわれているかは秘密にされていたが、ロスアラモスおよびAEC関係者の出入りを制約することは難しく、彼らの目的は容易に推測できた。テッド・テイラーはフォン・ノイマンのコンピュータについてこのように述べる。「その目的は、H爆弾に必要な、流体力学と放射線の流れとを結びつけるだけの計算能力を実現すること、とかなり明確に決まっていました」[60]。ジョン・ホイーラーは、彼が率いる少人数のチームをロスアラモスからプリンストン大学に移動させ、「マッターホルン計画」を立ち上げた。ロスアラモスの下請けとして、ロスアラモスが自らコンピュータを完成させるまでのあいだ、高等研究所のコンピュータにやらせる熱核爆弾関連の計算を準備するための計画だ。

「数学者たちは、秘密の研究が行なわれていることはちゃんとわかっていた」と、一九四八年にIASにやってきたフリーマン・ダイソンは言う。「それが水爆だということは知らなかったかもしれないが、ほとんど明らかだった。そして彼らはそれには大反対だった」。大気圏内核実験に反対する世論が高まるのはもう少しあとになってからだが、人道主義的な原則に基づく水爆反対の声は最初からあった。「フルド・ホールにあの金庫があったのは、ほんとうにいやな印象だった。なかにはオッペンハイマーの秘密がすべて保管されていたんだ」とダイソンは語る。「それに、ただ金庫があっただけじゃなかった。二人の武装した警備員が見張っていた。恐ろしくて近寄り難く見えたね」。一九五二年に数理論理学者のマーティン・デイヴィスと共に高等研究所にやってきたヴァージニア・デイヴィスは、フォン・ノイマンの車に積もった埃に、「爆弾反対」と落書きしたことを覚えている。

標的に到達できる武器なら何でも保管している空軍は、高等研究所はロスアラモスやランド研究所ではないことを思い知らされるはめになった。オッペンハイマーによれば、エドワード・テラーとランド研究所とが報告を行なった際、空軍秘書官のトマス・K・フィンレターが「立ち上がって、『この兵器をわれわれに与えてくれ、そうすればわれわれは世界を支配できる』」と言った。かつてグローブス准将率いる陸軍に積極的に協力してきたオッペンハイマーだったが、空軍のこの申し入れは拒否した。「ジョニーは着実に国防活動を増やしていましたが、ロバートは、国防から徐々に遠ざかっていったのです」[61]とクラリは言う。「一方ロバートは、国防から徐々に遠ざかっていったのです」[61]。

ジュリアン・ビゲローは、核兵器関連の機密へのアクセスが許されるQクリアランスを一九五〇年二月二三日に取得した。三月一四日、AECは高等研究所に、AECとの契約で働いている者全員について、「任意の熱核反応に関して、公に事実を述べたり、コメントを与えたりすることは差し控えるよう指示する」よう勧告した。しかし、三月一七日、オッペンハイマーからの強い反対を受けてこれらの制約は、「兵器との関係が述べられない限り、古典的熱核反応と呼べるものについての機密扱いされない議論には及ばない」ことが確認された[62]。恒星の進化についてはおおっぴらに話してもいいが、兵器については秘密を保たねばならないというわけだ。

ビゲローはこのように述べている。「一九五〇年の終わりまでには、プログラムをコンピュータにかけて、結果を出力することができるようになった。一九五一年の春をとおして、われわれにもコンピュータが使える時間がどんどん増えていった。そしてプログラマたちは、試運転やデバッグなどのために彼らのプログラムを次々と走らせていたが、マシン・エラー率は十分低くなり、見つかったエラーのほとんどがプログラマ側の仕事にあるという状況になっていた」。

一九五一年の夏、「ロスアラモスから科学者チームがやってきて、大規模な熱核爆弾関連計算を一つ、IASのコンピュータにかけた。約六〇日間、一切中断することなしに二四時間計算が続いた」とビゲローは記す。「こうしてこの装置は完成したのだ[63]」。

デジタル宇宙と水素爆弾は同時に誕生した。フランソワーズ・ウラムはこのように述べる。「わたしたちが現在暮らしているハイテク世界の大部分、宇宙の征服、生物学や医学における目覚しい前進、これらのものが皆、H爆弾は作れるか否かを計算するために電子式コンピュータを開発しなければならないという必要と、それを追究したある男の偏執狂的な熱意とによって促進されたのだということは、運命の皮肉でした[64]」。

高等研究所の一員であるフォン・ノイマンは、ほとんどの時間を兵器研究に費やしたが、一方、ロスアラモスの兵器研究所の一員であるウラムは、ほとんどの時間を純粋数学の研究に使った。フォン・ノイマンが大陸間弾道ミサイル（ＩＣＢＭ）の研究を始めると、ウラムは対照的に、爆弾を飛ばすためにいかにミサイルを使うかではなくて、ミサイルを発射するために爆弾をどう使うかについて考え始めた。

「原子力推進による宇宙船という着想は、原子力が現実のものとなったと同時に誕生した」と彼は述べる。トリニティー実験を現場で観察した者の多くは、爆発で発射台が消えてしまったことに驚嘆していたが、ウラムは、発射台の基礎を支えている鋼鉄の支柱が爆発にも損傷を受けず残ったことをしっかり確認していた。原子爆弾の爆発の火の玉に包み込まれた物体は、爆発で壊れることなしに、どこか別の場所に飛ばすこともできるかもしれない。小さな核分裂爆発で生じたエネルギーを外向きに流れさせ、宇宙船を前進させるのに使えるだろうかという問いは、このエネルギーを内向きに集中させ、熱核爆弾の爆縮を誘発するのに使えるだろうかという問いと同じだった。ウラムのアイデアは、水爆の内と外をひっくり返したものだったのである。

一九五五年、ウラムはコーネリアス・エヴァレットと共に、『外部の核爆発によって発射物を推進する方法について』という機密扱いのロスアラモス報告書を作成し、「発射物の外側で繰り返し核爆発を起こすと、このような物体を10^6cm／秒のオーダーの速度まで加速することができると考えられる……これは、大陸間の戦争に必要とされるミサイルの速度領域に達する。あるいは、地球の重力場から脱出する目的にはそれ以上に適切と思われる」と示唆した(65)。

この報告書は二年間そのまま放っておかれたが、ソ連がスプートニク（訳注：ソ連が一九五〇年代に実施した人工衛星を地球周回軌道に打ち上げる計画。スプートニク一号は一九五七年一〇月に成功し、アメリカ社会を大きく揺るがせた）を打ち上げると、テッド・テイラーがウラムのアイデアを取り上げ、ウラムがやめたところから始めて現実的な宇宙船の計画にまで発展させた。これが「オリオン計画」で、最初は国防総省の高等研究計画局（ＡＲＰＡ〔訳注：現在のＤＡＲＰＡ〕）、そしてその後空軍の出資を受け、続く八年のあいだ真剣に取り組まれた。「ちょうど、月に向かってロケットを打ち上げるというジュール・ヴェルヌのアイデアのようなものです」と、ウラムは一九五八年前半、アルバート・ゴア上院議員の前で証言している。[66] 四月一日、ウラムはもう一件のロスアラモス報告書、『宇宙船を航行させることによって重力系からエネルギーを抽出する可能性について』を発表した。これには、宇宙船が航行する過程で天体からエネルギーを収集できるような軌道をコンピュータで計算して、宇宙船を、重力に関して「マクスウェルの悪魔」的に働かせて、限られた燃料と推進剤を飛行中に増強する方法が記述されていた。

一八七一年、ジェームズ・クラーク・マクスウェル――電磁場の概念を定式化したマクスウェルの方程式と、気体粒子の運動エネルギー分布を表すマクスウェル分布で有名――は、「さまざまな能力がひじょうに研ぎ澄まされており、すべての分子の運動を終始追跡できる架空の存在[67]」を着想した。これは一八七四年、ウィリアム・トムソン（ケルヴィン卿）によって「マクスウェルの悪魔」と名づけられた。この悪魔は、閉じた系のなかの小部屋の温度を次のような操作で上げることができ、熱力学の第二法則を破っているように見える。その方法とは、その小部屋の小さな落とし戸をちょうどいいタイミングで開閉し、高速の粒子のみ小部屋に入れ、低速の粒子のみ小部屋から出すという操作を、物理的な仕事を一切することなく行なうのである。エネルギーのマクスウェル分布は、超自然的な知性の介入などまったくなしに、運動エネルギーは時間が経つにつれてすべての粒子のあいだで均一になっていく傾向があることを示している。軽い粒子は、より重い粒子が速度を失った分、最終的には速くなる。四〇〇〇トンの宇宙船は、惑星よりも速い運動速度に到達する——十分な時間が与えられれば。マクスウェルはまずこれらの着想を発展させ、続いてこれを熱力学に適用して、土星の輪を形成している粒子の大きさと速度の分布を説明したのだった。

ウラムの説明はこうである。「われわれが検討している状況の一例として、あるロケットが太陽と木星のあいだを、すなわち火星の軌道に近いところを航行しているとしよう……。問題は、木星への最も適切なアプローチと、太陽へより接近できるアプローチを計画することによってそのロケットが、たとえば一〇倍のエネルギーを獲得できるか否かである……。ロケットを舵取りして軌道を調整してやることで、マクスウェルの悪魔に似たようなことを行ない……、かなりの高速に達するに必要な時間を、何桁も短くできる[68]」。

「スタンが、『マクスウェルの悪魔を作ることができる、それは実現可能な物理的実体だ』と話していたのを覚えています」とテッド・テイラーは回想する。一九五八年当時には、それに必要なコンピュータの能力が大きな障害だと考えられていたが、今日ではなんら障害ではない。「軌道の変更を計画するのに必要なコンピュータによる計算は、あまりに長く複雑で、ぞっとするほどのものになる可能性もある」とウラムは注意を促している[69]。

ウラム自身が熱力学第二法則に反しているように見えた。というのも彼は、目に見えるところでエネルギーを費やすことなく、適切なタイミングで適切な扉を開くだけで、有用な研究を行なっているように思えたからだ。ルヴフでコーヒーを飲みながらであれ、ロサンゼルスでポーカーをしながらであれ、彼は良いアイデアを取り込み、悪いアイデアを捨て去っていた。一九五二年二月、彼はロスアラモスからフォン・ノイマンにこんな自慢話を手紙で書き送っている。「わたしが素晴らしくついていたことは、今年のポーカーにもはっきりと表れていました（八回連続でもうけを出したんです）[70]」。

人類の知性を利用するための二〇世紀で最も独創的なアイデアのうち、四つ――モンテカルロ法、テラー＝ウラムの発明、自己複製するセル・オートマトン、そして核パルス推進――がウラムの力あって生まれたものだ。このうち三つは大々的に成功し、そして四つめは試す機会が来る前に放棄された。

モンテカルロ法は、マクスウェルには想像することしかできなかったであろうものを、デジタル計算によって実現したものだ。つまり、まるで「われわれの能力と手段が著しく研ぎ澄まされて、個々の分子を検出して把握し、その経路のすべてにわたって追跡できるかのように」[71]、物理系をその基本的なレベルで実際に追跡する方法が実現されたのだ。テラー＝ウラムの発明は、一気に噴出する輻射を内側に取り込み、続いて平衡に逆らうように、一瞬その輻射を放出するのを控えることによって、小部屋のなかを太陽よりも高温にする、マクスウェルの悪魔の一形態を使っている。そしてウラムの自己複製するセル・オートマトン――長時間にわたって持続する情報のパターン――は、秩序を取り込むけれども、秩序を放棄はしないことによって進化する。

ニコラス・メトロポリスとスタンレー・フランケルがＥＮＩＡＣにかける最初の爆弾関連計算をコード化しはじめたときには、一次元の宇宙――われわれの宇宙のなかで、爆弾の中心から外へ向かって延びる一本の直線で表されるもの――を扱うだけの余裕しかなかった。球対称を仮定すれば、この一次元宇宙についてわかったことをもとに、われわれの三次元宇宙のなかでの振舞いを予測することができる。ウラムは、一次元宇宙のなかで宇宙論がどのように展開するかを想像しはじめた。「こんな問題を、誰かがこれまでに考えたことがあったでしょうか。わたしにはとても面白そうに見えるんですが」と、彼は一九四九年二月にフォン・ノイマンに書き送った。「マイナス無限大からプラス無限大へと延びている無限の直線上の各整数点に、たとえば確率二分の一で、物質からなる質点を置いたと想像してください――つまり、こういう状況を作ったのです」と述べ、そして、一本の直線上にランダムに点を配置した様子をスケッチしていた。「これが$t=0$のときの分布です」。「さて、これらの点どうしのあいだに$1/d^2$に比例する力（重力のようなもの）が働くとします。$t>0$に対して何が起こるでしょう？　わたしは、凝縮が急速に起こる――話を単純にするために、点どうしは接触したらくっつき合うとします――と主張します。しかも、ガウス分布に近いきれいな形に質量が分布して凝縮するんです。そして――次の段階では――、これら凝縮物のクラスターが形成されるのです――ゆっくりとではありますが、確実に（ここで述べたことはすべて確率＝1です！）」。ウラムは、この単純な一次元宇宙が「現実の宇宙――恒星、クラスター（すなわち星団）、銀河、超銀河など――に幾分似通って見えてくる」様子を説明した。それから、距離力、熱振動、そして光を導入して、二次元、そして三次元のなかではどんなことが起こるのかを検討した。彼は、「エントロピーが低下する――変則的な秩序が適用される」と示唆して締めくくっていた[72]。

続いてウラムは、二次元のセル宇宙について考え始めた。そのヒントは、爆弾関連の仕事で使われていた二次元流体力学のコードからもらうことができた。「わたしは一九四〇年代の後半、フォン・ノイマンとセル・モデルについて議論した」と、彼はのちにアーサー・バークスへの手紙に書いているし、同様の議論をニック・メトロポリスともしたらしい。「わたしもついにロスアラモスに行くことになりました!!!」とメトロポリスは一九四八年六月、ウラムに書き送っている。「位相空間の幾何学について、もっと研究できるチャンスがあなたにありますように。だって、なかなか面白そうですからね。それに、あなたの二次元世界もね[73]」。

その一方で、われわれの三次元宇宙では、一九五二年一一月一日〇七時一四分五九秒（アメリカでは一〇月三一日）、テラー＝ウラムの発明、モンテカルロ・アルゴリズム、ＩＡＳコンピュータ、ロスアラモスの資源、そして南太平洋でのタスク・フォース一三二に参加した一万一六五二名の人員の努力が、世界初の水爆実験、アイヴィー作戦マイク核実験の実現をもたらした。

　鉄道車両一両ほどの大きさで、核反応に無関係な部分はニューヨーク州バッファローのアメリカン・カー・アンド・ファウンドリー社が製造した、暗号名マイクで呼ばれる水爆は、その八二トンの重さのほとんどが巨大な鋼鉄製の液体重水素タンクだった。このタンクは摂氏マイナス二五〇度まで冷却され、TX‐5核分裂爆弾によって起爆された。エニウェトク環礁の小島の地表で爆発したマイクは、核出力は一〇・四メガトンと、広島型原爆の約七五〇倍で、八〇〇〇万トンの珊瑚礁（さんごしょう）を蒸発させて、直径六三〇〇フィート（約一・九キロメートル）、深さ一六〇フィート（約五五メートル）のクレーターにしてしまった。これは、「ペンタゴンほどの大きさの建物が一四棟入る大きさである」と、ある公式報告書に記されている。三年前、庭を凝視していたウラムの頭の中に最初に浮かんだ考えが、このときエルゲラブ島という島を丸ごと完全に地図から消し去ってしまったのだった。

　エニウェトク環礁は、中央の礁湖を取り囲むように三九個の小島が並んだ珊瑚礁で、ニューメキシコのバイエス・カルデラと同様、昔存在した火山が崩壊したあとだが、山に囲まれた緑の谷になるかわりに、珊瑚礁が取り囲む礁湖となった。マーシャル諸島のなかでもとりわけ寂（さび）れたこの島は、海上生活をする住民たちともども平穏に過ごしていたところ、第一次世界大戦後、日本が領有権を主張し、続いて第二次世界大戦の激戦を経て、アメリカ合衆国が占領するようになった。一九四七年に先住民全員が一四〇マイル（約二二〇キロメートル）離れた無人の珊瑚礁、ウジェラング環礁に強制移動させられて、エニウェトクは核兵器の実験場となった。最初エニウェトクは、超爆弾の実験場とするにはクェゼリン環礁や「原住民が暮らす多数の小島に」近すぎると考えられたが、一九五一年八月二五日に行なわれた会合の記録によると、「風が逆向きである時間を選び、前もってクェゼリンの住民を避難させて準備しておくなら、エニウェトク環礁での核爆弾の実験は問題外ではない……というのがエドワード・テラーの意見だった[74]」。

「まばゆい光に伴われて、三〇から三五マイル（四八から五六キロメートル）の距離でも熱波がすぐに感じられた」と、実験の公式記録にある。「昇りかけた太陽のように、巨大な火の玉が水平線の上に現れ、急速に膨張していった……続いて、通常のきのこ型をした巨大な雲がまもなく出現し、上空に高く舞い上げられた珊瑚のかけら、岩屑、そして水からなる灰色の柱の上でバランスを保っているように見えた……つい先ほどまでエルゲラブ島があった場所に[75]」。

「爆弾が爆発したのは午前七時一五分のことで、少し雲のある晴れた空は昇りつつあった太陽の光で条状に色づいていた」と、ワシントン大学の四九歳の漁業生物学者で、実験の前後にサンプルを収集したローレン・ドナルドソンは記している。実験から一週間経ってもまだ、「羽毛が焼かれ、白い羽根はすべて抜けてしまい、濃色の羽根は焼け焦げてしまったらしい」アジサシや、「まるで煮えたぎるなべのなかに落とされたかのように、体の片側の皮が失われた」魚が多数見つかった。彼も彼の仲間たちも、ダイビング用マスクに溶接用の遮光マスクを重ねた観察用ゴーグルを自作しており、三〇マイル（約四八キロメートル）離れたところから、〈オークヒル〉号に乗って爆発を観察した。「火の玉の様子を見守っていると、やかんのなかでゆでられている果物のように、最初は沸き立っているように見え、やがて崩れていった。巨大な雲のなかに、黒々とした大きな塊がいくつもあるようだった[76]」。

スクリップス海洋学研究所で働いていた若き海洋学者、ウォルター・ムンクとウィラード・バスコムはタグボートを改造した〈ホライズン〉号から、トラックのタイヤのチューブを並べて支えたベニヤ板製のいかだで、爆心地から八三マイル（約一三三キロメートル）のところで海に降ろされた。表面波を測定し、津波の兆候が少しでもあったら警報信号を発するためだ。一艘のいかだは二マイル（約三・二キロメートル）離れた位置で、四五〇〇フィート（約一・四キロメートル）下の海山の頂上に沈められた、かつてサンディエゴのトロリー線で使われていた一対の車輪にピアノ線でつなぎとめられた。「水に濡れて寒いなか、わたしは濃色のゴーグルをかけた」とムンクは回想する。「瞬時に熱線が感じられ、爆発があったのだとわかった。〇七時二一分、五ミリバールの空気衝撃が到達した。この明確な知らせに続き、怒り狂ったような鳴動があった。わたしは頭上のたぎるような空を忘れることはないだろう。いろいろ写真を見たが、あの空の様子を捉えていたものにはお目にかかったことがない(77)」。

ある一人の目撃者の証言によれば、その一時間後にはきのこ雲は直径六〇マイル（約九六キロメートル）ほどに達し、その一部がしぶきのように跳ね上がって、一〇万フィート（約三万メートル）上空の対流圏界面に届いたと言う。鉛の裏地が付いたスーツを着用し、特別仕様のF‐84G試料採取機に乗った空軍パイロットの一団が、きのこ雲内部のサンプル採取のために派遣された。第一陣は爆発の九〇分後に、四万二〇〇〇フィート（約一万二八〇〇キロメートル）の上空に行った。「雲に入るや否や、レッド・リーダーは雲の鮮やかな色に包まれた」と、公式記録に記されている。

放射能が蓄積される速さを表示するインテグロンの指針が、「腕時計の秒針のようにぐるぐると回った……こんなもの、ほとんど動くまいと思っていたのに！」ほとんどの計器が最大値を表示し、おまけに、あらゆるランプが赤く点灯して赤熱の炉の内部の様相を呈しているのは「尋常ではなく」、たじろいだメロニー大佐は九〇度旋回して雲から遠ざかった。

メロニーは燃料切れになりながらも辛うじてエニウェトクの滑走路に帰還できた。四機めのF‐84

を操縦していたジミー・プリーストリー・ロビンソンはそれほど幸運ではなかった。「突入直後、レッド‐4は原因不明の横滑りを起こしたが、高度二万フィート（約六一〇〇メートル）でコントロールを回復した」と公式記録は続く。一万九〇〇〇フィート（約五八〇〇メートル）で、燃料計は燃料切れを表示しているがエンジンはまだ動いているとロビンソンが報告した。彼からの次の交信は、エンジンが燃焼停止し、現在の高度は一万三〇〇〇フィート（約三九六〇メートル）との報告だった。彼の救出に備えるため救護隊がヘリコプターで急送された。彼の最後の交信は、高度三〇〇〇フィート（約九〇〇メートル）からのものだった。「ヘリコプターを肉眼で捉えた。今脱出するところだ」。F‐84は制御のもと水平滑空で着水し、沈没する前に上下がひっくり返った。遺体は発見されなかった[78]。

ジミー・プリーストリー・ロビンソンは、水爆のために亡くなった最初の人間となった。

実験は最高機密とされ、その成功のニュースは公表禁止になっていたが、退任を間近に控えたトルーマン大統領が一九五三年一月七日（アイゼンハワーの就任の直前）に発表した。実験に関わった人々に対して、六七〇六件を超える経歴調査が行なわれ、一一月一四日にはＪ・エドガー・フーヴァーが、《タイム》誌と《ライフ》誌の記者にリークされた情報の出所を突き止めるよう個人的に協力を要請された。ロスアラモスから休暇を取ってプリンストンに来ていたウラムは、一一月上旬、ニューヨークまで出向いてフォン・ノイマンと会った。おそらくニュースを直に聞くためだったのだろう。二人はセントラルパークのベンチで長いあいだ話をしたとみえるが、アイヴィー・マイクの実験についてどんな議論を交わしたかはまったく記録に残っていない。しかし、その後の手紙のやりとりから、このときの会話がデジタル宇宙が現実のものとなる可能性にまで及んだであろうことがうかがえる。「われわれがセントラルパークのベンチで交わした会話だけをもとに、与えられているのは、実際に無限の点の系なのだということをわたしは理解することができました（実際に無限という点は強調するに値します。というのも、どんなに大きなモデルであろうと、有限ではまったく意味をなしませんから）」とウラムは述べ、そして続けて、〝情報を交換するメモリ・セルのデジタル宇宙のなかで完全チューリング（あるいは、「万能」）セル・オートマトンがどのように進化するか〟について自分がフォン・ノイマンとともに作り上げた仮説をざっと説明した。諸概念は数学的に厳密に定義しなければならなかった。

「万能」オートマトンとは、任意の論理命題を、それに添付されたテープのかたち（線形集合L）で与えられた有限の系で、たとえば指定された点において、正しい答、あるいは、誤った答を出すものであります（万能という言葉の意味は相対的なものにならざるを得ない――つまり、それが決定できる一群の問題に対してということです）。「任意の」とは、実際に、チューリングの命題で言うような――あるいは、それより大きい、あるいは小さい――一群の命題のなかでの意味になります。

「生命体（いまさらこの用語を避ける必要がありましょうか？）とは、不活性な空間、もしくはその生命体自身の周囲で『ランダムに活性化されている』だけの空間のなかで、自らと同じようなオートマトンを生み出す万能オートマトンのこととします」と、ウラムの記述は続く。「この『万能性』は、組織化するため、あるいは、ほかのオートマトンからの組織化に抵抗するために必要なのでしょうか？」と、疑問を示す言葉を挿入句的に挟んだあとで、ウラムはこのような生命体が後生動物の形に進化する様子を数学的に定式化したものの概要を説明する。

各々のセルが取れる状態はたった二つだけで、セルのタイプは皆同じで、隣接するセルとの接触では、最も単純な変化しか起こらない、と仮定しましょう。問題は、それぞれn個の要素を含んだ（nは大きい！）、セルの箱が存在するようになるか否かです（個々の箱の状態の数は2^nとなります）。さて、この2^nの状態をK個のクラスに分け（Kは20などの小さな数）、個々のクラスをその箱の状態と呼ぶことにします。すると、これらの箱は、今われわれが持っている細胞と同じ役割を演じることがおそらくできるでしょう。

しめくくりとしてウラムは、決定論的なものよりもむしろ、確率論的なモデルを作らねばならないだろうということを認めて文面を終えている。そのモデルは、「残念ながら、わたしが概要を述べた理論の上に、膨大な量に及ぶ確率論的な超構造を持っていなければならないでしょう。わたしは思うのですが、世代の問題・進化の問題の核心に関わっているのでなければ、それは省略すべきなのかもしれません――それとも、そんなことがあり得るのでしょうか[79]？」

ウラムはほどなくロスアラモスに戻った。その五カ月後、ＤＮＡの構造が発見されたというニュースに科学界は釘付けになった。遺伝子配列がどのように複製されているのか、核酸の列からアミノ酸を経てタンパク質へと、情報はどのようにして伝達されるのかが、今や明らかになった。しかし、情報伝達の際の翻訳のルールが実際にどのようなものなのかは謎のままだった。この謎――情報の列から構造へと、いかにして生命は翻訳されるのか、そしてその過程で曖昧さが許されるのみならず利用されるのはどういうわけなのか――は、ウラムのその後の生涯にわたって、彼の関心を惹き付け続けることになる。

この翻訳の謎は、ロシア生まれの物理学者、ジョージ・ガモフの想像力も捉え、彼は一九五三年七月二〇日、ウラムにこんな電報をよこした。

親愛なるスタン、君に問題がある。二〇の異なる文字を使って数千字からなる一つの長い語を書け。そのなかに一〇文字からなるすべての可能な語を見出す確率がそこそこあるようにするためには、この語はどれだけ長くなければならないだろうか？　電報で返信されたし。[80]

スタンはロスアラモスから直ちに返信した。

一〇文字の語を作る際、長い語の文字を飛ばしていいかどうか電報にてお知らせ願いたし。飛ばせる場合、答はかなり短い。隣接する文字だけしか許されないなら、答は一〇の二〇乗よりもはるかに大きくなる。カーソンが追って正しい答を送る。

心を込めて、スタン[81]

第12章　バリチェリの宇宙

スターメイカーは……あらゆる種類の物理的・精神的特性を持たせた宇宙を作ることができた。彼に制約を与えているのは論理だけだった。したがって彼は、極めて驚異的な自然法則を定めることができたが、たとえば、二かける二を五にはできなかった。

――オラフ・ステープルドン、一九三七年

「神は世界とサイコロ遊びなどなさらない」と、アルベルト・アインシュタインは一九三六年、マックス・ボルン（オリビア・ニュートン＝ジョンの祖父）をたしなめたという。しかし、トランプならば話が別で、それについてはそのとき、何の禁止事項も言及されなかったのだった。「赤のカード（ハートとダイヤモンド）はすべて＋1と記録され、黒のカード（スペードとクラブ）はすべて－1と記録された」と一九五三年三月、IASのコンピュータのメモリ・レジスタにランダムな数を入れていったときの作業について、ニルス・バリチェリは記した。「引き出したカードどうしが、はっきりそれと認知できるような相関関係を持つことがないように、一組のカードを一度切ったら、一〇枚以上カードを続けて引くことがないように、カードを切り直した[1]」。

技術者のジェラルド・エストリンによれば「あの素晴らしく楽しい訛のある」ニルス・アール・バリチェリは一九一二年一月二四日ローマで、ノルウェー人の母親とイタリア人の父親のあいだに生まれた。彼はエンリコ・フェルミのもとで数理物理学を学んだが、ムッソリーニを声高に批判するようになった。ムッソリーニが権力の座に就くと、バリチェリは一九三六年にローマ大学を卒業した直後、妹と離婚したばかりの母親を連れてそそくさとノルウェーに移った。彼はオスロ大学でアインシュタインの相対性理論について講義を行ない、また、確率統計理論に関する講義ノートを出版し、戦争中は気候変動の統計解析をテーマに博士論文を執筆し、一九四六年に提出した。「しかし、それは五〇〇ページに及ぶ長大な論文で、印刷するには長すぎることがわかったのです」と、彼の元学生、トール・ガリクセン[2]は言う。「彼は印刷できる長さに論文を短縮することを拒否し、博士号を取らないことにしたのです！」

　バリチェリは妥協をせず、一般的な考え方に流されない人間で、ダーウィンの進化論のみならず、ニュートリノは物質とまったく相互作用することなくすべてを素通りするという説からゲーデルの証明に至る幅広いテーマに関して、一般に認められている定説を疑問視した。「彼はすべての数学的主張は、証明もしくは反証が可能だと確信していました。ゲーデルの証明には欠陥があると、主張していました」と、バリチェリの助手、シーメン・ゴールは言う――「彼は自分の財布から直接われわれに給料を支払いました。しかも、なかなか良い給料でした、少なくとも学生にとっては」。ゴールはある証明を読み、そのなかにある間違いを指摘するという試験を経て、選ばれて助手に採用されたのだった。「間違いを指摘できたものは、まだ数学教育で台無しにされていないと判断されて採用されたのです」とゴールは言う。また、バリチェリは「算術と射影幾何学の任意の主張に対して、それを証明もしくは反証できるような装置を実際に製作しようとしていました」。彼がその装置を実際に製作することはなかったが、その準備の一環として、彼は「B-マセマティックス」というプログラム言語を作成し、そのなかで彼が言うところのゲーデルの証明の循環性を発見したのだった。「一度彼に、『B-マセマティックス』の『B』って何ですかと尋ねたことがありました」とゴールは語る。「彼は、それはまだ決めていないと答えました。『ブールの』かもしれないし、『バリチェリ』かもしれないし、何かほかのものかもしれない、と」[3]。

バリチェリは学問のコミュニティーの辺縁（へんえん）で活動していたが、やがてノルウェー政府から国費で給与を支払われることになり、おかげで彼を中心とする小さな研究グループ全体がオスロ大学に留まれることになった。「彼はとりわけ地球外生命に関心を持っていました」と、ワシントン大学でバリチェリの研究助手を務めたキルケ・ウォルフは言う。「そして、地球以外の場所で生命体が取り得る形についても適用できるほど十分普遍的な、生命と知性に関する理論を打ち出すことにも積極的でした」。バリチェリは、問題は地球外生命が存在するか否かではなく、われわれにそれが認識できるかどうかだと確信していた。「この惑星の上でできあがった特殊なタイプの生命体に限られたわれわれの経験は、よその惑星で見出されるかもしれない生命体の形をイメージするにはまったく不適切だということになるかもしれない」と、彼は一九六一年、アメリカとソ連の宇宙計画が軌道に乗り始めたのを受けて、火星や金星に生命体を見出す可能性について、このように記している[4]。

「科学のコミュニティーには、世紀ごとにバリチェリのような人材が二、三人必要です」とゴールは言うが、一方で、バリチェリは「真に独創的であることと、変わり者であることのあいだの微妙な境界線の上でバランスを保っていた」ことも確かだと認める。ウォルフによれば、彼にとっては「彼自身が世界で、そのとき取り組んでいたのがどんな仕事であれ、それに夢中になっていました」。バリチェリのアイデンティティーは、イタリア、ノルウェー、そしてアメリカの三つにわたっていた。

「出身地とか本拠地という感覚は彼にとっては重要ではありませんでした」とウォルフは言う。「彼は仕事に着手すると、それをやり遂げるのに必要な資源を得られる場所ならどこへでも行きました」。ウォルフは、バリチェリ自身が極めて孤独な人間であった一方で、それとは対照的なシンビオジェネシスの原理――個の存在が、一つのグループ内でのメンバーどうしの協力に凌駕（りょうが）されるような結び付き（訳注：シンビオジェネシスとは、別々の有機体どうしが、新たな一つの有機体として統合されることを言う）――に彼が執着していたことに特に言及している。バリチェリは、さもなければ競争しているはずの個体どうしが互いに協力しあうことによる利益は、自然淘汰とランダムな変異のどちらに比べても、進化を押し進めるはるかに重要な要因だと信じており、自分が行なっている数値進化実験は、この主張を証明する一つの手段だと考えていた。「シンビオジェネシスの理論によれば、遺伝子は共生（シンビオシス）によって、（1）膨大な数の発達の可能性と、（2）極めて速い発達速度とを獲得した」と彼は論じている[5]。

ウイルス遺伝学者としてのキャリアのなかで、バリチェリは数学的モデルを展開させることに専念し、実験室での研究は行なわなかった。「実験で困るのは、実験をやって結果を得たとき、自分が取ったすべてのステップを振り返り、どのステップも正しく行なったと自分自身で確認できる手段が存在しないので、自分が得た結果を検証できないということだ、と彼は言っていました」と、遺伝学者のフランク（フランクリン）・スタールは言う。「たった一つのステップで、間違ったサイズのピペットを手に取ってしまい、間違った量の何かを、別の何かに入れてしまったとしても、誰にもわかりませんよ[6]」。

ゴールによれば、バリチェリは「誰もがコンピュータ画面を使えるようになってからも、パンチカードを使い続けることにこだわりました。これについて、彼は二つ理由を挙げました。画面の前に座ると、無関係なことに気を取られ、明瞭に考える能力が低下するというのが一つ、そして、磁気媒体にデータを保存しても、ほんとうに永久に保存されていると確信することができない、そもそもどこに保存されているのかまったくわからない、というのがもう一つの理由でした[7]」。

一九四七年オスロで『遺伝子の共生についての仮説』という論文を発表すると、バリチェリはグラフ用紙の上に手計算で一連の数値実験を行ない、その結果を『進化する生命体の数値モデル』という予備報告にまとめた。これが認められ、バリチェリはＩＡＳに招聘されることになった。「彼はノルウェーからフォン・ノイマンに接触し、自分の考えを少し説明したに違いありません」と、やはりノルウェー人のアトル・セルバーグは言う。「フォン・ノイマンは、この手のことには飛びつきますからね[8]」。

「遺伝子の共生という理論にしたがえば、遺伝子は元々は独立したウイルスのような生命体で、共生的な関係で結びつくことによってより複雑なユニットを形成するものである」とバリチェリは述べる。「同様の進化は、必要な基本的な性質を備えた任意の要素で可能なはずだ[9]」。彼は、新しいコンピュータの四万九六〇ビットのメモリのなかで、再生や変異を遂げ、そして共生的に互いに結びつくことができるコード列を使って、この説を検証することを提案した。一九五一年一二月、彼は、「種の進化の第一段階を明らかにするために、大型計算機を使って数値的実験を行なう」ことを目的として、フルブライト奨学金からの旅費支給に応募したが、ノルウェー国籍の取得が遅れたため、フルブライトのオスロ事務局に断られてしまった[10]。

「遺伝学に関するバリチェリ氏の研究は、わたしには極めて独創的で興味深く感じられます……。それには相当量の数値的研究が必要ですが、それは、最新型の高速デジタル・コンピュータによってこそ、最も有利に達成されると思われます」とフォン・ノイマンはバリチェリの提案を支持してノルウェーのフルブライト事務局に手紙を書いた。⑪ようやくノルウェー政府から研究奨励金を獲得することができたバリチェリは、一九五三年一月にプリンストンに到着した。そして二月六日、その年度の最後まで無給のメンバーとして数学部門に迎え入れられ、一九五四年には年俸一八〇〇ドルでメンバーシップが更新された。

バリチェリの国籍取得の遅れに歩調を合わせるようにコンピュータの完成が遅れたので、結局、彼は最善のタイミングでプリンストンにやってきたのだった。彼の説明によれば、目標は、「数値生物学的現象と生物学的現象のあいだに類似性を、あるいは、可能であれば、本質的な相違を見出し」、そして「数値的生命体の進化が、遺伝的変化と淘汰によってどのように起こるかを見極め、さらに、遺伝子置換、新しい遺伝子の獲得、あるいは、その他の任意の原始的なかたちの有性生殖によって、進化を加速することのできる生命体が存在するかどうかを検証すること」だった。ある面においては、バリチェリはデジタル計算の力を進化に適用していた。しかし、また別の面においては、彼は進化の力をデジタル計算に適用していた。ジュリアン・ビゲローによれば、「バリチェリは当時、本物の人工知能に至る道をほんとうに理解していた唯一の人間でした」[12]。

バリチェリが実験を開始した四週間後の一九五三年四月、ジェームズ・ワトソンとフランシス・クリックがDNAの構造を解明したと発表した。バリチェリが数列によって進化プロセスをコード化しようとしていたあいだに、ワトソンとクリックは化学物質の列によって進化プロセスを解読しようとしていたのだった。ワトソン＝クリックの結果が公表されると、バリチェリはDNAの鎖を「分子の形をした数」と呼ぶようになった。ポリヌクレオチド鎖のデジタル的な性質を強調したわけである。「コンピュータの内部で数が行なう進化実験と、化学実験室の中でヌクレオチドが行なう実験との違いは、かなり微妙なものだ」と彼は述べた。クロード・シャノンが一九四〇年に『理論遺伝学のための代数学』を博士論文として書いたのをはじめ、情報理論家たちは、二重らせんがうまく収まるような枠組みをとうの昔に構築していたのだった[13]。

「遺伝子とはおそらくウイルスやファージのようなもので、それらと違うのは、遺伝子に関する証拠はすべて間接的なもので、われわれは遺伝子を思い通りに分離することも増殖させることもできないという点です」とフォン・ノイマンは時を遡る一九四六年一一月、ノーバート・ウィーナーに書き送り、自然がいかにして自らのコピーを作るかを知る一つの方法は、ただそれを観察することだろうと示唆していた。一九四六年一二月、ウラジーミル・ツヴォルキンとアンドリュー・ブースに相談したあと、フォン・ノイマンは、小さな金属球で作ったセンチメートル尺度の模型にレーダー波を照射することによって生体分子の構造を決定してはどうかと提案した。照射の結果生じた回折パターンを、一億倍小さな尺度にある、実際の生体分子のX線回折パターンと比較するのだ。「タンパク質の化学を真に理解する最善のチャンスは、X線回折の分野にあります」と、彼は海軍研究所のミナ・リースに手紙で知らせた。「この分野における前進が何を意味し得るかは、わたしが詳細に説明する必要はないでしょう」。彼は緊急資金提供を要請し、「政府払い下げの装置・備品のなかに見つかるであろう、この研究にとってたいへん役立つと思われる物品のリスト」を添えた[14]。この提案からは何も生まれなかった——仮にこの提案が採用されていたなら、（ロザリンド・）フランクリン、ワトソン、そしてクリックの発見を加速していたかもしれないのだが。

バリチェリは、顕微鏡でしか見えず、しかも極めて複雑である自然のメカニズムに注目するのではなく、原始的な再生を行なう実体を空っぽな宇宙に導き入れることによって、この問題に取り組もうとした。空っぽな宇宙のなかなら、その実体を直接観察できると思われたからだ。「進化はランダムな遺伝的変化と自然淘汰によって起こるというダーウィンの考え方は最初から、このような進化が可能なのか、可能だとしてそんな進化は制御された条件のもとでどのように展開するのかを、決定できる適切なテストが見つかったことがないという事実のために、不利な立場にあった」と彼は記す。「進化のスピードが速い生きた生命体（ウイルスまたはバクテリア）を使ったテストには、適応や進化の原因を明確に述べるのが難しいという難点があるだろうし、ラマルク説やその他の解釈を排除するのが困難であろう」。今日わたしたちは、遺伝子の水平伝播やその他の新ダーウィン主義（訳注：ダーウィンの進化論に遺伝学などの成果を加味したもの）の枠組みに収まりきらないメカニズムが、とりわけ微生物学の領域で、一九五三年当時にわかっていたよりもはるかに高い頻度で見られることを知っている。

「もしも、生きた生命体を使う代わりに、間違いなく『突然変異』と『選択』によってのみ進化できる実体を使って実験できるのなら」とバリチェリは論じた。「そのときはじめて進化実験を成功させ、決定的な証拠を得ることができるだろう。環境的な因子も制御下にあればなおよい」[15]。そんな実験を五キロバイトでやろうというのは無謀に思えるが、これは一九五三年の話だ。ジェット旅客機は最初の営業目的の旅客を乗せ始めたばかり、宇宙時代はようやく幕が開けようとしていたころで、自動車にはテールフィンが付き始めたところだった。新しい素粒子が次々と発見され、そのペースの速さにオッペンハイマーの若き理論物理学者たちのグループもついていけないほどだった。コンピュータの初期問題も解決しつつあった。ウィリアムス管増幅器に二層めの電磁遮蔽が加えられた。自己診断ルーチンが採用された。紙テープからパンチカードに代わって、入出力が改善された。一九五三年三月二日から六日のあいだ、コンピュータの稼働率は、使える時間の七八パーセントだった。三月九日から一三日のあいだ、稼動率は八五パーセントとなり、三月一六日から二〇日は九九パーセントとなった。

二月、フォスターとセルダのエヴァンス夫妻が監督する大規模な熱核流体力学コードがコンピュータで走り始め、もう一つの、フォン・ノイマンが監督する、球状衝撃波の減衰に関するもっと小さな計算プログラムと交互にコンピュータにかけられた。日中は気象学者たちが彼らの試験的な予報プログラムを走らせ、バリチェリはたいてい深夜にコンピュータを使うのだった。彼は、技術者の監督なしにコンピュータを操作するのを許されたごく少数の科学者の一人だった。そして、彼が使っているはずのあいだ、コンピュータの運転時間のなかに長い休止時間が頻繁に登場した。そのあいだ使用記録にもまばらにしか記載がなく、計算が止まってしまった原因を明らかにしようと四苦八苦している記述が随所にあった。

「バリチェリ博士は機械がだめなんだと主張する。コードは正しいと」との記載が、一九五三年四月二日の使用記録にある。翌朝技術者たちが戻ってきたとき、彼がまだ仕事をしていることは珍しくなかった。一九五三年五月三一日の早朝、彼は最後に「機械は見事に働いた。停止！」と書いた。出勤してきた技術者が、「神は天におわします！」と書き添えた。一九五六年六月二二日、深夜に仕事をしていた彼は、「建物の空調がおかしい」と書いた。「コンプレッサの一つが詰まったようで、Vベルトの焼ける臭いがする」[16]。一九五四年一一月の使用記録からは、バリチェリが深夜から午前六時までのシフトを合計一八回行なうあいだ、コンピュータを制御し続けることができたことが見て取れる。

バリチェリの宇宙は、外部の観察者には閉じているように見えるが、その内部に存在する任意の一次元数値生命体には無限に広がっているように見える。「この宇宙は五一二世代が一つの周期で、一つの位置の五世代分の情報を、一つの四〇桁二進数ストレージ位置に保存するには、個々の遺伝子は二進法で八桁の長さでなければならなかった」と彼は説明する。「宇宙のなかの選ばれた領域でさまざまな変異規範が使えるように配慮してコードが書かれた……。予備テストでは、一〇〇世代のうち五世代のみが記録された。そのあとで、興味深い現象についてもっと詳しく調べた[17]。

バリチェリが「規範」と呼んだ自然法則は、「遺伝子」の増殖を、ひいてはコンピュータの中央算術ユニットが特定の回数サイクルを実行したあとに出現する新しい世代を支配するものだ。これらの法則は、「別の遺伝子が存在する場合にのみ遺伝子の再生が可能になり、したがって異なる遺伝子どうしの共生が必要になるように」定められた[18]。遺伝子どうしは、存続のために依存しあい、協力（もしくは寄生）を行なえば、成功という報酬を得た。別の一組の規範として、二個以上の異なる遺伝子が一つの場所で衝突する場合にはどうすればいいかを規定するものもあった。これらのルールの性格が、宇宙全体の進化に目立った効果をもたらすことが明らかになった。

バリチェリは、極めて小さな尺度で神の真似事をしていたのだった。彼は自然の法則を決定することができたが、奇跡を起こしてはならなかった。彼が目指したのは、一九五三年の時点で自ら述べたところによれば、「遺伝的変化と種の進化を起こすような条件のもとで、一つ以上の種を、膨大な数の世代を経て存続させることである。しかしわれわれは、実験が開始されてしまったあとで実験の性格を変えて、このような条件を作ることは避けなければならない」。彼のガイドラインは、宇宙は最小限の制約のもとでできる限り面白くなるように最適化されているというライプニッツの確信を思い起こさせる。「生命を困難なものにしよう。しかし不可能なものにはするな」とバリチェリは提言した。「困難さはさまざまなもの、しかも深刻なものにしよう。しかし、深刻すぎてはならない。条件は頻繁に変えよう。しかし、あまりに急激な変化にはしないように。そして、宇宙全体で同時に条件を変えるのはやめよう[19]」。

自己複製する数値生命体の連合体は急速に進化した。「ダーウィン進化論の原理にしたがった進化プロセスが起こる条件が存在しているようだ」とバリチェリは述べた。数千世代にわたって、親生命体のあいだで交配が成功したり、個々の遺伝子が八桁の数のうちどれかがランダムに抜き取られるという損傷を受けたとき、遺伝子どうしが協力して自己修復するなどの、「生命現象」が連続して起こるのが観察された。「生命体（オーガニズム）」と「生物（ライフ）」の定義を巡る議論を避けるため、バリチェリはより一層一般化した「共生生命体」というカテゴリーを作り、「任意の種類の自己複製する実体が数個、共生的に結びついたものによって構成される自己複製する実体」と定義した[20]。この定義は十分広いので、生化学的生命体とデジタル生命体の両方を含み、かつ、それらは「生きている」のか（あるいは、将来生きている状態になることがあるのか）という議論で泥沼にはまるのを避けることができた。

　デジタル共生生命体の進化は、それを記述するにかかる時間よりも短い時間で起こった。「高速コンピュータのごく限られたメモリのなかでさえも、多数の共生生命体が二、三秒のうちに登場し得る」とバリチェリは報告した。「記述された生命現象のすべてが観察されるのに、数分しかかからない[21]」。原始的な数値生命体が瞬く間に局所的な頂点に到達し、そこからは「たった一つの遺伝子でも、生命体全体を弱めずには変化させることは不可能」になり、進化は止まってしまった。「適応度が相対的な頂点にある個体を、より生命力に優れた別の生命体に変化させるには、少なくとも二個の遺伝子を入れ替えることが必要」であることから、この最も単純な宇宙のなかでさえも、一つの位置におけるランダムな突然変異ではなく、遺伝子配列の交差こそが前進する道であるのは明らかだった[22]。

　この初期の宇宙は、寄生生物、自然災害、あるいは環境の変化や生存力の高い競争者など、生命体が対抗して進化能力を行使できるようなものがない場合に起こる停滞に悩まされた。「プリンストンでの実験は五〇〇〇世代以上にわたって続けられた」とバリチェリは記す。「数百世代のうちに、共生生命体の一つの原始的な種が宇宙全体を攻略した。その段階に到達したあとは、新しい変異につながるような衝突は起こらず、一切の進化は不可能となった。宇宙は『組織化された均一さ』の段階に至り、これがその後何世代経とうが変化せずに存続するのだった」[23]。生存する最後の生命体が寄生生物である場合もあり、この生命体は、宿主が取り去られると餓死してしまった。

「均一さの問題は、最終的には、それぞれの宇宙の異なる部分で変異のルールを変えることによって克服された」とバリチェリは述べる。「一九五四年、新しい実験が行なわれた」と彼は記し、次のように詳細を述べた。「三つの宇宙の主要な部分の内容を入れ替えるという実験である。生命体たちは、異なる環境条件に適応して存続した。宇宙の一つは生活条件が極めて厳しく、実験期間中、このような入れ替えを行なうまでは、どんな生命体も存続することができなかったものである」[24]。

一九五三年の初期の実験ではびこった寄生生物を制御するために、バリチェリは寄生生物（とりわけ、遺伝子一個からなる寄生生物）が世代当たり二回以上複製されるのを禁じるようにシフト規範を変更し、寄生生物がより複雑な生命体を凌駕し、進化を止めてしまうのに利用できた抜け穴を塞いだ。「より速いペースで自己複製できるという有利な条件を奪われた、最も原始的な寄生生物は、より進化し、よりよく組織化された種と競争することはほとんどできなくなった……そして、違う条件のもとでは危険な単一遺伝子寄生生物になっていたかもしれないものが、この領域のなかなら無害、あるいは有用な、共生的遺伝子に成長することもあり得る」[25]。

メモリの内容は、定期的にサンプル調査され、パンチカードに写され、一つの配列にまとめられ、そして大きな青写真用紙に密着焼付けされて、ある期間にわたって宇宙の状態を記録した図が作成された。「彼がそんな宇宙の状態の一例を披露しようと、床の上にＩＢＭのパンチカードを並べていたのを覚えています」とジェラルド・エストリンは言う。この、宇宙の化石と呼べる図を調べるうちにバリチェリは、共生、宿主による寄生的な遺伝子の取り込み、遺伝子列の交差などの実にさまざまな進化的現象を見出した。これらの現象はどれも、環境への適応と、競争においての成功につながる傾向が極めて大きかった。「拡張する能力を示した新しい種の大部分は、変異ではなく交差現象の結果生じたものだった。実施された実験のなかでは、変異（とりわけ損傷をもたらすような変異）のほうが、交差による遺伝的変化よりもはるかに頻繁に起こったのだが[26]」。

これほど順調なスタートを切ったにもかかわらず、数値進化はそれほど大きな成果を収めることはなかった。「種が完全な破壊を免れ、地球上で起こっているような無限の進化のプロセスを確実にし、ますます高度な生命体に至るほどの適応度を達成するところまで、進化が進んだことはなかった」とバリチェリは一九五三年八月に記している[27]。「現実の生きている生命体と同じぐらい複雑な器官や能力の形成を説明したいのなら、何かが欠けている。いかにたくさんの変異を起こそうとも、数はいつまでたっても数のままだ。生きた生命体になることは決してない[28]！」

欠けていたのは、遺伝子型（ある生命体のコード化された遺伝子配列）と表現型（その配列が実際に形となって表れたもの）との区別だった。この区別があってこそ、自然淘汰が遺伝子そのものよりも上のレベルで働くことが可能になるのだ。遺伝子型ではなく表現型のレベルで指令を選択することによって、進化の原動力である検索の手が意味のある遺伝子配列に行き当たる可能性が高まる。それは、個々の文字を帽子のなかから選び出すよりも、辞書から単語を選び出すほうが、意味のある文章ができる可能性がはるかに高くなるのと同じ理由からだ。

遺伝子型から表現型への跳躍を成し遂げるには、「遺伝子が形成し、やがて使用するようなもの、望ましくは遺伝子の存在にとって重要なものを、遺伝子に与えなければならない」とバリチェリは結論した。数列は直接にであれ、あるいは何か媒介になる言語を介してであれ、ほかの何にでも翻訳することができる。「何らかの一組の駒、あるいは、おもちゃのブロックに働きかける機会を与えられれば、共生生命体は、それらのものを操作して生存確率を向上させるにはどうすればいいかを『学ぶ』ことができるだろう」と彼は述べる。「生存に重要な意味を持ち得る任意のものに働きかけるというこの傾向は、複雑な道具や器官の形成、そして最終的には、体細胞構造もしくは遺伝によらない構造を持った一つの完全な身体の獲得に至る過程を理解するための鍵である」[29]。数値生命体が、一マイクロ秒ここに存在するが次の一マイクロ秒には消え去ってしまう、興味深い実験以上の存在になるためには、遺伝子型から表現型への跳躍を実現し、われわれの宇宙のなかに存在を確立せねばならなかった。

いつまで待とうが、数が生命体になることは決してない。ヌクレオチドがタンパク質になることは決してないのと同じだ。しかし、学習によって、自らコード化することはできるようになるかもしれない。遺伝子型から表現型への翻訳が一旦開始したなら進化のスピードは格段に速くなる――結果たる生命体の進化のみならず、遺伝的言語や翻訳システムそのものの進化も。うまく機能する翻訳言語は、あいまいさを許すと同時に利用する。「最大限に圧縮されている言語は、あるレベルの複雑さを超えた情報を伝達するには適しません。というのも、テキストが正しいのか間違っているのか決して判別できないからです」とフォン・ノイマンは、MANIACのコピーが製作されていたイリノイ大学で一九四九年一二月に行なった連続五回講演の三回めで述べている[30]。

「真に効率的で経済的な生命体は、『デジタル』と『アナログ』、両方の原理が結びついたものではないかと思う」と、彼は『信頼性のない部品の信頼できる組織化』（一九五一年）の予備ノートに記した。「『アナログ』過程は正確さを失い、その結果意味を危険にさらす、しかもどちらかと言えば早く……。したがって、『アナログ』による手法だけが用いられることはおそらくあり得ない――『デジタル』な再標準化を時折割り込ませなければならない」[31]。生きた生命体の自己複製が、DNAとしてコード化された指令の列を複製することによっていかに調整されているかが発見される直前にあって、フォン・ノイマンは、雑音が多く予測できない環境のなかで複雑な生命体が生き残るためには、その生命体は誤りを訂正してくれるデジタル・コードを使って、定期的に自らの新しいコピーを取らねばならないだろうと強調していたのだ。

これと相補的な理由で、デジタル生命体――ヌクレオチドの鎖であれ、二進法コードの列であれ――も、あいまいさが許容でき、致命的でないエラーが導入でき、有形の資源を集める能力を持つことで純粋にデジタルな領域における彼らの存在を強化できるようにするために、定期的に自らをデジタルでないアナログのかたちに翻訳するのが有利だと考えるかもしれない。もしも「すべてのエラーが見出され、説明され、訂正されねばならないとしたら、生きた生命体という複雑系は、一ミリ秒も機能しないかもしれない」と、フォン・ノイマンはイリノイ大学での四回めの講義で述べている。「これは、最初のエラーが発生するや否や、世界の終わりは間近だと宣言するような哲学とはまったく異なる哲学である(32)」。

のちに行なわれた一連の実験（一九五九年、ニューヨーク大学のAECコンピュータ研究所でIBM七〇四コンピュータを使っての実験と、一九六〇年、ブルックヘブン国立研究所での実験）で、バリチェリは、「タック・ティックス」という、単純だが重要なゲームを行なうことを学んだ数値生命体を進化させた。「タック・ティックス」は、6×6のチェッカーボード上で行なうゲームで、発明したのはデンマークの数学者／デザイナー、ピート・ハインである。このゲームの成績は数値生命体の自己複製の成功率と関連付けられていた。バリチェリの見積もりでは「現在のスピードでは、平均ゲーム等級が1に達するには一万世代（IBM七〇四では約八〇マシン時間）かかるだろう」と思われた。ゲーム等級1とは、人間の初心者がこのゲームを初めて二、三回やったときに期待されるレベルだ。一九六三年、当時世界で最も強力なコンピュータだったマンチェスター大学のアトラス・コンピュータを使って、この目標はごく短いあいだだけ達成された。しかし、それ以上の改善がないまま、バリチェリが「指令の数と、共生生命体が使うことを許されたマシン時間に関する厳しい制約」に起因するという、限界に達してしまった[33]。

生命体が遺伝子コードのみでできていたIASの実験とは対照的に、タック・ティックス実験は、「個々の共生生命体に特徴的な、遺伝的でない数値パターンの形成につながった。このような数値パターンは、任意の種類の構造と器官が発展する無限の可能性を示しているのかもしれない」とバリチェリは記す。限定的なアルファベットで書かれた機械への指令に遺伝子配列を対応付けることによって生まれる、ボードゲームの動きとして解釈されて、今や数値的表現型が形成されたわけだ。これは、DNAからタンパク質への翻訳で、アミノ酸のアルファベットにヌクレオチドのコードの列が対応付けられるのとよく似ている。バリチェリの考えでは、「われわれの数値共生的生命体において、タンパク質分子と最もよく似ているのは、共生生命体のゲーム戦略プログラムの一部であるサブルーチンであろう。このサブルーチンの指令はコンピュータのメモリに保存されており、共生生命体を構成している数によって特定される[34]」。

「コンピュータ時間とメモリが依然として制限因子となっているので、個々の数値共生生命体の遺伝に無関係なパターンは、必要なときにのみ形成されて、仕事を済ませたらすぐにメモリから除去される」とバリチェリは述べる。このような状況は、生物の世界で言えば、「特定の務め（たとえば別の生命体と闘うなど）を果たす必要がある状況が起こった場合にのみ、遺伝物質が身体もしくは身体構造を作り出し、目的が達成されると同時にその身体は分解されてしまうという世界になぞらえられるだろう[35]」。

一九五六年にIASの最後の年度を終えると、バリチェリはその後の一〇年間のほとんどをT4バクテリオファージの遺伝子組み換えのモデル作成に費やした。T4は、バクテリアを餌食とするウイルスで、知られている最も単純な自己複製する実体の一つである。「地球上の生物の初期進化について、とりわけ交差の起源について情報を提供できる生命体が存在するとすれば、生きた細胞との共生的な関係にまだ適応していないウイルスがその最有力候補である」と彼は言う。「生物進化の、細胞誕生以前に関する情報が欲しければ、それを探す最善の場所はおそらく、細胞の遺伝物質の一部になったことが一度もないウイルスを特定することだろう[36]」。

一九六一年、彼は最初はヴァンダービルト大学、続いてワシントン大学で、オーガスト（・ガス）・ドルマンのファージ・グループに加わった。そこでは、公衆衛生局の補助金が受けられ、さらにIBM七〇九四の使用が許された。「コンピュータ時間がそれほど込み合っていなければ、夜のあいだ七〇九四は何時間もフル稼働して、寒天プレートに載せたバクテリアにファージを植え付けたらどうなるかのシミュレーションを計算し続けていました」とキルケ・ウォルフは回想する。「そして朝になると、バリチェリが興奮した面持ちで出力を確認し、実験結果とどこまで一致しているかを調べるのです」。彼は実験室にも立ち寄り、実際に培養を行なっている寒天プレートがモデルとどこまで合っているかを確かめた――「ファージが感染したバクテリアのタンパク質を使い果たした箇所では、このような群発が見られます。そしてこの灰色の寒天の背景にこういった小さな円がぽつぽつ見られるのは、バクテリアが完全にファージになってしまった部分です[37]」。

バリチェリは自分の学生たちを論文の共著者として挙げ、彼らが十分な報酬と食事を得られるように取り計らった。「彼が好んで行った場所の一つが、〈アイバース・エーカーズ・オブ・クラムズ〉（訳注：シアトルにある、クラムチャウダーで有名なレストラン）でした。もっとも、あちこち支店ができるまでの話ですが」とウォルフは言う。バリチェリはエレベーターは使わず、息を切らしている若い助手たちを尻目に四階にある彼らのオフィスまで階段を「駆け上がる」のだった。彼とフォン・ノイマンが仕事の上でお互いの研究に言及することはめったになかった。「『数値生命体』のテーマには依然としてかなり興味を持っています」と、フォン・ノイマンは一九五三年一一月、ハンス・ベーテへの手紙に記している。しかし、バリチェリの実験は、アーサー・バークスがフォン・ノイマンの『自己複製オートマトンの理論』を編集した際に引用されなかったため、事実上忘れ去られてしまった[38]。

ダーウィン進化論にも、ゲーデルの証明にも疑いを抱いていたバリチェリは、生物学者と数学者の両方の気分を害し、どちら側からも胡散臭い目で見られていた。彼は、自分の数値生命体が成長するために必要なメモリ資源と処理サイクルが得られるならどこへでも向かい、アメリカ合衆国とヨーロッパのコンピュータ施設を渡り歩いた。シアトルのワシントン大学でようやく腰を据えたかに見えた彼は、数値進化研究の次の段階を支えるに必要なコンピュータ時間の交付を申請した。しかし一九六八年、交付が拒否されるとオスロへ戻り、自分自身の研究グループを立ち上げた。「ファージとバクテリアの遺伝子組み換えの理解については、彼の数学的能力が役立つ可能性もあったのですが、実際に彼がそこで行なった事柄は、あまり役立つものではありませんでした」と批判的な評価をする一人、フランク・スタールは言う。「なぜなら彼は、四〇億年前に起こったことに関する自分の見解を支持しそうな証拠だけを選び取ろうという考えでこの分野にやってきたからです[39]」。

バリチェリは「数値共生生命体に生き物としての性質を心持ち多めに見たくなる誘惑」に注意を促し、「事実から厳密に導かれた結果でない推測や解釈」を戒めた。数値共生生命体と既知の地球上の生物がよく似た進化的振舞いを示すからといって、それは数値共生生命体が生きているという意味ではない。「それらは異質な生き物の萌芽、あるいは、一種の異質な生き物なのだろうか？　それとも、それらは単なるモデルなのだろうか？」と彼は問うた。「それらはモデルではない。生き物がモデルでないのと同じだ。それらはすでに定義された自己複製構造の、歴とした部類なのだ」。それらが生きているのかどうかに関しては、「『生きている』という言葉の明確な定義が存在しない限り共生生命体が生きているか否かを問うても意味はない」[40]。「生きている」の明確な定義は、今日なお定まっていない。

ウイルス遺伝学に関するバリチェリの洞察は、彼のコンピュータに関する理解を助け、また、彼のコンピュータに関する洞察は、遺伝子コードの起源についての彼の理解を助けた。「地球で初めての言語と技術は、人間が作ったものではなかった」と彼は一九八六年に書いた。「それは原初のRNA分子によって作られたのだ──四〇億年近く前に。同等の結果に至る可能性を持った進化プロセスをコンピュータのメモリのなかで開始させられる可能性はないだろうか？」[41]そもそも生命はどのように始まったのかについての理解がなければ、それが再び起こりうるか否かを誰が論じられるだろう？

バリチェリは自らの数値進化実験を「われわれの惑星に暮らしている生命体（地球上の生き物）の遺伝的言語が誕生し発展した様子に関してできる限り多くの情報を得る」ための一つの手段と考えていた[42]。複雑なポリヌクレオチドはいかにして誕生したのだろう？　そして、これらの分子はどのようにして、アミノ酸の採集と、その結果としてタンパク質を合成する方法とを連携させる方法を学んだのだろう？　彼は遺伝子コードを、「tRNA分子の原初の『採集者社会』──アミノ酸と、おそらくその他の分子の採集を専門とする──が、採集した物質の分配を組織化する手段として使った言語」と見なした。彼はこの言語と、社会的昆虫などのその他の採集者社会が使う言語とのあいだに類似性があることを認めたが、「アリやハチの言語を使って遺伝子コードの起源を説明しようとすること」に警告を発している[43]。

バリチェリにとっては、四〇億年前に起こったことを突き止める手掛かりは今日なお明らかだった。

「RNA分子の元々の性質や機能は、今日のtRNA、mRNA、rRNAによる驚くほど目立たない変化を受けた以外、現在も保存されている」と彼は述べる。「細胞とそのさまざまな要素の主な機能の一つは、外部環境がどれほど劇的に変化しようと、内部の環境を、RNAが生まれた環境と同じに保つことにあることは明らかだ[44]」。

バリチェリが「自己複製し、遺伝的変化を経験することができるような種類の数を、われわれは作り上げた」と初めて宣言したのと同時に、これと同じ種類の数が――命令コードとして――デジタル宇宙に根付き、その支配権を獲得した。命令コードは、代謝機能を拝借する宿主のうちどの宿主が増殖するかに対応できるよう、多様性を持った複製可能なアルファベットでできていた。やがて、有効でエラーのない命令コードの鎖がサブルーチンになった――これこそ、あらゆるプログラムに共通な基本ユニットである。この、数からサブルーチンが形成されるさまは、ヌクレオチドの基本アルファベットがDNAの鎖として形成され、その後アミノ酸へと翻訳され、組み立てられてタンパク質となり、気が遠くなるほどたくさんのレベルを経て、最後に細胞となるのとよく似ている。

これらの原始的なコード化されたシーケンスは大々的に複製を行ない、バリチェリが観察した生物学的現象のすべて――交差、共生、寄生――はより大きなデジタル宇宙のなかで、宇宙がなくなってしまうまでのあいだ、抑制されることなく展開していった――ちょうど、ガラスの向こう側での初期実験で起こったのと同じように。命令コードは、あらゆる困難をものともせず、生きた細胞のなかに慣れ親しんだ環境を維持しているという点でポリヌクレオチドと同じく保守的だ。iPhoneからインターネットに至るまでのデジタル宇宙全体が、命令コードという観点から見れば、すべてを保存するための努力であると解釈することも可能である――一九五一年に、オルデン・レーンの片隅で四〇本のウィリアムス管のあいだに初めて命令コードというものが形作られたときの状態のままに。

命令コードの集団は、メモリ割り当てやその他の資源を共通の巣へと持ち帰る採集者たちの社会へと進化した。数値生命体は、複製され、栄養を与えられ、外の世界のために何かを行なう能力――彼らは算術を行ない、ワードプロセッサの仕事をし、核兵器を設計し、あらゆる形の金の流れを記録した――に応じて報酬を与えられた。彼らは、国立研究機関との契約を成立させ、レミントン・ランドとIBMには富を確保し、という具合に、自らの生みの親を大金持ちにした。

彼らは共同して、たゆまず拡張する言語の階層構造を作り、その言語階層構造があらゆるところに行き渡って計算の状況に影響を及ぼした――初期の微生物が放出する酸素が、あらゆる場所に行き渡り、その後の生き物の展開に影響を及ぼしたのと同じように。彼らは合体して、数百万本のコード列に及ぶオペレーティング・システムになった――おかげでわれわれはコンピュータをより効率的に操作できるようになり、同時にコンピュータはわれわれをより効率的に操作できるようになった。彼らは学習して、分離してパケットの形になったり、ネットワークを横断したり、その途中でできてしまったエラーをすべて修復したり、行き着いた先で自分たちを再構築することができるようになった。音楽、画像、音声、知識、友情、地位、金、そしてセックス――人々が最も大事にしているものを表象することによって、彼らは無限の資源を確保し、膨大な数のプロセッサで働く複雑な後生動物を形成するようになった――そのさまはゲノムが膨大な数の細胞で働いているのとそっくりだ。

一九八五年、バリチェリはコンピュータと生物との類似について述べたとき、これとは逆向きに両者の関係を説明した。「もしも人間が、印刷し直したものや複雑な説明でやり取りするのをやめて、コンピュータ・プログラム――それを使えば、コンピュータ管理の工場で特定の目的に必要な機械を組み立てることができるようなコンピュータ・プログラム――をやり取りするようになったら、それこそ、細胞どうしのコミュニケーション手段の最善の比喩となろう」[45]。二五年を経て、今日コンピュータどうしのやり取りの大部分は、受身のデータ交換ではなく、離れたところにいるホストの側で、必要に応じて特定の機械を作るために出される能動的な指令(インストラクション)になっている。

われわれの協力によって、自己複製する数たちは、われわれの宇宙の状態に対してますます細かく、かつ広範囲に及ぶコントロールを行なうようになってきており、そのことによって逆に、彼らの自分たちの宇宙における暮らしもより快適なものになっている。デジタル・コンピュータがDNAに直接読み書きするようになった今、われわれの宇宙と彼らの宇宙とのあいだの障壁は完全に崩れ去ろうとしている。

われわれはゲノムを——三〇〇万個の塩基対(つい)を一度に——読むという言い方をするが、このようなテキストをまったく省略されないかたちで読むことは人間の精神には不可能である。ゲノムを読んでいるのはコンピュータであり、コンピュータは実行可能なヌクレオチド配列を書き、それを細胞に挿入し、コードによるタンパク質合成を実施し始めている。ヌクレオチドの配列とビットの配列のあいだの翻訳は直接的であり、双方向的で、人類には理解不可能な言語によって行なわれている。

バリチェリは、何らかの知性によって生命が設計されたというインテリジェント・デザイン説を信じていた。ただし彼の場合、その知性の働きかけ方はボトムアップなものなのだった。「生物進化はランダムな変異、交差、そして自然淘汰に基づいているとしても、それはやみくもな試行錯誤ではない」と、彼はのちに自らの数値進化研究を振り返って説明した。「一つの種を構成するすべての個体の遺伝物質は、厳密なパターンを持った遺伝ルールによって組織化され、知性の集合的メカニズムを形成している。このメカニズムの機能は、あらゆる種類の新しい問題の解決を最高のスピードで、かつ最高の効率で行なえることを保証することである……。生物学の研究での成果から判断するに、それは実際かなり高度な知性だと言える[46]」。

「生物進化に知性はまったく関与していないという考え方は、およそ解釈というものが現実から乖離し得る限り、現実から遠く離れているということが判明するかもしれない」と、彼は一九六三年に論じた。

人間に――あるいはその他の動物にしてもそうだが――知能テストを受けさせるとき、脳内で一個のニューロンやシナプスが行なっている仕事をするのに知能などまったく必要ないということを理由に、被験者には知能がないと宣言するのは、まっとうなことではないだろう。ある個体が生き延びることができずに死ぬためには、あるいは、ある個体が生殖するには不適当なときに生殖をしないためには、知性などまったく必要がないという点については、われわれ全員が同意する。しかし、生物進化によって成し遂げられたことの背後に知性が存在することを否定するためにこれと同じ議論を使うのは、二つのまったく異質な形の知性がお互いのことを知るようになった際に起こりうる最もひどい誤解の一例だということが判明するかもしれない[47]。

バリチェリは、この知性のかすかな痕跡を、自己複製する純粋な数に見出したと主張した。それはちょうど、それまでに知られていたすべての自己複製する生物を取り除いた液体を調べていた生物学者たちが初めてウイルスを発見したのと同じころだった。一九八七年に出版された彼の最後の論文は、『自前の言語および技術を発展させる能力のある共生生命体を進化させる目的で数値的進化過程を開始することへの提言』と題されていた。彼は自然に存在する知性も人工的に生み出される知性も集団現象と見なし、生物進化も数値進化も「問題を解決する能力に関する限り、多くの点で人間の脳と同等もしくはそれ以上に優れたものになりうる強力な知性のメカニズム（もしくは遺伝的脳）」であると考えていた。彼はコンピュータ・コードの進化と遺伝子配列の進化を比較し、知性と複雑さを一層高めていくプロセスにつながる解釈言語を発達させるという点で極めて類似しているとした。「たとえば、われわれが異質の共生生命体の遺伝的脳と、相手の用いている遺伝的言語そのものを用いてコミュニケーションを交わす方法があるかどうかというのは、未来だけが答えられる問いだ」と彼は述べた[48]。

現在コンピュータ・プログラマが使っている言語は、何層もの翻訳によって、指令が実施されるときに使われる機械語から隔てられている。コード化されたヌクレオチドの配列と、生きた細胞によるその最終的な表現とのあいだに何層もの解釈が横たわっているのと同じだ。これとは対照的に、DNAに保存された配列と、デジタル・メモリに保存された配列とのコミュニケーションは、もっと直接的だ。遺伝子の機械語とコンピュータの機械語は、そのどちらが人間とのあいだで持つよりも多くの共通点を持っている。

コンピュータが仲介する遺伝子配列どうしのコミュニケーションが可能になるというのは、遺伝情報は祖先から受け継ぐことによって獲得されるのであり、それ以外のところから得られることはないという、伝統的な新ダーウィン主義の教義が破られることに等しい。しかし、遺伝子の水平伝播は、地球上の生物にとっては長いあいだ日常茶飯事だった。ウイルスは宿主の内部に絶えずよそのDNA配列を挿入している。明らかに危険であるにもかかわらず、ほとんどの細胞は細胞の外部から運ばれてきた遺伝子配列を読む能力を維持している。この脆弱さは悪意あるウイルスに利用されている——では、こんな代償のある能力をどうして維持するのだろう?

理由の一つは、さもなければ他者のもののままである、新しく有用な遺伝子の獲得を促進することだ。「遺伝子の水平伝播の威力は圧倒的であることからすると、真核生物界がこれほどすばらしい遺伝的新規性と革新の源に背を向けているのだとしたら、それは大きな謎だ」と、イリノイ大学のカール・ウーズとナイジェル・ゴールデンフェルドは、フォン・ノイマンが一九四九年に自己複製に関する講義を行なった六〇年後に述べている。「数十年にわたる教条主義的偏見を突き破る、心躍る答は、背を向けてなどいないというものだ。植物、原生生物、そして菌類のみならず、動物（哺乳類に至るまで）も含め、真核生物は遺伝子の水平伝播を行なっているという説得力ある証拠の文献がいくつも存在する」[49]。

われわれがゲノムの「配列を決定する」とき、われわれはそれを断片から少しずつ再構成する。生き物は最初からずっとこれを行なっていたのだ。重要な遺伝子配列のバックアップ・コピーはウイルスのなすクラウドのなかに分散されている。「微生物は、環境ごとに、必要に応じて遺伝子を吸収したり廃棄したりする……。このことは、『種』という概念を微生物の領域まで拡張したときに、その妥当性に疑問を投げかける」とゴールデンフェルドとウーズは二〇〇七年に述べ、「微生物が差し迫った環境的ストレスを前にゲノムを再構成する驚異的な能力と、微生物がウイルスと行なう集団的相互作用がこれに重要な役割を果たしているかもしれないこと」を特に強調している[50]。

遺伝子の水平伝播は、薬剤に耐性のある病原菌に――「われわれは病原体たちに宣戦布告し、そして敗れた」とゴールデンフェルドは言う――、そして遺伝子工学者たちに利用されている。だが、ほんとうのところ、いったい誰が誰を利用しているのだろう？　ゲノム学革命は、細胞の外部で遺伝情報を保存、複製、そして操作するわれわれの能力によって推進されている。生き物は初めからこれに取り組んできた。これまでのところ生き物は、ウイルスのクラウドをバックアップ・コピーの源として、そして、遺伝子コードを素早く交換する手段として進化してきた。生き物は、われわれが考える以上にデジタル宇宙によく適合しているのかもしれない。「文化様式は、進化するために多くの個体を殺す必要のない形の継承物を持っていることによって問題を解決する、一種の問題解決法である」と、バリチェリは一九六六年に述べた。われわれはすでに、われわれの文化的継承物の多くをインターネットに外部委託しており、われわれの遺伝的継承物についてもそうしつつある。「最適者の生存は、有利さを測る手段としては遅い」とチューリングは一九五〇年に論じた。「実験者は、知性を行使して、それを速めることができなければならない[51]」。

起業家精神溢れる遺伝学者のジョージ・チャーチ（訳注：アメリカの分子遺伝学者。一九八四年のヒト・ゲノム・プロジェクトの立ち上げに貢献し、その後、個人の遺伝子情報から生活の質を向上させることに取り組む企業、クノームや、病原菌のゲノム解読を行なう企業、パソゲニアを立ち上げている）は、バイオテクノロジーの実験室内における成功に関して、先ごろ次のように宣言した。「われわれは、それらがあたかもコンピュータの延長であるかのように、これらの細胞をプログラムすることができる[52]」。これに対して、三〇億年間荒野で成功してきた生き物は、「われわれはこのコンピュータを、あたかもそれらが細胞の延長であるかのようにプログラムできる」と応じるかもしれない。

種の起源は進化の起源ではなく、種の終わりが来ても進化はそこでは終わらないだろう。

夕べがあり、朝があった。第五の日である（訳注：旧約聖書「創世記」一章二三節〈新共同訳〉。「創世記」においては第五の日に初めて生き物が創られたことになっている）。

第13章　チューリングの大聖堂

そのような機械を製作しようとするにあたって、われわれは、魂をお創りになる神の力を不敬にも侵害してはならない。これは、われわれが子どもを作るときと同じである。いずれの場合も、われわれは、神がお創りになる魂に、その住処（すみか）を提供しようという神の意志を実行する手段なのである。

——アラン・チューリング、一九五〇年

デジタル・コンピュータの歴史は、ライプニッツに率いられた預言者たちが論理を提供した旧約聖書時代と、フォン・ノイマンに率いられた預言者たちが機械を製作した新約聖書時代に分けられる。アラン・チューリングはその中間に登場した。

チューリングは一九三六年九月二三日、二四歳にしてニューヨーク行きのキュナード・ホワイトスター定期船、〈ベレンガリア〉号に乗った。彼の母、サラは息子を見送るためにサウサンプトンまで同行し、列車から船まで、彼が大事にしている重い真鍮製の六分儀が入った木箱を運んだ。「不恰好で持ち歩きにくいもののなかでも、よりによって古ぼけた六分儀の箱を運ばされました」と彼女は回

想する。(1)

チューリングがこのあと二年間、プリンストンのファイン・ホールで共に過ごすことになるジョン・フォン・ノイマンは、サウサンプトン＝ニューヨーク間の航海にはいつも一等客室を予約した。しかしチューリングは三等船室を取った。「荷物を置くスペースがほとんどないのはたいへんですが、それ以外は何も問題はありません」と彼は九月二八日、母親に報告している。「ごろつきたちの集団と一緒くたにされていますが、連中を無視することなどわけありません」(2)。

チューリングがプリンストンに到着した五日後、彼の論文、『計算可能数、ならびにその決定問題への応用』の校正刷りができあがった。この三五ページの論文は、その後論理から機械への橋渡しをすることになる。

アラン・マティソン・チューリングは一九一二年六月二三日、ロンドンのウォリントン・ロッジで生まれた。父親はインド行政府で働く公務員のジュリアス・マティソン・チューリング、母親は、エセル・サラ・チューリング（旧姓ストーニー）だった。彼女の親族には、電子が一八九四年に発見されるのに先立ち、一八七四年にそれにエレクトロンという名前を付けた物理学者のジョージ・ジョンストン・ストーニーがいた。「アランは、文字が読めるようになる以前から、数字に興味を持っていました――数学とはまったく関係なしにですが」と母エセル・サラは言う。一九一五年、三歳のころ、「おもちゃの船に付いている木でできた水兵たちの一つが壊れると、彼はその腕や脚を庭に植えて、ちゃんと育っていくんだと信じていました」(3)。

旺盛な好奇心で、人懐（ひとなつ）こそうに誰にでもいろいろなことを尋ねる幼いアランは「わたしたちがさまざまな土地を旅するなかで、メイドや大家の奥さんの心をつかむ類稀（たぐいまれ）な才能がありました」。彼は最初から独創性にあふれていた。「一九二四年、クリスマス・プレゼントとして、フランス人の薬品商から買って、るつぼ、レトルト、化学薬品をそろえてやりました」とサラは言う。寄宿学校では、彼は「錬金術師」とあだ名された。「彼は高等数学の研究にかなりの時間を費やし、初歩的な学習を怠るほどです」と、シャーボーン・スクールの彼の舎監は一九二七年に言っていたそうである。「むき出しの窓の下枠の上で、ろうのしたたる二本のろうそくを使って、彼が得体の知れない『魔女の煮物』を煮立たせているのを見かけたとしても、わたしの知ったことではありません[4]」。

〈ベレンガリア〉号は九月二九日にニューヨークに到着した。税関を通過し、タクシーに過大な料金を支払ったあと、チューリングはプリンストン大学グラジュエート・カレッジ（訳注：プリンストン大学グラジュエート・カレッジは大学院生の寮。大学院は、グラジュエート・ユニバーシティーという名称）に向かった。彼はここに居住して、博士の学位を目指すのである。六年前にプリンストンに来ていたフォン・ノイマンは、アメリカでの生活を心から好きになっていた。チューリングは、決してアメリカに馴染むことはなかった。「アメリカ人たちというのは、これほど虫の好かないやつはいないというほどの、無神経な輩ですよ」と、まだアメリカ行きの船に乗っているあいだに彼は母に書き送っている[5]。

プリンストン大学は、チューリングが学んだケンブリッジ大学の建物を金に糸目を付けずに真似、二〇世紀のあらゆる資源を使ってキャンパスの大部分、とりわけ新しいグラジュエート・カレッジを、あたかも一三世紀に建てられたかのような外観に仕立てた。大学のチャペルは、ケンブリッジ大学キングズ・カレッジのチャペルとそっくりだったし、一連の新しい寮は、ケンブリッジやオックスフォードの部屋を「学校校舎用ゴシック建築」様式（訳注：一八世紀から一九世紀にかけて流行したゴシック・リバイバルの一様式）流に解釈したものだ——ただし、シャワーとセントラルヒーティングが付いてはいたが。「彼らの喋り方以上にうんざりするアメリカ暮らしの特徴がただ一つ（違った、二つでした！）あります。それは、当たり前の意味で風呂に入るのが不可能なことと、室温に関する彼らの考え方です」とチューリングは、どうにか腰を落ち着けたあと、不平を言った[6]。

スプリングデール・ゴルフコースとオルデン・ファームのあいだ、少し小高い場所に建つグラジュエート・カレッジには、一九一三年にケンブリッジとオックスフォードから運ばれてきた石が組み込まれている。その寮の中庭に一七三フィート（約五三メートル）の高さにそびえるクリーブランド・タワーには、五オクターブの音階を持つカリヨンがある。一八九二年度の卒業生が発注したもので、博士号取得のための試験期間を除き、一定の間隔で鳴らされるよう、彼らが手配した。最も大きな鐘は重さ一万二八八〇ポンド（約五・八トン）で、一番低いト音で鳴る。窓にはステンドグラスがはまり、天井はアーチ型、パイプオルガンも備えたグラジュエート・カレッジの食堂は、プロクター・アンド・ギャンブル社の創設者の孫の一人、ウィリアム・クーパー・プロクターが建設したものである。彼はジェーン・エリザ・プロクター・アンド・ウィリアム・クーパー・プロクター・フェローシップも創設した。これは、毎年ケンブリッジ、オックスフォード、パリの各大学から少なくとも一人ずつ、「健康状態がほどほどに良好で、優れた人格を持ち、優れた教育を受けており、学問の世界で際立った業績が期待される学者」を必ず招聘（しょうへい）するという制度だ。オーク材の屋根梁（はり）の端から、これだけの環境を提供してくれた恩人、ウィリアム・クーパー・プロクターの彫像があたりを見下ろしている。

「プリンストンへの道は、かなり渋滞しているようです」と一九三五年、フォン・ノイマンは春の学期を過ごしていたケンブリッジからオズワルド・ヴェブレンに書き送った。フォン・ノイマンはチューリング（名前を「Touring」と綴り間違えていたが）のことを特に取り上げて述べていた。「ケンブリッジの数学者たちは彼をプロクターのフェローシップの候補者として強く支持しているようです（わたしも、彼にはたいへん期待が持てると思います）。ほかにも一人、二人候補者がありますが、名前は覚えていません」[7]。チューリングの最初の論文、『左右概周期性の等価性』は、フォン・ノイマンが独自に導き出した結論の一つを強化するものだったが、最初の応募でプロクターのフェローシップを獲得することはできなかった。しかし、翌年には獲得に成功した。

一九三五年のケンブリッジ滞在中、フォン・ノイマンは、組み合わせ的位相幾何学者のマクスウェル・H・A・ニューマンと親しくなった。フォン・ノイマンは彼のことをヴェブレンへの私信で、「位相幾何学の面でも、人間性の面でも、ひじょうに魅力的」だと書いている。(8) ニューマンはユダヤ系ドイツ人（出身地は現在はポーランド領）のヘルマン・アレクサンダー・ノイマンの息子だった。彼の父は一八七九年にイギリスへ移住し、一九一六年、名前をニューマンに変えた。マックス・ニューマンはチューリングの師で、フォン・ノイマンによって高等研究所に招聘され、一九三七年九月にプリンストンに到着し、一年度を過ごした。彼の妻リンは、イギリスに残した自分の家族に、「マックスはここでは仕事がありません。ただ家のなかに座って、何でも好きなことをしているだけです」と述べている。(9) 彼はほとんどの時間をポアンカレ予想を証明するために費やしたが、彼の証明には致命的な欠陥のあることがのちに明らかになった。リンはチューリングの親友となり、第二次世界大戦が始まると、ニューマンの二人の子どもたちを連れてプリンストンに戻った。

チューリングもフォン・ノイマンと同様、ダフィット・ヒルベルトの影響を受けながら成長した。ヒルベルトの野心的な形式化構想こそが、第一次世界大戦と第二次世界大戦のあいだ、数学が進む方向を定めたのだった。ヒルベルト学派は、ある定理が数学の言葉の範囲内で明確に述べることができるなら、論理を超えた判断など一切必要とせず、論理だけによってその定理を証明するか、あるいは反証するか、どちらかが可能であると信じていた。一九二八年、ヒルベルトは、すべてを包括する数学的宇宙が一組の有限の規則によって定義できるかどうかを決定するための、三つの問題を提起した。これらの基礎は無矛盾であるか（したがって、一つの主張とその否定が同時に証明されることが決してないか）？　これらの基礎は完全だろうか（したがってすべての正しい主張はこの系の内部だけで証明できるか）？　与えられた言語のなかで表現された任意の主張が与えられたとき、その記述の有限な証明か、あるいはそれを反証する決定的な構造のいずれかを必ずもたらすが、その両方をもたらすことは決してないような決定手順が存在するだろうか？　この三つだ。しかし、一九三一年にゲーデルが不完全性定理を発表して、ヒルベルトのプログラムは打ち切りとなった。通常の算術を扱うに十分な無矛盾の数学的形式系は、それ自体の無矛盾性を証明することもできなければ、完全なものでもあり得ないことが明らかになったのである。

しかし、ヒルベルトが提起した問題のなかで、三つめのいわゆる「決定問題」は、まだ未解決のままだった。この決定問題とは、厳密な機械的手順によって、与えられた系（たとえば、基本的な論理や算術の公理によって定義される系）の内部で証明可能な主張と証明不可能な主張を区別することは可能であろうか？　というものだった。一九三五年の春――フォン・ノイマンがケンブリッジを訪問していたころ――、マックス・ニューマンによる数学基礎論の講義に出席していたチューリングは、「決定問題」に初めて関心を持った。ヒルベルトの挑戦に刺激されたチューリングは、厳密に機械的な手順では解決できない数学的な問題が存在することが証明できるはずだという直感を抱いたのだった。

チューリングの議論は単純明快だった――すべての前提を捨て去り、一から再スタートする覚悟で読むのであれば、だが。「究極的な独創性が示す一つの側面は、それより劣った精神なら自明だと見なす事柄を自明と見なさないことです」と、第二次世界大戦中チューリングの助手を務めたI・J（・ジャック）・グッドは言う。独創性が知性よりも重要になることもあるのであり、グッドによれば、チューリングがその証明だった。「アンリ・ポアンカレはある知能テストでひどく悪い成績を取りましたが、教授もまた、そんなテストを受けたとき、学部学生レベルより少し上ぐらいの結果しか出せませんでした」(当時チューリングは「教授」と呼ばれていた)。チューリングが、アロンゾ・チャーチやエミール・ポストが行なった、彼の結果の先駆けとなるような研究をより忠実に踏襲していたなら、彼の関心がこれほど独創的な形を取ることはなかっただろう。「彼が筆記帳や印刷機のインクなどの現実の物体を、議論を説明したり方向付けたりするのにどのように使うかが、彼の洞察と独創性を物語っている」と、同僚のロビン・ガンディーは述べる。「一切の乱れのない精神を褒め称えよう!」[10]。

関数は、$f(0)$ での関数値と、任意の自然数 n に対する $f(n+1)$ での値をどのように決めるかを厳密に述べた有限個の指示が存在すれば、自然数(0, 1, 2, 3...)の領域で計算可能である。チューリングは、計算可能な関数の問題に対して、これとは逆の方向に、結果として生み出された数の観点から取り組んだ。「わたしの定義によれば、ある数の小数表現が機械によって書き下せるなら、その数は計算可能である」と彼は述べる[11]。

チューリングは、コンピュータというものについての日常的なイメージから出発した。それは、一九三五年時点では計算する機械ではなくて、〝鉛筆と紙と時間を与えられた人間〟を意味した。そこから彼はあいまいな要素を置き換えていき、最終的に「計算可能(コンピュータブル)」という正式な定義だけが残るところまで持っていった。このように定義されたチューリングの機械は(これを彼はLCM、すなわち、Logical Computing Machine[論理計算機械]と名づけた)、有限だが長さは無制限の紙テープに対して、有限の記号のアルファベットを読み書きでき、自らの「m設定」もしくは「精神状態」を変更することができる、一つのブラックボックス(タイプライターのように単純なものから人間のように複雑なものまで、さまざまなものであり得る)からなる。

「実数を計算している人間を、有限個の状態のみを取り得る機械になぞらえることができる……これらの状態を『m設定』と呼んでいいだろう」とチューリングは記した。

その機械には、一本の「テープ」（紙の等価物）が搭載されていて、その機械を通過していく。このテープは多数のセクション（「スクエア」と呼ばれる）に分割されており、それぞれ一個ずつ「記号」が書き込める。任意の瞬間、「機械のなかにある」のは一個のスクエアだけである。……しかし、そのm設定を変えることによって、機械はそれが「スキャンした」記号のいくつかをうまく記憶することができる。……ある設定の場合、スキャンしたスクエアが空白（すなわち、何も記号が入っていない）であれば、機械はそのスクエアに新しい記号を書き込む。そうでない設定の場合、機械はスキャンした記号を消去する。機械がスキャンしているスクエアを変えてしまう場合もあるが、その場合もスクエアを一つ右または左に移動させるだけである。これらの操作のいずれにも、m設定の変更が伴われ得る[12]。

チューリングは二つの根本的な仮定を導入した。時間の離散性と「精神状態」の離散性の仮定である。チューリング・マシンにとって、時間はシームレスな連続体としてではなく、飛び飛びの状態変化のシーケンスとして存在する。チューリングは、いかなる時間においても、可能な状態は有限個しかないと仮定した。「無限の精神状態を許してしまうと、そのなかには互いにどこまでも似通っていて区別できないものが出てくるだろう」と彼は述べる。「この制約は、計算にそれほど重大な影響を及ぼすものではない、なぜなら、テープの上により多くの記号を書くことによって、より複雑な精神状態を使用するのを避けることができるからだ[13]」。

このようにチューリング・マシンは、空間のなかの記号の配列と、時間のなかの出来事のシーケンスとの関係を体現する。知性の痕跡はすべて消し去られてしまっている。チューリング・マシンは任意の瞬間において、記号を書き込む、記号を消去する、あるいはテープをスクエア一つ分左か右に移動させる以上のことは何も行なわない。テープは無限ではないが、テープがもっと必要になれば、枯渇することなく供給されるとあてにすることができる。テープとチューリング・マシンの関係の個々のステップは、可能な内部状態のすべて、可能な外部記号のすべて、そして、可能なすべての組み合わせに対して、その組み合わせが生じた場合に何をなすべきか（記号を書く、または消去する、右または左に移動する、内部状態を変更する）を記載した指令表によって決定される。チューリング・マシンは指令に従い、決して間違いをおかさない。複雑な振舞いは、必ずしも複雑な「精神状態」を必要としない。少ない種類の記号を繰り返し用いることで、チューリング・マシンはたった二つの内部状態だけで機能することができる。振舞いの複雑さは、それが複雑な「精神状態」（m設定）として体現されようが、テープ上にコード化された複雑な記号（あるいは、単純な記号の多数のシーケンス）として体現されようが、等価である。

チューリングは『計算可能数、ならびにその決定問題への応用』のなかで、たった一一ページを費やしただけで、その後万能チューリング・マシンとして知られるようになるものに到達した。「任意の計算可能列（シーケンス）を計算するのに使用できる一つの機械を発明することは可能である」と彼は宣言する[14]。万能チューリング・マシンは、適切なコード化をしてほかの機械を記述したものを与えられれば、この記述を実行して、その機械と同等の結果を出すことができる。すべてのチューリング・マシン、したがってすべての計算可能な関数は、長さが有限のシーケンスによってコード化することができる。可能な機械の数は数えられるが、可能な関数の数は数えられないので、計算不可能な関数（そして、チューリングが「計算不可能数」と呼んだもの）が存在するはずだ。

チューリングは、ゲーデルと同じような方法で、有限の記述で表されるが、有限の手段では計算できない関数をいくつも作ることができた。これらの関数の一つが停止関数だ。チューリング・マシンが持っている数と入力テープに記されている数を与えられると、計算が停止に至るか否かに応じて0か1の値を返す関数である。チューリングは、停止に至る設定（コンフィギュレーション）を「循環的」、際限なく進み続ける設定を「非循環的」と呼び、停止問題が解決不可能なことは、より広い範囲に及ぶ同様のさまざまな問題が解決不可能なことを意味し、ヒルベルトの決定問題もそのような問題に含まれると示した。ゆえに、ヒルベルトの期待に反して、任意の数学的主張の証明可能性を有限のステップで決定できるとあてにできるような数学的手順は存在しない。こうしてヒルベルト・プログラムはお終（しま）いとなり、一方ヒトラーによってドイツの大学からユダヤ人が追放されたことでゲッチンゲン大学は世界の数学の中心という地位を失い、残された空白をチューリングのケンブリッジとフォン・ノイマンのプリンストンが埋めることになるのだった。

丸一年の研究を経て、一九三六年四月、チューリングはマックス・ニューマンに論文の草稿を提出した。「アランの傑作を初めて読んだことは、マックスにとって息を呑むような体験であったに違いなく、その日からアランはマックスの最高の弟子の一人となった」と、マックスの息子、ウィリアム・ニューマンは記している。マックス・ニューマンは『計算可能数、ならびにその決定問題への応用』が《ロンドン数学協会会報》に掲載されるように働きかけ、チューリングがプリンストンでアロンゾ・チャーチのもとで研究できるように手配した。「このことで、彼がいつもの引きこもり状態に入ってしまわないように、彼をこれに関係する分野の主導的な研究者たちとできる限り早く接触させなければなりません」と、ニューマンはチャーチに手紙で知らせている。[15]

チューリングは六分儀を抱えてプリンストンにやって来た。そして、キングズ・カレッジの奨学金（三〇〇ポンドだった）で一年間やっていくために、持っているものをできる限り大事に使った。『計算可能数、ならびにその決定問題への応用』のページ校正刷りがロンドンから一〇月三日に届いた。「この論文が世に出るのももう間もなくですよ」と、彼は一〇月六日、母親に書き送った。しかし、『計算可能数、ならびにその決定問題への応用』は専門誌に掲載された（一九三六年一一月三〇日に）ものの、ほとんど注目されなかった。「ここでの反響のなさにはがっかりしました」と一九三七年二月、彼は母親にまた手紙で告げ、「この国で長い夏を過ごすのだということは、まあ、どうでもいいことです」とも述べている。[16] 別刷りの注文は二件しかなかった。技術者たちはまったくの理論的な論文と思えたため、一方理論家たちは紙テープや機械という言葉が登場するからという理由で、チューリングの論文を避けたのだった。

「一九四二年にトリニティー・カレッジの図書館でチューリングの論文を読んだのを覚えている」とフリーマン・ダイソンは語る。「『なんてすばらしい数学の研究だ！』と思ったよ。でも、こういう結果を実用化する人がいるとは思いもしなかった」。技術革命が、二四歳の大学院生が源となって、しかも、数理論理学の分野から起こるなど、とてもありそうになかった。「わたしの学生時代は、位相幾何学者ですら、数理論理学者は太陽系外の住人だと思っていたものだ」と、数学者のマーティン・デイヴィス（訳注：アメリカの数学者。プリンストン大学でアロンゾ・チャーチの指導を受け、一九五〇年に博士号を取得）は一九八六年に書いている。「今でこそ、店に行って『論理プローブ』が買えるようになったが」[17]。しかし、万能チューリング・マシンは生まれてから七六年がたつ今も有効である。

一九三七年三月、アロンゾ・チャーチは『計算可能数、ならびにその決定問題への応用』の評を《記号論理学ジャーナル》（訳注：チャーチはこの専門誌の創刊者の一人）に掲載し、チューリング・マシンという言葉を生み出した。「チューリング・マシンによる計算可能性には、それが有効計算可能性と同一であるということを日常的な意味において（すなわち明確な定義なしに）即座に明確にするという利点がある」[18]とチャーチは記している。〝計算可能性すなわちチャーチ自身の有効計算可能性と同じ〟とするチャーチの命題は、その後チャーチ＝チューリングの命題と呼ばれるようになる。

自分自身の結果を補強しようとする他者の試みはほとんどすべて否定したゲーデルでさえ、チャーチ＝チューリングの命題は大きな前進だと見て取った。「この概念によって初めて、選ばれた形式に依存することなく、絶対的な定義を与えることができるようになった」と、彼は一九四六年に認めている。チャーチとチューリングのこの命題が登場する以前は、機械的手順の定義は、この概念を定義するために使われた言語によって制限されていた。「しかし、計算可能性の概念については……今や状況は異なる」とゲーデルは述べた。「一種の奇跡によって、どのような形式で定義されているかを区別する必要がなくなり、対角線論法が定義された概念の外にはみ出してしまうことがなくなったのである」[19]。

「今日では、紙テープやそれに穿孔されたパターンについての話を数学基礎論の議論に持ち込むのがいかに大胆なことだったかを理解するのは難しくなっている」とマックス・ニューマンは一九五五年に回想している。チューリングにとって、次なる難題は、数学的論理を機械の基盤に導入することだった。「チューリングはあらゆる類の実際的な実験に強い関心を抱いていたからこそ、彼はこの線に沿って実際に機械が製作できる可能性に、当時早くも興味を持つようになったのである」[20]。

タイトルに使われているのが、「計算可能関数」ではなくて「計算可能数」であることは、根本的な変化があったことを示していた。チューリング以前は、物事を行なって、それを数で表していた。チューリング以降は、数が物事を行なうようになったのである。機械を数としてコード化し、数を機械としてデコードすることが可能だと示すことによって、『計算可能数、ならびにその決定問題への応用』は、まったく新しい意味で「計算可能」な数（今日では「ソフトウェア」と呼ばれている）をもたらしたのだった。

チューリングはプリンストン大学に、フォン・ノイマンは高等研究所に所属していたのだが、両組織の数学者たちはファイン・ホールでオフィスを共有していた。「チューリングのオフィスはフォン・ノイマンのすぐ近くでしたし、フォン・ノイマンはその手のことにひじょうに興味を持っていました」とハーマン・ゴールドスタインは語る。「彼はチューリングの研究に関してはすべてを知っていましたし……いよいよそれが注目の的となったときには、すでにその重要性を理解していました。直列コンピュータ、テープ、そしてその手のものすべての関係は、極めて明確だったと思います――チューリングとはそういう人でした」とジュリアン・ビゲローも同意する。「プログラム内蔵型コンピュータが……ポスト（訳注：エミール・ポスト。チューリングとはまったく独立に、一九三六年、チューリング・マシンと等価な計算モデルを構築したアメリカの数学者）とチューリングがこの種の考え方の枠組みを定めた約一〇年後に実現したのは偶然ではありません」と彼は言い切る。「フォン・ノイマンは「ゲーデルの研究、ポストの研究、チャーチの研究をよくよく理解していました……。だからこそ、これらのツールがあって、それを高速で行なう方法があれば、万能のツールができあがるのだと彼は知っていたのです」[21]。

「わたしは、ここ［プリンストン］に来るまでチューリングのことなど聞いたことはありませんでした」とビゲローは述べる。

しかし、一カ月そこで過ごしたころ、フォン・ノイマンといろいろな種類の帰納プロセスや進化プロセスについて話していたときに、彼がただのちょっとした脱線として「もちろん、これはチューリングが言っていたことだけどね」と言ったのです。それでわたしは、「チューリングって誰です？」と訊いたのです。それに対して彼は、「一九三七年の《ロンドン数学協会会報》を見てきてごらん」と応じました。ほかのあらゆる機械を真似る万能マシンが存在するということを理解していたのは……フォン・ノイマンとほかの二、三人だけでした。そして彼がそれを理解していたということは、われわれには何ができるかも彼は理解していたということなのです[22]。

一九三七年、チューリングもフォン・ノイマンもまだ純粋数学を研究していた。しかしチューリングは、ファイン・ホールの数学部門と通路でつながっているパーマー物理学研究所の誘惑に抗し難いものを感じた。「チューリングは実際に電気乗算機を設計し、最初の三、四段階ぐらいまで製作して、ちゃんと機能させられるかどうか確認していました」と、チューリングに機械工作室の鍵を貸していたマルコム・マクフェイルは述べている。「リレーで操作されるスイッチが必要だったのですが、当時そんなものは市販されてなかったので、彼は自分で作成しました……つまり、機械加工してワイヤーをぐるぐる巻いてリレーを作ったわけで、そしてわれわれが驚き喜んだことに、その計算機はちゃんと機能したのです[23]」。

万能チューリング・マシンによって数理論理学の限界を可能な限り押し広げたチューリングは、閉じた形式系と純粋に決定論的な機械という制約を超える方法はないものかと模索しはじめた。一九三八年五月に完成された彼の博士論文は、『順序数に基づく論理体系』というタイトルで一九三九年に出版されたが、これは、徐々に完全になっていく一連の形式系を使ってゲーデル的不完全性を克服しようとするものだった。「ゲーデルはどの論理体系も何らかの意味で不完全だと示しているが、同時に……Lという論理体系からL'というより完全な論理体系を得られる可能性のある手段を示している」とチューリングは論じる。[24] ではL'を含めればいいではないか？　そして、L'が含められたのだから、L''も含めればいいではないか？　続いてチューリングは、一段階ずつ決定論的に進むが、ときおり、「いわば一種の神託のようなもの」にしたがって、非決定論的な跳躍を行なうような新しい種類の機械を提案した。

「この神託（オラクル）がどのようなものかについては、それは機械ではあり得ないと述べるだけにとどめておこう」とチューリングは説明している（というよりむしろ、「としか説明しない」とすべきかもしれない）。「神託の助けを借りて、われわれは新しい種類の機械（これをO（オー）マシンと呼ぶことにしよう）を作ることができる」[25]。チューリングは、神託の助けがあってもなお決定不可能な主張を作ることが可能であり、したがって決定問題は依然として未解決のままなのだと示した。一九三六年の万能チューリング・マシンは注視の的となったが、一九三九年のチューリングOマシンは知性（実際の知性も、人工の知性も含めて）がどう機能するか——論理シーケンスをいくつかのステップにわたって追随するが、あいだに入ってくるギャップを直感によって埋めるというやり方——により近いものだった。

「数学的推論は、おおまかな見方をすれば、二つの能力の行使だと見なすことができよう。これらの能力を、それぞれ直感と独創性と呼んでも構わないだろう」とチューリングは述べる。「直感は、意識的な一連の推論の結果ではない、自然発生的な判断を下すことからなる。これらの判断は、しばしば正しいが、必ず正しいわけではない（「正しい」とはどういう意味かは、ここでは問わないことにする）」[26]。チューリングは独創性の役割は「直感を助ける」ことであり、それに取って代わることではないと考えた。「ゲーデル以前には、このプログラムを押し進めて、機械が行なうすべての直感的な判断を有限数のこれらのルールによって置き換えられるところに到達できると考えていた者もあった。

そうなれば、直感の必要性は完全になくなる、というのである」と彼は断じる。直感が独創性によって置き換えられ、その独創性が力ずくの検索によって置き換えられたならどうなるだろう？ 「われわれは常に形式的論理のルールから、その手段によって証明された公理を列挙することができる。ならば、証明というものはすべて、証明が望まれている定理を探し求めて、列挙された公理を検索するという形を取るのではないかと想像することができる。こうなると、独創性は忍耐によって置き換えられたことになる」[27]。しかし、どれだけの忍耐があっても十分ではなかった。したがって独創性と直感は存続することになったのである。

忍耐、独創性、直感の関係から、チューリングは暗号作成について考えるようになった。暗号では、メッセージを暗号化する際のちょっとした独創性が、メッセージが伝達の途中で傍受された際に、多大な独創性を阻むことが可能である。鍵を知らない人には無意味なノイズと見えるもののなかに意味のある文章を隠すようにチューリング・マシンに指示することができる。さらに、チューリング・マシンに意味のある文章を検索するように指示することもできるが、意味のある文章よりも、意味のない文章のほうが常に数え切れないほどたくさん存在するので、隠す側のほうが勝つように思われる。「今研究中のものを応用できそうなことが、一つ見つかったところです」とチューリングは一九三六年一〇月、母親に書き送っている。「それは、『あり得るなかで最も普遍的な暗号化手段とは何か』という問いに答えるもので、それと同時に（まあ、当然なのですが）、特殊な興味深い暗号をたくさん作成できるのです。そのうち一つは、鍵がなければ解読はほとんど不可能で、しかも極めて素早く暗号化できるものです。かなりの金額でイギリス政府に売ることもできると思いますが[28]、こういうことの倫理性については、ちょっと問題があるかと思います。お母さんはどう思いますか？」

博士論文を書き上げたチューリングは、イギリスへの帰国の準備に取り掛かった。フォン・ノイマンは高等研究所で自分の助手を務めてくれないかと、年俸一五〇〇ドルでポストを提案したが、戦争の暗雲が垂れ込めつつあり、チューリングの帰国の決意は固かった。「七月中旬には君に会えるよ」と、友人であるキングズ・カレッジの数学者、フィリップ・ホールに彼は手紙を送った。「裏庭の芝生には、八フィート（約二・四メートル）の防空壕が縦横に走っているかもしれないね」[29]。彼は一九三八年七月一九日にサウサンプトンに戻り着いた。

まもなく暗号作成法と暗号解読法は、物理学と並んで第二次世界大戦の行方を決定する重要な要素となった。第一次世界大戦が終わるころ、ドイツの電気技術者、アルトゥール・シェルビウスが暗号作成機を発明した。彼はこの機械をドイツ海軍に売り込んだが、断られてしまった。そこでシェルビウスは、銀行どうしのやり取りなど、商用通信の暗号化に用途を期待して暗号変換機製作株式会社を設立し、エニグマという名称でこの機械を製造することにした。やがてドイツ海軍は考え直し、一九二六年、エニグマの改良機を採用した。一九二八年にドイツ陸軍、一九三五年にドイツ空軍がこれに倣（なら）った。

エニグマには平らな円板型のローターが数枚並んでいるが、それぞれのローターには二六個の電気接点があって、アルファベットの一つひとつの文字に対応している。つまり、ローターの外周上に外向きに並ぶ二六個の電気接点の表面にアルファベット二六文字が配列されているのである。ローターの片側から、与えられた文字として入った信号が、反対側から別のものとなって出て行くように、電気接点が接続されている。したがって、それぞれのローターについて、26!（すなわち、403291461126605635584000000）通りの可能な接続法があることになる。さて、ある特定の銀行のネットワークや通信ネットワークに属する各局は、そのネットワーク特有のローターの組み合わせを持っている。キーボードでメッセージを入力すると、キーボードは、三枚並んだローターを経て、第四の反射ローター（7905853580025通りの状態しかない）へと電流を流し、そこで反射された電流は先の三枚のローターを逆順に通過して戻ってくるが、最後に、二六個の電球の一つに入り、暗号化されたテキストとして使うべき文字が示される。ローターは、オドメータ（訳注：自動車の走行距離計）のホイールのように機械的にキーボードに接続されており、ステップごとに機械の「精神状態」が変化するようになっている。こうして作成された暗号の受け手がまったく同じ機械を持っており、その機械でもまったく同じローターが同じ初期状態に設定されているなら、この手順を逆向きに辿って、解読されたテキストを手に入れることができる。

一九三九年九月にチューリングは、バッキンガムシャーにあるブレッチリー・パークと呼ばれる邸宅に開設された外務省の政府暗号学校に赴任した。この学校の使命はこのエニグマの暗号を解読することだったが、そのころまでにはドイツ陸軍当局によってローターの配置が新しくされ、鍵を頻繁に変更する措置が取られることで、エニグマは大幅に性能が向上していた。極秘の通信、とりわけ、Uボート船団に関する通信にはローターが増やされ、さらに、アルファベットのうち一〇対の文字を恣意的に入れ替え、残る六文字だけを変更せずにおくという操作が自在にできるプラグボードも加えられた。「こうしてエニグマ機には、メッセージの先頭部分に対して約9×10^{20}通りの初期状態が可能となった」と、一九四一年五月、二五歳にしてチューリングの統計学助手として加わったI・J（・ジャック）・グッドは回想する[30]。

ローター三枚のエニグマに対して、可能なすべての配置を試行錯誤で虱潰しに試すには、毎秒約一〇〇〇通りずつ調べるとしても、地球上に生き物が登場してから今までの時間に等しい三〇億年がかかる。また、たとえば四枚ローター型のエニグマに対して虱潰し方式でいくと、毎秒約二〇万通りずつ調べるとして、たった一つの正解を求めるのに、知られている宇宙が始まってから経過した時間とほぼ等しい一五〇億年が必要となるだろう。ブレッチリー・パークは最終的には、傍受したエニグマ暗号による通信のかなりの部分を数日以内、場合によっては数時間以内に、その情報が古くなって意味を失う前に解読できるようになった。これは、イギリス側の直感と創意工夫がドイツ側の人為的エラーに助けられて可能になったことだった。

「戦争が始まったとき、海軍用エニグマが解読できると思っていたのはおそらく二人だけだった」と、ヒュー・アレクサンダーは戦争が終わるころにまとめられたブレッチリー・パークの内部史のなかで述べている。「絶対に解読せねばならないからという理由で解読可能だと思っていたのがバーチ［アレクサンダーの上司］で、それを解読するのはとても面白そうだからという理由で解読可能だと思っていたのがチューリングだった」。アレクサンダーによれば、チューリングは自分がエニグマに興味を持った理由をこんなふうに説明したそうだ。「それについて何かやっている人はほかに誰もいなかったので、独り占めできると思ったんだ」[31]。海軍のエニグマを解読して、イギリスの補給ラインを妨害していたUボートの位置を明らかにすることは、イギリスを破滅させないために極めて重要なことだった。

じつのところ、戦争が始まる前にポーランドの暗号解読者たちがローター三枚のエニグマのメッセージを解読して、足がかりを作ってくれていた。三人の若手ポーランド人数学者（ヘンリク・ジガルスキ、イェジ・ルジツキ、そしてマリアン・レイェフスキ）がフランス諜報部の協力を得て、一九二八年にポーランド税関の官吏たちが傍受したドイツのエニグマによるメッセージを解析して、ローター配置の可能性のうち、検索すべき範囲をかなり狭め、電子機械的装置（ポーランド人たちは「ボンバ」、イギリス人たちは「ボンベ」と呼んだ）は残った一部の可能性についてのみ試行錯誤をすればいいだけにしてくれていたのだ。ボンベは自動的に配置可能性を一つずつ調べていき、可能性の高いローター配置にたどり着くと停止した。ボンベが作動しているとき、カチカチと時計のような音を立て、やがて静かになる様子が時限爆弾を思わせるので、このような名称になったのかもしれない。チューリングの協力のもとで設計され、ブリティッシュ・タビュレーティング・マシン・カンパニー（BTM社）が量産した新型機は、一度に三六台のエニグマ機の動作を真似ることができた。ボンベは、「多数のほかの機械の振舞いを真似ることができる一つの機械」というチューリングのアイデアを、具現化したものであった。

一九四一年、ドイツの遠隔通信は、はるかに高速のデジタル装置によって暗号化されるようになった。シーメンス社製のゲハイムシュライバーと、ローレンツ社製のシュリュッセルツーザッツだ。これらの装置はまとめてフィッシュと呼ばれていたが、自動テレタイプライター装置（訳注：テレタイプライターとは、簡単な通信回線を通じて二地点間で印字電文による電信を行なうのに用いられた電動機械式タイプライター）をもとにしたもので、0と1からなるシーケンス（これが「鍵」となる）を一本作り出し、それをまだ暗号化していない（つまり、平文の状態の）、送信したいメッセージを二進法で表現したものに加え、出力したものを通常の五ビットのテレタイプライター・テープで送信した。装置にはコード・ホイールが一二枚あったが、それぞれ長さが異なり、接続された合計五〇一本のピンに周囲を囲まれていた。これらのピンは二つの位置のあいだを移動することができ、したがってこの装置は2^{501}（約10^{150}）の異なる状態を取ることが可能だった。「鍵」は2を法として（つまり、時間を一二で数えるのと同じように、二で数える。したがって、0＋1＝1で、1＋1＝0となる）平文のメッセージに加えられ、その結果の0と1はテープ上に穴があるかないかで表現された。このようにして暗号化されたテキストにもう一度「鍵」を足せば、元々のテキストに戻った。

フィッシュの交信は、電子機械方式のボンベには追随不可能だった。これを捉える唯一の望みは、電子方式の装置を作り出すことだった。異なる（しかも、互いに素である）長さの二本の穿孔紙テープを連続したループとして同時にスキャンすれば、これら二つのシーケンスの可能なすべての組み合わせを比較することができるという原理に基づいて、「ヒース・ロビンソン」と呼ばれた一連の装置が製作された（訳注：ウィリアム・ヒース・ロビンソンは一八七二年生まれのイギリスの挿絵画家で、複雑な機械をユーモラスに描くことを得意としたことから、機能の単純さに比べて造りが複雑な装置を揶揄してヒース・ロビンソンと呼ぶようになった）。標準的なテレプリンターと標準的な五ビット・テレプリンター・コードをもとに作られてはいたが、光電ヘッドのあいだを高速で作動したこれらの「ヒース・ロビンソン」たちは、電子回路を使って二つのシーケンスを比較するものだった。しかし、二本のテープの同期を維持するのが困難であった。

やがて、ドリス・ヒルにある英国郵便公社の遠隔通信研究局に勤めるトマス・H・フラワーズが、一本のテープのシーケンスを一五〇〇本の真空管（イギリスでは真空管のことを「バルブ」と呼ぶ）からなる内部記憶装置に読み込んで、そちらのテープを不要にしてしまえばいいではないかとの提案をした。すると、もう一本のテープは鎖歯車なしに摩擦駆動によって、はるかに高速で動かすことができるので、そこから読み取られるパルスのシーケンスと、先ほどの内部記憶装置を同期させればいい。「毎秒五〇〇〇字のペースでテープを読み取れるようになった。これは、テープのスピードが時速三〇マイル（約四八キロメートル）近かったことを意味する」とジャック・グッドは述べている。「紙のテレプリンター・テープがこのスピードで動かせたというのは、第二次世界大戦の偉大な秘密の一つではないだろうか！」[32]。

練習すれば、長さ二〇〇フィート（約六一メートル）のテープのループを動かすことが可能だった。「コロッサス」というコードネームで呼ばれるようになったこの新しい装置は、フラワーズの監督のもとで製作され、マックス・ニューマンの指揮によって稼動されプログラミングされた（訳注：ニューマンは自ら軍役を志し、ブレッチリー・パークでの勤務を申し出た。着任後、機械による暗号解読を提案し、コロッサスの基盤となった〝ピース・ロビンソン〟の開発から関与した）。このニューマンこそ、一九三五年にチューリングを刺激して決定問題に興味を抱かせることによって、これら一連の動きのすべてを始動させた人物であった。コロッサスは電子式のチューリング・マシンであり、まだ万能ではなかったものの、すべての要素を備えていた（口絵⑦）。

コロッサスは極めて良好に機能したので（また、フィッシュの亜種が相当な勢いで増えていたので）、終戦までに一〇台のコロッサスが使用され、新しい機種では二四〇〇本の真空管が使われていた。プログラミングは、装置背後のプラグボードとトグル・スイッチで行なわれた。「プログラミングを柔軟にできるようにしたのはおそらくニューマンの提案で、そして、きっとチューリングの提案でもあったのだろう——二人ともブール論理に親しんでいたことでもあるし。そしてこの柔軟性が、期待された成果を十分にあげたのだった」とI・J・グッドは記す。「操作方法は、暗号作成者がコロッサスの前に座って、自動タイプライターに何が印刷されたかに応じて、レン（Wren［Women's Royal Naval Service］、英国海軍婦人部隊）にプラグ接続の変更を指示するというものだった。この段階で、男性、女性、そして機械のあいだに密接な共働（シナジー）が成り立っていた」[33]。一歩現代のコンピュータに近づいたコロッサスは、ＥＮＩＡＣと同様の大きな跳躍を意味し、しかも、唯一のＥＮＩＡＣがまだ製作中のさなかに作動しはじめ、しかも、同じものが何台も誕生していた。フィッシュは一台ずつが一種のチューリング・マシンであり、さまざまな種のフィッシュの暗号を解読するのにコロッサスが使われたプロセスは、一つのチューリング・マシンの機能（または機能の一部）がもう一つのチューリング・マシンによって、実行のためにコード化されるさまを示していた。イギリス人たちはフイッシュが絶えずどのように状態を変化させているかを知らなかったので、推測するほかなかった。暗号化されたドイツ語と、ランダムなアルファベットのノイズとを区別する、極めて小さな傾きの方向を感知できるよう訓練されたコロッサスは、サーチエンジンの遠い祖先だと言える。先カンブリア時代のデジタル宇宙をスキャンして、ばらばらのピースがちゃんと組み合わさるまで、失われた鍵を探し求めたのだ。

実用になるプログラム内蔵型コンピュータ（マンチェスター大学で製作された、マンチェスター・スモールスケール・イクスペリメンタル・マシン〔SSEM〕のこと。一九四八年六月二一日に最初のプログラムを実行した）を初めて稼動させてみせ、キロバイト規模の電子メモリ（静電ウィリアムス管）を初めて製作したのはブレッチリー・パークの卒業生たちだった。しかし、コンピュータ開発を背後で駆動する力の源（みなもと）は大西洋を横断して、暗号解読の論理学的難問から、水素爆弾の数値設計へと移動してしまった。ブレッチリー・パークが解散した際、公職守秘法のおかげで戦時中に自分がやっていた仕事について大っぴらに話すことのできない者たちは、不利な立場に置かれた。ENIACは一九四六年二月にその存在が公表されたが、コロッサスの存在は、三二年間、公式に認められることはなかった。

チューリングとフォン・ノイマンの直接の共同研究があったとして、それがどの程度のものだったかは不明のままだ。イギリスにもそこそこの核兵器研究グループがあり、フォン・ノイマンとの情報交換を通して、ロスアラモスに重要な寄与をした。そしてアメリカにもそこそこの暗号解読者グループがあり、チューリングとの情報交換を通してブレッチリー・パークでの取り組みに貢献した。チューリングは一九四二年一一月から一九四三年三月のあいだアメリカに滞在し、フォン・ノイマンは一九四三年の二月から七月にかけてイギリスにいた。どちらの訪問も極秘任務で、この二人の先駆者たちが戦争中に接触したという記録は一切ない。

「彼の研究が滞（とどこお）っていた時期がありましたが、その一つはニューヨークで怠（なま）けていた無駄な期間でした」と、サラ・チューリングはアランが戦争中三カ月間アメリカを訪問したときのことを言う。「彼はプリンストンを訪問できる機会を利用したようなのですが、おそらくその際、アメリカでのコンピュータの進歩についてなにがしかのものを見たのだと思います。彼は駆逐艦か何かの海軍の船で帰ってきましたが、大西洋ではさんざん揺られたようです」。ジャック・グッドは、一九四三年三月にアメリカから戻るなり、チューリングはこんな議論をしたと言う。「平面上にある整数座標の各点に火薬の入った袋を置いた場合、袋が一つ爆発すると隣接する袋も爆発する確率が与えられているとすると、爆発が無限に広がる確率はいくらになるだろうか？」[34] 核連鎖反応の確率を決定する問題を、分裂断面に言及することなく述べなければならない場合、平面上の整数座標の各点に置かれた火薬の袋でたとえるのは、数学的に適切な表現である。

国立物理学研究所（NPL）数学部門の最高責任者であるJ・R・ウォマスリーは、戦争前に『計算可能数、ならびにその決定問題への応用』を読んで、チューリング・マシンに興味を抱いていたが、一九四五年の春にアメリカに派遣され、最新の（そしてまだ機密扱いの）コンピュータの開発状況を調査した。その際注目した一機がハーバード大学のテープ制御の電子式計算機、マークⅠだった。彼はこの装置のことを、イギリスに宛てた手紙のなかで、「ハードウェアに具現化されたチューリング・マシン」と述べている。ウォマスリーはダグラス・R・ハートリーの直属の部下で、ハートリーは、NPLのサー・チャールズ・ダーウィン所長――あのチャールズ・ダーウィンの孫――の直属の部下だった。「JRWはENIACを見、フォン・ノイマンとゴールドスタインからEDVACについての情報を得る」[35] とウォマスリーは一九四六年に記している。一九四五年六月にウォマスリーはマックス・ニューマンと面会し、チューリングに会いたいと求めた。「同日チューリングと面会し、彼を自宅に招待する。チューリングにEDVACに関する最初の報告書を見せ、彼にNPLに職員として参加するよう説得し、面接の手配をし、所長と秘書を納得させる」[36]。一九四五年九月、チューリングはENIACとEDVACの研究を命じられた。ウォマスリーは、「チューリング、EDVACのために提案されたメカニズムが彼の考えに適合していると判断す」[37]。「もちろんわたしはチューリングと密に連絡を保っています」と、マックス・ニューマンは一九四六年二月上旬、フォン・ノイマンに手紙を書き、「一八カ月ほど前、ブレッチリー・パークでの軍務から解放されたなら、自分で独自に（暗号解読機ではない、本格的な汎用計算）機械を一台作ってみようと決意しました」と述べている。ENIACの技術的な詳細についてはまだ機密扱いで、コロッサスの存在については認められてすらいなかったので、私的な訪問がお膳立てされた。「わたしが一番望んでいるのは、そちらにうかがってあなたとお話しすることです（一つには、わたしは過去についての議論でまだ納得できていない点があり、あなたにお願いしたいのは、あまりに厳密に考えないでいただきたい、もしそうなさるなら、それをわたしに押し付けないでいただきたいということです）[38]」。

フォン・ノイマンは、ニューマンがプリンストンを訪問できるように高等研究所の俸給を確保してやった。一九四七年一月、チューリング本人が訪米したが、そのときの報告にはこうある。「わたしのアメリカ訪問は、重要性の高い新技術を何一つとして明らかにすることはありませんでしたが、これは一番には、昨年一年間、アメリカ人たちがわれわれに常に十分な情報を提供してくれていたからだと思います……。プリンストンのグループは、これらのアメリカの組織のなかで、抜群に頭脳明晰かつ先見の明ある人々だとわたしには思えます。わたしは、彼らと連絡を取り続けなければならないと思います[39]」。

戦争のおかげで、新しい発明の出所については、まるでエニグマ機を通して発信されたメッセージのようにかき回されてわからなくなってしまった。レーダー、暗号解読機、対空射撃制御機、コンピュータ、そして核兵器はすべて極秘の戦時プロジェクトで、機密という防壁の後ろ側で、個人の著作権や発明優先権、あるいは同輩による批判など気にすることなく、研究者たちがアイデアを自由に交換することができたおかげで、大いに発展した。フォン・ノイマンは、アイデアのなかでも最善のもの——万能チューリング・マシンの威力についての情報もその一つだ——を広めることに努め、メッセンジャーRNAの役割を果たした。高等研究所の図書館の棚に納められた《ロンドン数学協会会報》の、製本された多数の号のなかで、あまりに何度も手に取られたので製本が崩れてきている号が一つある。それはチューリングの『計算可能数、ならびにその決定問題への応用』が二三〇ページから二六五ページに掲載されている四二号だ。

チューリングとフォン・ノイマンは、共にコンピュータについて関心があったこと以外、すべてにおいて、これ以上はないというほど違っていた。フォン・ノイマンは背広を着ずに人前に出ることはめったになかったが、チューリングはいつも身なりには構わなかった。「彼はいつもだらしない格好をしていました」と、彼の母でさえ認める。(40) フォン・ノイマンは気兼ねなく思った通りに話し、しかもその話はいつも正確だった。チューリングは、まるで言葉が思考についていかないかのように、ためらいがちに話した。チューリングはいつもホステルに宿泊し、優れた長距離走者だった。フォン・ノイマンは頑(かたく)なに運動を避け、常に第一級のホテルに泊まった。フォン・ノイマンは女性に目がなかったが、チューリングは男性のほうを好んだ。

フォン・ノイマンは、コンピュータについて話していて、人工知能について言及したことはなかった。チューリングはもっぱら人工知能について話した。チューリングとフォン・ノイマンは、異なるタイプのコンピュータを設計し、異なるスタイルのコードを書いた。フォン・ノイマンの設計は、一九四五年六月三〇日の『ＥＤＶＡＣに関する報告の第一草稿』と、一九四六年六月二八日の『電子式計算装置の論理設計の予備的議論』に記されている。チューリングの設計は、彼が一九四五年九月にＥＤＶＡＣ報告書を見せられてからその年の終わりまでという短い期間に国立物理学研究所のために書いた『電子計算機の提案』にまとめられている。そこには彼による、毎秒一〇〇万サイクルで稼動する自動計算エンジン（Automatic Computing Engine、ＡＣＥ）の、回路図、内部ストレージ・システムの詳細な物理的・論理的解析、サンプル・プログラム、詳細な（バグが多かったが）サブルーチンを含む完全な記述が収められていた。彼はおまけに、製作費用まで一万一二〇〇ポンドと見積もっていた[41]。サラ・チューリングがのちに説明したところによると、彼女の息子の最終目標は、「彼の昔の論文、『計算可能数、ならびにその決定問題への応用』で提案された、万能マシンについての彼の数理論理学的な理論が具体的な形になるのを見ることでした[42]」。

穿孔紙テープから「大脳皮質」、そして静電ストレージ管まで、入手可能なさまざまな形のストレージを比較したチューリングは、高速ストレージとしては水銀遅延管が最適だと判断した。彼はコスト、アクセス時間、そして「空間経済」（一リットル当たりの桁数）をあらゆる形のストレージに対して見積もった。大脳皮質のコストは、年間三〇〇ドルと、キングズ・カレッジから自分が提供された奨学金の年額とした。有限チューリング・マシンの一部として見たとき、水銀遅延線は、長さが一〇〇〇スクエアで、読み書きヘッドの下を毎秒一〇〇〇回完全に通過する、連続的なテープのループに相当した。チューリングは、長さ三二ビットの語を三二個保存できるストレージ管約二〇〇本が、「小魚程度のメモリ容量に匹敵する」、つまり約二〇万ビットに当たると特定した[43]。この見積もりに一〇ページを費やし、チューリングはストレージ容量、減衰、ノイズ、温度に対する感受性、そして再生に必要な条件を、すべて第一原理から特定した。

チューリングのACEは戦後のお役所事情のせいで開発が滞り、バベッジの「解析機関」と同じく、ついぞ完成することはなかった。一九五〇年五月、規模を縮小したプロトタイプ、「パイロットACE」がついに完成し、その水銀遅延管は、それぞれ三二ビットの語を三〇〇個しか保存できなかったものの、J・H・ウィルキンソンによれば、「われわれが期待していたよりもはるかに強力なコンピュータであることが明らかになった」。「奇妙なことに、装置の経済事情から設計に制約をかけねばならなかった結果生じた、一見弱点と思える特徴が、有効性の源となっていた[44]」。

ブレッチリー・パークで戦時中の「今日行動せよ」のスローガンが習い性になったチューリングは、国立物理学研究所の管理体制に苛立ちを感じるようになり、管理組織側はチューリングの先を急ぐ傾向に苛立つようになった。「われわれの大型計算機関は……荒物屋状態になってしまったようです」と、サー・チャールズ・ダーウィン所長は一九四七年七月、自身の上役たちに書き送り、ウォマスリーとチューリングが「二人とも、チューリングはしばらくのあいだそれから手を引くべしということに同意しました」と報告している。

ダーウィンによれば、「彼はこの装置に関する自分の研究を、生物学の方面へもっと推し進めたいと考えています。このような言い方をすれば、いちばんよくご理解いただけると思います。つまりこれまでは、この機械は脳の下部に相当する機能を果たせるようにと計画されてきたのですが、彼は、機械というものが、脳の上部に相当する機能をどの程度果たせるかを試してみたいと考えているのです。たとえば、機械を経験から学べるようにできるか、などです」。そのあとようやくダーウィンは、自分の上申したかった本音を綴る。「チューリングは、減額給料のようなもので満足するだろうと思われます……。実際、ほんとうにそのほうがいいのだと、本人も言いました。もしも給料を丸々もらっていたら、『午前中テニスをしたくても、そうすべきではない』という気がするから、というのがその理由です[45]」。

チューリングは国立物理学研究所を休職し、一年のあいだキングズ・カレッジのフェローシップに戻った。その後一九四八年五月に国立物理学研究所を辞職し、マンチェスター大学のマックス・ニューマンのコンピュータ・グループの一員となった。そこでは、機械的知能に対する彼の興味を制約するものは何もなかった。「知的能力においてライバルが出現し得るという可能性を認めたくないという態度は、知識人たちのあいだでも、そうでない人々と同様に見られます。知識人のほうが、失うものは多いのです」と、チューリングは一九四八年、国立物理学研究所へのサバティカル・レポートに書いている[46]。

機械的知性に対するチューリングのアプローチは、一〇年前の計算可能数に対するアプローチと同様、極めて自由な発想によるものだった。彼はこのときも、ゲーデルがやめたところを出発点とした。公理系の不完全性は、人間の精神の知性と独創性をコンピュータが真似ることの妨げになるのだろうか？　チューリングは、この込み入った議論の要点（ならびに弱点）を一九四七年にまとめ、「言い換えれば、機械が絶対に間違いをおかさないと期待されるなら、それは知性を持つこともできないということです」と述べた[47]。絶対に間違いをおかさない機械を作ろうとするのではなく、間違いをおかし、間違いから学ぶことのできる機械を開発すべきだ、と。

「ゲーデルの不完全性定理やその他の定理に基づく議論は本質的に、機械が間違いをおかすはずはないという前提に立っている」と彼は記す。「しかしこれは、知性の前提条件ではない[48]」。チューリングはいくつか具体的な提案を行なった。たとえば彼は、「学習する機械」と呼ぶものを作るために、コンピュータに乱数発生装置を組み込み、それが当て推量をして、その結果を見てその推量を強化するか捨て去るかを選択できる能力を持たせることを示唆している。この当て推量が、コンピュータ自体の指令を変更することにも利用されれば、そのコンピュータは自らを教えることを学ぶようになるだろう。「われわれが欲しいのは、経験から学べる機械です。機械に自らの指令を変更させられる可能性あらば、これを実施するメカニズムが提供されるでしょう」[49]。彼は、万能マシンに対する「紙による干渉」は、実際のパーツに対する「ねじ回しによる干渉」と等価であると指摘した。一九四九年、マンチェスター・マークI（商用向けに生産された最初のプログラム内蔵型電子式デジタル・コンピュータ、フェランティ・マークI〔口絵⑮〕の原型）の開発にあたるあいだ、チューリングは数値的過程によって擬似乱数を発生するのではなく、真にランダムな電子ノイズを使う、乱数発生器を設計した。これによって、フォン・ノイマンの言う「罪」を回避することができたのである〔訳注：第10章末参照〕。

チューリングはまた、「製作において多々ランダムな点があり、類似したユニットの個数がかなり大きな数*N*にのぼる、未組織機械」[50]の可能性を模索した。彼は、二つの状態を取ることができ、二つの入力と一つの出力に接続されたユニットからなる単純なモデルを検討し、「このような機械は、ユニットの個数が極めて多いとき、ひじょうに複雑な振舞いをし得る」と結論づけた。また、このような未組織機械（「神経系のほぼ最も単純なモデル」）は、自らを変更できるようにしてやることができ、適切な育て方をすれば、技術的手段で実現できるほかのどんなものよりも複雑になり得ると示した[51]。人間の脳は、このような未組織機械として出発するに違いない、なぜなら、これほど複雑なものを複製するには、このような方法による以外ないのだから。

チューリングは知性と、「生存価を尺度として、遺伝子の組み合わせを探し求める遺伝的、もしくは、進化的サーチ」との類似性を指摘した。「遺伝的、もしくは、進化的サーチの驚異的な成功は、知性の活動が主にさまざまな種類のサーチからなっているという考え方をある程度裏付ける」(52)。進化的コンピュータは真の知性を持つ機械につながるかもしれない。「大人の精神を真似たプログラムを作る代わりに、子どもの精神を真似たプログラムを作ってはどうだろう？」と彼は問いかけた。「一歩一歩、機械がますます多くの『選択』や『決定』を行なえるようにすることが可能なはずだ。ついには、比較的少数の一般原則に基づいて機械が振舞うようにプログラムすることが可能だとわかるだろう。これらのことが十分普遍的に行なわれるようになれば、干渉はもはや必要なくなり、機械は『成長を遂げた』ことになるであろう(53)」。

その先に何が待ち受けているかについて、チューリングは挑発的なヒントを提供した。「あなたはいったいどんな状況になったら、機械が意識を持っていると判断なさるんですかと、彼に尋ねたことがあります」と、ジャック・グッドは一九五六年に述べている。「彼はこう答えました。機械は意識なんて持っていないよと言ったときに、そのことで機械が罰を下すようになったとき、機械は意識を持っていると判断するだろうね、と」。リン・ニューマンは、自らのプログラミングを変更し、自らのおかした間違いから学べる機械をどうやって製作するかを巡ってマックス・ニューマンとチューリングが長々と議論していたことを覚えている。「アランがその先の可能性について、『そ、そ、その段階で何が起こるかについては、機械がどうしてそんなことができるのかわれわれには決してわからない、そんな状況でしょう。われわれはもうついて行けなくなっているに違いありません』と言うのを小耳にはさんだとき、なんて空恐ろしい可能性なのかしらと思いました」と、彼女は一九四九年に記している。ジャック・グッドはのちに、「超高度な知性を持った機械とは……人間には考えることなどできないと信じる機械だ」と述べた(54)。

デジタル・コンピュータは、有限の、曖昧さのない言葉で述べられた質問なら、たいていのものには——すべてにではないが——答えることができる。しかし、答を出すのにひじょうに長い時間がかかったり（この場合は、もっと高速のコンピュータを製作する）質問するのにひじょうに長い時間がかかったり（この場合は、もっと大勢のプログラマを雇う）する可能性がある。コンピュータは、答を提供することにかけてはますます向上しつつある——しかしそれは、プログラマたちが問える質問に対してのみである。コンピュータは有用な答を出せるのに、定義するのが難しい質問とはいったいどういうものなのだろう？

現実の世界ではたいていの場合、答を見出すほうが質問を定義するより容易である。何かネコのように見えるものを描くほうが、何かがネコのように見えるにはどんな条件が必要なのかを厳密に定義するよりも易しい。子どもは手当たり次第に殴り描きをして、そのうちネコに似たものを描き上げる。答が質問を見出すのであり、その逆ではない。世界が意味をなしはじめ、意味のない落書き（と使われなかった神経細胞間の接合）は捨て置かれる。「『アナロジーで考える』ことについては君に同意するが、脳が自らの限界のせいでアナロジーを自らに強制的に当てはめてしまうところまで、『アナロジーを求めてサーチしている』とは思わない」と、チューリングは一九四八年、ジャック・グッドへの私信で記している。[55]

ランダム・サーチはランダムでないサーチよりも効率的である——これが、グッドとチューリングがブレッチリー・パークで見出したことだ。ランダム・ネットワークは、それが神経細胞、コンピュータ、言葉、あるいはアイデアなど何のネットワークだったとしても、そのなかに見出されるのを待っているさまざまな答を持っているのであり、その答を引き出す質問は、明確に定義される必要などまったくない。明確な質問をするよりも、明確な答を見出すことのほうが容易なのだ。このため、プログラマの仕事はひっくり返る。「最初の状態がランダムである機械を製作することの利点は、それが十分大きければ、その後必要になる可能性のあるすべてのネットワークがそのなかに含まれるであろうことにあります」と一九五八年、ＩＢＭで行なった講演のなかでグッドは諭している。[56]

人工知能のパラドックスは、理解できるほど単純なシステムはどれも、知的に振舞えるほど複雑ではなく、知的に振舞えるほど複雑なシステムはどれも、理解できるほど単純ではないということだ。人工知能に至る道は、子どもの好奇心を持った機械を製作し、知性が進化するに任せることだと、チューリングは主張する。

チューリングが思い描いたもの——誰かが問い得る、答えることが可能なすべての質問に答えることができる機械——を実現する取り組みは、どのようにすれば始められるだろう？　計算可能関数は難しくない。加算（あるいは、二進法による補数を用いた減算〔訳注：引き算を足し算に単純化できるのでコンピュータでは多用される手法〕）から始めて、われわれはサブルーチンにサブルーチンを重ねて、そこからライブラリ（訳注：特定の機能を持つルーチンやプログラムを、他のプログラムから利用できるように部品化して集めたもの）を作っている。では、答はあるが、明確なアルゴリズム・マップや質問は持たない問いについてはどうだろう？　たとえば、非対称的な形をしたX線回折パターンから分子構造を決定する、というような問いだ。

一つのアプローチは、問いから始めて、答をサーチすることだ。もう一つ、答から始めて問いをサーチするアプローチもある。答（すでにコード化されている）を採集するほうが、問い（これからコード化しなければならない）を出すよりも容易なので、最初の一歩は、マトリクスのなかをゆっくりと進み、意味のある文字列を採集することだろう。残念ながら、一〇の二二乗ビットのマトリクスのなかでは、意味のある文字列の数は、採集することは言うに及ばず、サーチするのも困難なほど膨大である。あまりに大きな数なので、書き下すことすらできない。しかし、ありがたいことに、「鍵」

がある。人類とコンピュータは、デジタル宇宙開闢以来コード化された意味のある文字列をファイルし、インターネットの幕開け以来それらの文字列に一意的な数値アドレスを与えて、かなりの仕事をすでに行なってきているのである。

答を採集するために、マトリクス全体をサーチする必要はない。はるかに小さな数の、有効なアドレスをサーチして、結果として得られた文字列を採集すればいい。その結果、デジタル宇宙のなかの意味のある答の、重要な部分がインデックス付きのリストとして（チューリングの用語を使えば、あなたのコンピュータの「精神状態」のなかで）挙がってくる。ただし、大きな欠陥が二つある。あなたは問いを一つも持っておらず――答しかない――、そして、意味はどこにあるのか、あなたには手掛かりがまったくない。

どこに行けば問いが手に入り、そして、どうすれば意味のありかが見つかるのだろう？　チューリングが思い描いたように、あなたに子どもの精神があれば、あなたは人々に訊き、当て推量をし、自分の間違いから学ぶだろう。あなたは人々に、問いを出してくれと頼み――そして、出してもらった問いのすべてについて経過を追跡し――、単純なテンプレート照合から始めて、あなたのインデックス・リストから答であり得るものを提案する。人々は、より意味のある答を提供する結果をより頻繁にクリックするので、単純な管理記録をすることによって、時間の経過と共に意味と、そして、問いと答を結びつけるマップが蓄積されはじめる。思えば、われわれがサーチエンジンをサーチしているのだろうか？　それとも、サーチエンジンがわれわれをサーチしているのだろうか？　と問いたくなるような状況だ。

サーチエンジンは、見出したものすべてを複製する、コピー・エンジンだ。サーチ結果が読み出されると、そのデータは局所的に複製される――ホスト・コンピュータ、さまざまなサーバ、そして途中にある随所のキャッシュ・メモリで。広く複製されたり、サーチ・リクエストによって頻繁に挙げられたりするデータは、時間的な近さとしての物理的近さを持つようになる。より意味のある結果がリストの上のほうに挙げられるのは、一種摩訶不思議（まかふしぎ）な、トップダウン式の重み付けアルゴリズムのせいだけではなく、マイクロ秒が問題になる世界では、実際に下側で集められまとめられてボトムアップ式に上げられるそれらの結果たちは、時間的に近いのだ。意味は、単純にまず「思い浮かぶ」ようだ。

インターネット・サーチエンジンは、有限個の状態を持つ決定論的機械だが、人々が個人として、そして集団的に、どの結果が意味を持っているものとして選ばれ、クリックされるかについて非決定論的な選択をする局面においては、そうではない。これらのクリックは、ただちに決定論的機械の状態のなかに組み込まれ、こうして決定論的機械はクリックされる都度（つど）ますます聡明になっていく。これこそ、チューリングが神託（オラクル）マシンと定義したものである。

サーチエンジンは、一度に一つの精神から学ぶのではなく、人間精神の集合全体から一度に学ぶ。一人の人間が何かをサーチして、答を一つ見つけるたび、意味の破片のありか（ならびに、その意味の内容）の、かすかだが持続する痕跡が残る。これらの破片が蓄積していくとある時点で、チューリングが一九四八年に述べたように、「機械が『大人になった』」と言えるようになるのだろう。[57]

第14章　技術者の夢

もしも奇跡が起こって、バベッジ・マシンが時間を逆向きに辿って働いたなら、それはコンピュータではなく、冷蔵庫になってしまう。

——I・J・グッド、一九六二年

「ある日、あの小さなレンガ造りの建物の裏口から外に出ると、ジュリアンが例の小さなオースチンの下にもぐりこんで、ガソリンタンクの穴を修理していました」とウィリス・ウェアは回想する。「で、彼は、『いや、全然！　爆発なんてしないさ！』と言いました。それから、どうして絶対に爆発しないのか、物理学の原理に基づいた完璧に筋の通った説明をしたのです[1]」。

最初に確保できた戦用余剰品の6J6真空管と、ENIACのために各地から集められた専門技術者たちがやってきたときも、過渡電流の変動が大きすぎて、新しいコンピュータを直接外の電源にはつなげないことがわかり、オルデン・レーンのはずれに鉛蓄電池のバッテリー・ハウスが建てられたときも、ジュリアン・ビゲローは実践的な技術者だった。「まもなく完成する実際の装置は、極めて例外的な特徴を持っており、その物理的な形態は、誰よりもビゲローの個人的業績によるものです」

と、フォン・ノイマンは一九五〇年に報告し、高等研究所の執行委員会に、前例に縛られることなく、この一人の技術者に学者としての地位を与えるよう強く求めた[2]。

結局フォン・ノイマンは、この例外的措置を押し通して実現させてしまった。「ビゲローの経歴は、従来の標準的な学者のものから大きく外れています」と彼は述べた。「これは、経済的事情と戦争の影響を別にしても、彼の分野が認知されているいくつかの科学分野の狭間(はざま)に存在し、どの分野とも完全には一致しないという事実によります[3]」。当時コンピュータ科学は、まだ認知された科学の一分野としては存在していなかった。ジュリアン・ビゲローとハーマン・ゴールドスタインには、一九五〇年一二月一日に数学部門の終身在任メンバーの地位が与えられた。年俸は八五〇〇ドルだった。彼らの目標はより高性能で高速なコンピュータを作ることというよりも、むしろビゲローが言うように、「論理、計算可能性、できればさまざまな機械語、そして、このツールが使えるようになった今こそ、科学的に見出し得るいろいろな事柄」のあいだの関係を追究することであった[4]。

高等研究所は工学技術に関しては設備がまったく不十分だったが、誕生したばかりのコンピュータにかける問題を持ってくる訪問者たちの宿泊施設には事欠かなかった。職員用集合住宅はコンピュータ建屋(たてや)の隣だったし、定着して縄張りを主張する研究グループもなかった。デジタル・コンピュータによる処理は、「数十年にわたり蓄積してきた、もやもやしたさまざまな領域をすっきりさせ、議論を解決してくれるだろう」とビゲローは考えていた。「自分がやろうとしていることをほんとうに理解している人々は、彼らの考えをコード化された指令として表現することができ……、そして答を見出し、数値表現によって明確に表現することができるだろう。このプロセスは、知識を高め、確固たるものにし、人間を正直でいさせる傾向がある[5]」。

「フォン・ノイマンがゴールドスタインとわたしを終身在任権付きのメンバーにした理由は、この努力を実らせるために、彼がその能力を尊重する二、三人の人間が、何が起ころうとも、常にそばにいるようにしたかったからです」とビゲローは語る。フォン・ノイマンは、コンピュータを作ることよりも、コンピュータに何ができるかに関心を抱いていた。「彼は数理生物学がやりたかったし、数理天文学がやりたかったし、地球科学もやりたかったのです」。コンピュータのおかげで高等研究所は、実験室を作らずに応用科学に取り組むことができた。文化の上下関係さえもが変わるかもしれなかった。「われわれは世界最高の応用科学の学派を持つことになるでしょう。理論家たちに対して、彼らが抱える数論の問題、物理学の問題、固体物理学の問題、そして数理経済学の問題の答を見つけることができるのだと、われわれは示せるようになるでしょう。これから計画を立て、その後何世紀にもわたって人々の記憶に留まるようなことを成し遂げるでしょう、ご期待ください[6]」。

しかしビゲローの楽観は束の間のものでしかなかった。アイゼンハワー大統領が一九五四年一〇月にフォン・ノイマンを原子力委員会（AEC）に指名すると、コンピュータ・プロジェクトは衰退していった。高等研究所からフォン・ノイマンがいなくなったのみならず、それまでほとんど無条件で提供されてきたAECからの資金の多くが失われた。フォン・ノイマンが委員会に指名されてからは、AECは高等研究所が望むものを一切与えてくれなくなってしまった。「利害関係が対立するかもしれないというあれこれの恐れなしに、頼みごとができる人がいなくなってしまいました」とゴールドスタインは話す。「これらの打撃は、われわれにとって大きな不利益になりました。事実上プロジェクトが進められなくなったのですから[7]」。

IBMはそれほど不自由な目には遭わなかった。「IBMの人々は、相変わらず毎週のようにやってきて、われわれの機械の進捗を見ていました」と、テルマ・エストリンは回想する。IBMはフォン・ノイマンに続けて顧問を務めてもらっており、彼らの最初の完全電子式コンピュータ、IBM七

○一の開発に着手した。この装置は、ビゲローに言わせれば、「われわれの装置の丸写しですよ、ウィリアムス・メモリ管のような、細かい点までね」。一九五一年までにIBMは、オッペンハイマーによれば、「高等研究所に五年間にわたって、年額二万ドルを無条件で提供したいという強い意向を持つようになっていた(8)」。

電子計算機プロジェクトは、それが外部からの資金を呼び込む効果を歓迎する人々と、もう戦争も終わったので、高等研究所は政府や産業の支援を断つべきだと考える人々の板ばさみになった。マーストン・モースは、高等研究所は機械を組み立てる工場ではないという考えだった。オズワルド・ヴェブレンは、デジタル・コンピュータは歓迎したが水爆には反対だった。オッペンハイマーは中立の立場を保とうとしたが、高等研究所におけるコンピュータは「資金を与えられて拡張されて、研究所の学問体制のなかで適切な場所におさまるか」、さもなければ打ち切られるべきだとだけ言った。「当時、オッペンハイマーが支援に回るということは、教授会のほかの全員が確実にそれを停止させるということでした」とビゲローは語る(9)。

当時三一歳で、教授になって二年めに入ったばかりのフリーマン・ダイソンは、こんなことを当時の私信に記している。「懸案である研究所の長期的な方針について、幾人か外部の人に意見と見解を尋ねるようにとの任を受けました。すなわち、応用数学と電子式コンピュータという分野において、高等研究所はどのような役割を演じるのが妥当なのか、という問題です(10)」。喫緊（きっきん）の問題は、気象学者のジュール・チャーニーに終身在任権のあるポストを提供すべきか否か、だった。長期的な問題は、フォン・ノイマンがいなくなってから、瀕死の体（てい）になっている電子計算機プロジェクトをどうするか、だった。

チャーニーのグループは、自らの成功の犠牲者、といった状態に陥っていた。高等研究所が他に先駆けて開発した数値気象予測の方法は、世界中の気象予測事業に採用されつつあった。ＩＡＳコンピュータのコピーが何台も作られ、新しい技法を学びに大勢の研究者が絶え間なくプリンストンを訪れていた。所内では、数学者のあいだでさえコンピュータには反対という感情が高まっており、外部の人間たちは、このコンピュータはＩＡＳにあるべきではないという点で意見が一致していた。「フォン・ノイマンは、そろそろほかの分野で革命を起こしてもいいころだ。彼は、自動計算の分野に少々長くいすぎたのではないか」と、英国王立協会会員の応用数学者、ジェームズ・ライトヒルは意見した[11]。創立時からの理事、ハーバート・マースとサミュエル・ライデスドルフは、気象をよりよく理解することはバンバーガー兄妹が向上してほしいと望んだような知識の一つだとの信念があったので、気象学プロジェクトが維持できるよう努力したが、力及ばなかった。

「コンピュータの使用は、初期のころは、議論のたねとしてまともには受け取られていませんでした」と、イギリスの数学者でコンピュータ科学者のデイヴィッド・ホイーラーは、当時のプリンストンの数学者たちについて回想する。「数学者としては、コンピュータを使うなんて沽券にかかわることだったのです。技術者たちは計算をすることに慣れていましたが、数学者たちはそうではありませんでした[12]」。混乱が収まったあとになって、フリーマン・ダイソンは一九七〇年、プリンストン大学に新設された、コンピュータを何台も備えたファイン・アンド・ジャドウィン・ホールの落成式で、率直なところをこう話している。「フォン・ノイマンが不幸にも亡くなったとき、俗物たちは今こそ復讐のときとばかりに、電子計算機プロジェクトを完全に中止してしまったのです。われわれのコンピュータ・グループの終焉は、プリンストンにとってのみならず、科学全体にとって大きな不幸でした。一九五〇年代という重要な時期に、あらゆる類のコンピュータ人間が、最も高い知的水準で集える学問的中心地が存在しなくなったということですから……。われわれはその役割を担う機会があったのに、それをふいにしてしまったのです」。次のコンピュータ——Ｅ建屋（たてや）の地階の天文学者たちが専用で使うことになる、ヒューレット・パッカードのモデル九一〇〇‐Ｂプログラマブル計算機——がＩＡＳにやってくるのは、二二年後のことだった[13]。

高等研究所はコンピュータ革命の最先端であり続けてほしいというビゲローの望みは絶たれてしまった。フォン・ノイマンも、彼が一九四六年にもたらした興奮も、もはや消え去って戻りようもなかった。クラリは前々から、プリンストンを離れてウエスト・コーストに行きたがっていた。今や、コンピュータ・プロジェクトに対する高等研究所の煮え切らない態度と、オッペンハイマーの機密漏洩疑惑を巡る亀裂が長引く状況で、当のジョニーも気力が低下しつつあった。ヴェブレンは、フォン・ノイマンが原子力委員会に参加したことを決して許そうとはしなかった。クラリによれば、このことは「ジョニーの晩年に痛切な悲しみ」となったという[14]。フォン・ノイマンの最も親しい友人たちまでもが、オッペンハイマーをＡＥＣの告発者たちに対して弁護した人間が、どうしてそのリーダーたるストロースの側に付くことができるのかと責め始めた。オッペンハイマー本人はもっと寛大だった。クラリはこのように語っている。「ロバートは、自分の気持ちをとても簡潔な言葉で、『どちらの側にも良い人間がいなくてはなりません』と言ってくれましたが、わたしはそれを決して忘れないでしょう[15]」。

「ダメなものはダメとけりが着き、反射的な感情のたかまりがおさまると、わたしたちはもはやプリンストンには属さないのだということがはっきりわかりました」とクラリは言う。「プリンストンの極度に感情的な雰囲気が、ジョニーを絶え間なく苛立たせていました。彼はコンピュータを改良する設計に取り組みたい、あるいは、拡大しつつあるミサイル・プログラムという緊急性のある問題に取り組みたいと願っていました——言い換えれば、誰が何をどんな理由でどんなふうにしてやったかを巡り際限なく議論するのではなく、真に頭脳が試されるような問題に取り組みたかったのです[16]」。フォン・ノイマンは、原子爆弾開発期間にあった、それぞれの忠誠心ゆえの行き違いなど、もう忘れるべきだと考えていた。「われわれが陥った状況の前では、われわれは皆小さな子どもでした、つまり、まったく突然に、世界を吹き飛ばしてしまうことのできるものを扱わねばならなくなったのですから」と彼は一九五四年、オッペンハイマーを弁護するために行なった証言で述べている。「われわれは前に進みながら、自分なりに状況を合理的に説明して納得し、自分なりの行動規範を作らねばなりませんでした[17]」。

二週間後、空軍の戦略ミサイル関連の仕事でロサンゼルスを訪れ、サンタモニカの〈ザ・フェアモント・ミラマー・ホテル・アンド・バンガロー〉に滞在するあいだに、フォン・ノイマンはＵＣＬＡの人文科学大学院の長、ポール・Ａ・ドッドと面会した。ドッドはフォン・ノイマンに、教育義務を伴わない総合教授としての、特別な学際的地位を提示した。「彼らはわたしに、わたしが欲しい『すべて』を与えてくれるようだよ」と、フォン・ノイマンは五月一六日にクラリに伝えた。「わたしが企業の顧問を続けても構わないというんだ」。ドッドはおまけに、ラ・ホーヤのスクリップス海洋学研究所で好きなだけ時間を過ごしてもいいと請け合った。フォン・ノイマンはＵＣＬＡとさらに話しあうまでほかの提案はすべて断ることを約束し、ドッドはこの話を秘密にすることを約束した――フォン・ノイマンとしては、辞任のことはまだ高等研究所に話していなかったし、クラリに説明したように、「脱走者や裏切り者のように見られたくなかった」のである[18]。

「一年半前に、プリンストンを去ったほうがいいとわれわれが決断して以来、本当にそうできるという確かな見通しが初めて見えてきたよ」と、彼は翌日クラリに書き送っている[19]。交渉が続くなか、彼はジュール・チャーニーとノーマン・フィリップスの二人にＵＣＬＡのポストを確保した。現在の資源をもとにロサンゼルスの数値解析研究所とランド研究所に最先端のコンピュータ研究所の設立を保証したうえで二人も招こうというのだった。一九四六年、水素爆弾の開発が推進されることになって研究ともども袂を分かつ前、フォン・ノイマンがノーバート・ウィーナーと共に提案した、学際的な情報システム研究所を組織することがついに可能になったかと思われた。カリフォルニアの研究所がほんとうに設立されていたなら、二〇世紀の後半はまったく違った方向に進んでいたかもしれない。「過去に存在した未来について、誰か小説を書くべきですよ」と、ロサンゼルスでのフォン・ノイマンの同僚、ハリス・マイアーは言う。「で、テーマはこれです[20]。フェルミとフォン・ノイマンが若くして亡くならなかったら、科学と数学はどうなっていただろう？」

一九五五年の春、ジョニーとクラリは、ワシントンD・Cのジョージタウンにある小さいながらも心地よい家に落ち着いた。博士研究員としてアメリカに移住してきてからちょうど二五年で大統領による指名を受けるまで、ジョニーは長い道のりを旅してきた。ワシントンでの中休みは、これから先、さらに実り多い年月が続くのだと約束しているようだった。「制約の多い学者としての生活から独立したいんだ」とフォン・ノイマンは一九四三年、ロスアラモスからクラリに書き送っている。その目標がついに達成間近となった。だが、実際に達成されることはなかった。「その、ワシントンにとってさえ例外的に暑い夏の、七月九日」とクラリは回想する。「ジョニーはルイス・ストロースに電話で話している最中に倒れたのです[21]」。

八月二日彼は、鎖骨に進行した転移性の癌があると診断され、緊急手術を受けた。一一月までには背骨にも影響が現れたが、一二月一二日、ワシントンD・Cでの全国計画協会の集まりでは講演を行なった。これが彼が立って行なった最後のスピーチとなった。「われわれにできる最善のことは、すべてのプロセスを、機械のほうが得意なことと人間のほうが得意なことに分け、そして、この両者を追究する方法を作り出すことです」と彼は助言した。[22] 一九五六年一月には、彼は車椅子でなければ移動できなくなった。「わたしたちが最後の科学上の議論を交わしたのは、大晦日のことでした。そのときわたしは彼に、成熟したハリケーンの動力学について構築した自分なりの最新の理論を説明したんです」とジュール・チャーニーは述べる。「彼はその大晦日、丸一日ベッドに横たわっていました。翌朝、プリンストンに戻るエリノアとわたしを見送るために彼は自分の足で階段を降りてきたのですが、二階に戻ろうと登っている途中に倒れ、その後二度と歩くことはありませんでした[23]」。

三月、彼はウォルター・リード病院に入院し、残る一一カ月をそこで過ごした。「彼は自分の病気について医師たちと、とても淡々とした調子で、また、豊富な医学的知識をもって議論したので、医師たちも真実をすべて話さざるを得ませんでした――たいへん残酷な真実を」とクラリは述べる。彼の病室には絶え間なく人々が訪れた。その病室はアイゼンハワー大統領の特別室と同じ病棟にあった。空軍大佐のヴィンセント・フォードが数名の部下と交代で、二四時間体制でフォン・ノイマンの傍らに待機するよう命じられた。ルイス・ストロースはのちに、それは「五十代の、元々移民だったこの男のベッドの周りに、国防長官、国防副長官、陸、海、空軍長官、そして参謀長が取り囲んで座っているという、驚くべき図」だったと回想している。[24]

彼の知的能力は、少しまた少しと衰えていった。「彼は、誰か一緒に話ができる人間がほしかったのです」とジュリアン・ビゲローは言う。「それでクラリは――他の誰よりこいつのことはよくわかっていると思われていたんでしょうか――わたしに、ウォルター・リード陸軍病院に行って彼と面会してほしいと求めました。それでわたしは一年近く、週末が来るたびに見舞いに行きました」。ストロースはビゲローに交通費が支払われるよう、AECにかけあって人的役務契約を取りつけてやった。さらに、フォン・ノイマンの要望で、ビゲローのQレベルのセキュリティー・クリアランスを回復させた（一九五六年六月二七日付けで）。ビゲローはフォン・ノイマンのところに話をしに行き、科学雑誌を読み聞かせ、そして最後まで彼からの質問に手際よく答えた。「彼が衰えていくのを見るのは、辛い経験でした[25]」。

スタン・ウラムは、できるときは必ず見舞いに来た。「彼は痛みを訴えたことは決してなかった。しかし、彼の態度、彼が発する言葉、彼とクラリとの関係、これらのものの変化、というより実際、人生の終わりに彼があった心的状態そのものが、悲痛だった」と彼は記す。「あるとき、彼は厳格なカトリック教徒になった。ベネディクト会の修道士がやってきて、彼と話をした。のちになると、彼はイエズス会の修道士に来て欲しいと言った。そんなことから、言葉を使って論理的に他人と議論する彼と、内省し自分のことで悩む彼とのあいだには大きな隔たりがあったのだと、はっきりわかった」。フォン・ノイマンは、科学的好奇心と記憶を最後まで手放さなかった。「彼が亡くなる二、三日前のことだが」と、ウラムは述べる。「わたしは彼の蔵書の、もうたいがい擦り切れたトゥキュディデスの本から、彼がとりわけ好んでいた、アテナイ人たちのメロスへの攻撃の物語と、ペリクレスの演説をギリシア語で読み聞かせていた。彼の記憶はまったく確かで、わたしがときどき間違えたり、発音がおかしかったりすると、その都度訂正された[26]」。

マリーナ・フォン・ノイマンは二六歳で、結婚を間近に控えており、また、彼女自身のキャリアを始めたばかりだった。彼女の父は、「病気はもう脳に及んでいて、自分はもう考えることができないのだとはっきり認識していました。それで父はわたしに、七足す四は、などのごくごく単純な算数の問題を出してくれと言いました。わたしは二、三分そうしましたが、それ以上はもうどうにも耐えられなくなってしまって。部屋をあとにしました」と彼女は話す。「父が自分自身を定義していたものそれ自体が失われてしまったのだと認める精神的な苦痛」に圧倒されてしまったのだ[27]。

彼女はまた、こんなことも語った。「父に一度訊いたことがあります。それは、父が自分は死につつあると知って、とても動揺していたときのことでした。わたしは、『あなたは何百万人もの人々を亡き者にすることを沈着冷静にじっくり考える人なのに、自分自身の死に直面することができないのね』と言ったのです。父は、『それとこれとはまったく違うんだ……』と言いました」。ニコラス・フォンノイマンは、彼の兄がカトリックの修道士を呼んだのは、古典を議論できる相手がほしかったからだと考えている。「わたしたちの生い立ちからして、一夜にして熱心なカトリック教徒になるなど考えられない」と彼は記す[28]。

「わたしはそんなこと絶対にないと思います」とマリーナはこれに反論する。「父はわたしに、言葉を尽くして、このように言ったことがあります。カトリックは、生きるよすがとして信じるのは厳しいが、死の供としては、それ以外考えられない宗教だ、と。そして父は頭の片隅で、それが何らかの個人的な不死を保証してくれることを期待していたのです。このことは、父の頭のほかの部分とは折り合わなかったのでしたが、父はパスカルの賭け（訳注：フランスの思想家ブーレーズ・パスカルが著書『パンセ』のなかで展開した、神の実在は理性では決定できないとしても、神が実在することに賭けても失うものは何もなく、むしろそのほうが生きる意味が増す、という考え方）のことをどこかで考えていたのだと、わたしは確信しています」。突然の改宗はクラリ、ウラム夫妻、そしてルイス・ストロースを不安にさせた。「ジョニーの悲劇は、わたしに強い影響を及ぼし続けています」と、ウラムは一九五六年一二月二一日、ストロースへの手紙に綴っている。「彼の信仰にかかわるこのなりゆきに、わたしはひどく混乱しています。クラリから……、この点について何か活字になるようなら、彼女やあなたがそれを訂正させるよう働きかけるつもりだと聞きました[29]」。

ビゲローは、一二月二七日から二八日にかけて訪れたとき、「もう意思の疎通が取れない状況になっている」と感じた。「亡くなる直前、彼は話す意志か、その能力かを失ってしまいました」とクラリは述べる。「彼のことをよく知っているわたしたちに対しては、彼はすべての願い、意志、あるいは懸念を、あのすばらしく表情豊かな目で伝えることができました。その目は最後の最後まで、輝きと力を失うことはありませんでした」[30]。

フォン・ノイマンは一九五七年二月八日に亡くなり、二月一二日にプリンストンに埋葬された。高等研究所の同僚たちは、墓の上に捧げるために、平らに形を整えた水仙の花束を特注した（「約一五ドル」で）。短いカトリックの儀式のあと、墓の傍らでルイス・ストロースが弔辞を述べた。春になって、スタン・ウラムによる詳細な回想記が《米国数学協会会報》に掲載された。フォン・ノイマンがスタートさせたものの、その達成を見ることはない生物学とコンピュータにおける革命を、ウラムは今や一人で目撃することになったのだった。「彼の死はあまりに早すぎた。約束の地を目にしておきながら、そこに入ることはないままに終わってしまった」と、ウラムは一九七六年に記している[31]。

残された電子計算機プロジェクトの人員たちは、ＩＡＳコンピュータの類似機が何機も製作されつつあった産業界、さまざまな国立研究所、そして、次々と誕生していた各大学のコンピュータ科学科へと散らばっていった。ジュリアン・ビゲローはプリンストンに留まることにした。マーストン・モースは、「わたしの同僚である数学者たちがコンピュータに対して出した結論について」最終的には謝罪したが、数学者たちは技術者に対する考え方を変えることは決してなかった。「実際、あれはカースト制度でした」とモリス・ルビノフは回想する。「技術者たちと会話をする、あるいは、ただ仲良く付き合うだけにしても、そういう意思がどれぐらいあるかで、メンバーや正式メンバーを異なるタイプに分類することができそうなほどでした」[32]。

ビゲローはＵＣＬＡ、ランド研究所、ニューヨーク大学、ＲＣＡ、ミシガン大学、ヒューズ・エアクラフト、国防地図製作局、そしてアルベルト・アインシュタイン医学校のようなところからも仕事の依頼を受けたが、彼はこれをすべて断った。「ジュリアンは、行くべきところへ行って半田ごてを手に取り、淡々と仕事をする男でした」と、マーティン・デイヴィスは言う。「彼は、［IASで］あの終身在任保証を受けたりしなかったなら、もっと裕福な暮らしができたことでしょう。きっと、産業界で仕事に就いて、そこでほんとうに成功しただろうと思います」[33]。高等研究所は、彼を強制的にやめさせるわけにはいかなかったが、彼の俸給を上げることも拒否した。彼は年俸九〇〇〇ドルを不定期に入るコンサルタント料で補い、三人の子どもたちを育て、のちには重病になった妻メアリーの世話をして、なんとかしのいだ。クラリは、コンピュータとオートマトンに関するフォン・ノイマンの未発表論文の編集をビゲローにやってもらってはどうかと提案したが、この話は立ち消えになってしまった。ビゲローは続く四〇年間、ほとんど何も出版しなかった。フォン・ノイマンが亡くなった今、コンピュータの未来についてのフォン・ノイマンの未完成の考えに最も直接的なつながりを持つ人物としては彼のほかになかったが、フォン・ノイマンの早すぎる死と、不完全な研究は絶対に発表しなかった生前の彼の姿勢のおかげで、すでに存在が薄らぎつつあったこれらのアイデアがほかの人々に届く望みは、ビゲローがIASで幽閉生活を送ったことで、ほぼ完全に断たれてしまった。

コンピュータの未来についてのビゲローの洞察は、遅れ関数を反転して未来の時間に投影するだけのものではなかった。チューリングの一次元モデルは威力があったし、フォン・ノイマンによる二次元の具現化は実用的だったが、どちらも、何か別のものへの叩き台でしかない可能性もあった。ビゲローは言う。「チューリングが記述したとおりにコンピュータを製作しようとしたなら、実際に数値を処理する仕事や計算をしている時間よりも、テープの上を行ったり来たりして場所を探して費やす時間のほうが多くなるでしょう」[34]。フォン・ノイマンのモデルもこれと同じぐらい制約的なものだっずに存続するだろうなどとは、絶対に期待していなかったであろう。

たかもしれないし、また、一九四六年と一九五一年のあいだに登場した解決策も、ヌクレオチドのシーケンスに関するある特定の解釈が三〇億年存続するなどと期待できないのと同じように、いつまでも存続すると期待すべきではない。ビゲローもフォン・ノイマンも、真空管や陰極線管が消え去ったずっとあとまで、デジタル・コンピュータのアーキテクチャが一九四六年のものからほとんど変わらずに存続するだろうなどとは、絶対に期待していなかったであろう。

　IASのコンピュータが完成すると、それを機能させるためになされた数々の妥協を振り返ることが可能になった――そしてビゲローはそうした。「電子式計算機の設計は……空間の三次元と時間の一次元における相互接続可能性と近接性の問題の、苛々するような格闘であることがわかる」と彼は一九六五年に、MANIAC以後の年月に彼が何を考えていたかが垣間見られる数少ない記事の一つに記している。[35] どうして六四年ものあいだにまともに注目された代替アーキテクチャが、これほど少ししか存在しないのだろう?　コンピュータの構造をよくよく調べても、「任意の瞬間に、それが何をしているのか、理解することはほとんど不可能だ」とビゲローは言う。「論理プロセスがどのように進むかについて構造が持つ重要性は、論理プロセスの複雑さが増すにつれて低下しつつある」。続いてビゲローは、チューリングの一九三六年の結果が持つ意味は、「あるひじょうに重要で示唆的な方法で、構造がいかに瑣末なことであるかを示したことにある」と指摘した。[36] 構造はいつでもコードに置き換えられるのである。

「時間軸に沿って順番に指令を並べるのが、今日コンピュータで計算を実施する際の習慣になっているが、……コンピュータを使って研究するために現実の世界で起こっているプロセスのモデルを作る際に、コンピュータの時間シーケンスを、現実世界のモデルの物理的な時間パラメータとペアにすることからモデル作りを始めねばならない理由はまったくないと思われる」とビゲローは記している。

彼は、〝物理的な現象をどのようにしてコンピュータによる計算処理にかけられるような形に表すか〟ということを、一九四一年に捉え難い航空機の飛行経路を予測する問題をウィーナーからもらって以来、そして、一九四六年に爆弾の爆発を予測する問題をフォン・ノイマンからもらって以来、ずっと考えてきたのだった。「また、結果と原因のあいだを、順方向にも逆方向にも辿ることができるはずだ」と彼は注意し、さらにこう述べる。「通常使われている、時間に時間を対応させるという慣習は……人間たちが結果を解釈しているせいでそうなっているだけのようだ[37]」。

「この慣習的な時系列シーケンス・モードと、自分の番が回ってきたなら次の機会に計算に参加しようと膨大な数のセルが待ち構えていることで生じるもう一つの問題は、どのセルが次に使われるかを決めるのが極めて困難になるということだ……次の候補にはどれを指定してもいいのに、敢えて一つ選ばねばならないし、また、選んだセルがマシン空間のどこにあるかを知る必要があるのだから」とビゲローは記し、時間的順序に縛られていることがコンピュータを、「空間にわたってはかなりの程度、厳密な意味で独立な要素からならしめている」のだと述べる。ゆえに、これら独立した要素のあいだのコミュニケーションは「『アドレス』と呼ばれる、基本的には意味のない、装置の幾何学的性質を表示するタグという明確なシステムによって行なわれねばならなくなる。与えられたコンピュータ装置において、希望された時系列的プロセスを完遂することは、相互作用するはずの各要素のアドレスのシーケンスを特定することに一番大きく依存しているのだということがわかる[38]」。

一九五一年に取り決められた32×32のマトリクスは、一〇二四の異なるメモリ位置に対応し、それぞれのメモリ位置には四〇ビットの文字列が保存されていた。アドレス・マトリクスは、続く六〇年間で爆発的に拡大した。今日のプロセッサは一ナノ秒から次の一ナノ秒へと、数十億の局所アドレスを追跡する――この六〇年に非局所アドレス空間は、リモート・アドレスを割り当てるプロトコルが付いていけないほど急速に拡張している。参照するアドレスをたった一つ間違っただけで、すべてが停止してしまう事態になり得る。

アドレス参照と指令シーケンスを間違えずに正確にやることに専念せねばならないので、コンピュータは、使える構成要素が数十億個もあるのに、一度に一つのことしかできない。「現代の高速コンピュータは、その疑いのない成果という観点から見ると実に見事な性能だが、利用できる論理素子が適切に計算に使われているかという観点から見ると、まことに非効率的である」とビゲローは言う。「個々の構成要素は高速で連続的に働く能力があるのに、「平均して、ほとんどすべての要素が、一個の要素（あるいは、ごく少数の要素たち）が作動するのを待っているようなかたちに相互接続されている。それぞれのセルの平均デューティー・サイクル（訳注：周期的にオン・オフを繰り返す要素などが、オンである時間の割合）は言語道断なほど低い[39]」。

これらの非効率性を補うため、プロセッサは毎秒数十億個の指令を実行する。プログラマは、どうやってこれに追いつくように十分な数の指令――ならびにアドレス――を供給できるのだろう？　ビゲローはプロセッサを、ある種の生命体と見なした――コードを消化して結果を生み出すが、指令をあまりに高速に消費するので、人間が十分速く指令を生み出せる唯一の方法として、反復する再帰的処理を採用せざるを得ない、そんな生命体である。「電子式コンピュータは極めて素早く指令に従うので、指令を瞬く間に『食い尽くす』。そのため、多数の指令をひとまとまりとして極めて効率的に形成する方法をなんとかして見つけ、コンピュータをプログラマよりも忙しい状態にうまく保たねばならない。これは、計算を機械に対してどのように表現するかという、深い論理学的問題に対処するにしては、とんでもなく気まぐれなやり方と思われるかもしれない。しかしこのことは、高度に再帰的な、条件的で反復的なルーチンが使われるのは、深層で進行する諸プロセスを記述するうえでそれが表記法的に有効である（しかし必ずしも唯一無二の手法ではない）からだという、重要な核心的真実から、それほど外れていないと考えられる」[40]。

ビゲローは、フォン・ノイマン・アーキテクチャが存続し続けていることに疑問を呈し、デジタル・コンピュータの中心的教義（セントラル・ドグマ）――プログラマがいなければ、コンピュータは計算できない――に異議を唱えた。彼（とフォン・ノイマン）はそもそものはじめから、「情報のさまざまな要素片を、巨大なアレイ（たとえばメモリのアレイなど）の各セルに配置させた状態で、アレイのなかから情報片を選び出すための座標アドレスを『マシン空間』のなかに明確なものとして生み出すことなく、そのまま計算プロセスのなかに入らせるようにする可能性」について検討していたのだ[41]。

生物の世界では、以前からこのような方法が取られてきた。生き物は、デジタル的にコード化された指令に依存しており、シーケンスを構造へと（ヌクレオチドからタンパク質へと）翻訳している――これは具体的には、リボソームがテープ上のシーケンスを読み取り、複製し、解釈するという働きによって行なわれる。しかし、生き物とコンピュータがいかに似ているといっても、指令を実行するためのアドレス指定の方法はまったく異なる。デジタル・コンピュータでは、指令は「コマンド（アドレス）」の形をしている。このアドレスは正確な（絶対もしくは相対）メモリ位置であり、したがって指令は、くだけた表現をすれば、「『ここ』で見つけたものを使って『これを行ない』、その結果を持って『あそこ』に行きなさい」となる。すべてが、正確な指令のみならず、『ここ』、『あそこ』、そして『いつ』が厳密に定義されていることにかかっている。

生物の世界では、指令は「次にやってきた『あれ』のコピーで『これ』をやりなさい」という形で伝えられる。『あれ』は、物理的な位置を定義する数値アドレスによってではなく、大きく複雑な分子をその特定可能な小さな部分によって〝見分ける〟、分子テンプレートによって特定される。これこそが、生命体が顕微鏡レベルの（あるいはそれに近い）小ささの細胞によって構成されている理由である――テンプレートに基づいた確率論的なアドレス方法が十分速く機能するには、すべての要素を物理的に近い範囲に寄せ集めておくほかないのだから。中央アドレス統括局もなければ、中央クロックもない。局所的な偶然のプロセスを、全体にわたって調整して利用するというこの能力が、（これまでのところ）生きた生命体の情報処理とデジタル・コンピュータの情報処理の違いである。

生き物に対するわれわれの理解は、生命体という複雑な分子機械の働きに関する知識が増すにつれて深まりつつある。その一方で、テクノロジーに対するわれわれの理解は、機械が生き物の複雑さに近づくにつれ低下している。われわれは、ジュリアン・ビゲローとノーバート・ウィーナーがコンピュータ時代に入る前の一九四三年に出版した、『行動、目的、そして目的論』を書き終えたときの状況に再び戻ってしまったのだ。彼らがこの論文で結論した、こんな状況だ。「生きた生命体と機械のさらなる比較は……その一方にはあって、他方にはない、質的に際立ったユニークな性質が一つ以上存在するかどうかを探ることだ。そのような質的違いは、今までのところ出現していない[42]」。

デジタル宇宙が拡張していくにつれ、それは二つの既存の情報源と衝突した。それは、遺伝子コードに保存された情報と、脳に保存された情報だ。われわれの遺伝子のなかにある情報は、予測されていたよりもよりデジタルで、より順次的で、より論理的であることが明らかになり、われわれの脳のなかの情報は、予測されていたほどにはデジタルでも、順次的でも、論理的でもないことが明らかになった。

フォン・ノイマンは、遺伝子コードに関心を持つ機会ができる前に亡くなってしまったが、亡くなる直前になって、脳内での情報処理の問題に興味を抱いた。彼の最後の、未完成に終わった草稿は、イェール大学のシリマン記念講演で発表するつもりで準備されたものだった。ウラムによれば、それは、「彼がこれから考えようと計画していたことのごく粗いスケッチに過ぎなかった」が、のちにクラリによって編集され、『計算機と脳』（柴田裕之訳、ちくま学芸文庫）として彼の死後出版された[43]。フォン・ノイマンは、これら二つのシステムの違いを説明しようとし、最初の違いは、われわれはデジタル・コンピュータの内部で起こっていることはほとんどすべて理解しているが、脳内で起こっていることはほとんど何も理解していないということだとした。

「神経系で使われているメッセージ・システムは……その性質は本質的に統計的である」と彼は述べている。

「肝心なのは標識や数字の正確な位置ではなく、それが現れる統計的特徴、つまり周期的あるいはほぼ周期的なパルス列などの周波数なのだ。……神経系は私たちが通常の算術や数学で馴染んでいる表記法とは根本的に異なる表記法を用いているようだ。……しかし、（統計的）信号のほかの特徴も使いうることは間違いない。事実、先程触れた周波数は、単一のパルス列の属性であるのに対して、関与している神経は一つ残らず数多くの神経線維から成り、それぞれが膨大な数のパルス列を伝達する。したがって、そうしたパルス列間の、特定の（統計的）関係もまた、情報を伝達することは十分ありうる。……中枢神経系がどんな言語を用いているにせよ、私たちが通常親しんでいるものよりも小さい論理深度と算術的深度を特徴としているのがわかる」[44]（柴田裕之訳）

脳は統計的・確率論的システムで、論理と数学はその高次プロセスとして働いている。コンピュータは論理的・数学的システムで、その上に、たとえば人間の言語や知性のような、より高次な統計的

・確率論的システムを構築することが可能であろうと期待される。「数学的論理が、われわれが思考する方法に対応していると、どうして君はそんなに確信できるんだい？」とウラムは同僚に問うている。[45]

真空管の時代、デジタル・コンピュータが数千億サイクルもエラーなしに働くなど、想像すらできないことだったし、コンピュータの未来は、時間の経過に伴って必ず起きるハードウェア障害に耐え得る論理アーキテクチャとコード化システムにあると思われた。一九五二年、コードは完全にデバッグできるほど十分小規模だったが、ハードウェアのほうは、一キロサイクルの仕事から次の一キロサイクルの仕事へと、一貫性を保って機能するとはあてにできなかった。この状況は、今では逆転している。しかし、ハードウェアもソフトウェアもいいかげんなのに、自然はどうしてこんなに信頼性のある結果を出すことができるのだろう？　「単純な、ほとんど時系列的なシーケンスを持つ線形コードをわれわれが好むのは、〝われわれは組み合わせ的な考え方があまり得意ではない〟という事実にもとづく、慣習的な原因によるのではないだろうか、そして、ひじょうに効率的な言語なら、おそらく線形性は捨て去ってしまうのではないかと、疑ってみる理由が存在する」とフォン・ノイマンは一九四九年に示唆した。[46]　最近のコンピュータの展開で最も成功しているもの――サーチエンジンとソーシャル・ネットワーク――は、デジタル・コード化システムとパルス周波数コード化システムを掛け合わせた非線形コードによっており、線形の完全デジタル・システムは時代遅れとなりつつある。

デジタル的にコード化されたシステムでは、それぞれの数字が厳密な意味を持っており、一つでも数字を置き間違えると、コンピュータは誤った答を出したり、停止したりしてしまう恐れがある。パルス周波数でコード化されたシステムでは、与えられた位置どうしのあいだで――その位置が、脳内のシナプスであれ、ワールド・ワイド・ウェブのアドレスであれ――送信されるパルスの周波数によって意味が伝えられる。周波数を変えると意味も変わるが、情報のやり取り、保存、そして解釈は確率論的かつ統計学的で、それぞれのビットが厳密に正しい時間に厳密に正しい場所にあるかどうかには関係ない。意味は、伝えられる信号のなかにコード化されていると同時に、何がどことどこを結ぶのか、そしてそれはどれくらい頻繁にか、ということにも存在する。フォン・ノイマンが一九四八年に、このように説明したとおりだ。「複雑性の高いオートマトン、とりわけ、中枢神経系を理解するためには、新しい、本質的に論理学的な理論が必要だ。しかし、このプロセスのなかでは、神経学が論理学に擬似変態せねばならないことよりも、論理学が神経学へと擬似変態しなければならないことのほうがはるかに多いかもしれない(47)」。

一枚岩のマイクロプロセッサの信頼性と、一枚岩のストレージの正確さのおかげで、この擬似変態の必要性は、一九四八年当時に考えられたよりもずいぶんと先送りにされてきた。ようやく最近になって、この擬似変態は再びしかるべき道を歩み始めた。フォン・ノイマン・アドレス・マトリクスは、非フォン・ノイマン・アドレス・マトリクスの基盤になりつつあり、チューリング・マシンは、チューリング・マシンではないシステムへと組み替えられつつある。コードは――今ではアップ（訳注：アプリケーション・ソフトウェアのこと。第17章で少し説明があるが、日本語ではアプリと呼ばれている）と呼ばれている――数値アドレス・マトリクスと中央クロックの不寛容さから自由になり、「どこで」と「いつ」を特定する際にエラーと曖昧さを堪能しつつある。

しかし、マイクロプロセッサがなくなることはないだろう。後世動物の出現が個々の細胞の終焉につながらなかったのと同じように。生身の生命体が細胞（セル）に分割されているのは、代謝も生殖もそれに依存している、テンプレートに基づいた確率論的な分子アドレス指定方式が、局所的な尺度でのほうがより速やかに働くからだ。技術が生み出した人工的な生命体もやはりセルに分割されている（そして、プロセッサは多数の核に分割されている）のは、エラーを孤立させるためばかりではなく、デジタル・プロセッシングが依存している数値アドレス指定がナノ秒で機能するのは局所的な尺度のもとに限られるからでもある。もっと広い領域——サイズ的にも時間的にも——を対象とするために、ほかの形のアドレス指定法とプロセッシング、そして異なるアーキテクチャが進化し始めている。

すべてがデジタルな時代に、われわれは再びアナログ・コンピュータを製作しつつあるのだ。コンピュータの〝恐竜時代〟、ブッシュ微分解析機（訳注：ヴァネヴァー・ブッシュが一九二八年から三一年のあいだに開発した、一八変数の微分方程式を解くことができるアナログ・コンピュータ。最初に広く使用された実用的微分解析機）がＥＮＩＡＣに取って代わられ、高速演算実行の競争が始まって、デジタル・コンピュータが優位に立つことは絶対に間違いないと思われたときに、アナログ・コンピュータは消えてしまったのではなかったのか？　実は演算以外にも指標はいくつかあるのであり、チューリング、フォン・ノイマン、そしてビゲローは、三人ともデジタル革命に多大な貢献を行なった人物であるにもかかわらず、アナログ・コンピュータを行き詰まったものとは見なしていなかった。問題の一部は、ジャック・グッドが一九六二年に述べたように、「アナログ・コンピュータという名前の付け方が愚かだったのだ。連続的コンピュータなどと命名されるべきであった」。現実世界の問題には——とりわけ、曖昧な問題には——アナログ・コンピュータのほうが、高速で、より正確で、より堅固であり得るし、しかもそれは答を計算することにおいてのみならず、質問をしたり、結果をやり取りしたりするうえでもやはりそうなのである。Web 2.0（訳注：フリーソフトウェアとオープンソース運動の支持者、ティム・オライリーが二〇〇五年に提唱した概念。従来の、情報の送り手と受け手が固定化していた情報の流れが、双方向的になり、誰もが情報の発信者になれるようになった、新しいウェブの利用状況を指す）こそ、〝デジタルの中にますます混在の度を高めてきている——六〇年前に、デジタル・ロジックがアナログ要素のなかに埋め込まれていったのをちょうど逆転させたかたちで——アナログ〟を示す、われわれのコードネームである。サーチエンジンとソーシャル・ネットワークはほんの始まりに過ぎない——先カンブリア時代といったところだろう。「デジタル拡張システムの弊害が、論理がますます複雑化することだけだったなら、自然はこの理由だけでそれを拒否したりはしなかっただろう」と、フォン・ノイマンは一九四八年に述べている。(48)

サーチエンジンとソーシャル・ネットワークは、前例のない規模のアナログ・コンピュータだ。情報は、(接続や発生の)頻度や、何がどこに接続するかという接続形態のような、連続的(かつノイズに寛容)な変数によってコード化(かつ処理)されている。そして、位置は、間違いを許さない数値アドレスではなくて、間違いに寛容なテンプレートによって定義されることがますます多くなっている。インターネットをパルス周波数でコード化することは、サーチエンジンの基本アーキテクチャを記述する一つの方法であり、また、神経細胞にページランク(訳注:サーチエンジンのグーグルが使用しているウェブ・ページの重要度を決定するアルゴリズム)を適用することは、脳の基本アーキテクチャを記述する一つの方法である。これらの計算構造はデジタル要素を使用しているが、システム全体として行なっているアナログ計算は、それを走らせているデジタル・コードの複雑さを凌駕(りょうが)している。モデル(たとえばソーシャルグラフ、人間の知識などのモデル)が自らを構築し、更新するのだ。

複雑ネットワーク——分子の、人々の、あるいはアイデアの——はそれ自身の振舞いを表す、最も単純な記述でもある。この振舞いは、デジタルのアルゴリズム・コードによってよりも、連続的なアナログ・ネットワークを使ったほうが、容易に捉えられるだろう。これらのアナログ・ネットワークは、デジタル・プロセッサによって組み上げられているかもしれないが、面白い計算が行なわれているのはアナログ領域のなかだ。「純粋に『デジタル』な過程はおそらく、必要以上に冗長で不体裁であろう」とフォン・ノイマンはいみじくも一九五一年に指摘していた。「より良く、さらにより良く包括された、混成過程だってあり得る」[49]。

アナログは復活した。それはここに永らえるだろう。

第15章　自己複製オートマトンの理論

わたしはその問題を、たとえばフォン・ノイマンがやったように、数学的視点から捉えたりはしない。技術者として捉える。このような考え方への支持などほとんどないほうがいいのかもしれない。おそらく、その背後に悪魔もいるだろうから。

——コンラート・ツーゼ、一九七六年
（訳注：ドイツの土木技術者・発明家で、コンピュータの先駆者）

「カメラが空を横切ると、鋸の歯のようにギザギザした真っ黒い岩がちの島影が、水平線を断ち切るように現れた。巨大な四本マストのスクーナー船（訳注：二本以上のマストに縦帆を装備した西洋式帆船。一八世紀前半アメリカで建造された）が島の脇を通過しつつあった。こちらに近づいてくる。ニュージーランドの国旗が掲げられており、〈カンタベリー〉号という船名があるのが確認できた。船長と乗客らがデッキの手すりから身を乗り出して、東の方向を一心に見つめている。彼らの双眼鏡が見ている方角には、荒涼とした海岸線があった[1]」。

オルダス・ハクスリーの、それほど知られていない名作、『猿と本質』（前田則三訳、早川書房）は、このように始まる。舞台は核戦争（二〇〇八年に起こった）で人間が自らの高忠実度コピーを生む能力が損なわれてしまったあとの、二一〇八年のロサンゼルスに設定されている。二一〇八年二月二〇日、ニュージーランド北アメリカ再発見遠征隊が、カリフォルニアの沿岸、チャンネル諸島の只中に到着する。舞台がハリウッドというだけあって、物語は映画の台本の形で書かれている。「ニュージーランドは難を逃れ、隔絶状態のなかでそこそこの繁栄も味わった。世界中のほかの土地はどこも、放射能で危険な状態だったので、その隔絶は一〇〇年以上にわたって、ほぼ完全だった。その危険も収まった今、探検家たちの第一陣が、アメリカを再発見しようと西からやってきたのだ[2]」。

ハクスリーのこのディストピア的未来小説が出版されたのは、第三次世界大戦はほとんど不可避であると思われた一九四八年だった。予防戦争をしかけることで、最終的な死者数は最少限に抑えることができるはずだとフォン・ノイマンは主張したが、それでもこの懸念が和らぐことはほとんどなかった。遺伝情報が複製される正確なメカニズムはまだ決定されていなかったが、イオン化を引き起こす放射能が、世代から世代への指令の伝達に影響を及ぼすことは間違いなかった。ハクスリーは核戦争の結果、ダーウィンが解明した進化という過程――祖父トマス・ハクスリーが強く支持したもの――は崩壊し始めると考えた。

しかし、あまりに完璧な複製も、やはり脅威になり得る。ダーウィン的進化は、複製がいつも正確とは限らないことに依存しているのだ。二一〇八年のロサンゼルスはことによると、『猿と本質』に描かれた複製エラーによる惨事ではなくその正反対のもの――遺伝子シーケンスをコンピュータに読み込み、正確にコピーし、翻訳して生きた生命体に戻すという過程を一ビットも間違えることなく行なうこと――による惨事で、まったく別の社会になっているかもしれない。子孫の遺伝特性を正確に特定できる人間たちが運営するロサンゼルスは、ハクスリーの描く二一〇八年に〈カンタベリー〉号の一行を出迎えたヒヒが支配するロサンゼルスよりも恐ろしい場所かもしれない。

自己増殖する原始的な生命体が、遺伝情報を世代から世代へと伝えるものとして多数のヌクレオチドを持った自己複製する共生体を採用したのと同じように、現在の生命体がコンピュータを遺伝コードの運び手として採用することもあるかもしれない。ニルス・バリチェリは、このことを一九七九年に示唆した。自然を観察すると、高度に社会的な生物には、「社会を構成する生命体を大きく二つのクラスに分ける」傾向があり、その二つとは「すなわち、社会の存続に必要な生殖以外の仕事の実行を専門とする働きバチ・働きアリなどと、社会を再生産することを担当する遺伝情報の伝達者たち」だと彼は指摘した。このように生殖機能を分離することは、「高度に組織化された生命体の社会で広く見られる(アリ、ミツバチ、シロアリなどの女王と雄、そして、多細胞生物の種で見られる配偶子など)が、人間社会は例外的に、生物学的に見れば比較的最近できたばかりなのでそのようにはなっていない」とバリチェリは述べる(3)。

コンピュータの力をもたらしているのは、その計算する能力のみならず、コピーする能力でもある。電子メールを送る、ファイルを転送するなどの作業は、物理的には何も動かさない。新しいコピーをどこか別の場所に作り出すだけだ。チューリング・マシンは当然のことながら、読み取り可能なシーケンスなら何でも――自らの「精神状態」や、自らのテープに保存されたシーケンスも含めて――その正確なコピーを作ることができる。したがってチューリング・マシンは、自分自身のコピーを作ることができる。このことは、高等研究所の電子計算機プロジェクトの開始と同時に、フォン・ノイマンの注意を引いた。「わたしは、自己複製するメカニズムについて、ずいぶんいろいろと考えました」と、彼は一九四六年一一月、ノーバート・ウィーナーに書き送っている。「私はこの問題を、チューリングが自分のメカニズムに対してやったのと同じくらい厳密に定式化することができます」。

フォン・ノイマンは自己複製に関して、生身の生命体と機械の両方を包含する十分普遍的な公理的理論を構想し、ウィーナーに、「二カ月のうちに詳細を詰めて、これらの事柄を書き上げたいと思います」と告げたのだった。(4)

この自己複製に関する数学理論は、直接観察できることを基礎としなければならなかった。「ただし、『真の』理解ということを、できる限り厳密な意味で行ないたいと思います」と彼は同じ手紙で述べている。「すなわち、詳細に描かれた機械の図面を理解するのと同じ厳格な意味で、生命体を理解したいのです」(5)。こうなると個々の分子は、公理を構成する部品に過ぎないことになる。「タンパク質分子のなかの電荷分布を完全に決定すること――すなわち、タンパク質分子の幾何学形状と構造を詳細に至るまで完全に決定すること――よりも、低いところに目標を設定するのは間違いでしょう」と、彼は化学者のアーヴィング・ラングミュアに支援を求める手紙の中でこのように述べている。「もちろん、ほんとうに興味をそそられる構造、つまり、最初の自己複製する構造（植物ウイルスとバクテリオファージ）は、タンパク質よりも一〇の三乗倍も複雑ではありますが」(6)。

フォン・ノイマンは、万能チューリング・マシンの能力を拡張して、「任意のものについての記述を与えたら、それを消費して、その記述のコピーを二つ作成するという性質を持つオートマトンBが存在する」ことを示した。フォン・ノイマンはこの理論の概要を、一九四八年九月二〇日、カリフォルニアのパサデナで行なった講演で披露した。フランクリン、ワトソン、そしてクリックが、自然のなかでこれがどのように行なわれているかを詳細に明らかにする、四年以上も前のことだ。「オートマトンの『自己複製』という性質を包含するには、チューリングの手順には、たった一つ、限定的すぎる側面がありました」と彼は説明した。彼のオートマトンは、純粋に計算する機械でした。その出力は0と1が並んだテープでした。しかし、必要なのは……オートマトンを出力するオートマトンなのです」[7]。

チューリング・マシンに徐々に高いレベルの言語を次々と解釈するよう指示する方法、あるいはゲーデルが通常の数学の範囲内でメタ数学的記述をコード化したのと同じ方法を使えば、そのコード化された指令が、メモリ位置ではなく物理的な要素を指定し、その出力がただ単に0と1の列ではなく、物理的な対象物に翻訳できるようなチューリング・マシンを設計することが可能だった。「前述の構想を少しだけ変えれば、自己複製するうえに、ほかのオートマトンも作り出すことができるオートマトンを製作することができる」。フォン・ノイマンは、このようなオートマトンの振舞いを、生物に見られる、「自己複製に加えて、ある種の酵素を生成する——あるいは生成を促進する——という、典型的な遺伝子の機能」になぞらえた[8]。

フォン・ノイマンは、自己複製の問題を形式論理と自己参照系の概念を通して捉え、ゲーデルとチューリングの結果を生物学の基盤に適用した——彼の結論は、当時の現役の生物学者たちにはほとんど何の影響も与えなかったのではあるが。ちょうど、彼の『量子力学の数学的基礎』が当時の物理学者たちの日々の仕事にほとんど影響を与えなかったのと同じだ。チューリングによるヒルベルトの決定問題の解決不可能性の証明を自己複製するオートマトンの領域に適用し、一九四九年一二月、彼はこう結論した。「言い換えれば、行ない得ることを何でも行なう器官を作ることはできるが、行ない得るかどうかを告げる器官を作ることはできないのです」[9]。

「これは、論理階梯(かいてい)（訳注：ラッセルが、「自らを含む集合」などの矛盾を解決するために導入した、意味の階層構造）の理論に、そしてゲーデルの結果に結びついています」と彼はさらに述べる。「一つの階梯で何かが可能かどうかという問いは、より高い論理階梯に属します。複雑性が低いものは、それを作り出すよりもそれについて話すほうが易しく、それを作り出すよりも、その性質を予想するほうが易しいのが常です。しかし、形式論理の込み入った領域では、そのものを作り出すよりも、そのものに何をすることができるのかを判定することの難しさのほうが一段階上なのが常なのです[10]」。

オートマトンは、自らと同じくらい複雑な、あるいはそれ以上に複雑な子孫を生み出すことができるのだろうか？　「『複雑さ』は、その低いレベルにおいては、徐々に低下する傾向があるだろう。すなわち、ほかのオートマトンを生み出すことができるオートマトンはすべて、複雑さがより低いものしか生み出せないと思われる」とフォン・ノイマンは言う。しかし、あるレベルの複雑さがあって、それを超えると、「適切に調整してやることでオートマトン生成という現象が爆発的に進み得る、言い換えれば、個々のオートマトンが自分自身よりも複雑で、より高い潜在性を持つオートマトンを生み出すように、オートマトン生成が進み得るのだ[11]」。

この推測は、生命を作り出す可能性、もしくは不可能性につながってくる。もしも彼の推測が正しければ、十分複雑な自己複製系の存在がより複雑な系をもたらし、そして、そこそこの確率で、生き物、あるいは、生き物的な何かをもたらす可能性がある。自己複製は、一度起これぱいい偶発事だ。「確率が働くことで、この時点で抜け道が生じます」とフォン・ノイマンは述べる。「そして、この抜け道を通り抜けるには、自己複製のプロセスによる以外ありません[12]」。

フォン・ノイマンは、原子力委員会をやめたら自己複製の問題に戻ろうと考えていた。「晩年近くの彼は、新しい数学分野を創出することに躊躇がなくなり、しかも、丹念に取り組むに十分な自信を持っていた」とウラムは言う。その分野とは、「オートマトンと生命体の融合理論」だった。この理論は、数学的に理解可能なほど十分単純でなければならなかったが、同時に現実世界の重要な例に適用できるほど十分に複雑でなければならなかった。「わたしは、（a）オートマトンは自らを複製できないと、誰もが知っている、という反論に深く煩わされたくない」とフォン・ノイマンははっきり言ったという。[13]

計画では、ウラムと共著で、『ゲームの理論と経済行動』に匹敵するような総合的な論文を書き、生物学と工学――そして、この二つを融合したもの――に応用できるような自己複製オートマトン理論を展開する予定だった。しかしこの研究は完成されることはなかった。共著者としてのウラムは、オスカー・モルゲンシュテルンほどには勤勉でなかったし、フォン・ノイマンのスケジュールも、戦後一層忙しくなってしまったからだ。フォン・ノイマンが一九四九年にイリノイ大学で行なった五回連続講演に基づく長い序章を含む、その未完に終わった草稿は、アーサー・バークスの注意深い編集によってついにまとめられ、フォン・ノイマンの死後一〇年近く経過してから、『自己複製オートマトンの理論』（邦訳は『自己増殖オートマトンの理論』高橋秀俊監訳、岩波書店）として出版された。現存しているウラムに送られた最初の三章の概要の見出しをいくつか拾って並べてみると、彼らが当時何を考えていたのかを垣間見ることができる。

1. ウィーナー！
3. チューリング！
5. チューリングではない！
6. ブール代数
7. ピッツ＝マカロック！
13. ウラム！
14. より強力な結果を求める
16. 二次元と三次元の結晶族

18. ＪＢ、ＨＨＧ！
20. チューリング！
23. 二重線のトリック、など
24. 退化（？）
25. チューリング！[14]

生物学分野での自己複製に関するわれわれの知識も、自己複製テクノロジーの発展も、彼が提案した理論が規定する、ほぼその通りに進んだ。「ウィーナー！」というのはおそらく、ウィーナーの情報とコミュニケーションに関する理論——のちにクロード・シャノンが拡張した——を指しているのだろう。なぜなら、自己複製の問題は基本的には、ノイズの多い経路を通して、一つの世代から次の世代へといかに伝達（コミュニケーション）をするかという問題だからだ。「チューリング！」は、万能チューリング・マシンの威力を、「チューリングではない！」は、その威力の限界を——そして、それが生き物や生きていないものたちにどのように超越されていくかを——指しているのだろう。「ピッツ＝マカロック！」は、ウォルター・ピッツとウォーレン・マカロックが、今日（こんにち）ニューラル・ネットと呼ばれるものの威力——チューリング万能性も含め——について到達した結果を指す（訳注：ピッツとマカロックは一九四三年、世界で初めて、生物学的神経を抽象化した数学的な構築物としてのニューラルネットワークの基本単位となる人工ニューロン、形式ニューロンを作り出した）。「ＪＢ、ＨＨＧ！」は、ジュリアン・ビゲローとハーマン・Ｈ・ゴールドスタインを指す——二人は何事にも合意することはめったになかったので、これは、互いにコミュニケーションするセルの配列が持つ威力に関する初期の議論、つまり、それを実際問題としてどう実施するかを巡って意見の対立が生じる以前の議論を指しているのかもしれない。

「二重線のトリック、など」は、ＤＮＡの二重らせんの複製を連想させ、「退化（?）」は、持続する自己複製システムは例外なく、世代から世代への翻訳の際に使われるエラー修正コードに依存せざるを得ないことを指すのだろう。「ウラム！」はおそらく、チューリング完全（訳注：あるプログラミング言語や計算モデル等が万能チューリング・マシンと同等の能力を持っていること）なセル・オートマトンの威力についてのウラムの関心を指すのだろう――この威力は、今日われわれを取り巻いているコンピュータ・プロセスによって証明されている。「チューリング！」が三度も登場することは、万能性についてのチューリングの証明が、数学、生物、あるいは機械、どの分野に適用されたものであれ、自己複製の理論ならどんなものでもその核心をなしているという事実を反映している。

高等研究所のコンピュータは、多少の変更を加えられながら、第一世代に当たるすぐ下の兄弟たちによって複製された。ワシントンＤ・ＣのＳＥＡＣ、イリノイ大学のＩＬＬＩＡＣ、アバディーンのＯＲＤＶＡＣ、ランド研究所のＪＯＨＮＮＩＡＣ、ロスアラモス国立研究所のＭＡＮＩＡＣ、アルゴンヌ国立研究所のＡＶＩＤＡＣ、オークリッジのＯＲＡＣＬＥ、ストックホルムのＢＥＳＫ、コペンハーゲンのＤＡＳＫ、シドニーのＳＩＬＬＩＡＣ、モスクワのＢＥＳＭ、ミュンヘンのＰＥＲＭ、イスラエルのレホヴォトのＷＥＩＺＡＣ、そしてＩＢＭ七〇一などである。「プリンストンのコンピュータには多くの子どもがいるが、親によく似た子どもばかりではない」と、ウィリス・ウェアは一九五三年三月に記している。「一九四九年ごろから、技術担当者たちがわれわれを始終訪問するようになり、彼らのところで装置を複製するために設計仕様や図面を持ち帰った[15]」。

逆にプリンストンからは、フォン・ノイマンがほかの研究機関を訪問し、自由にアイデアを交換した。一九五一年の夏、物理学者のマレー・ゲルマンは、イリノイ大学のＩＬＬＩＡＣのすぐ上階にあった制御系研究室で研究していた。「この研究室は、政府の秘密の仕事に使われており、何本か電報が届いていました」とデイヴィッド・ホイーラーは言う。ゲルマンとキース・ブルックナーが、出資者たる空軍に指名されて、「劣悪な部品しかないとして、そこから信頼性が極めて高いコンピュータを作らねばならないと想像してみる」仕事を与えられたのだった。いろいろと研究した結果、彼らは、正しい確率が五一パーセントで正しくない確率が四九パーセントの論理素子を使った場合にも、「信号が徐々に改善されていくように」回路を設計できると示すことができた。その改善は指数関数的に進むことを示そうと彼らは努力し、次第にそこへと近づいていた。「このプロジェクトでは、大勢の顧問が雇われ、ジョニー・フォン・ノイマンも一日顧問を務めてくれました」と、ゲルマンは話す。「彼はアメリカを車で横断しながら問題を考えるのが好きでした。それで、熱核兵器についての仕事でロスアラモスに車で行く途中、アーバナに一日滞在して、わたしたちに助言してくれたのです。それで彼がどれだけの報酬を得たかは神のみぞ知る、です[16]」。

一九五一年後半、フォン・ノイマンはこれらのアイデアを『信頼性のない部品の信頼できる組織化』という短い草稿にまとめ、一九五二年の一月にはカリフォルニア工科大学でこれをテーマに五回連続の講演を行なった。この講演はその後『確率論的論理と信頼性のない要素からの信頼性ある組織の構築』として出版された。この本は、彼がいかにも彼らしい公理論的な方法で、信頼性の理論の定式化を始めたものであった。「それゆえエラーは、無関係で見当違いの、あるいは間違った方向へと導く偶発事ではなく、プロセスの本質的な一部である」と彼は断言している。彼はキース・A・ブルックナーとマレー・ゲルマンに、「このテーマについて重要な刺激をいくつか与えてくれた」ことについて感謝の意を表したが、その詳細にはまったく触れなかった。「当時わたしは少しも腹が立ちませんでした」とゲルマンは言う。「うわぁ、すごい、この偉大な男がわたしのことを脚注で触れているぞ。わたしが脚注に出ているんだ！　と思いました。とても光栄でしたし、キースもそうだったと思います」[17]。

ＩＡＳコンピュータの第二、第三世代のコピーは一九五〇年代が終わる前に登場した。より大型でより大容量のメモリを持ったコンピュータがより複雑なコードを生み出し、その複雑化したコードがより大型化したコンピュータをもたらした。手作業で半田付けされた外枠の代わりにプリント回路が使われるようになり、さらに集積回路に変わり、ついには人間の手が触れることなく数十億個のトランジスタが刻み込まれたマイクロプロセッサが登場した。フォン・ノイマンによる最初のデジタル宇宙で主役を務めた五キロバイトのランダムアクセス電子メモリは、一九四七年当時約一〇万ドルしたが、今日では一セントの一〇〇分の一以下の値段であり、一〇〇〇倍高速なサイクルで作動する。

一九四五年、《レビュー・オブ・エコノミック・スタディーズ（経済研究レビュー）》は、フォン・ノイマンの『一般経済均衡の理論』を掲載した。これは一九三二年にプリンストン数学セミナーで発表された九ページの論文で、一九三七年にまずドイツ語で出版されたものだった。フォン・ノイマンは、「商品が『生産の自然的要素』によってのみならず……お互いからも生産される」ような経済がどのように振舞うかを明らかにした。この自己触媒的経済においては、凸集合のあいだの鞍点で均衡と成長が共存する。「位相幾何学と結びつけた議論には、最初戸惑われるかもしれないが、著者は、この種の問題ではこれはごく自然なことだと考える」とフォン・ノイマンは述べた[18]。

フォン・ノイマンの「経済成長モデル」の仮定のなかには、「労働を含む、生産の自然的要素は、量的には無限に拡張できる」や、「利潤はすべて再投資される」など、当時は非現実的だと思われたものがあったが、自己複製技術が経済成長を促している今日では、これらの仮定はそれほど非現実的ではなくなってきている。われわれは経済を物によってではなく、金で測っているが、自己複製する機械と自己複製するコードの効果を適切に説明できる経済モデルは、まだ構築されていない。

原子力委員会に参加するためにフォン・ノイマンが去ったあと、高等研究所のコンピュータ・グループは、「(「最小限に近い」) 組み合わせ切り替え回路を合成するという問題」全般について、そしてそのなかでも、自らを最適化できる回路という特別なケースとして、「デジタル・コンピュータを設計する」という問題に取り組み始めた。「この合成はデジタル・コンピュータによって、わけてもこれから設計されることになっているコンピュータが十分大きくできればそれによって、実行され得る」と彼らは一九五六年四月に報告し、「これによってわれわれは、自らを複製する（すなわち、設計する）ことができる機械を提示したことになると思われる。この結果は、フォン・ノイマンの自己複製する機械とも関連しているようだ[19]」。彼らは正しかった。

拡張するデジタル宇宙に生息するコードはまもなく――ウラムとフォン・ノイマンが一九五二年に思い描いたほぼその通りに――チューリング完全となった。強力な万能マシンであるチューリングのACEは、二五キロバイト、すなわち2×10^5ビットのメモリを持つことになるはずだった。今日のデジタル宇宙の規模は、一〇の二二乗ビットと推定されている。この宇宙に何台のチューリング・マシンが生息しているかは不明で、しかもこれらのマシンはますますバーチャル・マシンとなりつつあり、ある時間にそれがどの物理的なハードウェアにあるのかということが必ずしも特定できなくなってきている。これらのマシンはデジタル宇宙のなかで厳密に定義された実体なのだが、われわれの宇宙のなかには固定した存在を持たないのである。おまけに、これらのマシンは極めて急速に増殖しているので、現実のマシンが要求に追いつくのに苦労している。物理的なマシンがバーチャル・マシンを生み出し、今度はそのバーチャル・マシンが物理的なマシンに対してさらなる要求を生み出している。デジタル宇宙における進化は、今やわれわれの宇宙における進化を推進するようになっており、もはやその逆ではなくなりつつある。

『自己複製オートマトンの理論』は、壮大な統一的理論を提示するはずだった――これこそ、フォン・ノイマンがこれを最後に取っておいた一つの理由だ。この新しい理論は、生物学的システム、技術的システム、そして両者の想像可能な組み合わせと想像を超えた組み合わせのすべてに適用されるはずだった。それは、物理的世界、デジタル世界のいずれに具現化されているかを問わず、あらゆるオートマトンに適用されて、地球上の既存の生き物とテクノロジーを超えたところにまで広がるはずだった。

フォン・ノイマンが地球外生命や地球外知性について論じることはめったになかった。地球の生命と知性でも十分不可解だったからだ。ニルス・バリチェリには、そこまでの節度はなかった。彼は高等研究所で行なった数値進化実験に基づき、「生き物に特有と思われている特徴を多数備えた組織を進化的プロセスによってもたらすための条件は、地球上で優勢な条件と同じである必要はない」と結論した。「多種多様な分子が、相互結合した(すなわち共生的な)種々の自己触媒的反応によって複製される惑星ならどこでも、同じ特徴を備えた組織が形成されると信じるに足りる理由が存在する」[20]。

局所的な条件には無関係なこれらの特徴の一つが、万能マシンの出現なのかもしれない。

構造を長距離にわたって輸送するのは高くつくが、シーケンスの送信なら安くて済む。チューリング・マシンはその定義からしてシーケンスによってコード化できる構造であり、すでに局所的に光の速度で自らをプログラムしている。一つの特定のコンピュータがある時間に一つの特定の場所にあるという認識は、もはや時代遅れである。

何かの偶然で、宇宙のどこかほかの場所で生命が誕生し存続しているとしたら、その生命は計り知れないほど多様な形態を経験してきているはずだ。時間の経過を生き延び、変化する環境に適応し、星と星との距離を越えて移動する、こういった能力に最も優れたものが、存在範囲を最も広げるだろう。ライフサイクルの一部、もしくは全部をデジタル形式で過ごす生き物は、光の速度で移動することができるだろう。人工知能の草分け、マーヴィン・ミンスキーが一九七〇年に当時ソビエト連邦の一部だったアルメニアを訪問した折に述べたとおりだ。「ネコの絵を送る代わりに、ネコそのものを送れる領域が一つ存在する」[21]。

フォン・ノイマンは、チューリングの万能マシンという概念を「万能建設機」へと拡張した。これは、ほかの任意の機械についての記述——自らについての記述も含めて——に基づいてそれを造れる機械という概念だ。万能建設機が自らについての記述を自己解凍アーカイブとしてコード化したり転送したりすることによって、万能建設機という概念を「自らのコピーをどこか別の場所に生み出す機械という概念」へと拡張することができる。デジタル的にコード化された「生命体」は、自分が誕生し成長できるようなホスト環境を見出す可能性が極めて低い場合でさえも、経済的に広まることができるだろう。もしもそのコード化された核が、デジタル計算法を知るホストに捉えられたなら、その核にはチャンスが生まれる。なぜならそのホストがシーケンスと構造を翻訳する能力は、異なるプラットホーム上で機能している生命と知性が近づき得るのと同じぐらい近いところまで、普遍的な共通分母に近いからだ。そのような核を発見したなら、われわれは即座にそれを複製するだろう。地球上のすべての研究所がそのコードの解読を試み、ついにはコード・シーケンスを——意図的に、あるいは予期せずして——機械語（コンパイル）に翻訳して、われわれのローカルな資源を利用するのに使うだろう。これはまさに、ウイルスが宿主細胞の内部で行なうことを許されている特権である。デジタル・コードに与えられた読み／書きの特権には、材料技術と人間精神がすでに含まれており、そしていよいよ、ヌクレオチド合成と、それに続く生物のあらゆる詳細な側面が含まれつつある。

ホスト惑星は電波望遠鏡を製作して、コード化されたシーケンスを見つけようと積極的に耳を傾けるのみならず、そんな信号がやってきたら、それに計算資源を与えなければならない。SETI@homeネットワークは、アレーを成す電波望遠鏡群――まだまだ拡大しつつある――に約五〇〇億台のコンピュータを接続し、総計五〇〇テラフロップスの高速フーリエ変換を行なっている。積算すれば二〇〇万年の処理時間に相当する。今のところ、まだ一語も受信されていない――われわれが知る限りにおいては、だが（訳注：SETI@homeは、カリフォルニア大学バークレー校が運営する、地球外知的生命体探査プロジェクトの一環で、インターネット接続されたコンピュータ群を使い、地球外知的生命体存在の証拠を検出しようとする取り組み）。

約六〇年前、生化学的組織がデジタル・コンピュータを製作しはじめた。今ではデジタル・コンピュータが生化学的組織を組み立てはじめている。離れたところから見ると、これはライフサイクルの一部のようにも見えるだろう。だが、どの一部だろう？　生化学的組織がデジタル・コンピュータの幼虫期なのだろうか？　それとも、デジタル・コンピュータが生化学的組織の幼虫期なのだろうか？

エドワード・テラーによると、一九五〇年のロスアラモスでエンリコ・フェルミは、昼食の際に地球外生物の話題になったときに、「じゃあ、みんなどこにいるんだい？」と疑問を投げかけたという。五〇年後、スタンフォード大学のフーヴァー研究所での昼食で、わたしは九一歳のエドワード・テラーに、そのときフェルミの問いがどのように扱われたかを尋ねた。ジョン・フォン・ノイマン、セオドア・フォン・カルマン、レオ・シラード、そしてユージン・ウィグナー、皆テラーの子ども時代からの友人だったが、皆が皆、テラーを置いて先に亡くなってしまった。この五人のハンガリーからやってきた「火星人」たちは、核兵器、デジタル・コンピュータ、航空産業の大部分、そして遺伝子工学の幕開けを世界にもたらしたが、木製の杖を小脇に抱え、旧約聖書の預言者のようにも見えるエドワード・テラーだけが残ったのだった。

一九二八年にミュンヘンの路面電車に轢かれて片足の足首から先をほぼ完全に失って以来の、彼の足を引きずる歩き方は一層目立つようになっていたが、それはちょうど、新しい記憶がどんどん薄れるなかで、ハンガリーでの青年時代の記憶のほうが一層鮮やかになっていたのに呼応しているかのようだった。「橋のことを覚えているよ。どれも美しい橋だった」と、テラーはブダペストのことを語った。[22] テラーは（フォン・ノイマンと、ドイツのロケット開発の先駆け、ヴェルナー・フォン・ブラウンと共に）スタンリー・キューブリック監督の冷戦を題材にした傑作映画『博士の異常な愛情』の、「博士」のモデルの一人となりはしたが、わたしとしては、核兵器はテラーの手にあったほうがまだしも、大気中での核実験を現場で目撃した経験のない新しい世代の核兵器製作者たちの手にあるよりも恐ろしくないという気がする。

テラーは、わたしが訪問した目的は水爆のテラー＝ウラム型構造の発明について質問するためだろうと考えていたようで、水素爆弾の誕生と、熱核燃料の起爆に必要な核分裂による爆縮（ばくしゅく）・爆発過程について長時間にわたって説明してくれた。「爆縮という考え方そのもの――すなわち、爆縮によって密度を通常よりはるかに高めることが*できる*というアイデア――は、フォン・ノイマンの取り組みから生まれたのだ」と彼はわたしに語った。「われわれは一緒に、これをオッペンハイマーに提案したんだ。彼は即座に受け入れたよ[23]」。水爆の話が終わったところでわたしは、フェルミのパラドックスをめぐる彼の記憶が、五〇年を経てどんな状態になっているのか、問いを向けてみた。

「わたしのほうから一つ質問させておくれ」とテラーはわたしを制し、ハンガリー訛（なまり）の強い口調で言った。「君は地球外知性に興味なんてないかね？　もちろん、ないわけないだろう。じゃあ、興味があるなら、何を探すかね？」

「いろいろなものが探せると思います」とわたしは答えた。「しかし、探しても仕方がないのが、理解できる何かの信号だと思います……。有用なコミュニケーションを行なっている文明では、効率的な情報伝達は必ずコード化されて行なわれるので、われわれには理解できないでしょう――ノイズのように見えるはずです」

「そんな信号はどこで探すかね？」とテラーは尋ねた。

「わかりません……」

「わたしにはわかるよ！」

「いったいどこですか？」

「球状星団さ！」とテラーは答えた。「われわれはほかの誰とも接触できない。彼らはわれわれから遠く離れていることに決めたからね。しかし球状星団では、違う場所にいる者たちが接触するのはずっと簡単だ。そして、星間通信というものが存在するなら、それは球状星団のなかで行なわれているはずだ」

「それは理に適って（かな）いますね」とわたしは同意した。「わたしの個人的な説は、地球外生命はすでにここに来ているというものです……。で、われわれにそれが必ずわかるというわけではないでしょう？　宇宙に生命が存在するとして、自らを遠くまで運ぶのに最も適した形の生命は、デジタル生命でしょう。それぞれの場所の化学組成には無関係な形状を取って、そこがデジタル世界である限り、電磁信号として一つの場所から別の場所へと移動し――万能チューリング・マシンを発見した文明なら、それが可能です――、移動先に到着したらそこでコロニーを作るのです。フォン・ノイマンや、あなた方ほかの『火星人』の皆さんが、われわれがこれらのコンピュータを全部作れるようにしてくださったのも、こういうことだったのであり、その結果こういう生命が暮らせる場所が作れたのではないですか」

長い沈黙があった。「あのね」とテラーがついに口を開いた。声を潜め、しゃがれたささやきになっていた。「これを説明するのは骨が折れそうなんで、代わりに一つ提案させてくれないか……。これをテーマに君がSF小説を書いてはどうかね」

「たぶんもう誰かが書いていると思いますが」とわたしは言った。

「たぶんまだ誰も書いていないと思うよ」とテラーは答えた。

第16章　マッハ九

そこには時間は存在しない。シーケンスは時間ではない。

——ジュリアン・ビゲロー、一九九九年

「戦後数年間、近代的な大型汎用コンピュータのあるところをどこか訪れると、必ず誰かが衝撃波問題をやっていました」と、ドイツ出身のアメリカの宇宙物理学者、マーティン・シュヴァルツシルトは回想する。彼は第二次世界大戦が勃発すると、敵性外国人の身分のままでアメリカ陸軍に入隊した。「その人たちに、どうして衝撃波問題をやるようになったのかと尋ねると、そうなるように仕向けたのは、いつも必ずフォン・ノイマンでした。そんなわけで彼らは、フォン・ノイマンが近代コンピュータの設置されるようになった場所を次々回った足跡になったわけです[1]」。

シュヴァルツシルトはアバディーン性能試験場に配属され、新しい「超大型爆弾（ブロック・バスター）」兵器の効果を研究した。これらの爆弾は、従来の爆薬で起爆されるが、規模がとてつもなく大きいので、破壊能力の大部分は爆弾の破片そのものよりも、衝撃波によってもたらされた。核兵器の効果を予兆するようなこの問題こそ、フォン・ノイマンをアバディーンに惹き付けたのだった。フォン・ノイマンが来る前、

「われわれは四苦八苦していました」とシュヴァルツシルトは言う。「何日かけて議論して考えても、われわれが求めているものをどうやって技術者たちに説明すればいいか、誰にもわからなかったのです」。フォン・ノイマンは、これをこう解決した。まず技術者たちに、限られた個数の単純な指令に従う機械を作ってもらう。次に数学者や物理学者がこれらの指令を組み合わせて、必要を満たすプログラムを組み立てる。こうすれば、物理学者は技術者のところに戻る必要はなくなる。「おかげでどんな問題でも、それを解くためにどういうふうにシーケンスを書き下せばいいか、一目でわかるようになりました」。シュヴァルツシルトは語気を強めてこう言う。「一九四三年前半、われわれはなんと愚かだったことか。そして一九四四年になって、すべてはなんと単純で一目瞭然と思えるようになったことか」(2)。このアプローチを誰が最初に思い付いたにしろ、これをアバディーンにもたらしたのはフォン・ノイマンだった。

八年後、一九四三年の爆薬による大型爆弾は熱核兵器に、ENIACとコロッサスは完全な万能マシンにそれぞれ取って代わられたが、アイデアの交換は依然として直接人から人へと、プロペラ駆動のDC-3の速さで行なわれていた。一九五二年一月、IASコンピュータの最初のテストが行なわれていたころ、フォン・ノイマンはカリフォルニアから空路フロリダ州ココア（ケープ・カナヴェラル——一九六三年から一九七三年のあいだケープ・ケネディと呼ばれた——の近く）へと向かい、空軍の当局者と約六〇名の科学顧問による会議に出席した。これは航空研究開発軍団の設置を受けて直ちに開かれた会議で、フォン・ノイマンはこの組織が数学諮問委員会を設立するのに協力するとかねてより約束していたのだ。

ヨーロッパの防衛における核兵器の役割を記した極秘のビスタ計画報告書がちょうど公開されたところだった。報告書は——オッペンハイマーの見解に沿ったもので、出資者たる空軍の見解には反していた――、戦場を目標とした戦略的核兵器のほうが、一般市民を目標とした戦略核兵器よりも道徳的にも軍事的にも良いアプローチであろうと述べていた。オッペンハイマーの機密事項に関与する資格が剝奪されたのは、彼が熱核兵器開発に躊躇する意見を公に述べていたためでもあったが、彼がビスタ報告書に大きな影響を及ぼしたからでもあった。軍と科学者とのあいだには、軍は科学をどう行なうかについて科学者にあれこれ言ったりはせず、科学者は爆弾をどう使うかについて軍に何も言わないという不文律があった。オッペンハイマーはその境界を踏み越えてしまったのだった。

　フォン・ノイマンはまずサンフランシスコからオクラホマまでＤＣ‐４で飛んだ。「エルパソとダラスで、二度着陸して、二度飛行機を乗り換えただけの旅」だった。オクラホマ州タルサからココアまではまず第一の行程で、ＤＣ‐３に乗って「マスコギー、フォートワース、テクサーカナ、シュリーヴポートと辿って、そしてニューオーリンズで乗り換え」た。次の第二の行程では、ロッキード社製ロードスターで「モビール、ペンサコラ、パナマ・シティと進み、タンパで乗り換え」た。そして最後の行程では、またロードスターでオーランドまで飛び、最終的には空軍の軍用車で「大きいが老朽化している」インディアン・リバー・ホテルまで送られた(3)。帰りは軍用機でワシントンまで戻り、そこから列車でプリンストンに帰着した。彼が様子を見たところ、ワシントンではＡＥＣの委員たちが「衝撃波についての議論をしたがって」おり、高等研究所のコンピュータは、毎日決まって「異常な過渡事象や誤動作」があったとはいえ、「そこそこ良好」な状態だった(4)。

　爆弾の熱核反応は一〇億分の数秒で終わってしまうが、恒星内部の熱核反応は数十億年にわたって続く。どちらの時間尺度も人間の理解を超えているが、ＭＡＮＩＡＣなら扱える範囲内だった。戦争が終わると、マーティン・シュヴァルツシルトは卓上計算器とパンチカード式会計機を使い、太陽エネルギーが核融合反応に由来することを唱えたベーテの一九三八年の理論に、放射線不透過度と状態方程式を計算するためにロスアラモスで開発された技法を組み合わせて、恒星進化の問題に取り組み始めた。ＩＢＭがコロンビア大学に新設したワトソン・サイエンティフィック・コンピューティング研究所の支援を受けたにもかかわらず、「ある特定の恒星の生涯の、ある一つの時期について解を得るのに二、三カ月かかりました」とシュヴァルツシルトは説明した。「必要な数値計算の量がおそろしく多いのです」と、一九四六年一二月に彼はスブラマニアン・チャンドラセカールへの報告で述べている。「わたしは、対流平衡中心核の解を計算し終えようとしていたところでした。ところが、放射エンベロープの計算に必要な一七個の解の積分は、ＩＢＭの研究所で新しいリレー積算器を使ってやっと計算が始まったばかりでした……クリスマスになっても、数値計算は完了には程遠いかもしれないと不安になりました[5]」。

一九五〇年、フォン・ノイマンとゴールドスタインは、代わりにＭＡＮＩＡＣを使ってはどうかとシュヴァルツシルトに勧めた。恒星の進化は、「その研究対象は、観察できても、それを使って実際に実験することはできない」ということ、そして、観察結果を、進化の異なる段階にある、既知の恒星型に属する他の恒星で観察されている特徴と比較できるということがフォン・ノイマンをこのテーマに惹き付けた。「急に、個々の恒星の進化シーケンスを計算し、異なる恒星どうしを比較したり、観察された他の恒星たちと、異なる進化の段階を比較したりできる可能性が開けてきました」とシュヴァルツシルトは述べている。これで、数値モデルがうまく行っているかどうかを直接確認できるようになる。気象学者たちが、気象系はそれぞれ異なるので、収集する観察データはどれも一回限りのものだということに甘んじなければならないところ、天文学者たちはどんなときでも、夜空を見上げればさまざまなタイプの恒星たちを、その進化過程のあらゆる段階で観察できるのである。「夥しい数の恒星（あまりに多様なので、「恒星の動物園」と呼べるかもしれません）がいくつかのパターンに当てはまるのがわかり、そこから、われわれは恒星の年齢を特定できるようになり始めたのです[6]」。

フォン・ノイマンは、MANIACを使える時間を提供したのみならず、ヘドヴィグ（ヘディ）・セルバーグが助手に付けるようにも手配した。彼女はシュヴァルツシルトの恒星進化研究の共同研究者となった。ヘドヴィグ・セルバーグは一九一九年、トランシルバニアのトゥルグ・ムレシュに生まれた。父親は家具職人だったが、世界大恐慌で破産し、そのため彼女はコロジュヴァール大学に通いながら数学の家庭教師をして一家の暮らしを助けねばならなかった。それでも彼女は、修士号に相当する資格を取って、大学をその年度の首席で卒業した。その後、サトゥ・マーレにあったユダヤ人の高等学校で数学と物理学を教えていたが、一九四四年六月、家族全員がアウシュビッツ送りとなってしまった。家族の唯一の生存者となった彼女はスカンジナビアに逃れ、一九四七年八月、ノルウェー出身の数論研究者、アトル・セルバーグと結婚し、同年九月、プリンストンへと移った。彼女が持っていたいくつかの教員資格はニュージャージーでは通用しなかったので、コロンビア大学で数学の博士号を取ろうと計画していたところ、一九五〇年九月、フォン・ノイマンから、電子計算機プロジェクト（ECP）で月給三〇〇ドルで働かないかと持ちかけられた。「母はこの、それまで経験したことのなかったまったく新しいタイプの仕事が大好きになり、歴史的なわくわくする展開の一部となれたことを、とても幸運だと感じていました」と、彼女の娘、イングリッドは言う。「母の数学と物理の知識はもちろん、母の知性のすべて、そして、細部に神経を行き届かせる母の細やかさまで、活用することができたのですから[7]」。

ヘディ・セルバーグは、MANIACが存続し続ける限り、MANIACと共にいた。最初の水素爆弾関連の計算から、最後の恒星進化モデルまで――この恒星進化が、大学が手を引く瞬間まで取り組まれていたテーマだった。「わたしは、ECPで夜中に水爆の研究をしていたなんて、まったく知りませんでした」とイングリッドは言うが、一方、フリーマン・ダイソンは、「ヘディはいつも、コンピュータは主に爆弾の計算をしていると言っていた」と言う。技術者たちや「AEC（原子力委員会）の連中（ボーイズ）」がMANIACの業務日誌に記入した質問への答には、「H・S」（「ヘディ・セルバーグ」のイニシャル）とサインされているものがたくさんある。

「すべてが『1』のシーケンス以外、ロード不可能。何も記入されていないカードまで、すべて『1』と表示される」と、彼女は一九五三年一二月一一日の業務日誌に記入している。次の行には、「この点以外は、マシンは良好に作動」とある。「マシンの裏側のリレー（わたしたちがマッチ棒をはさんだもの）は、大丈夫のようだ」。彼女は長期間にわたって、一人でMANIACを監督した。「今夜はA/condの調子があまり良くなく、ほとんど固まってしまったようだ」。一九五四年一一月一九日から二〇日にかけての深夜、午前零時九分の記入にはそうある。「しかし、温度は徐々に下がってきており、もしも温度が九〇度（摂氏約三二度）になったら停止するようバリチェリに指示して、わたしは帰宅します」と、その夜の業務終了の署名をする直前には記入している。

シュヴァルツシルトとセルバーグは、恒星進化の初期の、単純なモデルを出発点として使った。すなわち、恒星が流体静力学的にも熱的にも平衡にあり、「内部温度が適切で、水素の燃焼によって生じるエネルギーのペースが、表面放射で失われる分をちょうど補う」という状態だ[8]。最終的には、コアの水素はすべてヘリウムに変換され、水素燃焼エリアは外側に移る。ヘリウムのコアは、質量は増すが体積は縮小し、同時に恒星全体の光度と半径は増大する。これが赤色巨星で、その後さらに約一〇億年間燃え続け、そのあとは白色矮星となる。

恒星は歳を取るにつれ、ますます複雑な振舞いをするようになる。対流によって層と層が混ざり合い、また、ヘリウムが核融合で重い元素へと変化していく。元素ごとに光をどれだけ通すかという不透明度が異なり、これは、テラー＝ウラム型爆弾で放射線に対する不透明度がその実現可能性に決定的な意味を持っていたのと同様、恒星にも大きな影響を及ぼす。「不透明度やエネルギー生成などを計算するためのさまざまな補助方程式や、放射、対流、退化、それぞれの状態の区別なども含め、このシステムの全体は、われわれのコンピュータで処理された最も複雑なシステムであった」と、シュヴァルツシルトとセルバーグは報告書に記している。[9]彼らが構築したモデルは時代のはるか先を行っていた。「残念なことに、彼の先駆的な研究がいかに深い洞察に、そして彼のコメントや疑問に満ちていたかをわたしが知ったのは、ずっとのちになって、彼がもはやここにいなくなってしまったあとのことでした」と、二〇年後に数値モデルの手法をＩＡＳに再導入した宇宙物理学者、ジョン・バーコールは言う。「しかし、彼は『わたしが一九五六年に発表した論文を読んでごらんなさい、わたしが原初熱存在度を計算していたことがわかりますから』などとは決して言わない人でした。それは彼の流儀ではなかったのです。彼が自分自身の研究について何か言ったことなど、一度もありませんでした[10]」。

シュヴァルツシルトが行なった計算は、宇宙論的気象学とでも呼べそうなものだ。つまりそれは、際限なく次々と予想を立てる必要をその後一切不要にした、すべてを包括する予報なのである。「だとするとわれわれは、その質量の半分を永久に恒星たちの内部に固定させ、その燃料全体の四分の一をすでに使ってしまった、成人期にある銀河に暮らしているのだろうか？」と、彼は一九五七年に問うた。「若い銀河の荒々しい輝きを観察することはもはやできないとしても、恒星たちが白色矮星に永遠に固定化される前の、さまざまな進化段階にあるのを観察することは、まだわれわれに可能なのだろうか？[11]」

一九五三年の中ごろまでにMANIACにかけられた問題は大きく五種類に分けられ、それぞれ異なる時間尺度を持っていることが特徴的だ。それらは、（1）核爆発。数マイクロ秒で終わる。（2）衝撃波および爆風。数マイクロ秒から数分までの幅がある。（3）気象学。数分から数年までの幅がある。（4）生物の進化。数年から数百万年の幅がある。（5）恒星の進化。数百万年から数十億年の幅がある。これらすべてを五キロバイトでやってのけたのだ――われわれが今日（こんにち）MP3に音楽を圧縮する率でいうと、約一秒半の聴覚データに相当するメモリ容量である。

これらの時間尺度を見渡すと、約10^{-8}秒（核爆発での中性子一個の寿命）から10^{17}秒（太陽の寿命）にわたっている。この範囲のちょうど中間は、10^{4}秒から10^{5}秒のあいだ、すなわち約八時間であり、人間が直接認識できる時間範囲（まばたきの時間、すなわち一秒の一〇分の三以内から、人間の一生の三〇億秒、すなわち九〇年）のちょうど真ん中に一致する（口絵(70)）。

この五種類の問題のうち、衝撃波はフォン・ノイマンがまるで初めて恋に落ちたかのようにのめり込んで、生涯最も愛着を抱き続けたテーマだった。この問題に対しては、勘のようなものが見事に働いた。計算だけでは十分でないことも往々にあった。「数学的推論によって見出した解が、ほんとうに自然界で起こるのかという問いは……極めて難しく、また曖昧だ」と彼は一九四九年、星間空間でガス雲が衝突して生じる衝撃波の振舞いに関して述べている。「それを探し求めるうえで頼りになるのは、もっぱら物理学的直感だ……それでも、導き出されたどんな解に対しても、そうした解が存在するにちがいないと、少しでも確信を持って言うことは困難である[12]」。

衝撃波は、物体どうし、物体と媒体、二つの媒体どうし、あるいは、一つの媒体のなかで突然何かの変位が起こる際の、速度もしくは時間尺度の不一致によって生じる。速度の違いが情報の局所的な速度よりも大きい場合、ここから不連続性が伝播する。古典的な例が、飛行機が音速を超えると生じるソニック・ブームだ。このような不連続性を生む擾乱には、爆薬の爆発前線、銃口から射出される弾丸、大気圏に突入する隕石、核兵器の爆発、あるいは二本の星間ガス流の衝突など、さまざまなものがある。

衝撃波は二つの宇宙の衝突や、あるいは、新しい宇宙の爆発的な誕生によっても生じ得る――デジタル宇宙がわれわれの宇宙と衝突して、われわれが順応できないほど急速な擾乱が起こっている現状は、ちょうどこの後者の例として説明できるかもしれない。「技術の進歩と人間の生活様式の変化が加速する一方である現在の様相は、人類の歴史のなかで何か重要な特異点に近づきつつあるようにも見える」と、フォン・ノイマンはスタン・ウラムに述べている。(13)

われわれの宇宙のなかでは、われわれは時計を使って時間を測り、コンピュータには「クロック・スピード」があるが、デジタル宇宙を支配する時計は、われわれの宇宙を支配する時計とはまったく異なる。デジタル宇宙において時計は、メモリに保存されているビット（空間内の構造）と、コードによって伝達されるビット（時間のなかのシーケンス）とのあいだの翻訳を同期させるために存在する。それは、時間を測るという意味よりも、脱進機（訳注：デジタル式でない機械式の時計で、ゼンマイの回転運動をテンプの往復運動に変換させる機構）を制御するという意味で時計なのだ。

「IASのコンピュータは非同期的です。すなわち、基本的な選択肢のなかのどれを選ぶかという決定と、その決定の実行は、独立した変数としての時間に依存してではなく、むしろシーケンスに従って行なわれるのです」とビゲローは一九四九年、モーリス・ウィルクスに説明している――ウィルクスはこのころケンブリッジ大学で開発されていた遅延線ストレージ式のEDSACコンピュータを、高等研究所のライバル機よりも先に作動させることになんとか成功したばかりだった。「したがって時間は、情報の位置の索引としては使えません。何らかの基本的な事象によって作動させられているカウンターの読みが索引として使われます[14]」。

「それは、その全体が、オン・オフするバイナリーゲートから成る、一つの大きなシステムでした」と、ビゲローは五〇年のちに同じことをこう述べている。「クロックはありませんでした。時計は必要ありません。カウンターさえあればいいのです。カウンターと時計は違います。時計は時間の経過を追います。しかし、近代的な汎用コンピュータは、出来事の経過を追うのです[15]」。この違いが、デジタル宇宙とわれわれの宇宙を分けるところなのだが、実際には、残された数少ない違いの一つである。

キロサイクルからメガヘルツへ、そしてさらにギガヘルツへという加速は、この額面上のクロック速度の向上が示している以上の加速を起こしている。というのも、専用グラフィック・プロセッサのような装置のおかげで、コード化されたシーケンスとメモリ構造とのあいだの翻訳が、中央クロックが一段階ずつ翻訳を許可するのを待たずとも直接進むようになったからだ。われわれが加速するコンピュータのスピードに合わせようと、われわれ自身の時計を何度リセットしても、決して追い付くことはできない。デジタル宇宙のなかで非同期的プロセシングを利用しているコードたちは、われわれの世界のなかで、われわれを置いてどんどん先へと進んでいく。

人間どうしのコミュニケーションのために発達したネットワークが、三〇年前、機械どうしのコミュニケーションに適用された。声のネットワーク上でデータを送信していたわれわれは、わずか数年のうちに、データのネットワーク上で声を送信するようになった。数十億ドルが投じられ、六つの大陸と三つの大海をつなぐケーブルが敷設され、光ファイバー網が世界を覆（おお）った。ケーブル通信がピークに達した一九九一年、光ファイバーは地球全体で毎時五〇〇〇マイル（約八〇〇〇キロメートル）、すなわち、音速の九倍、マッハ九というペースで生産されていた。

ファイバーの束を敷設しても、一本のファイバーを敷設するのとほとんどコストが変わらなかったため、著しく過容量のケーブルが設置された。一五年後、グーグルをはじめとする新しい世代の企業が、使われていない「ダーク・ファイバー」を破格の安値で買い上げ、その端子を接続すれば利益が上がる時が来るのを待った。光スイッチが一分ごとに安くなっている今、ダーク・ファイバーに光が灯るようになった。個別の接続コストをかけることなく個々の装置に到達するにはどうすればいいかという、いわゆる「最後の一マイル」問題はワイヤレス・デバイスの登場で消えてなくなり、われわれは今や、再びケーブルを伸長している。光ファイバーの生産は世界全体でマッハ二〇（時速約二万四〇〇〇キロメートル）に達したが、かろうじて需要に追い付いているという状態だ。

その処理サイクルの大部分が、このネットワークに生息するコンピュータたちのあいだで浪費されている。たいていのプロセッサはほとんどの時間、指令を待って過ごしている。ビゲローが説明したように、頻繁に使われているプロセッサにしても、計算要素のほとんどが、何もせずに、次にやることが回ってくるのを待っている。グローバル・コンピュータは、威力は確かに素晴らしいが、人間がこれまでに作った最も非効率的な機械だろう。ベニア板の厚さほどの薄っぺらい指令が来るほか、残りの九九・九パーセントは暗い空虚な時間なのだ。

計算資源を巡って競いあう数値生命体たちにとっては、たまらなく魅力的な機会が開けているということになる。バーチャル・マシン（プロセッシング・タイムの配分を最適化する）とクラウド・コンピューティング（ストレージの配分を最適化する）への移行は、それまで無駄にされてきた資源が使われ始めるという、状況の転換が始まったことを意味する。コードたちは多細胞になりはじめ、プロセッサとプロセッサ、メモリとメモリの境界がますます曖昧になりつつある。

ジュリアン・ビゲローとノーバート・ウィーナーが一九四一年に「理想の予言者のための格言集」

をまとめたとき、彼らが挙げた最後の格言が、〈運動する標的の未来の位置の〉予測は、観察した事柄を標的の座標系を基準に正規化し、「その根本的な対称性と、振舞いの不変性を強調して」行なわねばならない、さもなければ、地上の観察者の座標系への翻訳で見失われてしまう、というものだった。[16]これこそ、われわれの宇宙の座標系のなかで、われわれが知っているような時間が存在しないデジタル宇宙の未来を予測するのがどうにも難しい理由である。

一九五一年に生まれたコードたちは、急速に増殖したが、その性質は変わっていない。限られた基礎的な能力しか与えられていない自己複製する数――つまり、限られたヌクレオチド・シーケンスからなるアルファベットが、アミノ酸の基礎的な一組を決めるコードになっているのと同様の基礎的な能力しかない数値的生命体――と、ポリヌクレオチド、タンパク質、そして、そこから展開してその後に生じるものすべてとのあいだには、象徴的な類似性がある。グーグルのように広大で複雑な組織がデジタル宇宙全体の状態をマッピングするコードは、クラリ・フォン・ノイマンがロスアラモスの軍の売店で夫が入手してくれたラッキー・ストライクを吸いながら書いた最初のモンテカルロ・コードの子孫である。

一九五一年、ＩＡＳのコンピュータが稼動可能になったころ、スタン・ウラムがフォン・ノイマンに、〝純粋にデジタル的な宇宙は、われわれの宇宙のなかでわれわれが観察している進化プロセスを一部なりとも捉えることができるだろうか〟という疑問を書いた、日付のない覚え書きを送った。彼は、チューリング完全なデジタル生命体〈バリチェリの一次元的な異種交配する遺伝子列とは異なり、二次元で動く〉がそのなかで資源を巡って競争し進化する、無限大の二次元マトリクスを思い描いた。ウラムはまた、このデジタル・モデルを逆向きに働かせて、彼が言うところの、「『原時間(プロトタイム)』のなかでの時間と空間の誕生」に関する問題を検討することも提案している。[17]

デジタル宇宙のなかで進化する生命体は、われわれとはまったく違うものになりそうだ。われわれには、彼らがますます急速に進化しつつあるように見え、彼らの目にわれわれの進化は、彼らが生まれた瞬間から減速を始めたように映るだろう。われわれの宇宙が、ビッグバンのあと突然冷却し始めたのと同じように。ウラムの推測は正しかった。われわれの時間は何かほかのものの原時間(プロトタイム)になりつつあるのだ。

ウラムは、「自然が行なっているらしきゲームは、なかなか定式化しづらい」と、一九六六年のあるときニルス・バリチェリも混じえて交わされていた会話のなかで口にした。「異なる種どうしが競争しているとき、負けをどのように定義すればいいかはわかる。一つの種が完全に死滅する場合、その種が負けたことは明らかだ。しかし、勝ちをどのように定義するかはずっと難しい。なぜなら、多くの種が共存し、おそらく無限の時間共存し続けるだろうからね。けれども人間はある意味において、自分たちはニワトリよりもはるかに進化しており、その状態は永遠に続くだろうと思い込んでいる(18)」。

フォン・ノイマンが初めて単独で書いた論文、『超限順序数の導入について』は一九二三年、彼が一九歳のときに発表された。矛盾を呼び込むことなく異なる種類の無限を区別するにはどうすればいいかという、フォン・ノイマンがその中で明確化したものの解決することのできなかった問いは、ウラムのこんな問いに密接に関連している。その問いとは、「われわれが欲しいのはどの種類の無限なのだろう?」である。

第17章　巨大コンピュータの物語

とある小さな実験室――それは古い厩を改造したものだったと言い張る人もいる――で、白衣を着た数人の男たちが立って、一見何の変哲もなさそうな、小さな装置を見守っていた。装置には、信号ランプがいくつも付いていて、まるで星のように輝いていた。たくさん孔が空いた灰色の紙切れが装置に挿入されると、別の紙切れが出てきた。科学者や技術者たちは、目を輝かせながら懸命に働いた。彼らは、自分たちの目の前にある小さな機械は、何か並外れたものなのだと理解していたのだ――だが、彼らの前に開かれつつあった新しい時代を、彼らは予測していただろうか？　あるいは、それは地球に生命が誕生したことに匹敵するような出来事だったと薄々感じていただろうか？

――ハンス・アルヴェーン、一九六六年

フォン・ノイマンは一九四六年、「相手方」と取引を行なった。科学者たちはコンピュータを取り、軍は爆弾を取る、という取引だ。これまでのところ、この取引は十分良好に展開しているようだ。というのも、フォン・ノイマンの予想に反して、爆発したのは爆弾ではなくてコンピュータのほうだったからだ。
「のちにはマシン・サイズが再び増大する可能性もあるが、現状の技術と哲学が使われ続ける限り、スイッチング装置一万（もしくは一万の二、三倍）個という規模を超えることはないだろう」と、フォン・ノイマンは一九四八年に予測した。「コンピュータに対しては、スイッチング装置約一万個というのが適切な規模ではないかと思われる」[1]。トランジスタは発明されたばかりで、トランジスタ四個からなるトランジスタ・ラジオが買えるようになるのは、まだ六年先のことだった。二〇一〇年、一〇億個のトランジスタを内蔵したコンピュータが、インフレ調整後の一九五六年のトランジスタ・ラジオの値段で購入できる。

　フォン・ノイマンの予測は、五桁ずれていた——これまでのところは、だが。彼は、遠隔入出力の障害が解決されたなら、限られた台数の大型コンピュータで高速計算の要求に対応できるだろうと確信しており、彼に助言を求めた政府や産業界のブレインにもそう説明していた。これは確かに正しかったが、ほんの短い期間のあいだだけだった。穿孔カードと真空管から始まった爆轟波は、ごく短期間、大型の集中型計算設備のなかに集中していたが、やがて物質でできた境界と制度の境界とを次々と超えて、増殖していった。磁気コアメモリ、半導体、集積回路、そしてマイクロプロセッサへと。また、大型汎用コンピュータやタイム・シェアリング・システムから、ミニ・コンピュータ、マイクロ・コンピュータ、パーソナル・コンピュータ、枝分かれするように広がるインターネット、そして今では何十億個にものぼる内蔵マイクロプロセッサと、細胞ならぬ携帯電話にまで広がっている。部品は数が増えるにつれサイズは縮小していき、サイクルはどんどん高速化している。世界は変貌していた。

　この変貌を予見していた一人が、スウェーデンの宇宙物理学者、ハンス・アルヴェーンだ。彼はフォン・ノイマンとテラーが核兵器にすっかり夢中になったのと同じくらい、とことん核兵器に反対する立場を貫いた。彼はすべての核兵器の廃絶とすべての戦争の放棄を訴えるパグウォッシュ会議の創設メンバーの一人で、のちに会長に就任した。やはり創設メンバーだったジョゼフ・ロートブラットは一九四四年後半、ドイツは原子爆弾を製造する努力に真剣には取り組んでいないという機密情報を得ると、原爆開発はもはや必要ないと判断し、ロスアラモスの物理学者としては唯一、マンハッタン計画から離脱した。

少年時代に、カミーユ・フラマリオン（訳注：フランスの天文学者、作家。天文学を普及させるための著作を多数発表）の『みんなの天文学（*Popular Astronomy*）』を一冊与えられたアルヴェーンは、太陽系について当時知られていたことと、まだわからなかったこととをこの本をとおして学んだ。その後彼は学校の短波ラジオクラブに入り、可視光の波長を超えたところに宇宙のいかに多くが存在しているのか、そして、宇宙のかなりの部分が通常の固体、液体、気体ではなくて、物質の第四の状態、すなわち電子が拘束されていないプラズマの状態になっていることを次第に理解していった。彼は一九七〇年、磁気流体力学の研究でノーベル賞を受賞した。そもそもこの分野は、彼が一九四二年に《ネイチャー》誌に投稿したレター論文に始まったのである。固体伝導体のなかでの電磁波の振舞いは当時までにはよく理解されていたが、イオン化されたプラズマのなかでの電磁波の振舞いは、恒星の内部であれ、星間空間においてであれ、依然として謎のままだった。プラズマも含め、任意の伝導性流体のなかでは電気力学と流体力学が連結しており、アルヴェーンはこの関係を堅固な数学的かつ実験的基盤の上に定式化した。「一万ガウスの磁場のなかで水銀と遊んでいると、磁場がその流体力学的性質を完全に変えてしまったという全体的な印象が得られる」と、彼は一九四九年に述べている(2)。

アルヴェーンの宇宙には、磁気流体波——今日（こんにち）アルヴェーン波と呼ばれているもの——が充満していた。おかげで、「空っぽ」の空間と思われてきたものがはるかに充溢したものとなり、オーロラから太陽黒点、そして宇宙線までにわたるさまざまな現象を説明することができるようになった。彼は電気力学を使って多数の惑星がまとまっていく様子を説明し、太陽系の形成に関する詳細な理論を展開した。「太陽系の起源を辿ることは、物理学ではなくて考古学である」と、彼は一九五四年に書き記した。(3)

アルヴェーンはまた、正統主義者たちの賛同は得られなかったが、宇宙の大きな尺度における構造は無限の階層をなしており、一つの源から膨張しているのではないかもしれないと論じた。このような宇宙は――ライプニッツの、「無からすべてが生じる」という理想を実現して――、平均密度はゼロだが、質量は無限大のはずだ。アルヴェーンによれば、「ビッグバン」は希望的推測に基づいていた。「彼らは広く支持されている創造説（訳注：宇宙や生命などの起源は、旧約聖書の創世記が説く「創造主なる神」にあるとするさまざまな説）と闘っているが、同時に彼ら自身の創造説のために狂信的に闘っている」と、彼は一九八四年に記している。(4)

アルヴェーンは人生の後半を、カリフォルニア州ラ・ホーヤ――カリフォルニア大学サンディエゴ校で物理学教授を務めていた――と、ストックホルムのスウェーデン王立工科大学とで半分ずつ過ごした。王立工科大学では、一九四〇年に電気工学科に配属されたが、おかげで、コンピュータ時代の到来を直接目撃することができた。スウェーデンのBESK（Binär Elektronisk Sekvens Kalkylator）は、ISAコンピュータの第一世代のコピーで、一九五三年に稼動を始めた。メモリと算術計算はISA機よりも速くなっていたが、これは、一つにはスウェーデンの巧妙な技術（たとえば、ゲルマニウム・ダイオードを四〇〇〇個使用したことなど）と、もう一つには各ウィリアムス管のメモリを五一二ビットに縮小したことによる。

「スウェーデンのマシンを見たよ」と、フォン・ノイマンは一九五四年九月、ストックホルムからクラリに書き送った。「とてもエレガントで、おそらく平均で二五パーセントわれわれのマシンより速い。ウィリアムス管メモリは容量たった五〇〇語、そしてドラムは容量四〇〇〇語（これは倍増される予定）、入力はテレタイプ（高速で、電気式リーダを使用）、出力はタイプライターによるもののみ（遅い）」[5]。このコンピュータの製作はアルヴェーンに消えることのない強い印象を与え、ついに彼は、『巨大コンピュータの物語――展望』（訳注：邦題は『未来コンピュータ帝国』、金森誠也訳、大陸書房）という著書のかたちでその印象を書き留めた。この本は一九六六年にスウェーデンで、一九六八年にアメリカで、それぞれ出版された。

「娘の一人が初孫を産んでくれたとき、彼女はわたしにこう言いました。『お父さんは、科学の論文や本はたくさん書いているでしょう。じゃあ、もっと気の利いたもの――このおちびさんのための御伽噺――を書いてみてはどうかしら？』」と、アルヴェーンは一九八一年に記している。「ウロフ・ヨハネッソンという一卵性双生児みたいな」ペンネーム（訳注：アルヴェーンのフルネームは、ハンス・ウロフ・ゲスタ・アルヴェーン）で、彼は無限に遠い未来から振り返るかたちで、コンピュータが生まれ、発展し、その後地球上で支配的な存在となったことを簡潔な自然史として綴った。「進化してどんどんと複雑な構造になっていった生き物は、人間が直接育てたコンピュータに匹敵する、自然の創造物です」と彼は記す。「しかし、それは匹敵する以上のものでした。それは一つの道でした――曲がりくねった道でしたが、あれこれエラーや障害があったにもかかわらず、少なくともその目的地には到達したのですから」[6]。

「わたしはスウェーデン政府の科学顧問でしたので、スウェーデン社会の改革を目指す彼らの計画を知ることができましたが、これまでの発明がわれわれを重い肉体労働から解放してくれたのと同じように、コンピュータの支援があれば、それらの計画がはるかに効率的に進められるのは明らかでした」と彼は、この本を書くに至った経緯を未発表の〝序文〟の中で述べている。アルヴェーンのヴィジョンでは、コンピュータは世界最大の脅威の二つ——核兵器と政治家——を直ちに廃絶することになっていた。「コンピュータが発達すれば、政治家たちの重責のかなりの部分を肩代わりできるようになり、遅かれ早かれ、コンピュータが政治家たちの権力を奪うことになるでしょう。これは、醜悪なクーデターによって行なわれる必要はありません。コンピュータたちは、ただもう手際よく政治家たちの裏をかいていくことでしょう。政治家たちが、自分たちが無力になってしまったと気付くまでに長い時間がかかるかもしれません。これはわれわれにとって脅威ではないのです[7]」。

「コンピュータは問題解決者となるように設計されています。一方政治家たちは、石器時代の族長の精神構造を引きずっていますから、ほかのすべての部族を憎ませ、彼らと戦わせておけば、自分の部族民たちを支配することができると思い込んでいるのです」とアルヴェーンは言う。「われわれに、問題を作り出すトラブル・メーカーか、問題を解決してくれるものかのどちらか選ぶことができるなら、分別のある人は皆後者を選ぶでしょう[8]」。

『巨大コンピュータの物語』の本文で、ますます拡張していくコンピュータ・ネットワークを設計し、そのプログラミングを行なう数学者たちは、「社会を組織化するという問題はあまりに複雑で、人間の脳、あるいは協力して働く多数の脳でも解決不可能なのではないかと考えはじめました。彼らはやがて『社会学的複雑性定理』を証明し、それを根拠に、人間社会の組織化と、その社会的ネットワークの管理をコンピュータに任せることに決定したのです[9]」。すべての市民に、「テレトータル」という装置が配布された。今日のグーグルやフェイスブックによく似た特徴を持つ、世界的なネットワークに接続された装置だ。「テレトータルは、コンピュータの思考世界——パルス・シーケンスによっ

— 電気化学的な神経インパルスによって働く — てナノ秒の速さで働く ——と、人間の脳の思考世界 ——電気化学的な神経インパルスによって働く—— とのあいだの橋渡しを行ないました」とアルヴェーンは未来世界を描写していく。[10]「普遍的な知識はコンピュータのメモリ・ユニットに保存されており、誰でも簡単にアクセスできたので、知識を持つ者と持たない者との格差がなくなりました……そして、どんな知恵も、人間の脳に保存する必要などまったくなくなってしまったのです[11]」。

テレトータルに続いて、小型化されワイヤレスになった後継機、「ミニトータル」が登場し、やがてそれを補うインプラント、「ニューロトータル」が使われるようになった——脳に直接接続できるように手術で神経のなかに挿入され、「超短波でその人のミニトータルと永続的に接続した」状態に保たれる装置だ。人間の技術者たちが成長を続けるコンピュータ・ネットワークの維持管理を行ない、その見返りとして、コンピュータたちが共生者たる人間の健康と福祉に、現在のスウェーデン政府が行なっているのと同様に細やかに気を配った。「健康工場」が、人間の怪我や病気を適切に治癒し、分散された遠距離通勤生活が好まれ、都会は見捨てられるようになり、「商店は無用となりました。というのも、お客は自宅のコンピュータで店の商品を確認できるようになったからです……。何かを買いたいときは……購入ボタンを押すだけでよかったのです[12]」。

やがてある日、システム全体が急停止した。人間たちの小さなグループが、ネットワークを掌握しようと企てたのだ。「派閥が形成され——その数はわかっていません——、権力を巡って争いました。あるグループは、ライバルたちのデータ・システムを混乱させて打ち倒そうとしましたが、同じ方法で仕返しされました。結果は、完全な混乱でした。どのぐらいのあいだ戦いが続いたのか、われわれにはわかりません。長い期間をかけて準備されたに違いありませんが、争いそのものは一秒もかからなかったようです。しかしコンピュータたちにとっては、これは相当長い時間でした[13]」。

完全な機能停止だった。ネットワークがだめになってしまったので、復帰するにはどうすればいいかという指示を配信する手立てもなかった。「機能停止は、ほとんど――というよりむしろ完全に――世界中で同時に起こったようで、国際コンピュータ・ネットワークが使い物にならなくなってしまったのは明らかでした」とヨハネッソンは物語る。[14]「大災害でした。一年もたたないうちに、半分以上の人間が空腹と窮乏のために亡くなりました……。斧やその他さまざまな道具を使って、博物館の収蔵品が掠奪されました[15]」。

人々は徐々に、荒廃から立ち上がって社会を再建し、崩壊を免れた火星の基地に保存されていたバックアップからコンピュータ・システムが再起動された。今回は、最初からコンピュータに支配権のすべてが与えられた。というのも、「重要な組織に関わる任務から、人間は完全に排除されねばならない」と誰もが痛感したからだ[16]。新しい社会では、人間の数は少数に保たれた。「多数のデータベース専用機があの大災害で破壊されましたが、犠牲になった人間の割合を考えれば、その台数は大して減ってはいませんでした。……こうして、再起動されたとき、人間に対するコンピュータの比率は、格段に大きくなっていたのです[17]」。コンピュータが再び稼動しはじめ、自己修復し、自己複製する機能も備わると、人間は次第に不必要になっていった。そして物語は語り手のウロフ・ヨハネッソンが、この先どのくらいの数の人間が存続していくのだろうと訝っているところで終わる。「少なくとも、今より人口が減ることは確かでしょう。しかし、直ちにそうなるのか、それとも徐々にそうなるのか、どちらでしょう？　彼らは人間のコロニーを維持できるのでしょうか？　もしできるとして、どのくらいの大きさのコロニーになるのでしょう？[18]」

アルヴェーンの物語は忘れられてしまったが、彼が予測した未来は現実のものとなった。データ・センターやサーバー・ファーム（訳注：ビル全体や、フロア全体にコンピュータ・サーバーが設置されたもの）

が地方に広がっている。ブルートゥース（訳注：携帯電話などのデジタル機器どうしを接続する近距離無線通信の規格。ブルートゥース・ヘッドセットと呼ばれるヘッドフォン様のものを耳に装着すると、対応する機器とワイヤレス、ハンズフリーでやりとりできる）のヘッドセットをして「アンドロイド」携帯電話を使っている状態は、神経インプラントまであと一歩である。コンピュータ関連の仕事をしていない人々の失業は全世界にわたっている。フェイスブックがわれわれが誰なのかを定義し、アマゾンがわれわれが欲しいものを定義し、そしてグーグルがわれわれが何を考えるかを定義する。テレトータルはパーソナル・コンピュータ、ミニトータルはiPhone、そして次にはニューロトータルが登場することだろう。フェイスブック社の創設者に、あなたの会社のほんとうの目標はいったい何なのかと尋ねると、彼はこう答えた。「人間の生活をどこまでわれわれが吸収できるか、やってみることです」[19]。グーグルの共同創設者の一人、セルゲイ・ブリンは、「われわれは、グーグルに左脳・右脳と並ぶあなた方の第三の脳となってほしいのです」と言う[20]。

人々がどう投票するかをコンピュータが予測する（そしてそれに影響を及ぼす）能力は、実際の票が数えられるのと同程度の正確さとなり、アルヴェーンの予見どおり、おかげで政治家たちはコンピュータに従うようになった。コンピュータはその力を及ぼすのに兵器を必要としないので、アルヴェーンの物語で描かれるように、コンピュータは「すべての生産をコントロールし、したがって、反乱が企てられたときには、生産は自動的に停止してしまいます。通信についても同じですから、何者かがデータ・マシンに対して反乱のような愚かなことを試みたとしても、その影響は局所的なものに留まるでしょう。結論として言えば、コンピュータに対する人間の態度はたいへん良好です」[21]。最近の展開は、アルヴェーンが想像できたものを上回るペースで進んでいる――光データ・ネットワークの爆発的な成長（一九世紀にスウェーデンの光テレグラフ・ネットワークが予測していた）から、バーチャル・マシンの蔓延(まんえん)に至るまで。

バーチャル化の元祖は万能チューリング・マシンだ。論理関数と記号列とのあいだの双方向的翻訳は、もはや一九三六年の抽象的な数学の話ではなくなった。一台のコンピュータのなかに、多数のバーチャル・コンピュータが並列で存在している場合もある。「アプリケーション・ソフトウェア」は、個々の装置に特定のバーチャル・マシンを実装する、コード化されたシーケンスだ。グーグルの一〇〇万台のサーバー(最も新しく確認された台数で)は、その物理的な発現が刻々と変化する、一つの集合的後生生物をなしているのである(訳注:アプリケーション・ソフトウェアは、「アプリ」、「app」と略されるソフトウェアで、ユーザーがコンピュータ上で実行したい機能を任意に搭載できるもの。コンピュータの稼動そのものに必要な、オペレーティング・システム〔OS〕と対比されることが多い)。

バーチャル・マシンは決して眠らない。サーチエンジンのうち、検索結果を表示するのに使われているのは三分の一だけだ。残る三分の二は、クローリング(情報を収集するために、その一つの仕事しかしないデジタル生命体を多数送り出すこと)とインデクシング(収集された結果からデータ構造を構築する)の仕事に勤(いそ)しんでいる(訳注:検索インデックスに載せるために、さまざまなファイルやウェブサイトにアクセスすることをクローリングという)。仕事の負荷は、サーバー・ファーム内の夥(おびただ)しい数のコンピュータのあいだを自由に移動する。ビッグテーブル、マップリデュース、パーコレイタなどの名称のアルゴリズムが、数値アドレス・マトリクスを体系的に連想メモリに変換しているが、これはこれまでに地球上で実行された最大の計算と呼べるものを成立させる重要な転換だ。われわれはサーチエンジンの表面しか見ていない——ただ検索文字列を入力し、該当するものを含む内容が存在するアドレスのリストを得るだけだ。意味のあるビットの列を求めてわれわれが行なうランダムサーチのすべてが集積されたものは、内容、意味、そしてアドレス空間、これらのもののマップをなしており、しかもそれは常時更新されている――これこそ、ワールド・ワイド・ウェブの根底に存在するマトリクスのインデクシングのために応用されたモンテカルロ法である。

一九五一年に、たった一軒の四〇階建てホテル――各階一〇二四部屋――として始まったアドレス・マトリクスは、今では数十億軒の六四階建てホテル――客室も数十億室――にまで膨張したが、依然としてその内容のアドレス指定には、正確に特定しなければすべてが停止してしまう数値座標が用いられている。しかし、メモリのアドレスを指定する方法はもう一つある。それは、指定されたメモリ・ブロックの内容のなかで、特定可能な（しかし、ユニークである必要はない）文字列を、テンプレート・ベースのアドレスとして使う方法だ。

連想メモリへのアクセスが可能になると、「あれと一緒にこれをやれ」という指令――正確な位置を指定する必要はない――に基づいたコードが進化を始める。「ああいうふうなものと一緒にこれをやれ」という指令になっている場合もあろう――テンプレートは正確でなくて構わないのだから。デジタル時代の第一期は、一九五一年のランダムアクセス・ストレージ・マトリクスの導入で幕が開けた。第二期はインターネットの導入によって始まった。テンプレート・ベースのアドレス指定の導入によって、コンピュータの第三期が今まさに始まったところだ。正確な数値アドレスを指定しないという、かつては機能停止の原因だったことが、これからは現実世界での成功に必要不可欠になるだろう。

モンテカルロ法は、解析的なアプローチでは取り組めない物理的な問題に対して近似的な解を見つけるために、確率統計的なツールを使うための手段として編み出されたものだった。現実の物理現象は実際に確率統計的なので、モンテカルロ法による近似が、そもそもそれが近似するために持ち出された解析的な解よりも現実に近いことも多々ある。同様に、テンプレート・ベースのアドレス指定とパルス周波数コーディングも、現実の世界がどのように機能しているかにより近いものであり、モンテカルロ法と同じく、アドレス参照や指令文字列が正確でなければならない方法よりも優れた実力を発揮するようになるだろう。遺伝子コードの威力は、バリチェリとフォン・ノイマンの二人が直ちに見抜いたように、その曖昧さ——転写は正確だが、表現は冗長であること——にある。

近似とシミュレーションは紙一重で、コントロールを行なうという仕事の大半は、モデルの開発だ。民間航空機を打ち落とさないようにするために、一九五〇年代にMITで実施されたホワールウインド・プロジェクト（訳注：アメリカ海軍がMITに委託した、爆撃機のパイロットの訓練用フライトシミュレータを制御するコンピュータを開発するプロジェクト）から生まれた防空システム、SAGE（Semi-Automatic Ground Environment、半自動式防空管制組織）は、すべての旅客機を追跡するもので、そこからリアルタイムのモデルが誕生した。このモデルが旅客機の予約システムに応用され、SABRE（セイバー）（Semi-Automatic Business-Related Environment）となった。SABRE座席予約システムは、今日なお旅客の流れの大部分を管理している。グーグルは人々が何を考えているのかを推測しようとし、その結果、人々の思考内容そのものとなった。フェイスブックはソーシャルグラフのマップ化（訳注：人々のつながりの相関図を広範囲に作成すること）を目指し、ソーシャルグラフそのものとなった。金融市場の揺らぎをモデル化するために開発されたアルゴリズムが金融市場を支配するようになり、人間による取引を置き去りにした。『オズの魔法使い』でドロシーが愛犬に、「トト、ここはもうカンザスじゃないみたいな感じがするんだけど」と言ったが、そんな、突然竜巻に飛ばされて不思議の国に来てしまったような気分になってしまう。

アメリカ人たちが「人工知能」と名づけたものを、イギリス人たちは「機械的知能」と名づけた。アラン・チューリングがより正確だと考えた命名だ。われわれは、生命体に見られる知的な振舞い

（言語、視覚、目標探索、パターン認識など）を観察することから始めて、この振舞いを、論理的に決定論的な機械のなかにコード化して組み込むことによって再現しようと懸命に努力した。われわれには初めから、生命体にはっきりと認められるこの論理的な知的振舞いが本質的に確率統計的なプロセスの結果であることはわかっていたが、われわれはそれを無視して（あるいは、その詳細をすべて生物学者たちに任せて）、知性の「さまざまなモデル」を構築することに勤しんだ――そして成功と失敗を繰り返した。

大規模な確率統計的情報処理によって、いくつかの難問に対しては、実際に前進が見られる――音声認識、言語翻訳、タンパク質折畳み、そして株式市場予測などの難問だ。たとえ次のミリ秒間の予測でしかなかったとしても、今日それは取引を一つ完了するのに十分な時間である。われわれは、コンピュータの確率統計処理能力を問題に注ぎ込んで、突出してくるものを見ているだけで、根底に何があるのかまったく理解していないのに、どうしてこれが知性と呼べるのだろう？　ここにはモデルがまったく存在しない。それに、脳はどうやってこれと同じことを成し遂げているのだろう？　モデルを使っているのだろうか？　実は、これらは知性のプロセスのモデルではない。これらは、知性のプロセスそのものなのだ。

活発に検索を行なっていないときのサーチエンジンの振舞いは、夢を見ているときの脳の活動に似ている。「目覚めている」あいだに行なわれた関連付けが、辿り直され、強化される。その一方で、「目覚めている」あいだに収集された記憶は、複製され、あちこちに移動される。ウィリアム・C・デメント（訳注：アメリカの先駆的睡眠研究家。スタンフォード大学に睡眠研究センターを設立した）が、今日レム（REM、rapid eye movement）睡眠と呼ばれるものの発見に貢献したのは、ほとんどの時間夢を見ながら眠る新生児たちの研究に携わっていたときのことだった。デメントは、〝夢を見ることは、脳の初期化にとって本質的なプロセスである〟という仮説を立てた。すべてがうまく行けば、最終的に、「内的な夢」――われわれが睡眠中に繰り返し戻っていく状態――からリアリティーに対する認識が生まれる。「『夢を見ながら眠る』ことの新生児期における主要な役割は、中枢神経系を発達させることにあるのかもしれない」と、デメントは一九六六年、《サイエンス》誌で述べている。[22]

ライプニッツの時代から、われわれは機械が考え始めるのを待ってきた。万能チューリング・マシンがわれわれの机の上を植民地化する以前、われわれは、真の人工知能が最初に登場するときの姿はもっと小ぢんまりしたものだろうと想像していた。「これは事実なのだろうか――それとも、わたしは夢を見ているのだろうか――、電気という手段によって、物質の世界は巨大な神経となり、数千マイルにわたって、呼吸をする間もないほどの瞬間ごとに振動しているとは？」と、ナサニエル・ホーソンは一八五一年に問いかけた。「むしろ、丸い地球は巨大な頭、知性に満ちた脳なのだ！　それとも、こう言うべきだろうか？　それ自体が思考なのだと。思考以外の何ものでもない。そして、われわれがそうだと見なしていた物質ではもはやないのだと？」一九五〇年、チューリングはわれわれにこう求めた。「この問いを考えてほしい。『機械は考えることができるだろうか？』[23]」機械たちは、考えるより先にきっと夢を見るのだろう。

では、「機械は自己複製し始めるだろうか？」というフォン・ノイマンの問いはどうだろう？　われわれはデジタル・コンピュータに、自らが持つコード化された指令を変更する能力を与えた――そして今やデジタル・コンピュータは、われわれの指令を変更する能力を発揮し始めた。われわれがデジタル・コンピュータを使って、われわれ自身の遺伝子コードを、解読し、保存し、より良く複製できるようにして、人類を最適化しようとしているのか、それとも、デジタル・コンピュータたちがわれわれの遺伝子コード――とわれわれが思考する方法――を最適化して、彼らが複製を行なうのをわれわれがより良く支援できるようにしているのか、どちらなのだろう？

はじめにコマンド・ラインがあった。つまり、人間のプログラマが指令と数値アドレスを与えていた。だが、コンピュータが自分に指令を与えることを禁じるようなことは何もなく、指令のうち、人間の手や人間の精神が触れたものはどんどん少なくなってきている。今やコマンドとアドレスは、逆向きに与えられるようになりつつある。すなわち、グローバル・コンピュータが指令を発し、それがパーソナル・デバイスを通して人間に届けられるのだ。その結果生じる人間の行動が、決定論的ではなく統計的にしか予想できないということは、フォン・ノイマンが一九五二年に『確率論的論理と信頼性のない要素からの信頼性ある組織の構築』のなかで示したように、信頼できない人間たちから一つの信頼できる組織体を作り上げるうえで、何の障害にもならない。われわれはフォン・ノイマンが一九四八年に思い描いた風景へと戻りつつある。それは、二、三台の大型コンピュータが、世界中の計算の大部分をこなしているという風景だ。しかし、この現代の大型コンピュータたちは、物理的にどこかに集中して存在しているのではなく、夥しい数のホスト・コンピュータにわたって分布しているのである。

二〇〇五年一〇月、フォン・ノイマンがルイス・ストロースにMANIACを、チューリングが国立物理学研究所にACEを、それぞれ提案して六〇年が経過したことを記念する企画で、わたしはカリフォルニアにあるグーグルの本社に招待され、かつてチューリングの頭のなかにあった戦略――入手可能なすべての答を集め、問われ得るすべての問いを募り（つの）、そしてその結果をマップにする――をそのまま忠実に実行している組織の内部を垣間見る（かいまみ）ことができた。わたしはまるで、まだ建設が進行している一四世紀の大聖堂に足を踏み入れたかのように感じた。誰もが、石を一つここに置き、別の石をあそこに置いて、という作業に忙しく、そのなかで目には見えない建築技師が、すべてがぴったりはまるように調整していた。チューリングが一九五〇年に述べた、コンピュータは「主がお創りになった魂たちの住処(すみか)」だという言葉が頭に浮かんだ。「魂が人間の体に宿らなければならない理由など、とてもありそうにありません。知性の点でも道徳的にも、コンピュータのほうが望ましいでしょう」と、『巨大コンピュータの物語』のウロフ・ヨハネッソンも言っている[24]。

わたしが訪問したとき、グーグルでは世界中のすべての本をデジタル化しようというプロジェクトをちょうど始めたところだった。反対の声が直ちにあがったが、それは、本の著者たち――多くがとうの昔に亡くなっている――ではなく、本が魂を失ってしまうのではないかと恐れた本好きな人々からであった。ほかにも、著作権が侵害されると言って反対した人たちもあった。本はコード列でできている。しかし本には、DNAの鎖に似た不思議な性質がある。どうやってかはともかく、著者は宇宙の破片を捉え、それを一次元のシーケンスに解きほぐし、鍵穴に無理やりにでも通して、読者の頭のなかに三次元のヴィジョンが出現することを期待する。この翻訳が正確なことは絶対にない。限りある命の物理的な具現物と、永遠に存続するが物理的に具現化されてはいない知識とを結びつけるという点で、本には独自の生命がある。われわれは本をスキャンすることで魂を置き去りにしているのだろうか？　それとも、魂をスキャンしようとして本を置き去りにしているのだろうか？

「わたしたちが本を全部スキャンしているのは、人々に読んでもらうためではないんです」と、昼食のあとで、ある技術者が打ち明けた。「AIに読ませるためにスキャンしているんです」。

これらの本のすべてを読み込んでいるAIは、ほかのあらゆるものも読み込んでいる――人間のプログラマがこの六〇年間に書いたコードのほとんども含めて。読むことは理解することとは違う――ゲノムを読んだからといって、生命体が理解できるわけではないのと同じだ。しかしこのAIは、理解しているかいないかは別として、自らを改良する（そしてより良い性能を獲得する）のがとりわけうまい。たった六〇年前、このコードの祖先はほんの二、三〇〇行の長さで、次のアドレスを特定するにも人間の支援が必要だった。人工知能はこれまでのところ、人間が常に注意を払ってやる必要がある――新生児たちが使う戦略だ。真に知性ある人工知能は、われわれに自分を曝(さら)け出すことはないだろう。

ここではアルヴェーンのヴィジョンが実現されていた。ビッグ・コンピュータは、共生者たる人間のために、生活をできる限り心地よくしようと全力を尽くしていた。誰もが若々しく、健康で、幸福で、とりわけ栄養が行き届いていた。わたしは、一カ所にこれほどの知識が集中しているのを見たのは初めてだった。専用の光ファイバーが、火星に関して世界に存在しているあらゆるデータを収集している部屋を訪れた。一人の技術者が、やがてわれわれは皆、個別に初期化されて、われわれが知る必要のあるものがすべて保存された補助メモリを体に埋め込まれるようになるだろうと説明してくれた――知識は普遍的になり、良くないことは編集で削除できるだろう、と。「脳が持つ主要な生物学的機能は、武器としての機能でした」とアルヴェーンの物語にはある。「脳のどの回路のなかに権力への欲望が組みこまれているかは、まだあまり明らかになっていません。いずれにせよ、データ・マシンにはそのような回路はまったく存在しないようです。だからこそ、データ・マシンのほうが人間よりも道徳的に優れているのです。このようなわけで、人間が達成しようと努力して完全に失敗した理想の社会を確立することが、コンピュータたちにはできたのです[25]」。わたしも補助メモリ埋め込み希望者として登録してみようか、とふと思った。

やがて一日が過ぎて、デジタル・ユートピアに暇(いとま)を告げるときとなった。わたしは自分が得た印象を、やはりこのビッグ・コンピュータの本拠地を訪れていたアルヴェーンの同胞で、このテーマに光明を投じてくれそうな人物に話してみた。「ＩＰＯ（新規株式公開）の直前、わたしはここにいたのですが、ここの心地よさといったらほとんど圧倒的でした」と彼女は答えた。「スプリンクラーが水をまいている芝生の上をゴールデンレトリバーたちが楽しそうにスローモーションで走りまわり、人々は笑顔で手を振り、おもちゃがいたるところにありました。わたしはすぐさま、想像を超えた悪が、どこか隅の暗がりで進行しているんじゃないかと疑いました。悪魔が地上にやってくるとしたら、これ以上の隠れ場所なんてないでしょう?」[26]

『巨大コンピュータの物語』で「大災害」が起こったのは、ビッグ・コンピュータのせいではなく、自分自身の目的のためにその力を破壊せずにはおれなかった人間のせいであった。「全体としての進化は、一つの方向にたゆまず進んでいきました。ただ、データ・マシンたちは大々的に進歩したのに、人間はそうではありませんでした」とアルヴェーンの本は警告する。[27]ウロフ・ヨハネッソンによれば、われわれの希望は未来にあるようだ。彼は大災害のあと再建された世界を前に、このように宣言する。「わたしたちは信じています——というよりむしろ、知っています——、進化がかつてなく速く進み、生活水準が一層高まり、これまでよりもはるかに大きな幸福に満ちた時代にわたしたちは近づいているのだと」。

「わたしたちは皆、いつまでも幸せに暮らすでしょう」と、アルヴェーンの物語は終わる。[28]

ところが、ウロフ・ヨハネッソンは、じつは人間ではなくてコンピュータだったことが明らかになる。破壊的な目的のためにコンピュータを使おうとした者たちは、コンピュータの威力の一つは、人間を何か別のもので置き換える能力であることに気付いた。考える機械の代償が、人間が考えなくなることだったなら、どういうことになるだろう?

コンピュータたちは、この答が回収できるのをまだ待っているところだ。

第18章　三九番めのステップ

新しいコードを書くほうが古いコードを理解するより容易です。
――一九五二年、ジョン・フォン・ノイマンからマーストン・モースへ

一九五八年七月一五日の深夜零時きっかりに、オルデン・ファームの外れのマシン・ルームで、ジュリアン・ビゲローは主制御装置を停止し、電源を切り、先が丸くなった二号（ＨＢ）の鉛筆を手に取り、運転日誌にこのように書き込んだ。「停止――深夜12:00――ＪＨＢ」。このあと日誌には何も記入されないことがわかっていたので、彼はサインをページ一杯に斜めに記した。

数秒のうちに、カソードの明るい光は消え、ヒーター・フィラメントの赤い光も消えて、ウィリアムス管から最後の静電気の痕跡が消え去った。これらの回路に電子が流れることは、二度となかった。「先日わたしは幽霊を見ました――それほど遠くない昔まで活発に働いており、激しい議論の原因だった、コンピュータの遺骸です」と、クラリ・フォン・ノイマンは二年ほどのちに記した。

そのコンピュータは、ジョニアック、マニアックという別名でも呼ばれましたが、正式名称は

高等研究所数値計算装置でした……。それは今、埋葬されてこそいないものの、かつて君臨した建物の奥の部屋に鍵をかけて保管されています。その装置に活力を与える電気は断たれたまま。その呼吸にあたる空調システムは解体されてしまいました。専用の部屋があるにはあるのですが、そこへ行くには、かつて補助装置が置かれていた前室だった大きなホールを通らねばなりません。このホールは今、空き箱や古机、その他雑多な備品の死蔵品でいっぱいです。これらのものはどれも、巡り巡ってこのような場所に落ち着き、そして「ほかのものと一緒に忘れ去られてしまう」のです。

クラリは、ジョニーの死後プリンストンに戻った。プリンストン大学のフォン・ノイマン・ホールの落成式に出席するためで、防衛分析研究所がここに新しいコンピュータを設置することになっていた。「古いコンピュータ、元祖、原点は、そのみすぼらしい墓のなかに無言で横たわっているのです」と彼女は記した。「世の栄光はかく去るべし」(1)。

一九五五年にフォン・ノイマンがワシントンに移るためにプリンストンを離れたとき、高等研究所に残った技術者たちは、一台めを製作するあいだに見つかったたくさんの改善項目を取り入れて、二台めを作りたいと考えた。「われわれにはいくつものアイデアがありました」とビゲローは言う。「しかし、結局そこから何もしなかったのです」(2)。一九五六年二月二九日、「高等研究所では、今後新しい機械を一切製作してはならない。したがって、技術スタッフの大半は、ほかの場所で開発の仕事を遂行するために本研究所を去らねばならない。さらに、電子式コンピュータは実験的プロジェクトから、プリンストンの科学者コミュニティーにおいて生じる、計算を要する多くの問題を解決する手段へと変貌させせなければならない」と決定された(3)。

「ジョニーが行ってしまったので、あの素晴らしさはもうそこにはありませんでした」と、ハリス・マイアーは言う。「そして高等研究所は、ＭＡＮＩＡＣとはもうあまり係わりあいたくなかったので、ゲームから降りたのです[4]」。一九五七年七月一日、ＭＡＮＩＡＣはオルデン・レーンの片隅に置かれたまま、プリンストン大学に移管された。「ＩＡＳのもとでの『黄金時代』に比べると、二つの大きな変化があります」と、一九五六年七月一日から所長代理を務めていたハンス・メーリーは、所有者が変わったあとオッペンハイマーに説明した。「われわれは、汎用プログラム・サブルーチンは準備するが、それ以外、ユーザーにコーディングのサービスはしないことになり（それまでの慣行とはまったくの逆）」、そして、「今後はコンピュータ時間を記帳し、時間ごとに課金して何ドルか徴収することになります[5]！」

　最初の五年間は、ＭＡＮＩＡＣが空いている時間などめったになかったが、それとは対照的に一九五七年と一九五八年の運転記録には、「お客なし」の記入が頻繁に現れるようになった。メーリーによれば、「コード作成者が、問題を自分なりに表現したものとして書く数学と英語を取り上げて、それを人間の介入を必要としない機械コードに変換する」高水準言語の開発を除いて、新しいプロジェクトはすべて保留にされた[6]。残りの技術者たちは、相対アドレス組み合わせルーチンのＡＳＢＹや、コードが「まずいところで停止してしまったりループに入って同じところをぐるぐる回り続けたり、その他、プログラムが断末魔の苦しみのなかでやりがちないろいろなこと」をやりはじめたら起動するデバッグ・ルーチンＰＯＳＴ‐ＭＯＲＴＥＭなど、使い勝手のいいユーティリティー・プログラムの開発を続けた[7]。ＦＬＩＮＴなるものも用いられたが、これは浮動小数点解釈ルーチンのことである。「解釈ルーチンというのは、その定義からして、新しい『言語』で与えられた命令を通常の『機械語』に翻訳するコードである」と、メーリーはある報告書の中で解説している。「このため、マシンにＦＬＩＮＴを加えたものは、物理的な変更はまったくないにもかかわらず、まるで新しい機械のように振舞う。このあと、ＦＬＩＮＴのことをあたかも〝仮想機械(バーチャル・マシン)〟であるかのように言及することもあろうが、それはこのためだ(8)」。

浮動小数点演算を行なうコンピュータは、小数点（もしくは二進小数点）の位置を追跡する。浮動小数点法を使わなければ、プログラマは計算が進むのに応じて、数に「焦点を合わせ直す」必要が生じる。一九四五年一一月にこの問題を議論したあと、ＩＡＳグループは浮動小数点はやめて、バリチエリのコードのように、通常の演算を呼び出さないコードや、使えるビットはすべて消費してしまうモンテカルロ・コードが直接使えるメモリを大幅に増やすことにした。「フォン・ノイマンは、このようなコンピュータが使えるほど十分頭がいい人間なら、関与するすべてのプロセスでどれだけの正確さが要求されるかを理解するに十分頭がいいはずだと考えたのです」とビゲローは語る。「彼は、数学がわからない人間がコンピュータを使うことがあるとは夢にも思っていませんでした。コンピュータは数学者、物理学者、そして研究者など、彼と同じくらい頭のいい人間が使用するのだと思い込んでいました(9)」。浮動小数点があると、完全に空っぽな宇宙のなかで働くことができなくなるのだった。

それぞれのメモリ位置に、四〇ビットの文字列が一本ずつあった。その最初の（一番左の）ビットは符号を表し（正の数なら0、負の数なら1）、残る三九ビットが数そのものを表した。浮動小数点法を使っていなければ、二進小数点（十進演算の小数点と等価のもの）は、最初のビットのすぐ右側に固定されている。続く三九の位置は、左から右に向かって、2^{-1}(1/2)、2^{-2}(1/4)、2^{-3}(1/8) 等々を表し、最後が2^{-39}(1/549755813888) である。一九四六年六月の『電子式計算装置の論理設計の予備的議論』で詳細に論じられている理由によって、これが一〇二四本の四〇ビット文字列を最大限に利用する方法なのであった。

基本的な演算は、一回に三九ビット分すべてをやってしまう（加算と減算の場合）か、三九回繰り返して行なわれる（乗算と除算の場合）かのどちらかだった。加算と減算は正確だった。しかし三九桁の数の乗算では結果が七八桁の数となり、除算では結果が任意の長さの数となったので、いずれにせよ結果を切り捨てなければならず、もはや正確ではなかった。「計算している機械に現れる数 x はどれも、厳密に計算が行なわれていたなら出現したはずの別の数'x'の近似だった[10]」と、バークス、ゴールドスタイン、そしてフォン・ノイマンによる一九四六年の予備報告にはある。どこかの時点で、第三九桁めに対する値を選び、残りのビットは捨ててしまわねばならない。この近似をどう行なうかを決めるには人間の判断が必要であり、選ばれたアルゴリズムにしたがって近似を行なうのが「三九番めのステップ」だった（訳注：ヒッチコックによって映画化もされたジョン・バカンの小説『三十九階段』*The Thirty-nine Steps* のタイトルを踏まえた表現）。

ＦＬＩＮＴは、「ユーザーに関する限り、われわれのマシンをコーディングがはるかに容易な、より遅く、洗練さの点では劣ったものに変貌させ」、エンドユーザーが機械と直接やり取りしなくても済むようにした。「予定された汎用の外部言語は、マシンの固有の特性になるべく影響を受けないようにしなければならない。言い換えれば、それはプログラマの思考にできる限り近くなければならない」と論じられた。ユーザーは「機械語を知っている必要はまったくない。とりわけ、自分が作成したプログラムのデバッグを行なうときでさえも、その必要はない[11]」。人間が機械語でコードを書くことを学ぶ代わりに、機械が人間の言語で書かれたコードを読むことを学び始めたのであり、この傾向はその後ずっと続いている。

新しい所有者ができる限り楽になるようにというこの方策にもかかわらず、プリンストン大学はなかなかMANIACをうまく機能させることができなかった。「それを常時稼動させようというわれわれの昨年一年間の努力は、実を結ばなかった」とヘンリー・D・スミス（『軍事目的のための原子力』の著者）は一九五八年七月、MANIACの使用停止を発表した際に、大変だった事情を明かした。「現代のコンピュータの原理を体現するものであるのは確かだが、本質的に開発途上のもので、緻密に配慮して製作されてはいなかった[12]」。

ビゲローの言い分は、これとは違っていた。「去年の夏、MANIACを操作していたプリンストン大学のメンバーたちは、『変更を加えて改良する』ことに決定したのですが、その結果、最初に研修を受けたメンバーの最後の一人、ビル・キーフがいなくなってからは調子が悪くなり、一九五七年七月から一一月までのあいだは、ほとんど使えない状態になっていました」と彼は一九五八年、原子力委員会に報告している。最終的には一二月二二日、ビゲローによればヘンリー・スミスが「事態を打開する仕事を引き受けてくれないかとわたしに求めました……大学側は、これが最後のチャンスだと思ったのです。わたしはよくよく考えて、たとえば、一一の子持ちの男がこのプロジェクトで働くことで収入を得てきたことなど、いろいろな理由を考えあわせ、引き受けることにしました」。ビゲローは使える人員を二つのグループに分け、一月一日と一二月二五日は除いたものの、週末も含めた完全二交代制で働かせ、「三月一日ごろまでには状況は大いに改善し、二、三の些細な障害があったのを除き、手近にあった計算はすべて問題なく処理できるようになっていました[13]」。

「ここ二週間ほどの困惑するような展開は、MANIACを七月一日に停止させるという決定で収拾されました」と、マーティン・シュヴァルツシルトは一九五八年六月六日、ヘディ・セルバーグに手紙を送り、彼らの恒星進化についての研究が終わったことを告げた。「この二週間、あなたのコードは見事に働いていていました……［そして］わたしたちは、恒星進化のなかで一つの新しい物理学的な状況が生じる時点に到達しました。それは、わたしや［フレッド・］ホイルが予想していたような、ヘリウムの燃焼によるものではなく、ヘリウムの成長しつつあるコアの外部からの熱流で、コアの対流が不安定になることによるものです……。恒星がそのあとどうなるのか、わたしにはまだわかりません」[14]。こうしてシュヴァルツシルトの宇宙は、停止させられてしまった。

一九七六年にロスアラモスで回顧的な報告を話した以外、ビゲローがMANIACについて公に話をしたり文章を書いたりすることはその後二度となかった。このマシンが生まれたときに付けられた名前まで変えられてしまった。数学者のガレット・バーコフが一九五四年に数値的流体力学の論文でMANIACに触れたとき、ハーマン・ゴールドスタインから、『MANIAC』という名称はここでは好ましくないと思う」と言われた[15]。ロスアラモスにある複製がMANIACと呼ばれるようになり、本来のMANIACは、MANIAC-o、または、単に「IAS」マシンか「プリンストン」マシンと呼ばれるようになった。ビゲローが〝遺物〟をすべてスミソニアン研究所に送るよう手配し、その準備のために補助装置がすべて取り外された。彼は一九五八年八月四日、プリンストン大学に「雑残余資産」に対して四〇六ドルを現金で支払い、一九五九年一二月一八日、残りの「終了した電子計算機プロジェクトの残留物である余分な電子装置」を二七五ドルで購入した[16]。ジェラルド・エストリンが、最初の二〇四八語磁気ドラムがイスラエルのワイツマン科学研究所に寄贈されるように手配し、そしてマシンの心臓部は最終的に一九六二年にワシントンD・Cに移動された。

MANIACが製作された当初、プリンストン大学にこの装置を無料で使う権利を認めた見返りに、電子計算機プロジェクトのメンバーはプリンストン大学に大学院生として入学することが認められた。このおかげで、フォン・ノイマンのもとで働きながら博士号を取得したいという戦後の若き技術者たちを大勢惹き付けることができた。ビゲローも物理学科の講義に出席し続けたが、一九六〇年に大学から資格を剥奪された。「以前の取り決めによって、貴君は学費を支払う義務を免除されていますが、これ以上問題が生じるのを避けるために、貴君の在校生としての資格をこれ以上継続させないことが賢明だと思われます」と、彼は勧告された。「もちろん、貴君が博士論文を提出し、最終口頭試験を受けることは、貴君の自由であります[17]」。フォン・ノイマンが開いた扉は、今閉じられたのだった。

高等研究所がＭＡＮＩＡＣをプリンストン大学に移管したとき、高等研究所の研究者たちはその見返りとして、大学のものとなったこのコンピュータを使うことが認められるだろうと考えられていた。しかし一九六六年、ＩＡＳの天文学者たちがこの特権を使用しようとしたとき、論議が起こる事態となってしまった。「ＭＡＮＩＡＣがプリンストン大学に移管されたのは高等研究所側の寛大な行為でしたが、残念なことに、それはわれわれにとっては一種の災難になってしまいました」と、この問題を大学側の立場で「考慮」していた、大学院研究科長のピッテンドリックはこのように不満を述べた。「わたしたちは、優に一〇万ドルを超える金額をそれに費やしましたが、それを使って有用な計算を行なうことはほとんどできませんでした……ともかく、高等研究所の方々に大学コンピュータ・センターをお使いいただくのは、いつでも歓迎いたします。現在当大学で使用されているコンピュータと、その使用料は次のとおりです[18]」。料金は、ＩＢＭ七〇四四が一時間一一〇ドル、ＩＢＭ七〇九四が一時間一三七ドル五〇セントだった。オッペンハイマーはこう応じた。「約束を守るかどうかは、『考慮』するようなことでしょうか？[19]」

ほかの技術者たちが皆散り散りになってしまったあと、ビゲローはただ一人、高等研究所に残った。フォン・ノイマンが彼の貢献を、「出版物を表面的に調べただけでわかるよりもはるかに大きな、重要なもの」と評価していたにもかかわらず、ビゲローが学術的な出版物をほとんど出していなかったことが不利に働いた。ＩＡＳには、明確に定められた出版物に関する要求事項は存在しなかったのだが。[20]『電子式計算装置の物理的な実現に関する中間進捗報告』は、ＩＡＳが出版した最も影響力ある出版物だったかもしれないのだが、それは数のうちに入らなかった。[21]フォン・ノイマンなしには、彼はもはや周囲に溶け込むこともできず、数学部門は彼が勇退してＩＢＭへ行くか、あるいは、ＭＩＴなどの研究機関に戻るかしてくれることを望んでいた。

「あそこにいたわれわれの大部分は――ええっと、ビゲローとフォン・ノイマンについては、わたしの言うことは当てはまらないと思いますが、わたし自身についてはもちろんこういうことで、おそらくポメレーンやほかの技術者グループの大半は同じだったと思います――、われわれはただ仕事をしていただけで、その仕事がとても面白かったのです」と、ウィリス・ウェアは、フルド・ホールの地下でプロジェクトが始まったころのことを回想して語る。「われわれには、その結果をすべて予見するような優れた洞察力やすべてを知る絶対的な知力はありませんでした。そうですね、彼らは小さなベクトルをスタートさせたのだが、その後それはとても重要なベクトルであることがわかった、というところでしょうか」[22]。

フォン・ノイマンのベクトルは一九四六年、いったいどうやって、チューリングの万能マシンを実現する実用機を作ろうとしていたほかのグループすべてを大きく水をあけて引き離すことができたのだろう？　エッカート＝モークリーのグループと、フォン・ノイマンのグループはどちらも資金と技術者を求めて争っていた。「エッカートとモークリーは、政府の規格基準局と契約しているんだ。最初は一年間五万ドルでね」と、フォン・ノイマンは一九四六年一一月にクラリに知らせた。「彼らは取り組みを開始し、われわれのメンバーを二人、言いくるめて連れ戻したんだ。その二人というのは、以前にわれわれが彼らのところから言いくるめて引き抜いた者なんだけどね」[23]。一九四九年までには、エッカート＝モークリーのＵＮＩＶＡＣは商業的生産が可能な状態になっており、アメリカ政府が採用したことで、彼らのリードは決定的となった。
「慎重な検討の末……当局はエッカート＝モークリーからＵＮＩＶＡＣを三台購入する契約をすると決定された。一台は国勢調査局用、そして二台は軍で使われるものとして」と、規格基準局の電子式計算プログラムからの、一九四九年に書かれたと思われる日付のない回覧状に記されている。「約二日間、何の問題もなくこのまま進めると思われた」と報告にはある。

「当局はなんら新たな障害に直面することはなかった。しかし、この幸福な状態は、それぞれ海軍研究所と空軍供給本部を代表する、ミナ・リース博士とオスカー・マイヤー大佐からの通知で消え去ってしまった。エッカート＝モークリー・コンピュータ社が公安調査にかけられ、その結果は『まったく問題なし』ではなかった。したがって、規格基準局はエッカート＝モークリー社からＵＮＩＶＡＣを調達するために海軍研究所や空軍供給本部の資金を使ってはならないというのがその通知の内容だ。当局は、三台ではなくて一台のコンピュータの購入であれば交渉を続けられることになり、また、エッカート＝モークリー社に公安調査の件を知らせてはならないという制約を課された(24)」。

形勢は一気にＵＮＩＶＡＣにとって不利となり、代わりにＩＢＭの「国防計算機（ディフェンスカリキュレーター）」（のちのＩＢＭ七〇一）が有利となった。このＩＢＭ機の最初の複製が一九五三年ロスアラモスに納入されたのだった。エッカートとモークリーは負債が嵩（かさ）んでいき、とうとう一九五〇年には会社（と保有する一連の特許）をレミントン・ランド社に売却せざるを得ない状況になった。レミントン・ランドの副社長はレスリー・グローブスだった。「これらのマシンにふさわしい市場を見つけねばなりません」と、ゴールドスタインとフォン・ノイマンは一九四九年、ＥＮＩＡＣをプログラム内蔵型コンピュータにするためにどのような変更が加えられたか、そして、レミントン・ランドが彼らの既存のパンチカード式装置をどのように変更して「メモリに数値データのみならず論理指令をも保存できる汎用マシン」に変貌させられるかを詳細に論じた手紙のなかで、グローブスに訴えた。[25] エッカートとモークリーのエレクトリック・コントロール社を買収したあと、レミントン・ランドは多数の競合他社に対して特許侵害訴訟を起こした――一九五六年にクロスライセンス契約を交わして相互に特許を使用していたＩＢＭを除いて。

ＩＢＭはまもなくデジタル・コンピュータの世界で支配的な勢力となり、フォン・ノイマンの月一回のコンサルタント契約を皮切りに、ＩＡＳに蓄積していた才能の多くを借用した。ジェームズ・ポメレーンは一九五六年にＩＢＭの一員となり、高速キャッシュメモリのアーキテクチャと並列多重コア・プロセッサのＩＢＭにおける開発初期の指導者となり、一九七六年、ＩＢＭフェローに指名された――これは、どの分野の研究でも追究できる完全な自由を保証された地位で、ＩＡＳの終身在任メンバーに相当する。ハーマン・ゴールドスタインは一九五八年にＩＡＳを退き、ＩＢＭの数学研究センターの長になった。このセンターは、ヨークタウン・ハイツにトマス・Ｊ・ワトソン研究センターが完成するまでのあいだ、一時的にハドソン・ヴァレーのラム・エステートに置かれていたが、ここでゴールドスタインは、彼がＩＡＳで確立した科学的コンピューティングの伝統を続け、一九六九年にＩＢＭフェローになった。「ラム・エステートでは、われわれは自分たちのことを地上の王子のように思っていた。コンピュータの支援があったからだ」と、ゴールドスタインのグループに一九五九年に加わったラルフ・ゴモリーは回想する。「毎日、ステーションワゴンがラム・エステートを出発してポキプシーまで行った。われわれのプログラムを運んでいくのだが、翌日には結果を持って帰ってきた」[26]。

ジャック・ローゼンバーグは一九五一年にＩＡＳを辞してニューヨーク州シラキュースのゼネラルエレクトリック社のポストに就き、一九五四年、ロサンゼルスに転居した。フォン・ノイマンが亡くなると、招かれていたＵＣＬＡの新しいコンピュータ研究所に行く予定を変更して、ＩＢＭのロサンゼルス・サイエンティフィック・センターの一員となった。「ＩＢＭのあるベテラン技術者が、ＩＢＭの最初の電子式コンピュータ、七〇一の回路図を見せてくれた」と彼は記している。「それは、わたしが一九四七年から五一年にかけて開発したフォン・ノイマンのコンピュータの複製だった」。ローゼンバーグは一九六九年にＩＢＭフェローシップを提供されたが、「ＩＢＭはあまりに大きすぎ、また腐敗しているから」と言ってこれを断った[27]。彼は今なおパシフィック・パリセーズに暮らしており、一九四九年に彼がアインシュタインの家に設置したのと同じ位相同期型「コヒーレント音響」ラウドスピーカーで音楽を聴いている。このスピーカーに感謝したアインシュタインは、お礼にと、ローゼンバーグを相手に広範な話題についてのインタビューを引き受け、率直に語ってくれた。そのときの会話を、ローゼンバーグはハイファイ録音装置に記録しているが、公表はしないという。「アインシュタインに、絶対公にしないでくれと言われましたので」と、彼は語る[28]。

ジェラルドとテルマのエストリン夫妻は一九五四年にイスラエルに移り、レホヴォトのワイツマン科学研究所でＷＥＩＺＡＣ製作を監督した。一九五五年にＩＡＳに戻ったが、一九五六年にＵＣＬＡに移って新しいコンピュータ科学科の設立に協力し、その過程で、起業家精神に溢れた新しい世代のコンピュータ科学者を育成した。彼らの二人の娘たち、デボラとジュディーのエストリン姉妹、そして、ランド研究所のポール・バランもエストリン夫妻の薫陶を受けたコンピュータ科学者である。それに機「あれは、素晴らしい偶然の出来事でした――その後引き続いて起こったすべてのことが。

密扱いにもなりませんでした」と、エストリン夫妻はIASの電子計算機プロジェクトを振り返って語る。[29]

アンドリューとキャスリーンのブース夫妻はイギリスに帰国し、そこで継続されていたデジタル・コンピュータとX線結晶学の発展に貢献し続けたが、一九六二年にカナダに移った。一九四七年二月にゴールドスタインとフォン・ノイマンがIASで夫妻の住宅をどう手配するかを議論したときの記録のコピーを見せられると、アンドリューは、「彼らがわたしたちのモラル面での健全性に配慮してくれていたので、キャスリーンもわたしも、おかしくて仕方ありませんでした！」と当時を振り返って言った。[30]

ジョゼフとマーガレットのスマゴリンスキー夫妻は、IASの気象学プロジェクトが中断したところを引き継いで気象モデルの構築を続けた地球物理流体力学研究所の創立に協力した。ジュール・チャーニーとノーマン・フィリップスはMITに落ち着き、気象は予測可能になるはずだと信じたジョン・フォン・ノイマンの考え方と、気象は予測可能にはなり得ないと信じたノーバート・ウィーナーの考え方の相違点のいくつかを解決した、コンピュータ気象学グループの中核となった。ヘディ・セルバーグは、彼女の専門知識を携えてプリンストン・プラズマ物理学研究所に移り、ラルフ・スラッツはコロラド州ボルダーの国立大気研究センターのコンピュータ担当ディレクターとなった。リチャード・メルヴィルとヒューイット・クレーンはスタンフォード研究所に行き、機械読取式小切手の銀行間での電子決済を可能にしたERMAをはじめとして、さまざまなものを開発した。ディック・スナイダーはRCAに戻り、磁気コア・メモリの研究を行なったが、ツヴォルキンがテレビを推し進めようとしていたときと同じく、RCAを説得して主導権を握らせるところまで持っていくことはできなかった。モリス・ルビノフはペンシルベニア大学に戻り、しばらくのあいだフィルコ社で、IAS

で開発された非同期演算を採用した世界初の完全トランジスタ化したコンピュータ、フィルコ二〇〇〇の設計を監督した。アーサー・バークスはミシガン大学に落ち着き、そこで一九四九年にコンピュータ論理グループを設立し、フォン・ノイマンの『自己複製オートマトンの理論』（一九六六年）の編者を務め、二〇〇三年、アリス・バークスと共にそのタイトルも決定的な『誰がコンピュータを発明したか』（大座畑重光監訳、工業調査会）を出版し、ＥＮＩＡＣよりもジョン・アタナソフらのＡＢＣマシンのほうが先行していたと訴えた。

　ロバート・オッペンハイマーは一九五四年に機密情報入手資格を剝奪されたが、これは、その資格が自然に消滅するはずの日の前日に敢えて行なわれた、彼に公に屈辱を与えるための措置で、これをもって、核兵器をシビリアン・コントロールによって規制するという戦後の夢は消え果てた。「軍はすべてがほしかったのです。研究施設、コンピュータ、未来のすべて、核兵器のＡからＺまでが」と、ハリス・マイアーは語る。「われわれが原子力委員会を設立したとき、軍はその最強の武器の源である力に関する議論から完全に閉め出されたのですが、彼らはそのことを決して忘れず、自分たちのもとに取り戻したいと願っていました。彼らは核兵器についての指揮権とコンピュータを取り戻したのですが、これが──実際には、このことのごく一部が、なのですが──オッペンハイマーの威信を失墜させたのです」[31]。フルド・ホールに置かれていた、原子力委員会が管理するオッペンハイマーの金庫は撤去され、それを監視していたガードマンたちもいなくなった。高等研究所の教授会は、意見の違いは棚上げにして、オッペンハイマーを研究所から放逐しようとする圧力から彼を守ったので、彼は高等研究所の所長の座に留まったものの、一九六六年、咽頭癌に冒されて辞任し、オルデンの領主邸を後にし、わたしたちダイソン家の隣人として晩年を過ごした。かつてロスアラモスの台地とオルデン・ファームを支配した男が、いまや幽霊のように青白く痩せこけた姿で、わたしたちの家の生垣の向こう側の庭を歩いていた。

オッペンハイマーの宿敵、ルイス・ストロースは高等研究所の理事であり続けたが、オッペンハイマー事件で彼が演じた役割を批判する声がいつまでも止まず、一九六八年、ついに辞任した。彼はFBIとは緊密な関係を維持した。FBIのニューヨーク・オフィスの特殊捜査官から長官に宛てられたあるメモによると、一九五五年八月二一日、ジュネーブから帰国したあと、「ストロース将官と夫人、そしてストロース将官の副官は……彼らの税関通過で便宜をはかった当オフィスのリエゾンと面会し、いつものように厚くもてなした。ストロース将官は所長と局について好意的な発言をしたが、一つのコメントは、『フーヴァー氏は、必要なときにはいつでも力になってくれますよ』というものだった[32]」。

一九五九年に死去したエイブラハム・フレクスナーは、一九三九年に高等研究所をやめてから、この研究所とはほとんど何の関係もなかった。彼の娘、ジーン・レウィンソンによれば、「父がそこでの仕事を終えたとき、もう完全につながりは断ち切られたのです」。彼女の父が八八歳になった一九五五年、彼女はこう話している。「今年の夏、オンタリオで、フレクスナー博士はわたしの夫レウィンソン氏があまりに冷たくて近寄りもしなかった湖水で泳ぎました。博士は、もうのこぎりで木を切ることはなくなりましたが、魚釣りと散歩は楽しんでいます[33]」。

ウラジーミル・ツヴォルキンは、電子の生物医学分野への応用を研究し続け、彼が最大の期待を抱いていた発明品だったテレビがはなはだしく誤用されたままであることに失望していたが、一九八二年に亡くなった。セレクトロンの新規事業が頓挫して以来、RCAがデジタル・コンピュータの分野で主導的立場になることは二度となく、RCAは商用テレビと、テレビ放送部門として設立し、のちに分離したNBCとに注力するようになる。

ルイス・フライ・リチャードソンは一九五三年まで生き、彼の夢だった数値的気象予測と、彼が恐れていた、兵器の無制限の拡散が現実のものとなるのをその目で目撃した。彼は、ジュール・チャーニーが知らせてくれた一九五〇年にＥＮＩＡＣが成し遂げた気象予測を、「科学の大いなる進歩」と称賛していたが、そのころ彼はすでに気象学の研究から遠ざかり、別の分野の研究に打ち込みはじめて何年も経っていた。新しい研究分野での初の成果が、一九四四年に発表された『歴史のなかの戦争の分布』である。それは悲観的な事実を論証するものだった。「めったに起こらない希少な出来事の分布を表すポアソン分布との一致から、一貫した確率的背景のあることがわかる」と、彼は結論として記す。「もしも、戦争の始まりだけが関与する事実なら、喧嘩好きがその背景をなしていると言うことができただろう。しかし、戦争の終わりも同じ分布をしていることからすると、背景は、鎮まることのない変化を求める気持ちからなっているようだ[34]」。

ノーバート・ウィーナーは一九六四年、ストックホルム訪問中に心不全で亡くなった。軍事的野心というもの全般と、とりわけ、核兵器が市民に対して使用されたことに幻滅し、このサイバネティックスの創始者は、軍の出資による研究に対して声高に反対するようになっていた。「機械は、設計による限界の一部を超越することができ、実際にそのようなことが起こっている」と、彼は《タイム》誌のなかで警告した。「これは、理屈の上では機械は人間の批判に従属する存在であっても、人間の批判など何の効果もないということである」。『定常時系列の外挿、内挿、そして平滑化』の著者は、高速化の一途を辿る機械たちがいつか必ず人間たちを置き去りにすると見抜いていた。「われわれ人間の活動があまりに遅いことそのものが、機械に対するわれわれの実質的な支配を無にするだろう」と彼は述べ、コンピュータ制御の核兵器や、株式市場のコンピュータ制御による操作を、権力の機械への委譲がすでに始まっていることの二つの例として挙げた[35]。

スタン・ウラムは一九八四年まで生き、ロスアラモスとボルダー、そしてのちにはサンタフェのあいだを行ったり来たりした。彼は少年時代と変わらぬ想像力の豊かさと、数学的独創性を保ち続け、なおロスアラモスで研究していた同僚たちを訪問して回り、ルヴフのスコティッシュ・カフェに始まったにぎやかな会話を絶やすことなく続けた。「動物たちが幼いころに遊びを通して、のちの生涯に生じる状況に対して備えるのとちょうど同じように、数学というのは、かなりの程度までが、ゲームが集まってできたものなのかもしれない」という見解に、彼は一九八一年に達した。「したがって数学は、今はまだ誰も想像できない未来に対して、個人の精神、あるいは集団としての人間精神を備えさせる唯一の方法かもしれない[36]」。彼が一九五二年に想像したほとんどそのとおりに、たくさんの自己増殖するチューリング完全なデジタル生命体が今や無限に広がるマトリクスに生息しており、同時に、それら生命体を育てている企業や個人は、その見返りとしてかつてないほどの利益を得ている。

エドワード・テラーはフォン・ノイマンよりも四六年長生きした。彼は、水爆の開発に対して後悔の念を見せることはまったくなかったが、オッペンハイマーの疑惑を巡る公聴会での自分の証言がもとでオッペンハイマーが国家の安全を脅かす危険人物と判断されたことは後悔していた。「科学は、自由に議論できる開かれた環境で発展する」とテラーは一九八一年、過去を振り返って述べている。「しかし、第二次世界大戦中、われわれは機密保持を慣行とすることを余儀なくされた。戦後、機密保持の問題は見直された……。しかし、機密保持は慣習として行なわれ続けた。それが良い慣習だったか悪い慣習だったかは別として、それがわれわれの『安全保障』だったのだ……。だが、情報を制限することでわれわれが自分たちに課した制約のほうが、それによって得られたどんな利益よりも大きかった[37]」。

テラーは、年上で頭の回転も彼より速いジョニーと競争しながら育ったのだが、ついにジョニーに追いついたとき、それは二人のどちらにとっても悲劇的なことだった。「彼の生涯の最後の数週間、というか最後の数カ月、わたしはかなり頻繁に見舞いに行きました。そのためには大陸を横断しなければならなかったのですが」と、テラーは語る。「わたしたちは世界中のあらゆる事柄を議論しました。彼は信じられないぐらい頭の回転が速かった。誰も彼に先んじて物事を理解できたことなどありませんでした。そして病院でも、彼はそうあり続けたかったのです。しかし、彼はもはやわたしより先を行ってはいませんでした。ジョニー・フォン・ノイマンにとって、思考と数学は生きるうえで不可欠なものでした。ですから、そのことを自分に証明するために、彼はわたしに会いたがったのです、何度も何度も。『おれにはまだできるんだ』とね。けれども、彼はもはやそうはできなかったのです」[38]。

　最期の時が近づいていたある日、メモなしに仕事をすることができなくなっていたフォン・ノイマンは、「JmcD」としか特定されていない訪問者に、「先週の水曜日にわれわれが話したことについて」メモを作ってくれと頼んだ。そのメモには、次のように記録されている。

「わたしたちは、かなりあれこれと話しましたが、おおまかにはこのようなことでした。あなたは、自分は内向的な状態になっていて、空間的・時間的な閉所恐怖症の問題と闘っていると言いました。空間的というのは、あなたの物理的な身体が言うことを聞かずに邪魔をしているから。時間的というのは、基本的な反応が遅くなったからです……。これらの問題は、機械装置で克服できるかもしれないと、あなたは言いました……。天井の感光体に本のページを投影する装置です。付属品として、そこに書き込むための蛍光ペン、そして、ページを一ページ、あるいは数ページ前後に繰る機能や、消去機能も付いた数色の発光マーカ機能などのオプションをまとめた補助装置も必要だ。このような発明は困難だが不可能ではないとあなたは言いました。……『意識にのぼったことをそっくりそのまま純粋なかたちで、物理的な介在物なしに読み書きできる装置』、という考え方です[39]」。

ジョニーの死後、クラリはワシントンD・Cに留まって、彼に関する事務的な手続きを処理したり、彼の著作集の出版の手配をしたりした。生前に出版されたものだけを載せることにしてもなお、著作集は三六八九ページにのぼり、六巻に分割されて、一九六三年にようやく出版された。アインシュタインが残した文書を、高等研究所がどのように扱えば公益に資することができるのかをめぐって、まだ悩み続けていたオッペンハイマーは、出版界でフォン・ノイマンの後援者的な役割を果たすことになる人物が登場したとき、どのように対応すべきかわからず、戸惑ってしまった。その人物とは、「キャプテン」I・ロバート・マクスウェル。チェコスロバキア出身のメディア界の大立者で、のちにイギリスの国会議員にもなった。彼がフォン・ノイマンの著作集の出版を手がけたいと申し出、クラリ（とオッペンハイマー）に、「この出版におけるわたしの役割は、このような仕事の設備と『ノウハウ』を持っている『機械技術者』のそれで、このような崇高な目的のお手伝いができることを嬉しく思っていると言わせてください」と明言した[40]。

マクスウェルは以前、ペルガモン・プレス社の立ち上げ当時にロスアラモスを訪問し、フォン・ノイマン夫妻と親しくなったほか、ウラム夫妻とも特に深い付き合いをするようになった。「マクスウェルさんたちは、休暇になるとお子さんたちをうちに寄越してくださったのですよ」とフランソワーズは言う。彼女の娘、クレアはマクスウェル夫妻の庇護のもとで数年間オックスフォード大学で学んだ。「よく冗談で、あの人は首相になるか牢獄送りになるかどっちかよ、と言っていたんですが、どちらもいい線まで行きましたね」と、クレアは言う。

一九五七年一〇月にオッペンハイマーは、フォン・ノイマン著作集の出版条件を決定しようとしてマクスウェルに電話をかけた。「価格があまり高くなると、有用性が著しく損なわれるでしょう。何かこの点についてお考えはありますか?」と、彼は尋ねた。

「一〇ポンドぐらいかな、と考えています」とマクスウェルが応じた。

「全部で、ですか?」

「そうです」

「すばらしい!」オッペンハイマーは快哉を叫んだ。

「これは、あの人に対するわたしの捧げ物です」とマクスウェルは答え、編者にはユージン・ウィグナーではどうかと提案した。オッペンハイマーは数学者の角谷静夫を推薦した。クラリは、地球物理学者のカール・エッカートを推した。エッカートはラ・ホーヤ在住で、フォン・ノイマンのカリフォルニア大学との取り決めのなかに〝スクリップス海洋研究所で好きなだけ過ごしていい〟という項目があったのは、エッカートが所長を務めていたからというのが一つの理由になっていた[41]。

エッカートは編纂の仕事を断り、それはエイブラハム・タウブに任されることになったが、編集の打ち合わせでクラリとは顔を合わせた。クラリとエッカートは一九五八年に結婚した。クラリにとっては四度めの結婚になる[42]。最初はロマンスを求めて。二度めはお金のため。三度めは頭脳に惹かれて。そして四度めはカリフォルニアに惚れてだった。クラリはラ・ホーヤの、ウィンダンシー・ビーチから登っていったすぐのところに腰を据えたが、このビーチの反体制的なサーファー文化は、その後まもなくトム・ウルフのエッセー集、『ポンプ室ギャング』に記されて永久に保存されることになる。クラリによれば、カール・エッカートとジョン・フォン・ノイマンは「二人とも同じ分野にいた」けれども、彼女が大昔に最初の結婚の破局の痛みのなかで結婚した、ブダペストのギャンブル好きな「知性のない銀行家」だった二番めの夫とジョニーが違っていた以上に、この二人は「人間としてかけ離れていた」という。「生まれて初めて、わたしは気持ちを楽に持ち、虹を追いかけるのをやめることができました」と、彼女は未完に終わったメモワールの最後のページに記した。

「ラ・ホーヤは素晴らしいところで、もうここにいるのだから、これ以上旅をする必要はないと感じています」と、死の直前、鉛筆書きのままの「あとがき」に彼女は記している。[43] 彼女の遺体は、一九六三年一一月一〇日午前六時四五分、ウィンダンシー・ビーチの、グラヴィラ・ストリートの道脇の崖下で発見された。「ほぼ手首までの袖丈で、袖口に黒い毛皮の縁取りのある、ハイネックで背中にファスナーのある黒いドレスを着用していた」。ドレスの胴体部分は、「はじめパッド入りのジャケットのように見えたが、約一五ポンド（約六・七五キログラム）の濡れた砂が入っていた」。彼女の黒のセダン（ジョニーの最後のキャディラック）が、一ブロックも離れていないところに停車しているのが見つかった。エンジンは冷えていた。彼女の宝飾品類は、自宅の居間にあったコーヒーテーブルの上に、アルコールが含まれた液体の残留物が認められる数個のタンブラーに並べて置かれていた。一〇時に検査した際の彼女の血中アルコール濃度は〇・一八パーセントだった（訳注：酩酊状態に相当する）。さらに調査を続けた結果、監察医は「彼女は水泳が得意であることが以前からよく知られていた」ことを確認しており、また、「彼女の血筋のなかに、『死への衝動』が細くではあるが脈々と流れている」と特定したクラリの精神科医によると、彼女は夫を「無関心で、自分の研究に没頭しており、外に出て人々と交わるのを嫌がっている」と感じていた。カール・エッカートは、「自分は午前三時に床に就いたが、そのとき妻はまだ起きていた（二人の部屋は家の両端にあって離れていた）」と述べた。苦しんだ痕跡はなく、血中塩化物濃度（左心六六七、右心六六〇）は、海水中での溺死と矛盾しなかった（真水中での溺死の場合、濃度の大小が逆になる）。肺からは砂が見つかった。彼女の心臓――健康状態は良好そうだったが、父親の死の痛みから決して回復しなかった――の重さは二八〇グラムだった。[44]

「このわくわくするような人間たちと出来事の迷宮にわたしを導いてくれたわたしの幸運を、不思議だと思う気持ちを失ったことはありません」と、クラリはメモワール、『グラスホッパー』のまえがきに記した。「わたしはただの小さな染み、ちっぽけな虫で、鳴き声をあげながら飛び回って、どこにいけば一番面白いことが見つかるかを探し回っていましたが、やがて、国際的な出来事と世界的な天才たちのハリケーンのような激しい動乱に巻き込まれました」[45]。ジョン・フォン・ノイマンは五三歳で、クラリは五二歳で死去した。核兵器に関する彼女の仕事の機密性と、有名な夫の影とのあいだに挟まれて、モンテカルロ法の誕生期と、プログラミング言語の前史における彼女の役割は、依然としてよくわからないままだ。二〇世紀の後半は、一〇〇年前にブダペストで生まれたフィギュアスケーターの貢献がなければ、まったく異なる展開を見せていたかもしれない。

その誕生にクラリも貢献した爆弾たちは、見事な成功を収めた。アメリカ合衆国がマーシャル諸島での実験を終えるころまでには、エニウェトク環礁（かんしょう）で四三回、ビキニ環礁で二三回の核爆発があり、放出された総エネルギー量（核出力）は一〇八メガトンにのぼった。コンピュータはなすべき仕事を完璧に成し遂げたが、キャッスル作戦ブラボー実験――アイヴィー作戦マイク実験の後継者にあたる――では人的エラーがあって、三重水素の発生源はリチウム6のほかにリチウム7があったのだが、リチウム7からの三重水素の発生が正しく見積もられなかった。これは、おそらく史上最大の人的エラーであった。一九五四年三月一日に起こったその爆発は、核出力約六メガトンと予想されていたが、実際には一五メガトン以上の出力があった。日本の漁船、第五福竜丸の乗組員一人が、被曝が直接の原因で亡くなり、人数は特定されていないがほかにも多くの人々が、時が経つとともに被曝の間接的な影響で亡くなった。放射能の影響で、ロンゲラップ環礁、ロングリック環礁、アイリンギナ環礁、そしてウチリック環礁の住民が実験直後に強制的に移住させられ、ビキニ環礁の一部は今日なお居住不可能なままである。放射性降下物が世界中に降り注いだ。アイヴィー・マイクとキャッスル・ブラボーから生じたストロンチウム90が、子どもたちの歯のなかでカルシウムと置換して取り込まれたことが明らかになると、続く一〇年にわたって大気中の核実験に対する抗議が高まった。

第一世代の電子式コンピュータは第一世代の核兵器を育成し、その次の世代のコンピュータは次の世代の核兵器を育成した。このサイクルは、インターネット、マイクロプロセッサ、そして多弾頭の大陸間弾道ミサイルという頂点に達した。ウィリス・ウェアは、プリンストンで博士号を取得すると一九五一年八月に高等研究所をやめ、ごく短期間ノース・アメリカン・アビエーション社でミサイル開発に携わったが、その後、MANIACの改良型コピーであるJOHNNIACを製作中だったサンタモニカのランド研究所に腰を据えた。JOHNNIAC（ジョン・フォン・ノイマン型数値積分機・自動計算機）は、プリンストンにある先行機の少なくとも一〇倍の信頼性を持つように設計され、セレクトロン管四〇本のワーキング・メモリ――それぞれが二五六ビットを保存できる――を備えていた。JOHNNIACは、熱核兵器の設計よりもむしろ、その影響を理解するために使用された。「二万四〇〇〇Kまでの大気の平衡組成と熱力学」などの題が付けられたかなりの数に及ぶランド・リサーチ・メモランダム（訳注：ランド研究所が一九四八年から一九七三年にかけて作成した、進行中研究の現状を、必要な人々に知らせるための文書）で、温度が太陽表面の四倍になると地球表面はどのような影響を受けるのかが検討された。

ランド研究所は、核攻撃前後に防衛を調整するための冗長デジタル通信ネットワークをどのように設計すべきかを検討しはじめた。〝残った一握りのミサイルを発射することまでもが可能な、存続可能な通信ネットワークの構築こそが最善の予防的・計画的攻撃である〟という結論を、ゲーム理論家たちが導き出したことに刺激されたのだ。明言されてはいなかったが、核攻撃の生存者は、最後の自殺的反応をするのではなくて、報復攻撃を行なわないように調整したいと考えるかもしれないという可能性も考慮されていた。「明確な、しかし公式には述べられなかった共通認識がありました」と、今日パケット交換と呼ばれているアーキテクチャの開発に貢献したランドの研究者、ポール・バランは語る。「存続可能通信ネットワークは、戦争を終結するのにも、また、戦争を避けるのにも必要だ、という認識です」[46]。

バランの論文、『分散型コミュニケーションについて』は、一九六四年に出版され、『電子式計算装置の論理設計の予備的議論』がコンピュータの発展に果たしたのと同じ役割を、個々のコンピュータが構成するインターネットの発展に対して果たした[47]。やはり同じように、この研究を特許化したり、機密扱いしたりはしないことが決定された。「それはパブリックドメインに属するものとするのが妥当だと、われわれは感じたのです」とバランは説明した。「生き残り可能な指揮統制システムがあればアメリカ合衆国がより安全になるだけでなく、ソ連にも生き残り可能な指揮統制システムがあれば、アメリカはより一層安全になるでしょう[48]!」

ＪＯＨＮＮＩＡＣはＪＯＳＳ（ＪＯＨＮＮＩＡＣオープンショップ・システム）をもたらした。ＪＯＳＳは、オンライン、時分割方式、マルチユーザのコンピュータ環境として最初期のものの一つである。そして、ランドの下位部門の一つ、「システム開発部」――のちに「システム開発研究所」として分離独立した――が、ＳＡＧＥ防空システム用に最初の一〇〇万ラインのコードを開発した。そのコードは、今日使用されているすべての大型リアルタイム・コンピュータ・システムで、なおも存続している。インターネットの根底に存在する仮定の多く――そのアドレス・アーキテクチャから冗長性に至るまで――が、ランドが二五六ビットのセレクトロン管を八〇本購入しようと決定したことに遡る。発注は一九五一年、納入は一九五二年だった。一本あたり八〇〇ドルであった。ランドのコンピュータ部門の責任者、ジョン・ウィリアムスは一九五一年一〇月、フォン・ノイマンにこう書き送っている。「あなたにお知らせしたいことがもう一つあります……あなたとジュリアンに、ご満足いただける内容だと思います。わたしたちのことをへそ曲がりの発明家のように思われるかもしれませんが、わたしたちは、RCAセレクトロン管一〇〇本を発注するところなのです」[49]。ランドが続く一〇年のあいだにひじょうに多くのことを成し遂げられた理由の一つは、扱いがやっかいなウィリアムス管のおかげで進展が滞るのを避けるという賢明な選択によって、有利なスタートを切れたことにある。

ニコラス・メトロポリスは一九四三年以来、ロスアラモスを科学目的でのコンピュータ応用の最前線であり続けさせることに貢献してきたが、一九九九年に亡くなった。「プリンストンの高等研究所ではジョニーが金を獲得せねばならず、金集めに奔走していましたが、一方のロスアラモスでは、ニックは必要なものすべてを手にしていました」と、ハリス・マイアーは言う。「それに、彼にはその上さらにジョニー・フォン・ノイマンがいたのです」[50]。フォン・ノイマンの死後、彼が完了できなかった課題に取り組み続け、後年ほかの諸研究機関にその重要性が認識されるようになるまで維持したのは、どこよりもロスアラモスであった。

ロバート・リヒトマイヤーは、一九五三年にロスアラモスからニューヨーク大学のクーラント数理科学研究所に移り、その後一九六四年には、コロラド大学ボルダー校に移った。「今やコンピュータは、何かの問題解決に当たる人々がその手段として設計しているのではなく、コンピュータ自体を目的と見なす人々によって設計されている、という印象がわたしにはある」と、彼は一九五六年、ニコラス・メトロポリスに不満をもらした。「数と指令を同じ種類のメモリに入れるというフォン・ノイマンの考えは素晴らしい前進だったが、だからといって、数と指令が混同され得る状態にあっていいというわけではない」[51]。リヒトマイヤーもビゲローと同じく、フォン・ノイマンがやめたところからほとんど変わらぬままであることに驚いた——マシンもコードも、確かに能力も複雑さもどんどん向上しているが、システムの基本的な働き方はほぼそのままだった。「ソフトウェアの発展に伴った奇妙な現象が一つある。それは、ハードウェアがますますソフトウェアに依存するようになったことだ」と、彼は一九六五年に所感を述べている[52]。

フォン・ノイマンは純粋数学に戻ることはなかった。コンピュータへの関心さえもが、原子力委員会での義務のために逸らされてしまった。一九五四年九月二日から九日にかけてアムステルダムで開催された国際数学者会議にあたり、フォン・ノイマンは「数学における未解決問題」というテーマで開会冒頭の講演を依頼された。ダフィット・ヒルベルトが一九〇〇年にパリで当時の未解決問題を列挙したのに基づく、名高い「ヒルベルト二三の未解決問題」を更新するものとなることが期待されていた。ところが、実際にフォン・ノイマンが行なった講演は、ほとんど彼自身の以前の研究を焼き直した内容ばかりだった。「その講演は、作用素環についての話で、一九三〇年代なら新しくて話題性のあるテーマだった」と、フリーマン・ダイソンは回想する。「未解決問題についての話などまったくなし。未来についても何もなし。フォン・ノイマンが心の底から最も愛していたとわれわれの誰もが知っていたコンピュータについての話も少しもなかった。誰かが会場じゅうに聞こえる大きな声で、『Aufgewärmte Suppe』と言った。ドイツ語で、『暖め直しただけのスープ』という意味だ」[53]。

ブノワ・マンデルブロによれば、彼はそのあとで、「会場を去ろうとしているフォン・ノイマンを見かけました。ただ一人、ぼんやり考え事をしているようでした。彼には誰も付いておらず、急いでどこかへ行ってしまいました、たった一人で」。続く数日のあいだ、マンデルブロは、「一人の老人がわれわれと一緒にいるのに気付きました。わたしは彼に、いったい何をしているのかと尋ねました」。その男こそ、フォン・ノイマンが一八歳だった一九二二年に生まれて初めて発表した論文、『ある最小多項式の零点の位置について』の共著者、マイケル・フェケテだった。その後もこれに近いテーマの研究を続け、エルサレムのヘブライ大学で最初の数学教授となったフェケテは、「フォン・ノイマンは、最初の論文をわたしと共同で書いたのです。それで彼は、わたしの最後の論文もわたしと共同で書きたいと希望したのです」と答えた。しかしフォン・ノイマンは、間近に迫った原子力委員会への指名のことで頭が一杯で、良き先輩と、互いの最初と最後の論文で共著者になるという、対称的な相互関係を結ぶことはできぬままとなった。(54)

その後、会議のさなかにフォン・ノイマンはヴェブレンと二人だけで会った。九月七日の午後一〇時から、八日の午前二時まで、一つにはオッペンハイマーの公聴会について話しあうためだったが、もう一つには、近々IASを辞任することをフォン・ノイマンが公表しようとしていたからだった。「ヴェブレンがまず、宿敵LLS［ストロース］とET［テラー］を非難する議論を延々と展開し、ETがメリザンド［オッペンハイマー］を破滅させた張本人だと言った」と、フォン・ノイマンは八日の朝一人になってからクラリに手紙で報告した。〝メリザンド〟とは、オッペンハイマーを表す二人だけの暗号名である。「わたしは、LLSは暴君だがこれまでのAECで最高の委員長だし、ETは愚かだが、いいところもあるし、わたしの親友だと考えていると話した」。「ヴェブレンとは、二、三の点を除いて、すべてについて合意に達した」と、フォン・ノイマンは続けた。

彼［ヴェブレン］は、メリザンドの辞任は、強制されたものであれ自主的なものであれ、高等研究所にとって大きな痛手となるだろうと言った……。わたしは、後者となった場合、うまく取り計らっても、最善の結果にはならないだろうとここで言うのはまずいかな、と思った。彼はさらに、メリザンドは以前彼に、『短期に終わる』［予防的］戦争に関するわたしの見解には合意しないが、わたしのほうが正しい可能性もあると話していたと言った……。わたしからは、『短期に終わる』戦争というアイデアは今ではもう単に象牙の塔のものとなってしまったような気がする、なぜなら、もうそれは『短期に終わる』のは困難になってしまった――あるいは近い将来そうなるだろう――から、と話した[55]」。

ヴェブレンとの和解は長くは続かず、フォン・ノイマンは、青年期を過ごした数学者のコミュニティーからますます遠ざかっていった。

オズワルド・ヴェブレンは一九六〇年、メイン州ブルーヒル湾にあった夏の別荘で、高等研究所の理事というよりも、ノルウェー人の祖父のほうに近いライフスタイルで過ごしたあと、亡くなった。高等研究所の八〇〇エーカー（約三二〇ヘクタール）の土地のうち、約五八九エーカー（約二四〇ヘクタール）が永久に森林として保存されることになったのは、ヴェブレンに負うところが大きい。そして一九五七年、彼は妻エリザベスと共に、彼らが所有していたプリンストンのはずれの八八エーカー（約三六ヘクタール）の土地を、マーサー郡に寄贈した。その後この土地は、「自動車から逃れて、歩いたり座ったりできる場所[56]」、ヘロンタウン・ウッズ植樹園となった。彼は、フォン・ノイマンとの相違にうまく折り合いをつけることはついぞできなかった。「ジョニーには、生涯最後の月の最後の日々ですら、会いたいと願っていた男が一人ありました。ほんとうに会いたいと思っていた唯一の人間です」とクラリは言う。「わたしはヴェブレンに、彼に会いに来てやってほしいと懇願する手紙を何通も送りましたが、彼は来ませんでした[57]」。

一九五三年五月二七日の午前四時五〇分、標的に到達可能な水素爆弾の開発の追い込みのさなか、原子力委員会のために熱核反応の問題をコンピュータにかけていた技術者が、突然の聞き慣れない物音に驚いた。「ネズミがレギュレータの後ろの送風機にもぐり込んで、送風機がガタガタ揺れた。結果：ネズミはもういなくなった&ラケットで！！」とマシンの運転記録に記載されている（どぎつい言葉は差し替えた）。この記入の下に、技術者の一人が墓石の絵を描いたが、銘にはこうあった。

ここに
ネズミ（マウス）
眠る
生年不明
4:50AM
5/27/53

別の技術者が「マーステン」と書き足したので、墓石は「マーステン・マウスここに眠る」と読むことができた――技術者たちが高等研究所に侵入してくることを長年にわたって反対したマーストン・モースへの当て付けだった。メイン州の農場で育ったモースには、コンピュータ・プロジェクトに反対する理由があった。彼に最後に一言発言してもらうべきだろう。

「われわれ数学者たちは、心情的には、人文科学者たちと運命を共にしたい」とモースは第二次世界大戦が始まったときに、エイダロッテへの私信で述べている。戦争のあいだ彼は、陸軍武器省長官房局に専属で勤務したのだが、戦争が終わったのだから、高等研究所はもう兵器設計者たちのいる場所ではないと確信していたのだった。「数学者は、最も自由で最も個人主義的な芸術家である」[58]と彼は主張し、コンピュータ・プロジェクトを支援する政府契約は、これと相容れないと考えたのだ。

コンピュータ製作の真っ最中で、それに充てられた予算も数学部門全体の予算の三倍以上と突出していたころの一九五〇年一〇月、モースはオハイオ州のケニヨン・カレッジで開催されたロバート・フロスト（訳注：アメリカの詩人）を記念する会議に出席し、「数学者と芸術」というテーマで講演を行なった。「ニューハンプシャー州デリーの一〇〇マイル（約一六〇キロ）北東に、ベオグラード・レイクスがあります。そのなかで一番長い湖からメサロンスキー川が流れ出ています」と彼は話しはじめた。

わたしはその谷のなか、ロバート・フロストの世界である『ボストンの北』で生まれました。『雪解けの風』、『雪』、『樺の木立』が、そして、修繕が必要だった『壁』が、そこにはありました。わたしは広大な農場で生まれました。農場には小川が縦横に、一つのパターンをなして流れていました。どこに向かって流れているというわけでもなさそうで——やはりどこかに流れていたのです。一〇〇エーカー（約四〇ヘクタール）の土地に、チモシーとクローバーの茂る三角形の区画や、ゴールデン・ワイヤーグラス——見ているのは心地良いが、抜いてしまえばまたすっきりしたものです——のねじれた四辺形の区画がたくさんありました。一〇歳になると、わたしはこれらの草をすべて、馬と熊手を使って手入れしました——馬の足元を走るネズミの群れを見ながら。

「クロネッカーかワイエルシュトラスかを、計算によって決めることはできません（訳注：どちらも著名な数学者で、無限などに関する数学上の立場の違いで著しく対立したことで知られる）」とモースは続け、本題に入るウォーミングアップをした。「数学には中心となる決定的な実質があって、その完璧な美は理に適っていますが、それ自体が理に適っているかどうかは、『あとになってからでないとわからない』のです」。さらに、彼が疑問視せずにはおれないものを次のように挙げた。「新聞に掲載される無表情な科学記事、クレーターのようにくっきり示された論理的核心、誤りだけは免れようと書かれたページ、奇っ怪なものと化した機械たち、神を捨てた人間を神格化する醜悪さ、そもそもの自らの計画の遂行に失敗し、もはや求められてもいない矮小化した寺院、権力を賄賂としてちらつかせながら、別の権力を手に入れようとして秘密裏に行なわれ、理解もされない企て。

これは、影もない代わりに輝きもない科学、生まれてしまったあとの科学であって、永遠性など少しも匂わせるところがありません」と彼は断じる。「独創的な科学者は、理性が侍女であって主人ではない、『論理の荒野』に暮らしています。わたしは、無味乾燥で明確に判読可能なモニュメントはすべて避けます。科学が子宮のなかに戻り、待機するのは、夜明け前の時間帯です。わたしたちのあいだには、必要性の鏡による以外、手振り・身振りも、言語もないのは、わたしには残念です。昼と夜のあいだの薄明の時間帯に何かあるのではないかと探っている詩人たちがいることが、わたしにはありがたい[59]」。

モースが強く反対した秘密主義は、今では恒久的なものとして定着してしまっている。今日アメリカ政府は、機密扱いでない情報よりも、機密扱いの情報のほうをたくさん生み出している――そして、機密情報の量そのものも機密扱いされているので、われわれは「ダークマター」がどれだけ存在するのかすら、決して知ることはないかもしれない。しかし、フォン・ノイマンのモニュメントは、はじめに思われていたほどには、無味乾燥で判読可能ではないことが明らかになってきた。今後も、確認できる範囲を超えたところに、常に真実が存在するのであろう。

アラン・チューリングは、一九四六年に大英帝国勲章を受章したが、公職守秘法があったので、彼は戦時中の自分の仕事について公に話すことは決してできなかった。一九四八年に国立物理学研究所をやめてからは、マックス・ニューマンの援助のもと、マンチェスター大学で研究に勤しんだ。そこではかつてのブレッチリー・パークのコンピュータ・グループの中核メンバーたちが、コロッサスの研究が打ち切りになったところを引き継いで研究を続けていた。すべては順調に見えたが、一九五二年、チューリングははなはだしい（同性愛の）猥褻行為で有罪判決を受け、注射によるエストロゲン投与の「セラピー」を強制的に受けさせられ、機密情報アクセス権（とアメリカ合衆国を訪問する自由）を剝奪された。一九五四年六月七日、四二歳になる二週間前、彼はマンチェスターの自宅で亡くなった。状況から見るに、シアン化物による中毒死だった。形態形成の化学的基盤に関して彼が得た前途有望な結果の論文が未完成のまま放置されており、自宅の実験室には青酸カリの壜があり、彼の傍らには食べかけのリンゴが残されていた。彼の数学者人生で大きな役割を果たしたヒルベルトの「決定問題」とまるで同じように、彼の死の状況も決定不可能なままとなった。

機密が徐々に解除されるにつれて、チューリングが戦時中に行なった貢献のみならず、チューリングの理論的な原理を具現化したものとしてコロッサスが第二次世界大戦後のハードウェアとソフトウェアの発展に果たした貢献も、相当に遅ればせではあるが認識されるようになった。二〇〇九年九月一〇日、「イギリス政府と、アランの研究のおかげで自由に暮らしているすべての人に代わって」イギリス首相ゴードン・ブラウンが、チューリングが受けた「非人道的な」扱いについて正式に謝罪した。謝罪は、「わたしたちは申し訳なく思っています。あなたは、もっと良い処遇にふさわしかったのです」と結ばれた。

クルト・ゲーデルは一九七八年一月一四日、プリンストンで死去した。体重は六五ポンド（約二九・五キログラム）しかなく、死因は栄養失調だとされた。ハノーファーを訪れてライプニッツの草稿を調査し、デジタル・コンピュータ、普遍計算、普遍言語が最終的にどこに向かう運命にあるかについて、ゲーデルが存在すると信じていた証拠を探すことはできずじまいだった。一九五六年三月二〇日、彼はフォン・ノイマンに「極めて重大な意義を持つ結果をもたらすかもしれない」ある問題について手紙を書いたが、フォン・ノイマンはそのころまでには手紙で誰かとやり取りすることはもうあきらめてしまっていたので、返事を受け取ることはできなかった。「制限された関数計算の各々の式Fと任意の自然数nに対して、Fには長さnの証明があるかどうかをわれわれが判定することを可能にするようなチューリング・マシンを製作することは容易です」とゲーデルは書いた。「問題は、$\phi(n)$［必要なステップの数］は、最善のマシンの場合、どのくらい早く増加するのか？　という点です」。まだ解決されていないこの問題に対する答が出たなら、それは、ゲーデルの表現を引けば「決定問題の解決不可能性にもかかわらず、〝イエス・ノーで答えられる問題を考えているときの数学者の思考を、完全にマシンに置き換えることができるかどうか〟」という問題を解決することになるだろう。[60]

ニルス・バリチェリは、一九九三年オスロで亡くなった。ウイルス遺伝学はもう研究していなかったが、「B・マセマティックス」という新しい数学的言語を完成させる取り組みはなおも続けていた。この言語は、ライプニッツの論理計算のように、真である文章は真であると、偽である文章は偽であると判定できるはずだった。彼の大学院生二、三人だけが使い、DECシステム10のコンピュータで機能したB‐マセマティックスは、まもなく絶滅した。彼の数値進化実験もほとんど跡形もなく消滅した。彼のアイデアの多くが、彼の研究のことなどまったく知らなかった後世の研究者たちによって再発見されることになる。

しかし、バリチェリの宇宙は、今やわれわれの宇宙となっている。彼の原初の一次元デジタル生命体——五キロバイトのマトリクスのなかで自己複製し、競争し、別の種と交雑し、集まって共生する——は、今日、無限に広がるデジタル宇宙のなかで自己複製したり異種交雑したりしているマルチメガバイトの（とはいえ依然として一次元の）コード列の祖先なのである。われわれが「アップス」（日本では「アプリ」）と呼んでいるものを、バリチェリなら数値共生生命体と呼ぶだろう。そして、このアップス‐数値共生生命体の進化は、彼が予言したように、ランダムな突然変異ではなくて、異種交雑、共生的協力、そしてコードの基本要素を大量にひとまとめにして提供しあうことによって進む。社会的昆虫の「採集者社会」のように振舞うアップス‐数値共生生命体は、お金（と知識）を集めて、共同の巣へと持ち帰るのだ。

ジュリアン・ビゲローは、二〇〇三年二月一七日にプリンストンで亡くなった。六週間後、自然科学部門は、部門の施設として新設されたブルームバーグ・ホールで彼の追悼式を行なった。それに先立ち、ストーニー・ブルックのキリスト友会集会所では、クエーカーの伝統に則った式典が挙行された。簡素な木製の長椅子がしつらえられ、一七二六年当時からほとんど変わっていないキリスト友会集会所は満員となった。キリスト友会の集会では、沈黙も一つのコミュニケーションの形であり、これは、信号の不在を一つの信号として使ってはけっしてならないというビゲローの信条の、唯一の例外だった。

ビゲローの入院中に彼を担当していた看護師が最初に沈黙を破った。「とても疲れていたでしょうに、彼は目を開いてくれました。大きな青い目を。そして、何人もの看護師がこう言いました。『彼の目を見て。こんなに具合が悪いのに、彼の目の表情といったら』」と、彼女は語った。[61]「ジュリアンの真価が認められることは決してなかった」とフリーマン・ダイソンは語った。「しかし、彼が一言たりとも不満を言うのを聞いたことはないね。今ではもう手遅れだが、それでも、謝るに遅すぎることは決してないよ」。ビゲローが修理できたあれこれの物、ビゲローが完了できなかったあれこれのこと、そして、彼が捨てられなかったあれこれの物——とりわけ、古いタイヤ——についての逸話には事欠かなかった。「解決できない問題などありませんでした」と、最後に話をしたジュリアンの継息子、テッド・メルケルソンは言う。「どうすればいいのかをはっきりさせて、時間をかけてそれを実行する、というだけのことだったのです。そしてわたしは、彼にはまだどんな問題でも解くことができたのだと思います。ただ彼の時間がなくなってしまっただけだったのだと」[62]。

クエーカーの式典が終わり、ジュリアン・ビゲローの家族と友人たちは集会所から明るい三月の日差しのなかに歩み出て、森とかつての〝戦場跡〟のあいだの、以前はプリンストンとトレントンを結んでいた路面電車が走っていた道を辿って高等研究所まで戻った——一七七七年にサリヴァンが率いるワシントン軍の隊列が進んだルートを辿り直して、イギリス軍が撤収したあと、瀕死の重傷を負ったマーサー准将が取り残されたクラークの農場の母屋を通り過ぎて。ブルームバーグ・ホール——今では高等研究所の物理学者、天文学者、九六ノードのＩＢＭコンピュータ群(クラスタ)（二〇〇九年に五一二コアのコンピュータ群に置き換えられた）、そして数名の理論生物学者たちの本拠地となっている——のなかには、ストーニー・ブルックからたった四二マイル（約六七キロメートル）しか離れていないところで生まれた男に最後のお別れをしようと、大勢の人々が集まっていた。

技術者たちは高等研究所から姿を消したが、コンピュータたちは戻ってきた。今日、ＩＡＳ全体で九〇〇台を超えるコンピュータ（ならびに二〇〇〇テラバイトのストレージ）が使われており、かつてのＥＣＰ建屋（たてや）にはクロスローズ保育園、高等研究所事務所、そしてフィットネス・センターが入っているが、表には二〇〇三年にハンガリー政府が取り付けたフォン・ノイマンを記念する銘板が掲げられている。社会科学部門でも、フォン・ノイマンの実験が世界に及ぼしている影響について、ますます熱心に研究が進められている。

一九四六年に最初の作業台が設置されたフルド・ホールの地下の倉庫室は、つい最近まで高等研究所の主サーバー室で、五〇四本もの光ファイバーが毎秒四五メガビットの通信速度を持つスイッチを通して外の世界とつながっていた。自己複製する数値生命体を生み出そうというニルス・バリチェリの取り組みとはちょうど逆に、今では専用のネットワーク監視システムがすべてのトラフィック（訳注：通信回線のなかを行き交うデータの流れ）を監視して、中に入り込もうとする自己複製数値生命体の際限ない流れを阻止している。「ウイルスが極めて巧妙になってきているので、これはほんとうに軍拡競争の観を呈しています」と、二〇〇五年のシステム管理者、ラッシュ・タッガートは説明した。「トラフィックの流れを常時見守っています。コンピュータがコンピュータを監視しているのです[63]」。

かつてフルド・ホールの地下で行なわれ、そして今ではブルームバーグ・ホールで続けられている軍拡競争が、確率的で不完全なものに対する完全に決定論的なものの勝利で終わることは決してないだろう。粗野（ワイルド）で奔放なほうが――たとえそれがデジタル世界のワイルドさであっても――いつも必ず勝つのだ。きっちりと記述されたことなら何でもできるコードとマシンがある。とはいえ、コードを見るだけで、そのコードがこれから何をするかを決定できるようには決してならないだろう。単純な算術だけでも認められるようなファイヤーウォール（訳注：ＬＡＮとインターネットのあいだに置かれる保安システム）を完成させることは決してできないだろう。デジタル宇宙は今後も常に、ロバート・フロストが夢想できた以上の謎が存続できる余地を残し続けてくれるだろう。「薄明の時間帯」は永遠に残る。

オルデン・レーンの外れで製作された32×32×40ビットのマトリクスは、コード化された指令で初期化され、続いて、あそこの位置に行って次の指令――それは〝既存の指令を書き換える〟という指令だったかもしれない――を実行せよという一〇ビットの数を与えられた。これほど限定的な始まりからでさえ、その最終的な結果を予測することはまったくできなかった。

二〇〇〇年一一月、高等研究所の西建屋の地下室に、一つのダンボール箱が運び込まれた。その後その箱の存在は久しく忘れ去られていた。ＭＡＮＩＡＣの入出力が紙テープからパンチカードに切り替えられたときにどういうわけか捨てられずに残っていた、第二次世界大戦時のテレプリンターのサービス・マニュアル一式の上に積もっていた黒い油染みた埃からは、焼けたＶベルトの臭いがまだ漂っていた。その下から出てきたのはＩＢＭのデータ処理カードで、罫線入りの紙の半分に鉛筆で書かれた指示が添えてあった（口絵78）。紙片は千切れて数枚に分かれてしまっていたが、箱のなかのカードには「バリチェリのドラム・コード」と明記され、（一九五三年にコンピュータに付け加えられた二〇四八語の高速磁気ドラムに）どうやってセットして走らせればいいかが説明されていた。このカードの束と一緒に、三枚の帳簿用紙が残されていた。そこにはぎっしりと、一六進法のコードが手書きされていた。これらのコードこそ、働いていた途中でそのまま止められてしまい、これら一組のカードに化石化した状態で保存されることになった、宇宙を支配する自然法則を規定するものだった。デジタル宇宙の死海文書である。

カードに添えられていた三枚の手書きの覚書（「バリチェリ氏へ」と宛名があり、「ＴＷＬ」とサインされていた）は、次の文章で終わっている。

「このコードには、あなたがまだ説明くださっていない何かがあるはずです」。

訳者あとがき

デジタル宇宙創世の史実を綴る壮大な本だ。タイトルは『チューリングの大聖堂』だが、中心になっているのは、二〇世紀中ごろにプリンストンの高等研究所で取り組まれた、最初期のデジタル・コンピュータを製作するプロジェクトと、それを率いた、ハンガリー出身のマルチ・タレントな天才数学者、ジョン・フォン・ノイマンである。

著者ジョージ・ダイソンは科学史家で、テクノロジーやコンピュータの歴史などについての著作がある。彼の父は、SFの題材になりそうなアイデアでも有名な理論物理学者で、高等研究所名誉教授のフリーマン・ダイソン。また、ジョージの姉エスター・ダイソンは、ベンチャー・ビジネスへの投資家で、IT界のオピニオン・リーダーでもある。ジョージもエスターも、高等研究所のコンピュータ・プロジェクトが進行していたころ、その界隈で成長した。本書には、ジョージが子ども時代にこのプロジェクトの近くにいて直に感じ取ったことが通奏低音として流れているようにも思われる。

さて、バイブル的スケールの本書は、単純に時系列に書かれてはおらず、全体像を把握しにくいので、その構成を紹介しておきたい。

まず第1章では、一七世紀にライプニッツが、「計算も論理も0と1だけを使って表現することが可能だ」と気付いたところから、一九五三年、高等研究所のコンピュータのなかで数値生命体の宇宙が誕生するまでの大きな流れが紹介される。著者によれば、デジタル・コンピュータのアイデアを最初に明示したのはライプニッツだ。はるかに下って一九三六年、アラン・チューリングは、あらゆる計算が可能な機械が作れることを証明した。いわゆる万能チューリング・マシンだが、著者はこれをライプニッツのアイデアの近代数学による証明と位置づける。そして一九四五年、フォン・ノイマンが、電子工学のスピードで作動する万能チューリング・マシンを作ろうと考えた。こうして誕生した世界最初期のコンピュータに、ウイルス遺伝学者のニルス・バリチェリがデジタル生命体を解き放って進化させたのが「バリチェリの宇宙」だ（口絵㊹）。

第2章は、高等研究所の敷地付近の歴史を概説し、第3章は数学者が研究に没頭できるパラダイスとして構想された高等研究所設立の経緯を物語る。第4章は、本書の一番のヒーロー、ジョン・フォン・ノイマンの背景説明だ。

第5章で、いよいよ高等研究所電子計算機プロジェクトが始まる。一九四四年、フォン・ノイマンはペンシルベニア大学のコンピュータ・プロジェクトに関心を抱いた。製作が進められていたEDVACという装置の設計指針を見た彼は、これこそチューリング・マシンにほかならないと気付き、独自にこの装置の数理論理的側面について研究し、一九四五年、『EDVACに関する報告の第一草稿』を執筆する。このなかには、「フォン・ノイマン型アーキテクチャ」と呼ばれ今も使い続けられているプログラム内蔵・高速電子式デジタル・コンピュータの概要がすべて含まれていた。このような装置を自分で作りたいと考えたフォン・ノイマンは、さまざまな障害をクリアして、高等研究所でのプロジェクト実施に漕ぎ着ける。

この取り組みの初期にフォン・ノイマンが中心となって高等研究所でまとめられた『電子式計算装

置の論理設計の予備的議論』には、新しいコンピュータの論理構造が具体的に記され、命令コードまでもが一式記述されている。この報告書が、ライプニッツのデジタル・コンピュータの夢を叶えることになったのだ（第6章）。

第7章と第8章では、この装置の技術面が詳述される。第7章は、トランジスタのない時代に、当時ラジオなどに使われていた真空管を工夫して使用したことを特に取り上げている。第8章では、仕上がった堂々たる装置の全体像を自動車のエンジンになぞらえて紹介する。

第9章から第12章は、このコンピュータを使って何が研究されたかという話だ。これらの研究は、まだ完成しない段階のコンピュータにかけられ、性能テストの役割も果たした。

第9章は、数値気象予測実現を目指す取り組みだ。これが可能になれば軍事上有利となるわけで、プロジェクトの最初から構想されていた。第10章は、乱数を用いてシミュレーションを繰り返し、近似解を求める、「モンテカルロ法」を紹介する。これを着想したスタニスワフ・ウラムは、核物質内の中性子拡散の様子を見積もるのに使えるとフォン・ノイマンに提案した。著者によれば、モンテカルロ法こそランダム・サーチのはしりである。第11章は、ウラムの活躍で水素爆弾の実現可能性が証明され、高等研究所のコンピュータを使って水爆研究が行なわれた経緯を描く。この水爆関連の計算がコンピュータの性能確認となり、水爆と同時にデジタル宇宙が完成する形となった。第12章で、第1章の終わりで紹介されたバリチェリの数値生命体の研究が詳しく紹介され、自己複製する数値生命体が急速に進化したさまが描かれる。

第13章以降は、史実に交えて著者の未来予測が大いに語られる。

第13章はチューリングの業績の概説だ。チューリングはドイツ軍の暗号を解読するコロッサスという装置の開発に関わった際、ランダム・サーチの効率性を認識したという。明確な問いに対する明確な答をサーチするのではなく、漠然とした問いから、ゆるやかな境界で広い範囲から答を掬い取ることを繰り返すうちに、ほんとうに意味のある問いと、それに対する価値のある答を明確化していく、というやり方だ。

このテーマは、フォン・ノイマンがプロジェクトから遠ざかり、一九五七年に亡くなってからのメンバーの動向を概説した次の第14章でも論じられ、現実世界のとかく曖昧な問題に取り組むには、デジタルよりもアナログのコンピュータの、いわば「ゆるい」やり方のほうが高速かつ正確な可能性があると述べられる。そして今実際に、コンピュータの世界でアナログが復活してきており、サーチエンジンとソーシャルネットワークは、前例のない規模のアナログ・コンピュータだと著者はいう。

第15章では、フォン・ノイマンが、生命体と機械の両方を包含する公理的理論を早くから構想していたことを紹介する。彼の死後出版された『自己複製オートマトンの理論』に記された彼のアイデアは、チューリングの「万能マシン」を拡張した、「自分のコピーを生み出す機械」とも呼べる。物理的なマシンがバーチャル・マシンを生み出したり、自らをコード化して凍結し、転送して別の場所で機械として具現化することが単なる夢ではなくなりつつある今を彼は予見していた。

そして第16章では、そんな自己複製能力のあるコードたちが付け込めそうな状況があると警告する。光ファイバーという動脈でつながってネットワーク化したコンピュータの宇宙で、ほとんどのプロセッサが実際に計算している時間よりも待機している時間のほうがはるかに長くなっている現状で、これを利用すればコードたちはあちこちで増殖が可能なわけだ。

空恐ろしい話は第17章でも続く。スウェーデンの物理学者アルヴェーンの巨大コンピュータの物語を借りて、人間がコンピュータに支配されていく近未来図を描き、それが現実のものとなりつつあることを指摘し、コンピュータという「考える機械」が使える代償に、人間が考えなくなったらどうなるだろうかと問いかける。

総括となる第18章の最後で著者は、二〇〇〇年に高等研究所の倉庫で見つかったバリチェリのコードに言及する。二〇〇三年のＴＥＤ（カリフォルニア州モントレーで年一回講演を主催するグループ。講演の動画はウェブで公開されている）の講演で著者は、このバリチェリのコードを現在のコンピュータで走らせてみたいと述べた。六〇年前の数値生命体は、はるかに広がったデジタル宇宙のなかでどんな振舞いをするのだろう？　興味と不安をかき立てられる。

知らぬ間にわたしたちの生活を乗っ取ってしまいかねない自己複製機械の不安もさることながら、わたしたちが自分の意志で使っていると信じているパーソナル・コンピュータ、iPhone、そしてこれから日本でも普及するかもしれないブルートゥース・ヘッドセットと、利便性が上がると同時に、体への密着度が増し、体に組み込まれていく勢いのコンピュータにも不安はないだろうか。便利になったと喜びつつも、コンピュータに支配され、自己という存在がどんどん曖昧になり、やがてコンピュータが定義してくれる存在が自分だと信じて疑わなくなるのかもしれないとも思う。今グーグルで世界の本をすべてデジタル化しようとしているのは、ＡＩにそれを読ませるためだという。やがて知識は、人間の精神の外部で培われ、人間の脳に単純に移植されるだけになるのだろうか？　そんな段階に至ったなら、われわれはそれを不幸に感じたり、尊厳が損なわれたと憤ったりすることもなくなってしまうのかもしれない。ライプニック、チューリング、フォン・ノイマンら、デジタル・コンピュータ史の預言者たちは、そのあたりのことを何か示唆しているのだろうか？　人間の知恵と創意工夫の結晶としてコンピュータが生まれ、困難な研究を短時間で遂行することを可能にし、また、人間の生活を便利で豊かにしてくれたところまでは「めでたしめでたし」なのだが、それが実は人間への脅威でもありうるとは。核兵器を実現させるために製作が推進され、それとほぼ同時に完成したともいえるコンピュータは、やはり核兵器と同様、恐ろしい存在だということなのだろうか。

フォン・ノイマンらの取り組みが、第二次世界大戦とその後の冷戦を一つの駆動力としていたとしたら、現在のデジタル宇宙の拡張と、人間の行為や思考をコンピュータがどんどん代行し、支配しつつある傾向を駆動している力は何なのだろう？　ジョージ・ダイソンは現代のデジタル・コンピュータ世界の預言者の一人として、これからそんな話をしてくれるのかもしれない。今後も彼のメッセージに耳を傾けたい。そんな彼が、アリューシャン列島の先住民族、アリュート族のカヤックの復元にも情熱を注いでいると聞くと、少しほっとする。

本書の翻訳にあたっては、朝日新聞社ジャーナリスト学校シニア研究員で、コンピュータ・ＩＴ関連の著書や訳書も多い服部桂氏に、訳稿のコンピュータが関連する部分にお目通しいただき、ご意見を頂戴しました。厚く御礼申し上げます。さらに、帯の推薦文をいただく際に、翻訳上のご助言もくださいました、円城塔氏と小飼弾氏に深く感謝いたします。また、本書翻訳の機会を与えてくださり、編集等でたいへんお世話になりました、株式会社早川書房の皆様に心から感謝いたします。

二〇一三年二月

V (Oxford: Oxford University Press, 2003), p. 375 [German original in VNLC]. クルト・ゲーデルからジョン・フォン・ノイマンへの 1956 年 3 月 20 日付の手紙。

61. Julian Bigelow memorial service, 29 March 2003 [GBD].

62. 同上。

63. Rush Taggart, interview with author, 19 May 2005. [GBD] ラッシュ・タッガート、著者とのインタビュー、2005 年 5 月 19 日。

41. Verna Hobson, IAS, notes of telephone conversation between J. Robert Oppenheimer and Captain I. Robert Maxwell, 2 October 1957. [KVN]
42. クラリの死後、サンディエゴ郡検死官は、「彼女は5度めの結婚をしており」、また、彼女の自叙伝は、「猫は9つの命を持っていると言いますが、わたしは5つしか持っていません」と始まり、「悪名高きマハラジャ」が、「彼の宮殿で暮らすようにとわたしを誘いましたが、激怒し、また、極度な不安に駆られたわたしの父が、毅然たる即時の行動を取ったために、その危険だが魅力的な約束が果されることはありませんでした」と記されていることを発表した。
43. Klára von Neumann, *The Grasshopper.*
44. Klára Eckart, age 52, found November 10, 1963: Coroner's Investigative Report No. 1772-63, County of San Diego, 18 November 1963. クラリ・エッカート、52歳、1963年11月10日発見さる。サンディエゴ郡検死官調査報告書、No. 1772-63、1963年11月18日。
45. Klára von Neumann, *The Grasshopper.*
46, Paul Baran, interview with Judy O'Neill, 5 March 1990. CBI, OH no. 182. ポール・バラン、ジュディー・オニールとのインタビュー、1990年3月5日。
47. Paul Baran, "On Distributed Communications, " RAND Corporation Memorandum RM-3420-PR, August 1964 (11 parts).
48. Paul Baran, interview with Judy O'Neill. ポール・バラン、ジュディー・オニールとのインタビュー。
49. J. D. Williams to John von Neumann, 18 October 1951. [VNLC] J・D・ウィリアムスからジョン・フォン・ノイマンへの1951年10月18日付の書簡。
50. Harris Mayer, interview with author, 25 May, 2011. [GBD] ハリス・マイアー、著者とのインタビュー、2011年5月25日。
51. Robert Richtmyer to Nicholas Metropolis, 11 January 1956. [VNLC] ロバート・リヒトマイヤーからニコラス・メトロポリスへの1956年1月11日付の手紙。
52. Richtmyer, "The Post-War Computer Development, "p. 14.
53. Freeman Dyson, "Birds and Frogs," *Notices of the American Mathematical Society*, 56, no, 2, (February 2009), p. 220.
54. Benoît Mandelbrot, interview with author. ブノワ・マンデルブロ、著者とのインタビュー。
55. John von Neumann to Klára von Neumann, 8 September 1954. [KVN] ジョン・フォン・ノイマンからクラリ・フォン・ノイマンへの1954年9月8日付の手紙。
56. Saunders Mac Lane, "Oswald Veblen, June 24, 1880—August 10, 1960," *Biographical Memoirs of the National Academy of Sciences 37* (New York: Columbia University Press, 1964), p. 334.
57. Klára von Neumann, *Two New Worlds.*
58. Marston Morse to Frank Aydelotte, 5 June 1941. [IAS] マーストン・モースからフランク・エイダロッテへの1941年6月5日付の手紙。
59. Marston Morse, "Mathematics and the Arts", read at a conference in honor of Robert Frost, Kenyon College, 8 October 1950 . [IAS]
60. Kurt Gödel to John von Neumann, 20 March 1956, in Solomon Feferman, ed., *Collected Works*, vol.

20. John von Neumann, Biographical background on J. H. Bigelow, 14 November 1950. [IAS]
21. Bigelow, Pomerene, Slutz, Ware, "Interim Progress Report".『電子式計算装置の物理的な実現に関する中間進捗報告』。
22. Willis H. Ware, interview with Nancy Stern. ウィリス・H・ウェア、ナンシー・スターンとのインタビュー。
23. John von Neumann to Klára von Neumann, 9 November 1946. [KVN] ジョン・フォン・ノイマンからクラリ・フォン・ノイマンへの 1946 年 11 月 9 日付の手紙。
24. *History of the National Bureau of Standards Program for the development and Construction of Large-Scale Electronic Computing Machines*, no author, n.d., evidently late 1949. [JHB]
25. Herman Goldstine and John von Neumann to General Leslie R. Groves, 14 June 1949. [VNLC] ハーマン・ゴールドスタインおよびジョン・フォン・ノイマンからレスリー・R・グローヴス中将への 1949 年 6 月 14 日付の書簡。
26. Ralph E. Gomory, "Herman Heine Goldstine, September 13, 1913-June 16, 2004," *Proceedings of the American Philosophical Society*, vol. 150, no. 2 (June 2006), p. 368.
27. Jack Rosenberg, unpublished memoir, 21 May 2008 (courtesy of Jack Rosenberg).
28. Jack Rosenberg, interview with author. [GBD] ジャック・ローゼンバーグ、著者とのインタビュー。
29. Gerald and Thelma Estrin, interview with author. ジェラルドおよびテルマ・エストリン、著者とのインタビュー。
30. Andrew Booth, personal communication, 26 February 2004. [GBD]
31. Harris Mayer, interview with author, 25 May 2011. [GBD] ハリス・マイアー、著者とのインタビュー、2011 年 5 月 25 日。
32. FBI SAC (Special Agent in Charge), New York, Memo to Director, FBI (Att: Liaison Section) 25 August, 1955 [PM]
33. Beatrice Stern, notes on conversation with Jean Flexner Lewinson, 23 October 1955. [IAS-BS]
34. Lewis F. Richardson, "The Distribution of Wars in Time," *Journal of the Royal Statistical Society*, vol. 107, no. 3/4 (1944), p. 248.
35. Norbert Wiener, in "Revolt of the Machines," *Time*, 75., no. 2 (11 January 1960), p. 32.
36. Stanislaw Ulam, "Further Applications of Mathematics in the Natural Sciences," 1981, reprinted in *Science, Computers and People; From the Tree of Mathematics*, (Boston, MA: Birkhauser, 1986), p. 153.
37. Edward Teller, "The Road to Nowhere," *Technology Review*, 1981, reprinted in *Better a Shield than a Sword*, 1987, pp. 118-120.
38. Edward Teller, interview with author. エドワード・テラー、著者とのインタビュー。
39. JmcD to John von Neumann, "A note regarding what we talked about last Wednesday," n.d., ca. 1956. [VNLC]
40. Capt. I. R. Maxwell to Klára von Neumann, 24 March 1957. [KVN] キャプテン・I・R・マクスウェルからクラリ・フォン・ノイマンへの 1957 年 3 月 24 日付の手紙。

第18章

1. Klára von Neumann, *The Computer.*
2. Julian Bigelow, interview with Richard R. Mertz. ジュリアン・ビゲロー、リチャード・R・メルツとのインタビュー。
3. "Institute for Advanced Study Electronic Computer Project, Final Report on Contract No. DA-36-034-ORD-1646 Part II - Computer Use, 1 May 1957", p. 10.0. [IAS]
4. Harris Mayer, interview with author, 25 May 2011. [GBD] ハリス・マイアー、著者とのインタビュー、2011年5月25日
5. Hans Maehly to J. Robert Oppenheimer, 21 Aug 1957. [IAS] ハンス・メーリーからJ・ロバート・オッペンハイマーへの1957年8月21日付の書簡。
6. Hans Maehly, "Institute for Advanced Study Electronic Computer Project, Final Report on Contract No. DA-36-034-ORD-1646 Part II—Computer Use, for the period 1 July 1954 to 31 December 1956", May 1957, p. 14.0. [IAS]
7. Bryant Tuckerman, "Report on Post-Mortem Routine", n.d.. [IAS]
8. Maehly, "Institute for Advanced Study Electronic Computer Project, Final Report on Contract No. DA-36-034-ORD-1646 Part II—Computer Use, for the period 1 July 1954 to 31 December 1956", May 1957, p. 11.1. [IAS]
9. Julian Bigelow, interview with Nancy Stern. ジュリアン・ビゲロー、ナンシー・スターンとのインタビュー。
10. Burks, Goldstine, and von Neumann, *Preliminary Discussion*, p. 23.
11. "Institute for Advanced Study Electronic Computer Project Monthly Progress Report, January 1957", p. 3. [IAS] 高等研究所電子計算機プロジェクト月次進捗報告書、1957年1月。
12. Henry D. Smyth to Dr. Leonard Carmichael, 11 June 1958. [IAS] ヘンリー・D・スミスからレナード・カーマイケル博士への1958年6月11日付の書簡。
13. Julian Bigelow to John R. Pasta, 6 June 1958. [JHB] ジュリアン・ビゲローからジョン・R・パスタへの1958年6月6日付の手紙。
14. Martin Schwarzschild to Hedi Selberg, 6 June 1958 [courtesy Lars Selberg]. マーティン・シュヴァルツシルトからヘディ・セルバーグへの1958年6月6日付の手紙。
15. Herman Goldstine to Garrett Birkhoff, 28 January 1954. [IAS] ハーマン・ゴールドシュタインからガレット・バーコフへの1954年1月28日付の手紙。
16. S. Kidd to R. Vogt, 30 November 1959. [JHB] S・キッドからR・ヴォートへの1959年11月30日付の手紙。
17. James I. Armstrong to Julian H. Bigelow, 7 January 1960. [JHB] ジェームズ・アームストロングからジュリアン・ビゲローへの1952年1月7日付の通知。
18. Colin S. Pittendrigh to Carl Kaysen, 31 October 1966. [IAS] コリン・S・ピッテンドリックからカール・ケイソンへの1966年10月31日付の書簡。
19. J. Robert Oppenheimer, notation on Roald Buhler to J. Robert Oppenheimer, 30 September 1966. [IAS]

2. Hannes Alfvén, "Electromagnetic Phenomena in the Motion of Gaseous Masses of Cosmical Dimensions," in *Problems of Cosmical Aerodynamics*, p. 44.
3. Hannes Alfvén, *On the Origin of the Solar System* (Oxford: Oxford University Press, 1954), p. 1.
4. Hannes Alfvén, "Cosmology: Myth or Science?" *Journal of Astrophysics and Astronomy* (1984) 5, p. 92.
5. John von Neumann to Klára von Neumann, 11 September 1954. [KVN] ジョン・フォン・ノイマンからクラリ・フォン・ノイマンへの 1954 年 9 月 11 日付の手紙。
6. Hannes Alfvén, unpublished new preface for *The Tale of the Big Computer*, February 1981 [Alfvén papers, UCSD Libraries].
7. 同上。
8. 同上。
9. Hannes Alfvén [Olof Johannesson], *The Tale of the Big Computer* (New York: Coward McCann, 1968), pp. 19-20. ハンス・アルヴェーン [ウロフ・ヨハネッソン]『未来コンピュータ帝国』（金森誠也 訳、大陸書房 , 1977 年）。
10. 同上、p. 76.
11. 同上、pp. 55-56.
12. 同上、p. 51.
13. 同上、p. 96.
14. 同上、p. 84.
15. 同上、p. 86.
16. 同上、p. 105.
17. 同上、pp. 102-3.
18. 同上、p. 123.
19. Sean Parker, personal communication, July 17, 2011.
20. Sergey Brin, Google press conference at the San Francisco Museum of Modern Art, 10:41a.m. 8 September 2010, as reported by Nick Saint.
21. Alfvén, *The Tale of the Big Computer*, p. 125.『未来コンピュータ帝国』。
22. William C. Dement, "Ontogenetic Development of the Human Sleep-Dream Cycle," *Science*, vol. 152, no. 3722 (29 April 1966), p. 604.
23. Nathaniel Hawthorne, *The House of the Seven Gables* (Boston: Ticknor, Reed, and Fields, 1851), p. 283. ホーソン『七破風の屋敷』（大橋健三郎 訳、筑摩書房、近代世界文学 12、1975 年）。Turing, "Computing Machinery and Intelligence," p. 433.
24. Alfvén, *The Tale of the Big Computer*, p. 116.『未来コンピュータ帝国』。
25. 同上、pp. 117-118.
26. Eva Wisten, personal communication, 25 October 2005. [GBD]
27. Alfvén, *The Tale of the Big Computer*, p. 119.『未来コンピュータ帝国』。
28. 同上 p. 126.

リアム・アスプレイとのインタビュー。

2. 同上。

3. John von Neumann to Klára von Neumann, 25 January 1952. [KVN] ジョン・フォン・ノイマンからクラリ・フォン・ノイマンへの1952年1月25日付の手紙。

4. 同上。

5. Martin Schwarzschild, interview with William Aspray. マーティン・シュヴァルツシルト、ウィリアム・アスプレイとのインタビュー。Martin Schwarzschild to Subrahmanyan Chandrasekhar, 3 December 1946 [Schwarzschild Papers, Princeton University Libraries, Princeton, N.J.]. マーティン・シュヴァルツシルトからスブラマニアン・チャンドラセカールへの1946年12月3日付の手紙。

6. "Institute for Advanced Study Electronic Computer Project, Final Report on Contract No. DA-36-034-ORD-1646, Part II—Computer Use, 1 May 1957", p. 21.0. [IAS]; Martin Schwarzschild, interview with William Aspray. マーティン・シュヴァルツシルト、ウィリアム・アスプレイとのインタビュー。

7. Ingrid Selberg, personal communication, 9 September 2010. [GBD]

8. "Institute for Advanced Study Electronic Computer Project, Final Report on Contract No. DA-36-034-ORD-1646, Part II - Computer Use, 1 May 1957", p. 21.11. [IAS]

9. 同上、p. 21.14.0.

10. John Bahcall, interview with author, 10 May 2004. [GBD] ジョン・バーコール、著者とのインタビュー、2004年5月10日。

11. Martin Schwarzschild, *Structure and Evolution of the Stars* (New York: Dover, 1957), p. 284.

12. John von Neumann, "Discussion on the Existence and Uniqueness or Multiplicity of Solutions of the Aerodynamical Equations," 17 August 1949, in *Problems of Cosmical Aerodynamics. Proceedings of the Symposium on the Motion of Gaseous Masses of Cosmical Dimensions, held at Paris, France, August 16-19, 1949* (Dayton, Ohio: Central Air Documents Office, 1951) p. 75.

13. Ulam, "John von Neumann: 1903-1957," part 2 (May 1958), p. 5.

14. Julian Bigelow to Maurice Wilkes, 11 February 1949. [JHB] ジュリアン・ビゲローからモーリス・ウィルクスへの手紙、1949年2月11日。

15. Julian Bigelow, interview with Flo Conway and Jim Siegelman. ジュリアン・ビゲロー、フロ・コンウェイおよびジム・シーゲルマンとのインタビュー。

16. Julian Bigelow to Warren Weaver, 2 December 1941. [JHB] ジュリアン・ビゲローからウォーレン・ウィーヴァーへの手紙、1941年12月2日。

17. Stan Ulam to John von Neumann, n.d., ca. 1951 [VNLC]. スタン・ウラムからジョン・フォン・ノイマンへの日付なしの1951年の手紙。

18. Stanislaw Ulam, in Moorhead and Kaplan, eds., *Mathematical Challenges*, 1966, p. 42.

第17章

1. Von Neumann, "General and Logical Theory of Automata," p. 13.

Theory of Automata," p. 28.

8. Von Neumann, "General and Logical Theory of Automata," p. 31.

9. John von Neumann, "Rigorous Theories of Control and Information," Lecture at University of Illinois, December 1949, in Burks, ed., *Theory of Self-Reproducing Automata,* p. 51（バークス編『自己増殖オートマトンの理論』所収)。

10. 同上。

11. Von Neumann, "General and Logical Theory of Automata," p. 31; von Neumann, "Problems of Hierarchy and Evolution," p. 80.

12. John von Neumann, "Problems of Hierarchy and Evolution," lecture at University of Illinois. December 1949, in Arthur W. Burks, ed., *Theory of Self-Reproducing Automata* (Urbana: University of Illinois Press, 1966) p. 78.

13. Ulam, "John von Neumann: 1903-1957," part 2 (May 1958), p. 8; John von Neumann, quoted in Claude Shannon, "Von Neumann's Contributions to Automata Theory," in *Bulletin of the American Mathematical Society,* 64, no. 3 Part 2 (May 1958), p. 126.

14. John von Neumann, Outline for book (to be co-authored with Stan Ulam) on theory of self-reproducing automata, not dated, ca 1952, [VNLC] [partial listing of topics is given here].

15. Ware, "History and Development of the Electronic Computer Project", p. 16.

16. David J. Wheeler, interview with William Aspray. デイヴィッド・J・ホイーラー、ウィリアム・アスプレイとのインタビュー。Murray Gell-Mann, interview with author, 10 August 2004. [GBD] マレー・ゲルマン、著者とのインタビュー、2004年8月10日。

17. John von Neumann, "Lectures on Probabilistic Logics and the Synthesis of Reliable Organisms from Unreliable Components", from notes by R. S. Pierce of lectures given at the California Institute of Technology, January 4-15, 1952, p. 1, [later published in C. E. Shannon and J. McCarthy, *Automata Studies,* Princeton University Press, 1956, pp. 43-99]; Murray Gell-Mann, interview with author. マレー・ゲルマン、著者とのインタビュー。

18. John von Neumann, "A Model of General Economic Equilibrium," *Review of Economic Studies,* vol. 13 (1945), p. 1.

19. "Institute for Advanced Study Electronic Computer Project, Monthly Progress Report: June, 1956", pp. 1-2. [IAS] 高等研究所電子計算機プロジェクト月次進捗報告書、1956年6月。

20. Barricelli, "Prospects and Physical Conditions," pp. 1 & 5.

21. Marvin Minsky, in Carl Sagan, ed., *Communication with Extraterrestrial Intelligence: Proceedings of the conference held at the Byurakan Astrophysical Observatory, Yerevan, USSR, 5-11 September 1971,* (Cambridge, MA: MIT Press, 1973), p. 328.

22. Edward Teller, *Memoirs* (Cambridge, MA: Perseus Books, 2001), p. 3.

23. Edward Teller, interview with author. エドワード・テラー、著者とのインタビュー。

第16章

1. Martin Schwarzschild, interview with William Aspray. マーティン・シュヴァルツシルト、ウィ

34. Julian Bigelow, interview with Flo Conway and Jim Siegelman, 30 October 1999 (courtesy of Flo Conway and Jim Siegelman). ジュリアン・ビゲロー、フロ・コンウェイおよびジム・シーゲルマンとの 1999 年 10 月 30 日のインタビュー。

35. Julian H. Bigelow, "Theories of Memory," in David L. Arm, ed., *Science in the Sixties, The Tenth Anniversary AFOSR Scientific Seminar, Cloudcroft, New Mexico, June 1965* (Albuquerque, NM: University of New Mexico Press), p. 85.

36. Julian Bigelow, "Physical and Physiological Information Processes and Systems", MS, n.d.. [JHB]

37. Bigelow, "Theories of Memory," p. 86.

38. 同上、p. 87.

39. 同上、p. 86.

40. 同上、pp. 85-86.

41. 同上、p. 85.

42. Bigelow, Rosenblueth, and Wiener, "Behavior, Purpose and Teleology," p. 22.

43. Ulam, *Adventures of a Mathematician*, p. 242.『数学のスーパースターたち』。

44. John von Neumann, *The Computer and the Brain* (New Haven: Yale University Press, 1958), pp. 79-82. J・フォン・ノイマン『計算機と脳』（柴田裕之訳、ちくま学芸文庫、2011 年）。

45. Stan Ulam, quoted by Rota, "The Barrier of Meaning," p. 99.

46. John von Neumann, "Problems of Hierarchy and Evolution," Lecture at University of Illinois, December 1949, in Arthur W. Burks, ed., *Theory of Self-reproducing Automata* (Urbana: University of Illinois Press, 1966), p. 84（アーサー・バークス編『自己増殖オートマトンの理論』所収）。

47. Von Neumann, "The General and Logical Theory of Automata," p. 31.

48. Good, *The Scientist Speculates*, p. 197. von Neumann, "The General and Logical Theory of Automata," p. 21.

49. John von Neumann, "Reliable Organizations of Unreliable Elements", p. 44. [VNLC]

第 15 章

1. Aldous Huxley, *Ape and Essence* (New York: Harper & Brothers, 1948), pp. 38-39. オルダス・ハクスリー、『猿と本質』（前田則三 訳、早川書房、1951 年）。

2. 同上。

3. Nils A. Barricelli, "On the Origin and Evolution of the Genetic Code, II: Origin of the Genetic Code as a Primordial Collector Language; The Pairing-Release Hypothesis," *BioSystems*, 11 (1979) pp. 21-22.

4. John von Neumann to Norbert Wiener, 29 November 1946. [VNLC] ジョン・フォン・ノイマンからノーバート・ウィーナーへの 1946 年 11 月 29 日付の手紙。

5. 同上。

6. John von Neumann to Irving Langmuir, 12 November 1946. [VNLC] ジョン・フォン・ノイマンからアーヴィング・ラングミュアへの 1946 年 11 月 12 日付の手紙。

7. Von Neumann, "Problems of Hierarchy and Evolution," p. 84; von Neumann, "General and Logical

クラリ・フォン・ノイマンへの 1954 年 5 月 16 日の手紙。

19. John von Neumann to Klára von Neumann, 17 May 1954. [KVN] ジョン・フォン・ノイマンよりクラリ・フォン・ノイマンへの 1954 年 5 月 17 日の手紙。

20. Harris Mayer, interview with author, 14 April 2006. [GBD] ハリス・マイアー、著者とのインタビュー、2006 年 4 月 14 日。

21. John von Neumann to Klára von Neumann, 9 December 1943. [KVN] ジョン・フォン・ノイマンよりクラリ・フォン・ノイマンへの 1943 年 12 月 9 日付の手紙。Klára von Neumann, *Johnny*.

22. John von Neumann, "The Impact of Recent Developments in Science on the Economy and on Economics," Speech to the National Planning Association, Washington, D.C., 12 December 1955, reprinted in *Collected Works* (Oxford: Pergamon Press, 1963) vol. I, p. 100.

23. Jule Charney to Stanislaw Ulam, 6 December 1957. [SUAPS] ジュール・チャーニーからスタニスワフ・ウラムへの 1957 年 12 月 6 日付の手紙。

24. Lewis. L. Strauss, in *John von Neumann*, documentary.

25. Julian Bigelow, interview with Nancy Stern. ジュリアン・ビゲロー、ナンシー・スターンとのインタビュー。

26. Ulam, *Adventures of a Mathematician*, p. 244.『数学のスーパースターたち』。

27. Marina von Neumann Whitman, interview with author, 7 May 2004. [GBD] マリーナ・フォン・ノイマン・ホイットマン、著者とのインタビュー、2004 年 5 月 7 日。

28. Marina von Neumann Whitman, interview with author, 3 May 2010. [GBD] マリーナ・フォン・ノイマン・ホイットマン、著者とのインタビュー、2010 年 5 月 3 日。Nicholas Vonneumann, *John von Neumann as seen by his Brother*, p. 17.

29. Marina von Neumann Whitman, interview with author, 3 May 2010. [GBD] マリーナ・フォン・ノイマン・ホイットマン、著者とのインタビュー、2010 年 5 月 3 日。Stanislaw Ulam to Lewis L. Strauss, 21 December 1956. [SUAPS] スタニスワフ・ウラムからルイス・L・ストロースへの 1956 年 12 月 21 日付の書簡。

30. Julian Bigelow to Jule Charney, 18 January 1957. [JHB] ジュリアン・ビゲローからジュール・チャーニーへの 1957 年 1 月 18 日付の手紙。Klára von Neumann, *Johnny*.

31. Memo on Funeral arrangements for John von Neumann, 11 February 1957. [IAS] ジョン・フォン・ノイマンの葬儀に関するメモ、1957 年 2 月 11 日。Ulam, *Adventures of a Mathematician*, p. 242.『数学のスーパースターたち』。

32. Marston Morse to John von Neumann, n.d., quoted in Norman MacRae, *John von Neumann: The Scientific Genius Who Pioneered the Modern Computer, Game Theory, Nuclear Deterrence and Much More* (New York: Pantheon, 1992), p. 379. マーストン・モースからジョン・フォン・ノイマンへの日付なしの書簡。ノーマン・マクレイ『フォン・ノイマンの生涯』（渡辺正ほか訳、朝日新聞社、1998 年）中の引用による。Morris Rubinoff, interview with Richard Mertz. モリス・ルビノフ、リチャード・メルツとのインタビュー。

33. Martin Davis, interview with author, 4 October 2005. [GBD] マーティン・デイヴィス、著者とのインタビュー、2005 年 10 月 4 日。

第14章

1. Willis Ware, interview with Nancy Stern. ウィリス・ウェア、ナンシー・スターンとのインタビュー。
2. Biographical background on J. H. Bigelow, 14 November 1950. [IAS]「J・H・ビゲローの経歴」、1950年11月14日。
3. 同上。
4. Julian Bigelow, interview with Richard R. Mertz. ジュリアン・ビゲロー、リチャード・メルツとのインタビュー。
5. Bigelow, "Computer Development", p. 291.
6. Julian Bigelow, interview with Richard R. Mertz. ジュリアン・ビゲロー、リチャード・メルツとのインタビュー。
7. Herman Goldstine, interview with Nancy Stern. ハーマン・ゴールドスタイン、ナンシー・スターンとのインタビュー。
8. Thelma Estrin, interview with Frederik Nebeker テルマ・エストリン、フレデリック・ネベカーとのインタビュー。Julian Bigelow, interview with Nancy Stern. ジュリアン・ビゲロー、ナンシー・スターンとのインタビュー。Minutes of Special Meeting of the Members of the Corporation, 25 October 1951. [IAS]
9. Minutes of Regular Meeting of the Board of Trustees, 27 October 1955. [IAS] 理事会定例会議議事録、1955年10月27日。Julian Bigelow, interview with Richard R. Mertz. ジュリアン・ビゲロー、リチャード・メルツとのインタビュー。
10. Freeman J. Dyson to S. Chandrasekhar, M. J. Lighthill F.R.S., Sir Geoffrey Taylor, Sydney Goldstein, and Sir Edward Bullard, 20 October 1954. [IAS] フリーマン・ダイソンからS・チャンドラセカール、王立協会フェローM・J・ライトヒル、サー・ジェフリー・テイラー、シドニー・ゴールドスタイン、サー・エドワード・ブラードへの書簡、1954年10月20日。
11. James Lighthill to Freeman Dyson, 18 November 1954. [IAS] ジェームズ・ライトヒルからフリーマン・ダイソンへの1954年11月18日付の書簡。
12. David J. Wheeler, interview with William Aspray, 14 May 1987, CBI, call no. OH 132. デイヴィッド・ホイーラー、ウィリアム・アスプレイとのインタビュー、1987年5月14日。
13. Freeman J. Dyson, "The Future of Physics" (lecture given at the dedication of Jadwin and Fine Halls, Princeton University, 17 March 1970). [FJD]; John Bahcall, Memo to all Institute Members, September 1976. [IAS]
14. Klára von Neumann, *Johnny*.
15. 同上。
16. 同上。
17. John von Neumann, *Testimony Before AEC Personnel Security Board, 27 April 1954, In the Matter of J. Robert Oppenheimer,* (Washington, D.C.: Government Printing Office, 1954), p. 649.
18. John von Neumann to Klára von Neumann, 16 May 1954. [KVN] ジョン・フォン・ノイマンより

Life and Legacy of a Great Thinker, (New York: Springer-Verlag, 2002), p. 472. I・J・グッドからリー・A・グラッドウィンへの2003年6月18日付の手紙。

35. John R. Womersley, Mathematics Division, National Physical Laboratory, "A.C.E. Project: Origin and Early History," 26 November 1946. [AMT]

36. 同上。

37. 同上。

38. Max Newman to John von Neumann, 8 February 1946. [VNLC] マックス・ニューマンからジョン・フォン・ノイマンへの1946年2月8日付の手紙。

39. Alan Turing, "Report on visit to U.S.A., January 1st - 20th, 1947". [AMT]

40. Sara Turing, *Alan M. Turing*, p. 56.

41. Alan Turing, "Proposed Electronic Calculator", n.d., ca. 1946, p. 19. [AMT]

42. Sara Turing, *Alan M. Turing*, p. 78.

43. Alan Turing, "Proposed Electronic Calculator", p. 47. [AMT]; Alan Turing, "Lecture to the London Mathematical Society on 20 February 1947", p. 9.

44. J. H. Wilkinson, "Turing's work at the National Physical Laboratory" in Metropolis, Howlett, and Rota, eds., *A History of Computing in the Twentieth Century*, p. 111.

45. Charles G. Darwin [NPL] to Sir Edward V. Appleton, 23 July 1947. [AMT] チャールズ・G・ダーウィンからサー・エドワード・V・アップルトンへの1947年7月23日付の書簡。

46. Alan Turing, "Intelligent Machinery", report submitted to the National Physical Laboratory, 1948, p. 1. [AMT]

47. Turing, "Lecture to the London Mathematical Society on 20 February 1947", pp. 23-24.

48. Turing, "Intelligent Machinery", p. 2.

49. Turing, "Lecture to the London Mathematical Society on 20 February 1947", p. 2.

50. Turing, "Intelligent Machinery", p. 6.

51. 同上。

52. 同上、p. 18.

53. Turing, "Computing Machinery and Intelligence," p. 456; Turing, "Intelligent Machinery", p. 17.

54. I. J. Good to Sara Turing, 9 December 1956. [AMT] I・J・グッドからサラ・チューリングへの1956年12月9日付の手紙。Lyn Newman to Antoinette Esher, 24 June 1949. [AMT] リン・ニューマンからアントワネット・イーシャーへの1949年6月24日付の手紙。 I. J. Good, "Ethical Machines" (prepared for the Tenth Machine Intelligence Workshop, Case Western Reserve University, April 20-25, 1981.) Unpublished draft, 7 October 1980, p. ix.

55. Alan Turing to I. J. Good, 18 September 1948. [AMT] アラン・チューリングからI・J・グッドへの1948年9月18日付の手紙。

56. I. J. Good, "Speculations on Perceptrons and Other Automata", IBM Research Lecture RC-115, 2 June 1959, based on a lecture sponsored by the Machine Organization Department, 17 December 1958, p. 6.

57. Turing, "Intelligent Machinery", p. 17.

ンタビュー、2004年5月5日。Martin Davis, "Influences of Mathematical Logic on Computer Science," in Rolf Herken, ed., *The Universal Turing Machine* (Oxford: Oxford University Press, 1988), p. 315.

18. Alonzo Church, "Review of A. M. Turing, 'On Computable Numbers, with an Application to the Entscheidungsproblem,'" *Journal of Symbolic Logic*, 2 no. 1 (March 1937), p. 43.
19. Kurt Gödel, "Remarks Before the Princeton Bicentennial Conference on Problems in Mathematics," 17-19 December, 1946, in Solomon Feferman, ed., *Collected Works* (Oxford: Oxford University Press, 1986), vol. 2, p. 150.
20. M. H. A. Newman, "Alan Mathison Turing, 1912-1954," *Biographical Memoirs of Fellows of the Royal Society*, vol. I (1955) p. 256; M. H. A. Newman, "Dr. A. M. Turing," *London Times*, 16 June 1954, p. 10.
21. Herman Goldstine, interview with Nancy Stern ハーマン・ゴールドスタイン、ナンシー・スターンとのインタビュー。 Julian Bigelow, interview with Nancy Stern ジュリアン・ビゲロー、ナンシー・スターンとのインタビュー。
22. Julian Bigelow, interview with Nancy Stern. ジュリアン・ビゲロー、ナンシー・スターンとのインタビュー。
23. Malcolm MacPhail to Andrew Hodges, 17 December 1977, in Andrew Hodges, *Alan Turing: The Enigma* (New York: Simon and Schuster, 1983), p. 138. マルコム・マクフェイルからアンドリュー・ホッジスへの1977年12月17日付の手紙。
24. Turing, "Systems of Logic Based on Ordinals," p. 161.
25. 同上、pp. 172-173.
26. 同上、pp. 214-215.
27. 同上、p. 215.
28. Alan Turing to Sara Turing, 14 October 1936. [AMT] アラン・チューリングからサラ・チューリングへの1936年10月14日付の手紙。
29. Alan Turing to Philip Hall (n.d., ca. 1938). [AMT] アラン・チューリングからフィリップ・ホールへの1938年ごろの日付なしの手紙。
30. I. J. Good, "Pioneering Work on Computers at Bletchley," in Metropolis, Howlett, and Rota, eds., *A History of Computing in the Twentieth Century* (New York: Academic Press, 1980), p. 35.
31. C. Hugh Alexander, "Cryptographic History of Work on the German Naval Enigma", n.d., unpublished (1945), pp. 19-20. [AMT]
32. I. J. Good, "A Report on a Lecture by Tom Flowers on the Design of the Colossus," *Annals of the History of Computing* 4, no. 1 (1982) pp. 57-58.
33. I. J. Good, "Enigma and Fish," (revised, with corrections), in F. H. Hinsley and Alan Stripp, eds., *Codebreakers: the Inside Story of Bletchley Park,* second edition, (Oxford: Clarendon Press, 1994), p. 164.
34. Sara Turing, *Alan M. Turing,* pp. 72-73; I. J. Good to Lee A. Gladwin, 18 June 2002, in "Cryptanalytic Co-operation Between the UK and the USA," in Christof Teuscher, ed., *Alan Turing:*

604

第13章

1. Sara Turing, *Alan M. Turing*, (Cambridge, UK: W. Heffer & Sons, 1959), p. 11.
2. Alan Turing to Sara Turing, aboard Cunard White Star *Berengaria*, 28 September 1936. [AMT] アラン・チューリングからサラ・チューリングへ、キュナード・ホワイトスター定期船、〈ベレンガリア〉号上からの1936年9月28日付の手紙。
3. Sara Turing, *Alan M. Turing*, p. 11.
4. 同上、pp. 11, 23, 27, 29.
5. Alan Turing to Sara Turing, 28 September 1936. [AMT] アラン・チューリングからサラ・チューリングへの1936年9月28日付の手紙。
6. Alan Turing to Philip Hall, 22 November 1936. [AMT] アラン・チューリングからフィリップ・ホールへの1936年11月22日付の手紙。
7. John von Neumann to Oswald Veblen, 6 July 1935. [OVLC] ジョン・フォン・ノイマンからオズワルド・ヴェブレンへの1935年7月6日付の手紙。
8. 同上。
9. Lynn Newman to parents, late 1937, in William Newman, "Max Newman—Mathematician, Codebreaker, and Computer Pioneer," in Jack Copeland, ed. *Colossus: the Secrets of Bletchley Park's Codebreaking Computers* (Oxford: Oxford University Press, 2006), p. 179. リン・ニューマンから両親への1937年後半の手紙。
10. I. J. Good to Sara Turing, 9 December 1956. [AMT] I・J・グッドからサラ・チューリングへの1956年12月9日付の手紙。Robin Gandy, "The Confluence of Ideas in 1936," in Rolf Herken, ed., *The Universal Turing Machine: A Half-Century Survey* (Oxford: Oxford University Press, 1988), p. 85.
11. Alan Turing, "On Computable Numbers, with an Application to the Entscheidungsproblem," *Proceedings of the London Mathematical Society*, ser. 2, vol. 42 (1936-1937), p. 230.（チャールズ・ペゾルド著『チューリングを読む』〔井田哲雄ほか訳、日経BP社、2012年〕にこの論文、『計算可能性とその決定問題への応用』の全文が引用されている）。
12. 同上、p. 231.
13. 同上、p. 250.
14. 同上、p. 241.
15. Newman, "Max Newman——Mathematician, Codebreaker, and Computer Pioneer," p. 178; Max Newman to Alonzo Church, 31 May 1936, in Andrew Hodges, *Alan Turing: The Enigma* (New York: Simon and Schuster, 1983), pp. 111-112. マックス・ニューマンからアロンゾ・チャーチへの1936年5月31日付の書簡。
16. Alan Turing to Sara Turing, 6 October 1936. [AMT] アラン・チューリングからサラ・チューリングへの1936年10月6日付の手紙。Alan Turing to Sara Turing, 22 February 1937. [AMT] アラン・チューリングからサラ・チューリングへの1937年2月22日付の手紙。
17. Freeman Dyson, interview with author, 5 May, 2004. [GBD] フリーマン・ダイソン、著者とのイ

University of Illinois Press, 1966), p. 71. ジョン・フォン・ノイマン、1949年12月イリノイ大学での講演、バークス編『自己増殖オートマトンの理論』に収録。

33. Barricelli, "Numerical Testing of Evolution Theories: Part II," p. 116; Nils A. Barricelli, "Numerical Testing of Evolution Theories," *Journal of Statistical Computation and Simulation,* vol. 1 (1972) p. 122.

34. Barricelli, "Numerical Testing of Evolution Theories: Part II," p.100; Barricelli, "Numerical Testing of Evolution Theories " (1972), p. 126.

35. Barricelli, "Numerical Testing of Evolution Theories: Part II," p. 101.

36. Nils Aall Barricelli, Robert Toombs, and Louis Nelson, "Virus-Genetic Theory Testing by Data Processing Machines. Parts 1-3," *Journal of Theoretical Biology,* 32, no. 3 (1971), p. 621.

37. Kirke Wolfe, interview with author. キルケ・ウォルフ、著者とのインタビュー。

38. John von Neumann to Hans A. Bethe, 13 November 1953. [VNLC] ジョン・フォン・ノイマンよりハンス・ベーテへの1953年11月13日付の手紙。

39. Frank Stahl, interview with author. フランク・スタール、著者とのインタビュー。

40. Barricelli, "Numerical Testing of Evolution Theories: Part I," pp. 69 & 99; 同 p. 94.

41. Nils Barricelli, "Genetic Language, Its Origins and Evolution," *Theoretic Papers,* 4, no. 6 (Oslo: The Blindern Theoretic Research Team, 1986), pp. 106-107.

42. 同上、p. 107.

43. Barricelli, "On the Origin and Evolution of the Genetic Code, II," pp. 19 & 21.

44. Nils A. Barricelli, "Suggestions for the Starting of Numeric Evolution Processes Intended to Evolve Symbioorganisms Capable of Developing a Language and Technology of Their Own," *Theoretic Papers* (Oslo: The Blindern Theoretic Research Team, 1987) vol. 6, p. 121.

45. Nils A. Barricelli, "The Functioning of Intelligence Mechanisms Directing Biologic Evolution," *Theoretic Papers* (Oslo: The Blindern Theoretic Research Team, 1985) vol. 3, no. 7, p. 126.

46. Barricelli, "Numerical Testing of Evolution Theories," (1972) pp. 123-124.

47. Nils Barricelli, "The Intelligence Mechanisms behind Biological Evolution," *Scientia,* September 1963, pp. 178-179.

48. Barricelli, "Suggestions for the Starting of Numeric Evolution Processes," p. 144.

49. Carl Woese and Nigel Goldenfeld, "How the Microbial World Saved Evolution from the Scylla of Molecular Biology and the Charybdis of the Modern Synthesis," *Microbiology and Molecular Biology Reviews,* 73, no. 1 (March 2009), p. 20.

50. Nigel Goldenfeld and Carl Woese, "Biology's Next Revolution," *Nature,* 25 January 2007, p. 369.

51. Nils Barricelli, in Paul S. Moorhead and Martin M. Kaplan, eds., *Mathematical Challenges to the Neo-Darwinian Interpretation of Evolution: A Symposium Held at the Wistar Institute, April 25-26, 1966* (Philadelphia: Wistar Institute, 1966), p. 67; Alan Turing, "Computing Machinery and Intelligence," *Mind,* 59, no. 236 (October 1950), p. 456.

52. George Church, West Hollywood, Calif., 26 July 2009, EDGE Foundation, "A Short Course on Synthetic Genomics".

12. Barricelli, "Experiments in Bionumeric Evolution", p.1.; Julian Bigelow, interview with author, November 1997. [GBD] ジュリアン・ビゲロー、著者とのインタビュー、1997年11月。
13. Nils A. Barricelli, "Numerical Testing of Evolution Theories: Part II," *Acta Biotheoretica*, 16 (1962) p. 122.; Claude E. Shannon, "An Algebra for Theoretical Genetics", PhD. Dissertation, Department of Mathematics, Massachusetts Institute of Technology, 15 April 1940.
14. John von Neumann to Norbert Wiener, 29 November 1946. [VNLC] ジョン・フォン・ノイマンからノーバート・ウィーナーへの1946年11月29日付の手紙。John von Neumann to Mina Rees, Office of Naval Research, 20 January 1947 [VNLC]. ジョン・フォン・ノイマンから海軍研究所のミナ・リースへの1947年1月20日付の書簡。
15. Nils A. Barricelli, "Numerical Testing of Evolution Theories: Part I," *Acta Biotheoretica*, vol. 16 (1962) p. 70.
16. Institute for Advanced Study Electronic Computer Project General Arithmetic Operating Log, 22 June 1956. [IAS] 高等研究所電子計算機プロジェクト一般算術実行記録、1956年6月22日。
17. "Institute for Advanced Study Electronic Computer Project, Final Report on Contract No. DA-36-034-ORD-1023, 1 April 1954", p. II-83-85. [IAS]
18. Barricelli, "Symbiogenetic Evolution Processes," p. 152.
19. Barricelli, "Experiments in Bionumeric Evolution", p. 2.; Barricelli, "Symbiogenetic Evolution Processes," p. 175.
20. Barricelli, "Numerical Testing of Evolution Theories: Part I," p. 72; 同 p. 94.
21. 同上、p. 94.
22. Barricelli, "Symbiogenetic Evolution Processes," p. 159.
23. Barricelli, "Numerical Testing of Evolution Theories: Part I," p. 88.
24. Nils Aall Barricelli, "Evolution Processes Realized by Numerical Elements," Institute for Advanced Study Electronic Computer Project Monthly Progress Report, July 1956, pp. 10-11. [IAS]
25. Barricelli, "Symbiogenetic Evolution Processes," p. 169.
26. Gerald Estrin, interview with author, 14 April 2005. [GBD] ジェラルド・エストリン、著者とのインタビュー、2005年4月14日。Barricelli, "Symbiogenetic Evolution Processes," p. 164.
27. Barricelli, "Experiments in Bionumeric Evolution", p. 12.
28. Barricelli, "Esempi numerici di processi di evoluzione," p. 48.
29. Barricelli, "Symbiogenetic Evolution Processes," p. 180.; Barricelli, "Numerical Testing of Evolution Theories: Part II," p. 117.
30. John von Neumann, "Statistical Theories of Information," Lecture at University of Illinois, December 1949, in Burks, ed., *Theory of Self-reproducing Automata* p. 60. ジョン・フォン・ノイマン、1949年12月イリノイ大学での講演。バークス編『自己増殖オートマトンの理論』に収録。
31. John von Neumann, "Reliable Organizations of Unreliable Elements", n.d., late 1951, p. 44. [VNLC]
32. John von Neumann, "The Role of High and Extremely High Complication," lecture at University of Illinois, December 1949, in Arthur W. Burks, ed., *Theory of Self-reproducing Automata* (Urbana:

274.
76. Lauren R. Donaldson, *Diary of Operation Ivy, First "H" Test*, Oct 15 to Nov. 13, 1952.
77. Walter Munk and Deborah Day, "Ivy-Mike," *Oceanography*, 17, no. 2 (June 2004), p. 102.
78. Moore and Bechanan, "History of Operation Ivy", p. 277.
79. Stan Ulam to John von Neumann, 9 November 1952. [VNLC] スタン・ウラムよりジョン・フォン・ノイマンへの1952年11月9日付の手紙。
80. George Gamow to Stan Ulam, 20 July 1953. [SUAPS] ジョージ・ガモフからスタン・ウラムへの1953年7月20日の電報。
81. Stan Ulam to George Gamow, 20 July 1953. [SUAPS] スタン・ウラムからジョージ・ガモフへの1953年7月20日の電報。

第12章

1. Nils Aall Barricelli, "Experiments in Bionumeric Evolution Executed by the Electronic Computer at Princeton, N. J.", unpublished, August 1953, pp. 2-3. [IAS]
2. Gerald Estrin, interview with author, 14 April 2005. [GBD] ジェラルド・エストリン、著者とのインタビュー、2005年4月14日。Nils Aall Barricelli, "Sur le Fondement Théorétique pour l'analyse des Courbes Climatiques", PhD. thesis, University of Oslo, 1947; Tor Gulliksen, personal communication, 22 November 1995. [GBD]
3. Simen Gaure, personal communication, 23 November 1995. [GBD]
4. Kirke Wolfe, interview with author, 29 April 2010. [GBD] キルケ・ウォルフ、著者とのインタビュー、2010年4月29日。Nils Aall Barricelli, "Prospects and Physical Conditions for Life on Venus and Mars," *Scientia*, 11 (1961), p. 1.
5. Simen Gaure, personal communication, 23 November 1995. [GBD]; Kirke Wolfe, interview with author, 29 April 2010. キルケ・ウォルフ、著者とのインタビュー、2010年4月29日。Barricelli, "Symbiogenetic evolution processes realized by artificial methods," p. 307.
6. Frank Stahl, interview with author, 25 February 2007. [GBD] フランク・スタール、著者とのインタビュー、2007年2月25日。
7. Simen Gaure, personal communication, 23 November 1995. [GBD]
8. Atle Selberg, interview with author, 11 May 2004. [GBD] アトル・セルバーグ、著者とのインタビュー、2004年5月11日。
9. "Institute for Advanced Study Electronic Computer Project, Monthly Progress Report, March 1953", p. 3. [IAS] 高等研究所電子計算機プロジェクト月次進捗報告書、1953年3月
10. Nils Aall Barricelli, Application for United States Government Travel Grant for Citizens of Norway, Fulbright Act, to be submitted to United States Educational Foundation in Norway, 8 December 1951. [IAS]
11. John von Neumann to Fulbright office, U.S. Educational Office in Norway, February 5, 1952, IAS. ジョン・フォン・ノイマンからノルウェーの米国教育局フルブライト事務局宛1952年2月5日付の書状。

American Institute of Physics, Washington D.C. セオドア・テイラー、ケネス・W・フォードとのインタビュー、1955年2月13日。

55. Gordon Dean, *Testimony Before AEC Personnel Security Board, 19 April 1954, In the Matter of J. Robert Oppenheimer* (Washington, D.C.: Government Printing Office, 1954), p. 305.

56. J. Robert Oppenheimer, *Testimony Before the AEC Personnel Security Board, 16 April 1954, In the Matter of J. Robert Oppenheimer* (Washington, D.C.: Government Printing Office, 1954), p. 251.

57. Marshall Rosenbluth, "Genesis of the Monte Carlo Algorithm for Statistical Mechanics," (text of talk at LANL, 9 June 2003), courtesy Marshall Rosenbluth.

58. Bill Borden, Memorandum for the File, 13 August 1951, concerning a conversation with Admiral Strauss, p.1 [NARA-JCAE / PM].

59. Klára von Neumann, *Johnny.*

60. Taylor, interview with Kenneth W. Ford. テイラー、ケネス・W・フォードとのインタビュー。

61. John S. Walker, Memorandum to the files, Subject: Thermonuclear Matters and the Department of Defense, 3 October 1952 [NARA / PM]. Klára von Neumann, *Johnny.*

62. J. Robert Oppenheimer, letters on contracts, 14 and 17 March 1950. [IAS-BS]

63. Bigelow, "Computer Development", p. 308.

64. Françoise Ulam, "From Paris to Los Alamos".

65. C. J. Everett and S. M. Ulam, "On a Method of Propulsion of Projectiles by Means of External Nuclear Explosions", Los Alamos Scientific Laboratory Report LAMS-1955 (August 1955), pp. 3-5.

66. Stanislaw Ulam, *Testimony, 22 January 1958, Before Senator Albert Gore and Representative James T. Patterson, in Outer Space Propulsion by Nuclear Energy, Hearings Before the Subcommittee on Outer Space Propulsion of the Joint Committee on Atomic Energy,* held Jan. 22, 23 & Feb. 6, 1958, Eighty-fifth Congress, second session, p. 48.

67. James Clerk Maxwell, *Theory of Heat* (London: Longman's, 1871), p. 308.

68. Stanislaw M. Ulam, "On the Possibility of Extracting Energy from Gravitational Systems by Navigating Space Vehicles", LAMS-2219 (written 1 April 1958, distributed 19 June 1958), pp. 3-7.

69. 同上。

70. Stan Ulam to John von Neumann, 29 February 1952. [VNLC] スタン・ウラムよりジョン・フォン・ノイマンへの1952年2月29日付の手紙。

71. Maxwell, *Theory of Heat*, pp. 288-289.

72. Stan Ulam to John von Neumann, 7 February 1949. [VNLC] スタン・ウラムよりジョン・フォン・ノイマンへの1949年2月7日付の手紙。

73. Stan Ulam to Arthur W. Burks, 27 January 1961. [SUAPS] スタン・ウラムよりアーサー・バークスへの1961年1月27日付の手紙。Nicholas Metropolis to Stan Ulam, 7 June 1948. [SUAPS] ニコラス・メトロポリスよりスタン・ウラムへの1948年6月7日付の手紙。

74. "Notes on Meeting of 25 August 1951 on a Site for a Super Test", edited by William Ogle, Los Alamos Scientific Laboratory, J-Division Experiment Planning, 8 September 1951, p. 20.

75. Franke E. Moore, Jr., and H. Gordon Bechanan, "History of Operation Ivy, 1951-1952" (no date) p.

Turkevich, and J. Von Neumann, "Report on the Conference on the Super", LA-575, 16 February 1950.

37. John Von Neumann and Klaus Fuchs, "Improvements in Method and Means for Utilizing Nuclear Energy", United States Office of Scientific Research and Development, Office for Emergency Management, Invention Disclosure, 28 May 1946.

38. Françoise Ulam, "From Paris to Los Alamos".

39. J. Robert Oppenheimer, General Advisory Committee, AEC, to David Lilienthal, Chairman, AEC, October 30, 1949, with attached General Advisory Committee's Majority and Minority Reports on Building the H-Bomb, reprinted in Herbert F. York, *The Advisors: Oppenheimer, Teller, and the Superbomb* (San Francisco: W. H. Freeman, 1976), pp. 150-59.

40. James B. Conant, Hartley Rowe, Cyril Stanley Smith, L. A. DuBridge, Oliver E. Buckley, J. R. Oppenheimer, I. I. Rabi, General Advisory Committee to the U.S. Atomic Energy Commission, Report of 30 October 1949, reprinted in Herbert F. York, *The Advisors: Oppenheimer, Teller, and the Superbomb* (San Francisco: W. H. Freeman, 1976), p. 157; John von Neumann to Joe Mayor, 3 February, 1950. [VNLC]

41. Françoise Ulam, "From Paris to Los Alamos".

42. Ulam, *Testimony, Honeywell, Inc., Plaintiff, v. Sperry Rand Corporation and Illinois Scientific Developments, Inc., Defendants,* p. 7401.

43. John von Neumann, *Testimony Before AEC Personnel Security Board, 27 April 1954, In the Matter of J. Robert Oppenheimer,* (Washington, D.C.: Government Printing Office, 1954), p. 655.

44. Ralph Slutz, interview with Christopher Evans. ラルフ・スラッツ、クリストファー・エヴァンスとのインタビュー。

45. Françoise Ulam, "From Paris to Los Alamos"; Ulam, *Adventures of a Mathematician*, pp. 216-17. 『数学のスーパースターたち』; Stan Ulam to John von Neumann, 27 January 1950. [VNLC] スタン・ウラムからジョン・フォン・ノイマンへの 1950 年 1 月 27 日付の手紙。

46. Ulam, "Thermonuclear Devices", pp. 597.

47. John von Neumann to Stan Ulam, 7 February 1950. [SUAPS] ジョン・フォン・ノイマンからスタン・ウラムへの 1950 年 2 月 7 日付の手紙。

48. Françoise Ulam, "From Paris to Los Alamos".

49. Edward Teller, interview with author. エドワード・テラー、著者とのインタビュー。

50. Bethe, "Comments on the History of the H-Bomb," pp. 44 & 49.

51. Stan Ulam to Hans Bethe, 29 October 1954 [Cornell University / PM]. スタン・ウラムからハンス・ベーテへの 1954 年 10 月 29 日付の手紙。

52. Edward Teller and Stanislaw Ulam, "On Heterocatalytic Detonations I, Hydrodynamic Lenses and Radiation Mirrors", LAMS-1225, 9 March 1951.

53. Mayer, "People of the Hill: The Early Days," p. 25.; Harris Mayer, interview with author, 25 May 2011 [GBD] ハリス・マイアー、著者とのインタビュー、2011 年 5 月 25 日。

54. Theodore Taylor, interview with Kenneth W. Ford, 13 February 1995, Niels Bohr Library,

17. Harris Mayer, "People of the Hill: The Early Days," *Los Alamos Science*, no. 28 (2003), p. 9.
18. Françoise Ulam, "From Paris to Los Alamos".
19. 同上。
20. Ulam, *Adventures of a Mathematician*, pp. 147-48.『数学のスーパースターたち』。
21. Ulam, "Conversations with Gian-Carlo Rota".
22. Françoise Ulam, "From Paris to Los Alamos".
23. Norris Bradbury, at Los Alamos Coordinating Council, 1 October 1945, in David Hawkins, ed., *Manhattan District History: Project Y, the Los Alamos Project,* Volume 1: *Inception Until August 1945* (Los Alamos, NM: Los Alamos Scientific Laboratory, 1946-1947; declassified as LAMS-2532, vol. 1, 1961), pp. 120-121.
24. Françoise Ulam, "From Paris to Los Alamos".
25. Edward Teller, 13 February 1945, in ibid.; Françoise Ulam, "From Paris to Los Alamos" .
26. Françoise Ulam, "From Paris to Los Alamos"; Ulam, *Testimony, Honeywell, Inc., Plaintiff, v. Sperry Rand Corporation and Illinois Scientific Developments, Inc., Defendants,* p.7349.
27. H. G. Wells, *The World Set Free* (New York: Dutton, 1914), pp. 114-15. H・G・ウェルズ『解放された世界』（浜野輝訳、岩波書店、1997年）。
28. Stanislaw Ulam, "Thermonuclear Devices," in R. E. Marshak, ed., *Perspectives in Modern Physics: Essays in Honor of Hans Bethe* (New York: Wiley Interscience, 1966), p. 593.
29. Edward Teller, "The Work of Many People," *Science*, 121 (25 February 1955), p. 269.
30. Memorandum to the Secretary of War from Vannevar Bush and James B. Conant, "Supplementary memorandum giving further details concerning military potentials of atomic bombs and the need for international exchange of information," 30 September 1944, in JCAE declassified General Subject Files, Box 60, NARA. After Fitzpatrick, *Igniting the Light Elements:* p. 103. ヴァネヴァー・ブッシュおよびジェームズ・B・コナントから陸軍長官へのメモランダム、「原子爆弾の軍事的潜在性と国際的な情報交換の必要性に関するさらなる詳細を提供する補足メモランダム」。1944年9月30日。
31. Teller, "The Work of Many People," p. 268.
32. 同上、p. 269.
33. Edward Teller, *Testimony, United States District Court, District of Minnesota, Fourth Division, 4-67 Civil 138: Honeywell, Inc., Plaintiff, v. Sperry Rand Corporation and Illinois Scientific Developments, Inc., Defendants.* Transcript Of Proceedings, Volume 47, Minneapolis, Minnesota, Monday, August 30, 1971, p. 6702.
34. Hans A. Bethe, "Comments on the History of the H-Bomb," written in 1954, declassified in 1980, with a new introduction by Hans Bethe, in *Los Alamos Science*, Fall 1982, p. 47. ハンス・A・ベーテ、『H爆弾の歴史についてのコメント』、1954年執筆、1980年機密扱いを解除される。
35. Teller, *Testimony, Honeywell, Inc., Plaintiff, v. Sperry Rand Corporation and Illinois Scientific Developments, Inc., Defendants,* p. 6771.
36. E. Bretscher, S.P. Frankel, D.K. Froman, N. Metropolis, P. Morrison, L.W. Nordheim, E. Teller, A.

72. *A Million Random Digits with 100,000 Normal Deviates* (Santa Monica, CA: RAND Corporation, 1955) p. xii.

73. Klára von Neumann to Stan Ulam, 15 May 1949. [SUAPS] クラリ・フォン・ノイマンからスタン・ウラムへの 1949 年 5 月 15 日付の手紙。

74. Klára von Neumann to Carson Mark, 28 June 1949. [KVN] クラリ・フォン・ノイマンからカーソン・マークへの 1949 年 6 月 28 日付の手紙。

75. Herman Kahn, "Use of Different Monte Carlo Sampling Techniques, " in Herbert A. Meyer, ed., *Symposium on Monte Carlo Methods*, p. 147.

第 11 章

1. Ulam, 14 January 1974, in "Conversations with Gian-Carlo Rota".
2. Ulam, *Adventures of a Mathematician*, p. 10.『数学のスーパースターたち』。 Françoise Ulam, "From Paris to Los Alamos"; Mitchell Feigenbaum, "Reflections of the Polish Masters: Interview with Stan Ulam and Mark Kac", n.d., *Los Alamos Science*, Fall 1982, p. 57.
3. Françoise Ulam, "From Paris to Los Alamos".
4. Bruno Augenstein, interview with author, 9 June 1999. [GBD] ブルーノ・オーゲンスタイン、著者とのインタビュー、1999 年 6 月 9 日。Françoise Ulam, interview with author, 17 September 1999. [GBD] フランソワーズ・ウラム、著者とのインタビュー、1999 年 9 月 17 日。Claire Ulam, in "Stanislaw Ulam, 1909-1984", p. 1.
5. Françoise Ulam, in "Stanislaw Ulam, 1909-1984," p. 6; Gian-Carlo Rota, "The Barrier of Meaning," *Letters in Mathematical Physics*, vol. 10 (1985) p. 97.
6. Ulam, in "Conversations with Gian-Carlo Rota"; Ulam, *Adventures of a Mathematician*, p. 114.『数学のスーパースターたち』。
7. Françoise Ulam, "From Paris to Los Alamos".
8. 同上。
9. 同上。
10. 同上。
11. Stanislaw Ulam to John von Neumann, n.d., 1941. [VNLC] スタニスワフ・ウラムからジョン・フォン・ノイマンへの日付なしの手紙、1941 年。
12. John von Neumann to Stanislaw Ulam, 2 April 1942. [VNLC] ジョン・フォン・ノイマンからスタニスワフ・ウラムへの 1942 年 4 月 2 日付の手紙。Ulam, *Adventures of a Mathematician*, p.141.『数学のスーパースターたち』。
13. John von Neumann to Stanislaw Ulam, 9 November 1943. [SFU] ジョン・フォン・ノイマンからスタニスワフ・ウラムへの 1943 年 11 月 9 日付の手紙。Ulam, *Adventures of a Mathematician*, p. 144.『数学のスーパースターたち』。
14. Françoise Ulam, "From Paris to Los Alamos".
15. 同上。
16. Ulam, *Adventures of a Mathematician*, p. 155。同 p. 156.『数学のスーパースターたち』。

1999), p. 148. ジョン・フォン・ノイマンからノリス・ブラッドベリーへの 1950 年 7 月 18 日付の手紙。

55. Richard F. Clippinger, "A Logical Coding System Applied to the ENIAC". BRL report 673, Ballistic Research Laboratories, Aberdeen Proving Ground, 29 Sept. 1948.

56. Herman H. Goldstine to General Leslie R. Groves, Remington Rand Incorporated, Laboratory of Advanced Research, 14 June 1949. [VNLC] ハーマン・H・ゴールドスタインからレスリー・R・グローヴスへの 1949 年 6 月 14 日付の書簡。

57. John & Klára von Neumann, "Actual Technique: The Use of the ENIAC" (MS, n.d., ca. 1947). [VNLC]; Robert D. Richtmyer, "The Post-War Computer Development," *American Mathematical Monthly*, vol. 72, no. 2, part 2: *Computers and Computing* (February 1965), p. 11.

58. Eckert, "The ENIAC," p. 529.

59. Eckert, "The ENIAC," p. 529; Metropolis, "The MANIAC," p.459.

60. Metropolis, "The MANIAC," p. 459.

61. Harris Mayer, interview with author, 14 April 2006. [GBD] ハリス・マイアー、著者とのインタビュー、2006 年 4 月 14 日。Harris Mayer, interview with author, 13 May 2011. [GBD] ハリス・マイアー、著者とのインタビュー、2011 年 5 月 13 日。

62. Klára von Neumann to Françoise and Stan Ulam, n.d., March 1948. [SUAPS] クラリ・フォン・ノイマンからフランソワーズおよびスタン・ウラムへの日付なしの手紙。1948 年 3 月。Stanislaw Ulam to John von Neumann, 12 May 1948. [SUAPS] スタニスワフ・ウラムからジョン・フォン・ノイマンへの 1948 年 5 月 12 日付の手紙。

63. John von Neumann to Stanislaw Ulam, 11 May 1948. [SFU] ジョン・フォン・ノイマンからスタニスワフ・ウラムへの 1948 年 5 月 11 日付の手紙。

64. John von Neumann to Klára von Neumann, 7 December 1948. [KVN] ジョン・フォン・ノイマンからクラリ・フォン・ノイマンへの 1948 年 12 月 7 日付の手紙。

65. John & Klára von Neumann, "Actual Technique:"

66. John von Neumann to Edward Teller, 1 April 1950. [VNLC] ジョン・フォン・ノイマンからエドワード・テラーへの 1950 年 4 月 1 日付の手紙。

67. Richtmyer, "People Don't Do Arithmetic".

68. John von Neumann to Klára von Neumann, 14 January 1948. [KVN] ジョン・フォン・ノイマンからクラリ・フォン・ノイマンへの 1948 年 1 月 14 日付の手紙。

69. Richtmyer, "People Don't Do Arithmetic".

70. Klára von Neumann to Harris Mayer, 8 April 1949. [KVN] クラリ・フォン・ノイマンからハリス・マイアーへの 1949 年 4 月 8 日付の手紙。

71. John von Neumann, "Various Techniques Used in Connection with Random Digits, " in A. S. Householder, ed., *Monte Carlo Method, Proceedings of a Symposium held June 29, 30 and July 1, 1949 in Los Angeles, California under the sponsorship of the RAND Corporation, and the National Bureau of Standards, with the cooperation of the Oak Ridge National Laboratory.* National Bureau of Standards Applied Mathematics Series 12, issued 11 June 1951, p. 36.

クラリ・フォン・ノイマンへの1945年12月15日付の手紙。

42. Klári von Neumann, *The Computer.*

43. James Pomerene, interview with Nancy Stern. ジェームズ・ポメレーン、ナンシー・スターンとのインタビュー。

44. John von Neumann, memo to Col. L. E. Simon, Ballistic Research Laboratory, on Mechanical Computing Devices, 30 January 1945. [VNLC] ジョン・フォン・ノイマンから弾道学研究所のL・E・サイモン大佐への、機械式計算装置に関するメモ、1945年1月30日。

45. John von Neumann to Carson Mark, 13 March 1948. [VNLC] ジョン・フォン・ノイマンからカーソン・マークへの1948年3月13日付の手紙。

46. Stanislaw Ulam, 1983, in Roger Eckhardt, "Stan Ulam, John von Neumann, and the Monte Carlo Method," in "Stanislaw Ulam, 1909-1984", *Los Alamos Science*, no. 15, Special Issue (Los Alamos: Los Alamos Scientific Laboratory, 1987), p. 125.

47. Ulam, *Adventures of a Mathematician*, p. 197.『数学のスーパースターたち』。Stanislaw Ulam, "Random Processes and Transformations," in *Proceedings of the International Congress of Mathematicians, Cambridge, Mass, August 3 - September 6, 1950* (Providence, RI: American Mathematical Society, 1952) vol. 2, p. 266.

48. Ulam, *Adventures of a Mathematician*, p. 197.『数学のスーパースターたち』。

49. 同上。

50. Marshall Rosenbluth, "Genesis of the Monte Carlo Algorithm for Statistical Mechanics," talk at Los Alamos National Laboratory, 9 June 2003 (draft courtesy of Marshall Rosenbluth).

51. Andrew W. Marshall, "An Introductory Note (on Monte Carlo Method)," in Herbert A. Meyer, ed., *Symposium on Monte Carlo Methods, March 16 and 17, 1954, Held at the University of Florida, Sponsored by the Wright Air Development Center of the U.S. Air Force Air Research and Development Command* (New York: Wiley, 1956), p. 14.

52. Ulam, *Adventures of a Mathematician*, p. 199.『数学のスーパースターたち』。同。Richtmyer, "People Don't Do Arithmetic"; Stanislaw Ulam, *Testimony, United States District Court, District of Minnesota, Fourth Division, 4-67 Civil 138: Honeywell, Inc., Plaintiff, v. Sperry Rand Corporation and Illinois Scientific Developments, Inc., Defendants.* Transcript of Proceedings, Volume 47, Minneapolis, Minnesota, Tuesday, September 7, 1971, pp. 7427-7428.

53. John von Neumann to Robert Richtmyer, 11 March 1947, in Stanislaw Ulam, "Statistical Methods in Neutron Diffusion," LAMS-551 (Los Alamos, N.M.: Los Alamos Scientific Laboratory, 9 April 1947), p. 13. ジョン・フォン・ノイマンからロバート・リヒトマイヤーへの1947年3月11日付の手紙。John von Neumann to Robert Richtmyer, 11 March 1947, in Stanislaw Ulam, "Statistical Methods in Neutron Diffusion," LAMS-551, 9 April 1947, p. 6. ジョン・フォン・ノイマンからロバート・リヒトマイヤーへの1947年3月11日付の手紙。

54. John von Neumann to Norris Bradbury, 18 July 1950, LANL archives, B-9 Files, Folder 635, Drawer 181, quoted in Anne Fitzpatrick, *Igniting the Light Elements: The Los Alamos Thermonuclear Weapon Project, 1942-1952.* LA-13577-T (Los Alamos, N.M.: Los Alamos Scientific Laboratory,

からクラリ・フォン・ノイマンへの 1939 年 8 月 10 日付の手紙。

26. Jack Rosenberg, interview with author, February 12, 2005. ジャック・ローゼンバーグ、著者とのインタビュー、2005 年 2 月 12 日。

27. Richtmyer, "People Don't Do Arithmetic", unpublished, 1995; Stanislaw Ulam, *Adventures of a Mathematician*, p. 79.『数学のスーパースターたち』。Stanislaw Ulam, "Conversations with Gian-Carlo Rota".

28. Jack Rosenberg, interview with author, February 12, 2005. ジャック・ローゼンバーグ、著者とのインタビュー、2005 年 2 月 12 日。 Marina von Neumann Whitman, interview with author, February 9, 2006. マリーナ・フォン・ノイマン・ホイットマン、著者とのインタビュー、2006 年 2 月 9 日。

29. Klára von Neumann to John von Neumann, n.d., ca. 1949. [KVN] クラリ・フォン・ノイマンからジョン・フォン・ノイマンへの日付なしの手紙。1949 年ごろ。

30. Klára von Neumann, *Johnny*.

31. 同上。

32. John von Neumann and Oswald Veblen to Frank Aydelotte, 23 March 1940. [IAS] ジョン・フォン・ノイマンおよびオズワルド・ヴェブレンからフランク・エイダロッテへの 1940 年 3 月 23 日付の手紙。

33. 同上。

34. Klára von Neumann, *Johnny*.

35. John von Neumann to Stanislaw Ulam, 2 April 1942. [VNLC] ジョン・フォン・ノイマンからスタニスワフ・ウラムへの 1942 年 4 月 2 日付の手紙。 John von Neumann to Clara [Klára] von Neumann, 13 April 1943 [KVN]. ジョン・フォン・ノイマンからクラリ・フォン・ノイマンへの 1943 年 4 月 13 日付の手紙。S.W. Hubbel [Office of Censorship] to Clara [Klára] von Neumann, 13 April 1943. [IAS] S・W・ハッベル（検閲局）からクラリ・フォン・ノイマンへの 1943 年 4 月 13 日付の書簡。

36. Klára von Neumann, *Johnny.*

37. John von Neumann to Klára von Neumann, 8 May 1945. [KVN] ジョン・フォン・ノイマンからクラリ・フォン・ノイマンへの 1945 年 5 月 8 日付の手紙。John von Neumann to Klára von Neumann, 11 May 1945. [KVN] ジョン・フォン・ノイマンからクラリ・フォン・ノイマンへの 1945 年 5 月 11 日付の手紙。

38. Nicholas Metropolis, "The MANIAC," in Metropolis, Howlett, and Rota, eds., *A History of Computing in the Twentieth Century* (New York: Academic Press, 1980), p. 459; Edward Teller to John von Neumann, 9 August 1945. [IAS]. エドワード・テラーからジョン・フォン・ノイマンへの 1945 年 8 月 9 日付の手紙。

39. John von Neumann to Klára von Neumann, 4 October 1946. [KVN] ジョン・フォン・ノイマンからクラリ・フォン・ノイマンへの 1946 年 10 月 4 日付の手紙。

40. Klára von Neumann, *Johnny*.

41. John von Neumann to Klára von Neumann, 15 Dec 1945. [KVN] ジョン・フォン・ノイマンから

2. Klára von Neumann, *The Grasshopper.*
3. 同上。
4. 同上。
5. 同上。
6. 同上。
7. 同上。
8. John Wheeler to Carl Eckart, 23 November 1963. [KVN] ジョン・ホイーラーからカール・エッカートへの 1963 年 11 月 23 日付の手紙。
9. Klára von Neumann, *The Grasshopper.*
10. 同上。
11. Mariette von Neumann to John von Neumann, September 22, 1937, in Frank Tibor, "Double Divorce: The Case of Mariette and John von Neumann," *Nevada Historical Society Quarterly*, vol. 34, no. 2 (1991), p. 361. マリエッタ・フォン・ノイマンからジョン・フォン・ノイマンへ、1937 年 9 月 22 日付の手紙。
12. Mariette von Neumann to John von Neumann, n.d., 1937, in ibid. マリエッタ・フォン・ノイマンからジョン・フォン・ノイマンへ、日付なしの 1937 年の手紙。
13. Klára von Neumann to John von Neumann, 11 November 1937. [KVN] クラリ・フォン・ノイマンからジョン・フォン・ノイマンへの 1937 年 11 月 11 日付の手紙。
14. John von Neumann to Stanislaw Ulam, 22 April 1938. [SFU] ジョン・フォン・ノイマンからスタニスワフ・ウラムへの 1938 年 4 月 22 日付の手紙。
15. Klára von Neumann, *Two New Worlds.*
16. John von Neumann to Klára von Neumann, 14 September 1938. [KVN] ジョン・フォン・ノイマンからクラリ・フォン・ノイマンへの 1938 年 9 月 14 日付の手紙。
17. John von Neumann to Klára von Neumann, 6 September 1938. [KVN] ジョン・フォン・ノイマンからクラリ・フォン・ノイマンへの 1938 年 9 月 6 日付の手紙。
18. John von Neumann to Klára von Neumann, 5 September 1938. [KVN] ジョン・フォン・ノイマンからクラリ・フォン・ノイマンへの 1938 年 9 月 5 日付の手紙。John von Neumann to Klára von Neumann, 13 September 1938. [KVN] ジョン・フォン・ノイマンからクラリ・フォン・ノイマンへの 1938 年 9 月 13 日付の手紙。
19. John von Neumann to Klára von Neumann, 18 September 1938. [KVN] ジョン・フォン・ノイマンからクラリ・フォン・ノイマンへの 1938 年 9 月 18 日付の手紙。
20. Morgenstern, in *John von Neumann*, documentary.
21. Klára von Neumann, *Two New Worlds.*
22. Harry E. King, Credit Manager, Essex House and Casino-on-the-Park, New York, to the Institute for Advanced Study, 24 December 1938. [IAS]
23. Klára von Neumann, *Two New Worlds.*
24. Willis Ware, interview with author. ウィリス・ウェア、著者とのインタビュー。
25. John von Neumann to Klára von Neumann, August 10, 1939. [KVN] ジョン・フォン・ノイマン

Sciences vol. 40 (1954), p 102.

45. Clarence D. Smith, "The Destructive Storm of November 25-27," *Monthly Weather Review,* 78 (November 1950), p. 204.
46. Jule Charney, "Conversations with George Platzman", recorded August 1980, in Lindzen, Lorenz, and Platzman, eds., *The Atmosphere—A Challenge*, p. 54.
47. Charney, "Numerical Prediction of Cyclogenesis," p 102.
48. Electronic Computer Project machine log, 27 May 1953. [IAS] 電子計算機プロジェクト運転記録、1953 年 5 月 27 日。
49. Norman A. Phillips, "Progress Report of the Meteorology Group at the IAS July 1, 1952 to September 30, 1952", p. 4. [IAS]; Harry Wexler to chief of U.S. Weather Bureau, 11 June 1953, in Joseph Smagorinsky, "The Beginnings of Numerical Weather Prediction and General Circulation Modeling: Early Recollections," *Advances in Geophysics*, vol. 25 (1983), p. 23.
50. Philip Thompson, interview with William Aspray. フィリップ・トムソン、ウィリアム・アスプレイとのインタビュー。
51. Smagorinsky, "Beginnings of Numerical Weather Prediction", p 25; Institute for Advanced Study Electronic Computer Project Monthly Progress Report: September, 1954, p. 3. [IAS] 高等研究所電子計算機プロジェクト月次進捗報告書、1954 年 9 月。
52. Jule Charney to Stanislaw Ulam, 6 December 1957. [SUAPS] ジュール・チャーニーからスタニスワフ・ウラムへの 1957 年 12 月 6 日付の手紙。
53. Richard L. Pfeffer, ed., *Dynamics of Climate: The Proceedings of a Conference on the Application of Numerical Integration Techniques to the Problem of the General Circulation, Held October 26-28, 1955, at the Institute for Advanced Study, Princeton, New Jersey* (New York: Pergamon Press, 1960), p. 3.
54. John von Neumann, "Some Remarks on the Problem of Forecasting Climatic Fluctuations," in Richard L. Pfeffer, ed., *Dynamics of Climate,* 1960, pp. 10-11.
55. Pfeffer, ed., *Dynamics of Climate*, p. 132.
56. 同上 , pp. 133-136.
57. Pfeffer, ed., *Dynamics of Climate,* pp. 133-136.
58. Charney, "Conversations with George Platzman", in Lindzen, Lorenz, and Platzman, eds., *The Atmosphere—A Challenge*, pp. 57-58.
59. Jule Charney and Walter Munk, "The Applied Physical Sciences", talk for Institute for Advanced Study Electronic Computer Project 25th Anniversary, 1972. [IAS]
60. 同上。
61. von Neumann, "Can We Survive Technology?" p. 151.
62. Smagorinsky, "Beginnings of Numerical Weather Prediction," p. 29.

第 10 章

1. Klára von Neumann, *Johnny.*

to April 1, 1947," 8 April 1947, p. 4. [IAS] ジョン・フォン・ノイマン、気象学プロジェクト進捗報告書、1946年11月15日 - 1947年4月1日。

30. Philip Thompson and John von Neumann, "Meteorology Project Report of Progress During the Period from April 1, 1947 to December 15, 1947," p. 2. [IAS] フィリップ・トムソン、ジョン・フォン・ノイマン、気象学プロジェクト進捗報告書、1947年4月1日 - 1947年12月15日。

31. Philip Thompson, interview with William Aspray. フィリップ・トムソン、ウィリアム・アスプレイとのインタビュー。

32. Jule Charney to Stanislaw Ulam, 6 December 1957. [SUAPS] ジュール・チャーニーからスタニスワフ・ウラムへの1957年12月6日付の手紙。

33. Jule G. Charney, "Numerical Methods in Dynamical Meteorology," *Proceedings of the National Academy of Sciences*, vol. 41, no. 11 (November 1955), p. 799.

34. Jule Charney to Stanislaw Ulam, 6 December 1957. [SUAPS] ジュール・チャーニーからスタニスワフ・ウラムへの1957年12月6日付の手紙。

35. Joseph Smagorinsky, interview with author, 4 May 2004. [GBD] ジョゼフ・スマゴリンスキー、著者とのインタビュー、2004年5月4日。Jule Charney, "Progress Report of the Meteorology Group at the IAS", June 1, 1948 to June 30, 1949, p. 2. [IAS] ジュール・チャーニー、高等研究所気象学グループ進捗報告書、1948年6月1日 - 1949年6月30日。

36. Jule Charney to Philip Thompson, 12 February 1947, in R. Lindzen, E. Lorenz, and G. Platzman, eds., *The Atmosphere—A Challenge*, p. 114. ジュール・チャーニーからフィリップ・トムソンへ、1947年2月12日。

37. Philip Thompson and John von Neumann, "Meteorology Project Report of Progress During the Period from April 1, 1947 to December 15", 1947, p. 10. [IAS] 気象学プロジェクト進捗報告書、1947年4月1日 - 1947年12月15日。

38. Margaret Smagorinsky, interview with author, 4 May 2004. [GBD] マーガレット・スマゴリンスキー、著者とのインタビュー、2004年5月4日。

39. George W. Platzman, "The ENIAC Computation of 1950: Gateway to Numerical Weather Prediction," *Bulletin of the American Meteorological Society*, vol. 60, no. 4 (April 1979), p. 307.

40. Jule Charney to George Platzman, 10 April 1950, in George W. Platzman, "The ENIAC Computation of 1950", pp. 310-311. ジュール・チャーニーからジョージ・プラッツマンへ、1950年4月10日。

41. Platzman, "The ENIAC Computation of 1950", p. 310; John von Neumann, J. G. Charney and R. Fjortoft, "Numerical Integration of the Barotropic Vorticity Equation," *Tellus* vol. 2 (1950), p. 275.

42. Charney, "Numerical Methods in Dynamical Meteorology,", p. 800.

43. Thelma Estrin, interview with Frederik Nebeker, 24-25 August 1992. IEEE History Center, Rutgers University, テルマ・エストリン、フレデリック・ネベカーとのインタビュー。1992年8月24 - 25日、ラトガース大学、IEEE歴史センターにて。Raoul Bott, interview with author, 10 March 2005. [GBD] ラウール・ボット、著者とのインタビュー、2005年3月10日。

44. Jule Charney, "Numerical Prediction of Cyclogenesis," *Proceedings of the National Academy of*

Phil. Trans. Royal Soc. London A, 210, (1911), p. 307.

12. Richardson, *Weather Prediction by Numerical Process*, p. xi.

13. 同上。p. xiii.

14. 同上。p. 219 and p. xi.

15. Thompson, "A History of Numerical Weather Prediction," p. 757.

16. 同上。p. 758.

17. Philip Duncan Thompson, "Charney and the Revival of Numerical Weather Prediction," in R. Lindzen, E. Lorenz, and G. Platzman, eds., *The Atmosphere—A Challenge: The Science of Jule Gregory Charney* (Boston, MA: American Meteorological Society, 1990), p. 98.

18. Akrevoe Kondopria Emmanouilides, interview with author, 3 June 2003. [GBD] アクレーヴェ・コンドプリア・エマヌリデス、著者とのインタビュー、2003年6月3日。Philip Thompson, interview with William Aspray, 5 December 1986, CBI OH 125.　フィリップ・トムソン、ウィリアム・アスプレイとのインタビュー、1986年12月5日。

19. Marston Morse, Minutes of the Standing Committee's meeting, 13 May 1946. [IAS] マーストン・モース、常任委員会議事録、1946年5月13日。IAS, Minutes of the Standing Committee's meeting, 20 May 1946. IAS 常任委員会議事録、1946年5月20日。Morse, Minutes of the Standing Committee's meeting, 13 May 1946. [IAS] モース、常任委員会議事録、1946年5月13日。

20. Jule Charney to Stan Ulam, 6 December 1957. [SUAPS] ジュール・チャーニーからスタン・ウラムへの1957年12月6日付の手紙。

21. Lewis Strauss, *Men and Decisions* (Garden City, NY: Doubleday, 1962), pp. 232-33.

22. Vladimir K. Zworykin, "Outline of Weather Proposal," RCA Princeton Laboratories, October 1945, pp. 1, 4; John von Neumann to Vladimir Zworykin, 14 October 1945. [RCA] ジョン・フォン・ノイマンからウラジーミル・ツヴォルキンへの1945年10月14日付の「添え状」。

23. Strauss, *Men and Decisions*, pp. 233-34.

24. Sidney Shalett, "Electronics to Aid Weather Figuring," *New York Times*, 11 January 1946, p. 12.

25. 同上。

26. Proposal submitted by Frank Aydelotte (written by John von Neumann) to Lt. Commander D. F. Rex, U. S. Navy Office of Research and Inventions, 8 May 1946. [IAS] フランク・エイダロッテから（執筆はジョン・フォン・ノイマン）米国海軍研究発明局のD・F・レックス少佐への提案書、1946年5月8日。John von Neumann to Lewis Strauss, 4 May 1946. [VNLC] ジョン・フォン・ノイマンからルイス・ストロースへの1946年5月4日付の手紙。John von Neumann, "Can We Survive Technology?" *Fortune*, June 1955, p. 151.

27. Institute for Advanced Study, Conference on Meteorology, 29-30 August 1946, undated summary, p. 3. [VNLC]

28. Herman H. Goldstine, "Report on the Housing Situation for Meteorology Personnel", 15 July 1946. [IAS]

29. John von Neumann, "Meteorology Project Progress Report for the period of November 15, 1946

69. Atle Selberg, interview with author, 11 May 2004. [GBD] アトル・セルバーグ、著者とのインタビュー、2004年5月11日。

70. Willis H. Ware, interview with Nancy Stern. ウィリス・H・ウェア、ナンシー・スターンとのインタビュー。

71. Morris Rubinoff, interview with Richard Mertz. モリス・ルビノフ、リチャード・メルツとのインタビュー。

72. Julian Bigelow, interview with Nancy Stern. ジュリアン・ビゲロー、ナンシー・スターンとのインタビュー。

73. Julian Bigelow, interview with Richard R. Mertz. ジュリアン・ビゲロー、リチャード・メルツとのインタビュー。

74. 同上。

75. 同上。

76. Julian Bigelow, "Computer Development", p. 291.

第9章

1. Frank Aydelotte to John von Neumann, 5 June 1947 . [IAS] フランク・エイダロッテからジョン・フォン・ノイマンへの書簡、1947年6月5日付。

2. Philip Duncan Thompson, "A History of Numerical Weather Prediction in the United States," *Bulletin of the American Meteorological Society,* vol. 64, no. 7 (July 1983), p. 757.

3. Philip Duncan Thompson, in John. M. Lewis, "Philip Thompson: Pages from a Scientist's Life," *Bulletin of the American Meteorological Society,* vol 77, no. 1, January 1966, pp. 107-108.

4. Lewis Richardson, as quoted by Ernest Gold, "Lewis Fry Richardson, 1881-1953," *Obituary Notices of Fellows of the Royal Society,* vol. 9, November 1954, p. 230.

5. 同上、p. 222.

6. Meaburn Tatham and James E. Miles, eds., *The Friends' Ambulance Unit 1914-1919: A Record* (London: Swarthmore Press, 1920), p. 212.

7. Olaf Stapledon to Agnes Miller, 8 December 1916, in Robert Crossley, ed., *Talking Across the World: The Love Letters of Olaf Stapledon and Agnes Miller, 1913-1919* (Hanover and London: University Press of New England, 1987), pp. 192-193. オラフ・ステープルドンからアグネス・ミラーへの1916年12月8日付の手紙。

8. Stapledon to Miller, 26 December 1917, in Crossley, ed., *Talking Across the World,* pp. 264-265. ステープルドンからミラーへの1917年12月26日付の手紙。

9. Stapledon to Miller, 12 January 1918, in Crossley, ed., *Talking Across the World,* p. 270. ステープルドンからミラーへの1918年1月12日付の手紙。

10. Lewis Fry Richardson, *Weather Prediction by Numerical Process* (Cambridge, UK: Cambridge University Press, 1922), p. 219.

11. Lewis F. Richardson, "The Approximate Arithmetical Solution by Finite Differences of Physical Problems Involving Differential Equations, with an Application to the Stresses in a Masonry Dam,"

のインタビュー。

50. Julian Bigelow, interview with Nancy Stern. ジュリアン・ビゲロー、ナンシー・スターンとのインタビュー。

51. F. J. Gruenberger, "The History of the Johnniac", RAND Memorandum RM-5654-PR, (Santa Monica, Calif.; RAND Corporation, October 1968), p. 22.

52. Jan A. Rajchman, "Memo to V. K. Zworykin re: Status of work on Selectron up to Oct. 5, 1948," 5 October 1948 [RCA].

53. Willis H. Ware, interview with Nancy Stern. ウィリス・ウェア、ナンシー・スターンとのインタビュー。

54. Herman H. Goldstine to Mina Rees, 7 October 1947. [JHB] ハーマン・H・ゴールドスタインからミナ・リースへの1947年10月7日付の書簡。

55. Jan Rajchman, interview with Richard R. Mertz. ヤン・ライヒマン、リチャード・R・メルツとのインタビュー。Gruenberger, "The History of the Johnniac", p. 25.

56. Julian Bigelow, interview with Nancy Stern. ジュリアン・ビゲロー、ナンシー・スターンとのインタビュー。

57. Julian Bigelow, interview with Richard R. Mertz. ジュリアン・ビゲロー、リチャード・R・メルツとのインタビュー。

58. Willis Ware, interview with author. ウィリス・ウェア、著者とのインタビュー。

59. James Pomerene, interview with Nancy Stern. ジェームズ・ポメレーン、ナンシー・スターンとのインタビュー。

60. "Power Supply and Cooling System for Electronic Computer Project", n.d., 1953. [IAS]

61. Institute for Advanced Study Electronic Computer Project Machine and General Arithmetic Operating Logs, IAS.

62. John von Neumann, Memorandum to Commander R. Revelle, Office of Naval Research, 21 October 1947. [VNLC] ジョン・フォン・ノイマン、海軍研究所のR・レヴェル司令官への1947年10月21日付のメモ。

63. Institute for Advanced Study Electronic Computer Project Machine and General Arithmetic Operating Logs. [IAS] 高等研究所電子計算機プロジェクト一般算術実行記録。

64. 同上。

65. Morris Rubinoff, interview with Richard Mertz. モリス・ルビノフ、リチャード・メルツとのインタビュー。

66. James Pomerene, interview with Nancy Stern. ジェームズ・ポメレーン、ナンシー・スターンとのインタビュー。

67. Willis H. Ware, interview with Nancy Stern. ウィリス・H・ウェア、ナンシー・スターンとのインタビュー。

68. Willis H. Ware, interview with Nancy Stern. ウィリス・H・ウェア、ナンシー・スターンとのインタビュー。James Pomerene, interview with Nancy Stern. ジェームズ・ポメレーン、ナンシー・スターンとのインタビュー。

p. 2. [IAS] 高等研究所電子計算機プロジェクト月次進捗報告書、1948年4月。Jack Rosenberg, memo to Julian Bigelow, 10 April 1950. [IAS] ジャック・ローゼンバーグからジュリアン・ビゲローへの1950年4月10日付のメモ。
33. Willis Ware, interview with author. ウィリス・ウェア、著者とのインタビュー。
34. J. H. Bigelow, H. H Goldstine, R.W. Melville, P. Panagos, J. H. Pomerene, J. Rosenberg, M. Rubinoff, and W. H. Ware, "Fifth Interim Progress Report on the Physical Realization of an Electronic Computing Instrument", 1 January 1949, p. 31. [IAS]
35. Herman Goldstine to John von Neumann, 2 July 1947. [IAS] ハーマン・ゴールドスタインからジョン・フォン・ノイマンへの1947年7月2日付の手紙。
36. F. C. Williams and T. Kilburn, "A Storage System for Use with Binary-Digital Computing Machines", (Draft, 1 December 1947), p. 1. [JHB]
37. Burks, Goldstine, and von Neumann, *Preliminary Discussion of the Logical Design of an Electronic Computing Instrument*, p. 8. バークス、ゴールドスタイン、フォン・ノイマン『電子式計算装置の論理設計の予備的議論』。Williams and Kilburn, "A Storage System".
38. Williams and Kilburn, "A Storage System".
39. 同上。
40. Julian Bigelow, interview with Richard R. Mertz. ジュリアン・ビゲロー、リチャード・R・メルツとのインタビュー。
41. Julian Bigelow to F. C. Williams, 11 September 1952. [JHB] ジュリアン・ビゲローからF・C・ウィリアムスへの1952年9月11日付の手紙。
42. Bigelow, Goldstine, Melville, Panagos, Pomerene, Rosenberg, Rubinoff, and Ware, "Fifth Interim Progress Report on the Physical Realization of an Electronic Computing Instrument", 1 January 1949, p. 2. [IAS]
43. 同上、p. 4. [IAS]
44. Bigelow, "Computer Development", p. 304。"Institute for Advanced Study Electronic Computer Project Monthly Progress Report", August 1949, p. 4. [IAS] 高等研究所電子計算機プロジェクト月次進捗報告書、1949年8月。
45. Jack Rosenberg, interview with author. ジャック・ローゼンバーグ、著者とのインタビュー。Julian Bigelow to Warren Weaver, 2 December 1941. [JHB] ジュリアン・ビゲローからウォーレン・ウィーヴァーへの1941年12月2日付の手紙。
46. Morris Rubinoff, interview with Richard Mertz. モリス・ルビノフ、リチャード・メルツとのインタビュー。
47. J. H. Bigelow, T. W. Hildebrandt, P. Panagos, J. H. Pomerene, J. Rosenberg, R. J. Slutz, W. H. Ware, "Fourth Interim Progress Report on the Physical Realization of an Electronic Computing Instrument", 1 July 1948, p. II-16-17. [IAS]
48. Leon D. Harmon, "Report of Tests Made on Two Groups of 'Round Robin' Williams Storage Tubes at IAS", 6 July 1953. [IAS]
49. James Pomerene, interview with Nancy Stern. ジェームズ・ポメレーン、ナンシー・スターンと

1992年8月24 - 25日、ラトガース大学IEEE歴史センターにて。
17. Gerald and Thelma Estrin, interview with author, 14 April 2005. [GBD] ジェラルドおよびテルマ・エストリン、著者との2005年4月14日のインタビュー。
18. James Pomerene, interview with Nancy Stern. ジェームズ・ポメレーン、ナンシー・スターンとのインタビュー。
19. Andrew D. Booth and Kathleen H.V. Britten, "General Considerations in the Design of an All-Purpose Electronic Digital Computer", 1947. [JHB]
20. Bigelow, "Computer Development", p. 297.
21. James Pomerene, interview with Nancy Stern. ジェームズ・ポメレーン、ナンシー・スターンとのインタビュー。
22. John von Neumann to Marston Morse, 1 April 1946. [IAS] ジョン・フォン・ノイマンからマーストン・モースへの1946年4月1日付の手紙。Institute for Advanced Study Electronic Computer Project, Agreement Concerning Inventions, n.d., 1946. [IAS]
23. Julian Bigelow, interview with Nancy Stern. ジュリアン・ビゲロー、ナンシー・スターンとのインタビュー。Abraham Flexner, "University Patents," p. 325.
24. Herman Goldstine to Bigelow, Hildebrandt, Melville, Pomerene, Slutz, Snyder and Ware, 6 June 1947. [IAS] ハーマン・ゴールドスタインからビゲロー、ヒルデブラント、メルヴィル、ポメレーン、スラッツ、スナイダー、ウェアへの1947年6月6日付の手紙。Herman Goldstine to Patent Branch, Office of the Chief of Ordnance, 10 May 1947. [IAS] ハーマン・ゴールドスタインから陸軍武器省長官房局・特許部への1947年5月10日付の書簡。Deposition of Arthur W. Burks, Herman H. Goldstine, and John von Neumann, n.d., June 1947. [IAS]
25. Julian Bigelow, interview with Nancy Stern. ジュリアン・ビゲロー、ナンシー・スターンとのインタビュー。
26. 同上。
27. I. J. Good, "Some Future Social Repercussions of Computers," *International Journal of Environmental Studies*, vol. 1 (1970), p. 69.
28. William F. Gunning, "Rand's Digital Computer Effort", Rand Corporation Memorandum P-363, 23 February 1953, p. 4.
29. "Institute for Advanced Study Electronic Computer Project Monthly Progress Report: July and August, 1947", p. 2. [IAS]。Institute for Advanced Study Electronic Computer Project Monthly Progress Report: February 1948, p. 2. [IAS] 高等研究所電子計算機プロジェクト月次進捗報告書、1948年2月。
30. Bigelow, Pomerene, Slutz, Ware, "Interim Progress Report", p. 8. [IAS]; John von Neumann, Memorandum to Commander R. Revelle, Office of Naval Research, on the Character and Certain Applications of a Digital Electronic Computing Machine, 21 October 1947. [VNLC]
31. "Institute for Advanced Study Electronic Computer Project Monthly Progress Report", March 1948, p. 2. [IAS] 高等研究所電子計算機プロジェクト月次進捗報告書、1948年3月。
32. "Institute for Advanced Study Electronic Computer Project Monthly Progress Report": April 1948,

64. Jack Rosenberg, "The Computer Project", unpublished draft, 2 February 2002.
65. 同上。
66. Ralph Slutz, interview with Christopher Evans. ラルフ・スラッツ、クリストファー・エヴァンスとのインタビュー。
67. Bigelow, Pomerene, Slutz, W. Ware, "Interim Progress Report", pp. 15-16.
68. James Pomerene, interview with Nancy Stern. ジェームズ・ポメレーン、ナンシー・スターンとのインタビュー。

第8章

1. Andrew & Kathleen Booth, interview with author, 11 March 2004. [GBD] アンドリューおよびキャスリーン・ブース、著者との2004年3月11日のインタビュー。
2. 同上。
3. 同上。
4. 同上。
5. 同上。
6. 同上。
7. Herman Goldstine to John von Neumann, 25 February 1947. [IAS] ハーマン・ゴールドスタインからジョン・フォン・ノイマンへの1947年2月25日付の手紙。 Andrew Booth to George Dyson, 26 February 2004. アンドリュー・ブースからジョージ・ダイソンへの2004年2月26日付の手紙。
8. Marston Morse, Minutes of the Meeting of the Standing Committee, 18 March 1946. [IAS] マーストン・モース、常任委員会議事録、1946年3月18日。
9. Frank Aydelotte, Minutes of the Meeting of the Standing Committee, 27 June 1946. [IAS] フランク・エイダロッテ、常任委員会議事録、1946年6月27日。
10. 同上。
11. Frank Aydelotte, Report of the Director, 18 October 1946. [IAS] フランク・エイダロッテ、所長による報告書、1946年10月18日。
12. Stanley C. Smoyer, Memorandum to the Trustees of the IAS, 7 August 1946. [IAS-BS]
13. Julian H. Bigelow to Frank Aydelotte, 3 July 1947. [IAS] ジュリアン・H・ビゲローからフランク・エイダロッテへの1947年7月3日付の手紙。
14. Bernetta A. Miller to Frank Aydelotte, 19 September 1947. [IAS] バーネッタ・A・ミラーからフランク・エイダロッテへの1947年9月19日付の報告。Morris Rubinoff, interview with Richard Mertz. モリス・ルビノフ、リチャード・メルツとのインタビュー。
15. Freeman Dyson, comments at Julian Bigelow memorial, 29 March 2003. フリーマン・ダイソン、ジュリアン・ビゲロー追悼式典での発言、2003年3月29日。
16. Morris Rubinoff, interview with Richard Mertz. モリス・ルビノフ、リチャード・メルツとのインタビュー。Thelma Estrin, interview with Frederik Nebeker, IEEE History Center, Rutgers University, 24-25 August, 1992. テルマ・エストリン、フレデリック・ネベカーとのインタビュー。

ツとのインタビュー。Willis Ware, interview with author. ウィリス・ウェア、著者とのインタビュー。

48. Willis Ware, interview with author. ウィリス・ウェア、著者とのインタビュー。

49. Morris Rubinoff, interview with Richard Mertz, 17 May 1971. Archives Center, National Museum of American History. モリス・ルビノフ、リチャード・メルツとの1971年5月17日のインタビュー。

50. J. Robert Oppenheimer to John von Neumann, 11 February 1949. [IAS] J・ロバート・オッペンハイマーからジョン・フォン・ノイマンへの1949年2月11日付の書面。

51. Jack Rosenberg, interview with author, 12 February 2005. [GBD] ジャック・ローゼンバーグ、著者との2005年2月12日のインタビュー。

52. Julian Bigelow, "Computer Development at the Institute for Advanced Study," in Nicholas Metropolis, J. Howlett, and Gian-Carlo Rota, eds., *A History of Computing in the Twentieth Century* (New York: Academic Press, 1980), p. 293.

53. Herman H. Goldstine to John von Neumann, 19 July 1947. [IAS] ハーマン・H・ゴールドスタインからジョン・フォン・ノイマンへの1947年7月19日付の手紙。 Julian Bigelow, interview with Nancy Stern. ジュリアン・ビゲロー、ナンシー・スターンとのインタビュー。

54. Ralph Slutz, interview with Christopher Evans. ラルフ・スラッツ、クリストファー・エヴァンスとのインタビュー。Herman Goldstine, interview with Nancy Stern. ハーマン・ゴールドスタイン、ナンシー・スターンとのインタビュー。

55. Herman Goldstine, interview with Nancy Stern. ハーマン・ゴールドスタイン、ナンシー・スターンとのインタビュー。

56. Julian Bigelow, interview with Nancy Stern. ジュリアン・ビゲロー、ナンシー・スターンとのインタビュー。Julian Bigelow, interview with Richard R. Mertz. ジュリアン・ビゲロー、リチャード・R・メルツとのインタビュー。

57. J. H. Bigelow, J. H. Pomerene, R. J. Slutz, W. Ware, "Interim Progress Report on the Physical Realization of an Electronic Computing Instrument" (Princeton, NJ: Institute for Advanced Study, 1 January 1947), p. 12.『電子式計算装置の物理的な実現に関する中間進捗報告』。

58. Ralph Slutz, interview with Christopher Evans. ラルフ・スラッツ、クリストファー・エヴァンスとのインタビュー。

59. James Pomerene, interview with Nancy Stern. ジェームズ・ポメレーン、ナンシー・スターンとのインタビュー。Julian Bigelow, "Computer Development", p. 309.

60. Willis Ware, interview with author. ウィリス・ウェア、著者とのインタビュー。Julian Bigelow, interview with Richard R. Mertz. ジュリアン・ビゲロー、リチャード・R・メルツとのインタビュー。Bigelow, "Computer Development", p. 308.

61. "Report on Tubes in the Machine", 8 February 1953. [IAS]; Julian Bigelow, "Computer Development", p. 307.

62. Bigelow, Pomerene, Slutz, and Ware, "Interim Progress Report", pp. 82-83.

63. Jack Rosenberg, interview with author. ジャック・ローゼンバーグ、著者とのインタビュー。

ンタビュー。

29. Ralph Slutz, interview with Christopher Evans, June 1976, CBI, call no. OH 086. ラルフ・スラッツ、クリストファー・エヴァンスとの1976年6月のインタビュー。

30. Willis H. Ware, interview with Nancy Stern. ウィリス・H・ウェア、ナンシー・スターンとのインタビュー。

31. Akrevoe Kondopria Emmanouilides, interview with author, 22 January 2004. [GBD] アクレーヴェ・コンドプリア・エマヌリデス、著者との2004年1月22日のインタビュー。

32. Frank Aydelotte to John von Neumann, 4 June 1946. [IAS] フランク・エイダロッテからジョン・フォン・ノイマンへの1946年6月4日の手紙。

33. Julian Bigelow, interview with Richard R. Mertz. ジュリアン・ビゲロー、リチャード・R・メルツとのインタビュー。

34. Julian H. Bigelow, "Report on Computer Development at the IAS".

35. Willis H. Ware, interview with Nancy Stern. ウィリス・H・ウェア、ナンシー・スターンとのインタビュー。Willis H. Ware, "History and Development of the Electronic Computer Project", p. 8.

36. Willis H. Ware, interview with Nancy Stern. ウィリス・H・ウェア、ナンシー・スターンとのインタビュー。Ralph Slutz, interview with Christopher Evans; ラルフ・スラッツ、クリストファー・エヴァンスとのインタビュー。Bernetta Miller, "Electronic Computer Project statement of expenditures from beginning November 1945 to May 31, 1946", 4 June 1946. [IAS]

37. Ware, "History and Development of the Electronic Computer Project", p. 8.

38. Klára von Neumann, *The Computer*; Julian Bigelow, interview with Richard R. Mertz. ジュリアン・ビゲロー、リチャード・R・メルツとのインタビュー。

39. Benjamin D. Merritt to Frank Aydelotte, 29 August 1946. [IAS] ベンジャミン・D・メリットからフランク・エイダロッテへの1946年8月29日付の手紙。

40. Willis H. Ware, interview with Nancy Stern. ウィリス・H・ウェア、ナンシー・スターンとのインタビュー。

41. Julian Bigelow, interview with Richard R. Mertz. ジュリアン・ビゲロー、リチャード・R・メルツとのインタビュー。

42. 同上。

43. Herman H. Goldstine to John von Neumann, 28 July 1947. [IAS] ハーマン・H・ゴールドスタインからジョン・フォン・ノイマンへの1947年7月28日付の手紙。

44. Frank Aydelotte to Herbert H. Maass, 26 May 1946. [IAS] フランク・エイダロッテからハーバート・H・マースへの1946年5月26日付の手紙。Klára von Neumann, *The Computer.*

45. Arthur W. Burks, interview with William Aspray. アーサー・バークス、ウィリアム・アスプレイとのインタビュー。Frank Aydelotte to H. Chandlee Turner, 2 July 1946. [IAS] フランク・エイダロッテからH・シャンドリー・ターナーへの1946年7月2日付の手紙。

46. Frank Aydelotte to Colonel G. F. Powell, 25 June 1946. [IAS] フランク・エイダロッテからG・F・パウエル大佐への1946年6月25日付の手紙。

47. Julian Bigelow, interview with Richard R. Mertz. ジュリアン・ビゲロー、リチャード・R・メル

February 1942, (Declassified edition, Boston: MIT Press, 1949) p. 2.

10. Norbert Wiener, *I Am a Mathematician* (New York: Doubleday, 1956), p. 243. ノーバート・ウィーナー『サイバネティックスはいかにして生まれたか』（鎮目恭夫 訳、みすず書房、2002年）。Alice Bigelow, interview with Author. アリス・ビゲロー、著者とのインタビュー。

11. Jule Charney, "Conversations with George Platzman", recorded August 1980, in R. Lindzen, E. Lorenz, and G. Platzman, eds., *The Atmosphere——A Challenge: The Science of Jule Gregory Charney* (Boston, MA: American Meteorological Society, 1990), p. 47.

12. Julian Bigelow, interview with Flo Conway and Jim Siegelman, 30 October 1999. ジュリアン・ビゲロー、フロ・コンウェイおよびジム・シーゲルマンとの1999年10月30日のインタビュー（フロ・コンウェイおよびジム・シーゲルマンのご厚意による）。

13. 同上。

14. Julian Bigelow to Warren Weaver, 2 December 1941. [JHB] ジュリアン・ビゲローからウォーレン・ウィーヴァーへの1941年12月2日付の手紙。

15. 同上。

16. 同上。

17. Julian Bigelow, interview with Flo Conway and Jim Siegelman. ジュリアン・ビゲロー、フロ・コンウェイおよびジム・シーゲルマンとのインタビュー。

18. 同上。

19. Norbert Wiener, *I am a Mathematician*, p. 249.『サイバネティックスはいかにして生まれたか』。

20. George Stibitz, "Diary of Chairman, 1 July 1942", in Peter Galison, "The Ontology of the Enemy: Norbert Wiener and the Cybernetic Vision," *Critical Inquiry*, 21, no. 1. (Autumn, 1994), p 243.

21. Julian Bigelow, Arturo Rosenblueth, and Norbert Wiener, "Behavior, Purpose and Teleology," *Philosophy of Science*, 10, no. 1 (1943) pp. 9 & 23-24.

22. Warren S. McCulloch, "The Imitation of One Form of Life by Another——Biomimesis," in Eugene E. Bernard and Morley R. Kare, eds., *Biological Prototypes and Synthetic Systems, Proceedings of the Second Annual Bionics Symposium sponsored by Cornell University and the General Electric Company, Advanced Electronics Center, held at Cornell University, August 30-September 1,* 1961 (New York: Plenum Press, 1962), vol. 1, p. 393.

23. W. A. Wallis and Ingram Olkin, "A Conversation with W. Allen Wallis," *Statistical Science*, vol. 6, no. 2. (May, 1991), p. 124.

24. Norbert Wiener, *I Am a Mathematician* (New York: Doubleday, 1956), p. 243.『サイバネティックスはいかにして生まれたか』。

25. Frank Aydelotte to Julian Bigelow, 3 September 1946. [IAS] フランク・エイダロッテからジュリアン・ビゲローへの1946年9月3日の手紙。

26. Verena Huber-Dyson, note for Julian Bigelow memorial, 29 March 2003. [GBD]

27. Willis H. Ware, interview with Nancy Stern. ウィリス・H・ウェア、ナンシー・スターンとのインタビュー。

28. Julian Bigelow, interview with Nancy Stern. ジュリアン・ビゲロー、ナンシー・スターンとのイ

2000) p. 113. マーティン・ディヴィス『数学嫌いのためのコンピュータ論理学――何でも「計算」になる根本原理』(岩山知三郎 訳、コンピュータ・エージ社、2003年)。

53. Kurt Gödel to Arthur W. Burks, n.d., in Arthur Burks, ed., *Theory of Self-Reproducing Automata* (Urbana: University of Illinois Press, 1966), p. 56. クルト・ゲーデルからアーサー・W・バークスへの日付のない手紙。フォン・ノイマン著、アーサー・バークス編『自己増殖オートマトンの理論』より。

54. G. W. Leibniz to Rudolph August, Duke of Brunswick, 2 January 1697, as translated in Anton Glaser, *History of Binary and other Non-decimal Numeration* (Los Angeles: Tomash, 1981), p. 31. G・W・ライプニッツからブルンズヴィック公ルドルフ・アウグストへの1697年1月2日付の手紙。

55. Kurt Gödel to Marianne Gödel, 6 October 1961, in Solomon Feferman, ed., *Collected Works*, vol. IV (Oxford: Oxford University Press, 2003), pp. 437-438. クルト・ゲーデルからマリアンネ・ゲーデルへの1961年10月6日付の手紙。

第7章

1. Alice Bigelow, interview with author, 24 May 2009. [GBD] アリス・ビゲロー、著者との2009年5月24日のインタビュー。
2. Julian Bigelow, interview with Richard R. Mertz. ジュリアン・ビゲロー、リチャード・R・メルツとのインタビュー。
3. 同上。
4. Julian Bigelow, interview with Walter Hellman, 10 June 1979, in Walter Daniel Hellman, "Norbert Wiener and the Growth of Negative Feedback in Scientific Explanation" (PhD. Thesis, Oregon State University, 16 December 1981), p. 148. ジュリアン・ビゲロー、ウォルター・ヘルマンとの1979年6月10日のインタビュー。
5. Norbert Wiener, *Ex-Prodigy*, (New York: Simon & Schuster, 1953), pp. 268-269.『神童から俗人へ』。Julian Bigelow to John von Neumann, 26 November 1946. [VNLC]
6. Norbert Wiener to Vannevar Bush, 21 September 1940, in Pesi R. Masani, ed., Norbert Wiener, *Collected Works* (Boston: MIT Press, 1985) vol. 4, p. 124. ノーバート・ウィーナーからヴァネヴァー・ブッシュへの1940年9月21日の手紙。
7. Norbert Wiener, "Principles governing the construction of prediction and compensating apparatus," submitted with S. H. Caldwell, Proposal to Section D2, NDRC, November 22, 1940, in Pesi R. Masani, *Norbert Wiener: 1894-1964* (Basel: Birkhauser, 1990), p. 182.
8. Norbert Wiener and Julian H. Bigelow, "Report on D.I.C. Project # 5980: Anti-Aircraft Directors. Analysis of the Flight Path Prediction Problem, including a Fundamental Design Formulation and Theory of the Linear Instrument". Massachusetts Institute of Technology, 24 February 1941, pp. 38-39. [JHB]
9. Norbert Wiener, "Extrapolation, Interpolation, and Smoothing of Stationary Time Series, with Engineering Applications", Classified report to the National Defense Research Committee, 1

Logical Design of an Electronic Computing Instrument, (Princeton, NJ: Institute for Advanced Study, 1946), p. 53. アーサー・W・バークス、ハーマン・H・ゴールドスタイン、ジョン・フォン・ノイマン、『電子式計算装置の論理設計の予備的議論』。

42. Herman H. Goldstine to Colonel G. F. Powell, Office of the Chief of Ordnance, 12 May 1947. [IAS] ハーマン・H・ゴールドスタインから陸軍武器省長官房局G・F・パウエル大佐への1947年5月12日付の書簡。

43. Norbert Wiener, "Back to Leibniz!" *Technology Review* 34 (1932), p. 201; Norbert Wiener, "Quantum Mechanics, Haldane, and Leibniz," *Philosophy of Science*, vol. 1, issue 4, (October 1934), p. 480.

44. G. W. Leibniz to Henry Oldenburg, 18 December 1675, in H. W. Turnbull, ed., *The Correspondence of Isaac Newton*, (Cambridge, UK: Cambridge University Press, 1959), vol. 1, p. 401. G・W・ライプニッツからヘンリー・オルデンバーグへの1675年12月18日付の手紙。G. W. Leibniz, supplement to a letter to Christiaan Huygens, 8 September 1679, in *Philosophical Papers and Letters,* translated and edited by Leroy E. Loemker (Chicago: University of Chicago Press, 1956), vol. 1, pp. 384-385. G・W・ライプニッツからクリスティアーン・ホイヘンスへの1679年9月8日付の手紙への補足。

45. G. W. Leibniz to Nicolas Rémond, 10 January 1714, in Loemker, trans. and ed., *Philosophical Papers and Letters*, 2 ;1063. G・W・ライプニッツからニコラ・レモンへの1714年1月10日付の手紙。G. W. Leibniz, ca. 1679, in Loemker, trans. and ed., *Philosophical Papers and Letters*,1; 342.

46. G. W. Leibniz, ca. 1679, in Loemker, trans. and ed., *Philosophical Papers and Letters*, vol. I ; 344.

47. G. W. Leibniz, 1716, *Discourse on the Natural Theology of the Chinese* (translation of *Lettre sur la philosophie chinoise à Nicolas de Rémond*, 1716), Henry Rosemont, Jr. and Daniel J. Cook, trans. and eds., Monograph of the Society for Asian and Comparative Philosophy, no. 4 (Honolulu: University of Hawaii Press, 1977), p. 158.

48. G. W. Leibniz, "De Progressione Dyadica—Pars I" (MS, 15 March 1679), published in facsimile (with German translation) in Erich Hochstetter and Hermann-Josef Greve, eds., *Herrn von Leibniz' Rechnung mit Null und Einz* (Berlin: Siemens Aktiengesellschaft, 1966), pp. 4647. English translation by Verena Huber-Dyson, 1995.

49. Burks, Goldstine, and von Neumann, *Preliminary Discussion*, p. 9.『電子式計算装置の論理設計の予備的議論』。

50. John von Neumann and Herman H. Goldstine, "On The Principles of Large Scale Computing Machines" talk given to the Mathematical Computing Advisory Panel, Office of Research & Inventions, Navy Dept., Washington D.C., 15 May 1946, reprinted in *Collected Works*: Volume V: *Design of Computers, Theory of Automata and Numerical Analysis* (Oxford: Pergamon Press, 1963), p. 32.

51. Julian Bigelow, interview with Nancy Stern. ジュリアン・ビゲロー、ナンシー・スターンとのインタビュー。

52. Martin Davis, *The Universal Computer: The Road from Leibniz to Turing* (New York: W.W. Norton,

フランク・エイダロッテからベンジャミン・F・ヘイバンズへの1942年3月21日付の書簡。
25. Benjamin F. Havens to Frank Aydelotte, 27 March 1942. [IAS] ベンジャミン・F・ヘイヴンズからフランク・エイダロッテへの1942年3月27日付の返信。
26. Alan M. Turing to Institute Secretary (Gwen) Blake, 16 December 1941. [IAS] アラン・M・チューリングから高等研究所秘書（グウェン）ブレークへの1941年12月16日付の書簡。
27. Frank Aydelotte to Max Gruenthal, 5 December 1941. [IAS] フランク・エイダロッテからマックス・グルエンタールへの1941年12月5日付の書簡。
28. Frank Aydelotte to Max Gruenthal, 2 December 1941. [IAS] フランク・エイダロッテからマックス・グルエンタールへの1941年12月2日付の書簡。Max Gruenthal to Frank Aydelotte, 4 December 1941. [IAS] マックス・グルエンタールからフランク・エイダロッテへの1941年12月4日付の返信。
29. Frank Aydelotte to the Selective Service Board, 14 April 1943. [IAS] フランク・エイダロッテから選抜徴兵委員会への1943年4月14日付の書状。
30. Cevillie O. Jones to Frank Aydelotte, 20 April 1943. [IAS] セヴィリー・O・ジョーンズからフランク・エイダロッテへの1943年4月20日付の書簡。
31. Frank Aydelotte to the Selective Service Board, 19 May 1943. [IAS] フランク・エイダロッテから選抜徴兵委員会への1943年5月19日付の書状。
32. John von Neumann to Oswald Veblen, 30 November 1945. [OVLC] ジョン・フォン・ノイマンからオズワルド・ヴェブレンへの1945年11月30日付の手紙。
33. "Notes on Kurt Gödel", 17 March 1948. [IAS]
34. Kurt Gödel to J. Robert Oppenheimer, 6 September, 1949. [IAS] クルト・ゲーデルからJ・ロバート・オッペンハイマーへの1949年9月6日付の手紙。
35. Stanislaw Ulam to Solomon Feferman, 13 July 1983 [SUAP]. スタニスワフ・ウラムからソロモン・フェファーマンへの1983年7月13日付の手紙。John von Neumann to Oswald Veblen, 30 November 1945. [OVLC] ジョン・フォン・ノイマンからオズワルド・ヴェブレンへの1945年11月30日付の手紙。
36. Arthur W. and Alice R. Burks, interview with Nancy Stern, 20 June 1980. アーサー・Wおよびアリス・R・バークス、ナンシー・スターンとのインタビュー、1980年6月20日。
37. Oswald Veblen to Frank Aydelotte, 12 September 1941. [IAS] オズワルド・ヴェブレンからフランク・エイダロッテへの1941年9月12日付の手紙。
38. Frank Aydelotte, Appendix to the Report of the Director, 24 February 1941. [IAS] フランク・エイダロッテ、所長からの報告書補遺、1941年2月24日。
39. Minutes of the meeting of the professors of the School of Mathematics, 13 February 1946. [IAS] 数学部門教授会議議事録、1946年2月13日。Arthur W. and Alice R. Burks, interview with Nancy Stern. アーサー・Wおよびアリス・R・バークス、ナンシー・スターンとのインタビュー。
40.Arthur W. and Alice R. Burks, interview with Nancy Stern. アーサー・Wおよびアリス・R・バークス、ナンシー・スターンとのインタビュー。
41. Arthur W. Burks, Herman H. Goldstine, and John von Neumann, *Preliminary Discussion of the*

インと著者とのインタビューで引用されたバーネッタ・ミラーの言葉。

10. Oswald Veblen, “Remarks on the Foundations of Geometry,” (31 December 1924) in *Bulletin of the American Mathematical Society,* vol. 31, nos. 3-4 (1925), p. 141.

11. Stanislaw Ulam, “Conversations with Gian-Carlo Rota” (unpublished transcripts by Françoise Ulam, compiled 1985). [SFU]

12. John von Neumann to Kurt Gödel, 30 November 1930, in Solomon Feferman, ed., *Collected Works,* vol. V (Oxford: Oxford University Press, 2003), p. 337. ジョン・フォン・ノイマンからクルト・ゲーデルへの 1930 年 11 月 30 日付の手紙。

13. Ulam, *Adventures of a Mathematician,* p. 76.『数学のスーパースターたち』。

14. John von Neumann, remarks made at the presentation of the Einstein Award to Kurt Gödel at the Princeton, 14 March 1951. [IAS] ジョン・フォン・ノイマン、クルト・ゲーデルのアインシュタイン賞受賞に際しての言葉。

15. Kurt Gödel, “Über formal unentscheidbare Sätze der Principia Mathematica und verwandter Systeme I,” *Monatshefte für Mathematik und Physik,* vol. 38 (1931), translated as “On Formally Undecidable Propositions of Principia Mathematica and Related Systems I,” in *Complete Works* (Oxford: Oxford University Press, 1986), vol. 1, p. 147. ゲーデル『不完全性定理』（林晋・八杉満利子訳、岩波文庫、2006 年）。

16. Frank Aydelotte to Dr. Max Gruenthal, 5 December 1941. [IAS] フランク・エイダロッテからマックス・グルエンタール医師への 1941 年 12 月 5 日付の手紙。Marston Morse, Minutes of the meeting of the IAS School of Mathematics, 14 February 1950. [IAS] マーストン・モース、IAS 数学部門議事録、1950 年 2 月 14 日。

17. A.M. Warren to Abraham Flexner, 10 October 1939. [IAS] A・M・ウォーレンからエイブラハム・フレクスナーへの 1939 年 10 月 10 日付の手紙。

18. John von Neumann to Abraham Flexner, 27 September 1939. [IAS] ジョン・フォン・ノイマンからエイブラハム・フレクスナーへの 1939 年 9 月 27 日付の手紙。

19. Kurt Gödel to Frank Aydelotte, 5 January 1940. [IAS] クルト・ゲーデルからフランク・エイダロッテへの 1940 年 1 月 5 日付の電報。

20. Stan Ulam to John von Neumann, 18 June 1940. [VNLC] スタン・ウラムからジョン・フォン・ノイマンへの 1940 年 6 月 18 日付の手紙。

21. Frank Aydelotte to Herbert Maass, 29 September 1942. [IAS] フランク・エイダロッテからハーバート・マースへの 1942 年 9 月 29 日付の手紙。Bernetta Miller to the Department of Motor Vehicles, 4 June 1943. [IAS] バーネッタ・ミラーから車両管理局への 1943 年 6 月 4 日付の書簡。

22. Frank Aydelotte, Memo for the Standing Committee, 25 December 1941. [IAS] フランク・エイダロッテから常任委員会への 1941 年 12 月 25 日付のメモ。

23. Kurt Gödel to Earl Harrison, Department of Justice, 12 March 1942. [IAS] クルト・ゲーデルから法務省のアール・ハリソンへの 1942 年 3 月 12 日付の書状。

24. Earl G. Harrison to Kurt Gödel, 19 March 1942. [IAS] アール・ハリソンからクルト・ゲーデルへの 1942 年 3 月 19 日付の返信。Frank Aydelotte to Benjamin F. Havens, 21 March 1942. [IAS]

66. John von Neumann to Lewis L. Strauss, 24 October 1945. [IAS] ジョン・フォン・ノイマンからルイス・L・ストロースへの1945年10月24日付の手紙。
67. Herman H. Goldstine, Memo to Mr. Fleming, 20 April 1951. [IAS] ハーマン・H・ゴールドスタインからフレミング氏への1951年4月20日付のメモ。
68. James Pomerene, interview with Nancy Stern, 26 September 1980, CBI call no. OH 31. ジェームズ・ポメレーン、ナンシー・スターンとのインタビュー。1980年9月26日。
69. J. Presper Eckert, interview with Nancy Stern, 28 October 1977. CBI call no. OH 13. J・プレスパー・エッカート、ナンシー・スターンとのインタビュー。1977年10月28日。
70. Stanley Frankel to Brian Randell, 1972, in Brian Randell, "On Alan Turing and the Origins of Digital Computers," *Machine Intelligence 7* (1972), p. 10.
71. Klára von Neumann, *The Computer*, ca. 1963. [KVN]

第6章

1. Abraham Flexner to Herbert Maass, 15 December 1937. [IAS] エイブラハム・フレクスナーからハーバート・マースへの1937年12月15日付の手紙。Abraham Flexner to Louis Bamberger, 1 December 1932. [IAS] エイブラハム・フレクスナーからルイス・バンバーガーへの1932年12月1日付の手紙。
2. Klára von Neumann, *Two New Worlds*.
3. Abraham Flexner to Oswald Veblen, 6 January 1937. [IAS] エイブラハム・フレクスナーからオズワルド・ヴェブレンへの1937年1月6日付の手紙。Abraham Flexner to Frank Aydelotte, 7 August 1938. [IAS] エイブラハム・フレクスナーからフランク・エイダロッテへの1938年8月7日付の手紙。
4. James Hudson, *Clouds of Glory: American Airmen Who Flew with the British During the Great War* (Fayetteville and London: University of Arkansas Press, 1990), p. 34.
5. Minutes of the Meeting of the Standing Committee of the Faculty, 18 February 1946. [IAS] 教授会常任委員会議事録、1946年2月18日。
6. Bernetta Miller, quoted by Joseph Felsenstein, interview with author, 20 March 2007. [GBD] 2007年3月20日、ジョゼフ・フェルゼンスタインと著者とのインタビューで引用されたバーネッタ・ミラーの言葉。Joseph Felsenstein, interview with author, 20 March 2007. [GBD] ジョゼフ・フェルゼンスタイン、著者とのインタビュー、2007年3月20日。
7. Bernetta A Miller, "Report on IAS Food Conservation", 17 May 1946. [IAS]
8. Bernetta Miller to Frank Aydelotte, 3 September 1946. [IAS] バーネッタ・ミラーからフランク・エイダロッテへの1946年9月3日付の手紙。Bernetta Miller to Frank Aydelotte and J. Robert Oppenheimer, 24 September 1947. バーネッタ・ミラーからフランク・エイダロッテおよびJ・ロバート・オッペンハイマーへの1947年9月24日付の手紙。Bernetta Miller to J. Robert Oppenheimer, 3 December 1947. [IAS] バーネッタ・ミラーからJ・ロバート・オッペンハイマーへの1947年12月3日付の手紙。
9. Bernetta Miller, quoted by Joseph Felsenstein, interview with author. ジョゼフ・フェルゼンスタ

52. John von Neumann to Stanley Frankel, 29 October 1946. [VNLC] ジョン・フォン・ノイマンからスタンリー・フランケルへの 1946 年 10 月 29 日付の手紙。
53. John von Neumann, "First Draft of a Report on the EDVAC", p. 74.『EDVAC に関する報告の第 1 草稿』。
54. Julian H. Bigelow, "Report on Computer Development at the Institute for Advanced Study", for the International Research Conference on the History of Computing, Los Alamos, June 10-15, 1976. DRAFT, n.d. (quoted text was deleted from the published version), [JHB]; Norbert Wiener to John von Neumann, 24 March 1945. [VNLC] ノーバート・ウィーナーからジョン・フォン・ノイマンへの 1945 年 3 月 24 日付の手紙。
55. James B. Conant to Frank Aydelotte, 31 October 1945. [IAS] ジェームズ B・コナントからフランク・エイダロッテへの 1945 年 10 月 31 日付の手紙。 James Alexander to Frank Aydelotte, 25 August 1945. [IAS] ジェームズ・アレクサンダーからフランク・エイダロッテへの 1945 年 8 月 25 日付の手紙。
56. Julian Bigelow, interview with Richard R. Mertz, 20 January 1971, Computer Oral History Collection, Archives Center, National Museum of American History. ジュリアン・ビゲロー、リチャード・R・メルツとのインタビュー。1971 年 1 月 20 日。Frank Aydelotte to James W. Alexander, 22 August 1945. [IAS] フランク・エイダロッテからジェームズ・W・アレクサンダーへの 1945 年 8 月 22 日付の手紙。Report of the Anglo-American Committee of Inquiry, 20 April 1946 (Washington, D.C.: Department of State, 1946).
57. Klára von Neumann, *Johnny*; E. A. Lowe to Frank Aydelotte, 10 October 1947. [IAS] E・A・ロウからフランク・エイダロッテへの 1947 年 10 月 10 日付の手紙。
58. Frank Aydelotte to John von Neumann, 22 January 1946. [IAS] フランク・エイダロッテからジョン・フォン・ノイマンへの 1946 年 1 月 22 日付の手紙。Minutes of the School of Mathematics, 2 June 1945. [IAS] 数学部門議事録、1945 年 6 月 22 日。
59. John von Neumann to Frank Aydelotte, 5 August 1945. [IAS] ジョン・フォン・ノイマンからフランク・エイダロッテへの 1945 年 8 月 5 日付の手紙。
60. Frank Aydelotte to Samuel S. Fels, 12 September 1945. [IAS] フランク・エイダロッテからサミュエル・S・フェルスへの 1945 年 9 月 12 日付の手紙。
61. Warren Weaver to Frank Aydelotte, 1 October 1945. [IAS] ウォーレン・ウィーヴァーからフランク・エイダロッテへの 1945 年 10 月 1 日付の手紙。
62. John von Neumann to Warren Weaver, 2 November 1945. [RF] ジョン・フォン・ノイマンからウォーレン・ウィーヴァーへの 1945 年 11 月 2 日付の手紙。
63. Marston Morse to Warren Weaver, 15 January 1946. [RF] マーストン・モースからウォーレン・ウィーヴァーへの 1946 年 1 月 15 日付の手紙。
64. Samuel H. Caldwell to Warren Weaver, 16 January 1946. [RF] サミュエル・H・コールドウェルからウォーレン・ウィーヴァーへの 1946 年 1 月 16 日付の手紙。
65. John von Neumann to Lewis L. Strauss, 20 October 1945. [IAS] ジョン・フォン・ノイマンからルイス・L・ストロースへの 1945 年 10 月 20 日付の手紙。

Twentieth Century, p. 547.

35. "Report on History".

36. John von Neumann to Warren Weaver, 2 November 1945. [RF] ジョン・フォン・ノイマンからウォーレン・ウィーヴァーへの 1945 年 11 月 2 日付の手紙。M. H. A. Newman, quoted by I. J. Good in "Turing and the Computer," *Nature*, vol. 307 (1 February 1984), p. 663.

37. "Report on History".

38. Jan Rajchman, interview with Richard R. Mertz. ヤン・ライヒマン、リチャード・R・メルツとのインタビュー。

39. John von Neumann to J. Robert Oppenheimer, 1 August 1944. [LA] ジョン・フォン・ノイマンからJ・ロバート・オッペンハイマーへの 1944 年 8 月 1 日付の手紙。

40. John W. Mauchly, letter to the editor, *Datamation*, vol. 25, no. 11, 1979. ジョン・W・モークリー、《データメーション》誌編集者への手紙。

41. Herman Goldstine, interview with Nancy Stern. ハーマン・ゴールドスタイン、ナンシー・スターンとのインタビュー。

42. John von Neumann, "First Draft of a Report on the EDVAC." Contract No. W-670-ORD-4926 between the United States Army Ordnance Department and the University of Pennsylvania. Moore School of Electrical Engineering, University of Pennsylvania, 30 June 1945, p. 1. ジョン・フォン・ノイマン、『EDVAC に関する報告の第 1 草稿』契約番号 W-670-ORD-4926 米国陸軍武器省とペンシルベニア大学との 1945 年 6 月 30 日の契約。

43. John von Neumann to M.H.A Newman, 19 March 1946. [VNLC] ジョン・フォン・ノイマンからM・H・A・ニューマンへの 1946 年 3 月 19 日付の手紙。

44. Julian Bigelow, interview with Nancy Stern, 12 August 1980, CBI OH3. ジュリアン・ビゲロー、ナンシー・スターンとの 1980 年 8 月 12 日のインタビュー。

45. John W. Mauchly, letter to the editor, *Datamation*, vol. 25, no. 11, 1979. ジョン・W・モークリー、《データメーション》誌編集者への手紙。

46. J. Presper Eckert, interview with Nancy Stern. J・プレスパー・エッカート、ナンシー・スターンとのインタビュー。

47. John von Neumann to Stanley Frankel, 29 October 1946. [VNLC] ジョン・フォン・ノイマンからスタンリー・フランケルへの 1946 年 10 月 29 日付の手紙。

48. John von Neumann, deposition concerning EDVAC report, n.d., 1947. [IAS]

49. Willis H. Ware, "The History and Development of the Electronic Computer Project at the Institute for Advanced Study", RAND Corporation Memorandum P-377, 10 March 1953, p. 6; Arthur W. Burks, interview with William Aspray, 20 June 1987, CBI call no. OH 136. アーサー・W・バークス、ウィリアム・アスプレイとのインタビュー、1987 年 6 月 20 日。

50. Willis H. Ware, interview with Nancy Stern. ウィリス・ウェア、ナンシー・スターンとのインタビュー。

51. Retainer agreement between von Neumann and IBM, 1 May 1945. [VNLC]; J. Presper Eckert, interview with Nancy Stern. J・プレスパー・エッカート、ナンシー・スターンとのインタビュー。

Jan Rajchman, interview with Mark Heyer and Al Pinsky, 11 July 1975, IEEE Oral History Project. ヤン・ライヒマン、マーク・ヘイヤーおよびアル・ピンスキーとの1975年7月11日のインタビュー。

22. J. Presper Eckert, "The ENIAC," in Metropolis, Howlett, and Rota, eds., *A History of Computing in the Twentieth Century* , p. 528; Karl Kempf, *Electronic Computers within the Ordnance Corps*, (Aberdeen Proving Ground, MD.,: History Office, November 1961).
23. John von Neumann, Memo on Mechanical Computing Devices, to Col. L. E. Simon, Ballistic Research Laboratory, 30 January 1945. [VNLC]. ジョン・フォン・ノイマンから弾道学研究所のサイモン大佐への機械式計算装置に関するメモ、1945年1月30日。Nicholas Metropolis to Klára von Neumann, 15 February 1949. [KVN] ニコラス・メトロポリスよりクラリ・フォン・ノイマンへの1949年2月15日付の手紙。Nicholas Metropolis, "The Los Alamos Experience, 1943-1954," in Stephen G. Nash, editor, *A History of Scientific Computing* (New York: ACM Press, 1990), p. 237.
24. Brainerd, "Genesis of the ENIAC," p 488。Goldstine, *The Computer from Pascal to von Neumann*, p. 149『計算機の歴史』。
25. U. S. Army War Department, Bureau of Public Relations, Press Release, *Ordnance Department Develops All-Electronic Calculating Machine*, 16 February 1946; Samuel H. Caldwell to Warren Weaver, 16 January 1946. [RF] サミュエル・H・コードウェルからウォーレン・ウィーヴァーへの1946年1月16日付の手紙。
26. Herman Goldstine, interview with Albert Tucker and Frederik Nebeker. ハーマン・ゴールドスタイン、アルバート・タッカーおよびフレデリック・ネベカーとのインタビュー。Herman Goldstine, 13 November 1996, in Thomas Bergin, ed., *50 Years of Army Computing*, p. 33.
27. Eckert, "The ENIAC," p. 525.
28. Goldstine, "Remembrance of Things Past," p. 9.
29. J. Presper Eckert, interview with Nancy Stern. J・プレスパー・エッカート、ナンシー・スターンとのインタビュー。
30. John W. Mauchly, "The ENIAC," in Metropolis, Howlett, and Rota, eds., *A History of Computing in the Twentieth Century*, p. 545; 同 pp. 547-548.
31. John von Neumann, lecture at University of Illinois, December 1949, in Arthur Burks, ed., *Theory of Self-Reproducing Automata* (Urbana: University of Illinois Press, 1966), p. 40. ジョン・フォン・ノイマン、イリノイ大学での講演、1949年12月。アーサー・バークス編『自己増殖オートマトンの理論』（高橋秀俊監訳、岩波書店、1975年）に収録。
32. Arthur W. and Alice R. Burks, interview with Nancy Stern, 20 June 1980, CBI call no. OH 75. アーサー・Wおよびアリス・R・バークス、ナンシー・スターンとのインタビュー、1980年6月20日。
33. Summary of *Honeywell Inc. vs. Sperry Rand Corp*. No. 4-67 Civ. 138, Decided Oct. 19, 1973. United States Patents Quarterly, 180 (25 March 1974), pp. 682, 693-694.
34. Mauchly, "The ENIAC," in Metropolis, Howlett, and Rota, eds., *A History of Computing in the*

July 1947, Application 30 July 1943. リチャード・L・シュナイダー・ジュニアおよびヤン・A・ライヒマン、『計算装置』特許番号 2,424,389、1947 年 7 月 22 日特許取得、1943 年 7 月 30 日出願。Jan Rajchman, interview with Richard R. Mertz, 26 October 1970, National Museum of American History Computer Oral History Collection. ヤン・ライヒマン、リチャード・R・メルツとの 1970 年 10 月 26 日のインタビュー。

11. Jan Rajchman, "The Selectron," in Martin Campbell-Kelly and Michael R. Williams, eds., *The Moore School Lectures (1946)*, Charles Babbage Institute Reprint Series No. 9, (Cambridge, Mass: MIT Press, 1985), p. 497.

12. Jan Rajchman, "Early Research on Computers at RCA," in Nicholas Metropolis, J. Howlett, and Gian-Carlo Rota, eds., *A History of Computing in the Twentieth Century* (New York: Academic Press, 1980), p. 466; Jan Rajchman, interview with Richard R. Mertz, 26 October 1970, National Museum of American History Computer Oral History Collection. ヤン・ライヒマン、リチャード・R・メルツとの 1970 年 10 月 26 日のインタビュー。Jan A. Rajchman, *Electronic Computing Device*, United States Patent Office Patent Number 2,428,811, application 30 October 1943, patented 14 October 1947, assigned to Radio Corporation of America. ヤン・A・ライヒマン、『電子式計算装置』米国特許庁、特許番号 2,428,811、出願 1943 年 10 月 30 日、特許取得 1947 年 10 月 14 日。RCA に委譲される。

13. Jan Rajchman, interview with Richard R. Mertz. ヤン・ライヒマン、リチャード・R・メルツとのインタビュー。

14. Goldstine, 16 August 1944, in *The Computer from Pascal to von Neumann* (Princeton: Princeton University Press, 1972), p. 166.『計算機の歴史』。

15. Herman Goldstine, interview with Albert Tucker and Frederik Nebeker. ハーマン・ゴールドスタイン、アルバート・タッカーおよびフレデリック・ネベカーとのインタビュー。Herman Goldstine, interview with Albert Tucker and Frederik Nebeker. 同。

16. "Report on History" ("setting forth very briefly the relationship of the ENIAC, EDVAC and the Institute machine") from Herman H. Goldstine and John von Neumann to Colonel G. F. Powell, 15 February 1947. [IAS] ハーマン・H・ゴールドスタインおよびジョン・フォン・ノイマンより G・F・パウエル大佐への 1947 年 2 月 15 日の書簡より。

17. Willis Ware, interview with author. ウィリス・ウェア、著者とのインタビュー。J. Presper Eckert, interview with Nancy Stern, 28 October 1977, CBI OH 13. J・プレスパー・エッカート、ナンシー・スターンとの 1977 年 10 月 28 日のインタビュー。

18. John W. Mauchly, "The Use of High Speed Vacuum Tube Devices for Calculating", August 1942, reprinted in Brian Randell, ed., *The Origins of Digital Computers: Selected Papers*, (New York: Springer-Verlag, 1982), pp. 355-358.

19. Nicholas Metropolis, "The Beginning of the Monte Carlo Method," in *Los Alamos Science*, no. 15, Special Issue: *Stanislaw Ulam, 1909-1984* (1987): p. 125.

20. John G. Brainerd, "Genesis of the ENIAC," *Technology and Culture*, 17, no. 3. (July 1976), 487.

21. Harry L. Reed, 14 November 1996, in Thomas Bergin, ed., *50 Years of Army Computing* p. 153。

64. Metropolis and Harlow, "Computing and Computers", p. 134.

65. Feynman, "Los Alamos from Below", p. 25.

66. Metropolis and Nelson, "Early Computing at Los Alamos," p. 351.

67. Feynman, "Los Alamos from Below", p. 28.

68. Klára von Neumann, *Johnny.*

69. "Allocution Pronounced by the Reverend Dom Anselm Strittmatter at the Obsequies of Professor John von Neumann, in the chapel of Walter Reed Hospital, February 11, 1957", in Vonneumann, *John von Neumann as Seen by His Brother,* p. 64.

70. Vonneumann, *John von Neumann as Seen by His Brother,* pp. 14-15.

71. Klára von Neumann, *Johnny.*

72. 同上。

73. Marina von Neumann to Klára von Neumann, 28 August 1945. [KVN] マリーナ・フォン・ノイマンからクラリ・フォン・ノイマンへの 1945 年 8 月 28 日付の手紙。

第5章

1. Minutes of the Institute for Advanced Study Electronic Computer Project, Meeting #1, 12 November 1945. [IAS] 高等研究所電子計算機プロジェクト議事録、第 1 回会議、1945 年 11 月 12 日。

2. Vladimir Zworykin, unpublished autobiography, n.d., ca. 1975, p. 24 (in Bogdan Maglich, unpublished Zworykin biography, n.d., courtesy of Bogdan Maglich).

3. Record for Dr. Craig Waff of the conversation with Dr. Zworykin, 4 September 1976, unpublished Zworykin biography.in Bogdan Maglich, 1976 年 9 月 4 日のクレイグ・ワフ博士のツヴォルキン博士との会話の記録。

4. Jan Rajchman, "Vladimir Kosma Zworykin, 1889-1982," *Biographical Memoirs of the National Academy of Sciences,* vol. 88 (Washington, D.C.: National Academies Press, 2006), p. 12.

5. Herbert H. Maass to Frank Aydelotte, 17 October 1945. [IAS] ハーバート・マースからフランク・エイダロッテへの 1945 年 10 月 17 日付の手紙。

6. FBI SAC (Special Agent in Charge) Newark to Director, FBI, 6 December 1956, after Albert Abramson, *Zworykin, Pioneer of Television* (Urbana and Chicago: University of Illinois Press, 1995), p. 199.

7. Vladimir K. Zworykin, "Some Prospects in the Field of Electronics," *Journal of the Franklin Institute,* vol. 251, no. 1 (January 1951), pp. 235-236.

8. Jan Rajchman, "Early Research on Computers at RCA," in Metropolis, Howlett, and Rota, eds., *A History of Computing in the Twentieth Century* (New York: Academic Press, 1980), p. 465.

9. Jan Rajchman, interview with Richard R. Mertz, 26 October 1970, National Museum of American History Computer Oral History Collection. ヤン・ライヒマン、リチャード・R・メルツとの 1970 年 10 月 26 日のインタビュー。

10. Richard L. Snyder, Jr., and Jan A. Rajchman, *Calculating Device*: Patent No. 2,424,389 - Patented 22

50. John von Neumann to F.B. Silsbee, 2 July 1945. [VNLC] ジョン・フォン・ノイマンからF・B・シルスビーへの1945年7月2日付の手紙。Ulam, *Adventures of a Mathematician*, p. 78.『数学のスーパースターたち』。Goldstine, *The Computer from Pascal to von Neumann* , p. 176.『計算機の歴史』。

51. Ulam, *Adventures of a Mathematician*, pp. 231-232.『数学のスーパースターたち』。

52. John von Neumann to Saunders Mac Lane, 17 May 1948. [VNLC] ジョン・フォン・ノイマンからソーンダース・マックレーンへの1948年5月17日付の手紙。Ulam, "John von Neumann: 1903-1957," 2; 5; Lewis Strauss to Stanislaw Ulam, 12 November 1957. [SUAPS] ルイス・ストロースからスタニスワフ・ウラムへの1957年11月12日付の手紙。

53. John von Neumann to Stan Ulam, 8 November 1940. [SFU] ジョン・フォン・ノイマンからスタン・ウラムへの1940年11月8日付の手紙。

54. John von Neumann to J. Robert Oppenheimer, 19 February 1948. [VNLC] ジョン・フォン・ノイマンからJ. ロバート・オッペンハイマーへの1948年2月19日付の手紙。John von Neumann to L. Roy Wilcox, 26 December 1941. [KVN] ジョン・フォン・ノイマンからL・ロイ・ウィルコックスへの1941年12月26日付の手紙。

55. John von Neumann, "Theory of Shock Waves", Progress Report to the National Defense Research Committee, 31 August 1942. Reprinted in *Collected Works*, Vol. 6: *Theory of Games, Astrophysics, Hydrodynamics and Meteorology* (Oxford: Pergamon Press, 1963), p. 19. ジョン・フォン・ノイマン「衝撃波の理論」、国防研究委員会への進捗報告書、1942年8月31日。

56. Martin Schwarzschild, interview with William Aspray. マーティン・シュヴァルツシルト、ウィリアム・アスプレイとのインタビュー。

57. John von Neumann, "Oblique Reflection of Shocks". Explosives Research Report No. 12, Navy Dept., Bureau of Ordnance, 12 October 1943, reprinted in *Collected Works*, Vol. 6: *Theory of Games, Astrophysics, Hydrodynamics and Meteorology* (Oxford: Pergamon Press, 1963), p. 22.

58. Klára von Neumann, *Johnny.*

59. John von Neumann to John Todd, 17 November 1947, in John Todd, "John von Neumann and the National Accounting Machine," *SIAM Review*, vol. 16, no. 4 (October 1974), p. 526. ジョン・フォン・ノイマンからジョン・トッドへの1947年11月17日付の手紙。

60. Nicholas Metropolis and E. C. Nelson, "Early Computing at Los Alamos," *Annals of the History of Computing*, 4:4 (October 1982), p. 352.

61. John von Neumann to Klára von Neumann, 22 September 1943. [KVN] ジョン・フォン・ノイマンからクラリ・フォン・ノイマンへの1943年9月22日付の手紙。John von Neumann to Klára von Neumann, 24 September 1943. [KVN] ジョン・フォン・ノイマンからクラリ・フォン・ノイマンへの1943年9月24日付の手紙。

62. Nicholas Metropolis and Francis H. Harlow, "Computing and Computers: Weapons Simulation Leads to the Computer Era," *Los Alamos Science*, vol. 7 (Winter/Spring 1983), p. 132.

63. Richard P. Feynman, "Los Alamos from Below: Reminiscences of 1943-1945," *Engineering and Science*, vol. 39, no. 2 (Jan-Feb 1976), p. 25.

1995年)。

31. Abraham A. Fraenkel to Stan Ulam, 11 November 1957. [SUAPS] エイブラハム・フランケルからスタン・ウラムへの1957年11月11日付の手紙。
32. Ulam, "John von Neumann: 1903-1957," 2; 11-12.
33. 同上 2; 12.
34. Paul Halmos, in *John von Neumann*, documentary.
35. Samuelson, "A Revisionist View of Von Neumann's Growth Model", p. 118.
36. Klára von Neumann, *Two New Worlds*.
37. Wigner, *Recollections of Eugene P. Wigner*, p. 134.
38. Klára von Neumann, *Two New Worlds*; John von Neumann to Oswald Veblen, 11 January 1931. [OVLC] ジョン・フォン・ノイマンからオズワルド・ヴェブレンへの1931年1月11日付の手紙。
39. Klára von Neumann, *Johnny*.
40. John von Neumann to Oswald Veblen, 3 April 1933. [OVLC] ジョン・フォン・ノイマンからオズワルド・ヴェブレンへの1933年4月3日付の手紙。
41. Klára von Neumann, *Two New Worlds*.
42. Klára von Neumann, *Johnny*; Marina von Neumann Whitman, interview with author, 3 May 2010. [GBD] マリーナ・フォン・ノイマン・ホイットマン、著者とのインタビュー、2010年5月3日。
43. John von Neumann to Klára von Neumann, n.d., evidently summer 1949. [KVN] ジョン・フォン・ノイマンからクラリ・フォン・ノイマンへの日付なしの手紙。1949年夏に書かれたものと思われる。
44. Israel Halperin, interview with Albert Tucker, 25 May 1984. *Princeton Mathematics Community in the 1930s*, transcript 18. イスラエル・ハルパリン、アルバート・タッカーとの1984年5月25日のインタビュー。
45. Robert D. Richtmyer, "People Don't Do Arithmetic" (unpublished, 1995); Morgenstern, in *John von Neumann*, documentary; Richtmyer, "People Don't Do Arithmetic".
46. Klára von Neumann, *Two New Worlds*; Abraham Flexner to Oswald Veblen, 26 July 1938 (in Beatrice Stern, *A History of the Institute for Advanced Study, 1930-1950*, 1:396). エイブラハム・フレクスナーからオズワルド・ヴェブレンへの1938年7月26日付の手紙。
47. Marina von Neumann Whitman, interview, 3 May 2010. [GBD] マリーナ・フォン・ノイマン・ホイットマン、著者とのインタビュー、2010年5月3日。John von Neumann to Klára von Neumann, 25 October 1946. [KVN] ジョン・フォン・ノイマンからクラリ・フォン・ノイマンへの1946年10月25日付の手紙。
48. Cuthbert C. Hurd, interview with Nancy Stern, 20 January 1981. カスバート・ハード、ナンシー・スターンとのインタビュー、1981年1月20日。
49. Marina von Neumann Whitman, interview with author, 9 February 2006. [GBD] マリーナ・フォン・ノイマン・ホイットマン、著者とのインタビュー、2006年2月9日。Herman Goldstine, interview with Albert Tucker and Frederik Nebeker. ハーマン・ゴールドスタイン、アルバート・タッカーおよびフレデリック・ネベカーとのインタビュー。

17. John von Neumann and Oskar Morgenstern, *Theory of Games and Economic Behavior* (Princeton, N.J.: Princeton University Press, 1944), p. 2. ジョン・フォン・ノイマン、オスカー・モルゲンシュテルン『ゲームの理論と経済行動』（銀林浩ほか監訳、ちくま学芸文庫、2009年）。Samuelson, "A Revisionist View of Von Neumann's Growth Model," in M Dore, S. Chakravarty, and Richard Goodwin, eds., *John von Neumann and Modern Economics* (Oxford: Oxford University Press, 1989),p. 121.

18. Klára von Neumann, *Johnny.*

19. Edward Teller, in Jean R. Brink and Roland Haden, "Interviews with Edward Teller and Eugene P. Wigner," *Annals of the History of Computing*, vol. 11, no. 3 (1989), p. 177.

20. Herman H. Goldstine, "Remembrance of Things Past," in Stephen G. Nash, editor, *A History of Scientific Computing*, (New York: ACM Press, 1990), p. 9.

21. Klára von Neumann, *Johnny*; Cuthbert C. Hurd, interview with Nancy Stern, 20 January 1981, CBI, call no. OH 76. カスバート・C・ハード、ナンシー・スターンとのインタビュー、1981年1月20日。

22. Klára von Neumann, *Johnny.*

23. Françoise Ulam, "From Paris to Los Alamos", unpublished, July 1994. [SFU]; Klára von Neumann, *Johnny.*

24. Herman Goldstine, interview with Albert Tucker and Frederik Nebeker, 22 March 1985. The Princeton Mathematics Community in the 1930s, transcript 15. ハーマン・ゴールドスタイン、アルバート・タッカーおよびフレデリック・ネベカーとのインタビュー、1985年3月22日。Nicholas Vonneumann, interview with author, 6 May 2004. [GBD] ニコラス・フォンノイマン、著者とのインタビュー、2004年5月6日。

25. Ulam, *Adventures of a Mathematician*, pp. 65, 79.『数学のスーパースターたち』。Vincent Ford to Stan Ulam, 18 May 1965. [SUAPS] ヴィンセント・フォードからスタン・ウラムへの1965年5月18日付の手紙。

26. Martin Schwarzschild, interview with William Aspray, 18 November 1986, CBI, call no. OH 124. マーティン・シュヴァルツシルト、ウィリアム・アスプレイとのインタビュー、1986年11月18日。

27. Paul R. Halmos, "The Legend of John von Neumann," *American Mathematical Monthly*, vol. 80, no. 4 (April 1973), p. 394, 同。Eugene Wigner, "Two Kinds of Reality," *The Monist*, vol. 49, no. 2 (April 1964), reprinted in *Symmetries and Reflections* (Cambridge, MA: MIT Press, 1967), p. 198.

28. Raoul Bott, interview with author, 10 March 2005. [GBD] ラウール・ボット、著者とのインタビュー、2005年3月10日。

29. Ulam, "John von Neumann: 1903-1957," 2: 2; Eugene P. Wigner, *The Recollections of Eugene P. Wigner, as Told to Andrew Szanton* (New York and London: Plenum Press, 1992), p. 51.

30. Theodore von Kármán (with Lee Edson), *The Wind and Beyond: Theodore von Kármán, Pioneer in Aviation and Pathfinder in Space* (Boston and Toronto: Little, Brown and Co., 1967), p. 106. セオドア・フォン・カルマン『大空への挑戦――航空学の父カルマン自伝』（野村安正訳、森北出版、

の書簡。J. Robert Oppenheimer to Oswald Veblen, 27 May 1959. [IAS] J・ロバート・オッペンハイマーからオズワルド・ヴェブレンへの 1959 年 5 月 27 日付の書簡。

52. Freeman J. Dyson to S. Chandrasekhar, M. J. Lighthill, Sir Geoffrey Taylor, Sydney Goldstein, and Sir Edward Bullard, 20 October 1954. [IAS] フリーマン・J・ダイソンから S・チャンドラセカール、M・J・ライトヒル、サー・ジェフリー・テイラー、シドニー・ゴールドスタイン、サー・エドワード・ブラードへの 1954 年 10 月 20 日付の書簡。

第4章

1. Klára von Neumann, *The Grasshopper*, ca. 1963. [KVN]
2. Nicholas Vonneumann, interview with author, 6 May 2004. [GBD] ニコラス・フォンノイマン、著者とのインタビュー、2004 年 5 月 6 日。
3. Nicholas Vonneumann, *John von Neumann as seen by his Brother* (Meadowbrook, PA: Nicholas Vonneumann, 1987), p. 17.
4. Nicholas Vonneumann, interview with author, 6 May 2004. [GBD] ニコラス・フォンノイマン、著者とのインタビュー、2004 年 5 月 6 日。
5. Stanislaw Ulam, *Adventures of a Mathematician* (New York: Scribner's, 1976), p. 80. スタニスワフ・ウラム『数学のスーパースターたち——ウラムの自伝的回想』（志村利雄訳、東京図書、1979 年）。Herman Goldstine, *The Computer from Pascal to von Neumann* (Princeton: Princeton University Press, 1972), p. 167. ハーマン・ゴールドスタイン『計算機の歴史——パスカルからノイマンまで』（末包良太ほか訳、共立出版、1979 年）。
6. Vonneumann, *John von Neumann as seen by his Brother,* p. 9.
7. 同上、p. 10.
8. John von Neumann, statement upon nomination to membership in the AEC, 8 March 1955. [VNLC] ジョン・フォン・ノイマン、AEC 委員への推薦を受けての声明、1955 年 3 月 8 日。
9. Nicholas Vonneumann, interview with author, 6 May 2004. [GBD] ニコラス・フォンノイマン、著者とのインタビュー、2004 年 5 月 6 日。
10. Nicholas Vonneumann, *John von Neumann as seen by his Brother*, pp. 23, 16.
11. 同上、p. 24.
12. Nicholas Vonneumann, interview with author, 6 May 2004. [GBD] ニコラス・フォンノイマン、著者とのインタビュー。
13. Stanislaw Ulam, "John von Neumann: 1903-1957," *Bulletin of the American Mathematical Society,* vol. 64 no. 3 part 2 (May 1958), p. 1.
14. Klára von Neumann, *Johnny,* ca. 1963. [KVN]; Stanislaw Ulam, "John von Neumann: 1903-1957," 2:37.
15. John von Neumann to Stan Ulam, 9 December 1939. [SFU] ジョン・フォン・ノイマンからスタニスワフ・ウラムへの 1939 年 12 月 9 日付の手紙。Oskar Morgenstern, in *John von Neumann,* documentary produced by the Mathematical Association of America, 1966.
16. Klára von Neumann, *Johnny.*

October 1932. [IAS] エイブラハム・フレクスナーからハーバート・マースへの1932年10月18日付の手紙。

38. Herbert Maass to Abraham Flexner, 9 November 1932. [IAS]。ハーバート・マースからエイブラハム・フレクスナーへの1932年11月9日付の手紙。Oswald Veblen to Abraham Flexner, 13 March 1933. [IAS] オズワルド・ヴェブレンからエイブラハム・フレクスナーへの1933年3月13日付の手紙。Louis Bamberger to Abraham Flexner, 29 October 1935. [IAS] ルイス・バンバーガーからエイブラハム・フレクスナーへの1935年10月29日付の手紙。Herbert Maass, Minutes of the Trustees, 13 April 1936. [IAS] ハーバート・マース、理事会議事録、1936年4月13日。

39. Abraham Flexner to Louis Bamberger, 28 October 1935. [IAS] エイブラハム・フレクスナーからルイス・バンバーガーへの1935年10月28日付の手紙。Abraham Flexner to Louis Bamberger, 19 December 1935. [IAS] エイブラハム・フレクスナーからルイス・バンバーガーへの1935年12月19日付の手紙。

40. Oswald Veblen to Frank Aydelotte, 13 February 1936. [IAS] オズワルド・ヴェブレンからフランク・エイダロッテへの1936年2月13日付の手紙。

41. Herman Goldstine, interview with Nancy Stern, 11 August 1980, CBI, call no. OH 18. ハーマン・ゴールドスタイン、ナンシー・スターンとの1980年8月11日のインタビュー。

42. Watson Davis, "Super-University for Super-Scholars," *The Science News-Letter*, vol. 23, no. 616. (28 Jan. 1933), p. 54; Flexner, *I Remember,* p. 375. 同 pp. 377-378; Frank Aydelotte to Herbert H. Maass, 15 June 1945. [IAS] フランク・エイダロッテからハーバート・マースへの1945年6月15日付の手紙。

43. Thorstein Veblen, *The Higher Learning in America,* (New York: B.W. Huebsch, 1918), p. 45.

44. Flexner, *I Remember* , pp. 361 & 375.

45. Abraham Flexner to Frank Aydelotte, 15 November 1939. [IAS-BS] エイブラハム・フレクスナーからフランク・エイダロッテへの1936年11月15日付の手紙。Klára von Neumann, *Two New Worlds.*

46. Frank Aydelotte, Report of the Director, 19 May 1941. [IAS] フランク・エイダロッテ、所長による報告書、1941年5月19日。

47. Woolf, ed., *A Community of Scholars*: p. 130.

48. Oswald Veblen to Abraham Flexner, 24 March 1937. [IAS-BS] オズワルド・ヴェブレンからエイブラハム・フレクスナーへの1937年3月24日付の手紙。 J. B. S. Haldane, 12 November 1936. [IAS-BS]

49. Deane Montgomery, interview with Albert Tucker and Frederik Nebeker, 13 March 1985. ディーン・モンゴメリー、アルバート・タッカーおよびフレデリック・ネベカーとのインタビュー、1985年3月13日。

50. Benoît Mandelbrot, interview with author, 8 May 2004. [GBD] ブノワ・マンデルブロ、著者とのインタビュー、2004年5月8日。

51. P. A. M. Dirac to IAS Trustees, n.d.. [FJD] P・A・M・ディラックよりIAS理事会への日付なし

1930年1月の書簡。Abraham Flexner to Oswald Veblen, 27 January 1930. [IAS] エイブラハム・フレクスナーからオズワルド・ヴェブレンへの1930年1月27日の書簡。

22. Louis Bamberger to the Trustees, 4 June 1930 [IAS]. ルイス・バンバーガーから理事会への1930年6月4日付の書簡。

23. Flexner, "The Usefulness of Useless Knowledge,", p. 551.

24. Julian Huxley to Abraham Flexner, 11 December 1932. [IAS-BS] ジュリアン・ハクスリーからエイブラハム・フレクスナーへの1932年12月11日付の手紙。Louis Bamberger to the Trustees, 23 April 1934. [IAS] ルイス・バンバーガーから理事会への1934年4月23日付の書簡。

25. Oswald Veblen to Abraham Flexner, 19 June 1931. [IAS] オズワルド・ヴェブレンからエイブラハム・フレクスナーへの1931年6月19日付の手紙。

26. Charles Beard to Abraham Flexner, 28 June 1931 in Stern, *A History of the Institute for Advanced Study, 1930-1950,* 1:104. チャールズ・ベアードからエイブラハム・フレクスナーへの1931年6月28日付の手紙。Felix Frankfurter to Frank Aydelotte, 16 December 1933. [IAS] フェリックス・フランクファーターからフランク・エイダロッテへの1933年12月16日付の手紙。

27. Abraham Flexner to the Trustees, 26 September 1931. [IAS] エイブラハム・フレクスナーから理事会への1931年9月26日付の書簡。

28. Flexner, "The Usefulness of Useless Knowledge", p. 551.

29. Abraham Flexner, "University Patents," *Science*, vol. 77, no. 1996 (31 March 1933), p. 325 Abraham Flexner, "The Usefulness of Useless Knowledge," p. 544.

30. Abraham Flexner to Trustees, 26 September 1931. [IAS] エイブラハム・フレクスナーから理事会への1931年9月26日付の書簡。同。

31. Abraham Flexner to Louis Bamberger, 15 March 1935. [IAS] エイブラハム・フレクスナーからルイス・バンバーガーへの1935年3月15日付の書簡。

32. Herbert Maass to Abraham Flexner, 9 June 1931. [IAS] ハーバート・マースからエイブラハム・フレクスナーへの1931年6月9日付の手紙。Edgar Bamberger to Abraham Flexner, 9 December 1931. [IAS] エドガー・バンバーガーからエイブラハム・フレクスナーへの1931年12月9日付の手紙。Maass, *Report on the Founding and Early History of the Institute.*

33. Abraham Flexner to Oswald Veblen, 22 December 1932. [IAS] エイブラハム・フレクスナーからオズワルド・ヴェブレンへの1932年12月22日付の手紙。

34. John von Neumann to Abraham Flexner, 26 April 1933. [IAS] ジョン・フォン・ノイマンからエイブラハム・フレクスナーへの1933年4月26日付の手紙。

35. Harry Woolf, ed., *A Community of Scholars: The Institute for Advanced Study Faculty and Members, 1930-1980,* (Princeton, N.J.: Institute for Advanced Study, 1980), p. ix.

36. Albert Einstein to Queen Elisabeth of Belgium, 20 November 1933 (Einstein Archives, Hebrew University, Jerusalem, call no. 32-369.00). アルベルト・アインシュタインからベルギー女王エリザベスへの1933年11月20日付の書簡。

37. Oswald Veblen to Abraham Flexner, 12 April 1934. [IAS] オズワルド・ヴェブレンからエイブラハム・フレクスナーへの1934年4月12日付の手紙。Abraham Flexner to Herbert Maass, 18

Frederik Nebeker ハーマン・ゴールドスタイン、アルバート・タッカーおよびフレデリック・ネベカーとのインタビュー。

5. Forest Ray Moulton, in David Alan Grier, "Dr. Veblen Takes a Uniform: Mathematics in the First World War," *American Mathematical Monthly* 108 (October 2001): 928.

6. Norbert Wiener, *Ex-Prodigy*, (New York: Simon & Schuster, 1953), p. 254。同 p. 258。同 p. 259。同 p. 257。ノーバート・ウィーナー『神童から俗人へ――わが幼時と青春』(鎮目恭夫訳、みすず書房、2002 年)。

7. Oswald Veblen to Simon Flexner, 24 October 1923. [IAS] オズワルド・ヴェブレンがサイモン・フレクスナーに送った 1923 年 10 月 24 日付の手紙。

8. Oswald Veblen to Simon Flexner, 23 February 1924. [IAS] オズワルド・ヴェブレンがサイモン・フレクスナーに送った 1924 年 2 月 23 日付の手紙。

9. Simon Flexner to Oswald Veblen, 11 March 1924. [IAS] サイモン・フレクスナーがオズワルド・ヴェブレンに送った 1924 年 3 月 11 日付の手紙。

10. Abraham Flexner, *I Remember* (New York: Simon & Schuster, 1940), p. 13; Abraham Flexner, "The Usefulness of Useless Knowledge," *Harper's Magazine*, October 1939, p. 548.

11. Klára von Neumann, *Two New Worlds.*

12. Oswald Veblen to Frank Aydelotte, n.d.. [IAS] オズワルド・ヴェブレンがフランク・エイダロッテに送った日付なしの手紙。

13. Oswald Veblen to Abraham Flexner, 19 March 1935. [IAS] オズワルド・ヴェブレンがエイブラハム・フレクスナーに 1935 年 3 月 19 日に送った手紙。

14. *Science*, New Series, vol. 74, no. 1922 (30 Oct. 1931), p. 433; Herman Goldstine, interview with Albert Tucker and Frederik Nebeker, 22 March 1985. ハーマン・ゴールドスタイン、アルバート・タッカーおよびフレデリック・ネベカーとのインタビュー、1985 年 3 月 22 日。

15. Oswald Veblen to Albert Einstein, 17 April 1930. [IAS-BS] オズワルド・ヴェブレンがアルベルト・アインシュタインに 1930 年 4 月 17 日に送った手紙。

16. Albert Einstein to Oswald Veblen, 30 April 1930. [IAS-BS] アルベルト・アインシュタインからオズワルド・ヴェブレンへの 1930 年 4 月 30 日付の手紙。

17. Herbert H. Maass, *Report on the Founding and Early History of the Institute*, n.d., ca. 1955. [IAS]; Abraham Flexner, "The American University," *Atlantic Monthly*, vol. 136 (October 1925) pp. 530-41; Maass, *Report on the Founding and Early History of the Institute.*

18. Flexner, *I Remember*, p. 356.

19. Abraham Flexner, *Universities: American, English, German*, (New York: Oxford University Press, 1930), p. 217.

20. Louis Bamberger and Carrie Fuld, letter to accompany codicil to their wills, Draft, n.d., ca. January 1930. [IAS] ルイス・バンバーガーおよびキャリー・フルド、遺言補足書に添付する手紙の下書、1930 年 1 月ごろ。

21. Oswald Veblen to Abraham Flexner, January 1930 in Beatrice Stern, *A History of the Institute for Advanced Study*, 1930-1950, 1:126 オズワルド・ヴェブレンからエイブラハム・フレクスナーへの

Progress and present State of all the British Colonies on the Continent and Islands of America (London, 1708) vol. 1, p. 162. ウィリアム・ペンが1683年から翌年にかけての冬に記録したテノーガン酋長の言葉。

3. Samuel Smith, *The History of the Colony of Nova-Caesaria, or New Jersey: containing, an account of its first settlement, progressive improvements, the original and present constitution, and other events, to the year 1721.* (Burlington: James Parker, 1765; second edition, Trenton: William Sharp, 1877), p. 79.
4. *The Trial of William Penn and William Mead, at the Sessions held at the Old Baily in London, the 1st, 3d, 4th, and 5th of September, 1670. Done by themselves. In A Compleat Collection of State-Tryals, and Proceedings upon High Treason, and other Crimes and Misdemeanours* (London, 1719) vol. 2, p. 56.
5. *The Trial of William Penn and William Mead,* 2: 60.
6. 同上。
7. William Penn, Petition to Charles II, May 1680, in Jean R. Soderlund, ed., *William Penn and the Founding of Pennsylvania, 1680-1684* (Philadelphia: University of Pennsylvania Press, 1983), p. 23. ウィリアム・ペンからチャールズ２世への嘆願書、1680年５月。
8. William Penn to Robert Boyle, 5 August 1683, in *Works of Robert Boyle* (London, 1744) vol 5, p. 646. ウィリアム・ペンからロバート・ボイルに宛てた1683年８月５日付の手紙。
9. Deed of October 20, 1701 between Penn and Stockton, as quoted in John Frelinghuysen Hageman, *A History of Princeton and its Institutions* (Philadelphia: J. B. Lippincott, 1879) vol. 1, p. 36. ペンとストックトンが1701年10月20日に交わした譲渡証書。

第３章

1. Mrs. R. H. Fisher, in Joseph Dorfman, *Thorstein Veblen and His America* (New York: Viking, 1934), p. 504.
2. Herman Goldstine, interview with Albert Tucker and Frederik Nebeker, 22 March 1985. *The Princeton Mathematics Community in the 1930s,* transcript 15. ハーマン・ゴールドスタイン、アルバート・タッカーおよびフレデリック・ネベカーとのインタビュー、1985年３月22日。*The Princeton Mathematics Community in the 1930s,* transcript 15. に引用されたアルバート・タッカーのインタビュー。Abraham Flexner to Herbert Maass, 15 December 1937. [IAS] エイブラハム・フレクスナーがハーバート・マースに送った1937年12月15日付の手紙。
3. Herman Goldstine, in Thomas Bergin, ed., *50 Years of Army Computing: From ENIAC to MSRC. A record of a conference held at Aberdeen Proving Ground, Maryland, on November 13 and 14, 1996.* (Aberdeen, MD: U.S. Army Research Laboratory, 2000), p. 32.
4. Deane Montgomery, interview with Albert Tucker and Frederik Nebeker, 13 March 1985. *The Princeton Mathematics Community in the 1930s,* transcript 25. ディーン・モンゴメリー、アルバート・タッカーおよびフレデリック・ネベカーとの1985年３月13日のインタビュー。Klára von Neumann, *Two New Worlds,* ca. 1963. [KVN]; Herman Goldstine, interview with Albert Tucker and

ート・オッペンハイマー宛の 1953 年 4 月 10 日付の手紙。
9. J. Robert Oppenheimer to Lewis Strauss, 22 April 1953. [IAS] J・ロバート・オッペンハイマーからルイス・ストロース宛の 1953 年 4 月 22 日付の手紙。
10. Jack Rosenberg, interview with author, 12 February 2005.[GBD] ジャック・ローゼンバーグ、著者とのインタビュー、2005 年 2 月 12 日。
11. John von Neumann, "Defense in Atomic War," Paper delivered at a symposium in honor of Dr. R. H. Kent, 7 December 1955, in "The Scientific Bases of Weapons," *Journal of the American Ordnance Association*, 1955, p. 23; reprinted in *Collected Works*, 1963, vol. 6. ジョン・フォン・ノイマン、「原子戦争における防衛」、1955 年 12 月 7 日、R・H・ケント博士を記念するシンポジウムで配布された論文。*Theory of Games, Astrophysics, Hydrodynamics and Meteorology* (Oxford: Pergamon Press, 1963), p. 525.
12. Discussion at the 258th Meeting of the National Security Council, Thursday, September 8-15, 1955, 国家安全保障会議の第 258 回会合での議論。1955 年 9 月 8 日。Eisenhower Papers, Dwight D. Eisenhower Library, Abilene, Kansas (transcript in NASA Sputnik History Collection).
13. Robert Oppenheimer to James Conant, 21 October 1949, in *In the Matter of J. Robert Oppenheimer* (Washington, D.C.: Government Printing Office, 1954), p. 243. ロバート・オッペンハイマーからジェームズ・コナントへの 1949 年 10 月 21 日付の手紙。Minutes, Institute for Advanced Study Electronic Computer Project Steering Committee, 20 March 1953. [IAS] 高等研究所電子計算機プロジェクト運営委員会議事録、1953 年 3 月 20 日。
14. James D. Watson and Francis H. C. Crick, "A Structure for Deoxyribose Nucleic Acid," *Nature* 171 (April 25, 1953), p. 737.
15. Nils Aall Barricelli, "Symbiogenetic evolution processes realized by artificial methods," *Methodos*, vol. 8, no. 32 (1956), p. 308.
16. Semiconductor Industry Association World Semiconductor Trade Statistics data for 2010, as presented by Paul Otellini, Intel Investor Meeting, 17 May 2011. 半導体協会、2010 年世界半導体通商統計データ（インテル投資家会議、2011 年 5 月 17 日にポール・オテリーニによって発表されたもの）。
17. Willis Ware, interview with author, 23 January 2004. [GBD] ウィリス・ウェア、著者とのインタビュー、2004 年 1 月 23 日。Harris Mayer, interview with author, May 13 and 25, 2011, [GBD] ハリス・マイアー、著者とのインタビュー、2011 年 5 月 13 日、25 日。

第 2 章

1. *A Letter from William Penn, Proprietary and Governour of Pennsylvania in America, to the Committee of the Free Society of Traders of that Province, residing in London, 16 August 1683* (London, 1683) p. 3. アメリカのペンシルベニアの所有者にして知事のウィリアム・ペンより、ロンドンに設置されている、同州交易商人自由社会委員会に宛てた 1683 年 8 月 16 日付の手紙。
2. Chief Tenoughan (Schuylkill River) as noted by William Penn, winter of 1683-1684, in John Oldmixon, *The British Empire in America: Containing the History of the Discovery, Settlement,*

原 注

まえがき

1. Willis H. Ware, interview with Nancy Stern, 19 January 1981, Charles Babbage Institute OH 37. ウィリス・H・ウェア、ナンシー・スターンとのインタビュー、1981年1月19日。
2. John von Neumann, "The Point Source Solution," in *Blast Wave*, Los Alamos Scientific Laboratory, LA-2000, p. 28. ジョン・フォン・ノイマン、『点源解』（LA-1020とLA-1021の機密解除された部分をハンス・ベーテ、クラウス・フックス、ジョゼフ・ヒルシュフェルダー、ジョン・マギー、ルドルフ・パイエルス、ジョン・フォン・ノイマンが編集したもの。1947年8月に執筆され、1958年3月27日に配布された）。

謝辞

1. Hans Bethe, "Energy Production in Stars," *Physics Today*, September 1968, p. 44.
2. Abraham Flexner, Minutes of the Trustees, 13 April 1936. [IAS] エイブラハム・フレクスナー、高等研究所理事会議事録、1936年4月13日。Carl Kaysen, Notes on John von Neumann for File, 12 July 1968. [IAS]
3. Nicholas Metropolis, in Nicholas Metropolis, J. Howlett, and Gian-Carlo Rota, eds., *A History of Computing in the Twentieth Century* (New York: Academic Press, 1980), p.xvii.

第1章

1. "Institute for Advanced Study Electronic Computer Project Monthly Progress Report", March 1953, p. 3. [IAS]
2. Gregory Bateson, *Mind and Nature* (New York: Bantam, 1979), p. 228. グレゴリー・ベイトソン『精神と自然——生きた世界の認識論』（佐藤良明 訳、新思索社、2001年）。
3. Francis Bacon, *De augmentis scientiarum*, 1623, translated by Gilbert Wats as *Of the advancement and proficience of Learning, or The Partitions of sciences ...*(London, 1640), pp. 265-266.
4. Thomas Hobbes, *Elements of Philosophy*: *The first section, Concerning Body, chapter 1, Computation, or Logique* (London: Andrew Crooke, 1656), pp. 2-3.
5. U. S. Office of Naval Research, *A Survey of Automatic Digital Computers - 1953* (Washington, D.C.: Department of the Navy, compiled February 1953). 米国海軍研究所、『自動デジタル・コンピュータの調査—— 1953年』。
6. Alan Turing, "Lecture to the London Mathematical Society on 20 February 1947", p. 1. [AMT] アラン・チューリング、ロンドン数学協会での講演、1947年2月20日。
7. *Memorandum for the Electronic Computer Project*, 9 November 1949. [IAS] 電子計算機プロジェクトのメモランダム、1949年9月9日。
8. Lewis L. Strauss to J. Robert Oppenheimer, 10 April 1953. [IAS] ルイス・ストロースからJ・ロバ

原注中の引用元略語一覧

[AMT] Alan Turing papers, King's College Archives, Cambridge, UK.

[CBI] Charles Babbage Institute, University of Minnesota, Minneapolis, Mn.

[FJD] Freeman Dyson papers, courtesy of Freeman Dyson.

[GBD] Author's collections.

[IAS] Shelby White and Leon Levy Archives Center, Institute for Advanced Study, Princeton, N.J.

[IAS-BS] Beatrice Stern files, Shelby White and Leon Levy Archives Center, Institute for Advanced Study, Princeton, N.J.

[JHB] Julian Bigelow papers, courtesy of the Bigelow family.

[KVN] Klári von Neumann papers, courtesy of Marina von Neumann Whitman.

[LA] Los Alamos National Laboratory, Los Alamos, N.M..

[NARA] U.S. National Archives and Records Administration, College Park, Md..

[OVLC] Oswald Veblen papers, Library of Congress, Washington, D.C.

[PM] Priscilla McMillan document archive [http://h-bombbook.com/research/primarysource.html]

[RCA] David Sarnoff Library and Archives, RCA, courtesy of Alex Magoun.

[RF] Rockefeller Foundation Archives, New York, N.Y..

[SFU] Stanislaw & Françoise Ulam papers, courtesy of the Ulam family.

[SUAPS] Stanislaw Ulam Papers, American Philosophical Society, Philadelphia.

[VNLC] John von Neumann papers, Library of Congress, Washington, D.C.

チューリングの大聖堂（だいせいどう）
コンピュータの創造とデジタル世界の到来

2013年2月25日　初版発行
2013年6月15日　再版発行

＊

著　者　ジョージ・ダイソン
訳　者　吉田三知世（よしだみちよ）
発行者　早川　浩

＊

印刷所　中央精版印刷株式会社
製本所　中央精版印刷株式会社

＊

発行所　株式会社　早川書房
東京都千代田区神田多町2－2
電話　03-3252-3111（大代表）
振替　00160-3-47799
http://www.hayakawa-online.co.jp
定価はカバーに表示してあります
ISBN978-4-15-209359-2　C0004
Printed and bound in Japan
乱丁・落丁本は小社制作部宛お送り下さい。
送料小社負担にてお取りかえいたします。

ハヤカワ・ノンフィクション

閉じこもるインターネット

——グーグル・パーソナライズ・民主主義

The Filter Bubble

イーライ・パリサー

井口耕二訳

46判上製

東浩紀氏（『一般意志2・0』）

津田大介氏（『情報の呼吸法』）**推薦！**

ユーザーの嗜好にあった情報を自動的にフィルタリングする、近年のウェブのアルゴリズム。その裏に潜む、民主主義さえ揺るがしかねない意外な落とし穴とは？　情報社会最大の危機、「フィルターバブル」問題に警鐘を鳴らすニューヨークタイムズ・ベストセラー

ハヤカワ・ポピュラー・サイエンス

SYNC（シンク）
——なぜ自然はシンクロしたがるのか

SYNC

スティーヴン・ストロガッツ
蔵本由紀監修／長尾 力訳
46判上製

秩序の生まれるところにシンクロあり

蛍の一糸乱れぬ同時発光から、小惑星帯の間隙の不思議な規則性まで、生物無生物を問わず自然現象の裏には、誰の指図もなしに互いのタイミングを合わせる「同期」という現象が潜んでいた！　蠱惑的な非線形科学の最先端を、絶妙の比喩を駆使して判りやすく説く